de Gruyter Lehrbuch

Heinz Schade · Klaus Neemann
Tensoranalysis

Heinz Schade · Klaus Neemann

Tensoranalysis

2., überarbeitete Auflage

Walter de Gruyter
Berlin · New York

Professor Dr.-Ing. Heinz Schade
Kyllmannstraße 15g
14109 Berlin
E-Mail: heinz.schade@alumni.tu-berlin.de

Dr.-Ing. Klaus Neemann
Internationales Studienkolleg
Fachhochschule Kaiserslautern
Postfach 1573
67604 Kaiserslautern
E-Mail: klaus.neemann@fh-kl.de

♾ Gedruckt auf säurefreiem Papier, das die US-ANSI-Norm über Haltbarkeit erfüllt.

ISBN-13: 978-3-11-018943-8
ISBN-10: 3-11-018943-7

Bibliografische Information Der Deutschen Bibliothek

Die Deutsche Bibliothek verzeichnet diese Publikation in der Deutschen Nationalbibliografie; detaillierte bibliografische Daten sind im Internet über http://dnb.ddb.de abrufbar.

Printed in Germany.
Umschlaggestaltung: +malsy, kommunikation und gestaltung, Willich.
Druck und Bindung: Druckhaus »Thomas Müntzer«, Bad Langensalza.

Vorwort

Ich freue mich, meinen ehemaligen Mitarbeiter Dr.-Ing. Klaus Neemann, FH Kaiserslautern, für die Neuauflage als Koautor gewonnen zu haben. Meinen letzten Kurs Tensoranalysis an der TU Berlin haben wir in einer äußerst fruchtbaren und angenehmen Kooperation zusammen gehalten, danach hat er den Kurs bis zu seinem Weggang von der TU Berlin weitergeführt und weiterentwickelt.

Für die zweite Auflage haben wir Fehler korrigiert, missverständliche Formulierungen geändert, einige Beweise hinzugefügt oder vereinfacht, einzelne Passagen aus systematischen Gründen an anderer Stelle eingeordnet und im Wesentlichen die neue deutsche Rechtschreibung verwendet. Aufbau und Inhalt des Buches haben sich aus unserer Sicht bewährt und wurden deshalb beibehalten, nur das Kapitel über Darstellungstheorie musste neu geschrieben werden und wurde dabei auch etwas erweitert; diese Neufassung, aber auch zahlreiche andere Änderungen gehen auf Klaus Neemann zurück.

Wir danken den zahlreichen Studenten und Studentinnen, die Fehler gefunden, uns auf Unklarheiten hingewiesen und Verbesserungen vorgeschlagen haben, und wir danken Professor Dr. Udo Simon, TU Berlin, für die kritische Lektüre der ersten Auflage und seine daraus resultierenden Hinweise, Dipl.-Ing. Thomas Lauke, DLR Braunschweig, für die gewohnt sorgfältige Einrichtung des Manuskripts für den Druck sowie Dr. rer. nat. Robert Plato vom Verlag de Gruyter für die Gelegenheit, bei der zweiten Auflage alle diese Verbesserungen zu berücksichtigen.

Berlin, im Juni 2006 Heinz Schade

Vorwort der ersten Auflage

Dieses Buch geht auf eine Lehrveranstaltung Tensoranalysis zurück, die ich seit vielen Jahren an der TU Berlin im wesentlichen für Studierende verschiedener ingenieurwissenschaftlicher Studiengänge halte. Diese Lehrveranstaltung umfasst 4 Semesterwochenstunden und wird von mir in integrierter Form gehalten, d. h. ohne förmliche Aufteilung in Vorlesung und Übungen. Sie ist meist für den Beginn des Hauptstudiums, in einer Studienordnung bereits für die zweite Hälfte des Grundstudiums vorgesehen. An Vorkenntnissen werden nur die Differential- und Integralrechnung für Funktionen mehrerer Variabler und die elementare Vektorrechnung benötigt.

Die erste systematische Darstellung des Tensorkalküls wurde im Jahre 1900 von Ricci und Levi-Civita veröffentlicht; bevor sich die Bezeichnung Tensorkalkül allgemein duchsetzte, sprach man deshalb meist vom Riccikalkül. Der Tensorkalkül war eine Voraussetzung für die Formulierung der Relativitätstheorie, die umgekehrt wichtige Impulse zu seiner Weiterentwicklung gegeben hat.

Der Tensorkalkül ist einerseits ein Teilgebiet der Mathematik mit Anwendungen z. B. in der Differentialgeometrie, anderseits ein wesentliches Hilfsmittel der theoretischen Physik und zunehmend der theoretischen Ingenieurwissenschaften. Die Theorie der Tensoren gliedert sich in die Tensoralgebra und die Tensoranalysis, wobei heute oft (wie auch im Titel dieses Buches) Tensoranalysis zugleich als Oberbegriff für beide Teile verwendet wird. Die Tensoralgebra umfasst die allgemeine Theorie der Tensoren, die Tensoranalysis die spezielle Theorie von Tensoren, die von den Punkten eines Punktraums, insbesondere des dreidimensionalen euklidischen Raums unserer Anschauung abhängen.

In der Mathematik ist vor allem die Tensoralgebra als Teilgebiet der multilinearen Algebra von Interesse. Mathematische Darstellungen verwenden deshalb meist die Methoden der Algebra: Sie führen Skalare, Vektoren und schließlich Tensoren als Elemente von Mengen ein, definieren zwischen diesen Elementen Verknüpfungen, die gewissen Gesetzen genügen, und untersuchen dann die Eigenschaften dieser Tensoren. Dieser Zugang ist für Studierende der Physik und erst recht der Ingenieurwissenschaften sehr abstrakt, und er führt auch zu einem allgemeineren Vektor- und Tensorbegriff, als er hier benötigt wird.

In der Physik und in den Ingenieurwissenschaften interessiert man sich für Tensoren, weil physikalische Größen als Tensoren beschrieben werden können (Skalare und Vektoren sind Spezialfälle von Tensoren). Physikalische Gleichungen sind demnach Gleichungen zwischen Tensoren, und zur Aufstellung physikalischer Gleichungen und zum Rechnen damit benötigt man deshalb den Tensorkalkül. Um physikalische Größen wie eine Geschwindigkeit oder eine Kraft zahlenmäßig angeben zu können, benötigt man ein Koordinatensystem im Raum unserer Anschauung; meistens verwendet man am einfachsten ein kartesisches Koordinatensystem. Wir werden sehen, dass sich auch alle anderen physikalischen Größen außer den skalaren Größen nur mithilfe eines solchen Koordinatensystems zahlenmäßig beschreiben lassen. Wenn es also nur um die Anwendung der Tensoranalysis auf das Rechnen mit physikalischen Größen geht, kann man sich, mathematisch gesprochen, auf Tensoren beschränken, die sich in Bezug auf eine dreidimensionale kartesische Basis darstellen lassen.

Der Hauptteil dieses Buches beschränkt sich auf solche Tensoren. Dann kann man aber den Tensorkalkül relativ anschaulich aufbauen, indem man für jede Operation zwischen Tensoren angibt, welche Operation zwischen den Koordinaten dieser Tensoren in Bezug auf eine beliebige kartesische Basis dadurch beschrieben wird. Man gelangt damit von alleine zu den beiden Schreibweisen oder Notationen, die in der Tensoranalysis nebeneinander verwendet werden, der sog. symbolischen oder direkten und der sog. Koordinaten- oder Indexschreibweise. Beide Schreibweisen haben ihre Vorteile, deshalb sollte man beide Schreibweisen gleichzeitig lernen und von Anfang an von der einen in die andere übersetzen können wie von einer Sprache in eine andere. Das setzt allerdings eine symbolische Schreibweise von (möglichst) demselben Informationsgehalt voraus, den die Koordinatenschreibweise aufgrund ihres algorithmischen Charakters ohnehin hat; z. B. sollte man auch in symbolischer Schreibweise die Stufe eines Tensors erkennen, die man in Koordinatenschreibweise an der Anzahl der Indizes abliest. Ich habe mich um eine solche symbolische Schreibweise bemüht.

Das Buch gliedert sich in 6 Kapitel. In Kapitel 1 werden einige im Folgenden benötigte Hilfsmittel zusammengestellt, vor allem die sog. Kronecker-Symbole und das Wichtigste über Determinanten und Matrizen. Die Kapitel 2 bis 5 sind der Hauptteil des Buches, sie behandeln also die Tensoranalysis für Tensoren, die sich wie die physikalischen Größen in Bezug auf eine dreidimensionale kartesische Basis darstellen lassen: Kapitel 2 in symbolischer Schreibweise und in kartesischen Koordinaten, Kapitel 4 in krummlinigen Koordinaten. Kapitel 3 behandelt die Algebra von Tensoren zweiter Stufe, die eng mit der Theorie (dreireihiger) quadratischer Matrizen verknüpft ist; es enthält auch einige weitere Sätze für quadratische Matrizen. Kapitel 5 behandelt die Grundlagen der Darstellungstheorie, die die zulässigen Verknüpfungen physikalischer Größen unter der Bedingung tensorieller Homogenität physikalischer Gleichungen untersucht, wie es die Dimensionsanalyse unter der Bedingung dimensioneller Homogenität tut. (Tensorielle Homogenität heißt, dass nur Tensoren gleicher Stufe gleichgesetzt oder addiert werden können, dass z. B. ein Drehmoment nicht gleich einer Arbeit sein kann, weil ein Drehmoment ein Vektor und eine Arbeit ein Skalar ist.) Kapitel 6 schließlich enthält die Grundlagen des in der Mathematik üblichen Zugangs zur Tensoralgebra und führt damit den sehr allgemeinen und abstrakten Begriff des affinen Vektors und des affinen Tensors ein.

Die wichtigeren Formeln sind durch Formelnummer und Einrückung hervorgehoben; sofern Zwischenergebnisse z. B. im Verlauf eines Beweises zitiert werden müssen, werden sie wie alle Zwischenrechnungen linksbündig gesetzt, aber durch einen Buchstaben am rechten Rand gekennzeichnet. Die besonders wichtigen Formeln und Sätze (die es auswendig zu wissen lohnt) sind eingekästelt. Kursivdruck dient zur Hervorhebung beim Lesen.

Das Buch ist zum Selbststudium gedacht, dazu gehört das Lösen von Übungsaufgaben. In den Text sind deshalb in unregelmäßigen Abständen Aufgaben eingefügt; sie sind durch eine andere Schrift vom Text unterschieden. Ich habe die Anzahl der Aufgaben bewusst beschränkt, dafür sollten auch alle Aufgaben gelöst werden (es sei denn, der zugehörige Textabschnitt hat der Leserin oder dem Leser nichts Neues gebracht), und zwar möglichst vor dem Weiterlesen. Die vergleichsweise geringe Anzahl von Aufgaben macht es möglich, jeweils einen empfehlenswerten Lösungsweg relativ ausführlich darzustellen.

Ohne die kritischen Fragen und die Verbesserungsvorschläge zahlreicher Studierender und Assistenten sowie die vielfältige Unterstützung des Instituts hätte ich dieses Buch nicht schreiben können. Namentlich danken möchte ich Herrn Dr.-Ing. Frank Kameier, der die Entwicklung der Vorlesung, der Übungen und des zugehörigen Skripts durch viele Jahre fachlich und didaktisch begleitet hat und mit dem zusammen ich die Lehrveranstaltung oft mit großem Vergnügen gehalten habe, Herrn Dipl.-Ing. Klaus Neemann, der mir bei der Schlussfassung des Manuskripts immer ein hilfreicher Gesprächspartner war, Herrn Dipl.-Ing. Thomas Lauke für sorgfältiges und kritisches Korrekturlesen sowie die konsequente Einrichtung des Manuskripts für den Druck, Frau Sabrina Nordt für das Schreiben des Textes, Frau Evelyn Kulzer für das Zeichnen der Abbildungen und nicht zuletzt Herrn Dr. Rainer Schulze vom Verlag Walter de Gruyter für das meiner Arbeit entgegengebrachte Vertrauen und das Eingehen auf meine vielen Wünsche.

Berlin, im September 1996 Heinz Schade

Inhalt

Kapitel 1

Algebraische Hilfsmittel

Wir wollen in diesem Kapitel einerseits die Summationskonvention, das Kronecker-Symbol δ_{ij}, das verallgemeinerte Kronecker-Symbol $\delta_{p\dots q}^{i\dots j}$ und das Permutationssymbol $\varepsilon_{i\dots j}$ einführen, andererseits das Wichtigste über N-tupel, Determinanten und Matrizen rekapitulieren. Einige weitere, weniger elementare Eigenschaften quadratischer Matrizen werden wir später durch Verallgemeinerung tensoralgebraischer Ergebnisse gewinnen.

1.1 Die Summationskonvention

1. Man kann zwei Arten von Buchstabenindizes unterscheiden:

- *Laufende* Indizes haben einen Wertevorrat von natürlichen Zahlen, sie können nacheinander jeden Wert aus diesem Wertevorrat annehmen. Hat z. B. i den Wertevorrat 1 bis 4, so steht a_i für die Menge (a_1, a_2, a_3, a_4). Für laufende Indizes werden wir kleine lateinische Buchstaben (außer x, y und z) verwenden.
- *Sprechende* Indizes haben eine feste Bedeutung. Für sprechende Indizes werden wir andere Buchstaben verwenden, z. B. werden wir die (physikalischen) Zylinderkoordinaten eines Vektors $\underline{a}$ mit (a_R, a_φ, a_z) bezeichnen.

2. In einigen Abschnitten werden wir untere und obere Indizes unterscheiden müssen. Wo obere Indizes und Exponenten verwechselt werden könnten, werden wir die Exponenten in Klammern setzen.

3. Für das Rechnen mit Matrizen und Tensoren hat sich eine von Einstein vorgeschlagene Verabredung für laufende Indizes bewährt, die man als Summationskonvention bezeichnet. Man kann sie in verschiedenen Varianten einführen; wir wollen sie in der folgenden Form verwenden:

> Über alle in einem Glied doppelt vorkommenden laufenden Indizes außer x, y und z soll über ihren Wertevorrat summiert werden, ohne dass das durch ein Summenzeichen ausgedrückt wird.

Dabei ist ein Glied ein mathematischer Ausdruck, der durch ein Pluszeichen, ein Minuszeichen, ein Gleichheitszeichen oder ein Ungleichheitszeichen begrenzt wird.

Wenn z. B. i den Wertevorrat 1, 2, 3 hat, so bedeutet $a_i b_i$ nach der Summationskonvention $\sum_{i=1}^{3} a_i b_i$, also $a_1 b_1 + a_2 b_2 + a_3 b_3$, und zwar unabhängig von der Bedeutung von a_i und b_i; beispielsweise brauchen (a_1, a_2, a_3) und (b_1, b_2, b_3) keine Vektoren zu bilden.

Für $a_i a_i$ schreibt man abkürzend oft a_i^2 oder $a_i^{(2)}$, dagegen kann man $a_{ij} a_{ij}$, nach der Summationskonvention gleichbedeutend mit der Doppelsumme $\sum_i \sum_j a_{ij} a_{ij}$, nicht als Quadrat schreiben, da $a_{ij}^{(2)}$ später anders definiert wird.

4. Die Summationskonvention hat die folgenden Konsequenzen für die Verwendung laufender Indizes:

– *Ein laufender Index darf in einem Glied nur einmal oder zweimal vorkommen.*

  Kommt er einmal vor, nennt man ihn einen freien Index, und er nimmt nacheinander die Werte seines Wertevorrats an. Kommt er zweimal vor, nennt man ihn einen gebundenen Index, und es ist über seinen Wertevorrat zu summieren.

  Wenn z. B. der Index i den Wertevorrat 1, 2 und der Index j den Wertevorrat 1, 2, 3 hat, dann ist die Gleichung $a_{ij} b_j = c_i$ eine Abkürzung für die beiden Gleichungen

$$a_{11} b_1 + a_{12} b_2 + a_{13} b_3 = c_1 ,$$
$$a_{21} b_1 + a_{22} b_2 + a_{23} b_3 = c_2 .$$

  Natürlich können wir mit derselben Bedeutung auch $a_{ik} b_k = c_i$ oder $a_{mn} b_n = c_m$ schreiben, aber nicht $a_{ii} b_i = c_i$, denn darin kommt i in einem Glied dreimal vor, und ein solcher Ausdruck ist nicht definiert.

  Um das zu vermeiden, muss man beim Einsetzen häufig Indizes umbenennen. Will man z. B. $A_i = \alpha_{ij} B_j$ in $a_j = A_i C_{ij}$ einsetzen, so erhält man formal

$a_j = \alpha_{ij} B_j C_{ij}$, und darin kommt j dreimal vor. Um das zu vermeiden, schreibe man die erste Gleichung $A_i = \alpha_{ik} B_k$ und erhält dann die zulässige Gleichung $a_j = \alpha_{ik} B_k C_{ij}$.

– *Jeder laufende Index muss in einer Gleichung an jeder Stelle, wo er vorkommt, denselben Wertevorrat haben.*

In dem Beispiel $a_{ij} b_j = c_i$ wäre es z. B. nicht zulässig, dass i in a_{ij} die Werte 1, 2, 3 und in c_i nur die Werte 1, 2 annehmen kann; entsprechendes gilt für j.

– *Alle Glieder einer Gleichung müssen in den freien Indizes übereinstimmen, allerdings nicht in Bezug auf die Reihenfolge.*

Die Gleichung $a_{ij} b_j = c_k$ ist also unzulässig, die Gleichung $a_i b_j = c_{ij}$ dagegen ist zulässig und die Gleichung $b_j a_i = c_{ij}$ auch, und beide bedeuten dasselbe.

Es gibt eine formale Ausnahme von der zuletzt genannten Regel: An die Zahl Null werden keine Indizes gehängt. Die Gleichung $\alpha_i = 0$ bedeutet also, dass alle α_i null sind. Wir werden auch die logische Negation dieser Aussage benötigen, also „nicht alle α_i sind null“. Dafür werden wir ein eigenes Ungleichheitszeichen $\mathrel{+\!\!\!\!=}$ einführen, also $\alpha_i \mathrel{+\!\!\!\!=} 0$ schreiben (gelesen: α_i nicht alle null); die Gleichung $\alpha_i \neq 0$ mit dem gebräuchlichen Ungleichheitszeichen $\neq$ bedeutet nämlich üblicherweise, dass alle α_i ungleich null sind. Um nicht mehr als nötig von der konventionellen Schreibweise abzuweichen, werden wir, wenn die Bedeutung beider Zeichen zusammenfällt, also in Gleichungen ohne freie Indizes, das normale Ungleichheitszeichen verwenden; wir schreiben also $a \neq 0$ und $a_i b_i \neq 0$.

Aufgabe 1.1

Man schreibe die folgenden Ausdrücke aus:

für $N = 4$, d. h. $i = 1, 2, 3, 4$

A. $a_i B_i$, B. A_{ii}, C. $\dfrac{\partial u_i}{\partial x_i}$, D. $\dfrac{\partial^2 \varphi}{\partial x_i^2}$,

für $N = 3$

E. $a_{ij} b_{ij}$, F. $a_{ii} b_{jj}$,

für $N = 2$

G. $\dfrac{\partial u_i}{\partial x_j} \dfrac{\partial u_i}{\partial x_j}$.

Aufgabe 1.2

Man setze ein

A. $u_i = A_{ik}\, n_k$ in $\varphi = u_k\, v_k$,

B. $u_i = B_{ij}\, v_j$ und $C_{ij} = p_i\, q_j$ in $w_i = C_{mi}\, u_m$,

C. $\phi = \tau_{ij}\, d_{ij}$, $\tau_{ij} = \eta\left(\frac{\partial v_i}{\partial x_j} + \frac{\partial v_j}{\partial x_i}\right)$, $d_{ij} = \frac{1}{2}\left(\frac{\partial v_i}{\partial x_j} + \frac{\partial v_j}{\partial x_i}\right)$ und

$q_i = -\kappa \frac{\partial T}{\partial x_i}$ (κ konstant) in $\rho\, T \frac{\mathrm{D}s}{\mathrm{D}t} = \phi - \frac{\partial q_i}{\partial x_i}$.

Man multipliziere die Klammern aus.

5. Soll die Summationskonvention ausnahmsweise nicht gelten, werden wir den entsprechenden laufenden Index unterstreichen. Für $i,\ j = 1,\ 2,\ 3$ bedeutet A_{ij} demnach die Matrix

$$\begin{pmatrix} A_{11} & A_{12} & A_{13} \\ A_{21} & A_{22} & A_{23} \\ A_{31} & A_{32} & A_{33} \end{pmatrix},$$

A_{ii} bedeutet die *Summe* $A_{11} + A_{22} + A_{33}$ der Elemente in der Hauptdiagonale, und $A_{\underline{ii}}$ bedeutet die *Menge* (A_{11}, A_{22}, A_{33}) der Elemente in der Hauptdiagonale. Solche unterstrichenen Indizes sind weder freie noch gebundene Indizes; wir wollen sie angebundene Indizes nennen, weil neben einem solchen Index im selben Glied der gleiche Index immer als freier oder gebundener Index stehen muss. Sie werden auch bei der Regel, dass ein laufender Index in einem Glied höchstens zweimal vorkommen darf, nicht mitgezählt.

$\alpha_{\underline{i}} A_{ii}$ ist also zulässig und bedeutet $\alpha_1 A_{11} + \alpha_2 A_{22} + \alpha_3 A_{33}$, und $\lambda_{\underline{i}}\, a_{ij}$ ebenfalls und bedeutet die Matrix

$$\begin{pmatrix} \lambda_1 a_{11} & \lambda_1 a_{12} & \lambda_1 a_{13} \\ \lambda_2 a_{21} & \lambda_2 a_{22} & \lambda_2 a_{23} \\ \lambda_3 a_{31} & \lambda_3 a_{32} & \lambda_3 a_{33} \end{pmatrix}.$$

Man kann sich anhand eines Zahlenbeispiels leicht klarmachen, dass man zwar an einen freien, nicht aber an einen gebundenen Index einen angebundenen Index heranmultiplizieren darf: Aus $a_{ij}\, b_{jk} = c_{ik}$ folgt $\lambda_{\underline{i}} a_{ij}\, b_{jk} = \lambda_{\underline{i}} c_{ik}$, aus $a_i\, b_i = c_i\, d_i$ folgt *nicht* $\lambda_{\underline{i}}\, a_i\, b_i = \lambda_{\underline{i}}\, c_i\, d_i$.

Ist ein Index an einen freien Index angebunden, etwa $\lambda_{\underline{i}}\, a_i$, so kann man durch Heranmultiplizieren aus dem freien einen gebundenen Index machen, etwa $\lambda_{\underline{i}}\, a_i\, b_i$; aber so ein Ausdruck ist nicht assoziativ, sondern muss $(\lambda_{\underline{i}}\, a_i) b_i$ gelesen werden. Die andere Assoziation $\lambda_{\underline{i}}(a_i\, b_i)$ ist nicht definiert, was man sofort sieht, wenn man darin, was ja erlaubt ist, $a_i\, b_i = c$ setzt.

Aufgabe 1.3

A. Sind die folgenden Gleichungen nach der Summationskonvention zulässig?

1. $A_i\, B_{jj} = C_i\, D_{kk}$, 2. $A_i\, B_i = C_i\, D_j$, 3. $A_i\, B_i = C_i\, D_{\underline{i}}$,

4. $A_{\underline{i}}\, B_i = C_i$, 5. $A_m\, B_n = C_{mn}$, 6. $A_i\, B_k = C_i\, D_j$,

7. $A_i\, B_k = A_k\, B_i$, 8. $\mu_{mn}\, A_m = c_n\, F_{ii}$, 9. $A = \alpha_{\underline{m}}\, C_{mm}$,

10. $A_{i\underline{i}} = B_{ij}\, C_{jj\underline{i}}$.

B. Man schreibe die zulässigen Gleichungen für $N = 2$ aus.

1.2 N-tupel

1.2.1 Definitionen

Eine endliche Folge von Zahlen nennen wir ein N-tupel. Bei manchen Autoren bezeichnet M gleichzeitig die Anzahl der Zahlen, dann schreiben sie für eine Folge von P Zahlen entsprechend P-tupel, manchmal findet man auch die Schreibung n-Tupel bzw. p-Tupel. Wir schreiben für ein N-tupel $(a_1, a_2, \ldots, a_M)$ oder abkürzend (a_i), wobei in der abkürzenden Schreibweise die Anzahl M der Elemente, die man auch die Dimension des N-tupels nennt, nicht zum Ausdruck kommt:

$$(a_i) := (a_1, a_2, \ldots, a_M)\,. \qquad (1.1)$$

Dabei kommt es auf die Reihenfolge der Elemente an: Durch Umordnung der Elemente eines N-tupels erhält man ein anderes N-tupel. Für kleine Werte von M sind besondere Namen gebräuchlich: Für $M = 2$ spricht man von einem geordneten Paar, für $M = 3$ von einem geordneten Tripel, für $M = 4$ von einem geordneten Quadrupel usw.

Beispiel: Die drei kartesischen Koordinaten eines Punktes bilden ein N-tupel, speziell ein geordnetes Tripel.

Ein N-tupel beliebiger Dimension, dessen sämtliche Elemente null sind, nennen wir Null-N-tupel und schreiben dafür (0).

1.2.2 Rechenoperationen

Wir definieren für N-tupel gleicher Dimension die sogenannten linearen Operationen; das sind die Gleichheit, die Addition, die Subtraktion und die Multiplikation mit einer Zahl:

- Zwei N-tupel sind genau dann gleich, wenn alle homologen (d. h. in beiden N-tupeln an der gleichen Stelle stehenden und damit gleich indizierten) Elemente gleich sind.
- Man addiert oder subtrahiert zwei N-tupel, indem man alle homologen Elemente addiert bzw. subtrahiert.
- Man multipliziert ein N-tupel mit einer Zahl, indem man jedes Element mit dieser Zahl multipliziert.

Gleichsetzen, addieren oder subtrahieren kann man also nur N-tupel gleicher Dimension.

1.2.3 Lineare Unabhängigkeit

1. Eine Menge von P N-tupeln $(\overset{1}{a_i}), (\overset{2}{a_i}), \ldots, (\overset{P}{a_i})$ gleicher Dimension heißt linear unabhängig, wenn die Gleichung

$$\alpha_1 (\overset{1}{a_i}) + \alpha_2 (\overset{2}{a_i}) + \ldots + \alpha_P (\overset{P}{a_i}) = (0) \tag{1.2}$$

nur zu erfüllen ist, wenn alle α_i null sind. Mithilfe der Summationskonvention können wir dafür auch kürzer

$$\begin{aligned} &\alpha_j (\overset{j}{a_i}) = (0) \quad \text{nur für} \quad \alpha_j = 0, \\ &i = 1, \ldots, M, \quad j = 1, \ldots, P \end{aligned} \tag{1.3}$$

schreiben. Ist dagegen die Gleichung (1.2) auch zu erfüllen, wenn mindestens eines der α_j von null verschieden ist, wenn also

$$\alpha_j\,(\overset{j}{a_i}) = (0), \quad \alpha_j \neq 0, \quad i = 1, \ldots, M, \quad j = 1, \ldots, P \tag{1.4}$$

gilt, so heißen die N-tupel $(\overset{j}{a_i})$ linear abhängig.

2. Die Gleichung (1.2) stellt ausgeschrieben ein System von M homogenen linearen Gleichungen zur Bestimmung der P unbekannten α_j dar:

$$\begin{aligned}
&\alpha_1 \overset{1}{a_1} + \alpha_2 \overset{2}{a_1} + \ldots + \alpha_P \overset{P}{a_1} = 0,\\
&\alpha_1 \overset{1}{a_2} + \alpha_2 \overset{2}{a_2} + \ldots + \alpha_P \overset{P}{a_2} = 0,\\
&\vdots\\
&\alpha_1 \overset{1}{a_M} + \alpha_2 \overset{2}{a_M} + \ldots + \alpha_P \overset{P}{a_M} = 0.
\end{aligned}$$

Ist die Anzahl der Unbekannten größer als die Anzahl der Gleichungen, also $P > M$, so hat dieses Gleichungssystem stets nichttriviale Lösungen. Mehr als M N-tupel sind also stets linear abhängig, während M oder weniger als M N-tupel linear unabhängig sein können.

3. Eine Menge von N-tupeln, von denen jedes Paar linear abhängig ist, nennt man kollinear; eine Menge von N-tupeln, von denen jedes Tripel linear abhängig ist, heißt komplanar.

4. Die linke Seite von (1.2), also ein N-tupel, das man erhält, indem man jedes N-tupel (einer gegebenen Menge von N-tupeln) mit einer beliebigen Zahl multipliziert und die Produkte addiert, nennt man eine lineare Kombination dieser N-tupel.

1.3 Determinanten

Das Rechnen mit Determinanten wird als bekannt vorausgesetzt; trotzdem werden hier die wichtigsten Definitionen und die wichtigsten Sätze (ohne Beweis) zusammengestellt, weil im Folgenden öfter darauf zurückgegriffen wird.

1.3.1 Definitionen

1. Einem quadratischen Schema von Zahlen a_{ij} kann man auf bestimmte Weise eine Zahl zuordnen, die man die Determinante dieses Zahlenschemas nennt; wir schreiben dafür gleichwertig

$$\det \underset{\sim}{a} = \det a_{ij} = \begin{vmatrix} a_{11} & a_{12} & \cdots & a_{1N} \\ a_{21} & a_{22} & \cdots & a_{2N} \\ \vdots & & & \\ a_{N1} & a_{N2} & \cdots & a_{NN} \end{vmatrix} . \tag{1.5}$$

Eine Determinante mit N Zeilen und Spalten nennt man eine N-reihige Determinante. Jede Reihe (Zeile oder Spalte) einer Determinante stellt offenbar ein N-tupel dar.

Es sei nun

$$A_{ij\ldots k} := a_{i1}\, a_{j2} \ldots a_{kN} \tag{1.6}$$

ein Produkt von Elementen einer N-reihigen Determinante, das aus jeder Zeile und jeder Spalte genau ein Element enthält, d. h. die Indizes $ij\ldots k$ stehen für eine beliebige Permutation der Zahlen $1, \ldots, N$. Da es $N!$ Permutationen dieser N Zahlen gibt, gibt es $N!$ verschiedene Produkte.

Der Wert der Determinante ist nun gleich der algebraischen Summe dieser $N!$ Produkte. Dabei erhalten das Produkt $A_{12\ldots N}$ und alle, deren Indexreihenfolge durch eine gerade Anzahl von Vertauschungen aus der Folge $1, 2, \ldots, N$ hervorgeht, ein Pluszeichen und alle Produkte, deren Indexreihenfolge durch eine ungerade Anzahl von Vertauschungen daraus hervorgeht, ein Minuszeichen.

Man kann diese Definition leicht als Formel schreiben: Es seien

- $p_m(A_{ij\ldots k})$ mit $m = 1, \ldots, N!$ die Produkte $A_{ij\ldots k}$ in beliebiger Reihenfolge und
- α_m die Anzahl der Vertauschungen, die von der Indexreihenfolge $1, 2, \ldots, N$ auf die Indexreihenfolge der Permutation $p_m(A_{ij\ldots k})$ führt, dann gilt

$$\det \underset{\sim}{a} := (-1)^{\alpha_m}\, p_m(A_{ij\ldots k}) . \tag{1.7}$$

2. Eine Determinante, die man aus der ursprünglichen Determinante erhält, indem man eine beliebige Anzahl von Zeilen und (gleich viele) Spalten weglässt, nennt man eine Unterdeterminante der ursprünglichen Determinante; lässt man zu jeder Zeile die gleich indizierte Spalte weg, spricht man von Hauptunterdeterminanten. Die $(N-1)$-reihige Unterdeterminante Δ_{ij}, die man durch Streichung der i-ten Zeile und der j-ten Spalte erhält, nennt man den zum Element a_{ij} gehörigen Minor[1]; die zu den Elementen der Hauptdiagonale gehörigen Minoren nennt man auch Hauptminoren. Multipliziert man einen Minor mit $(-1)^{(i+j)}$, so erhält man den zum Element a_{ij} gehörigen Kofaktor, die Adjunkte oder das algebraische Komplement von a_{ij}; dafür schreiben wir b_{ij}:

$$b_{ij} := (-1)^{(\underline{i}+\underline{j})} \Delta_{ij} \,. \tag{1.8}$$

3. Eine N-reihige Determinante hat den Rang $R \leqq N$, wenn sie mindestens eine von null verschiedene R-reihige Unterdeterminante, jedoch keine von null verschiedene höherreihige Unterdeterminante hat. Für „die Determinante $\underset{\sim}{a}$ hat den Rang R" schreibt man auch $\operatorname{rg}\det\underset{\sim}{a} = R$.

4. Eine N-reihige Determinante heißt regulär, wenn sie den Rang N hat; sie heißt singulär, wenn sie einen niedrigeren Rang hat, und zwar M-fach singulär, wenn sie den Rang $N-M$ hat. Man sagt auch, eine M-fach singuläre Determinante habe den Rangabfall M.

5. Die Summationskonvention wirkt nicht über das Symbol det hinweg: $\det a_{ij} = 1$ ist also eine zulässige, $\det a_{ij} = \delta_{ij}$ eine unzulässige Gleichung.

1.3.2 Berechnung von Determinanten

1. Für eine zweireihige Determinante folgt aus (1.7):

$$\det\underset{\sim}{a} = a_{11}\,a_{22} - a_{21}\,a_{12} \,. \tag{1.9}$$

Man merkt sich diese Formel am einfachsten, wenn man die Elemente der Determinante hinschreibt:

---

[1] Der Begriff Minor wird in der Literatur auch in anderer Bedeutung verwendet.

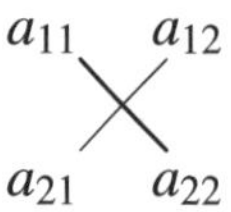

Das quadratische Schema enthält zwei Diagonalen. Man nennt die dicker gekennzeichnete Diagonale Hauptdiagonale und die dünner gekennzeichnete Diagonale Nebendiagonale, und der Wert der Determinante ergibt sich, wenn man vom Produkt der Elemente der Hauptdiagonale das Produkt der Elemente der Nebendiagonale subtrahiert, als Merkregel verkürzt zu „Hauptdiagonale minus Nebendiagonale“.

Für eine dreireihige Determinante ergibt sich aus (1.7)

$$\begin{aligned}\det \underset{\sim}{a} = {} & a_{11}\, a_{22}\, a_{33} - a_{21}\, a_{12}\, a_{33} - a_{31}\, a_{22}\, a_{13} \\ & - a_{11}\, a_{32}\, a_{23} + a_{21}\, a_{32}\, a_{13} + a_{31}\, a_{12}\, a_{23}\,.\end{aligned} \tag{1.10}$$

Man merkt sich diese Formel am einfachsten, wenn man die Elemente der Determinante hinschreibt und die erste und die zweite Zeile noch einmal daruntersetzt:

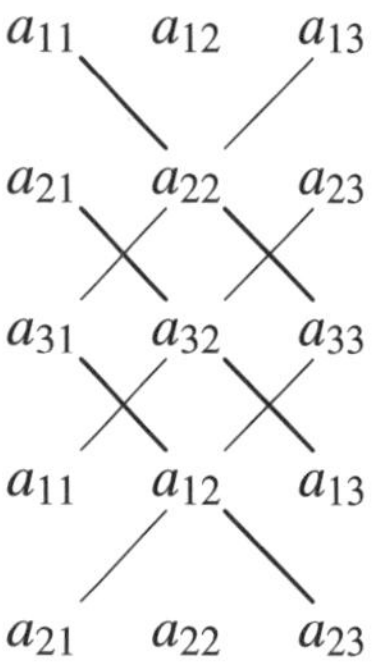

Dieses rechteckige Schema enthält drei Hauptdiagonalen und drei Nebendiagonalen, und der Wert der Determinante ist gerade die Differenz aus der Summe der Produkte der Elemente der Hauptdiagonalen und der Summe der Produkte der Elemente der Nebendiagonalen, als Merkregel verkürzt zu „Hauptdiagonalen minus Nebendiagonalen“ (sarrussche Regel).

Leider gibt es keine entsprechenden Rechenschemata oder Merkregeln für höherreihige Determinanten.

2. Man kann den Wert einer Determinante nach dem Entwicklungssatz von Laplace berechnen, indem man in einer beliebigen Reihe jedes Element mit seinem Kofaktor multipliziert und diese Produkte addiert:

$$\det \underset{\sim}{a} = a_{ik}\, b_{i\underline{k}} = a_{ik}\, b_{\underline{i}k} \quad \text{(Summationskonvention verletzt).} \tag{1.11}$$

Zum Beispiel $a_{ik}\, b_{i\underline{k}}$ bedeutet
für $k = 1$: $a_{11}\, b_{11} + a_{21}\, b_{21} + a_{31}\, b_{31}$,
für $k = 2$: $a_{12}\, b_{12} + a_{22}\, b_{22} + a_{32}\, b_{32}$,
für $k = 3$: $a_{13}\, b_{13} + a_{23}\, b_{23} + a_{33}\, b_{33}$.

Alle drei Ausdrücke sind gleich $\det \underset{\sim}{a}$.

3. Um den Wert einer Determinante praktisch zu berechnen, verwandelt man sie zweckmäßig in eine Dreiecksdeterminante, d. h. eine Determinante, die unterhalb oder oberhalb der Hauptdiagonale nur Nullen enthält, dazu benötigen wir die in

Abschnitt 1.3.3 zusammengestellten Regeln für das Rechnen mit Determinanten. Haben wir eine Determinante in eine Dreiecksdeterminante umgewandelt, so ist ihr Wert nach dem Entwicklungssatz gleich dem Produkt der Elemente in der Hauptdiagonale.

1.3.3 Rechnen mit Determinanten

Wir wollen die wichtigsten Rechenregeln für Determinanten zusammenstellen:

I. Eine Determinante ändert ihren Wert nicht,

   a) wenn man zu einer Zeile eine lineare Kombination der übrigen Zeilen addiert;
   b) wenn man zu einer Spalte eine lineare Kombination der übrigen Spalten addiert;
   c) wenn man Zeilen und Spalten vertauscht (die Determinante stürzt, an der Hauptdiagonale spiegelt).

II. Eine Determinante ändert ihr Vorzeichen, wenn man zwei Zeilen oder Spalten vertauscht.

III. Eine Determinante ist genau dann gleich null, wenn ihre Zeilen linear abhängig sind. (Wegen Ic sind genau dann auch ihre Spalten linear abhängig.)

IV. Für die Addition bzw. Subtraktion von Determinanten, deren Elemente bis auf eine Reihe übereinstimmen, gilt

$$\begin{vmatrix} a_{11} & a_{12} & \dots & a_{1N} \\ a_{21} & a_{22} & \dots & a_{2N} \\ \vdots & & & \\ a_{N1} & a_{N2} & \dots & a_{NN} \end{vmatrix} \pm \begin{vmatrix} a'_{11} & a'_{12} & \cdots & a'_{1N} \\ a_{21} & a_{22} & \dots & a_{2N} \\ \vdots & & & \\ a_{N1} & a_{N2} & \dots & a_{NN} \end{vmatrix}$$
$$= \begin{vmatrix} a_{11} \pm a'_{11} & a_{12} \pm a'_{12} & \dots & a_{1N} \pm a'_{1N} \\ a_{21} & a_{22} & \dots & a_{2N} \\ \vdots & & & \\ a_{N1} & a_{N2} & \dots & a_{NN} \end{vmatrix} . \tag{1.12}$$

V. Man multipliziert eine Determinante mit einer Zahl, indem man eine beliebige Reihe mit dieser Zahl multipliziert.

VI. Für die Multiplikation von Determinanten gilt

$$(\det a_{im})(\det b_{mj}) = \det(a_{im}\, b_{mj})\,. \tag{1.13}$$

Wegen Ic gilt

$$\det(a_{im}\, b_{mj}) = \det(a_{mi}\, b_{mj}) = \det(a_{im}\, b_{jm}) = \det(a_{mi}\, b_{jm})\,.$$

VII. Es sei b_{ij} der Kofaktor des Elements a_{ij} einer Determinante $\det \underset{\sim}{a}$, dann gilt

$$a_{ij}\, b_{ik} = a_{ji}\, b_{ki} = \begin{cases} \det \underset{\sim}{a} & \text{für} \quad j = k\,, \\ 0 & \text{für} \quad j \neq k\,. \end{cases} \tag{1.14}$$

Aufgabe 1.4

Man berechne die beiden folgenden Determinanten (vgl. dazu auch Abschnitt 1.6.1):

$$\text{A. } \Delta = \begin{vmatrix} 1 & 0 & -1 \\ 3 & 1 & -3 \\ 1 & 2 & -2 \end{vmatrix}\,, \qquad \text{B. } \Delta = \begin{vmatrix} 1 & 2 & -4 & 4 \\ 3 & 6 & 9 & 0 \\ -2 & 8 & 1 & 9 \\ 4 & 2 & -2 & 0 \end{vmatrix}\,.$$

1.4 Kronecker-Symbole

Wir definieren in diesem Abschnitt einige Größen, die wir später benötigen, und lernen ihre wichtigsten Eigenschaften kennen.

1.4.1 δ_{ij}

1. In δ_{ij} müssen beide Indizes denselben Wertevorrat $1, \ldots, N$ haben, dann definieren wir

$$\boxed{\delta_{ij} := \begin{cases} 1 & \text{für gleiche Indizes, also } i = j\,, \\ 0 & \text{für ungleiche Indizes, also } i \neq j\,. \end{cases}} \tag{1.15}$$

δ_{ij} wird häufig Kronecker-Symbol genannt.

Aufgabe 1.5

Man berechne für $N = 5$

A. $\delta_{\underline{i}i}$, B. δ_{ii}.

2. δ_{ij} ist offenbar symmetrisch in Bezug auf seine Indizes, d. h. es ändert seinen Wert nicht, wenn man die beiden Indizes vertauscht:

$$\boxed{\delta_{ij} = \delta_{ji}\,.} \tag{1.16}$$

3. $A_i\,\delta_{ij}$ bedeutet z. B. für $N = 3$

$A_i\,\delta_{ij} = A_1\,\delta_{1j} + A_2\,\delta_{2j} + A_3\,\delta_{3j}\,.$

Setzt man darin j nacheinander gleich 1, 2 und 3, so erhält man
für $j = 1$: $A_i\,\delta_{i1} = A_1$,
für $j = 2$: $A_i\,\delta_{i2} = A_2$,
für $j = 3$: $A_i\,\delta_{i3} = A_3$.

Diese drei Gleichungen kann man aber zu $A_i\,\delta_{ij} = A_j$ zusammenfassen, und für $N \neq 3$ kommt man auf dasselbe Ergebnis. Trägt die Größe A noch weitere Indizes (auch mit einem anderen Wertevorrat), die in δ_{ij} nicht vorkommen, so werden diese Indizes durch die Multiplikation mit δ_{ij} nicht berührt, es gilt also

$$\boxed{A_{i\ldots jmp\ldots q}\,\delta_{mn} = A_{i\ldots jnp\ldots q}\,.} \tag{1.17}$$

Wir wollen diese wichtige Rechenregel auch in Worten formulieren: Ist über einen Index von δ_{mn} zu summieren, so ersetze man diesen Index in der anderen Größe (hier also das m in $A_{i\ldots jmp\ldots q}$) durch den anderen Index von δ_{mn} (hier also das n) und lasse dafür das δ_{mn} fort.

Aufgabe 1.6

Man vereinfache die folgenden Ausdrücke:

A. $\delta_{ij}\,\delta_{jk}$, B. $\delta_{i2}\,\delta_{ik}\,\delta_{3k}$, C. $\delta_{1k}\,A_k$, D. $\delta_{i2}\,\delta_{jk}\,A_{ij}$.

4. Analog beweist man

$$\lambda_{\underline{m}}\,A_{i\ldots jmp\ldots q}\,\delta_{mn} = \lambda_{\underline{n}}\,A_{i\ldots jnp\ldots q}\,. \tag{1.18}$$

1.4.2 $\delta^{i\ldots j}_{p\ldots q}$

1. In $\delta^{i\ldots j}_{p\ldots q}$ ist die Anzahl M der oberen und der unteren Indizes gleich, man sagt dann auch, $\delta^{i\ldots j}_{p\ldots q}$ habe M Indexpaare; außerdem sollen alle $2M$ Indizes den gleichen Wertevorrat $1, \ldots, N$ haben. Dann definieren wir

$$\delta^{ij\ldots k}_{pq\ldots r} := \begin{vmatrix} \delta_{ip} & \delta_{iq} & \ldots & \delta_{ir} \\ \delta_{jp} & \delta_{jq} & \ldots & \delta_{jr} \\ \vdots & & & \\ \delta_{kp} & \delta_{kq} & \ldots & \delta_{kr} \end{vmatrix} . \tag{1.19}$$

Man bezeichnet die $\delta^{i\ldots j}_{p\ldots q}$ als verallgemeinerte Kronecker-Symbole. Offenbar ist $\delta^i_j = \delta_{ij}$, dieser Name ist also plausibel.

2. Wir wollen Regeln für die Werte der Elemente von $\delta^{i\ldots j}_{p\ldots q}$ gewinnen. Wir betrachten zunächst ein Element von $\delta^{i\ldots j}_{p\ldots q}$, in dem mindestens zwei gleichgestellte (d. h. zwei obere oder zwei untere) Indizes gleich sind. Dann sind die zugehörigen Reihen der Determinante gleich, und damit ist die Determinante unabhängig vom Wert der übrigen Indizes null. Wenn z. B. die Anzahl M der Indexpaare größer als der Wertevorrat N der Indizes ist, muss das für alle Elemente der Fall sein, solche $\delta^{i\ldots j}_{p\ldots q}$ sind also gleich null.

Wir betrachten weiter ein Element von $\delta^{i\ldots j}_{p\ldots q}$ mit einem oberen Index, der unter den unteren Indizes nicht vorkommt (oder ein Element mit einem unteren Index, der unter den oberen Indizes nicht vorkommt), dann stehen in der zugehörigen Reihe der Determinante lauter Nullen, die Determinante ist also unabhängig vom Wert der übrigen Indizes ebenfalls null.

Von null verschieden können demnach nur Elemente sein, deren obere Indizes alle verschieden sind und deren untere Indizes sich von den oberen höchstens in Bezug auf die Reihenfolge unterscheiden.

Wir betrachten nun den Fall, dass die beiden Indizes jedes Indexpaars gleich sind, die Reihenfolge der Indizes oben und unten also gleich ist. Dann sind in der Determinante alle Diagonalelemente eins und alle übrigen Elemente null, die Determinante und damit das zugehörige Element von $\delta^{i\ldots j}_{p\ldots q}$ ist dann also gleich eins.

Jede Vertauschung zweier unterer Indizes (bei Beibehaltung der Reihenfolge der oberen Indizes) vertauscht die zugehörigen Spalten der Determinante und ändert damit das Vorzeichen.

Damit kommen wir zu folgendem Ergebnis:

$$\delta^{i\dots j}_{p\dots q} = \begin{cases} 1 & \text{wenn alle oberen Indizes verschieden sind und die Folge der unteren Indizes durch eine gerade Anzahl von Vertauschungen aus der Folge der oberen Indizes hervorgeht,} \\ -1 & \text{wenn alle oberen Indizes verschieden sind und die Folge der unteren Indizes durch eine ungerade Anzahl von Vertauschungen aus der Folge der oberen Indizes hervorgeht,} \\ 0 & \text{für alle anderen Indexkombinationen, also wenn entweder nicht alle oberen Indizes verschieden sind oder die unteren Indizes keine Permutation der oberen Indizes darstellen.} \end{cases} \tag{1.20}$$

Offenbar gilt

$$\delta^{i\dots j}_{p\dots q} = \delta^{p\dots q}_{i\dots j}\,, \tag{1.21}$$

da eine Determinante ihren Wert bei Vertauschung von Zeilen und Spalten nicht ändert.

Aufgabe 1.7

A. Man notiere alle von null verschiedenen Elemente von δ^{ij}_{pq} und gebe ihren Wert an

1. für $N=2$, 2. für $N=3$.

B. Man berechne δ^{ij}_{ij} für $N=3$.

1.4.3 $\varepsilon_{i\dots j}$

1. Für eine spezielle Gruppe häufig vorkommender verallgemeinerter Kronecker-Symbole führt man noch eine andere Bezeichnung ein: Man definiert

$$\varepsilon_{ij\dots k} := \delta^{12\dots M}_{ij\dots k} = \delta^{ij\dots k}_{12\dots M}\,. \tag{1.22}$$

Einerseits erhält man von null verschiedene Elemente von $\varepsilon_{i\dots j}$ nur, wenn unter den Indizes $i \dots j$ kein höherer Wert als M vorkommt. Andererseits verschwinden für $N < M$ ohnehin alle verallgemeinerten Kronecker-Symbole. Man kann deshalb ohne Beschränkung der Allgemeinheit voraussetzen, dass $N = M$, also der Wertevorrat aller Indizes gleich der Anzahl der Indizes in $\varepsilon_{i\dots j}$ ist.

$\varepsilon_{i\dots j}$ wird manchmal Permutationssymbol, manchmal Alternator genannt.

Aufgabe 1.8

Man berechne für $N = 2$ alle Elemente von δ_{ij} und ε_{ij}.

2. Für die Werte der $\varepsilon_{i\dots j}$ gilt nach (1.22)

$$\varepsilon_{i\dots j} = \begin{cases} 1 & \text{für } \varepsilon_{12\dots M} \text{ und für alle Indexkombinationen, die daraus durch eine gerade Anzahl von Vertauschungen hervorgehen,} \\ -1 & \text{für alle Indexkombinationen, die daraus durch eine ungerade Anzahl von Vertauschungen hervorgehen,} \\ 0 & \text{für alle anderen Indexkombinationen, das sind alle, in denen ein Index mindestens zweimal vorkommt.} \end{cases} \tag{1.23}$$

Bei M Indizes hat $\varepsilon_{i\dots j}$ also M^M Elemente (Anzahl der Variationen mit Wiederholung von M Elementen zur M-ten Klasse), und davon sind $M!$ Elemente (Anzahl der Permutationen ohne Wiederholung von M Elementen) von null verschieden, und zwar zur Hälfte gleich $+1$ und zur Hälfte gleich -1.

$\varepsilon_{i\dots j}$ ist offenbar antimetrisch in Bezug auf jedes Indexpaar, d. h. es ändert bei Vertauschung zweier Indizes nur das Vorzeichen.

Aus (1.23) ergibt sich eine Formel, die manchmal nützlich ist: Es seien

- $\varepsilon_{i\dots j}$ ein beliebiges Element mit M verschiedenen Indizes,
- $p_k(\varepsilon_{i\dots j})$ mit $k = 1, \dots, M!$ die Elemente in beliebiger Reihenfolge, die daraus durch Permutation der Indizes gebildet werden können, und
- α_k die Anzahl der Vertauschungen, die von der Indexreihenfolge $\varepsilon_{i\dots j}$ auf die Indexreihenfolge $p_k(\varepsilon_{i\dots j})$ führt,

dann gilt

$$\varepsilon_{i\dots j} = \frac{1}{M!}\,(-1)^{\alpha_k}\,p_k(\varepsilon_{i\dots j})\,. \tag{1.24}$$

Die Formel gilt auch, wenn nicht alle Indizes von $\varepsilon_{i\dots j}$ verschieden sind, ist dann aber trivial, weil dann alle Glieder einzeln null sind.

Nach (1.22) gilt mit (1.19)

$$\varepsilon_{ij\dots k} = \begin{vmatrix} \delta_{1i} & \delta_{1j} & \dots & \delta_{1k} \\ \delta_{2i} & \delta_{2j} & \dots & \delta_{2k} \\ \vdots & & & \\ \delta_{Mi} & \delta_{Mj} & \dots & \delta_{Mk} \end{vmatrix} = \begin{vmatrix} \delta_{i1} & \delta_{i2} & \dots & \delta_{iM} \\ \delta_{j1} & \delta_{j2} & \dots & \delta_{jM} \\ \vdots & & & \\ \delta_{k1} & \delta_{k2} & \dots & \delta_{kM} \end{vmatrix}. \tag{1.25}$$

3. Wir leiten noch zwei weitere nützliche Formeln her: Aus (1.25) folgt

$$\varepsilon_{ij\dots k}\,\varepsilon_{pq\dots r} = \begin{vmatrix} \delta_{i1} & \delta_{i2} & \dots & \delta_{iM} \\ \delta_{j1} & \delta_{j2} & \dots & \delta_{jM} \\ \vdots & & & \\ \delta_{k1} & \delta_{k2} & \dots & \delta_{kM} \end{vmatrix} \begin{vmatrix} \delta_{1p} & \delta_{1q} & \dots & \delta_{1r} \\ \delta_{2p} & \delta_{2q} & \dots & \delta_{2r} \\ \vdots & & & \\ \delta_{Mp} & \delta_{Mq} & \dots & \delta_{Mr} \end{vmatrix},$$

mit dem Multiplikationssatz (1.13) für Determinanten folgt für das linke obere Element der Produktdeterminante $\delta_{i1}\,\delta_{1p} + \delta_{i2}\,\delta_{2p} + \dots + \delta_{iM}\,\delta_{Mp} = \delta_{im}\,\delta_{mp}$ $= \delta_{ip}$. Berechnet man die übrigen Elemente der Produktdeterminante analog, erhält man

$$\varepsilon_{ij\dots k}\,\varepsilon_{pq\dots r} = \begin{vmatrix} \delta_{ip} & \delta_{iq} & \dots & \delta_{ir} \\ \delta_{jp} & \delta_{jq} & \dots & \delta_{jr} \\ \vdots & & & \\ \delta_{kp} & \delta_{kq} & \dots & \delta_{kr} \end{vmatrix}$$

und mit (1.19)

$$\varepsilon_{ij\dots k}\,\varepsilon_{pq\dots r} = \delta^{ij\dots k}_{pq\dots r} = \begin{vmatrix} \delta_{ip} & \delta_{iq} & \dots & \delta_{ir} \\ \delta_{jp} & \delta_{jq} & \dots & \delta_{jr} \\ \vdots & & & \\ \delta_{kp} & \delta_{kq} & \dots & \delta_{kr} \end{vmatrix}. \tag{1.26}$$

Für das Produkt von $\varepsilon_{ij\dots k}$ und δ_{pq}, wobei die Anzahl der Indizes von ε sowie der Wertevorrat aller Indizes N ist, gilt

$$\begin{aligned}\varepsilon_{ij\dots k}\,\delta_{pq} &= \varepsilon_{pj\dots k}\,\delta_{iq}+\varepsilon_{ip\dots k}\,\delta_{jq}+\dots+\varepsilon_{ij\dots p}\,\delta_{kq}\\ &= \varepsilon_{qj\dots k}\,\delta_{ip}+\varepsilon_{iq\dots k}\,\delta_{jp}+\dots+\varepsilon_{ij\dots q}\,\delta_{kp}\,.\end{aligned} \tag{1.27}$$

Man kann diese Formel folgendermaßen einsehen: Nach (1.20) ist für den Wertevorrat N aller Indizes $\delta^{pij\dots kl}_{q12\dots N-1,N}=0$, mit (1.19) folgt daraus

$$\begin{vmatrix} \delta_{pq} & \delta_{p1} & \delta_{p2} & \dots & \delta_{p,N-1} & \delta_{pN}\\ \delta_{iq} & \delta_{i1} & \delta_{i2} & \dots & \delta_{i,N-1} & \delta_{iN}\\ \delta_{jq} & \delta_{j1} & \delta_{j2} & \dots & \delta_{j,N-1} & \delta_{jN}\\ \vdots & & & & & \\ \delta_{kq} & \delta_{k1} & \delta_{k2} & \dots & \delta_{k,N-1} & \delta_{kN}\\ \delta_{lq} & \delta_{l1} & \delta_{l2} & \dots & \delta_{l,N-1} & \delta_{lN} \end{vmatrix} = 0\,,$$

Entwicklung nach der ersten Spalte ergibt mit (1.26)

$$\begin{aligned}&\delta_{pq}\,\varepsilon_{ij\dots kl}\,\varepsilon_{12\dots N}-\delta_{iq}\,\varepsilon_{pj\dots kl}\,\varepsilon_{12\dots N}+\delta_{jq}\,\varepsilon_{pi\dots kl}\,\varepsilon_{12\dots N}-+\dots\\ &\qquad+(-1)^{N-1}\delta_{kq}\,\varepsilon_{pij\dots l}\,\varepsilon_{12\dots N}+(-1)^{N}\delta_{lq}\,\varepsilon_{pij\dots k}\,\varepsilon_{12\dots N}=0.\end{aligned}$$

Der Faktor $\varepsilon_{12\dots N}$ ist eins und kann weggelassen werden. Nun bringen wir alle Terme bis auf den ersten auf die rechte Seite und nehmen in den Termen auf der rechten Seite in den Epsilons jeweils so viele Vertauschungen von Indizes vor, dass der Index p unter Beibehaltung der Reihenfolge der übrigen Indizes im M-ten Term auf der rechten Seite an der M-ten Stelle steht. Offenbar sind dazu $M-1$ Vertauschungen nötig, und wir erhalten

$$\varepsilon_{ij\dots kl}\,\delta_{pq}=\varepsilon_{pj\dots kl}\,\delta_{iq}+\varepsilon_{ip\dots kl}\,\delta_{jq}+\dots+\varepsilon_{ij\dots pl}\,\delta_{kq}+\varepsilon_{ij\dots kp}\,\delta_{lq}$$

oder mit einer etwas anderen Bezeichnung der Indizes die erste Gleichung (1.27). Die zweite geht aus der ersten hervor, wenn man p und q vertauscht und die Symmetrie von δ_{pq} berücksichtigt.

1.4.4 Darstellung einer Determinante mit $\varepsilon_{i\dots j}$

1. Das System der $\varepsilon_{i\dots j}$ hat eine gewisse Ähnlichkeit mit den Eigenschaften von Determinanten; z. B. verschwindet eine Determinante, wenn zwei Reihen gleich sind, und sie ändert ihr Vorzeichen, wenn man zwei Reihen vertauscht. Dasselbe gilt für die Elemente von $\varepsilon_{i\ldots j}$ in Bezug auf die Indizes. Deshalb ist plausibel, dass sich $\varepsilon_{i\ldots j}$ nach (1.25) als Determinante schreiben lässt. Umgekehrt ist zu vermuten, dass sich eine Determinante auch mithilfe von $\varepsilon_{i\ldots j}$ schreiben lässt.

Dazu multiplizieren wir (1.25) mit $a_{i1}\,a_{j2}\,\ldots\,a_{kM}$:

$$\varepsilon_{ij\ldots k}\,a_{i1}\,a_{j2}\,\ldots\,a_{kM} = \begin{vmatrix} \delta_{1i} & \delta_{1j} & \ldots & \delta_{1k} \\ \delta_{2i} & \delta_{2j} & \ldots & \delta_{2k} \\ \vdots & & & \\ \delta_{Mi} & \delta_{Mj} & \ldots & \delta_{Mk} \end{vmatrix} a_{i1}\,a_{j2}\,\ldots\,a_{kM}\,.$$

Wenn wir auf der rechten Seite a_{i1} in die erste Spalte der Determinante multiplizieren, a_{j2} in die zweite Spalte, und so weiter und (1.17) berücksichtigen, erhalten wir

$$\varepsilon_{ij\ldots k}\,a_{i1}\,a_{j2}\,\ldots\,a_{kM} = \begin{vmatrix} a_{11} & a_{12} & \ldots & a_{1M} \\ a_{21} & a_{22} & \ldots & a_{2M} \\ \vdots & & & \\ a_{M1} & a_{M2} & \ldots & a_{MM} \end{vmatrix}\,.$$

Zum selben Ergebnis kommen wir, wenn wir von

$$\varepsilon_{ij\ldots k}\,a_{1i}\,a_{2j}\,\ldots\,a_{Mk} = \begin{vmatrix} \delta_{i1} & \delta_{i2} & \ldots & \delta_{iM} \\ \delta_{j1} & \delta_{j2} & \ldots & \delta_{jM} \\ \vdots & & & \\ \delta_{k1} & \delta_{k2} & \ldots & \delta_{kM} \end{vmatrix} a_{1i}\,a_{2j}\,\ldots\,a_{Mk}$$

ausgehen und a_{1i} in die erste Zeile der Determinante multiplizieren, a_{2j} in die zweite Zeile, usw. Es gilt also

$$\det \underset{\sim}{a} = \varepsilon_{ij\ldots k}\,a_{i1}\,a_{j2}\,\ldots\,a_{kM} = \varepsilon_{ij\ldots k}\,a_{1i}\,a_{2j}\,\ldots\,a_{Mk}\,. \tag{1.28}$$

Nach der Definition (1.22) der $\varepsilon_{i\ldots j}$ können wir dafür auch

$$\det \underset{\sim}{a} = \delta^{ij\ldots k}_{12\ldots M}\,a_{i1}\,a_{j2}\,\ldots\,a_{kM} \tag{a}$$

schreiben. Der Wert von $\delta^{ij\ldots k}_{12\ldots M}$ ändert sich nicht, wenn wir darin zwei Indexpaare vertauschen, es gilt also z. B. auch

$$\det \underset{\sim}{a} = \delta^{ji\ldots k}_{21\ldots M}\,a_{i1}\,a_{j2}\,\ldots\,a_{kM} = \delta^{ji\ldots k}_{21\ldots M}\,a_{j2}\,a_{i1}\,\ldots\,a_{kM}\,.$$

Wenn wir darin noch i in j und j in i umbenennen, erhalten wir

$$\det \underset{\sim}{a} = \delta^{ij\ldots k}_{21\ldots M}\, a_{i2}\, a_{j1} \ldots a_{kM}\,.$$

Wir erhalten also ebenfalls $\det \underset{\sim}{a}$, wenn wir in (a) die unteren Indizes durch eine Permutation der Zahlen 1, 2, ..., M und zugleich die zweiten Indizes des Produkts $a_{i1}\, a_{j2} \ldots a_{kM}$ durch die gleiche Permutation ersetzen. Wenn wir in (a) die Zahlenindizes durch laufende Indizes ersetzen, also

$$\delta^{ij\ldots k}_{pq\ldots r}\, a_{ip}\, a_{jq} \ldots a_{kr}$$

schreiben, so wird dadurch eine M-fache Summation über alle M Werte der Indizes $p, q, \ldots, r$ ausgedrückt. Von den M^M Summanden sind allerdings nur die $M!$ von null verschieden, in denen die Folge $p, q, \ldots, r$ eine Permutation der Folge $1, 2, \ldots, M$ ist. Da alle diese Summanden gleich $\det \underset{\sim}{a}$ sind, folgt mit (1.26)

$$\det \underset{\sim}{a} = \frac{1}{M!}\, \delta^{ij\ldots k}_{pq\ldots r}\, a_{ip}\, a_{jq} \ldots a_{kr} = \frac{1}{M!}\, \varepsilon_{ij\ldots k}\, \varepsilon_{pq\ldots r}\, a_{ip}\, a_{jq} \ldots a_{kr}$$

$$= \frac{1}{M!} \begin{vmatrix} \delta_{ip} & \delta_{iq} & \ldots & \delta_{ir} \\ \delta_{jp} & \delta_{jq} & \ldots & \delta_{jr} \\ \vdots & & & \\ \delta_{kp} & \delta_{kq} & \ldots & \delta_{kr} \end{vmatrix} a_{ip}\, a_{jq} \ldots a_{kr}\,.$$

Multipliziert man a_{ip} in die erste Zeile der Determinante, a_{jq} in die zweite, usw. so erhält man

$$\det \underset{\sim}{a} = \frac{1}{M!} \begin{vmatrix} a_{pp} & a_{pq} & \ldots & a_{pr} \\ a_{qp} & a_{qq} & \ldots & a_{qr} \\ \vdots & & & \\ a_{rp} & a_{rq} & \ldots & a_{rr} \end{vmatrix} :$$

$$\begin{aligned} \det \underset{\sim}{a} &= \frac{1}{M!}\, \varepsilon_{ij\ldots k}\, \varepsilon_{pq\ldots r}\, a_{ip}\, a_{jq} \ldots a_{kr} \\ &= \frac{1}{M!} \begin{vmatrix} a_{pp} & a_{pq} & \ldots & a_{pr} \\ a_{qp} & a_{qq} & \ldots & a_{qr} \\ \vdots & & & \\ a_{rp} & a_{rq} & \ldots & a_{rr} \end{vmatrix}\,. \end{aligned} \tag{1.29}$$

2. Mithilfe der $\varepsilon_{i\ldots j}$ lassen sich auch die Kofaktoren der Elemente einer Determinante berechnen:

Wir gehen von $(1.29)_1$ aus und multiplizieren das mit δ_{mn}, dann erhalten wir

$$\left(\det \underset{\sim}{a}\right) \delta_{mn} = \frac{1}{M!} \varepsilon_{ij\ldots k}\, \delta_{mn}\, \varepsilon_{pq\ldots r}\, a_{ip}\, a_{jq} \cdots a_{kr}\,. \tag{a}$$

$\varepsilon_{ij\ldots k}\, \delta_{mn}$ ersetzen wir gemäß $(1.27)_1$ und erhalten

$$\begin{aligned} \left(\det \underset{\sim}{a}\right) \delta_{mn} &= \frac{1}{M!} \left(\varepsilon_{mj\ldots k}\, \delta_{in} + \varepsilon_{im\ldots k}\, \delta_{jn} + \cdots + \varepsilon_{ij\ldots m}\, \delta_{kn}\right) \varepsilon_{pq\ldots r}\, a_{ip}\, a_{jq} \cdots a_{kr} \\ &= \frac{1}{M!} \left(\varepsilon_{mj\ldots k}\, \varepsilon_{pq\ldots r}\, a_{np}\, a_{jq} \cdots a_{kr} + \varepsilon_{im\ldots k}\, \varepsilon_{pq\ldots r}\, a_{ip}\, a_{nq} \cdots a_{kr} \right. \\ &\quad \left. + \cdots + \varepsilon_{ij\ldots m}\, \varepsilon_{pq\ldots r}\, a_{ip}\, a_{jq} \cdots a_{nr}\right). \end{aligned}$$

Durch Umbenennung von Summationsindizes sorgen wir dafür, dass in jedem Term der Faktor $a_{np}\, a_{jq} \cdots a_{kr}$ auftritt:

$$\begin{aligned} \left(\det \underset{\sim}{a}\right) \delta_{mn} &= \frac{1}{M!} \left(\varepsilon_{mj\ldots k}\, \varepsilon_{pq\ldots r}\, a_{np}\, a_{jq} \ldots a_{kr} \right. \\ &\quad \left. + \varepsilon_{im\ldots k}\, \varepsilon_{pq\ldots r}\, a_{ip}\, a_{nq} \cdots a_{kr} + \cdots + \varepsilon_{ij\ldots m}\, \varepsilon_{pq\ldots r}\, a_{ip}\, a_{jq} \cdots a_{nr}\right). \\ &\qquad\; \underset{j}{\uparrow} \qquad \underset{qp}{\uparrow\uparrow} \qquad \underset{jq}{\uparrow\uparrow} \;\; \underset{p}{\uparrow} \qquad\qquad\qquad\qquad \underset{k}{\uparrow} \qquad\; \underset{r}{\uparrow} \;\; \underset{p}{\uparrow} \;\; \underset{kr}{\uparrow\uparrow} \qquad\qquad \underset{p}{\uparrow} \end{aligned}$$

Wenn wir jetzt noch in jedem Term außer dem ersten in beiden Epsilons ein Indexpaar vertauschen, was den Wert des Terms ja nicht ändert, sehen wir, dass alle M Terme gleich sind. Damit folgt

$$\left(\det \underset{\sim}{a}\right) \delta_{mn} = \frac{1}{(M-1)!} \varepsilon_{mj\ldots k}\, \varepsilon_{pq\ldots r}\, a_{jq} \cdots a_{kr}\, a_{np}\,. \tag{b}$$

Wir führen zunächst als Abkürzung

$$b_{mp} := \frac{1}{(M-1)!} \varepsilon_{mj\ldots k}\, \varepsilon_{pq\ldots r}\, a_{jq} \cdots a_{kr}$$

ein und wollen zeigen, dass das so definierte b_{mp} der Kofaktor zum Element a_{mp} ist. Für $m = p = 1$ erhalten wir

$$b_{11} = \frac{1}{(M-1)!} \varepsilon_{1j\ldots k}\, \varepsilon_{1q\ldots r}\, a_{jq} \cdots a_{kr}\,.$$

Da bei den Epsilons die Anzahl der Indizes gleich ihrem Wertevorrat ist und alle Epsilons null sind, in denen ein Index mindestens zweimal vorkommt, können wir darin $\varepsilon_{1j\ldots k}$ und $\varepsilon_{1q\ldots r}$ durch $\varepsilon_{j\ldots k}$ und $\varepsilon_{q\ldots r}$ ersetzen, wenn deren $M-1$ Indizes von 2 bis M laufen:

$$b_{11} = \frac{1}{(M-1)!}\,\varepsilon_{j\dots k}\,\varepsilon_{q\dots r}\,a_{jq}\cdots a_{kr}\,, \quad \text{alle Indizes: } 2,\,\dots,\,M.$$

Das ist aber gemäß (1.29) gerade der Minor zu a_{11}, und der ist nach (1.8) gleich dem Kofaktor b_{11}. Für $m = 1,\, p = 2$ erhalten wir entsprechend

$$b_{12} = \frac{1}{(M-1)!}\,\varepsilon_{1j\dots k}\,\varepsilon_{2q\dots r}\,a_{jq}\cdots a_{kr} = -\frac{1}{(M-1)!}\,\varepsilon_{1j\dots k}\,\varepsilon_{q2\dots r}\,a_{jq}\cdots a_{kr}\,.$$

Darin können wir wieder $\varepsilon_{1j\dots k}$ und $\varepsilon_{q2\dots r}$ durch $\varepsilon_{j\dots k}$ und $\varepsilon_{q\dots r}$ ersetzen, wenn die Indizes $j\dots k$ die Werte 2 bis M und die Indizes $q\dots r$ die Werte 1 und 3 bis M annehmen können. Ohne das Minuszeichen ist das der Minor zu a_{12}, mit dem Minuszeichen der Kofaktor b_{12}. Analog kann man das für die übrigen Elemente von b_{mp} zeigen, wir erhalten also für den Kofaktor des Elements a_{ip} einer Determinante

$$b_{ip} = \frac{1}{(M-1)!}\,\varepsilon_{ij\dots k}\,\varepsilon_{pq\dots r}\,a_{jq}\cdots a_{kr} \tag{1.30}$$

mit M Indizes an den Epsilons.

Aus (b) folgt damit

$$\left(\det \underset{\sim}{a}\right)\delta_{mn} = b_{mp}\,a_{np}\,.$$

Wegen der Symmetrie von δ_{ij} können wir darin auf der rechten Seite m und n vertauschen und erhalten damit auch

$$\left(\det \underset{\sim}{a}\right)\delta_{mn} = a_{mp}\,b_{np}\,.$$

Ersetzt man in (a) $\varepsilon_{pq\dots r}\,\delta_{mn}$ nach $(1.27)_2$, erhält man entsprechend

$$\left(\det \underset{\sim}{a}\right)\delta_{mn} = b_{im}\,a_{in} = a_{im}\,b_{in}\,.$$

Es gilt also

$$\left(\det \underset{\sim}{a}\right)\delta_{ij} = b_{ik}\,a_{jk} = a_{ik}\,b_{jk} = b_{ki}\,a_{kj} = a_{ki}\,b_{kj}\,. \tag{1.31}$$

Wir haben damit nebenbei auch (1.14) bewiesen.

Nimmt man von (1.31) auf beiden Seiten die Determinante, so folgt mit (1.13) $\left(\det \underset{\sim}{a}\right)^M = \left(\det \underset{\sim}{b}\right)\left(\det \underset{\sim}{a}\right)$ und daraus für $\det \underset{\sim}{a} \neq 0$

$$\det \underset{\sim}{b} = \left(\det \underset{\sim}{a}\right)^{M-1}\,. \tag{1.32}$$

1.4.5 ε_{ijk}

1. Wir werden die $\varepsilon_{i\ldots j}$ meistens für $M = 3$ benötigen und wollen deshalb für diesen Fall einige Formeln gesondert notieren. Für $M = 3$ gilt

$$\varepsilon_{ijk} = \begin{cases} 1 & \text{für } ijk = 123 \text{ und seine zyklischen Permutationen 231 und 312,} \\ -1 & \text{für } ijk = 321 \text{ und seine zyklischen Permutationen 213 und 132,} \\ 0 & \text{für alle anderen Indexkombinationen, das sind alle, in denen eine Ziffer mindestens zweimal vorkommt.} \end{cases} \tag{1.33}$$

Man überzeugt sich leicht, dass diese Definition mit (1.23) in Einklang steht.

2. ε_{ijk} ist offenbar antimetrisch in Bezug auf jedes Indexpaar, d. h. es gilt

$$\varepsilon_{ijk} = \varepsilon_{jki} = \varepsilon_{kij} = -\varepsilon_{kji} = -\varepsilon_{jik} = -\varepsilon_{ikj} \,. \tag{1.34}$$

Aufgabe 1.9

Man schreibe für $N = 3$ die folgenden Ausdrücke aus:

A. $v_i = \varepsilon_{ijk}\,\omega_j\, r_k$.

Es seien v_i, ω_i und r_i die kartesischen Koordinaten dreier Vektoren $\underline{v}$, $\underline{\omega}$ und $\underline{r}$. Wie wird der durch die obige Gleichung gegebene vektoralgebraische Zusammenhang zwischen $\underline{v}$, $\underline{\omega}$ und $\underline{r}$ üblicherweise geschrieben?

B. $\Omega_j = \varepsilon_{ijk} \dfrac{\partial v_i}{\partial x_k}$.

Es seien v_i und Ω_i die kartesischen Koordinaten zweier Feldvektoren $\underline{v}$ und $\underline{\Omega}$, d. h. die v_i und die Ω_i seien Funktionen der Ortskoordinaten $x_i = (x_1, x_2, x_3) = (x, y, z)$. Wie wird der durch die obige Gleichung gegebene vektoranalytische Zusammenhang zwischen $\underline{\Omega}$ und $\underline{v}$ üblicherweise geschrieben?

3. Aus (1.26) folgt durch Gleichsetzen zweier homologer (d. h. in beiden Epsilons an der gleichen Stelle stehender) Indizes nach elementarer Zwischenrechnung der sogenannte Entwicklungssatz:

$$\boxed{\varepsilon_{ijk}\,\varepsilon_{mnk} = \varepsilon_{ikj}\,\varepsilon_{mkn} = \varepsilon_{kij}\,\varepsilon_{kmn} = \delta_{im}\,\delta_{jn} - \delta_{in}\,\delta_{jm}\,.} \tag{1.35}$$

Wir wollen uns diese wichtige Formel auch in Worten einprägen: Ist über zwei homologe Indizes zweier Epsilons (für $M = 3$) zu summieren, so erhält man die Differenz zweier Ausdrücke, die beide das Produkt von zwei Deltas darstellen. Im ersten Term der Differenz (dem Minuenden) tragen die Deltas homologe Indizes der Epsilons, im zweiten Term (dem Subtrahenden) nicht homologe Indizes.

Setzt man in (1.35) $n = j$, erhält man $\varepsilon_{ijk}\,\varepsilon_{mjk} = \delta_{im}\,\delta_{jj} - \delta_{ij}\,\delta_{jm} = 3\,\delta_{im} - \delta_{im} = 2\,\delta_{im}$,

$$\varepsilon_{ijk}\,\varepsilon_{mjk} = 2\,\delta_{im}\,, \tag{1.36}$$

setzt man noch $m = i$, folgt

$$\varepsilon_{ijk}\,\varepsilon_{ijk} = 6\,. \tag{1.37}$$

4. Für das Produkt von ε_{ijk} und δ_{pq} gilt nach (1.27)

$$\begin{aligned} \varepsilon_{ijk}\,\delta_{pq} &= \varepsilon_{pjk}\,\delta_{iq} + \varepsilon_{ipk}\,\delta_{jq} + \varepsilon_{ijp}\,\delta_{kq} \\ &= \varepsilon_{qjk}\,\delta_{ip} + \varepsilon_{iqk}\,\delta_{jp} + \varepsilon_{ijq}\,\delta_{kp}\,. \end{aligned} \tag{1.38}$$

1.5 Matrizen

1.5.1 Definitionen

Ein rechteckiges Schema von Zahlen nennt man eine Matrix. Die Zahlen heißen die Elemente der Matrix, die waagerechten Reihen ihre Zeilen, die senkrechten Reihen ihre Spalten. Eine M-zeilige, N-spaltige Matrix nennt man auch eine M,N-Matrix. Eine einzeilige Matrix nennt man Zeilenmatrix, eine einspaltige Matrix Spaltenmatrix, eine Matrix mit N Zeilen und N Spalten eine N-reihige quadratische Matrix. Eine Matrix, die man aus einer anderen Matrix durch Weglassen einer beliebigen Anzahl von Zeilen und einer beliebigen Anzahl von Spalten erhält, nennt man eine Untermatrix der anderen Matrix.

Wir bezeichnen eine Matrix durch einen Buchstaben mit einer Tilde darunter und ihre Elemente durch den gleichen Buchstaben mit zwei Indizes, wobei der erste Index die Zeile und der zweite die Spalte bezeichnet:

$$\begin{pmatrix} A_{11} & A_{12} & \dots & A_{1N} \\ A_{21} & A_{22} & \dots & A_{2N} \\ \vdots & & & \\ A_{M1} & A_{M2} & \dots & A_{MN} \end{pmatrix}.$$

Das Element A_{ij} im Schnittpunkt der i-ten Zeile und der j-ten Spalte wollen wir das i, j-Element der Matrix nennen. Wenn man die beiden Indizes als laufende Indizes auffasst und i von 1 bis M und j von 1 bis N laufen lässt, stellt A_{ij} auch ein Symbol für die ganze Matrix dar. Man erhält damit drei äquivalente Schreibweisen:

$$\begin{pmatrix} A_{11} & A_{12} & \dots & A_{1N} \\ A_{21} & A_{22} & \dots & A_{2N} \\ \vdots & & & \\ A_{M1} & A_{M2} & \dots & A_{MN} \end{pmatrix} = A_{ij} = \underset{\sim}{A} \,. \tag{1.39}$$

Als Nullmatrix $\underset{\sim}{0}$ bezeichnet man jede Matrix, deren sämtliche Elemente null sind, als Diagonalmatrix oder als diagonalisiert jede quadratische Matrix, in der nur die in beiden Indizes übereinstimmenden Elemente (die Elemente der Hauptdiagonale) von null verschieden sind. Eine Diagonalmatrix, in der die Elemente der Hauptdiagonale alle eins sind, nennt man Einheitsmatrix oder Einsmatrix und schreibt dafür $\underset{\sim}{E}$; die Elemente der Einheitsmatrix sind offenbar die δ_{ij} und werden deshalb im Allgemeinen auch so bezeichnet.

Die aus den Elementen einer quadratischen Matrix gebildete Determinante heißt die Determinante der Matrix. Die Kofaktoren zu den Elementen dieser Determinante nennt man auch Kofaktoren zu den Elementen der Matrix. Eine Determinante, die aus den Elementen einer im Allgemeinen nichtquadratischen Matrix nach Weglassen einer beliebigen Anzahl von Zeilen und Spalten entsteht, nennt man eine Unterdeterminante der Matrix.

Eine Matrix hat den Rang R, wenn sie mindestens eine von null verschiedene R-reihige Unterdeterminante, jedoch keine von null verschiedene höherreihige Unterdeterminante hat. Nach Satz III in Abschnitt 1.3.3 über Determinanten hat eine

Matrix mit dem Rang R genau R linear unabhängige Zeilen und genau R linear unabhängige Spalten. Für den Rang der Matrix $\underset{\sim}{A}$ schreibt man in Zeichen rg $\underset{\sim}{A}$.

Eine N-reihige quadratische Matrix heißt regulär, wenn sie den Rang N hat; sie heißt singulär, wenn sie einen niedrigeren Rang hat, und zwar M-fach singulär, wenn sie den Rang $N-M$ oder mit anderen Worten den Rangabfall M hat.

1.5.2 Rechenoperationen und einfache Folgerungen

1. Eine Matrix ist ein Spezialfall eines N-tupels; man erkennt das am einfachsten, wenn man sich alle Zeilen einer Matrix hintereinander geschrieben vorstellt. Damit kann man für Matrizen die linearen Operationen und die Begriffe linear unabhängig und linear abhängig definieren:

– *Gleichheit*: Zwei Matrizen $\underset{\sim}{A}$ und $\underset{\sim}{B}$ sind genau dann gleich, wenn ihre homologen Elemente gleich sind:

$$\underset{\sim}{A}=\underset{\sim}{B} \quad\Longleftrightarrow\quad A_{ij}=B_{ij}\,. \tag{1.40}$$

– *Addition (Subtraktion)*: Eine Matrix $\underset{\sim}{C}$ ist genau dann die Summe (Differenz) zweier Matrizen $\underset{\sim}{A}$ und $\underset{\sim}{B}$, wenn dasselbe für die homologen Elemente der drei Matrizen gilt:

$$\underset{\sim}{A}\pm\underset{\sim}{B}=\underset{\sim}{C} \quad\Longleftrightarrow\quad A_{ij}\pm B_{ij}=C_{ij}\,. \tag{1.41}$$

Gleichsetzen, addieren und subtrahieren kann man also nur Matrizen, die in der Anzahl der Zeilen und Spalten übereinstimmen.

– *Multiplikation einer Matrix mit einer Zahl*: Man multipliziert eine Matrix $\underset{\sim}{A}$ mit einer Zahl α, indem man jedes Element der Matrix mit dieser Zahl multipliziert:

$$\alpha\underset{\sim}{A}=\underset{\sim}{B} \quad\Longleftrightarrow\quad \alpha A_{ij}=B_{ij}\,. \tag{1.42}$$

– *Lineare Unabhängigkeit*: Q M,N-Matrizen $\overset{1}{\underset{\sim}{A}}$, $\overset{2}{\underset{\sim}{A}}$, …, $\overset{Q}{\underset{\sim}{A}}$ heißen linear unabhängig, wenn die Gleichung

$$\alpha_i\overset{i}{\underset{\sim}{A}}=\underset{\sim}{0} \quad\Longleftrightarrow\quad \alpha_i\overset{i}{A}_{mn}=0 \tag{1.43}$$

nur zu erfüllen ist, wenn alle α_i gleich null sind; andernfalls heißen die Matrizen linear abhängig.

Da die Gleichungen (1.43) MN homogene lineare Gleichungen für die Q unbekannten α_i darstellen, sind mehr als MN Matrizen stets linear abhängig.

2. Man definiert weiter die *Multiplikation* zweier Matrizen: Eine Matrix $\underset{\sim}{C}$ ist genau dann das Produkt zweier Matrizen $\underset{\sim}{A}$ und $\underset{\sim}{B}$, wenn zwischen ihren Elementen die Beziehung $C_{ik} = A_{ij} B_{jk}$ gilt:

$$\underset{\sim}{A}\,\underset{\sim}{B} = \underset{\sim}{C} \quad \Longleftrightarrow \quad A_{ij} B_{jk} = C_{ik} \,. \tag{1.44}$$

Bei der Multiplikation von Matrizen muss also die Anzahl der Spalten des ersten Faktors gleich der Anzahl der Zeilen des zweiten Faktors sein. Zur Ausführung einer Multiplikation verwendet man zweckmäßig das sogenannte Falksche Schema:

für $A_{ij} B_{jk} = C_{ik}$:

$$\begin{array}{cccc|ccc}
 & & & & B_{11} & B_{12} & B_{13} \\
 & & & & B_{21} & B_{22} & B_{23} \\
 & & & & B_{31} & B_{32} & B_{33} \\
 & & & & B_{41} & B_{42} & B_{43} \\
\hline
A_{11} & A_{12} & A_{13} & A_{14} & C_{11} & C_{12} & C_{13} \\
A_{21} & A_{22} & A_{23} & A_{24} & C_{21} & C_{22} & C_{23}
\end{array}$$

für $\underbrace{A_{ij} B_{jk}}_{F_{ik}} C_{kl} = D_{il}$:

$$\begin{array}{cccc|ccc|cccc}
 & & & & B_{11} & B_{12} & B_{13} & & & & \\
 & & & & B_{21} & B_{22} & B_{23} & C_{11} & C_{12} & C_{13} & C_{14} \\
 & & & & B_{31} & B_{32} & B_{33} & C_{21} & C_{22} & C_{23} & C_{24} \\
 & & & & B_{41} & B_{42} & B_{43} & C_{31} & C_{32} & C_{33} & C_{34} \\
\hline
A_{11} & A_{12} & A_{13} & A_{14} & F_{11} & F_{12} & F_{13} & D_{11} & D_{12} & D_{13} & D_{14} \\
A_{21} & A_{22} & A_{23} & A_{24} & F_{21} & F_{22} & F_{23} & D_{21} & D_{22} & D_{23} & D_{24}
\end{array}$$

Das Produkt zweier Matrizen ist im Allgemeinen nicht kommutativ; im obigen Beispiel ist das Produkt $\underset{\sim}{B}\,\underset{\sim}{A}$ nicht einmal definiert. Das Produkt einer Matrix mit der Einheitsmatrix ergibt jedoch unabhängig von der Reihenfolge der Faktoren wieder die ursprüngliche Matrix:

$$\underset{\sim}{A}\,\underset{\sim}{E} = \underset{\sim}{E}\,\underset{\sim}{A} = \underset{\sim}{A} \quad \Longleftrightarrow \quad A_{ij}\,\delta_{jk} = \delta_{ij} A_{jk} = A_{ik} \,. \tag{1.45}$$

Wenn die Matrix $\underset{\sim}{A}$ nicht quadratisch ist, hat die Einheitsmatrix in beiden Fällen allerdings eine verschiedene Reihenzahl: Wird sie von rechts heranmultipliziert, hat sie so viele Reihen wie $\underset{\sim}{A}$ Spalten, wird sie von links heranmultipliziert, hat sie so viele Reihen wie $\underset{\sim}{A}$ Zeilen.

Wenn $\underset{\sim}{A}$ quadratisch und regulär ist, gilt auch die Umkehrung: Wenn das Produkt (1.45) einer regulären quadratischen Matrix $\underset{\sim}{A}$ mit einer (zunächst unbekannten) Matrix $\underset{\sim}{E}$ wieder die Matrix $\underset{\sim}{A}$ ergibt, dann ist dic Matrix $\underset{\sim}{E}$ die Einheitsmatrix.

Das ist leicht einzusehen: Zunächst muss, wenn $\underset{\sim}{A}$ quadratisch ist, nach (1.44) auch $\underset{\sim}{E}$ quadratisch sein und dieselbe Anzahl Reihen wie $\underset{\sim}{A}$ haben. Diese Anzahl sei N; dann stellt (1.45) ein System von N^2 inhomogenen linearen Gleichungen für die N^2 Elemente von $\underset{\sim}{E}$ dar. Wenn $\underset{\sim}{A}$ regulär ist, ist dieses Gleichungssystem stets eindeutig lösbar. Nun ist (1.45) für jede Matrix $\underset{\sim}{A}$ durch die Einheitsmatrix $\underset{\sim}{E}$ erfüllt; für eine reguläre quadratische Matrix $\underset{\sim}{A}$ ist die Einheitsmatrix wegen der Eindeutigkeit des Problems dann die einzige Lösung.

Das Produkt von mehr als zwei Matrizen ist assoziativ.

3. Man definiert weiter die *Transposition* einer Matrix: Jeder Matrix $\underset{\sim}{A}$ kann man eine Matrix $\underset{\sim}{A}^{\mathrm{T}}$ zuordnen, indem man Zeilen und Spalten vertauscht; man nennt diese Matrix $\underset{\sim}{A}^{\mathrm{T}}$ die zu $\underset{\sim}{A}$ transponierte Matrix und liest das „A transponiert". Für das i,j-Element der Matrix $\underset{\sim}{A}^{\mathrm{T}}$ (nicht: das Transponierte des i,j-Elements der Matrix $\underset{\sim}{A}$)[2] schreiben wir $(A_{ij})^{\mathrm{T}}$ oder A^{T}_{ij}, dann gilt

$$(A_{ij})^{\mathrm{T}} \equiv A^{\mathrm{T}}_{ij} := A_{ji}\,, \tag{1.46}$$

das i,j-Element der Matrix $\underset{\sim}{A}^{\mathrm{T}}$ ist gleich dem j,i-Element der Matrix $\underset{\sim}{A}$.

Offenbar ist $(A^{\mathrm{T}}_{ij})^{\mathrm{T}} = A^{\mathrm{T}}_{ji} = A_{ij}$, d. h. die Transposition einer transponierten Matrix ergibt wieder die Ausgangsmatrix:

$$(\underset{\sim}{A}^{\mathrm{T}})^{\mathrm{T}} = \underset{\sim}{A} \qquad \Longleftrightarrow \qquad (A^{\mathrm{T}}_{ij})^{\mathrm{T}} = A_{ij}\,. \tag{1.47}$$

$A_{im}B_{mj}$ bezeichnet das i,j-Element der Matrix $\underset{\sim}{A}\ \underset{\sim}{B}$, $(A_{im}B_{mj})^{\mathrm{T}}$ das i,j-Element der Matrix $(\underset{\sim}{A}\underset{\sim}{B})^{\mathrm{T}}$. Dann erhalten wir mit (1.46)

$$(A_{im}B_{mj})^{\mathrm{T}} = A_{jm}B_{mi} = B_{mi}A_{jm} = B^{\mathrm{T}}_{im}A^{\mathrm{T}}_{mj}\,.$$

Ganz links steht das i,j-Element[3] der Matrix $(\underset{\sim}{A}\underset{\sim}{B})^{\mathrm{T}}$, daneben das j,i-Element der Matrix $\underset{\sim}{A}\ \underset{\sim}{B}$, der nächste Term ist nicht als Element einer Matrix zu deuten, und

[2] Das Transponierte eines Matrixelements ist nicht definiert. A^{T}_{ij} sollte man also „A transponiert ij" und nicht „A ij transponiert" lesen.

[3] $(A_{im}B_{mj})^{\mathrm{T}}$ muss man wohl „A im B mj (in Klammern) transponiert" lesen, muss sich aber darüber im Klaren sein, dass es sich dabei um das i,j-Element der Matrix $(\underset{\sim}{A}\underset{\sim}{B})^{\mathrm{T}}$ handelt.

ganz rechts steht das i, j-Element der Matrix $\underset{\sim}{B}^{\mathrm{T}} \underset{\sim}{A}^{\mathrm{T}}$. Nimmt man die Ausdrücke ganz links und ganz rechts zusammen, so folgt, dass die i, j-Elemente der Matrizen $(\underset{\sim}{A}\,\underset{\sim}{B})^{\mathrm{T}}$ und $\underset{\sim}{B}^{\mathrm{T}} \underset{\sim}{A}^{\mathrm{T}}$ gleich sind. Da das für alle i und j gilt, sind die beiden Matrizen gleich. Man erhält auf diese Weise die wichtige Formel

$$(\underset{\sim}{A}\,\underset{\sim}{B})^{\mathrm{T}} = \underset{\sim}{B}^{\mathrm{T}} \underset{\sim}{A}^{\mathrm{T}} \qquad \Longleftrightarrow \qquad (A_{im} B_{mj})^{\mathrm{T}} = B^{\mathrm{T}}_{im} A^{\mathrm{T}}_{mj} . \tag{1.48}$$

4. Für quadratische Matrizen definiert man als weitere Operation die *Inversion* einer Matrix: Existiert zu einer quadratischen Matrix $\underset{\sim}{A}$ eine Matrix $\underset{\sim}{A}^{-1}$, sodass das Produkt beider die Einheitsmatrix $\underset{\sim}{E}$ ergibt,

$$\underset{\sim}{A}\,\underset{\sim}{A}^{-1} = \underset{\sim}{E} \qquad \Longleftrightarrow \qquad A_{ij} A^{(-1)}_{jk} = \delta_{ik} , \tag{1.49}$$

so nennt man $\underset{\sim}{A}^{-1}$ die zu $\underset{\sim}{A}$ inverse Matrix.[4]

Bei bekannter Matrix $\underset{\sim}{A}$ stellt (1.49) ein inhomogenes lineares Gleichungssystem für die Elemente der Matrix $\underset{\sim}{A}^{-1}$ dar. Nach den Regeln über lineare Gleichungssysteme lässt es sich genau dann nach den $A^{(-1)}_{ij}$ auflösen, wenn $\underset{\sim}{A}$ regulär ist; die Lösung ist dann eindeutig. Man kann sie aus (1.31) gewinnen. Dazu multipliziert man $(\det\underset{\sim}{A})\delta_{ij} = B_{ki} A_{kj}$ mit $A^{(-1)}_{jm}$:

$$(\det\underset{\sim}{A})\delta_{ij} A^{(-1)}_{jm} = B_{ki} A_{kj} A^{(-1)}_{jm} = B_{ki}\, \delta_{km} ,$$
$$(\det\underset{\sim}{A}) A^{(-1)}_{im} = B_{mi} ,$$

$$A^{(-1)}_{ij} = \frac{B_{ji}}{\det\underset{\sim}{A}} , \tag{1.50}$$

wobei B_{ij} der Kofaktor zu A_{ij} ist. (Man beachte die unterschiedliche Stellung der Indizes i und j auf den beiden Seiten dieser Gleichung!)

Eine Matrix lässt sich also genau dann invertieren, wenn sie quadratisch und regulär ist. Man berechnet die Inverse einer Matrix praktisch allerdings meist nicht nach (1.50), sondern mithilfe des gaußschen Algorithmus.

Wir wollen zeigen, dass aus (1.49) auch

$$\underset{\sim}{A}^{-1} \underset{\sim}{A} = \underset{\sim}{E} \qquad \Longleftrightarrow \qquad A^{(-1)}_{ij} A_{jk} = \delta_{ik} \tag{1.51}$$

---

[4] $A^{(-1)}_{ij}$ ist das i, j-Element der Matrix $\underset{\sim}{A}^{-1}$ und sollte daher „A hoch minus eins ij" gelesen werden; wie bei der Transposition ist das Inverse einer Matrix definiert, nicht das Inverse eines Matrixelements.

folgt, dass also auch $\underset{\sim}{A}$ zu $\underset{\sim}{A}^{-1}$ invers, anders ausgedrückt die Inverse von $\underset{\sim}{A}^{-1}$ wieder $\underset{\sim}{A}$, d. h.

$$(\underset{\sim}{A}^{-1})^{-1} = \underset{\sim}{A} \tag{1.52}$$

ist. Dazu multiplizieren wir (1.49) von rechts mit $\underset{\sim}{A}$:

$$\underset{\sim}{A}\underset{\sim}{A}^{-1}\underset{\sim}{A} = \underset{\sim}{E}\underset{\sim}{A} = \underset{\sim}{A}.$$

Führen wir für das Produkt $\underset{\sim}{A}^{-1}\underset{\sim}{A}$ vorübergehend $\underset{\sim}{C}$ ein, so lautet die letzte Gleichung

$$\underset{\sim}{A}\underset{\sim}{C} = \underset{\sim}{A},$$

und da $\underset{\sim}{A}$ quadratisch und regulär ist, folgt aus der Umkehrung von (1.45), dass $\underset{\sim}{C}$ die Einheitsmatrix sein muss, womit (1.51) und (1.52) bewiesen sind. Wenn man (1.50) in $(1.49)_2$ und $(1.51)_2$ einsetzt, erhält man schließlich, vgl. (1.31),

$$(\det \underset{\sim}{A})\,\delta_{ik} = A_{ij}B_{kj} = B_{ji}A_{jk}\,. \tag{1.53}$$

Aufgabe 1.10

Man invertiere die beiden folgenden Matrizen und mache die Probe, d. h. zeige, dass das Produkt der Ausgangsmatrix mit der berechneten Inversen die Einheitsmatrix ergibt (vgl. dazu auch Abschnitt 1.6.2).

$$\text{A.}\ \begin{pmatrix} 1 & 0 & 2 \\ 2 & 1 & 3 \\ 1 & 1 & 2 \end{pmatrix}, \qquad \text{B.}\ \begin{pmatrix} 0 & 1 & 1 & -1 \\ 1 & 2 & -1 & 1 \\ 1 & 3 & -1 & 0 \\ -1 & -2 & 1 & -2 \end{pmatrix}.$$

Aufgabe 1.11

A. Man zeige, dass die Transposition und die Inversion einer Matrix kommutativ sind, dass also

$$(\underset{\sim}{A}^{-1})^{\mathrm{T}} = (\underset{\sim}{A}^{\mathrm{T}})^{-1} =: \underset{\sim}{A}^{-T} \tag{1.54}$$

gilt.

B. Man zeige, dass analog zu (1.48) gilt:

$$(\underset{\sim}{A}\underset{\sim}{B})^{-1} = \underset{\sim}{B}^{-1}\underset{\sim}{A}^{-1}\,. \tag{1.55}$$

1.5.3 Gleichungen zwischen Matrizen und Gleichungen zwischen Matrixelementen

Wir haben die Matrizen selbst (die wir durch unterschlängelte Buchstaben darstellen) und ihre Elemente (die wir durch doppelt indizierte Buchstaben darstellen) unterschieden, und wir haben die Rechenoperationen für Matrizen (die ja keine Zahlen sind) definiert, indem wir angegeben haben, welche arithmetischen Rechenoperationen zwischen ihren Elementen (die ja Zahlen sind) jeweils ausgeführt werden sollen. Man gelangt so zu zwei Schreibweisen der Matrizenrechnung: Jede Gleichung zwischen Matrizen kann man auch als eine Gleichung zwischen den Elementen dieser Matrizen schreiben, mit anderen Worten: man kann jede Gleichung zwischen Matrizen in eine äquivalente Gleichung zwischen Matrixelementen übersetzen. Wegen der Definition (1.40) der Gleichheit von Matrizen hat eine solche Gleichung zwischen Matrixelementen die Eigenschaft, dass alle ihre Glieder in der Reihenfolge der freien Indizes übereinstimmen. Umgekehrt kann man deshalb eine Gleichung zwischen Matrixelementen nur dann in eine Gleichung zwischen Matrizen übersetzen, wenn alle ihre Glieder in der Reihenfolge der freien Indizes übereinstimmen. Zum Beispiel bei den Gleichungen (1.46) und (1.50) ist das nicht der Fall.

Bei der Tensorrechnung wird uns derselbe Sachverhalt wieder begegnen.

1.5.4 Elementare Umformungen, Normalform, äquivalente Matrizen, ähnliche Matrizen

1. Als elementare Umformungen einer M,N-Matrix bezeichnet man

- die Vertauschung zweier Zeilen oder zweier Spalten,
- die Multiplikation einer Zeile oder einer Spalte mit einer von null verschiedenen Zahl,
- die Addition einer linearen Kombination aller übrigen Zeilen (Spalten) zu einer Zeile (Spalte).

Aus den Rechenregeln II, V, Ia und Ib für Determinanten folgt sofort, dass eine elementare Umformung den Rang einer Matrix nicht ändert.

2. Als Normalform aller M,N-Matrizen vom Range R definiert man die Matrix

$$D = \left(\begin{array}{cccc|ccc} 1 & 0 & \dots & 0 & 0 & \dots & 0 \\ 0 & 1 & \dots & 0 & 0 & \dots & 0 \\ \vdots & & & & \vdots & & \\ 0 & 0 & \dots & 1 & 0 & \dots & 0 \\ \hline 0 & 0 & \dots & 0 & 0 & \dots & 0 \\ \vdots & & & & \vdots & & \\ 0 & 0 & \dots & 0 & 0 & \dots & 0 \end{array}\right) \quad \begin{array}{l} \left.\vphantom{\begin{array}{c}1\\0\\ \vdots\\0\end{array}}\right\} R \\ \left.\vphantom{\begin{array}{c}0\\ \vdots\\0\end{array}}\right\} M-R \end{array} \qquad \text{(Spalten: } \overbrace{\quad}^{R}\ \overbrace{\quad}^{N-R}\text{)} \; . \tag{1.56}$$

Offenbar lässt sich jede M,N-Matrix vom Range R durch elementare Umformungen auf diese Normalform bringen, und jede M,N-Matrix, die sich durch elementare Umformungen auf diese Normalform bringen lässt, hat den Rang R; die Bezeichnung Normalform ist also sinnvoll.

Aufgabe 1.12

Man bestimme den Rang der Matrizen (vgl. auch den Abschnitt 1.6.3)

A. $\begin{pmatrix} 0 & 3 & 6 & 9 & -3 \\ 0 & 0 & 2 & -4 & 8 \\ 1 & 2 & -3 & 4 & 5 \\ 1 & 5 & 5 & 9 & 10 \end{pmatrix}$, B. $\begin{pmatrix} 1 & -3 & 2 & 0 \\ 4 & -11 & 10 & -1 \\ -2 & 8 & -5 & 3 \end{pmatrix}$.

3. Man sagt, die Elemente einer Menge sind äquivalent und bilden eine Äquivalenzklasse, wenn zwischen zwei beliebigen Elementen A und B der Menge eine Verknüpfung $A \sim B$ mit den folgenden Eigenschaften existiert:

- sie ist reflexiv, d. h. es gilt $A \sim A$ (m. a. W. die Verknüpfung existiert auch für $B = A$);
- sie ist symmetrisch, d. h. aus $A \sim B$ folgt $B \sim A$;
- sie ist transitiv, d. h. aus $A \sim B$ und $B \sim C$ folgt $A \sim C$.

Man nennt diese Verknüpfung dann eine Äquivalenzrelation auf dieser Menge.

4. Man kann zeigen, dass zu zwei beliebigen M,N-Matrizen vom gleichen Rang R zwei reguläre quadratische Matrizen $\underset{\sim}{S}$ und $\underset{\sim}{T}$ existieren, sodass die Beziehung

$$\underset{\sim}{A} = \underset{\sim}{S}\,\underset{\sim}{B}\,\underset{\sim}{T} \quad \Longleftrightarrow \quad A_{ij} = S_{im} B_{mn} T_{nj} \tag{1.57}$$

gilt. Dabei hat die Matrix $\underset{\sim}{S}$ offenbar M Reihen und die Matrix $\underset{\sim}{T}$ N Reihen.

Aufgabe 1.13

Man zeige, dass (1.57) eine Äquivalenzrelation zu den beiden Matrizen $\underset{\sim}{A}$ und $\underset{\sim}{B}$ ist.

Alle Matrizen, die in der Anzahl der Zeilen, der Anzahl der Spalten und im Rang übereinstimmen, bilden damit eine Äquivalenzklasse, und zwei Matrizen mit dieser Eigenschaft (oder gleichwertig: zwei Matrizen $\underset{\sim}{A}$ und $\underset{\sim}{B}$, die durch eine Beziehung $\underset{\sim}{A} = \underset{\sim}{S}\,\underset{\sim}{B}\,\underset{\sim}{T}$ verknüpft sind, wobei $\underset{\sim}{S}$ und $\underset{\sim}{T}$ regulär sind) heißen äquivalent.

5. Sind speziell zwei äquivalente Matrizen $\underset{\sim}{A}$ und $\underset{\sim}{B}$ quadratisch, haben $\underset{\sim}{S}$ und $\underset{\sim}{T}$ die gleiche Anzahl Reihen. Sind $\underset{\sim}{S}$ und $\underset{\sim}{T}$ darüber hinaus invers, gilt also

$$\underset{\sim}{A} = \underset{\sim}{S}\,\underset{\sim}{B}\,\underset{\sim}{S}^{-1}\,, \tag{1.58}$$

so nennt man die Matrizen $\underset{\sim}{A}$ und $\underset{\sim}{B}$ ähnlich.

1.5.5 Orthogonale Matrizen

1. Eine quadratische Matrix $\underset{\sim}{A}$ heißt orthogonal, wenn ihre Inverse gleich ihrer Transponierten ist. In diesem Falle gilt $A_{ik}A^{\mathrm{T}}_{kj} = A_{ik}A_{jk} = \delta_{ij}$, aber auch $A^{\mathrm{T}}_{ik}A_{kj} = A_{ki}A_{kj} = \delta_{ij}$. Wir erhalten also als gleichwertige Formulierungen für eine orthogonale Matrix:

$$\begin{aligned} &\underset{\sim}{A}^{\mathrm{T}} = \underset{\sim}{A}^{-1}\,, &\qquad &\underset{\sim}{A}\,\underset{\sim}{A}^{\mathrm{T}} = \underset{\sim}{A}^{\mathrm{T}}\underset{\sim}{A} = \underset{\sim}{E}\,,\\ &A_{ik}A_{jk} = \delta_{ij}\,, & &A_{ki}A_{kj} = \delta_{ij}\,. \end{aligned} \tag{1.59}$$

Die letzten beiden Gleichungen bedeuten anschaulich, dass die Quadratsumme jeder Reihe eins und die Produktsumme zweier verschiedener Zeilen oder zweier verschiedener Spalten null ist.

2. Weiter gilt für orthogonale Matrizen

$$\det A_{ij} = \pm 1\,. \tag{1.60}$$

Man beweist das am einfachsten, indem man $(\det A_{ij})^2$ nach den Regeln der Multiplikation von Determinanten ausmultipliziert und dabei die zweite Determinante stürzt:

$$\begin{vmatrix} A_{11} & A_{12} & \dots & A_{1N} \\ A_{21} & A_{22} & \dots & A_{2N} \\ \vdots & & & \\ A_{N1} & A_{N2} & \dots & A_{NN} \end{vmatrix} \begin{vmatrix} A_{11} & A_{21} & \dots & A_{N1} \\ A_{12} & A_{22} & \dots & A_{N2} \\ \vdots & & & \\ A_{1N} & A_{2N} & \dots & A_{NN} \end{vmatrix}$$

$$= \begin{vmatrix} A_{1i}A_{1i} & A_{1i}A_{2i} & \dots & A_{1i}A_{Ni} \\ A_{2i}A_{1i} & A_{2i}A_{2i} & \dots & A_{2i}A_{Ni} \\ \vdots & & & \\ A_{Ni}A_{1i} & A_{Ni}A_{2i} & \dots & A_{Ni}A_{Ni} \end{vmatrix} .$$

Das ist nach (1.59) aber gerade gleich $\det \delta_{ij} = 1$, was zu beweisen war.

Die Umkehrung gilt übrigens nicht: Aus $\det A_{ij} = \pm 1$ folgt nicht, dass A_{ij} orthogonal ist.

3. Hat die Determinante einer orthogonalen Matrix den Wert +1, so nennt man die Matrix eigentlich orthogonal; hat die Determinante den Wert -1, so nennt man die Matrix uneigentlich orthogonal.

1.6 Algorithmen

In diesem Abschnitt sollen einige grundlegende Algorithmen der linearen Algebra ohne Beweis zusammengestellt werden.

Die Umformung der Determinante oder Matrix geschieht jeweils spaltenweise von links nach rechts. Es werden die Schritte für eine beliebige Spalte beschrieben; als zugeordnete Zeile wird die Zeile bezeichnet, die mit der gerade umgeformten Spalte das Diagonalelement gemeinsam hat. Die Schritte der Algorithmen sind nacheinander zu vollziehen, wobei Schritte, deren Voraussetzung nicht zutrifft, übergangen werden.

1.6.1 Berechnung einer Determinante

Ziel ist die Umformung der Determinante in eine Dreiecksdeterminante. Der Wert der Determinante ist dann das Produkt der Elemente der Hauptdiagonale.

I. Sind das Diagonalelement und alle Elemente darunter null, so hat die Determinante den Wert null. (Ende)

II. Ist das Diagonalelement null, so vertausche man die zugeordnete Zeile unter Beachtung des Vorzeichenwechsels der Determinante mit einer Zeile darunter, sodass das Diagonalelement von null verschieden wird.

III. Man mache die Elemente unter dem Diagonalelement zu null, indem man zu jeder Zeile ein geeignetes Vielfaches der zugeordneten Zeile addiert.

1.6.2 Lösung eindeutiger linearer Gleichungssysteme mit der gleichen Koeffizientenmatrix („Division durch eine reguläre Matrix“, gaußscher Algorithmus)

Ziel ist die Berechnung der Matrix $\underset{\sim}{X}$ aus der Gleichung $\underset{\sim}{A}\underset{\sim}{X} = \underset{\sim}{B}$, wobei $\underset{\sim}{A}$ eine reguläre (und damit quadratische) Matrix ist. (Nach den Regeln für die Matrizenmultiplikation haben dann $\underset{\sim}{A}$, $\underset{\sim}{X}$ und $\underset{\sim}{B}$ die gleiche Anzahl Zeilen, und $\underset{\sim}{X}$ und $\underset{\sim}{B}$ haben auch die gleiche Anzahl Spalten.)

Hat $\underset{\sim}{X}$ nur eine Spalte ($\underset{\sim}{B}$ hat dann auch nur eine Spalte), so stellt $\underset{\sim}{A}\underset{\sim}{X} = \underset{\sim}{B}$ ein eindeutiges lineares Gleichungssystem dar. Hat $\underset{\sim}{X}$ zwei Spalten ($\underset{\sim}{B}$ hat dann auch zwei Spalten), so kann man $\underset{\sim}{A}\underset{\sim}{X} = \underset{\sim}{B}$ als zwei eindeutige lineare Gleichungssysteme mit der gleichen Koeffizientenmatrix auffassen, usw. Ist $\underset{\sim}{B}$ die Einheitsmatrix, so ist $\underset{\sim}{X}$ die zu $\underset{\sim}{A}$ inverse Matrix.

$\underset{\sim}{A}$	$\underset{\sim}{B}$
$\vdots$	$\vdots$
$\underset{\sim}{E}$	$\underset{\sim}{X}$

Wollte man auch bei Matrizen von einer Division sprechen, könnte man diese Aufgabe als Division durch eine reguläre Matrix beschreiben. Man löst die Aufgabe, indem man die beiden bekannten Matrizen $\underset{\sim}{A}$ und $\underset{\sim}{B}$ nebeneinander schreibt und durch elementare Umformung von Zeilen dieser Doppelmatrix $\underset{\sim}{A}$ in die Einheitsmatrix überführt. Dabei wird $\underset{\sim}{B}$ in die gesuchte Matrix $\underset{\sim}{X}$ umgewandelt. Dieses Verfahren heißt gaußscher Algorithmus.

I. Sind das Diagonalelement der linken Teilmatrix und alle Elemente darunter null, so ist $\underset{\sim}{A}$ singulär. (Ende)

II. Ist das Diagonalelement null, so vertausche man die zugeordnete Zeile mit einer Zeile darunter, sodass das Diagonalelement von null verschieden wird.

III. Man dividiere die zugeordnete Zeile durch den Wert des Diagonalelements.

IV. Man mache die Elemente über und unter dem Diagonalelement zu null, indem man zu jeder Zeile ein geeignetes Vielfaches der zugeordneten Zeile addiert.

1.6.3 Bestimmung des Ranges einer Matrix oder Determinante

Ziel ist die Umformung der Matrix oder der Elemente der Determinante auf die Normalform. Der Rang der Determinante oder Matrix ist dann gleich der Anzahl der von null verschiedenen (Diagonal-)Elemente.

I. Sind das Diagonalelement und alle Elemente darunter null, so sind alle Elemente dieser Spalte null. Dann vertausche man diese Spalte mit der am weitesten rechts stehenden Spalte, deren Elemente nicht alle null sind.

II. Ist das Diagonalelement null, ohne dass alle Elemente darunter null sind, so vertausche man die zugeordnete Zeile mit einer Zeile darunter, sodass das Diagonalelement von null verschieden wird.

III. Man mache die Elemente unter dem Diagonalelement zu null, indem man zu jeder Zeile ein geeignetes Vielfaches der zugeordneten Zeile addiert.

IV. Man ersetze die Elemente hinter dem Diagonalelement durch Nullen. (Man mache diese Elemente zu null, indem man zu jeder Spalte ein geeignetes Vielfaches der umgeformten Spalte addiert.)

V. Man ersetze das Diagonalelement durch eine Eins. (Man dividiere die zugeordnete Zeile durch den Wert des Diagonalelements.)

Kapitel 2

Tensoranalysis in symbolischer Schreibweise und in kartesischen Koordinaten

Nach diesen Vorbereitungen wollen wir nun in den Kapiteln 2 bis 5 die Tensoranalysis für Tensoren behandeln, die sich zahlenmäßig mithilfe eines kartesischen Koordinatensystems im Raum unserer Anschauung beschreiben lassen, wie das für physikalische Größen der Fall ist. Es wird sich zeigen, dass wir dafür die Formeln des Kapitels 1 nur für $N = 3$ benötigen; das ist eine Folge davon, dass der Raum unserer Anschauung dreidimensional ist. In Kapitel 2 wollen wir die Tensoranalysis mithilfe dieser kartesischen Koordinaten entwickeln. In Kapitel 3 wollen wir uns mit speziellen Eigenschaften der neben Skalaren und Vektoren einfachsten Tensoren, der Tensoren zweiter Stufe, beschäftigen. In Kapitel 4 wollen wir die Tensoranalysis auf krummlinige Koordinaten übertragen. In Kapitel 5 schließlich wollen wir mit der sogenannten Darstellungstheorie eine Methode kennenlernen, mit der man ähnlich wie mit der Dimensionsanalyse die Anzahl der möglichen Verknüpfungen physikalischer Größen verkleinern kann.

2.1 Kartesische Koordinaten, Punkte, Ortsvektoren

2.1.1 Ortsvektoren und Punktkoordinaten

Um einen Punkt im Raum unserer Anschauung zahlenmäßig zu beschreiben, benötigt man ein Koordinatensystem. Wir beschränken uns hier zunächst auf kartesische Koordinatensysteme; ein kartesisches Koordinatensystem ist durch einen Ursprung und drei aufeinander senkrecht stehende Einheitsvektoren gegeben. Diese Einheitsvektoren nennen wir eine (kartesische) Basis und bezeichnen sie mit $(\underline{e}_x, \underline{e}_y, \underline{e}_z)$ oder mit $(\underline{e}_1, \underline{e}_2, \underline{e}_3)$ oder im Sinne der Summationskonvention kurz mit $\underline{e}_i$.

Einen Punkt können wir dann in einem gegebenen kartesischen Koordinatensystem entweder durch seine Koordinaten $x_i = (x_1, x_2, x_3) = (x, y, z)$ oder durch den Ortsvektor $\underline{x}$ vom Ursprung des Koordinatensystems zu diesem Punkt kennzeichnen, und es gilt mit verschiedenen Bezeichnungen

$$\begin{aligned} \underline{x} &= x\underline{e}_x + y\underline{e}_y + z\underline{e}_z \\ &= x_1\underline{e}_1 + x_2\underline{e}_2 + x_3\underline{e}_3 \\ &= x_i\underline{e}_i\,. \end{aligned} \tag{2.1}$$

2.1.2 Die Transformation kartesischer Koordinatensysteme

Gegeben seien zwei kartesische Koordinatensysteme in beliebiger Lage zueinander; sie sollen als ungeschweiftes und geschweiftes System unterschieden werden, vgl. die folgende Skizze. (Die Skizze ist nur zweidimensional gezeichnet, um sie nicht zu überladen. Die Überlegungen sind natürlich für den dreidimensionalen Raum gedacht.) Dann kann man die relative Lage der beiden Koordinatensysteme durch die beiden folgenden Angaben charakterisieren:

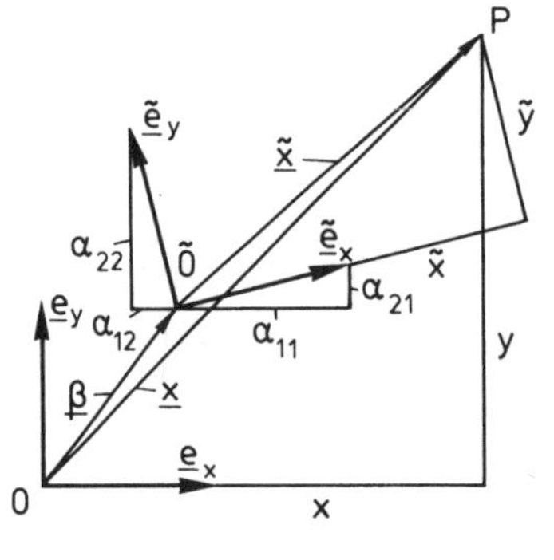

I. Der Ursprung $\widetilde{O}$ des geschweiften Systems habe im ungeschweiften System die Koordinaten $(\beta_x,\ \beta_y,\ \beta_z)$; sein Ortsvektor sei also

$$\underline{\beta} = \beta_x\,\underline{e}_x + \beta_y\,\underline{e}_y + \beta_z\,\underline{e}_z = \beta_i\,\underline{e}_i\,. \tag{2.2}$$

II. Für die Basisvektoren $\underline{\widetilde{e}}_i$ im geschweiften System gelte in Bezug auf das ungeschweifte System die Darstellung

$$
\begin{aligned}
\widetilde{\underline{e}}_x &= \alpha_{11}\,\underline{e}_x + \alpha_{21}\,\underline{e}_y + \alpha_{31}\,\underline{e}_z = \alpha_{i1}\,\underline{e}_i\,,\\
\widetilde{\underline{e}}_y &= \alpha_{12}\,\underline{e}_x + \alpha_{22}\,\underline{e}_y + \alpha_{32}\,\underline{e}_z = \alpha_{i2}\,\underline{e}_i\,,\\
\widetilde{\underline{e}}_z &= \alpha_{13}\,\underline{e}_x + \alpha_{23}\,\underline{e}_y + \alpha_{33}\,\underline{e}_z = \alpha_{i3}\,\underline{e}_i\,,\\
&=\\
\widetilde{\underline{e}}_j &= \alpha_{ij}\,\underline{e}_i\,.
\end{aligned}
\tag{2.3}
$$

Die Transformation zwischen dem ungeschweiften und dem geschweiften System ist offenbar durch β_i und α_{ij} vollständig beschrieben. Die α_{ij} nennt man Transformationskoeffizienten oder Transformationsmatrix.

2.1.3 Eigenschaften der Transformationskoeffizienten

1. Für die drei Koordinaten des Vektors $\widetilde{\underline{e}}_j$ in Bezug auf die Basis $\underline{e}_i$ wollen wir $\overset{j}{e}_i$ schreiben, es soll also $\widetilde{\underline{e}}_j = \overset{j}{e}_i\,\underline{e}_i$ gelten, dann folgt durch Vergleich mit (2.3)

$$\alpha_{ij} = \overset{j}{e}_i\,, \tag{2.4}$$

α_{ij} ist also die i-Koordinate des Vektors $\widetilde{\underline{e}}_j$ in Bezug auf die Basis $\underline{e}_i$.

2. Eine andere anschauliche Interpretation der α_{ij} erhält man, wenn man (2.3) skalar mit $\underline{e}_k$ multipliziert:[1]

$$\widetilde{\underline{e}}_j \cdot \underline{e}_k = \alpha_{ij}\,\underline{e}_i \cdot \underline{e}_k = \alpha_{ij}\,\delta_{ik} = \alpha_{kj}\,.$$

$\widetilde{\underline{e}}_j \cdot \underline{e}_k$ ist aber der Kosinus des Winkels zwischen $\widetilde{\underline{e}}_j$ und $\underline{e}_k$, wir erhalten also

$$\alpha_{ij} = \cos(\underline{e}_i, \widetilde{\underline{e}}_j)\,, \tag{2.5}$$

die α_{ij} sind die sogenannten Richtungskosinus. Aus dieser Veranschaulichung erkennt man auch sofort, dass die Indizes in α_{ij} nicht vertauschbar sind, dass α_{ij} also nicht gleich α_{ji} ist: Etwa in der Skizze auf S. 38 schließen $\underline{e}_x$ und $\widetilde{\underline{e}}_y$ einen

[1] Das Skalarprodukt zweier Vektoren wird als aus der elementaren Vektorrechnung bekannt vorausgesetzt.

stumpfen Winkel ein, der zugehörige Richtungskosinus ist also negativ; $\underset{\sim}{e}_y$ und $\underset{\sim}{\tilde{e}}_x$ schließen dagegen einen spitzen Winkel ein, der zugehörige Richtungskosinus ist also positiv.

3. Da sowohl die $\underset{\sim}{e}_i$ als auch die $\underset{\sim}{\tilde{e}}_i$ Einheitsvektoren sind und wechselseitig aufeinander senkrecht stehen, gelten zwischen ihnen die Beziehungen

$$\underset{\sim}{e}_i \cdot \underset{\sim}{e}_j = \delta_{ij}, \quad \underset{\sim}{\tilde{e}}_i \cdot \underset{\sim}{\tilde{e}}_j = \delta_{ij}.$$

Mit (2.3) folgt daraus

$$\delta_{ij} = \underset{\sim}{\tilde{e}}_i \cdot \underset{\sim}{\tilde{e}}_j = \alpha_{mi}\, \underset{\sim}{e}_m \cdot \alpha_{nj}\, \underset{\sim}{e}_n = \alpha_{mi}\, \alpha_{nj}\, \underset{\sim}{e}_m \cdot \underset{\sim}{e}_n = \alpha_{mi}\, \alpha_{nj}\, \delta_{mn} = \alpha_{mi}\, \alpha_{mj},$$

d. h. die Transformationskoeffizienten bilden nach (1.59) eine orthogonale Matrix, es gilt also

$$\alpha_{ik}\, \alpha_{jk} = \delta_{ij}, \qquad \alpha_{ki}\, \alpha_{kj} = \delta_{ij}. \tag{2.6}$$

Diese beiden gleichwertigen Beziehungen nennt man Orthogonalitätsrelationen.

4. Nach (1.60) gilt für orthogonale Matrizen

$$\det \underset{\sim}{\alpha} = \pm 1. \tag{2.7}$$

Um diese beiden Fälle anschaulich zu unterscheiden, nehmen wir zunächst an, dass beide Koordinatensysteme dieselbe Orientierung haben, also entweder beide Rechtssysteme oder beide Linkssysteme sind; dann kann man das eine durch eine Bewegung in das andere überführen.

Wenn wir eine Koordinatentransformation als eine solche Bewegung auffassen, dann gehört zu jedem Zeitpunkt t zwischen dem Anfangszeitpunkt t_0 und dem Endzeitpunkt t_1, wo beide Koordinatensysteme zusammenfallen, also zu allen t mit $t_0 \leqq t \leqq t_1$, eine Transformationsmatrix $\alpha_{ij}(t)$, und diese Matrizen und folglich auch ihre Determinanten bilden eine stetige Funktion in t. Im Endzeitpunkt gilt $\alpha_{ij}(t_1) = \delta_{ij}$ und damit $\det \underset{\sim}{\alpha}(t_1) = 1$, und da die Determinante wegen der Stetigkeit zu keinem Zeitpunkt vom Wert 1 auf den Wert -1 springen kann, gilt für alle Zeiten und damit für alle Transformationen $\det \underset{\sim}{\alpha} = 1$, die Matrix der Transformationskoeffizienten ist in diesem Falle also eigentlich orthogonal.

Der einfachste Fall einer Koordinatentransformation zwischen zwei kartesischen Koordinatensystemen verschiedener Orientierung ist eine Spiegelung; dabei ändern sich zwei der drei Basisvektoren nicht, und der dritte ändert nur seine Richtung. Die Transformationsmatrix ist in diesem Falle eine Diagonalmatrix mit zwei Einsen und einer Minus-Eins, also z. B.

$$\begin{pmatrix} 1 & 0 & 0 \\ 0 & 1 & 0 \\ 0 & 0 & -1 \end{pmatrix},$$

ihre Determinante ist -1. Eine beliebige Transformation zwischen zwei Koordinatensystemen verschiedener Orientierung kann man aus einer Spiegelung und einer nachfolgenden Bewegung zusammensetzen; da die Determinante der Transformationsmatrix sich während einer Bewegung nicht ändert, hat sie für jede Transformation, bei der sich die Orientierung des Koordinatensystems ändert, den Wert -1, m. a. W. sie ist dann uneigentlich orthogonal.

2.1.4 Das Transformationsgesetz für Basisvektoren

Mithilfe der Orthogonalitätsrelation lässt sich die Formel (2.3) leicht nach $\underline{e}_i$ auflösen. Wir multiplizieren (2.3) einfach formal mit α_{kj}, was wegen der Summationskonvention eine Summation über j bedeutet. Mit (2.6) erhalten wir:

$$\alpha_{kj}\,\underline{\widetilde{e}}_j = \alpha_{kj}\,\alpha_{ij}\,\underline{e}_i = \delta_{ki}\,\underline{e}_i = \underline{e}_k\,.$$

Mit anderer Bezeichnung der Indizes erhalten wir als Transformationsgesetz für Basisvektoren

$$\underline{e}_i = \alpha_{ij}\,\underline{\widetilde{e}}_j\,, \qquad \underline{\widetilde{e}}_i = \alpha_{ji}\,\underline{e}_j\,. \tag{2.8}$$

Da wir nur die Orthogonalitätsrelation ausgenutzt haben, gelten diese Beziehungen (wie auch die später abzuleitenden Transformationsgesetze) unabhängig davon, ob das Koordinatensystem bei der Transformation seine Orientierung wechselt, m. a. W. die α_{ij} können in (2.8) eine eigentlich orthogonale oder eine uneigentlich orthogonale Matrix bilden.

2.1.5 Das Transformationsgesetz für Punktkoordinaten

Für den Ortsvektor zu einem Punkt P gilt in den beiden Koordinatensystemen nach der Skizze auf S. 38

$$\underline{x} = x_i\,\underline{e}_i\,, \quad \underline{\widetilde{x}} = \widetilde{x}_i\,\underline{\widetilde{e}}_i\,, \quad \underline{x} = \underline{\beta} + \underline{\widetilde{x}}\,.$$

Schreibt man in der letzten Gleichung alle Größen in Bezug auf die ungeschweifte Basis, so erhält man

$$x_i \underline{e}_i = \beta_i \underline{e}_i + \widetilde{x}_i \, \alpha_{ki} \, \underline{e}_k \, .$$

Will man die Basis ausklammern, muss man im zweiten Glied die Indizes umbenennen:

$$x_i \underline{e}_i = \beta_i \underline{e}_i + \widetilde{x}_j \, \alpha_{ij} \, \underline{e}_i = (\beta_i + \alpha_{ij} \widetilde{x}_j) \, \underline{e}_i \, .$$

Da die Darstellung (2.1) eines Ortsvektors in Bezug auf eine Basis eindeutig ist, muss

$$x_i = \beta_i + \alpha_{ij} \widetilde{x}_j$$

gelten. Um diese Gleichung nach $\widetilde{x}_j$ aufzulösen, multipliziert man sie mit α_{ik}:

$$\alpha_{ik} \, x_i = \alpha_{ik} \, \beta_i + \alpha_{ij} \, \alpha_{ik} \, \widetilde{x}_j = \alpha_{ik} \, \beta_i + \delta_{jk} \, \widetilde{x}_j = \alpha_{ik} \, \beta_i + \widetilde{x}_k \, ,$$

$$\widetilde{x}_k = \alpha_{ik} \, x_i - \alpha_{ik} \, \beta_i \, .$$

Wir erhalten also als Transformationsgesetz für Punktkoordinaten

$$x_i = \alpha_{ij} \widetilde{x}_j + \beta_i \, , \qquad \widetilde{x}_i = \alpha_{ji} \, x_j - \alpha_{ji} \, \beta_j \, . \tag{2.9}$$

2.2 Vektoren

2.2.1 Vektoren, Vektorkomponenten und Vektorkoordinaten

1. Wir haben Vektoren[2] zunächst als gerichtete Strecken im Raum kennengelernt; die Basisvektoren eines kartesischen Koordinatensystems sind ein Beispiel dafür. Um einen solchen Vektor zahlenmäßig anzugeben, benötigen wir wie für einen

[2] lat. Träger, Fahrer (Tätersubstantiv zu *vehere* [fahren]); verkürzt aus *radius vector* (Fahrstrahl, also Ortsvektor: der Strahl von einem festen zu einem bewegten Punkt, z. B. bei der Planetenbewegung von der Sonne im Brennpunkt der Bahnellipse zum Planeten). Der Begriff Vektor hat sich also aus dem Begriff Ortsvektor entwickelt.

Punkt ein Koordinatensystem, und analog zu (2.1) erhalten wir für einen Vektor $\underline{a}$ in einem kartesischen Koordinatensystem mit der Basis $\underline{e}_i$ mit verschiedenen Bezeichnungen

$$\begin{aligned} \underline{a} &= a_x\,\underline{e}_x + a_y\,\underline{e}_y + a_z\,\underline{e}_z \\ &= a_1\,\underline{e}_1 + a_2\,\underline{e}_2 + a_3\,\underline{e}_3 \\ &= a_i\,\underline{e}_i\,. \end{aligned} \tag{2.10}$$

2. Dabei wollen wir begrifflich zwischen den Komponenten und den Koordinaten eines Vektors unterscheiden: Die Größe $a_x\,\underline{e}_x$ nennen wir die x-Komponente des Vektors $\underline{a}$, die Größe a_x die x-Koordinate des Vektors $\underline{a}$ (in dem gegebenen Koordinatensystem oder in Bezug auf die gegebene Basis). Die Komponenten eines Vektors sind also selbst Vektoren, die Koordinaten nicht; die Komponenten eines Vektors sind durch Betrag und Richtung charakterisiert, die Koordinaten durch Betrag und Vorzeichen. Diese begriffliche Unterscheidung von Komponenten und Koordinaten eines Vektors ist nicht allgemein üblich, aber sinnvoll.

2.2.2 Das Transformationsgesetz für Vektorkoordinaten

1. Das Transformationsgesetz für die Koordinaten einer gerichteten Strecke kann man aus dem Transformationsgesetz für Punktkoordinaten gewinnen, wenn man sich klarmacht, dass (vgl. die [wieder nur zweidimensional gezeichnete] Skizze auf der nächsten Seite)

$$\underline{a} = \underline{y} - \underline{x} = \underline{\widetilde{y}} - \underline{\widetilde{x}}$$

ist, also

$$\begin{aligned} &a_i\,\underline{e}_i = (y_i - x_i)\,\underline{e}_i\,, \quad a_i = y_i - x_i\,, \\ &\widetilde{a}_i\,\underline{\widetilde{e}}_i = (\widetilde{y}_i - \widetilde{x}_i)\,\underline{\widetilde{e}}_i\,, \quad \widetilde{a}_i = \widetilde{y}_i - \widetilde{x}_i\,. \end{aligned}$$

Dabei haben wir wieder die Basen $\underline{e}_i$ und $\underline{\widetilde{e}}_i$ herauskürzen können, weil die Komponentenzerlegung eines Vektors wie die Komponentenzerlegung eines Ortsvektors eindeutig ist. Nach (2.9) gilt

$$x_i = \alpha_{ij}\,\widetilde{x}_j + \beta_i\,, \quad y_i = \alpha_{ij}\,\widetilde{y}_j + \beta_i\,;$$

damit erhalten wir

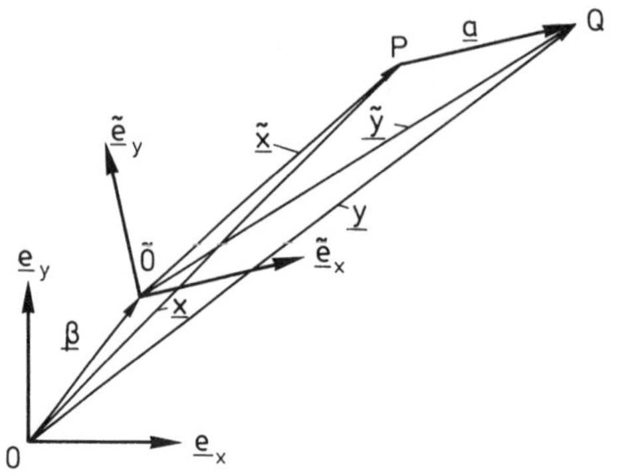

$a_i = y_i - x_i = \alpha_{ij}(\widetilde{y}_j - \widetilde{x}_j) = \alpha_{ij}\,\widetilde{a}_j\,.$

Umgekehrt folgt dann nach (2.9) aus

$\widetilde{x}_i = \alpha_{ji}\,x_j - \alpha_{ji}\,\beta_j\,, \quad \widetilde{y}_i = \alpha_{ji}\,y_j - \alpha_{ji}\,\beta_j\,,$

$\widetilde{a}_i = \widetilde{y}_i - \widetilde{x}_i = \alpha_{ji}(y_j - x_j) = \alpha_{ji}\,a_j\,.$

Damit lautet das Transformationsgesetz für die Koordinaten einer gerichteten Strecke

$$a_i = \alpha_{ij}\,\widetilde{a}_j\,, \qquad \widetilde{a}_i = \alpha_{ji}\,a_j\,. \tag{2.11}$$

Zum gleichen Ergebnis kommt man, wenn man in der Gleichung

$\underline{a} = a_i\,\underline{e}_i = \widetilde{a}_i\,\underline{\widetilde{e}}_i$

für $\underline{e}_i$ $(2.8)_1$ einsetzt:

$\underline{a} = a_i\,\alpha_{ij}\,\underline{\widetilde{e}}_j = \widetilde{a}_i\,\underline{\widetilde{e}}_i\,.$

Das sind offenbar zwei verschiedene Darstellungen des Vektors $\underline{a}$ in Bezug auf die geschweifte Basis. Da die Darstellung eines Vektors in Bezug auf eine Basis eindeutig ist, kann man die Basis herauskürzen und erhält dann eine Gleichung zwischen den Koordinaten. Dabei wird der gebundene Index der Basis zum freien Index. Damit in der Gleichung zwischen den Koordinaten alle Glieder in diesem freien Index übereinstimmen, müssen wir die gebundenen Indizes vor dem Herauskürzen so umbenennen, dass die geschweifte Basis auf beiden Seiten den gleichen Index hat. Im vorliegenden Fall können wir z. B. auf der linken Seite j durch i und i durch j ersetzen; dann erhalten wir

$a_j\,\alpha_{ji}\,\underline{\widetilde{e}}_i = \widetilde{a}_i\,\underline{\widetilde{e}}_i\,.$

Kürzen wir jetzt $\underline{\widetilde{e}}_i$ heraus, so erhalten wir

$$\widetilde{a}_i = \alpha_{ji}\, a_j\,,$$

das Transformationsgesetz $(2.11)_2$. Die Umkehrung $(2.11)_1$ erhält man, wenn man in der Ausgangsgleichung für $\underline{\widetilde{e}}_i$ $(2.8)_2$ einsetzt.

2. Zwei charakteristische Beispiele für physikalische Größen, die man durch Vektoren beschreibt, sind Geschwindigkeiten und Winkelgeschwindigkeiten. Dabei besteht zwischen diesen Größenarten ein wichtiger Unterschied: Eine Geschwindigkeit wird durch einen Betrag und eine Richtung charakterisiert, eine Winkelgeschwindigkeit durch einen Betrag und einen Drehsinn. Einer Geschwindigkeit kann man also ohne weiteres eine gerichtete Strecke und damit einen Vektor zuordnen: Sein Betrag ist der Betrag der Geschwindigkeit, und seine Richtung ist die Richtung der Geschwindigkeit. Bei einer Winkelgeschwindigkeit muss man aber dem Drehsinn erst durch eine Konvention, beispielsweise die Rechtsschraubenregel, eine Richtung zuordnen. Wenn wir uns mangels eines guten Arguments zunächst willkürlich für die Rechtsschraubenregel entscheiden, so ist einer Winkelgeschwindigkeit ein Vektor zugeordnet, dessen Betrag gleich dem Betrag der Winkelgeschwindigkeit ist und dessen Richtung mit dem Drehsinn der Winkelgeschwindigkeit eine Rechtsschraube bildet. Man nennt Vektoren, die eine physikalische Größe wie die Geschwindigkeit beschreiben, polare Vektoren und Vektoren, die eine physikalische Größe wie die Winkelgeschwindigkeit beschreiben, axiale Vektoren.

Man setzt nun in der Physik ganz allgemein voraus, dass physikalische Vorgänge bei einer Verschiebung, einer Drehung oder einer Spiegelung genau gleich ablaufen, und das heißt auch, dass physikalische Größen, wenn man das Koordinatensystem mitbewegt oder mitspiegelt, in beiden Fällen die gleichen Koordinaten haben. (Die Verletzung der Spiegelungsinvarianz in der Elementarteilchenphysik kann hier außer Betracht bleiben.)

Für polare Vektoren sind diese Invarianzen offenbar von alleine erfüllt. Bei einer Größe, der ein axialer Vektor zugeordnet ist, ist sowohl der Drehsinn als auch der zugeordnete Vektor der Transformation zu unterwerfen. Bei einer Bewegung ändert sich dann die Zuordnung des Vektors zum Drehsinn nicht, bei einer Spiegelung dagegen kehrt sie sich um: Aus einer Zuordnung nach der Rechtsschraubenregel wird eine Zuordnung nach der Linksschraubenregel und umgekehrt. Ändert man die Zuordnung nicht, ändern die Vektorkoordinaten im gespiegelten Koordinatensystem ihr Vorzeichen, d. h. die Invarianzforderung ist verletzt. Um die Spiegelungsinvarianz zu wahren, führt man die folgende Konvention ein:

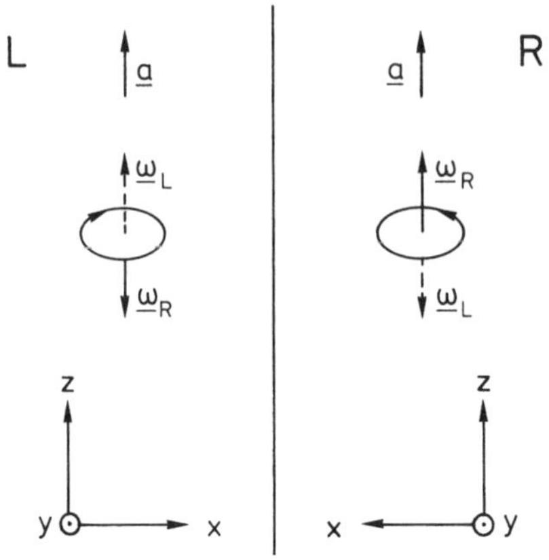

> Einer physikalischen Größe, die durch einen Betrag und einen Drehsinn bestimmt ist, wird in einem Rechtssystem ein Vektor nach der Rechtsschraubenregel und in einem Linkssystem ein Vektor nach der Linksschraubenregel zugeordnet.

Eine Konvention ist das insoweit, als die Spiegelungsinvarianz auch erfüllt wäre, wenn man einer solchen Größe umgekehrt in einem Rechtssystem einen Vektor nach der Linksschraubenregel und in einem Linkssystem einen Vektor nach der Rechtsschraubenregel zuordnen würde.

Bei einer Bewegung (Verschiebung und Drehung) tritt das Problem nicht auf, die Zuordnung von Drehsinn und Vektor bleibt erhalten.

Diese Konvention ist natürlich auch zu beachten, wenn man ein und dieselbe physikalische Größe in zwei verschiedenen Koordinatensystemen darstellt. Ein polarer Vektor ist gegenüber einer beliebigen Koordinatentransformation invariant, es gilt also $\underline{a} = \underline{\widetilde{a}}$, weshalb man üblicherweise für den Vektor selbst in Bezug auf beide Koordinatensysteme einfach $\underline{a}$ schreibt; ein axialer Vektor ist dagegen nur bei einer Bewegung invariant, in Bezug auf eine Koordinatentransformation mit Orientierungswechsel gilt $\underline{a} = -\underline{\widetilde{a}}$. Das ist für viele zunächst ungewohnt, heißt es doch, dass der Vektor, durch den man eine Winkelgeschwindigkeit, einen Drehimpuls oder ein Drehmoment beschreibt, davon abhängt, welche Orientierung das Koordinatensystem hat, in dem man ihn beschreiben will, ein solcher Vektor ist also nicht unabhängig vom Koordinatensystem.

Da für eine Koordinatentransformation ohne Orientierungswechsel $\det \underset{\sim}{\alpha} = 1$ und für eine Koordinatentransformation mit Orientierungswechsel $\det \underset{\sim}{\alpha} = -1$ gilt, kann man das Transformationsgesetz für axiale Vektor zusammengefasst

$\underline{a} = (\det \underset{\sim}{\alpha}) \underline{\widetilde{a}}$

schreiben, und als Transformationsgesetz für die Koordinaten eines axialen Vektors erhält man dann

$$a_i = (\det \underset{\sim}{\alpha})\, \alpha_{ij}\, \widetilde{a}_j\,, \qquad \widetilde{a}_i = (\det \underset{\sim}{\alpha})\, \alpha_{ji}\, a_j\,. \tag{2.12}$$

3. Aus der Zerlegung (2.10) und den Transformationsgesetzen (2.11) und (2.12) gewinnen wir also als Definition eines polaren und eines axialen Vektors:

> Ein Vektor ist eine Größe, die sich nach (2.10) in Bezug auf ein kartesisches Koordinatensystem darstellen lässt und deren so gewonnene Koordinaten sich beim Übergang auf ein anderes kartesisches Koordinatensystem nach (2.11) oder (2.12) transformieren. Gilt das Transformationsgesetz (2.11), nennt man den Vektor polar, gilt das Transformationsgesetz (2.12), nennt man ihn axial.

4. Wir vermerken noch, dass die kartesischen Koordinaten eines Vektors nur von der Basis des gewählten Koordinatensystems abhängen, die Koordinaten eines Ortsvektors auch von seinem Ursprung. Ortsvektoren sind also keine Vektoren im Sinne der obigen Definition, wohl aber die Differenz zweier Ortsvektoren, geometrisch die gerichtete Strecke von einem Punkt zu einem anderen, vgl. die Skizze auf Seite 44 und die Herleitung von (2.11).

2.3 Tensoren

2.3.1 Tensoren zweiter Stufe

1. Gegeben ist eine Matrix T_{ij}, die den Koordinaten B_i jedes beliebigen Vektors $\underline{B} = B_i\, \underline{e}_i$ in einem Koordinatensystem $\underline{e}_i$ durch die Beziehung

$$A_i = T_{ij}\, B_j \tag{2.13}$$

die Koordinaten A_i eines anderen Vektors $\underline{A}$ zuordnet.

In einem beliebigen anderen Koordinatensystem $\underline{\widetilde{e}}_j$ soll zwischen den Koordinaten $\widetilde{A}_i$ und $\widetilde{B}_j$ der beiden Vektoren $\underline{A}$ und $\underline{B}$ die analoge Beziehung

$$\widetilde{A}_i = \widetilde{T}_{ij}\, \widetilde{B}_j \tag{2.14}$$

gelten. Welche Beziehung gilt dann zwischen den beiden Matrizen T_{ij} und $\widetilde{T}_{ij}$?

Wir nehmen zunächst an, dass die beiden Vektoren $\underline{A}$ und $\underline{B}$ polar sind, dann gilt für ihre Koordinaten nach (2.11)

$$A_i = \alpha_{ik}\widetilde{A}_k\,,\ B_j = \alpha_{jn}\widetilde{B}_n\,.$$

Setzt man das in (2.13) ein, so folgt

$$\alpha_{ik}\widetilde{A}_k = T_{ij}\,\alpha_{jn}\widetilde{B}_n\,.$$

Multiplikation mit α_{im} ergibt mit (2.14)

$$\underbrace{\alpha_{im}\,\alpha_{ik}}_{\delta_{mk}}\widetilde{A}_k = T_{ij}\,\alpha_{im}\,\alpha_{jn}\widetilde{B}_n\,,\quad \widetilde{A}_m = \alpha_{im}\,\alpha_{jn}\,T_{ij}\widetilde{B}_n = \widetilde{T}_{mn}\widetilde{B}_n\,,$$

$$(\alpha_{im}\,\alpha_{jn}\,T_{ij} - \widetilde{T}_{mn})\widetilde{B}_n = 0.$$

Wir führen vorübergehend zur Abkürzung $S_{mn} := \alpha_{im}\,\alpha_{jn}\,T_{ij}$ ein, dann gilt

$$(S_{mn} - \widetilde{T}_{mn})\widetilde{B}_n = 0. \tag{a}$$

Wir wählen nun drei linear unabhängige polare Vektoren $\underline{a}$, $\underline{b}$ und $\underline{c}$, dann lässt sich jeder polare Vektor $\underline{B}$ als lineare Kombination dieser drei Vektoren darstellen:

$$\underline{B} = \alpha\,\underline{a} + \beta\,\underline{b} + \gamma\underline{c}\,,\quad \widetilde{B}_n = \alpha\,\widetilde{a}_n + \beta\,\widetilde{b}_n + \gamma\widetilde{c}_n\,.$$

Setzt man die letzte Gleichung in (a) ein, sieht man, dass (a) für beliebige $\underline{B}$ erfüllt ist, wenn (a) für drei linear unabhängige Vektoren erfüllt ist. Wenn wir in (a) nun für $\underline{B}$ nacheinander $\underline{a}$, $\underline{b}$ und $\underline{c}$ einsetzen, erhalten wir für $m = 1$ ausgeschrieben die drei Gleichungen

$$\begin{aligned}
(S_{11} - \widetilde{T}_{11})\widetilde{a}_1 + (S_{12} - \widetilde{T}_{12})\widetilde{a}_2 + (S_{13} - \widetilde{T}_{13})\widetilde{a}_3 &= 0,\\
(S_{11} - \widetilde{T}_{11})\widetilde{b}_1 + (S_{12} - \widetilde{T}_{12})\widetilde{b}_2 + (S_{13} - \widetilde{T}_{13})\widetilde{b}_3 &= 0,\\
(S_{11} - \widetilde{T}_{11})\widetilde{c}_1 + (S_{12} - \widetilde{T}_{12})\widetilde{c}_2 + (S_{13} - \widetilde{T}_{13})\widetilde{c}_3 &= 0.
\end{aligned}$$

Das ist ein homogenes lineares Gleichungssystem für

$$(S_{11} - \widetilde{T}_{11}),\ (S_{12} - \widetilde{T}_{12}) \quad \text{und} \quad (S_{13} - \widetilde{T}_{13})$$

mit einer von null verschiedenen Koeffizientendeterminante; das Gleichungssystem hat also nur die triviale Lösung

$$S_{11} = \widetilde{T}_{11}\,,\ S_{12} = \widetilde{T}_{12}\,,\ S_{13} = \widetilde{T}_{13}\,.$$

Für $m=2$ und $m=3$ erhält man analog, dass die übrigen Elemente der beiden Matrizen S_{ij} und $\widetilde{T}_{ij}$ gleich sein müssen, es gilt also

$$\widetilde{T}_{mn} = \alpha_{im}\,\alpha_{jn}\,T_{ij}\,,$$

und daraus berechnet sich als Umkehrung durch Multiplikation mit $\alpha_{pm}\,\alpha_{qn}$

$$\alpha_{pm}\,\alpha_{qn}\,\widetilde{T}_{mn} = \underbrace{\alpha_{pm}\,\alpha_{im}}_{\delta_{pi}}\,\underbrace{\alpha_{qn}\,\alpha_{jn}}_{\delta_{qj}}\,T_{ij} = T_{pq}\,,$$

$$T_{ij} = \alpha_{im}\,\alpha_{jn}\,\widetilde{T}_{mn}\,, \qquad \widetilde{T}_{ij} = \alpha_{mi}\,\alpha_{nj}\,T_{mn}\,. \tag{2.15}$$

Das ist offenbar eine Verallgemeinerung des Transformationsgesetzes (2.11) für die Koordinaten polarer Vektoren. So wie wir die über (2.11) verknüpften Größen a_i und $\widetilde{a}_i$ als Koordinaten eines (vom Koordinatensystem unabhängigen) polaren Vektors $\underline{a}$ verstehen, interpretieren wir die über (2.15) verknüpften Matrizen T_{ij} und $\widetilde{T}_{ij}$ als Koordinaten eines (vom Koordinatensystem unabhängigen) polaren Tensors[3] $\underline{\underline{T}}$ zweiter Stufe in den Koordinatensystemen $\underline{e}_i$ und $\underline{\widetilde{e}}_i$.

Wenn also in jedem kartesischen Koordinatensystem den Koordinaten B_i jedes beliebigen polaren Vektors $\underline{B}$ (oder gleichwertig: den Koordinaten dreier linear unabhängiger polarer Vektoren) durch dieselbe Beziehung (2.13) oder (2.14) die Koordinaten A_i eines polaren Vektors zugeordnet werden, so stellen die T_{ij} die Koordinaten eines polaren Tensors zweiter Stufe dar.

Da $T_{ij} = T^{\mathrm{T}}_{ji}$ ist, kommt man auf dasselbe Transformationsgesetz, wenn man von den Gleichungen $A_i = T^{\mathrm{T}}_{ji}\,B_j$ und $\widetilde{A}_i = \widetilde{T}^{\mathrm{T}}_{ji}\,\widetilde{B}_j$ ausgeht, also über den ersten Index der Matrix summiert.

Da die α_{ij} orthogonal sind und bei orthogonalen Matrizen die Transponierte gleich der Inversen ist, sind nach (1.58) alle Koordinatenmatrizen eines polaren Tensors zweiter Stufe ähnlich; allerdings sind nicht alle zu einer Koordinatenmatrix eines polaren Tensors zweiter Stufe ähnlichen Matrizen kartesische Koordinaten dieses Tensors.

---

[3] lat. Spanner (Tätersubstantiv zu *tendere* [spannen], stammverwandt mit dehnen); bezeichnete zunächst nur die Größe, die wir heute Spannungstensor nennen. (Das Wort Spannungstensor ist etymologisch ein Pleonasmus.)

Aufgabe 2.1

Man beweise die Umkehrung: Wenn die Beziehung (2.13) oder (2.14) in jedem kartesischem Koordinatensystem gilt und B_i die Koordinaten eines polaren Vektors und T_{ij} die Koordinaten eines polaren Tensors zweiter Stufe sind (d. h. den Transformationsgleichungen (2.11) bzw. (2.15) genügen), dann sind die A_i Koordinaten eines polaren Vektors. (Man beachte den Unterschied: In der Grundform müssen die B_i die Koordinaten *eines beliebigen* Vektors sein, in der Umkehrung nur die Koordinaten *eines* Vektors.)

2. Wir wollen uns einen polaren Tensor zweiter Stufe am Beispiel einer physikalischen Größe veranschaulichen und wählen dazu den Spannungstensor, der dem Tensor ja auch den Namen gegeben hat. Der Spannungstensor beschreibt den Zusammenhang zwischen dem Spannungsvektor $\underline{\sigma}$, also der Oberflächenkraft pro Oberflächeneinheit, in einem Punkt einer Oberfläche und der Orientierung $\underline{n}$ des Oberflächenelements durch diesen Punkt. Bereits im einfachsten Fall, in einer ruhenden Flüssigkeit, hängt der Spannungsvektor von der Orientierung des Flächenelements ab, er steht nämlich überall auf dem Flächenelement senkrecht. Ist p der Druck im betrachteten Oberflächenelement, so gilt dann

$$\sigma_i = -p n_i .$$

Für eine bewegte Flüssigkeit (oder einen deformierten festen Körper) zeigt man in der Mechanik, dass in diesem Fall die Beziehungen

$$\sigma_x(\underline{x},\, t,\, \underline{n}) = \pi_{xx}(\underline{x},\, t)\, n_x + \pi_{xy}(\underline{x},\, t)\, n_y + \pi_{xz}(\underline{x},\, t)\, n_z ,$$
$$\sigma_y(\underline{x},\, t,\, \underline{n}) = \pi_{yx}(\underline{x},\, t)\, n_x + \pi_{yy}(\underline{x},\, t)\, n_y + \pi_{yz}(\underline{x},\, t)\, n_z ,$$
$$\sigma_z(\underline{x},\, t,\, \underline{n}) = \pi_{zx}(\underline{x},\, t)\, n_x + \pi_{zy}(\underline{x},\, t)\, n_y + \pi_{zz}(\underline{x},\, t)\, n_z ,$$

oder mittels der Summationskonvention zusammengefasst,

$$\sigma_i(\underline{x},\, t,\, \underline{n}) = \pi_{ij}(\underline{x},\, t)\, n_j$$

gelten; jede Koordinate des Spannungsvektors $\underline{\sigma}$ ist also eine homogene lineare Funktion aller Koordinaten des Normalenvektors $\underline{n}$. (Die Formel für das ruhende Fluid lässt sich als ein Spezialfall der obigen Formel schreiben, man muss nur

$$\pi_{ij} = -p\, \delta_{ij}$$

setzen.) Da sowohl $\underline{n}$ als auch $\underline{\sigma}$ polare Vektoren sind und für $\underline{n}$ speziell die drei linear unabhängigen Einheitsvektoren $\underline{e}_x$, $\underline{e}_y$ und $\underline{e}_z$ gesetzt werden können, stellen die π_{ij} nach unserer Definition (2.13) die Koordinaten eines polaren Tensors zweiter Stufe dar, den man bekanntlich den Spannungstensor $\underline{\underline{\pi}}$ nennt. Dieser Spannungstensor beschreibt den Spannungszustand im betrachteten Punkt, indem er jedem Normalenvektor $\underline{n}$ einen Spannungsvektor $\underline{\sigma}$ zuordnet; man sagt dafür auch, der Tensor $\underline{\underline{\pi}}$ bilde den Vektor $\underline{n}$ auf den Vektor $\underline{\sigma}$ ab.

3. Wenn in (2.13) A_i und B_i die Koordinaten zweier axialer Vektoren sind, kommt man ebenfalls auf das Transformationsgesetz (2.15); auch in diesem Falle stellen die T_{ij} also die Koordinaten eines polaren Tensors zweiter Stufe dar. Wenn dagegen einer der beiden Vektoren $\underline{A}$ und $\underline{B}$ ein polarer und der andere ein axialer Vektor ist, kommt man auf das Transformationsgesetz

$$T_{ij} = (\det \underset{\sim}{\alpha})\, \alpha_{im}\, \alpha_{jn}\, \widetilde{T}_{mn}\,, \qquad \widetilde{T}_{ij} = (\det \underset{\sim}{\alpha})\, \alpha_{mi}\, \alpha_{nj}\, T_{mn}\,, \tag{2.16}$$

und dann nennt man die T_{ij} die Koordinaten eines axialen Tensors zweiter Stufe.

2.3.2 Tensoren beliebiger Stufe

1. Analog kann man zeigen: Wenn in jedem kartesischen Koordinatensystem den Koordinaten B_i eines beliebigen Vektors durch die analoge Beziehung

$$A_{ij} = T_{ijk}\, B_k$$

die Koordinaten A_{ij} eines Tensors zweiter Stufe zugeordnet sind, so gilt zwischen den T_{ijk} und den $\widetilde{T}_{ijk}$ in zwei Koordinatensystemen $\underline{e}_i$ und $\underline{\widetilde{e}}_i$, wenn $\underline{\underline{A}}$ und $\underline{B}$ entweder beide polar oder beide axial sind, das Transformationsgesetz

$$T_{ijk} = \alpha_{im}\, \alpha_{jn}\, \alpha_{kp}\, \widetilde{T}_{mnp}\,, \quad \widetilde{T}_{ijk} = \alpha_{mi}\, \alpha_{nj}\, \alpha_{pk}\, T_{mnp}$$

und, wenn von $\underline{\underline{A}}$ und $\underline{B}$ einer polar und der andere axial ist, das Transformationsgesetz

$$T_{ijk} = (\det \underset{\sim}{\alpha})\, \alpha_{im}\, \alpha_{jn}\, \alpha_{kp}\, \widetilde{T}_{mnp}\,, \quad \widetilde{T}_{ijk} = (\det \underset{\sim}{\alpha})\, \alpha_{mi}\, \alpha_{nj}\, \alpha_{pk}\, T_{mnp}\,.$$

Im ersten Fall nennt man die T_{ijk} die Koordinaten eines polaren Tensors $\underline{\underline{\underline{T}}}$ dritter Stufe, im zweiten Fall die Koordinaten eines axialen Tensors $\underline{\underline{\underline{T}}}$ dritter Stufe.

Man kommt auf dieselben Transformationsgesetze, wenn man von Beziehungen

$$A_{ij} = T^{*}_{ikj}\, B_k \quad \text{oder} \quad A_{ij} = T^{**}_{kij}\, B_k$$

ausgeht.

2. Man bezeichnet einen Skalar auch als Tensor nullter Stufe und einen Vektor als Tensor erster Stufe. Dann gilt:

Die Stufe eines Tensors entspricht der Anzahl der Unterstreichungen des Tensors selbst und der Anzahl der Indizes seiner Koordinaten.

3. Hinsichtlich der Transformationsgleichungen muss man zwischen polaren und axialen Tensoren unterscheiden. Für polare Tensoren gilt

$$\begin{array}{|ll|ll|}\hline a &= \widetilde{a}\,, & \widetilde{a} &= a\,, \\ a_i &= \alpha_{im}\,\widetilde{a}_m\,, & \widetilde{a}_i &= \alpha_{mi}\,a_m\,, \\ a_{ij} &= \alpha_{im}\,\alpha_{jn}\,\widetilde{a}_{mn}\,, & \widetilde{a}_{ij} &= \alpha_{mi}\,\alpha_{nj}\,a_{mn}\,, \\ \text{usw.,} & & \text{usw.,} & \\ \hline \end{array} \qquad (2.17)$$

für axiale Tensoren

$$\begin{array}{|ll|ll|}\hline a &= (\det \underset{\sim}{\alpha})\,\widetilde{a}\,, & \widetilde{a} &= (\det \underset{\sim}{\alpha})\,a\,, \\ a_i &= (\det \underset{\sim}{\alpha})\,\alpha_{im}\,\widetilde{a}_m\,, & \widetilde{a}_i &= (\det \underset{\sim}{\alpha})\,\alpha_{mi}\,a_m\,, \\ a_{ij} &= (\det \underset{\sim}{\alpha})\,\alpha_{im}\,\alpha_{jn}\,\widetilde{a}_{mn}\,, & \widetilde{a}_{ij} &= (\det \underset{\sim}{\alpha})\,\alpha_{mi}\,\alpha_{nj}\,a_{mn}\,, \\ \text{usw.,} & & \text{usw.} & \\ \hline \end{array} \qquad (2.18)$$

4. Für polare wie axiale Vektoren gilt in beiden Koordinatensystemen

$$\underline{a} = a_i\,\underline{e}_i\,, \quad \underline{\widetilde{a}} = \widetilde{a}_i\,\underline{\widetilde{e}}_i\,.$$

Auch Tensoren zweiter und höherer Stufe lassen sich durch ihre Darstellung in Bezug auf ein kartesisches Koordinatensystem und das Transformationsgesetz (2.17) bzw. (2.18) für die so gewonnenen Koordinaten definieren; wir müssen diese Definition verschieben, weil wir Tensoren noch nicht in einem Koordinatensystem darstellen können.

5. Einen Tensor, dessen sämtliche Koordinaten null sind, nennt man Nulltensor. Wir bezeichnen ihn durch 0, $\underline{0}$, $\underline{\underline{0}}$, usw.

6. Gelegentlich ist es nützlich, ein Symbol für einen Tensor beliebiger Stufe zu haben. Wir bezeichnen ihn dann durch einen großen Schreibschriftbuchstaben ($\mathscr{A}$, $\mathscr{B}$, usw.) und seine Koordinaten durch $a_{i\ldots j}$, $b_{i\ldots j}$, usw.

2.3.3 Symmetrien in der Physik

Allgemeine Invarianzen wie die gegenüber einer Verschiebung, einer Drehung oder einer Spiegelung nennt man auch Symmetrien der Physik. Außer den drei genannten sind das noch die Invarianz gegen eine Wiederholung, die sogenannte Reproduzierbarkeit, und die Invarianz physikalischer Größen und Gleichungen gegen einen Einheitenwechsel. Alle diese Invarianzen haben Konsequenzen für die Aufstellung physikalischer Gleichungen, sie haben nämlich zur Folge, dass physikalische Gleichungen sich bei einer Symmetrieoperation (z. B. einer Wiederholung eines Experiments) nicht ändern. Das hat zur Folge, dass bestimmte messbare Merkmale eines physikalischen Vorgangs in physikalische Gleichungen nicht eingehen (also keine physikalischen Größen im strengen Sinne sind) und dass von den mathematisch definierten Verknüpfungen physikalischer Größen nicht alle physikalisch zulässig sind. Diese Konsequenzen sollen an dieser Stelle wenigstens aufgezählt werden, auch wenn sie hier nicht begründet werden können.

Die Reproduzierbarkeit physikalischer Vorgänge hat zur Folge, dass in physikalischen Gleichungen keine Zeitpunkte (Uhrzeiten) vorkommen können, sondern nur Zeitintervalle. Die Invarianz gegenüber Verschiebungen hat zur Folge, dass in physikalischen Gleichungen keine Punkte des Raumes (Ortskoordinaten) vorkommen können, sondern nur Strecken.

Die Invarianz physikalischer Größen gegenüber einem Einheitenwechsel hat zur Folge, dass alle Glieder einer physikalischen Gleichung in der gleichen Einheit messbar (man sagt dafür auch: dimensionell homogen) sein müssen. Da das z. B. für eine Energie und eine Temperatur nicht der Fall ist, kann eine Energie nicht gleich einer Temperatur sein. Die systematische Ausnutzung dieser Symmetrieeigenschaft ist Gegenstand der Dimensionsanalyse, die bekanntlich die mathematisch möglichen Verknüpfungen physikalischer Größen erheblich einschränkt.

Die Spiegelungsinvarianz führt auf die Unterscheidung zwischen polaren und axialen Tensoren, und die Drehungsinvarianz hat zur Folge, dass physikalische Größen (polare oder axiale) Tensoren sein müssen und außerdem alle Glieder einer physikalischen Gleichung Tensoren gleicher Stufe und entweder alle polar oder alle axial sein müssen. (Man könnte in Analogie zum Begriff der dimensionellen Homogenität diese Eigenschaften als tensorielle Homogenität zusammenfassen.) Zum Beispiel kann ein Drehmoment (Vektor!) nicht gleich einer Arbeit (Skalar!) sein, obwohl beide Größen in der Einheit Joule gemessen werden können, die dimensionelle Homogenität also gegeben wäre, und es kann eine Geschwindigkeit (polarer Vektor!) nicht proportional einer Winkelgeschwindigkeit (axialer Vektor!) sein, auch wenn die dimensionelle Inhomogenität durch einen polaren skalaren Proportionalitätsfaktor aufgehoben wäre. Die systematische Ausnutzung dieser Symmetrieeigenschaften ist Gegenstand der Darstellungstheorie (Kapitel 5).

Es gibt keine praktischen Gründe für die Verwendung von Linkssystemen in Physik und Technik. Man könnte sich also die Unterscheidung polarer und axialer Tensoren schenken, wenn man sich generell auf Rechtssysteme beschränkte. Das hätte allerdings zur Folge, dass man die Spiegelungsinvarianz beim Ausschluss physikalisch unzulässiger (m. a. W. zur Beschreibung von Naturvorgängen überflüssiger) Gleichungen nicht ausnutzen könnte.

2.4 Symbolische Schreibweise, Koordinaten- und Matrizenschreibweise

Wir haben die Tensoren selbst (die wir durch unterstrichene Buchstaben darstellen) und ihre kartesischen Koordinaten (die wir durch indizierte Buchstaben darstellen) unterschieden. Ebenso kann man auch die Rechenoperationen für die Tensoren selbst und für ihre Koordinaten definieren. Man gelangt so zu zwei verschiedenen Schreibweisen der Tensorrechnung, die wir als symbolische und als Koordinatenschreibweise unterscheiden wollen. Dabei fordern wir, dass Tensorgleichungen sowohl in symbolischer Schreibweise (also zwischen Tensoren) als auch in Koordinatenschreibweise (also zwischen Tensorkoordinaten) unabhängig vom Koordinatensystem sein sollen.

Es ist wichtig, beide Schreibweisen zu beherrschen und vor allem von der einen in die andere übersetzen zu können. Jede symbolisch geschriebene Gleichung lässt sich in die Koordinatenschreibweise übersetzen; umgekehrt ist das zwar nicht immer, aber doch in den meisten praktisch vorkommenden Fällen möglich. Wir halten es für optimal, von vornherein gewissermaßen zweisprachig aufzuwachsen. Wir werden deshalb alle Operationen in beiden Schreibweisen hinschreiben. Im Übrigen werden wir die jeweils zweckmäßigere Schreibweise verwenden, und das bedeutet in der Regel, Rechnungen in Koordinatenschreibweise auszuführen und die Ergebnisse in symbolischer Schreibweise zu notieren. Wir werden in Zukunft auch gelegentlich scheinbar ungenau z. B. vom Vektor a_i sprechen, schließlich sind auch die Koordinaten eines Vektors in einem nicht näher spezifizierten kartesischen Koordinatensystem ein Symbol für den Vektor selbst.

Wenn man noch vereinbart, dass die Koordinaten von Vektoren als Spaltenmatrizen (und nicht als Zeilenmatrizen) aufzufassen sind, lassen sich alle Tensorgleichungen, in denen nur Skalare, Vektoren und Tensoren zweiter Stufe vorkommen, auch als Matrizengleichungen schreiben. Diese Matrizenschreibweise von Tensorgleichungen vereinigt die Prägnanz der symbolischen Schreibweise mit dem algorithmischen Charakter der Koordinatenschreibweise, sie hat dafür den Nachteil, dass sie beim Auftreten von Tensoren höherer als zweiter Stufe versagt (wie wir sehen werden, ist das bereits bei einem vektoriellen Produkt zweier Vektoren der Fall) und dass man der Matrix $\underset{\sim}{a}$ nicht ansehen kann, wie viele Spalten sie hat (konkret: ob sie die Koordinaten eines Vektors oder eines Tensors zweiter Stufe darstellt). Die Matrizenschreibweise wird trotzdem häufig verwendet (und dann oft mit der symbolischen Schreibweise vermischt). Wir wollen deshalb bei der Definition der tensoralgebraischen Operationen neben der symbolischen und der Koordinatenschreibweise überall dort, wo es geht, auch die Matrizenschreibweise notieren, werden sie aber im Folgenden nicht verwenden.

2.5 Gleichheit, Addition und Subtraktion von Tensoren. Multiplikation von Tensoren mit einem Skalar. Lineare Unabhängigkeit

Wir wollen in den folgenden Abschnitten Rechenoperationen für Tensoren definieren, also einen Kalkül für Tensoren aufbauen. Dabei werden wir eine Operation zwischen Tensoren (also in symbolischer Schreibweise) jeweils dadurch definieren, dass wir angeben, welche Operation dann zwischen den Koordinaten der beteiligten Tensoren (also in Koordinatenschreibweise) auszuführen ist.[4]

Wir definieren zunächst die linearen Operationen: die Gleichheit, die Addition, die Subtraktion und die Multiplikation mit einem Skalar. In den nächsten Abschnitten werden wir dann weitere algebraische Operationen, vor allem drei Multiplikationen, sowie Differential- und Integraloperationen für Tensoren einführen.

[4] Da Tensorkoordinaten (bei uns: reelle) Zahlen sind (die Erweiterung auf komplexe Zahlen bietet keine grundsätzlichen Schwierigkeiten), gelten für Tensorgleichungen in Koordinatenschreibweise die Rechenregeln der Arithmetik.

1. Zwei Tensoren sind gleich, wenn sie (im selben Koordinatensystem) in allen homologen Koordinaten übereinstimmen:

$a = A\,,$	$a = A\,,$	$a = A\,,$
$\underline{a} = \underline{B}\,,$	$a_i = B_i\,,$	$\underset{\sim}{a} = \underset{\sim}{B}\,,$
$\underline{\underline{a}} = \underline{\underline{C}}\,,$	$a_{ij} = C_{ij}\,,$	$\underset{\sim}{a} = \underset{\sim}{C}\,.$
usw.,	usw.,	

(2.19)

Das bedeutet umgekehrt, dass zwei Tensoren ungleich sind, wenn sie in *mindestens einem* Paar homologer Koordinaten nicht übereinstimmen.

Man addiert oder subtrahiert zwei Tensoren, indem man ihre homologen Koordinaten addiert bzw. subtrahiert:

$a \pm b = A\,,$	$a \pm b = A\,,$	$a \pm b = A\,,$
$\underline{a} \pm \underline{b} = \underline{B}\,,$	$a_i \pm b_i = B_i\,,$	$\underset{\sim}{a} \pm \underset{\sim}{b} = \underset{\sim}{B}\,,$
$\underline{\underline{a}} \pm \underline{\underline{b}} = \underline{\underline{C}}\,,$	$a_{ij} \pm b_{ij} = C_{ij}\,,$	$\underset{\sim}{a} \pm \underset{\sim}{b} = \underset{\sim}{C}\,.$
usw.,	usw. ,	

(2.20)

Man multipliziert einen Tensor mit einem Skalar, indem man alle Koordinaten mit diesem Skalar multipliziert:

$\alpha a = A\,,$	$\alpha a = A\,,$	$\alpha a = A\,,$
$\alpha \underline{a} = \underline{B}\,,$	$\alpha a_i = B_i\,,$	$\alpha \underset{\sim}{a} = \underset{\sim}{B}\,,$
$\alpha \underline{\underline{a}} = \underline{\underline{C}}\,,$	$\alpha a_{ij} = C_{ij}\,,$	$\alpha \underset{\sim}{a} = \underset{\sim}{C}\,.$
usw.,	usw.,	

(2.21)

2. Korrekterweise muss man sich noch überzeugen, dass die auf diese Weise definierten Größen A, B_i, C_{ij} Tensorkoordinaten sind, d. h. das entsprechende Transformationsgesetz erfüllen, sofern die Größen auf der linken Seite dieser Gleichungen Tensorkoordinaten sind. Das ist leicht einzusehen, z. B. ist für polare Tensoren

$$C_{ij} = a_{ij} \pm b_{ij} = \alpha_{im}\,\alpha_{jn}(\widetilde{a}_{mn} \pm \widetilde{b}_{mn}) = \alpha_{im}\,\alpha_{jn}\,\widetilde{C}_{mn}\,,$$

Gleichsetzen, addieren oder subtrahieren kann man also nur Tensoren, für deren Koordinaten das gleiche Transformationsgesetz gilt, die also die gleiche Stufe haben und entweder beide polar oder beide axial sind.

3. Man nennt Q Tensoren $\overset{1}{\mathscr{A}}, \overset{2}{\mathscr{A}}, \ldots, \overset{Q}{\mathscr{A}}$ gleicher Stufe, die entweder alle polar oder alle axial sind, linear unabhängig, wenn die Gleichung

$$\alpha_i \overset{i}{\mathscr{A}} = 0$$

nur für $\alpha_i = 0$ zu erfüllen ist; andernfalls heißen sie linear abhängig. Mehr als 3 Vektoren, mehr als 9 Tensoren zweiter Stufe, allgemein mehr als 3^N Tensoren N-ter Stufe sind offenbar stets linear abhängig.

2.6 Transponierte, isomere, symmetrische und antimetrische Tensoren

1. Es ist an dieser Stelle zweckmäßig, daran zu erinnern, dass die Koordinaten eines Tensors zweiter Stufe eine quadratische Matrix bilden. Wir schreiben also

$$a_{ij} := \begin{pmatrix} a_{11} & a_{12} & a_{13} \\ a_{21} & a_{22} & a_{23} \\ a_{31} & a_{32} & a_{33} \end{pmatrix} = \begin{pmatrix} a_{xx} & a_{xy} & a_{xz} \\ a_{yx} & a_{yy} & a_{yz} \\ a_{zx} & a_{zy} & a_{zz} \end{pmatrix} . \tag{2.22}$$

2. Zwei Tensoren zweiter Stufe, deren Koordinaten sich nur durch die Reihenfolge der Indizes unterscheiden, nennt man transponiert. Ihre Koordinatenmatrizen gehen offenbar durch Spiegelung an der Hauptdiagonale ineinander über, sind also transponierte Matrizen. Wie transponierte Matrizen bezeichnet man auch transponierte Tensoren durch den gleichen Buchstaben und kennzeichnet den einen Tensor durch ein T als oberen Index:

$$\boxed{a^{\mathrm{T}}_{ij} = a_{ji} \, .} \tag{2.23}$$

3. Allgemein nennt man Tensoren, deren Koordinaten sich nur durch die Reihenfolge der Indizes unterscheiden, isomer. Dic Anzahl der Isomere eines Tensors steigt mit der Stufe schnell an: Bei einem Tensor zweiter Stufe existieren zwei Isomere, nämlich der Tensor selbst und der transponierte Tensor. Bei einem Tensor dritter Stufe sind es bereits sechs, nämlich A_{ijk}, A_{jki}, A_{kij}, A_{kji}, A_{jik} und A_{ikj}. Für Tensoren n-ter Stufe gibt es offenbar $n!$ Isomere, auf deren Darstellung in symbolischer Schreibweise meist verzichtet wird.

4. Ein Tensor zweiter Stufe, der gleich seinem transponierten Tensor ist, heißt symmetrisch; für ihn gilt also

$$\underline{\underline{a}} = \underline{\underline{a}}^{\mathrm{T}} , \qquad a_{ij} = a_{ji} , \qquad \underset{\sim}{a} = \underset{\sim}{a}^{\mathrm{T}} . \tag{2.24}$$

5. Ein Tensor zweiter Stufe, der negativ gleich seinem transponierten Tensor ist, heißt antimetrisch, antisymmetrisch, schiefsymmetrisch oder alternierend; für ihn gilt also

$$\underline{\underline{a}} = -\underline{\underline{a}}^{\mathrm{T}}\,, \qquad a_{ij} = -a_{ji}\,, \qquad \underset{\sim}{a} = -\underset{\sim}{a}^{\mathrm{T}}\,. \tag{2.25}$$

6. Man kann jeden Tensor zweiter Stufe eindeutig nach der Formel

$$a_{ij} = \underbrace{\frac{1}{2}(a_{ij} + a_{ji})}_{a_{(ij)}} + \underbrace{\frac{1}{2}(a_{ij} - a_{ji})}_{a_{[ij]}} \tag{2.26}$$

in einen symmetrischen Anteil $a_{(ij)}$ und einen antimetrischen Anteil $a_{[ij]}$ zerlegen, wovon man sich durch Ausmultiplizieren leicht überzeugt. Bei Tensoren höherer Stufe spricht man analog von der Symmetrie oder Antimetrie in Bezug auf ein Indexpaar; z. B. ist[5] $a_{[ijk]l} = \frac{1}{2}(a_{ijkl} - a_{kjil})$.

7. Korrekterweise muss man noch zeigen, dass die Transponierten der Koordinatenmatrizen eines Tensors in verschiedenen Koordinatensystemen wieder die Koordinaten eines Tensors sind. Das ist mithilfe des Transformationsgesetzes leicht einzusehen:

Es seien a_{ij} und $\widetilde{a}_{ij}$ die Koordinaten eines polaren Tensors zweiter Stufe in zwei Koordinatensystemen, d. h. es gelte

$$a_{ij} = \alpha_{im}\,\alpha_{jn}\,\widetilde{a}_{mn}\,,$$

und es sei $\widetilde{a}^{\mathrm{T}}_{nm} = \widetilde{a}_{mn}$ die transponierte Koordinatenmatrix im geschweiften System, dann ist

$$a^{\mathrm{T}}_{ij} = a_{ji} = \alpha_{jm}\,\alpha_{in}\,\widetilde{a}_{mn} = \alpha_{in}\,\alpha_{jm}\,\widetilde{a}^{\mathrm{T}}_{nm}\,, \quad \text{w. z. b. w.}^{6}$$

Damit ist auch die Symmetrie oder die Antimetrie eines Tensors eine Eigenschaft des Tensors selbst und nicht nur seiner Koordinatenmatrix in einem bestimmten Koordinatensystem.

[5] Bei manchen Autoren bedeutet $a_{[ijk]l}$ auch den Mittelwert sämtlicher Permutationen der Indizes i, j, k, wobei bei einer ungeraden Anzahl von Vertauschungen ein Minuszeichen gesetzt wird:

$$a_{[ijk]l} = \frac{1}{3!}(a_{ijkl} + a_{jkil} + a_{kijl} - a_{kjil} - a_{jikl} - a_{ikjl}).$$

[6] was zu beweisen war

Aufgabe 2.2

Ein Tensor habe (in einem gegebenen kartesischen Koordinatensystem) die Koordinaten

$$a_{ij} = \begin{pmatrix} 1 & 0 & 2 \\ 4 & -3 & 6 \\ 2 & -4 & 5 \end{pmatrix}.$$

A. Man gebe die Koordinaten des transponierten Tensors an.

B. Man zerlege den Tensor in seinen symmetrischen und seinen antimetrischen Anteil und mache die Probe, d. h. zeige, dass die Summe beider Anteile wieder den Ausgangstensor ergibt.

2.7 Die tensorielle Multiplikation von Tensoren

2.7.1 Definition

Man führt zwischen Tensoren drei verschiedene Produkte ein, die wir als tensorielles, skalares und vektorielles Produkt unterscheiden und wieder jeweils dadurch definieren wollen, dass wir angeben, welche Rechenoperationen zwischen den Koordinaten der beiden Faktoren auszuführen sind.

Das tensorielle oder dyadische Produkt ist eine Verallgemeinerung des gewöhnlichen Produktes von zwei Skalaren, und wir wollen es wie dieses dadurch bezeichnen, dass wir die beiden Faktoren ohne Operationssymbol nebeneinanderstellen.

Es ist für Tensoren beliebiger Stufe definiert:

$a\,b = A\,,$	$a\,b = A\,,$	$a\,b = A\,,$
$a\,\underline{b} = \underline{B}\,,$	$a\,b_i = B_i\,,$	$a\,\underset{\sim}{b} = \underset{\sim}{B}\,,$
$\underline{a}\,b = \underline{C}\,,$	$a_i\,b = C_i\,,$	$\underset{\sim}{a}\,b = \underset{\sim}{C}\,,$
$\underline{a}\,\underline{b} = \underline{\underline{D}}\,,$	$a_i\,b_j = D_{ij}\,,$	$\underset{\sim}{a}\,\underset{\sim}{b}^{\mathrm{T}} = \underset{\sim}{D}\,,$
$a\,\underline{\underline{b}} = \underline{\underline{E}}\,,$	$a\,b_{ij} = E_{ij}\,,$	$a\,\underset{\sim}{b} = \underset{\sim}{E}\,,$
$\underline{\underline{a}}\,b = \underline{\underline{F}}\,,$	$a_{ij}\,b = F_{ij}\,,$	$\underset{\sim}{a}\,b = \underset{\sim}{F}\,.$
$\underline{a}\,\underline{\underline{b}} = \underline{\underline{\underline{G}}}\,,$	$a_i\,b_{jk} = G_{ijk}\,,$	
$\underline{\underline{a}}\,\underline{b} = \underline{\underline{\underline{H}}}\,,$	$a_{ij}\,b_k = H_{ijk}\,,$	
usw.,	usw.,	

(2.27)

Der Name tensorielles Produkt rührt daher, dass das tensorielle Produkt zweier *Vektoren* ein *Tensor* (zweiter Stufe) ist.

Aufgabe 2.3

Zwei Vektoren haben (in einem bestimmten Koordinatensystem) die Koordinaten $a_i = (2,\ 3,\ 4)$, $b_i = (-2,\ 1,\ 5)$. Man berechne die Koordinaten der tensoriellen Produkte $\underline{a}\,\underline{b}$ und $\underline{b}\,\underline{a}$.

2.7.2 Eigenschaften

1. Wir müssen uns zunächst davon überzeugen, dass das so definierte Produkt von Tensorkoordinaten wieder auf Tensorkoordinaten führt. Wir tun das am Beispiel der Gleichung $a_i b_j = D_{ij}$. Wir schreiben diese Gleichung in zwei verschiedenen kartesischen Koordinatensystemen hin, also

$$a_i b_j = D_{ij} \quad \text{und} \quad \widetilde{a}_i \widetilde{b}_j = \widetilde{D}_{ij}\,,$$

und wenn speziell a_i und b_j die Koordinaten zweier polarer Vektoren sind, gilt

$$a_i = \alpha_{im}\,\widetilde{a}_m \quad \text{und} \quad b_j = \alpha_{jn}\,\widetilde{b}_n\,.$$

Damit folgt

$$D_{ij} = a_i\, b_j = \alpha_{im}\, \widetilde{a}_m\, \alpha_{jn}\, \widetilde{b}_n = \alpha_{im}\, \alpha_{jn}\, \widetilde{a}_m\, \widetilde{b}_n = \alpha_{im}\, \alpha_{jn}\, \widetilde{D}_{mn}\,,$$

die D_{ij} sind also nach (2.15) die Koordinaten eines polaren Tensors zweiter Stufe.

2. Offenbar ergibt das tensorielle Produkt zweier polarer oder zweier axialer Tensoren einen polaren Tensor und das tensorielle Produkt zweier Tensoren, von denen einer polar und einer axial ist, einen axialen Tensor.

3. Eine wichtige Eigenschaft beim Vergleich von Formeln aus (2.27) in beiden Schreibweisen ist, dass die Reihenfolge der Indizes in Koordinatenschreibweise auf der linken und der rechten Seite einer Gleichung *zum Übersetzen* gleich sein muss. Bei der Übersetzung in die symbolische Schreibweise muss man deshalb unter Umständen vorher die Reihenfolge der Faktoren ändern oder Isomere einführen. Hat man z. B. die Gleichung

$$a_j\, b_i\, c_k + d_k\, e_{ji} = f_{ijk}\,,$$

so muss man zunächst die beiden Glieder auf der linken Seite umschreiben:

$$b_i\, a_j\, c_k + e^{\mathrm{T}}_{ij}\, d_k = f_{ijk}$$

und erhält dann die Übersetzung

$$\underline{b}\,\underline{a}\,\underline{c} + \underline{\underline{e}}^{\mathrm{T}}\,\underline{d} = \underline{\underline{\underline{f}}}\,.$$

Sind dabei Isomere von Tensoren höherer als zweiter Stufe zu bilden, so lässt sich die Gleichung ohne zusätzliche Vereinbarungen nicht in die symbolische Schreibweise übersetzen. Ein Beispiel wäre die Gleichung

$$a_{ik}\, b_j = c_{ijk}\,.$$

Aufgabe 2.4

Man übersetze soweit möglich in beide anderen Schreibweisen:

A. $\underline{\underline{a}}\,\underline{b}\,\underline{c} = \underline{\underline{\underline{d}}}\,,$ B. $a_i\, b_{kl}\, c_j = d_{ijkl}\,,$ C. $\alpha_i\, b_{kj} = A_{ijk}\,,$ D. $a^{\mathrm{T}}_{mn} = b_{nm}\,.$

4. Tensorkoordinaten sind reelle Zahlen; in Koordinatenschreibweise gelten also für alle Operationen die Regeln für das Rechnen mit reellen Zahlen, z. B. das kommutative und das assoziative Gesetz für die Multiplikation. Welche dieser Gesetze in symbolischer Schreibweise gelten, ist jeweils zu prüfen.

Offenbar sind Addition und tensorielle Multiplikation auch in symbolischer Schreibweise distributiv: In Koordinatenschreibweise gilt z. B. $a_i\, b_j + a_i\, c_j = a_i\,(b_j + c_j)$, und durch Übersetzung erhält man $\underline{a}\,\underline{b} + \underline{a}\,\underline{c} = \underline{a}(\underline{b} + \underline{c})$. Auch das assoziative Gesetz lässt sich so beweisen: Es gilt z. B. $(a_i\, b_j)\, c_k = a_i(b_j\, c_k)$, und durch Übersetzung folgt daraus $(\underline{a}\,\underline{b})\,\underline{c} = \underline{a}(\underline{b}\,\underline{c})$. Dagegen gilt das kommutative Gesetz im Allgemeinen nur, wenn einer der Faktoren ein Skalar ist: $a\, b_{ij} = b_{ij}\, a$ ergibt $a\,\underline{\underline{b}} = \underline{\underline{b}}\,a$, die Gleichung $a_i\, b_j = b_j\, a_i$ dagegen lässt sich so nicht übersetzen, weil die Reihenfolge der freien Indizes auf beiden Seiten der Gleichung verschieden ist. Man sieht leicht ein, dass in der Tat im Allgemeinen $\underline{a}\,\underline{b} \neq \underline{b}\,\underline{a}$ ist: Wir setzen $\underline{a}\,\underline{b} =: \underline{\underline{A}}$ und $\underline{b}\,\underline{a} =: \underline{\underline{B}}$, dann gilt

$$a_i\, b_j = A_{ij} \quad \text{und} \quad b_m\, a_n = B_{mn}\,.$$

Da die letzte Gleichung in Koordinatenschreibweise kommutativ ist, können wir dafür auch $a_n\, b_m = B_{mn}$ schreiben und dann zum einfacheren Vergleich mit der Gleichung davor die Indizes umbenennen, also n durch i und m durch j ersetzen. Wir erhalten dann $a_i\, b_j = B_{ji}$, d. h. es ist $A_{ij} = B_{ji}$, die Tensoren $\underline{\underline{A}}$ und $\underline{\underline{B}}$ sind transponiert, es gilt $\underline{a}\,\underline{b} = (\underline{b}\,\underline{a})^{\mathrm{T}}$ und damit im Allgemeinen $\underline{a}\,\underline{b} \neq \underline{b}\,\underline{a}$.

5. Ein tensorielles Produkt ist genau dann null, wenn mindestens ein Faktor null ist: Betrachten wir z. B. ein tensorielles Produkt $\underline{\underline{\underline{C}}} = \underline{\underline{A}}\,\underline{B}$ und nehmen an, dass von beiden Faktoren im betrachteten Koordinatensystem jeweils nur eine Koordinate nicht verschwindet, dann ist auch von dem Produkt eine Koordinate von null verschieden. Nur wenn alle Koordinaten eines Faktors verschwinden, verschwinden auch alle Koordinaten des Produkts, und wenn alle Koordinaten des Produkts verschwinden, müssen auch alle Koordinaten mindestens eines Faktors verschwinden.

6. Einen gemeinsamen Faktor mehrerer tensorieller Produkte kann man herauskürzen, wenn er von null verschieden ist: z. B. aus $\underline{a}\,\underline{\underline{b}} = \underline{a}\,\underline{\underline{c}}$ folgt zunächst $\underline{a}(\underline{\underline{b}} - \underline{\underline{c}}) = \underline{\underline{\underline{0}}}$. Wenn $\underline{a} \neq \underline{0}$ ist, folgt nach dem vorigen Absatz $\underline{\underline{b}} - \underline{\underline{c}} = \underline{\underline{0}}$ und damit $\underline{\underline{b}} = \underline{\underline{c}}$.

7. Wir können jetzt die so genannte Quotientenregel beweisen: Ist das tensorielle Produkt zweier Faktoren, von denen einer ein von null verschiedener Tensor m-ter Stufe ist, ein Tensor $(m+n)$-ter Stufe, so ist der andere Faktor ein Tensor n-ter Stufe, und zwar ein polarer Tensor, wenn die beiden gegebenen Tensoren entweder beide polar oder beide axial sind, und ein axialer Tensor, wenn von den beiden gegebenen Tensoren einer polar und einer axial ist. Beispielsweise gelte in zwei kartesischen Koordinatensystemen die Beziehung

$$a_i b_j = D_{ij} \quad \text{und} \quad \widetilde{a}_i \widetilde{b}_j = \widetilde{D}_{ij} ,$$

und a_i sei ein von null verschiedener polarer Vektor und D_{ij} ein polarer Tensor zweiter Stufe, es gelte also

$$a_i \neq 0, \quad a_i = \alpha_{im} \widetilde{a}_m , \quad D_{ij} = \alpha_{im} \alpha_{jn} \widetilde{D}_{mn} ,$$

dann soll daraus

$$b_i = \alpha_{im} \widetilde{b}_m$$

folgen. Das ist folgendermaßen zu beweisen:

$$a_i b_j = D_{ij} = \alpha_{im} \alpha_{jn} \widetilde{D}_{mn} = \alpha_{im} \alpha_{jn} \widetilde{a}_m \widetilde{b}_n = a_i \alpha_{jn} \widetilde{b}_n .$$

Da $a_i \neq 0$ ist, können wir a_i herauskürzen, und es folgt $b_j = \alpha_{jn} \widetilde{b}_n$, was bis auf die Benennung der Indizes die Behauptung ist.

Die Quotientenregel ist offenbar die Umkehrung des Satzes, dass das tensorielle Produkt zweier Tensoren m-ter und n-ter Stufe ein Tensor $(m+n)$-ter Stufe ist.

8. Wir wollen die in diesem Abschnitt bewiesenen Eigenschaften des tensoriellen Produkts zusammenstellen:

- Das tensorielle Produkt zweier Tensoren m-ter und n-ter Stufe ist ein Tensor $(m+n)$-ter Stufe.
- Ist das tensorielle Produkt zweier Faktoren, von denen einer ein von null verschiedener Tensor m-ter Stufe ist, ein Tensor $(m+n)$-ter Stufe, so ist der andere Faktor ein Tensor n-ter Stufe (Quotientenregel).
- Die drei bei einer tensoriellen Multiplikation auftretenden Tensoren (also die beiden Faktoren und das Produkt) sind entweder alle polar, oder zwei davon sind axial und der dritte ist polar.
- Die Reihenfolge der Indizes in einem tensoriellen Produkt muss *zur Übersetzung* auf der linken und auf der rechten Seite einer Gleichung übereinstimmen.

- Addition und tensorielle Multiplikation sind auch in symbolischer Schreibweise distributiv.
- Die tensorielle Multiplikation ist auch in symbolischer Schreibweise assoziativ.
- Die tensorielle Multiplikation ist in symbolischer Schreibweise im Allgemeinen nur dann kommutativ, wenn ein Faktor ein Skalar ist.
- Ein tensorielles Produkt ist genau dann null, wenn mindestens ein Faktor null ist.
- Einen von null verschiedenen ausgeklammerten Faktor eines tensoriellen Produkts kann man herauskürzen.

2.7.3 Tensoren, Tensorkomponenten und Tensorkoordinaten

1. Mithilfe des tensoriellen Produkts können wir jetzt in Analogie zu (2.10) auch Tensoren zweiter und höherer Stufe mit ihren Koordinaten in einem kartesischen Koordinatensystem verknüpfen. Führen wir in der Gleichung $\underline{a}\,\underline{b} = \underline{\underline{c}}$ links die Darstellung (2.10) ein, so erhalten wir mit (2.27)

$$\underline{a}\,\underline{b} = a_i\,\underline{e}_i\,b_j\,\underline{e}_j = a_i\,b_j\,\underline{e}_i\,\underline{e}_j = c_{ij}\,\underline{e}_i\,\underline{e}_j = \underline{\underline{c}},$$

also

$$\underline{\underline{c}} = c_{ij}\,\underline{e}_i\,\underline{e}_j\,.$$

Dabei ist $\underline{e}_i\,\underline{e}_j$ als tensorielles Produkt zweier Basisvektoren zu verstehen. Da i und j die Werte 1 bis 3 annehmen können, lässt sich $\underline{e}_i\,\underline{e}_j$ als dreireihige, quadratische Matrix auffassen, deren Elemente Tensoren zweiter Stufe sind:

$$\underline{e}_i\,\underline{e}_j = \begin{pmatrix} \underline{e}_1\,\underline{e}_1 & \underline{e}_1\,\underline{e}_2 & \underline{e}_1\,\underline{e}_3 \\ \underline{e}_2\,\underline{e}_1 & \underline{e}_2\,\underline{e}_2 & \underline{e}_2\,\underline{e}_3 \\ \underline{e}_3\,\underline{e}_1 & \underline{e}_3\,\underline{e}_2 & \underline{e}_3\,\underline{e}_3 \end{pmatrix}.$$

In Verallgemeinerung von (2.10) gilt zwischen einem Tensor beliebiger Stufe und seinen Koordinaten in Bezug auf die Basis $\underline{e}_i$ eines Koordinatensystems also die

Beziehung

$$
\begin{aligned}
\underline{a} &= a_i \, \underline{e}_i \,, \\
\underline{\underline{a}} &= a_{ij} \, \underline{e}_i \, \underline{e}_j \,, \\
\underline{\underline{\underline{a}}} &= a_{ijk} \, \underline{e}_i \, \underline{e}_j \, \underline{e}_k \,, \\
&\text{usw.}
\end{aligned}
\tag{2.28}
$$

2. So wie sich jeder Vektor $\underline{a}$ als lineare Kombination der drei Basisvektoren $\underline{e}_i$ mit den Koordinaten a_i als Koeffizienten schreiben lässt, kann man jeden Tensor $\underline{\underline{a}}$ zweiter Stufe als lineare Kombination der neun Basistensoren $\underline{e}_i \, \underline{e}_j$ mit den Koordinaten a_{ij} als Koeffizienten darstellen, und Analoges gilt für Tensoren höherer Stufe. Wie bei Vektoren unterscheiden wir auch bei Tensoren beliebiger Stufe zwischen Komponenten und Koordinaten: Den Tensor $a_{xy} \, \underline{e}_x \, \underline{e}_y$ nennen wir z. B. die x,y-Komponente von $\underline{\underline{a}}$ im gegebenen Koordinatensystem, die Größe a_{xy} seine x,y-Koordinate. Die Komponenten eines Tensors sind selbst Tensoren, die Koordinaten nicht.

3. Wir können jetzt auch unsere Definition eines Vektors in Abschnitt 2.2.2 auf Tensoren beliebiger Stufe verallgemeinern:

Ein Tensor ist eine Größe, die sich nach (2.28) in Bezug auf ein kartesisches Koordinatensystem darstellen lässt und deren so gewonnene Koordinaten sich beim Übergang auf ein anderes kartesisches Koordinatensystem nach (2.17) oder (2.18) transformieren. Gilt das Transformationsgesetz (2.17), nennt man den Tensor polar, gilt das Transformationsgesetz (2.18), nennt man ihn axial.

2.7.4 Tensorgleichungen, Transformationsgleichungen und Darstellungsgleichungen

Es ist an dieser Stelle zweckmäßig, drei verschiedene Arten von Gleichungen mit Tensoren zu unterscheiden, nämlich Tensorgleichungen, Transformationsgleichungen und Darstellungsgleichungen:

– Tensorgleichungen sind Gleichungen zwischen verschiedenen Tensoren (Tensorgleichungen in symbolischer Schreibweise) oder zwischen den Koordinaten verschiedener Tensoren im selben Koordinatensystem (Tensorgleichungen in Koordinatenschreibweise), z. B. $\underline{\underline{a}}\,\underline{b} = \underline{\underline{\underline{c}}}$ oder $a_{ij} \, b_k = c_{ijk}$.

- Transformationsgleichungen sind Gleichungen zwischen den Koordinaten desselben Tensors in verschiedenen Koordinatensystemen, z. B. $a_i = \alpha_{ij}\widetilde{a}_j$.
- Darstellungsgleichungen sind Gleichungen zwischen einem Tensor selbst und seinen Koordinaten in einem bestimmten Koordinatensystem, z. B. $\underline{\underline{a}} = a_{ij}\underline{e}_i\underline{e}_j$.

Für alle drei Arten von Gleichungen gilt die Summationskonvention.

Wenn Tensoren physikalische Größen beschreiben, drücken nur Tensorgleichungen physikalische Sachverhalte aus, weil nur sie verschiedene Tensoren verknüpfen. Transformationsgleichungen und Darstellungsgleichungen sind demgegenüber mathematische Gleichungen ohne physikalischen Inhalt.

2.8 δ-Tensor, ε-Tensor, isotrope Tensoren

2.8.1 Der δ-Tensor

Offenbar gilt $\alpha_{im}\alpha_{jn}\delta_{mn} = \alpha_{im}\alpha_{jm} = \delta_{ij}$, die δ_{ij} erfüllen das Transformationsgesetz (2.17) für die Koordinaten eines polaren Tensors zweiter Stufe. Die δ_{ij} lassen sich also als die kartesischen Koordinaten eines polaren Tensors

$$\underline{\underline{\delta}} = \delta_{ij}\underline{e}_i\underline{e}_j \tag{2.29}$$

auffassen, den man δ-Tensor, Einheitstensor, Metriktensor oder Fundamentaltensor nennt. Er hat offenbar die Eigenschaft, dass seine Koordinaten in jedem kartesischen Koordinatensystem gleich sind, und zwar gleich den in (1.15) definierten δ_{ij}.

2.8.2 Der ε-Tensor

1. Wir wollen zeigen, dass die ε_{ijk} das Transformationsgesetz (2.18) für die Koordinaten eines axialen Tensors dritter Stufe erfüllen, also die kartesischen Koordinaten eines axialen Tensors

$$\underline{\underline{\underline{\varepsilon}}} = \varepsilon_{ijk}\underline{e}_i\underline{e}_j\underline{e}_k \tag{2.30}$$

darstellen. Da die ε_{ijk} nach (1.33) unabhängig vom Koordinatensystem definiert sind, müssen sie dazu die Gleichung $\varepsilon_{ijk} = (\det \underset{\sim}{\alpha})\, \alpha_{mi}\, \alpha_{nj}\, \alpha_{pk}\, \varepsilon_{mnp}$ erfüllen. Wir führen zunächst

$$\widetilde{\varepsilon}_{ijk} = (\det \underset{\sim}{\alpha})\, \alpha_{mi}\, \alpha_{nj}\, \alpha_{pk}\, \varepsilon_{mnp}$$

ein. Wir müssen nun unter Ausnutzung von Eigenschaften der ε_{ijk} zeigen, dass $\widetilde{\varepsilon}_{ijk} = \varepsilon_{ijk}$ ist.

Von den 27 Summanden der dreifachen Summation auf der rechten Seite sind nach (1.33) nur sechs von null verschieden:

$$\begin{aligned}\widetilde{\varepsilon}_{ijk} &= (\det \underset{\sim}{\alpha})\, \big[\alpha_{1i}\, \alpha_{2j}\, \alpha_{3k} + \alpha_{2i}\, \alpha_{3j}\, \alpha_{1k} + \alpha_{3i}\, \alpha_{1j}\, \alpha_{2k} \\ &\qquad - \alpha_{3i}\, \alpha_{2j}\, \alpha_{1k} - \alpha_{1i}\, \alpha_{3j}\, \alpha_{2k} - \alpha_{2i}\, \alpha_{1j}\, \alpha_{3k}\big].\end{aligned}$$

Die eckige Klammer lässt sich offenbar als dreireihige Determinante schreiben:

$$\widetilde{\varepsilon}_{ijk} = (\det \underset{\sim}{\alpha}) \begin{vmatrix} \alpha_{1i} & \alpha_{1j} & \alpha_{1k} \\ \alpha_{2i} & \alpha_{2j} & \alpha_{2k} \\ \alpha_{3i} & \alpha_{3j} & \alpha_{3k} \end{vmatrix}.$$

Da die Vertauschung zweier Indizes in $\widetilde{\varepsilon}_{ijk}$ zwei Spalten in der Determinante und damit das Vorzeichen der Determinante vertauscht, folgt zunächst, dass $\widetilde{\varepsilon}_{ijk}$ wie ε_{ijk} in Bezug auf alle Indexpaare antimetrisch ist; es gilt also analog zu (1.34)

$$\widetilde{\varepsilon}_{ijk} = \widetilde{\varepsilon}_{jki} = \widetilde{\varepsilon}_{kij} = -\widetilde{\varepsilon}_{kji} = -\widetilde{\varepsilon}_{jik} = -\widetilde{\varepsilon}_{ikj}.$$

Haben zwei Indizes denselben Wert, so sind zwei Spalten in der Determinante gleich, d. h. die Determinante ist null; wie ε_{ijk} verschwindet also auch $\widetilde{\varepsilon}_{ijk}$, wenn mindestens zwei Indizes gleich sind. Wir müssen jetzt nur noch zeigen, dass $\widetilde{\varepsilon}_{123} = 1$ ist, und in der Tat folgt für $i = 1,\ j = 2,\ k = 3$

$$\widetilde{\varepsilon}_{123} = (\det \underset{\sim}{\alpha})^2 = 1.$$

Damit gilt $\widetilde{\varepsilon}_{ijk} = \varepsilon_{ijk}$, und die Behauptung ist bewiesen.

2. Manche Autoren verwenden statt des ε-Tensors einen polaren Tensor, dessen Koordinaten in einem Rechtssystem mit denen des ε-Tensors, also den ε_{ijk} nach (1.33), übereinstimmen. Wir wollen diesen Tensor zur Unterscheidung $\underline{\underline{\underline{E}}}$ nennen. Dann gilt

$$\underline{\underline{\underline{E}}} = E_{ijk}\, \underline{e}_i\, \underline{e}_j\, \underline{e}_k, \quad E_{ijk} = \begin{cases} \varepsilon_{ijk} & \text{in Rechtssystemen,} \\ -\varepsilon_{ijk} & \text{in Linkssystemen.} \end{cases} \tag{2.31}$$

Wir werden den Tensor $\underline{\underline{\underline{E}}}$ nicht verwenden.

2.8.3 Isotrope Tensoren

Tensoren, die wie der δ-Tensor und der ε-Tensor die Eigenschaft haben, dass sich ihre kartesischen Koordinaten bei einer Transformation zwischen zwei kartesischen Koordinatensystemen nicht ändern, nennt man isotrop.

Offenbar ist jeder polare Skalar isotrop, und es gibt weder isotrope axiale Skalare außer der Null noch isotrope (polare oder axiale) Vektoren außer dem Nullvektor. Man kann zeigen, dass die allgemeinsten isotropen Tensoren zweiter und dritter Stufe die Koordinaten $A\,\delta_{ij}$ und $A\,\varepsilon_{ijk}$ haben, wobei A ein beliebiger polarer Skalar ist.

Man kann weiter zeigen, dass sich die allgemeinsten isotropen Tensoren höherer Stufe aus tensoriellen Produkten des δ-Tensors und des ε-Tensors zusammensetzen. Die allgemeinste Kombination aus zwei δ-Tensoren bildet demnach den allgemeinsten isotropen Tensor vierter Stufe; man kann sich leicht überlegen, dass er die Form

$$a_{ijkl} = A\,\delta_{ij}\,\delta_{kl} + B\,\delta_{ik}\,\delta_{jl} + C\,\delta_{il}\,\delta_{jk} \tag{2.32}$$

hat, wobei A, B und C beliebige Skalare und entweder alle polar oder alle axial sind.[7]

2.9 Die skalare Multiplikation von Tensoren

2.9.1 Definition

Das skalare oder innere Produkt zweier Tensoren bezeichnen wir mit einem Punkt zwischen den beiden Faktoren. Man erhält es aus dem entsprechenden tensoriellen Produkt, wenn man die beiden dem Punkt benachbarten Indizes gleichsetzt, d. h. darüber summiert.

[7] Die Formel (2.32) ist ein weiteres Beispiel für eine Gleichung, die sich (ohne zusätzliche Konventionen) nicht in die symbolische Schreibweise übersetzen lässt.

Es ist also für zwei Tensoren mindestens erster Stufe definiert:

$$\begin{array}{|l|l|l|}
\hline
\underline{a}\cdot\underline{b} = A\,, & a_i\, b_i \;\;\; = A\,, & \underset{\sim}{a}^{\mathrm{T}}\,\underset{\sim}{b} = A\,, \\
\underline{a}\cdot\underline{\underline{b}} = \underline{B}\,, & a_i\, b_{ij} \;\;\; = B_j\,, & \underset{\sim}{a}^{\mathrm{T}}\,\underset{\sim}{b} = \underset{\sim}{B}^{\mathrm{T}}\,, \\
\underline{\underline{a}}\cdot\underline{b} = \underline{C}\,, & a_{ij}\, b_j \;\;\; = C_i\,, & \underset{\sim}{a}\,\underset{\sim}{b} \;\; = \underset{\sim}{C}\,, \\
\underline{\underline{a}}\cdot\underline{\underline{b}} = \underline{\underline{D}}\,, & a_{ij}\, b_{jk} \;\; = D_{ik}\,, & \underset{\sim}{a}\,\underset{\sim}{b} \;\; = \underset{\sim}{D}\,. \\
\underline{\underline{a}}\cdot\underline{\underline{\underline{b}}} = \underline{\underline{\underline{E}}}\,, & a_{ij}\, b_{jkl} = E_{ikl}\,, & \\
\text{usw.,} & \text{usw.,} & \\
\hline
\end{array} \tag{2.33}$$

Sein Name rührt daher, dass das skalare Produkt zweier *Vektoren* ein *Skalar* ist.

2.9.2 Eigenschaften

1. Wir müssen uns zunächst wieder davon überzeugen, dass das so definierte Produkt von Tensorkoordinaten wieder auf Tensorkoordinaten führt. Wir tun dies am Beispiel der Gleichung $a_i\, b_{ij} = B_j$ für polare Tensoren. Wir schreiben diese Gleichung in zwei verschiedenen kartesischen Koordinatensystemen hin, also

$$a_i\, b_{ij} = B_j \quad \text{und} \quad \widetilde{a}_i\, \widetilde{b}_{ij} = \widetilde{B}_j\,,$$

und da die a_i Koordinaten eines polaren Vektors und die b_{ij} Koordinaten eines polaren Tensors sind, gilt

$$a_i = \alpha_{ik}\, \widetilde{a}_k \quad \text{und} \quad b_{ij} = \alpha_{im}\, \alpha_{jn}\, \widetilde{b}_{mn}\,.$$

Dann ist

$$B_j = a_i\, b_{ij} = \alpha_{ik}\, \widetilde{a}_k\, \alpha_{im}\, \alpha_{jn}\, \widetilde{b}_{mn} = \delta_{km}\, \alpha_{jn}\, \widetilde{a}_k\, \widetilde{b}_{mn} = \alpha_{jn}\, \widetilde{a}_m\, \widetilde{b}_{mn} = \alpha_{jn}\, \widetilde{B}_n\,,$$

die B_j sind also die Koordinaten eines polaren Vektors.

2. Offenbar ergibt das skalare Produkt zweier polarer oder zweier axialer Tensoren einen polaren Tensor und das skalare Produkt zweier Tensoren, von denen einer polar und einer axial ist, einen axialen Tensor.

3. Beim Vergleich von Formeln aus (2.33) in beiden Schreibweisen zeigt sich, dass *zum Übersetzen* die Reihenfolge der *freien* Indizes in Koordinatenschreibweise auf der linken und auf der rechten Seite einer Gleichung gleich sein muss.

Außerdem müssen die beiden gebundenen Indizes direkt beiderseits einer Fuge stehen, damit sich die Summation symbolisch als Skalarprodukt schreiben lässt.

Aufgabe 2.5

Man übersetze soweit möglich in beide anderen Schreibweisen:

A. $\underline{\underline{a}} \cdot \underline{\underline{b}} = \underline{\underline{c}}$, B. $\underline{\underline{b}} \cdot \underline{\underline{a}} = \underline{\underline{c}}$, C. $a_{ik}\, b_{ij} = c_{jk}$, D. $a_i\, b_k\, a_i\, c_k = d$,

E. $a_{ik}\, b_{ijk} = c_j$, F. $(\underline{\underline{a}} \cdot \underline{\underline{b}})^{\mathrm{T}} = \underline{\underline{c}}$, G. $(\underline{\underline{a}} \cdot \underline{\underline{b}} \cdot \underline{\underline{c}})^{\mathrm{T}} = \underline{\underline{d}}$.

Lösungshinweis: Auch in den Fällen F und G (in denen in symbolischer Schreibweise transponierte Tensoren vorkommen) soll nur übersetzt und nicht die Transposition ausgeführt werden, d. h. das Transpositionszeichen bleibt bei der Übersetzung stehen. (Um eine Gleichung aus der Koordinatenschreibweise übersetzen zu können, müssen u. U. zuvor Transpositionen vorgenommen werden; zur Übersetzung aus der symbolischen Schreibweise ist das nie der Fall.)

4. Addition und skalare Multiplikation sind auch in symbolischer Schreibweise distributiv: z. B. aus $a_i\, b_{ij} + a_i\, c_{ij} = a_i(b_{ij} + c_{ij})$ folgt durch Übersetzung

$$\underline{a} \cdot \underline{\underline{b}} + \underline{a} \cdot \underline{\underline{c}} = \underline{a} \cdot (\underline{\underline{b}} + \underline{\underline{c}}).$$

5. Bekanntlich gilt $\underline{a} \cdot \underline{b} = \underline{b} \cdot \underline{a}$; wenn beide Faktoren Vektoren sind, gilt auch in symbolischer Schreibweise das kommutative Gesetz. Schon $\underline{a} \cdot \underline{\underline{b}}$ ist aber im Allgemeinen ungleich $\underline{\underline{b}} \cdot \underline{a}$: Um das einzusehen, gehen wir von $a_i\, b_{ij} = b_{ij}\, a_i$ aus. Damit wir diese Gleichung übersetzen können, müssen wir auf der rechten Seite den transponierten Tensor von b_{ij} einführen, $a_i\, b_{ij} = b^{\mathrm{T}}_{ji}\, a_i$, und erhalten $\underline{a} \cdot \underline{\underline{b}} = \underline{\underline{b}}^{\mathrm{T}} \cdot \underline{a}$, und $\underline{\underline{b}}^{\mathrm{T}} \cdot \underline{a}$ ist im Allgemeinen verschieden von $\underline{\underline{b}} \cdot \underline{a}$.

6. Für eine beliebige Folge tensorieller und skalarer Multiplikationen gilt offenbar auch in symbolischer Schreibweise immer dann das assoziative Gesetz, wenn in Koordinatenschreibweise kein Paar gebundener Indizes durch andere Indizes getrennt ist. Die Gleichung $(a_{ij}\, b_j)\, c_k = a_{ij}(b_j\, c_k)$, lässt sich in $(\underline{\underline{a}} \cdot \underline{b})\, \underline{c} = \underline{\underline{a}} \cdot (\underline{b}\, \underline{c})$ übersetzen, die Gleichung $(a_{ij}\, b_j)\, c_i = a_{ij}(b_j\, c_i)$ lässt sich nicht in $(\underline{\underline{a}} \cdot \underline{b}) \cdot \underline{c} = \underline{\underline{a}} \cdot (\underline{b} \cdot \underline{c})$ übersetzen. In symbolischer Schreibweise erkennt man die Gültigkeit des assoziativen Gesetzes daran, dass die Summe der Skalarproduktpunkte auf beiden Seiten jedes Tensors höchstens gleich der Stufe dieses Tensors ist: In $\underline{\underline{a}} \cdot \underline{b}\, \underline{c}$ ist das der Fall, in $\underline{\underline{a}} \cdot \underline{b} \cdot \underline{c}$ nicht. (In dieser Form gilt die Aussage auch für die weiter unten definierten mehrfachen skalaren Produkte.)

Aufgabe 2.6

Für welche verschiedenen Reihenfolgen der Faktoren auf der linken Seite ist die Gleichung $a_i\, b_k\, a_i\, c_j = d_{jk}$ in die symbolische Schreibweise übersetzbar? Man prüfe für jeden Fall, ob das assoziative Gesetz für alle fünf möglichen Assoziationen gilt.

7. Wir wollen als Nächstes untersuchen, unter welchen Umständen man einen gemeinsamen Faktor mehrerer skalarer Produkte herauskürzen kann.

Wir beginnen mit der Gleichung $\underline{a} \cdot \underline{A} = \underline{b} \cdot \underline{A}$; dafür können wir auch $(\underline{a} - \underline{b}) \cdot \underline{A} = 0$ oder $(a_i - b_i) A_i = 0$ schreiben.

Aus dem Verschwinden des skalaren Produkts zweier Vektoren kann man bekanntlich noch nicht auf das Verschwinden eines Faktors schließen. Selbst wenn $A_i \neq 0$ ist, braucht $a_i - b_i$ nicht null zu sein, sondern könnte auf A_i senkrecht stehen. Wenn aber die obige Gleichung für drei linear unabhängige Vektoren $\overset{1}{A}_i$, $\overset{2}{A}_i$ und $\overset{3}{A}_i$ erfüllt ist, muss $a_i - b_i = 0$ sein, denn kein Vektor kann auf drei linear unabhängigen Vektoren zugleich senkrecht stehen. Speziell gilt: Aus $(a_i - b_i)\, \underline{e}_i = \underline{0}$ oder $a_i \underline{e}_i = b_i \underline{e}_i$ folgt $a_i = b_i$; wir haben von dieser Eindeutigkeit der Zerlegung eines Vektors in Bezug auf eine Basis schon mehrfach Gebrauch gemacht. Da sich jeder beliebige Vektor als lineare Kombination dreier kartesischer Basisvektoren darstellen lässt, kann man statt dessen auch fordern, dass die obige Gleichung für jeden beliebigen Vektor $\underline{A}$ erfüllt sein muss.

Um den Beweis auf die Gleichung $a_{i \ldots jk} A_k = b_{i \ldots jk} A_k$ verallgemeinern zu können, wollen wir ihn zunächst für $a_i A_i = b_i A_i$ etwas formaler führen: Drei Gleichungen

$$
\begin{aligned}
(a_i - b_i) A_i = 0 \quad &\text{oder} \quad (a_1 - b_1) A_1 + (a_2 - b_2) A_2 + (a_3 - b_3) A_3 = 0, \\
(a_i - b_i) B_i = 0 \quad &\text{oder} \quad (a_1 - b_1) B_1 + (a_2 - b_2) B_2 + (a_3 - b_3) B_3 = 0, \\
(a_i - b_i) C_i = 0 \quad &\text{oder} \quad (a_1 - b_1) C_1 + (a_2 - b_2) C_2 + (a_3 - b_3) C_3 = 0
\end{aligned}
$$

stellen für bekannte A_i, B_i und C_i ein homogenes lineares Gleichungssystem für $a_i - b_i$ dar. Dieses Gleichungssystem hat genau dann nur die triviale Lösung $a_i - b_i = 0$, wenn die drei Vektoren $\underline{A}$, $\underline{B}$ und $\underline{C}$ linear unabhängig sind.

Auf die nächsthöhere Gleichung $\underline{\underline{a}} \cdot \underline{A} = \underline{\underline{b}} \cdot \underline{A}$ oder $(a_{ij} - b_{ij}) A_j = 0$ kann man diese Überlegung folgendermaßen erweitern: Die drei Gleichungen

$$(a_{ij} - b_{ij})A_j = 0,$$
$$(a_{ij} - b_{ij})B_j = 0,$$
$$(a_{ij} - b_{ij})C_j = 0$$

stellen für bekannte A_j, B_j und C_j für jeden Wert des freien Indexes i ein homogenes lineares Gleichungssystem für $a_{i1} - b_{i1}$, $a_{i2} - b_{i2}$ und $a_{i3} - b_{i3}$ dar. Diese drei Gleichungssysteme haben genau dann nur die triviale Lösung, wenn die drei Vektoren $\underline{A}$, $\underline{B}$ und $\underline{C}$ linear unabhängig sind.

Für die Gleichung $a_{i\ldots jk}A_k = b_{i\ldots jk}A_k$ läuft der Beweis analog. Ein Vektor als gemeinsamer Faktor mehrerer skalarer Produkte lässt sich also genau dann herauskürzen, wenn für diesen Vektor beliebige Werte (speziell drei linear unabhängige Vektoren) eingesetzt werden können.

Die Gleichung $\underline{a} \cdot \underline{\underline{A}} = \underline{b} \cdot \underline{\underline{A}}$ oder $(a_i - b_i)A_{ij} = 0$ stellt für bekanntes $\underline{\underline{A}}$ ein homogenes lineares Gleichungssystem für $\underline{a} - \underline{b}$ dar. Damit dieses Gleichungssystem nur die triviale Lösung hat, muss die Determinante von A_{ij} ungleich null sein. Für die Gleichung $\underline{\underline{a}} \cdot \underline{\underline{A}} = \underline{\underline{b}} \cdot \underline{\underline{A}}$ oder $(a_{ij} - b_{ij})A_{jk} = 0$ gilt das getrennt für jeden Wert des freien Indexes i. Wir können also folgern, dass sich ein Tensor zweiter Stufe als gemeinsamer Faktor mehrerer skalarer Produkte genau dann herauskürzen lässt, wenn seine Determinante nicht verschwindet.

Die Gleichung $\underline{a} \cdot \underline{\underline{\underline{A}}} = \underline{b} \cdot \underline{\underline{\underline{A}}}$ oder $(a_i - b_i)A_{ijk} = 0$ stellt für bekanntes $\underline{\underline{\underline{A}}}$ ein System von 9 homogenen linearen Gleichungen für die drei Koordinaten $a_i - b_i$ dar: für jeden Wert der freien Indizes j und k gibt es eine solche Gleichung. Von diesen 9 Gleichungen können höchstens drei linear unabhängig sein. Gibt es drei linear unabhängige Gleichungen, so hat das Gleichungssystem nur die triviale Lösung, andernfalls nicht. Man kann also den Faktor $\underline{\underline{\underline{A}}}$ genau dann herauskürzen, wenn die Matrix

$$A_{ijk} = \begin{pmatrix} A_{111} & A_{112} & A_{113} & A_{121} & A_{122} & A_{123} & A_{131} & A_{132} & A_{133} \\ A_{211} & A_{212} & A_{213} & A_{221} & A_{222} & A_{223} & A_{231} & A_{232} & A_{233} \\ A_{311} & A_{312} & A_{313} & A_{321} & A_{322} & A_{323} & A_{331} & A_{332} & A_{333} \end{pmatrix}$$

den Rang 3 hat. Die Verallgemeinerung auf Gleichungen der Form $a_{i\ldots jk}A_{klm} = b_{i\ldots jk}A_{klm}$ verläuft wie oben.

In der obigen Matrix für A_{ijk} nennen wir i Zeilenindex, weil zu jedem Wert von i eine Zeile der Matrix gehört, und entsprechend j und k Spaltenindizes, weil zu jedem Wertepaar jk eine Spalte der Matrix gehört. Mit diesen Begriffen kann man dann die Bedingung dafür angeben, dass sich ein Tensor dritter oder höherer Stufe als gemeinsamer Faktor herauskürzen lässt: In der Gleichung $a_{i\ldots jk}A_{km\ldots n}$

$= b_{i\ldots jk} A_{km\ldots n}$ lässt sich $A_{km\ldots n}$ herauskürzen, wenn die aus den Koordinaten von $A_{km\ldots n}$ gebildete Matrix mit dem gebundenen Index k als Zeilenindex und den freien Indizes $m\ldots n$ als Spaltenindizes den Rang 3 hat.

Natürlich reicht auch die viel allgemeinere Bedingung aus, dass der gemeinsame Faktor beliebige Werte annehmen kann.

8. Wir haben zu Beginn dieses Abschnitts gezeigt, dass das skalare Produkt zweier Tensoren wieder einen Tensor ergibt. Wir können jetzt auch die Umkehrung beweisen, die ebenfalls Quotientenregel heißt und von der wir einen Spezialfall bereits in Abschnitt 2.3.1 zur Einführung von Tensoren benutzt haben: Ist das skalare Produkt zweier Faktoren, von denen einer ein Tensor m-ter Stufe ist, der beliebige Werte annehmen kann, ein Tensor $(m+n-2)$-ter Stufe, so ist der andere ein Tensor n-ter Stufe: Wir zeigen das für das Beispiel $a_{ij}\, b_{jk} = c_{ik}$ für polare Tensoren. In zwei verschiedenen kartesischen Koordinatensystemen gelte

$$a_{ij}\, b_{jk} = c_{ik} \quad \text{und} \quad \widetilde{a}_{ij}\, \widetilde{b}_{jk} = \widetilde{c}_{ik}\,.$$

Außerdem seien $\underline{\underline{a}}$ und $\underline{\underline{c}}$ polare Tensoren, d. h. es gelte

$$\widetilde{a}_{mj} = \alpha_{pm}\, \alpha_{qj}\, a_{pq}\,, \quad c_{ik} = \alpha_{im}\, \alpha_{kn}\, \widetilde{c}_{mn}\,.$$

Dann ist

$$\begin{aligned} a_{ij}\, b_{jk} &= c_{ik} = \alpha_{im}\, \alpha_{kn}\, \widetilde{c}_{mn} = \alpha_{im}\, \alpha_{kn}\, \widetilde{a}_{mj}\, \widetilde{b}_{jn} \\ &= \underbrace{\alpha_{im}\, \alpha_{kn}\, \alpha_{pm}}_{\alpha_{kn}\, \delta_{ip}}\, \alpha_{qj}\, a_{pq}\, \widetilde{b}_{jn} = \alpha_{kn}\, \alpha_{qj}\, a_{iq}\, \widetilde{b}_{jn}\,, \end{aligned}$$

$$a_{iq}(b_{qk} - \alpha_{kn}\, \alpha_{qj}\, \widetilde{b}_{jn}) = 0.$$

Wenn a_{iq} beliebige Werte annehmen kann, können wir es herauskürzen und erhalten

$$b_{qk} = \alpha_{qj}\, \alpha_{kn}\, \widetilde{b}_{jn}\,,$$

d. h. $\underline{\underline{b}}$ ist ein polarer Tensor zweiter Stufe.

9. Wir erinnern uns an die geometrische Interpretation des Skalarprodukts zweier Vektoren: Es ist bekanntlich gleich dem Produkt der Längen der beiden Vektoren und des Kosinus des eingeschlossenen Winkels:

$$\underline{a} \cdot \underline{b} = |\underline{a}||\underline{b}| \cos(\underline{a}, \underline{b}).$$

Schließen die beiden Vektoren einen spitzen Winkel ein, ist das Skalarprodukt positiv; stehen sie aufeinander senkrecht, ist es null; schließen sie einen stumpfen Winkel ein, ist es negativ.

10. Für das Skalarprodukt eines Tensors $\mathscr{A}$ beliebiger Stufe mit dem δ-Tensor folgt als Spezialfall von (1.17)

$$\mathscr{A} \cdot \underline{\underline{\delta}} = \mathscr{A} \,, \tag{2.34}$$

skalare Multiplikation eines Tensors mit dem δ-Tensor ändert den Tensor nicht. Hinsichtlich der skalaren Multiplikation hat der δ-Tensor also dieselbe Eigenschaft wie die Eins hinsichtlich der Multiplikation in der Arithmetik. Deshalb wird der δ-Tensor auch Einheitstensor genannt.

11. Wir notieren noch die wichtige Identität

$$(\underline{\underline{a}} \cdot \underline{\underline{b}})^{\mathrm{T}} = \underline{\underline{b}}^{\mathrm{T}} \cdot \underline{\underline{a}}^{\mathrm{T}} \,, \quad (a_{ij}\, b_{jk})^{\mathrm{T}} = b^{\mathrm{T}}_{ij}\, a^{\mathrm{T}}_{jk} \,, \quad (\underset{\sim}{a}\, \underset{\sim}{b})^{\mathrm{T}} = \underset{\sim}{b}^{\mathrm{T}}\, \underset{\sim}{a}^{\mathrm{T}} \,, \tag{2.35}$$

die man analog zu (1.48) durch Übersetzung in Koordinatenschreibweise leicht beweisen kann.

Aufgabe 2.7

Man beweise durch Übersetzung in die Koordinatenschreibweise die folgenden Identitäten:

A. $(\underline{a}\,\underline{b})^{\mathrm{T}} = \underline{b}\,\underline{a}$, B. $\underline{a} \cdot \underline{\underline{b}} = \underline{\underline{b}}^{\mathrm{T}} \cdot \underline{a}$, C. $(\underline{\underline{a}} \cdot \underline{\underline{b}} \cdot \underline{\underline{c}})^{\mathrm{T}} = \underline{\underline{c}}^{\mathrm{T}} \cdot \underline{\underline{b}}^{\mathrm{T}} \cdot \underline{\underline{a}}^{\mathrm{T}}$.

12. Wir erhalten zusammengefasst die folgenden Eigenschaften eines skalaren Produkts:

- Das skalare Produkt zweier Tensoren m-ter und n-ter Stufe ist ein Tensor $(m+n-2)$-ter Stufe.
- Ist das skalare Produkt zweier Faktoren, von denen einer ein Tensor m-ter Stufe ist, der beliebige Werte annehmen kann, ein Tensor $(m+n-2)$-ter Stufe, so ist der andere ein Tensor n-ter Stufe (Quotientenregel).
- Die drei bei einer skalaren Multiplikation auftretenden Tensoren (also die beiden Faktoren und das Produkt) sind entweder alle polar, oder zwei davon sind axial und der dritte ist polar.

- Die Reihenfolge der *freien* Indizes in einem skalaren Produkt muss *zur Übersetzung* auf der linken und auf der rechten Seite einer Gleichung übereinstimmen.
- Addition und skalare Multiplikation sind auch in symbolischer Schreibweise distributiv.
- Die skalare Multiplikation ist in symbolischer Schreibweise im Allgemeinen nur kommutativ, wenn beide Faktoren Vektoren sind.
- Eine beliebige Folge tensorieller und skalarer Multiplikationen ist auch in symbolischer Schreibweise assoziativ, wenn die Summe der Skalarproduktpunkte auf beiden Seiten jedes Tensors höchstens gleich der Stufe des Tensors ist.
- Ein skalares Produkt ist nicht nur dann null, wenn ein Faktor null ist.
- Einen ausgeklammerten Faktor eines skalaren Produkts, der beliebige Werte annehmen kann, kann man herauskürzen. Speziell gilt auch:
  - Einen Vektor als ausgeklammerten Faktor eines skalaren Produkts kann man herauskürzen, wenn man als Werte drei linear unabhängige Vektoren einsetzen kann.
  - Einen Tensor zweiter Stufe als ausgeklammerten Faktor eines skalaren Produkts kann man herauskürzen, wenn seine Determinante nicht verschwindet.
  - Einen Tensor höherer Stufe als ausgeklammerten Faktor eines skalaren Produkts kann man herauskürzen, wenn die aus seinen Koordinaten gebildete Matrix mit dem gebundenen Index als Zeilenindex und den freien Indizes als Spaltenindizes den Rang 3 hat.

2.9.3 Überschiebung, Verjüngung, Spur

1. Wenn man im tensoriellen Produkt zweier Tensoren je einen Koordinatenindex von beiden Faktoren gleichsetzt, so wird dadurch nach der Summationskonvention eine Rechenoperation definiert. Man nennt sie die Überschiebung der beiden Tensoren nach diesen beiden Indizes. Die Überschiebung definieren wir nur in Koordinatenschreibweise. Sie bildet aus zwei Tensoren m-ter und n-ter Stufe einen Tensor $(m+n-2)$-ter Stufe. Das skalare Produkt ist ein Spezialfall einer

Überschiebung, nämlich eine Überschiebung nach zwei benachbarten Indizes.

2. Die Operation, die durch Gleichsetzen zweier Indizes desselben Tensors definiert wird, nennt man eine Verjüngung des Tensors nach diesen beiden Indizes. Auch die Verjüngung definieren wir nur in Koordinatenschreibweise, sie erniedrigt die Stufe des Ausgangstensors um zwei. Die einfachste Verjüngung, die Verjüngung eines Tensors zweiter Stufe, hat einen besonderen Namen: Sie heißt die Spur des Tensors, und sie wird allgemein auch in symbolischer Schreibweise ausgedrückt:

$$\boxed{\mathrm{Sp}\underline{\underline{a}} = b\,,} \qquad \boxed{a_{ii} = b\,.} \tag{2.36}$$

Die Überschiebung zweier Faktoren ist offenbar eine Verjüngung ihres tensoriellen Produkts.

2.9.4 Mehrfache skalare Produkte

Das doppelte skalare oder doppelte innere Produkt bezeichnen wir mit zwei nebeneinander liegenden Punkten. Man erhält es, wenn man nach den beiden den Multiplikationspunkten benachbarten Indexpaaren überschiebt:

$$\boxed{\begin{aligned} \underline{\underline{a}}\cdot\cdot\underline{\underline{b}} &= A\,,\\ \underline{\underline{a}}\cdot\cdot\underline{\underline{\underline{b}}} &= \underline{B}\,,\\ \underline{\underline{\underline{a}}}\cdot\cdot\underline{\underline{b}} &= \underline{C}\,,\\ &\text{usw.,} \end{aligned}} \qquad \boxed{\begin{aligned} a_{ij}b_{ij} &= A\,,\\ a_{ij}b_{ijk} &= B_k\,,\\ a_{ijk}b_{jk} &= C_i\,,\\ &\text{usw.} \end{aligned}} \tag{2.37}$$

Entsprechend definiert man mehrfache skalare Produkte, z. B.

$$\underline{\underline{\underline{a}}}\cdots\underline{\underline{\underline{b}}} = A\,, \qquad a_{ijk}b_{ijk} = A\,. \tag{2.38}$$

Man kann sich leicht überlegen, wie sich die eingekästelten Eigenschaften eines einfachen skalaren Produkts auf mehrfache skalare Produkte verallgemeinern lassen.

Manche Autoren definieren als doppeltes (und entsprechend als mehrfaches) skalares Produkt auch die spiegelbildliche Überschiebung nach benachbarten Indexpaaren; wir schlagen vor, sie durch übereinander gesetzte Punkte von der hier verwendeten Definition zu unterscheiden:

$$\begin{aligned}
&\underline{\underline{a}} : \underline{\underline{b}} = D\,, && a_{ij}\,b_{ji} = D\,,\\
&\underline{\underline{a}} : \underline{\underline{\underline{b}}} = \underline{E}\,, && a_{ij}\,b_{jik} = E_k\,,\\
&\underline{\underline{\underline{a}}} \vdots \underline{\underline{\underline{b}}} = F\,, && a_{ijk}\,b_{kji} = F\,.
\end{aligned} \tag{2.39}$$

(Die nebeneinander stehenden Punkte erinnern an Indizes beiderseits der Fuge, die übereinander stehenden Punkte an eine Spiegelungsebene.)

Aufgabe 2.8

Man übersetze unter Verwendung der Definitionen von (2.37) in die symbolische Schreibweise:

A. $a_{ij}\,b_{ij} = c$, B. $a_{ij}\,b_{ji} = c$, C. $a_{ij}\,b_{kjl}\,c_{ik} = d_l$, D. $a_{ij}\,b_{ikl}\,c_{klj} = d$.

Müssen bei C und D in symbolischer Schreibweise Klammern gesetzt werden?

Aufgabe 2.9

Man berechne

A. Sp $\underline{\underline{\delta}}$, B. $\underline{\underline{\delta}} \cdot \underline{\underline{\delta}}$, C. $\underline{\underline{\delta}} \cdot\cdot \underline{\underline{\delta}}$.

Aufgabe 2.10

A. Gegebenenfalls unter welcher Bedingung ist das doppelte skalare Produkt zweier Tensoren zweiter Stufe kommutativ?

B. Gegebenenfalls unter welcher Bedingung lässt sich b_{ij} aus $a_{ij}\,b_{ij} = 0$ herauskürzen?

Aufgabe 2.11

A. Man beweise, dass das doppelte skalare Produkt eines symmetrischen und eines antimetrischen Tensors verschwindet:

$$\boxed{a_{(ij)}\,b_{[ij]} = 0\,.} \tag{2.40}$$

B. Man beweise auch die Umkehrungen: Wenn das doppelte skalare Produkt zweier Tensoren verschwindet und der eine symmetrisch (antimetrisch) ist und mit dieser Einschränkung beliebige Werte annehmen kann, so ist der andere antimetrisch (symmetrisch).

C. Man beweise auch den folgenden Satz: Wenn das doppelte skalare Produkt eines Tensors zweiter Stufe mit dem ε-Tensor verschwindet, so ist dieser Tensor symmetrisch (die Umkehrung gilt nach (2.40) ohnehin):

$$\boxed{\varepsilon_{ijk}\, a_{jk} = 0 \quad \Longleftrightarrow \quad a_{jk} = a_{kj}\,.} \tag{2.41}$$

D. Wie viele linear unabhängige symmetrische Tensoren benötigt man, um einen beliebigen symmetrischen Tensor als deren Linearkombination darstellen zu können?

2.10 Die vektorielle Multiplikation von Tensoren

2.10.1 Definition

1. Die tensorielle Multiplikation ordnet zwei Vektoren einen Tensor (zweiter Stufe) zu, die skalare Multiplikation einen Skalar. Durch die doppelte Überschiebung mit dem ε-Tensor kann man zwei *Vektoren* einen *Vektor* zuordnen. Wir definieren

$$\underline{a} \times \underline{b} := \underline{\underline{\underline{\varepsilon}}} \cdot\cdot\, \underline{a}\,\underline{b} = \underline{A}$$

und nennen $\underline{A}$ das vektorielle oder äußere Produkt der Vektoren $\underline{a}$ und $\underline{b}$. In Koordinatenschreibweise erhalten wir dann

$$(\underline{a} \times \underline{b})_i := \varepsilon_{ijk}\, a_j\, b_k = A_i\,.$$

Offenbar können wir das ε_{ijk} auch zwischen oder hinter die beiden Vektoren schreiben; wenn die Überschiebung übersetzungsfähig sein soll, erhalten wir

$$(\underline{a} \times \underline{b})_i := \varepsilon_{ijk}\, a_j\, b_k = -a_j\, \varepsilon_{jik}\, b_k = a_j\, b_k\, \varepsilon_{jki}\,,$$

wir können das vektorielle Produkt zweier Vektoren also gleichwertig auf dreierlei Art definieren:

$$\underline{a} \times \underline{b} := \underline{\underline{\underline{\varepsilon}}} \cdot\cdot \underline{a}\,\underline{b} = -\underline{a} \cdot \underline{\underline{\underline{\varepsilon}}} \cdot \underline{b} = \underline{a}\,\underline{b} \cdot\cdot \underline{\underline{\underline{\varepsilon}}} \,.$$

Wie das skalare Produkt ist auch das vektorielle Produkt in Koordinatenschreibweise nur ein Spezialfall der Überschiebung.

Um das vektorielle Produkt zweier Vektoren zu berechnen, erinnere man sich daran, dass die Elemente von ε_{ijk} nur dann von null verschieden sind, wenn alle drei Indizes verschiedene Werte annehmen. Etwa für $i = 1$ sind dies nur ε_{123} und ε_{132}. Man erhält so

$$(\underline{a} \times \underline{b})_1 = \varepsilon_{123}\, a_2\, b_3 + \varepsilon_{132}\, a_3\, b_2 = a_2\, b_3 - a_3\, b_2 \,,$$

$$(\underline{a} \times \underline{b})_2 = \varepsilon_{231}\, a_3\, b_1 + \varepsilon_{213}\, a_1\, b_3 = a_3\, b_1 - a_1\, b_3 \,,$$

$$(\underline{a} \times \underline{b})_3 = \varepsilon_{312}\, a_1\, b_2 + \varepsilon_{321}\, a_2\, b_1 = a_1\, b_2 - a_2\, b_1 \,.$$

Die Komponentendarstellung

$$\underline{a} \times \underline{b} = (a_2\, b_3 - a_3\, b_2)\, \underline{e}_1 + (a_3\, b_1 - a_1\, b_3)\, \underline{e}_2 + (a_1\, b_2 - a_2\, b_1)\, \underline{e}_3$$

lässt sich damit in der bekannten Form

$$\underline{a} \times \underline{b} = \begin{vmatrix} \underline{e}_1 & \underline{e}_2 & \underline{e}_3 \\ a_1 & a_2 & a_3 \\ b_1 & b_2 & b_3 \end{vmatrix}$$

schreiben.

2. Da der ε-Tensor ein axialer Tensor ist, ist das vektorielle Produkt zweier polarer Vektoren oder zweier axialer Vektoren ein axialer Vektor und das vektorielle Produkt eines polaren und eines axialen Vektors ein polarer Vektor. Anders ausgedrückt: Die drei bei einer vektoriellen Multiplikation vorkommenden Vektoren sind entweder alle axial, oder zwei davon sind polar und der dritte axial.

3. Manche Autoren definieren das vektorielle Produkt statt mit dem axialen ε-Tensor mit dem polaren E-Tensor nach (2.31). Dann ist das vektorielle Produkt zweier polarer Vektoren ein polarer Vektor. Wir wollen dieses Vektorprodukt zur Unterscheidung durch das Symbol $\widetilde{\times}$ bezeichnen:

$$(\underline{a} \,\widetilde{\times}\, \underline{b}) := \underline{\underline{\underline{E}}} \cdot\cdot \underline{a}\,\underline{b} \,, \qquad (\underline{a} \,\widetilde{\times}\, \underline{b})_i = E_{ijk}\, a_j\, b_k \,. \qquad (2.42)$$

Diese Definition ist offenbar dann erforderlich, wenn man auf die Einführung von axialen Tensoren überhaupt verzichtet. Zum Beispiel der Winkelgeschwindigkeitsvektor ist dann dem Drehsinn der Winkelgeschwindigkeit unabhängig vom

Koordinatensystem durch die Rechtsschraubenkonvention zugeordnet. Das hat den Vorteil, dass alle Tensoren vom Koordinatensystem unabhängige Größen sind, und den Nachteil, dass die Spiegelungssymmetrie der physikalischen Gleichungen verletzt ist. Wir werden dieses vektorielle Produkt nicht verwenden.

4. Wir erinnern uns an die geometrische Interpretation des Vektorprodukts $\underline{a} \times \underline{b}$: Sein Betrag ist gleich dem Flächeninhalt des Parallelogramms, das von den Vektoren $\underline{a}$ und $\underline{b}$ aufgespannt wird:

$$|\underline{a} \times \underline{b}| = |\underline{a}||\underline{b}| \sin(\underline{a}, \underline{b}).$$

Dabei ist von den beiden Winkeln, die die Vektoren $\underline{a}$ und $\underline{b}$ einschließen, jeweils der kleinere zu nehmen, sodass der Winkel höchstens 180° und damit der Sinus nicht negativ ist. Der Vektor $\underline{a} \times \underline{b}$ selbst steht auf den Vektoren $\underline{a}$ und $\underline{b}$ (m. a. W. auf der von ihnen aufgespannten Ebene) senkrecht und bildet mit dem Drehsinn, den man erhält, wenn man den Vektor $\underline{a}$ über den kleineren der beiden von $\underline{a}$ und $\underline{b}$ eingeschlossenen Winkel in den Vektor $\underline{b}$ dreht, in einem Rechtssystem eine Rechtsschraube und in einem Linkssystem eine Linksschraube.

5. Wir wollen auch das vektorielle Produkt auf Tensoren höherer Stufe verallgemeinern. Zur Definition des vektoriellen Produkts zweier Vektoren mithilfe des ε-Tensors konnte man den ε-Tensor vor die beiden Vektoren, zwischen sie und hinter sie stellen. Für die Verallgemeinerung auf Tensoren höherer Stufe gehen wir von der Form mit dem ε-Tensor zwischen den Faktoren aus:

$$\begin{array}{|l|}\hline
\underline{a} \times \underline{b} := -\underline{a} \cdot \underline{\underline{\underline{\varepsilon}}} \cdot \underline{b} = \underline{A}\,, \\
\underline{a} \times \underline{\underline{b}} := -\underline{a} \cdot \underline{\underline{\underline{\varepsilon}}} \cdot \underline{\underline{b}} = \underline{\underline{B}}\,, \\
\underline{\underline{a}} \times \underline{b} := -\underline{\underline{a}} \cdot \underline{\underline{\underline{\varepsilon}}} \cdot \underline{b} = \underline{\underline{C}}\,, \\
\underline{\underline{a}} \times \underline{\underline{b}} := -\underline{\underline{a}} \cdot \underline{\underline{\underline{\varepsilon}}} \cdot \underline{\underline{b}} = \underline{\underline{\underline{D}}}\,, \\
\text{usw.,} \\ \hline
(\underline{a} \times \underline{b})_j := -a_i\, \varepsilon_{ijk}\, b_k = a_i\, \varepsilon_{kji}\, b_k = A_j\,, \\
(\underline{a} \times \underline{\underline{b}})_{jm} := -a_i\, \varepsilon_{ijk}\, b_{km} = a_i\, \varepsilon_{kji}\, b_{km} = B_{jm}\,, \\
(\underline{\underline{a}} \times \underline{b})_{mj} := -a_{mi}\, \varepsilon_{ijk}\, b_k = a_{mi}\, \varepsilon_{kji}\, b_k = C_{mj}\,, \\
(\underline{\underline{a}} \times \underline{\underline{b}})_{mjn} := -a_{mi}\, \varepsilon_{ijk}\, b_{kn} = a_{mi}\, \varepsilon_{kji}\, b_{kn} = D_{mjn}\,, \\
\text{usw.} \\ \hline
\end{array} \tag{2.43}$$

Wenn der erste Faktor eines vektoriellen Produkts ein Vektor ist, kann man den ε-Tensor übrigens auch voranstellen:

$$\underline{a} \times \underline{\underline{b}} = -\underline{a} \cdot \underline{\underline{\underline{\varepsilon}}} \cdot \underline{\underline{b}} = \underline{\underline{\underline{\varepsilon}}} \cdot\cdot\, \underline{a}\,\underline{\underline{b}}, \quad (\underline{a} \times \underline{\underline{b}})_{jm} = -a_i\, \varepsilon_{ijk}\, b_{km} = \varepsilon_{jik}\, a_i\, b_{km},$$

wenn der letzte Faktor eines vektoriellen Produkts ein Vektor ist, kann man den ε-Tensor auch hintanstellen:

$$\underline{\underline{a}} \times \underline{b} = -\underline{\underline{a}} \cdot \underline{\underline{\underline{\varepsilon}}} \cdot \underline{b} = \underline{\underline{a}}\,\underline{b} \cdot\cdot\, \underline{\underline{\underline{\varepsilon}}},$$

$$(\underline{\underline{a}} \times \underline{b})_{mj} = -a_{mi}\, \varepsilon_{ijk}\, b_k = a_{mi}\, b_k\, \varepsilon_{ikj};$$

speziell für das Vektorprodukt zweier Vektoren schreibt man meistens $(\underline{a} \times \underline{b})_i = \varepsilon_{ijk}\, a_j\, b_k$.

Wollte man nicht auf die konventionelle Definition des Vektorproduktes zurückgreifen, läge es offenbar nahe, stattdessen das Negative unseres Vektorprodukts als Vektorprodukt einzuführen. Wenn wir dieses unkonventionelle Vektorprodukt mit $\otimes$ (gelesen: Kringelkreuz) bezeichnen, so ist

$$\begin{aligned} &\underline{a} \otimes \underline{b} = -\underline{a} \times \underline{b}, \\ &\mathscr{A} \otimes \mathscr{B} = -\mathscr{A} \times \mathscr{B}, \\ &(\underline{a} \otimes \underline{b})_q := a_p\, \varepsilon_{pqr}\, b_r, \\ &(\mathscr{A} \otimes \mathscr{B})_{i \dots jqm \dots n} := a_{i \dots jp}\, \varepsilon_{pqr}\, b_{rm \dots n}. \end{aligned} \tag{2.44}$$

Aufgabe 2.12

Welche der folgenden Ausdrücke sind ohne das Setzen von Klammern mehrdeutig?

A. $\underline{a} \times \underline{b}\,\underline{c}$, B. $\underline{a} \times \underline{b} \cdot \underline{c}$, C. $\underline{\underline{a}} \cdot \underline{b} \times \underline{c}$, D. $\underline{a} \cdot \underline{\underline{b}} \times \underline{c}$.

Lösungshinweis: Man prüfe zunächst, ob beide Lesarten – im Falle A also $(\underline{a} \times \underline{b})\,\underline{c}$ und $\underline{a} \times (\underline{b}\,\underline{c})$ – definiert sind. Sofern das der Fall ist, prüfe man, ob das assoziative Gesetz gilt. Nur wenn beide Lesarten definiert sind und das assoziative Gesetz nicht gilt, ist ein Ausdruck ohne das Setzen von Klammern mehrdeutig.

Aufgabe 2.13

Man übersetze die folgenden Ausdrücke zunächst in die andere Schreibweise. Dann vereinfache man sie in Koordinatenschreibweise, übersetze das Ergebnis in die symbolische Schreibweise und gewinne so jeweils eine tensoralgebraische Identität in symbolischer Schreibweise.

A. $\varepsilon_{ijk}\, a_m\, b_j\, \varepsilon_{min}\, c_k\, d_n$, B. $\varepsilon_{ijk}\, c_m\, b_{km}\, \varepsilon_{qpi}\, a_j\, d_q$, C. $\underline{a} \times [(\underline{\underline{b}} \cdot \underline{c}) \times \underline{d}]$,

D. $\underline{a} \times (\underline{b} \times \underline{c})$. E. Man vergleiche die Ausdrücke B und C.

Aufgabe 2.14

Man forme den Ausdruck $a_i\, b_k - a_k\, b_i$ durch Anwendung des Entwicklungssatzes („rückwärts") um und übersetze die so gewonnene Gleichung in die symbolische Schreibweise.

2.10.2 Eigenschaften

Da vektorielle Produkte in (2.43) durch Skalarprodukte definiert sind, lassen sich Vektorprodukte in den Satz über die Assoziativität von Skalarprodukten einbeziehen:

Aus $\underline{a} \times \underline{b} := -\underline{a} \cdot \underline{\underline{\varepsilon}} \cdot \underline{b}$ folgt, dass für $\underline{\underline{\varepsilon}}$ das Assoziativitätskriterium stets erfüllt ist. Für $\underline{a}$ und $\underline{b}$ entspricht das Vektorproduktkreuz auf der linken Seite der Definitionsgleichung gerade einem Skalarproduktpunkt auf der rechten. Damit eine Folge von Produkten von Tensoren, in der ein Vektorprodukt auftritt, assoziativ ist, darf für jeden Tensor die Summe der Skalarproduktpunkte und der Vektorproduktkreuze auf beiden Seiten höchstens gleich der Stufe des Tensors sein. Das ist z. B. bei $\underline{a} \times \underline{b} \times \underline{c}$ für $\underline{b}$ nicht der Fall, und bekanntlich ist auch $\underline{a} \times (\underline{b} \times \underline{c}) \neq (\underline{a} \times \underline{b}) \times \underline{c}$.

Die übrigen im Folgenden notierten Aussagen über vektorielle Produkte lassen sich ohne besondere Mühe analog zu den entsprechenden Aussagen für skalare Produkte beweisen.

- Das vektorielle Produkt eines Tensors m-ter Stufe und eines Tensors n-ter Stufe ist ein Tensor $(m+n-1)$-ter Stufe.
- Die drei bei einer vektoriellen Multiplikation auftretenden Tensoren (also die beiden Faktoren und das Produkt) sind entweder alle axial, oder zwei davon sind polar und der dritte ist axial.
- Die Reihenfolge der *freien* Indizes in einem vektoriellen Produkt muss *zur Übersetzung* auf der linken und auf der rechten Seite einer Gleichung übereinstimmen.

- Addition und vektorielle Multiplikation sind auch in symbolischer Schreibweise distributiv.
- Ein vektorielles Produkt ist nicht nur dann null, wenn ein Faktor null ist.
- Die vektorielle Multiplikation ist im Allgemeinen nicht kommutativ.
- Eine Folge von Produkten von Tensoren ist in symbolischer Schreibweise genau dann assoziativ, wenn die Summe der Skalarproduktpunkte und der Vektorproduktkreuze auf beiden Seiten jedes Tensors höchstens gleich der Stufe des Tensors ist.
- Einen ausgeklammerten Faktor eines vektoriellen Produkts, der beliebige Werte annehmen kann, kann man herauskürzen.

2.10.3 Das Spatprodukt

1. Man nennt häufig die Folge eines vektoriellen und eines skalaren Produktes zwischen drei Vektoren das Spatprodukt dieser drei Vektoren; wir wollen das Spatprodukt auch durch eckige Klammern bezeichnen. Unter Ausnutzung von (1.28) erhält man:

$$
\begin{aligned}
&[\underline{a}, \underline{b}, \underline{c}] = \underline{a} \times \underline{b} \cdot \underline{c} = \underline{a} \cdot \underline{b} \times \underline{c} = A\,, \\
&\varepsilon_{ijk}\, a_i\, b_j\, c_k = \begin{vmatrix} a_1 & a_2 & a_3 \\ b_1 & b_2 & b_3 \\ c_1 & c_2 & c_3 \end{vmatrix} = A\,.
\end{aligned}
\tag{2.45}
$$

(In diesem Fall braucht man keine Klammern zu setzen, da nur $(\underline{a} \times \underline{b}) \cdot \underline{c}$, nicht dagegen $\underline{a} \times (\underline{b} \cdot \underline{c})$ definiert ist.)

Wenn z. B. die drei Vektoren polar sind, ist das Spatprodukt ein axialer Skalar.

2. Wir erinnern uns an die geometrische Interpretation des Spatprodukts: Sein Betrag ist gleich dem Volumen des von den drei Vektoren $\underline{a}$, $\underline{b}$ und $\underline{c}$ aufgespannten Parallelepipeds; es ist also null, wenn die drei Vektoren komplanar sind; dazu gehört auch der Fall, dass einer der drei Vektoren null ist.

Das Spatprodukt ist positiv, wenn das Vektorprodukt $\underline{a} \times \underline{b}$ mit $\underline{c}$ einen spitzen Winkel bildet. Wenn das für drei polare Vektoren in einem Rechtssystem der Fall ist, sagt man, dass die drei Vektoren $\underline{a}$, $\underline{b}$ und $\underline{c}$ (in dieser Reihenfolge) ein Rechtssystem bilden. Wenn das dagegen für drei polare Vektoren in einem Linkssystem der Fall ist, sagt man, dass sie (in dieser Reihenfolge) ein Linkssystem bilden.

Ein Spatprodukt ändert sein Vorzeichen, wenn man die Reihenfolge zweier Vektoren vertauscht. Das Vorzeichen ändert sich nicht, wenn man die drei Vektoren zyklisch vertauscht.

3. Für das Produkt zweier Spatprodukte gilt

$$[\underline{a},\underline{b},\underline{c}][\underline{d},\underline{e},\underline{f}] \overset{(2.45)}{=} \begin{vmatrix} a_1 & a_2 & a_3 \\ b_1 & b_2 & b_3 \\ c_1 & c_2 & c_3 \end{vmatrix} \begin{vmatrix} d_1 & e_1 & f_1 \\ d_2 & e_2 & f_2 \\ d_3 & e_3 & f_3 \end{vmatrix}$$

$$\overset{(1.13)}{=} \begin{vmatrix} \underline{a}\cdot\underline{d} & \underline{a}\cdot\underline{e} & \underline{a}\cdot\underline{f} \\ \underline{b}\cdot\underline{d} & \underline{b}\cdot\underline{e} & \underline{b}\cdot\underline{f} \\ \underline{c}\cdot\underline{d} & \underline{c}\cdot\underline{e} & \underline{c}\cdot\underline{f} \end{vmatrix},$$

$$[\underline{a},\underline{b},\underline{c}][\underline{d},\underline{e},\underline{f}] = \begin{vmatrix} \underline{a}\cdot\underline{d} & \underline{a}\cdot\underline{e} & \underline{a}\cdot\underline{f} \\ \underline{b}\cdot\underline{d} & \underline{b}\cdot\underline{e} & \underline{b}\cdot\underline{f} \\ \underline{c}\cdot\underline{d} & \underline{c}\cdot\underline{e} & \underline{c}\cdot\underline{f} \end{vmatrix}. \tag{2.46}$$

2.11 Übersicht über die tensoralgebraischen Operationen

Die folgende Tabelle stellt die tensoralgebraischen Operationen noch einmal zusammen. Wenn eine Operation für Tensoren verschiedener Stufe definiert ist, wird jeweils ein typisches Beispiel angegeben.

Name	in Koordinaten-schreibweise	in symbolischer Schreibweise
Für einen Tensor:		
Transposition (nur 2. Stufe)	$a_{ij}^{\mathrm{T}} := a_{ji}$	$\underline{\underline{a}}^{\mathrm{T}}$
Verjüngung (ab 2. Stufe)	$a_{ijik} = b_{jk}$	
auch mehrfach:	$a_{ijij} = b$	
speziell 2. Stufe: Bildung der Spur	$a_{ii} = b$	$\mathrm{Sp}\underline{\underline{a}} = b$
Für zwei Tensoren:		
Gleichheit (nur bei gleicher Stufe und Polarität)	$a_{ij} = b_{ij}$	$\underline{\underline{a}} = \underline{\underline{b}}$
Addition (Subtraktion) (nur bei gleicher Stufe und Polarität)	$a_{ij} \pm b_{ij} = c_{ij}$	$\underline{\underline{a}} \pm \underline{\underline{b}} = \underline{\underline{c}}$
tensorielle Multiplikation	$a_i\, b_{jk} = c_{ijk}$	$\underline{a}\,\underline{\underline{b}} = \underline{\underline{\underline{c}}}$
Überschiebung (ab 1. Stufe)	$a_{ijk}\, b_{mkn} = c_{ijmn}$	
auch mehrfach:	$a_{ijk}\, b_{mki} = c_{jm}$	
speziell: skalare Multiplikation	$a_{ijk}\, b_{km} = c_{ijm}$	$\underline{\underline{\underline{a}}} \cdot \underline{\underline{b}} = \underline{\underline{\underline{c}}}$
auch mehrfach:	$a_{ijk}\, b_{jk} = c_i$	$\underline{\underline{\underline{a}}} \cdot\cdot\, \underline{\underline{b}} = \underline{c}$
speziell: vektorielle Multiplikation	$a_k\, \varepsilon_{ijk}\, b_{im} = c_{jm}$	$\underline{a} \times \underline{\underline{b}} = \underline{\underline{c}}$
Für drei Vektoren:		
Bildung des Spatprodukts	$\varepsilon_{ijk}\, a_i\, b_j\, c_k = d$	$[\underline{a}, \underline{b}, \underline{c}] = d$

2.12 Differentialoperationen

Wir betrachten im folgenden Tensorfelder, d. h. Tensoren, deren Koordinaten Funktionen des Ortes sind. In Analogie zu den drei Produkten definieren wir für Tensorfelder drei Differentialoperationen: den Gradienten, die Divergenz und die Rotation.

2.12.1 Der Fundamentalsatz der Tensoranalysis

Durch Ableitung eines Skalarfeldes $a(x,y,z)$ nach den Ortskoordinaten erhält man bekanntlich die Koordinaten $(\partial a/\partial x, \partial a/\partial y, \partial a/\partial z)$ eines Vektorfeldes, das man Gradientenfeld von a nennt. Man kann zeigen, dass allgemein die Ableitung der kartesischen Koordinaten eines Tensorfeldes n-ter Stufe nach den Ortskoordinaten die kartesischen Koordinaten eines Tensorfeldes $(n+1)$-ter Stufe ergibt. Diesen Satz nennt man den Fundamentalsatz der Tensoranalysis.

Wir wollen ihn am Beispiel eines polaren Tensorfeldes $a_{ij}(\underline{x})$ zweiter Stufe beweisen, wobei $\underline{x}$ als Argument für die Menge (x_1, x_2, x_3) der kartesischen Ortskoordinaten steht. Nach (2.17) ist

$$a_{ij}(\underline{x}) = \alpha_{im}\,\alpha_{jn}\,\widetilde{a}_{mn}(\underline{x}) = \alpha_{im}\,\alpha_{jn}\,\widetilde{a}_{mn}(\underline{x}(\widetilde{\underline{x}})) = \alpha_{im}\,\alpha_{jn}\,\widetilde{a}_{mn}(\widetilde{\underline{x}}),$$

$$\mathrm{d}a_{ij} = \alpha_{im}\,\alpha_{jn}\,\frac{\partial \widetilde{a}_{mn}}{\partial \widetilde{x}_q}\,\mathrm{d}\widetilde{x}_q,$$

$$\frac{\partial a_{ij}}{\partial x_p} = \alpha_{im}\,\alpha_{jn}\,\frac{\partial \widetilde{a}_{mn}}{\partial \widetilde{x}_q}\,\frac{\partial \widetilde{x}_q}{\partial x_p}.$$

Nach (2.9) ist weiter

$$\frac{\partial \widetilde{x}_q}{\partial x_p} = \alpha_{pq},$$

also folgt

$$\frac{\partial a_{ij}}{\partial x_p} = \alpha_{im}\,\alpha_{jn}\,\alpha_{pq}\,\frac{\partial \widetilde{a}_{mn}}{\partial \widetilde{x}_q}.$$

Das ist aber das Transformationsgesetz für die Koordinaten eines polaren Tensors dritter Stufe.

2.12.2 Der Gradient

In symbolischer Schreibweise gehen wir aus von dem Tensorfeld $\underline{\underline{a}}(\underline{x}) = a_{ij}\,\underline{e}_i\,\underline{e}_j$. Differentiation nach x_k ergibt, da die Basen ortsunabhängig sind,

$$\frac{\partial \underline{\underline{a}}}{\partial x_k} = \frac{\partial a_{ij}}{\partial x_k}\,\underline{e}_i\,\underline{e}_j.$$

Da die $\partial a_{ij}/\partial x_k$ die Koordinaten eines Tensors dritter Stufe bilden, erhalten wir aus $\partial \underline{\underline{a}}/\partial x_k$ einen Tensor dritter Stufe, wenn wir diese Größe mit $\underline{e}_k$ multiplizieren. Man nennt diesen Tensor den Gradienten[8] des Ausgangstensors $\underline{\underline{a}}$.

Der Gradient eines polaren Tensorfeldes n-ter Stufe ist also ein polares Tensorfeld $(n+1)$-ter Stufe, der Gradient eines axialen Tensorfeldes n-ter Stufe ein axiales Tensorfeld $(n+1)$-ter Stufe.

Da das tensorielle Produkt von Basisvektoren nicht kommutativ ist, erhalten wir zwei verschiedene Definitionen des Gradienten, je nachdem, ob wir $\partial \underline{\underline{a}}/\partial x_k$ von links oder rechts mit $\underline{e}_k$ multiplizieren; man kann sie als den Linksgradienten und den Rechtsgradienten unterscheiden. Beide Definitionen kommen in der Literatur vor, man muss deshalb jedesmal beim Auftreten eines Gradienten eines Tensors mindestens erster Stufe feststellen, wie der betreffende Autor den Gradienten definiert.

Diese beiden verschiedenen Definitionen des Gradienten sind eine Folge davon, welche Konvention man für die Reihenfolge der Indizes in einer Ortsableitung von Tensorkoordinaten verabredet: Stellt man den Nennerindex hinter die Zählerindizes,

$$\frac{\partial a_{ij}}{\partial x_k} = A_{ijk},$$

so führt die Überschiebung mit der zugehörigen Basis auf den Rechtsgradienten

$$\underbrace{\frac{\partial a_{ij}}{\partial x_k}\,\underline{e}_i\,\underline{e}_j\,\underline{e}_k}_{\mathrm{grad_R}\,\underline{\underline{a}}} = \underbrace{A_{ijk}\,\underline{e}_i\,\underline{e}_j\,\underline{e}_k}_{\underline{\underline{\underline{A}}}}\;;$$

stellt man den Nennerindex vor die Zählerindizes,

$$\frac{\partial a_{ij}}{\partial x_k} = B_{kij},$$

so führt die Überschiebung mit der zugehörigen Basis auf den Linksgradienten

$$\underbrace{\frac{\partial a_{ij}}{\partial x_k}\,\underline{e}_k\,\underline{e}_i\,\underline{e}_j}_{\mathrm{grad_L}\,\underline{\underline{a}}} = \underbrace{B_{kij}\,\underline{e}_k\,\underline{e}_i\,\underline{e}_j}_{\underline{\underline{\underline{B}}}}\,.$$

---

[8] *gradiens* lat. der (am stärksten) schreitende (Zuwachs); Präsenspartizip von *gradi* (schreiten).

Wenn man den Nabla-Operator

$$\underline{\nabla} := \frac{\partial}{\partial x_k} \underline{e}_k \tag{2.47}$$

einführt, so kann man die beiden Gradienten als tensorielles Produkt mit dem Nabla-Operator definieren:

$$\operatorname{grad}_{\mathrm{R}} \mathscr{A} := \mathscr{A} \, \underline{\nabla}, \qquad \operatorname{grad}_{\mathrm{L}} \mathscr{A} := \underline{\nabla} \, \mathscr{A}, \tag{2.48}$$

wobei der Operator im ersten Fall auf den davor stehenden Tensor und im zweiten Falle auf den dahinter stehenden Tensor wirkt.

Da die tensorielle Multiplikation eines Tensors mit einem Skalar kommutativ ist, fallen die beiden Gradienten eines Skalars zusammen:

$$\operatorname{grad} a = a \, \underline{\nabla} = \underline{\nabla} \, a ;$$

Rechts- wie Linksgradient sind also Verallgemeinerungen des Gradienten der elementaren Vektoranalysis. Für Tensoren mindestens erster Stufe muss man sich jedoch entscheiden. Wir entscheiden uns für den Rechtsgradienten, weil die Reihenfolge „Zählerindizes vor Nennerindex“ der Reihenfolge beim Lesen eines Differentialquotienten wie $\partial a_{ij} / \partial x_k$ entspricht. Wir verabreden also:

Der letzte Index eines Gradienten ist der Differentiationsindex.

Aufgrund dieser Konvention werden wir im Folgenden den Index R bei $\operatorname{grad}_{\mathrm{R}}$ weglassen.

Es ist z. B.

$$\operatorname{grad} \underline{\underline{a}} = \underline{\underline{a}} \, \underline{\nabla} = a_{ij} \, \underline{e}_i \, \underline{e}_j \, \frac{\partial}{\partial x_k} \underline{e}_k = \frac{\partial a_{ij}}{\partial x_k} \underline{e}_i \, \underline{e}_j \, \underline{e}_k \, .$$

Wir erhalten also für Tensoren verschiedener Stufe

$$\begin{aligned} \operatorname{grad} a &:= \frac{\partial a}{\partial x_k} \underline{e}_k \, , \\ \operatorname{grad} \underline{a} &:= \frac{\partial a_i}{\partial x_k} \underline{e}_i \, \underline{e}_k \, , \\ \operatorname{grad} \underline{\underline{a}} &:= \frac{\partial a_{ij}}{\partial x_k} \underline{e}_i \, \underline{e}_j \, \underline{e}_k \, , \end{aligned} \tag{2.49}$$

usw.,

und in den beiden Schreibweisen gilt

$$
\boxed{\begin{aligned}
\operatorname{grad} a &= \underline{A}\,, \\[2ex]
\operatorname{grad} \underline{a} &= \underline{\underline{A}}\,, \\[2ex]
\operatorname{grad} \underline{\underline{a}} &= \underline{\underline{\underline{A}}}\,, \\
&\text{usw.,}
\end{aligned}}
\qquad
\boxed{\begin{aligned}
\frac{\partial a}{\partial x_k} &= A_k\,, \\
\frac{\partial a_i}{\partial x_k} &= A_{ik}\,, \\
\frac{\partial a_{ij}}{\partial x_k} &= A_{ijk}\,, \\
&\text{usw.}
\end{aligned}}
\tag{2.50}
$$

Manche Autoren verwenden in symbolischer Schreibweise den Nabla-Operator statt des Symbols grad und rechnen damit auch wie mit einem Vektor. Zum Rechnen mit diesem „symbolischen Vektor" sind jedoch noch zusätzliche Vereinbarungen nötig, weil er eben doch kein Vektor ist, sondern sich nur in mancher Hinsicht wie einer verhält. Wir werden ihn deshalb nur zur Definition und Unterscheidung der verschiedenen tensoranalytischen Differentialoperationen, nicht aber zum Rechnen verwenden, sondern dafür wie in der Tensoralgebra die Koordinatenschreibweise benutzen.

2.12.3 Das (vollständige) Differential

1. Wir betrachten zwei Punkte mit den Punktkoordinaten x_i und $x_i + dx_i$ bzw. den Ortskoordinaten $\underline{x}$ und $\underline{x} + \mathrm{d}\underline{x}$, wobei die beiden Punkte nicht benachbart zu sein brauchen. Die Differenz $\mathrm{d}\underline{x}$ der beiden Ortsvektoren nennt man das Differential des Ortsvektors $\underline{x}$; im Gegensatz zu den Ortsvektoren ist es bekanntlich ein Vektor, vgl. die Herleitung von (2.11).

Bei unserer Definition des Gradienten eines Tensors definieren wir als (vollständiges) Differential eines Tensors in den beiden Schreibweisen

$$\boxed{\begin{aligned} \mathrm{d}a &:= \operatorname{grad} a \cdot \mathrm{d}\underline{x}\,, \\ \mathrm{d}\underline{a} &:= (\operatorname{grad} \underline{a}) \cdot \mathrm{d}\underline{x}\,, \\ \mathrm{d}\underline{\underline{a}} &:= (\operatorname{grad} \underline{\underline{a}}) \cdot \mathrm{d}\underline{x}\,, \\ &\text{usw.,} \end{aligned}} \qquad \boxed{\begin{aligned} \mathrm{d}a &:= \frac{\partial a}{\partial x_k}\,\mathrm{d}x_k\,, \\ \mathrm{d}a_i &:= \frac{\partial a_i}{\partial x_k}\,\mathrm{d}x_k\,, \\ \mathrm{d}a_{ij} &:= \frac{\partial a_{ij}}{\partial x_k}\,\mathrm{d}x_k\,, \\ &\text{usw.} \end{aligned}} \tag{2.51}$$

Das Differential eines Tensors hängt offenbar von dem Punkt $\underline{x}$, in dem der Gradient gebildet wird, und vom Differential $\mathrm{d}\underline{x}$ ab. Geometrisch stellt es den Zuwachs auf der Hypertangentialebene des Tensorfeldes im Punkte $\underline{x}$ dar.

Statt vom Differential eines Tensors in Koordinatenschreibweise spricht man auch vom Differential von Tensorkoordinaten.

Verwendet man statt des Rechtsgradienten den Linksgradienten, so ändert sich in den obigen Formeln in symbolischer Schreibweise offenbar die Reihenfolge der Faktoren.

Da die Basisvektoren unabhängig vom Ort sind, hängen das Differential eines Tensors und das seiner Koordinaten auf einfache Weise zusammen. Zum Beispiel ist

$$\mathrm{d}\underline{a} = \mathrm{d}(a_i\,\underline{e}_i) = \mathrm{d}a_i\,\underline{e}_i\,, \quad \mathrm{d}\underline{\underline{a}} = \mathrm{d}(a_{ij}\,\underline{e}_i\,\underline{e}_j) = \mathrm{d}a_{ij}\,\underline{e}_i\,\underline{e}_j :$$

$$\boxed{\begin{aligned} \mathrm{d}a &= \mathrm{d}a\,, \\ \mathrm{d}\underline{a} &= \mathrm{d}a_i\,\underline{e}_i\,, \\ \mathrm{d}\underline{\underline{a}} &= \mathrm{d}a_{ij}\,\underline{e}_i\,\underline{e}_j\,, \\ &\text{usw.} \end{aligned}} \tag{2.52}$$

Das Differential eines Tensors hängt offenbar von dem Punkt $\underline{x}$, in dem der Gradient gebildet wird, und vom Differential $\mathrm{d}\underline{x}$ ab. Geometrisch stellt es den Zuwachs auf der Hypertangentialebene des Tensorfeldes im Punkte $\underline{x}$ dar.

2. Für benachbarte Punkte mit den Ortsvektoren $\underline{x} + \mathrm{d}\underline{x}$ und $\underline{x}$ gilt, dass das Differential von Tensoren und Tensorkoordinaten bis auf Größen zweiter Ordnung in $\mathrm{d}\underline{x}$ gleich ihrer Differenz zwischen den beiden Punkten ist:

$$\begin{array}{|l|}\hline \mathrm{d}a = a(\underline{x}+\mathrm{d}\underline{x}) - a(\underline{x})\,, \\ \mathrm{d}\underline{a} = \underline{a}(\underline{x}+\mathrm{d}\underline{x}) - \underline{a}(\underline{x})\,, \\ \mathrm{d}\underline{\underline{a}} = \underline{\underline{a}}(\underline{x}+\mathrm{d}\underline{x}) - \underline{\underline{a}}(\underline{x})\,, \\ \text{usw.,} \\ \hline \mathrm{d}a = a(x_p+\mathrm{d}x_p) - a(x_p)\,, \\ \mathrm{d}a_i = a_i(x_p+\mathrm{d}x_p) - a_i(x_p)\,, \\ \mathrm{d}a_{ij} = a_{ij}(x_p+\mathrm{d}x_p) - a_{ij}(x_p)\,, \\ \text{usw.} \\ \hline \end{array} \tag{2.53}$$

2.12.4 Die Divergenz

Man erhält aus einem Gradienten eine Divergenz[9], wenn man das tensorielle Produkt mit dem Nabla-Operator durch ein skalares Produkt ersetzt:

$$\mathrm{div}_\mathrm{R}\,\mathscr{A} := \mathscr{A} \cdot \underline{\nabla}\,, \qquad \mathrm{div}_\mathrm{L}\,\mathscr{A} := \underline{\nabla} \cdot \mathscr{A}\,. \tag{2.54}$$

Die Divergenz eines Tensorfeldes ist also für Tensorfelder mindestens erster Stufe definiert, und da das Skalarprodukt zweier Vektoren kommutativ ist, fallen die Rechtsdivergenz und die Linksdivergenz eines Vektorfeldes zusammen; beide Divergenzen stellen also Verallgemeinerungen der Divergenz der elementaren Vektoranalysis dar.

Die Divergenz eines polaren Tensorfeldes n-ter Stufe ist offenbar ein polares Tensorfeld $(n-1)$-ter Stufe, die Divergenz eines axialen Tensorfeldes n-ter Stufe ein axiales Tensorfeld $(n-1)$-ter Stufe.

Wir werden im Folgenden die Rechtsdivergenz verwenden und deshalb den Index R bei div_R weglassen. Dann gilt:

---

[9] *divergentia* lat. Auseinandergehen, also Quellstärke; Verbalsubstantiv zu neulat. *divergere* (auseinandergehen) zu *vergere* (sich neigen).

> In einer Divergenz ist der Differentiationsindex gleich dem letzten Index des Tensors, dessen Divergenz gebildet wird.

Es ist z. B.

$$\operatorname{div} \underline{\underline{a}} = \underline{\underline{a}} \cdot \underline{\nabla} = a_{ij}\, \underline{e}_i\, \underline{e}_j \cdot \frac{\partial}{\partial x_k}\, \underline{e}_k = \frac{\partial a_{ij}}{\partial x_k}\, \underline{e}_i \underbrace{\underline{e}_j \cdot \underline{e}_k}_{\delta_{jk}} = \frac{\partial a_{ij}}{\partial x_j}\, \underline{e}_i \,.$$

Wir erhalten also für Tensoren verschiedener Stufe

$$\begin{aligned} \operatorname{div} \underline{a} &:= \frac{\partial a_k}{\partial x_k}\,, \\ \operatorname{div} \underline{\underline{a}} &:= \frac{\partial a_{ik}}{\partial x_k}\, \underline{e}_i\,, \\ \operatorname{div} \underline{\underline{\underline{a}}} &:= \frac{\partial a_{ijk}}{\partial x_k}\, \underline{e}_i\, \underline{e}_j\,, \\ &\text{usw.} \end{aligned} \tag{2.55}$$

In den beiden Schreibweisen erhält man

$$\begin{aligned} \operatorname{div} \underline{a} &= A\,, & \frac{\partial a_k}{\partial x_k} &= A\,, \\ \operatorname{div} \underline{\underline{a}} &= \underline{A}\,, & \frac{\partial a_{ik}}{\partial x_k} &= A_i\,, \\ \operatorname{div} \underline{\underline{\underline{a}}} &= \underline{\underline{A}}\,, & \frac{\partial a_{ijk}}{\partial x_k} &= A_{ij}\,, \\ &\text{usw.,} & &\text{usw.} \end{aligned} \tag{2.56}$$

Aufgabe 2.15

Man übersetze in die andere Schreibweise:

A. $\operatorname{div}\operatorname{grad} \underline{\underline{a}} = \underline{\underline{b}}$, B. $\operatorname{grad}\operatorname{div} \underline{\underline{a}} = \underline{\underline{c}}$, C. $\dfrac{\partial a_i}{\partial x_j}\dfrac{\partial b_j}{\partial x_k} = c_{ik}$, D. $\dfrac{\partial a_i}{\partial x_j}\dfrac{\partial b_i}{\partial x_j} = c$.

2.12.5 Die Rotation

Man erhält aus einem Gradienten eine Rotation[10], wenn man das tensorielle Produkt mit dem Nabla-Operator durch ein vektorielles Produkt ersetzt.

Die Rotation eines Tensorfeldes ist also für Tensorfelder mindestens erster Stufe definiert. Da das Vektorprodukt zweier Vektoren bei der Vertauschung der Faktoren sein Vorzeichen ändert, muss man das bei der Definition der Rechtsrotation und der Linksrotation berücksichtigen, wenn beide für ein Vektorfeld zusammenfallen und mit der Rotation der elementaren Vektoranalysis identisch sein sollen. Man kommt dann zu den Definitionen

$$\operatorname{rot}_{\mathrm{R}} \mathscr{A} := \mathscr{A} \otimes \underline{\nabla} = -\mathscr{A} \times \underline{\nabla}\,, \quad \operatorname{rot}_{\mathrm{L}} \mathscr{A} := \underline{\nabla} \times \mathscr{A}\,. \tag{2.57}$$

Die Rotation eines polaren Tensorfeldes n-ter Stufe ist offenbar ein axiales Tensorfeld n-ter Stufe, die Rotation eines axialen Tensorfeldes n-ter Stufe ein polares Tensorfeld n-ter Stufe.

Wir werden im Folgenden die Rechtsrotation verwenden und deshalb den Index R bei $\operatorname{rot}_{\mathrm{R}}$ weglassen. Es ist z. B.

$$\operatorname{rot} \underline{\underline{a}} = \underline{\underline{a}} \otimes \underline{\nabla}\,.$$

Übersetzung ergibt, wenn wir mit der rechten Seite anfangen,

$$a_{mi}\, \varepsilon_{ijk} \frac{\partial}{\partial x_k} = \frac{\partial a_{mi}}{\partial x_k}\, \varepsilon_{ijk} = (\operatorname{rot} \underline{\underline{a}})_{mj}\,,$$

$$\operatorname{rot} \underline{\underline{a}} = \frac{\partial a_{mi}}{\partial x_k}\, \varepsilon_{ijk}\, \underline{e}_m\, \underline{e}_j\,.$$

Anders als beim Gradienten und bei der Divergenz muss man hier darauf achten, dass man in $a_{mi}\, \varepsilon_{ijk}\, \partial/\partial x_k$ die Differentiation nach vorn zieht und nicht die Koordinate nach hinten: In $\varepsilon_{ijk}\, \partial a_{mi}/\partial x_k = (\operatorname{rot} \underline{\underline{a}})_{jm}$ wäre die Reihenfolge der freien Indizes vertauscht, man erhielte demnach einen anderen Tensor.

---

[10] *rotatio* lat. kreisförmige Umdrehung; Verbalsubstantiv von *rotare* (sich im Kreise drehen) zu *rota* (Rad; *rota* und *Rad* sind stammverwandt).

Wir erhalten also für Tensoren verschiedener Stufe

$$
\begin{aligned}
\operatorname{rot}\underline{a} &:= \frac{\partial a_i}{\partial x_k}\,\varepsilon_{ijk}\,\underline{e}_j\,,\\
\operatorname{rot}\underline{\underline{a}} &:= \frac{\partial a_{mi}}{\partial x_k}\,\varepsilon_{ijk}\,\underline{e}_m\,\underline{e}_j\,,\\
\operatorname{rot}\underline{\underline{\underline{a}}} &:= \frac{\partial a_{mni}}{\partial x_k}\,\varepsilon_{ijk}\,\underline{e}_m\,\underline{e}_n\,\underline{e}_j\,,\\
&\text{usw.}
\end{aligned}
\tag{2.58}
$$

In beiden Schreibweisen erhält man

$$
\begin{aligned}
\operatorname{rot}\underline{a} &= \underline{A}\,, & \frac{\partial a_i}{\partial x_k}\,\varepsilon_{ijk} &= A_j\,,\\
\operatorname{rot}\underline{\underline{a}} &= \underline{\underline{A}}\,, & \frac{\partial a_{mi}}{\partial x_k}\,\varepsilon_{ijk} &= A_{mj}\,,\\
\operatorname{rot}\underline{\underline{\underline{a}}} &= \underline{\underline{\underline{A}}}\,, & \frac{\partial a_{mni}}{\partial x_k}\,\varepsilon_{ijk} &= A_{mnj}\,,\\
&\text{usw.,} & &\text{usw.}
\end{aligned}
\tag{2.59}
$$

Aufgabe 2.16

Man berechne

A. grad $\underline{x}$, B. div $\underline{x}$, C. rot $\underline{x}$.

Aufgabe 2.17

Man leite für jeden der folgenden Ausdrücke in Koordinatenschreibweise eine tensoranalytische Identität ab und übersetze diese Identität anschließend in die symbolische Schreibweise:

A. div $(\lambda\,\underline{a})$, B. rot $(\lambda\,\underline{a})$, C. rot grad a, D. div rot $\underline{a}$,

E. rot rot $\underline{a}$, F. $\varepsilon_{ijk}\,\varepsilon_{mnk}\,\dfrac{\partial a_{pj}}{\partial x_i}\,b_m$, G. $\varepsilon_{ijk}\,\varepsilon_{mnk}\,\dfrac{\partial a_{pj} b_i}{\partial x_m}$.

Lösungshinweis: Die letzten beiden Aufgaben sind etwas schwieriger, weil darin zwei freie Indizes vorkommen. In diesem Falle muss man auch darauf achten, dass vor der Übersetzung in die symbolische Schreibweise alle Glieder in der Reihenfolge der freien Indizes übereinstimmen. Es empfiehlt sich in solchen Fällen, die Gleichung nach der Umformung in übersetzbare Ausdrücke zur Kontrolle dieser Bedingung noch einmal in Koordinatenschreibweise hinzuschreiben.

2.12.6 Der Laplace-Operator

Die Divergenz eines Gradienten bezeichnet man als Laplace-Operator und schreibt dafür Δ:

$$\boxed{\Delta := \operatorname{div}\operatorname{grad}\ .} \tag{2.60}$$

Der Laplace-Operator eines polaren Tensorfeldes n-ter Stufe führt wieder auf ein polares Tensorfeld n-ter Stufe, der Laplace-Operator eines axialen Tensorfeldes n-ter Stufe auf ein axiales Tensorfeld n-ter Stufe. Zum Beispiel $\operatorname{div}\operatorname{grad}\underline{\underline{a}}$ ergibt übersetzt

$$\frac{\partial}{\partial x_k}\frac{\partial a_{ij}}{\partial x_k} = \frac{\partial^2 a_{ij}}{\partial x_k^2}\,,$$

wir erhalten also für Tensoren verschiedener Stufe:

$$\begin{aligned} \Delta a &= \frac{\partial^2 a}{\partial x_k^2}\,, \\ \Delta \underline{a} &= \frac{\partial^2 a_i}{\partial x_k^2}\,\underline{e}_i\,, \\ \Delta \underline{\underline{a}} &= \frac{\partial^2 a_{ij}}{\partial x_k^2}\,\underline{e}_i\,\underline{e}_j\,, \\ &\text{usw.} \end{aligned} \tag{2.61}$$

2.13 Indexbilanz und Strichbilanz

Wir wollen an dieser Stelle anmerken, dass die von uns eingeführte Notation sowohl in Koordinatenschreibweise als auch in symbolischer Schreibweise zu Regeln führt, die alle Glieder einer richtig geschriebenen Gleichung erfüllen müssen und die zu überprüfen sich im Laufe einer Rechnung in der Praxis häufig lohnt.

Für die Indexbilanz einer Gleichung in Koordinatenschreibweise gelten Regeln, die wir in Abschnitt 1.1 in Zusammenhang mit der Summationskonvention eingeführt haben: Ein laufender Index darf in einem Glied nur einmal oder zweimal vorkommen, und alle Glieder einer Gleichung müssen in den freien Indizes übereinstimmen.

Für die Strichbilanz einer Gleichung in symbolischer Schreibweise gilt: Die Anzahl der Unterstreichungen muss unter Berücksichtigung des Einflusses der Rechensymbole in allen Gliedern einer Gleichung übereinstimmen. Dabei reduziert jeder Skalarproduktpunkt die tensorielle Stufe um zwei, jedes vektorielle Produkt und jede Divergenz reduzieren sie um eins, und jeder Gradient erhöht sie um eins. Die anderen Operationen, also tensorielles Produkt, Rotation, Differential und Laplace-Operator, ändern sie nicht.

Schließlich gilt für die Übersetzung zwischen beiden Schreibweisen: Die Reihenfolge der freien Indizes muss in der Koordinatenschreibweise vor oder nach der Übersetzung in allen Gliedern übereinstimmen.

2.14 Integrale von Tensorfeldern

Die Koordinate eines Feldtensors (im Folgenden nehmen wir als einfachsten Fall einen polaren Skalar an) ist eine Funktion der drei Ortskoordinaten. Es lassen sich also die folgenden räumlichen Integrale bilden:

$$\begin{aligned}&\int a(x,y,z)\,\mathrm{d}x\,,\\&\int a(x,y,z)\,\mathrm{d}y\,,\\&\int a(x,y,z)\,\mathrm{d}z\,,\end{aligned}\tag{2.62}$$

$$\int\int a(x,y,z)\,\mathrm{d}y\,\mathrm{d}z\,,$$
$$\int\int a(x,y,z)\,\mathrm{d}z\,\mathrm{d}x\,, \qquad (2.63)$$
$$\int\int a(x,y,z)\,\mathrm{d}x\,\mathrm{d}y\,,$$

$$\int\int\int a(x,y,z)\,\mathrm{d}x\,\mathrm{d}y\,\mathrm{d}z\,. \qquad (2.64)$$

Wir werden sehen, dass die ersten drei als Kurvenintegral, die zweiten drei als Flächenintegral und das letzte als Volumenintegral interpretiert werden können.

2.14.1 Kurvenintegrale von Tensorkoordinaten

1. Die drei einfachen Integrale (2.62) lassen sich offenbar vektoriell zusammenfassen zu

$$\int a(\underline{x})\,\mathrm{d}\underline{x}\,, \qquad \int a(\underline{x})\,\mathrm{d}x_i\,, \qquad (2.65)$$

das so definierte vektorielle Kurvenelement $\mathrm{d}\underline{x}$ ist offenbar ein polarer Vektor.

(Die Zusammenfassung der drei Ortskoordinaten zu $\underline{x}$ im Argument ist unabhängig davon, ob die Gleichung selbst in symbolischer oder in Koordinatenschreibweise geschrieben wird; sie wäre auch in der Form (2.62) möglich.) Man nennt ein solches Integral mit einem vektoriellen Kurvenelement als Integrationselement ein Kurvenintegral zweiter Art.

Integriert man statt über das vektorielle Kurvenelement über seinen Betrag, so erhält man

$$\int a(\underline{x})\,\mathrm{d}x\,. \qquad (2.66)$$

Ein solches Integral nennt man ein Kurvenintegral erster Art.

2. Der zu einem Kurvenintegral gehörige Integrationsbereich ist ein Kurvenstück im Raum. Wenn jedem Punkt der Kurve eine Koordinate u zugeordnet ist, kann das Kurvenstück durch

$$\begin{aligned} x &= x(u)\,, \\ y &= y(u)\,, \qquad\qquad u_1 \leqq u \leqq u_2 \\ z &= z(u)\,, \end{aligned} \tag{2.67}$$

beschrieben werden; diese drei Gleichungen lassen sich vektoriell zu

$$\underline{x} = \underline{x}(u)\,, \qquad\qquad x_i = x_i(u) \tag{2.68}$$

zusammenfassen. Für ein Kurvenelement gilt dann

$$\mathrm{d}x_i = \frac{\mathrm{d}x_i}{\mathrm{d}u}\,\mathrm{d}u\,, \tag{2.69}$$

für seinen Betrag

$$\mathrm{d}x = \sqrt{(\mathrm{d}x_i)^2} = \sqrt{\left(\frac{\mathrm{d}x_i}{\mathrm{d}u}\right)^2}\,\mathrm{d}u\,. \tag{2.70}$$

Damit folgt für die Kurvenintegrale (2.65) und (2.66) längs des Kurvenstückes (2.67)

$$\int a(\underline{x})\,\mathrm{d}x_i = \int_{u_1}^{u_2} a(\underline{x}(u))\,\frac{\mathrm{d}x_i}{\mathrm{d}u}\,\mathrm{d}u\,, \tag{2.71}$$

$$\int a(\underline{x})\,\mathrm{d}x = \int_{u_1}^{u_2} a(\underline{x}(u))\sqrt{\left(\frac{\mathrm{d}x_i}{\mathrm{d}u}\right)^2}\,\mathrm{d}u\,. \tag{2.72}$$

Aufgabe 2.18

Ein Massenpunkt der Masse m bewege sich längs einer Schraubenlinie mit dem Radius a, der Steigung h und der z-Achse als Achse um eine Windung. Dabei

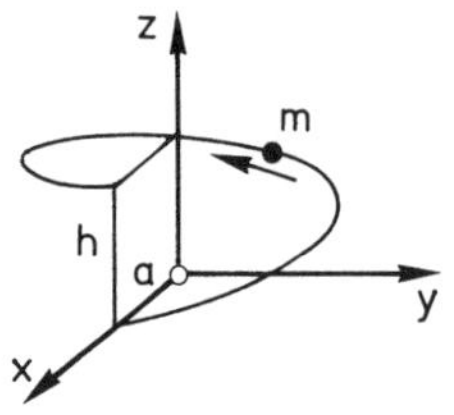

wirke auf den Massenpunkt die Schwerkraft $\underline{F}_1 = -mg\underline{e}_z$ und die elastische Kraft $\underline{F}_2 = -\lambda\underline{x}$. Man berechne die am Massenpunkt geleistete Arbeit $W = \int \underline{F} \cdot \mathrm{d}\underline{x}$.

Lösungshinweis: Eine Parameterdarstellung der Schraubenlinie ist
$x = a\cos\varphi, \quad y = a\sin\varphi, \quad z = h\varphi/(2\pi)$.

2.14.2 Normalenvektor und Flächenvektor eines Flächenelements

1. Ein Flächenelement lässt sich durch seine Größe $\mathrm{d}A$ und seinen Normalenvektor $\underline{n}$ (den Einheitsvektor senkrecht zum Flächenelement) charakterisieren. Das Produkt aus Normalenvektor und Größe eines Flächenelements nennt man seinen Flächenvektor $\mathrm{d}\underline{A}$:

$$\boxed{\mathrm{d}\underline{A} = \underline{n}\,\mathrm{d}A\,.} \tag{2.73}$$

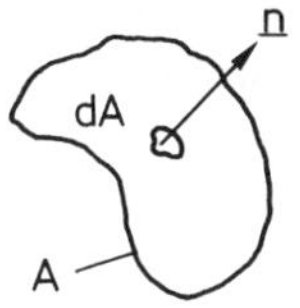

Diese Definitionen von $\underline{n}$ und $\mathrm{d}\underline{A}$ sind noch nicht eindeutig, denn zu einem Flächenelement gehören zwei (negativ gleiche, man sagt dafür auch verschieden orientierte) Einheitsvektoren, die beide auf dem Flächenelement senkrecht stehen. Die Orientierung eines Flächenelements kann auf zweierlei Art festgelegt werden:

– Dem Flächenelement ist durch den Durchlaufsinn seiner Randkurve ein Drehsinn zugeordnet, dann sind $\underline{n}$ und $\mathrm{d}\underline{A}$ axiale Vektoren.

  Wird z. B. die Randkurve so durchlaufen, dass die Fläche, vom Beobachter aus gesehen, auf dem linken Ufer der Randkurve liegt, so sind $\underline{n}$ und $\mathrm{d}\underline{A}$ in einem Rechtssystem zum Beobachter hin (entgegen seiner Blickrichtung) gerichtet. Ist die Fläche z. B. der Ring zwischen zwei konzentrischen Kreisen, so besteht die Randkurve aus zwei Teilen (dem äußeren und dem inneren Kreis), und beide Teile sind so zu durchlaufen, dass die Fläche jeweils auf dem gleichen (z. B. linken) Ufer der Randkurve liegt, also beide Teile in verschiedener Richtung.

– Dem Flächenelement wird durch eine Konvention eine feste Richtung zugeordnet, dann sind $\underline{n}$ und $\mathrm{d}\underline{A}$ polare Vektoren. Das ist insbesondere bei geschlossenen Flächen (Oberflächen) nötig, die ja gar keine Randkurve haben; wir vereinbaren hier:

Normalenvektor und Flächenvektor einer Oberfläche sind immer aus dem umschlossenen Volumen heraus gerichtet.

Ist z. B. das umschlossene Volumen der Raum zwischen zwei konzentrischen Kugeln, so besteht die Oberfläche aus zwei Teilen (der äußeren und der inneren Kugelfläche), und der Normalenvektor ist nach dieser Konvention auf jedem Element der äußeren Kugelfläche radial nach außen und auf jedem Element der inneren Kugelfläche radial nach innen gerichtet.

2. Wir betrachten ein infinitesimales Tetraeder, dessen eine Fläche eine beliebige Richtung hat und dessen andere Flächen auf den Koordinatenachsen senkrecht stehen. Die schräge Fläche habe die Größe $\mathrm{d}A$ und den (nach außen gerichteten) Normalenvektor $\underline{n}$, die Kantenlängen auf den Koordinatenachsen seien $|\mathrm{d}a_x|$, $|\mathrm{d}a_y|$ und $|\mathrm{d}a_z|$. Die Größe $\mathrm{d}A$ ist die Hälfte des Flächeninhalts des von den Kantenvektoren $\mathrm{d}\underline{u}$ und $\mathrm{d}\underline{v}$ (siehe Skizze) aufgespannten Parallelogramms. Nach Abschnitt 2.10.1 Nr. 4 können wir dann mithilfe des Vektorprodukts schreiben

$$\underline{n}\,\mathrm{d}A = \frac{1}{2}\mathrm{d}\underline{u} \times \mathrm{d}\underline{v}.$$

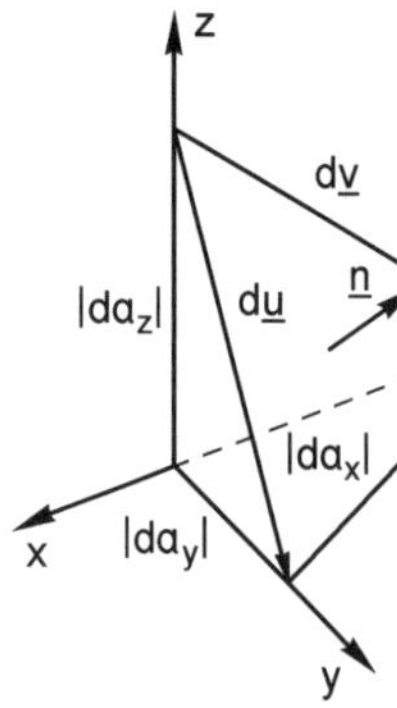

Die weitere Auswertung der Skizze ergibt

$$\begin{aligned}
\underline{n}\,\mathrm{d}A &= \frac{1}{2}\left(-|\mathrm{d}a_z|\,\underline{e}_z + |\mathrm{d}a_y|\,\underline{e}_y\right) \times \left(-|\mathrm{d}a_z|\,\underline{e}_z - |\mathrm{d}a_x|\,\underline{e}_x\right) \\
&= \frac{1}{2}\Big(|\mathrm{d}a_x|\,|\mathrm{d}a_z|\underbrace{\underline{e}_z \times \underline{e}_x}_{\underline{e}_y} - |\mathrm{d}a_y|\,|\mathrm{d}a_z|\underbrace{\underline{e}_y \times \underline{e}_z}_{\underline{e}_x} - |\mathrm{d}a_x|\,|\mathrm{d}a_y|\underbrace{\underline{e}_y \times \underline{e}_x}_{-\underline{e}_z}\Big) \\
&= \frac{1}{2}\left(|\mathrm{d}a_x|\,|\mathrm{d}a_z|\,\underline{e}_y - |\mathrm{d}a_y|\,|\mathrm{d}a_z|\,\underline{e}_x + |\mathrm{d}a_x|\,|\mathrm{d}a_y|\,\underline{e}_z\right) \\
&= \underbrace{\frac{1}{2}|\mathrm{d}a_x|\,|\mathrm{d}a_z|}_{|\mathrm{d}A_y|}\,\underline{e}_y - \underbrace{\frac{1}{2}|\mathrm{d}a_y|\,|\mathrm{d}a_z|}_{|\mathrm{d}A_x|}\,\underline{e}_x + \underbrace{\frac{1}{2}|\mathrm{d}a_x|\,|\mathrm{d}a_y|}_{|\mathrm{d}A_z|}\,\underline{e}_z \\
&= -|\mathrm{d}A_x|\,\underline{e}_x + |\mathrm{d}A_y|\,\underline{e}_y + |\mathrm{d}A_z|\,\underline{e}_z\,. \qquad \text{(a)}
\end{aligned}$$

Hierbei sind $|\mathrm{d}A_x|$, $|\mathrm{d}A_y|$ und $|\mathrm{d}A_z|$ die Größen der Seitenflächen des Tetraeders senkrecht zu den Koordinatenachsen, geometrisch gesprochen also die Projektionen der schrägen Fläche auf die Koordinatenflächen. Die unterschiedlichen Vorzeichen rühren daher, dass die x-Komponente von $\mathrm{d}\underline{A}$ in die negative x-Richtung weist, während die y- und die z-Komponente jeweils in die Richtung der positiven y- bzw. z-Achse zeigen. Wenn wir die letzte Zeile von (a) mit der allgemeinen Darstellung des Vektors $\mathrm{d}\underline{A}$ in Bezug auf die Basis $\underline{e}_i$ vergleichen,

$$\mathrm{d}\underline{A} = \mathrm{d}A_x\,\underline{e}_x + \mathrm{d}A_y\,\underline{e}_y + \mathrm{d}A_z\,\underline{e}_z\,,$$

kommen wir also zu dem Ergebnis:

> Die Beträge der Koordinaten des Flächenvektors eines beliebig orientierten Flächenelements sind gerade die Größen der Projektionen dieses Flächenelements auf die Koordinatenflächen.

3. Wenn wir in (a) alle Terme auf die linke Seite schreiben, erhalten wir

$$\underline{n}\,\mathrm{d}A + \underline{e}_x\,|\mathrm{d}A_x| - \underline{e}_y\,|\mathrm{d}A_y| - \underline{e}_z\,|\mathrm{d}A_z| = \underline{0},$$

oder mit $\underline{n}_x = \underline{e}_x$, $\underline{n}_y = -\underline{e}_y$, $\underline{n}_z = -\underline{e}_z$:

$$\underline{n}\,\mathrm{d}A + \underline{n}_x\,|\mathrm{d}A_x| + \underline{n}_y\,|\mathrm{d}A_y| + \underline{n}_z\,|\mathrm{d}A_z| = \underline{0}.$$

Die letzte Gleichung können wir so lesen, dass die Summe der (nach außen gerichteten) Flächenvektoren auf der gesamten Oberfläche des Tetraeders gleich dem

Nullvektor ist. Für das Integral über den Flächenvektor aller Flächenelemente einer beliebigen geschlossenen Oberfläche ergibt sich ebenfalls der Nullvektor, da wir das eingeschlossene Volumen in infinitesimale Tetraeder zerlegen können und sich bei der Integration die Anteile der inneren Schnittflächen gegenüberliegender Teilvolumina herausheben; dagegen ergibt das Integral über die Größe aller Flächenelemente den Flächeninhalt A:

$$\boxed{\oint \mathrm{d}\underline{A} = \underline{0}\,,} \qquad \boxed{\oint \mathrm{d}A = A\,.} \tag{2.74}$$

2.14.3 Flächenintegrale von Tensorkoordinaten

1. Das Doppelintegral $\int\!\!\int a(x,y,z)\,\mathrm{d}y\,\mathrm{d}z$ aus (2.63) stellt offenbar eine Integration von a über die Projektion der Integrationsfläche auf die y,z-Ebene dar, wir schreiben dafür $\int a(x,y,z)\,\mathrm{d}A_x$. Entsprechendes gilt für die beiden anderen Doppelintegrale in (2.63). Wir erhalten damit

$$\begin{aligned} \int a(x,y,z)\,\mathrm{d}A_x &:= \pm \int\!\!\int a(x,y,z)\,\mathrm{d}y\,\mathrm{d}z\,, \\ \int a(x,y,z)\,\mathrm{d}A_y &:= \pm \int\!\!\int a(x,y,z)\,\mathrm{d}z\,\mathrm{d}x\,, \\ \int a(x,y,z)\,\mathrm{d}A_z &:= \pm \int\!\!\int a(x,y,z)\,\mathrm{d}x\,\mathrm{d}y\,, \end{aligned} \tag{2.75}$$

wobei das Vorzeichen aus der Orientierung des Flächenelements bestimmt werden muss.

Die drei Doppelintegrale lassen sich also vektoriell zusammenfassen zu

$$\int a(\underline{x})\,\mathrm{d}\underline{A}\,, \qquad \int a(\underline{x})\,\mathrm{d}A_i\,. \tag{2.76}$$

Man nennt ein solches Integral mit einem vektoriellen Flächenelement als Integrationselement ein Flächenintegral zweiter Art. Integriert man statt dessen über den Betrag des Flächenelements, so erhält man

$$\int a(\underline{x})\,\mathrm{d}A \tag{2.77}$$

und spricht von einem Flächenintegral erster Art.

2. Der zu einem Flächenintegral gehörige Integrationsbereich ist ein Flächenstück im Raum. Wenn auf der Fläche zwei Koordinaten u und v definiert sind und das Flächenstück durch zwei Kurven $v = v_1(u)$ und $v = v_2(u)$ auf der Fläche begrenzt wird, kann das Flächenstück durch die Gleichungen

$$\begin{aligned} x &= x(u, v)\,, \\ y &= y(u, v)\,, \\ z &= z(u, v)\,, \end{aligned} \qquad \begin{aligned} u_1 &\leqq u \leqq u_2\,, \\ v_1(u) &\leqq v \leqq v_2(u) \end{aligned} \tag{2.78}$$

beschrieben werden; diese Gleichungen lassen sich vektoriell zu

$$\underline{x} = \underline{x}(u,v)\,, \qquad x_i = x_i(u,v) \tag{2.79}$$

zusammenfassen.

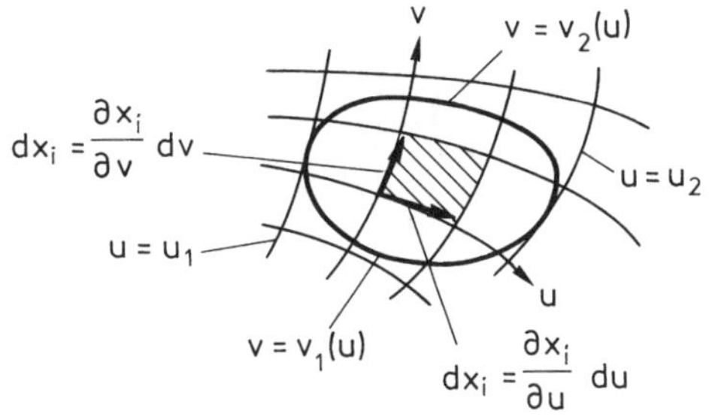

Ein Flächenelement dieser Fläche wird durch ein Parallelogramm gebildet, das von zwei Kurvenelementen längs der Koordinatenlinien aufgespannt wird. Der Flächenvektor dieses Flächenelements ist dann gleich dem Vektorprodukt dieser beiden Kurvenelemente. Dabei ändert sich die Orientierung des Flächenvektors, wenn man die Reihenfolge der Kurvenelemente vertauscht. Im Folgenden sei die Reihenfolge der Kurvenelemente bzw. die Reihenfolge der Flächenkoordinaten u und v so gewählt, dass der Flächenvektor die gewünschte Orientierung hat.

Längs einer u-Linie ändert sich nur u, während v konstant bleibt; für ein Kurvenelement längs einer u-Linie gilt also $\mathrm{d}x_i = (\partial x_i/\partial u)\,\mathrm{d}u$. Entsprechend gilt für ein Kurvenelement längs einer v-Linie $\mathrm{d}x_i = (\partial x_i/\partial v)\,\mathrm{d}v$. Für den Flächenvektor eines Flächenelements gilt dann

$$\mathrm{d}A_i = \varepsilon_{ijk}\,\frac{\partial x_j}{\partial u}\,\frac{\partial x_k}{\partial v}\,\mathrm{d}u\,\mathrm{d}v \tag{2.80}$$

oder für seine Koordinaten

$$\begin{aligned}
\mathrm{d}A_x &= \mathrm{d}y\,\mathrm{d}z = \left(\frac{\partial y}{\partial u}\frac{\partial z}{\partial v} - \frac{\partial z}{\partial u}\frac{\partial y}{\partial v}\right)\mathrm{d}u\,\mathrm{d}v \\
&= \begin{vmatrix} \dfrac{\partial y}{\partial u} & \dfrac{\partial y}{\partial v} \\ \dfrac{\partial z}{\partial u} & \dfrac{\partial z}{\partial v} \end{vmatrix} \mathrm{d}u\,\mathrm{d}v = \frac{\partial(y,z)}{\partial(u,v)}\,\mathrm{d}u\,\mathrm{d}v\,, \\
\mathrm{d}A_y &= \mathrm{d}z\,\mathrm{d}x = \left(\frac{\partial z}{\partial u}\frac{\partial x}{\partial v} - \frac{\partial x}{\partial u}\frac{\partial z}{\partial v}\right)\mathrm{d}u\,\mathrm{d}v \\
&= \begin{vmatrix} \dfrac{\partial z}{\partial u} & \dfrac{\partial z}{\partial v} \\ \dfrac{\partial x}{\partial u} & \dfrac{\partial x}{\partial v} \end{vmatrix} \mathrm{d}u\,\mathrm{d}v = \frac{\partial(z,x)}{\partial(u,v)}\,\mathrm{d}u\,\mathrm{d}v\,, \qquad (2.81) \\
\mathrm{d}A_z &= \mathrm{d}x\,\mathrm{d}y = \left(\frac{\partial x}{\partial u}\frac{\partial y}{\partial v} - \frac{\partial y}{\partial u}\frac{\partial x}{\partial v}\right)\mathrm{d}u\,\mathrm{d}v \\
&= \begin{vmatrix} \dfrac{\partial x}{\partial u} & \dfrac{\partial x}{\partial v} \\ \dfrac{\partial y}{\partial u} & \dfrac{\partial y}{\partial v} \end{vmatrix} \mathrm{d}u\,\mathrm{d}v = \frac{\partial(x,y)}{\partial(u,v)}\,\mathrm{d}u\,\mathrm{d}v\,.
\end{aligned}$$

Damit folgt für das Flächenintegral (2.76)

$$\int a(\underline{x})\,\mathrm{d}A_i = \int_{u_1}^{u_2}\int_{v_1(u)}^{v_2(u)} a(\underline{x}(u,v))\,\varepsilon_{ijk}\,\frac{\partial x_j}{\partial u}\,\frac{\partial x_k}{\partial v}\,\mathrm{d}u\,\mathrm{d}v\,. \qquad (2.82)$$

Für den Betrag des Flächenelements gilt

$$\mathrm{d}A = \sqrt{(\mathrm{d}A_i)^2} = \sqrt{\varepsilon_{ijk}\,\frac{\partial x_j}{\partial u}\,\frac{\partial x_k}{\partial v}\,\varepsilon_{imn}\,\frac{\partial x_m}{\partial u}\,\frac{\partial x_n}{\partial v}}\,\mathrm{d}u\,\mathrm{d}v,$$

der Betrag des Flächenelements ist also ein polarer Skalar. Mit dem Entwicklungssatz (1.35) folgt

$$\mathrm{d}A = \sqrt{(\mathrm{d}A_i)^2} = \sqrt{(\delta_{jm}\,\delta_{kn} - \delta_{jn}\,\delta_{km})\,\frac{\partial x_j}{\partial u}\,\frac{\partial x_k}{\partial v}\,\frac{\partial x_m}{\partial u}\,\frac{\partial x_n}{\partial v}}\,\mathrm{d}u\,\mathrm{d}v$$

$$= \sqrt{\left(\frac{\partial x_j}{\partial u}\right)^2 \left(\frac{\partial x_k}{\partial v}\right)^2 - \left(\frac{\partial x_j}{\partial u}\,\frac{\partial x_j}{\partial v}\right)^2}\,\mathrm{d}u\,\mathrm{d}v.$$

Mit den üblichen Abkürzungen

$$\begin{aligned} E &:= \left(\frac{\partial x_j}{\partial u}\right)^2 = \left(\frac{\partial x}{\partial u}\right)^2 + \left(\frac{\partial y}{\partial u}\right)^2 + \left(\frac{\partial z}{\partial u}\right)^2, \\ F &:= \frac{\partial x_j}{\partial u}\,\frac{\partial x_j}{\partial v} = \frac{\partial x}{\partial u}\,\frac{\partial x}{\partial v} + \frac{\partial y}{\partial u}\,\frac{\partial y}{\partial v} + \frac{\partial z}{\partial u}\,\frac{\partial z}{\partial v}, \\ G &:= \left(\frac{\partial x_j}{\partial v}\right)^2 = \left(\frac{\partial x}{\partial v}\right)^2 + \left(\frac{\partial y}{\partial v}\right)^2 + \left(\frac{\partial z}{\partial v}\right)^2 \end{aligned} \tag{2.83}$$

erhält man für das Flächenintegral (2.77)

$$\int a(\underline{x})\,\mathrm{d}A = \int_{u_1}^{u_2} \int_{v_1(u)}^{v_2(u)} a(\underline{x}(u,v))\,\sqrt{EG - F^2}\,\mathrm{d}u\,\mathrm{d}v\,. \tag{2.84}$$

Aufgabe 2.19

Auf eine Halbkugelschale wirke von innen der Druck $p = \rho\,g(H - z)$. Man berechne die Vertikalkraft $F_z = \int p\,\mathrm{d}A_z$ auf die Halbkugelschale.

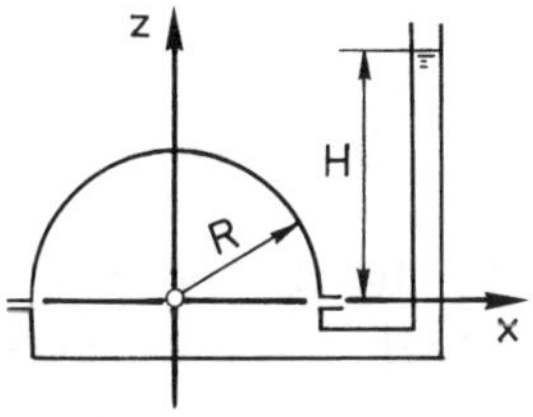

Lösungshinweis: Eine Parameterdarstellung der Halbkugelschale ist
$x = R\sin u\cos v$, $y = R\sin u\sin v$, $z = R\cos u$.

2.14.4 Volumenintegrale von Tensorkoordinaten

1. Das Dreifachintegral (2.64) stellt offenbar eine Integration über ein Volumen dar:

$$\int a(\underline{x})\,\mathrm{d}V := \int\!\!\int\!\!\int a(x, y, z)\,\mathrm{d}x\,\mathrm{d}y\,\mathrm{d}z\,. \tag{2.85}$$

Da ein Volumen nach der Anschauung unabhängig von der Orientierung des Koordinatensystems positiv ist, ist das Volumenelement ein polarer Skalar.

2. Wird das Volumen, über das integriert werden soll, von zwei Flächen $z = z_1(x, y)$ und $z = z_2(x, y)$ begrenzt, die in zwei Kurven $y = y_1(x)$ und $y = y_2(x)$ zusammenstoßen, so erhält man unter Berücksichtigung der Integrationsgrenzen

$$\int a(\underline{x})\,\mathrm{d}V = \int\limits_{x_1}^{x_2} \int\limits_{y_1(x)}^{y_2(x)} \int\limits_{z_1(x,y)}^{z_2(x,y)} a(\underline{x})\,\mathrm{d}x\,\mathrm{d}y\,\mathrm{d}z\,. \tag{2.86}$$

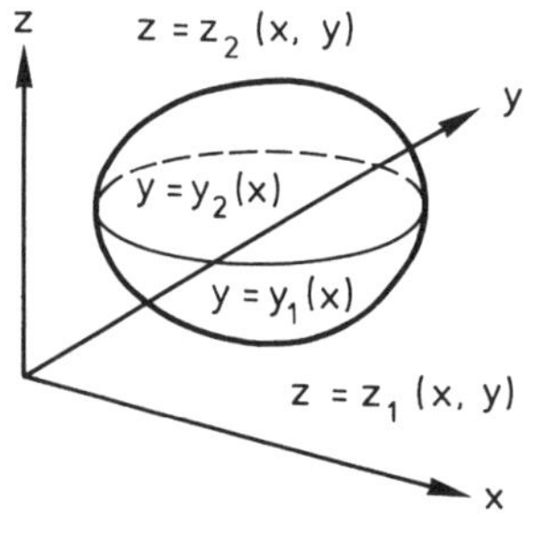

Manchmal ist es zweckmäßig, zur Beschreibung der Integrationsgrenzen auf ein anderes Koordinatensystem u, v, w überzugehen. In diesen Koordinaten sei das Volumen, über das integriert werden soll, durch

$$\begin{aligned} x &= x(u,v,w)\,, & u_1 &\leqq u \leqq u_2\,, \\ y &= y(u,v,w)\,, & v_1(u) &\leqq v \leqq v_2(u)\,, \\ z &= z(u,v,w)\,, & w_1(u,v) &\leqq w \leqq w_2(u,v) \end{aligned} \tag{2.87}$$

gegeben. Das Volumenelement lässt sich in diesen Koordinaten als Spatprodukt dreier Kurvenelemente in Richtung der Koordinatenlinien darstellen. Damit es positiv ist, muss die Reihenfolge der Kurvenelemente bzw. der Koordinaten u, v

und w unter Berücksichtigung der Orientierung des Koordinatensystems geeignet gewählt werden; das sei im Folgenden vorausgesetzt.[11] Für ein Kurvenelement in u-Richtung gilt wieder $\mathrm{d}x_i = (\partial x_i/\partial u)\,\mathrm{d}u$, für ein Kurvenelement in v- bzw. w-Richtung entsprechend $\mathrm{d}x_i = (\partial x_i/\partial v)\,\mathrm{d}v$ bzw. $\mathrm{d}x_i = (\partial x_i/\partial w)\,\mathrm{d}w$. Für das Volumenelement folgt damit in den Koordinaten u, v, w

$$\mathrm{d}V = \varepsilon_{ijk}\,\frac{\partial x_i}{\partial u}\,\frac{\partial x_j}{\partial v}\,\frac{\partial x_k}{\partial w}\,\mathrm{d}u\,\mathrm{d}v\,\mathrm{d}w\,. \tag{2.88}$$

Mit (2.45) folgt

$$\mathrm{d}V = \begin{vmatrix} \dfrac{\partial x}{\partial u} & \dfrac{\partial x}{\partial v} & \dfrac{\partial x}{\partial w} \\[2ex] \dfrac{\partial y}{\partial u} & \dfrac{\partial y}{\partial v} & \dfrac{\partial y}{\partial w} \\[2ex] \dfrac{\partial z}{\partial u} & \dfrac{\partial z}{\partial v} & \dfrac{\partial z}{\partial w} \end{vmatrix}\,\mathrm{d}u\,\mathrm{d}v\,\mathrm{d}w = \frac{\partial(x,y,z)}{\partial(u,v,w)}\,\mathrm{d}u\,\mathrm{d}v\,\mathrm{d}w\,.$$

Damit erhält man für das Volumenintegral in den Koordinaten u, v, w

$$\begin{aligned} &\int a(\underline{x})\,\mathrm{d}V \\ &= \int\limits_{u_1}^{u_2}\ \int\limits_{v_1(u)}^{v_2(u)}\ \int\limits_{w_1(u,v)}^{w_2(u,v)} a(\underline{x}(u,v,w))\,\frac{\partial(x,y,z)}{\partial(u,v,w)}\,\mathrm{d}u\,\mathrm{d}v\,\mathrm{d}w\,. \end{aligned} \tag{2.89}$$

2.14.5 Integrale von Tensorfeldern höherer Stufe

1. In den vorstehenden Formeln haben wir den Integranden nur zur Vereinfachung als ein Skalarfeld angenommen. Statt $a(x, y, z)$ hätten wir in allen Formeln auch $a_{i\ldots j}(x, y, z)$ schreiben können: Auch die Koordinaten eines Tensorfeldes höherer Stufe sind als Integrand nur eine Funktion der drei Ortskoordinaten.

---

[11] Mathematisch wäre es möglich, das Volumenelement als axialen Skalar aufzufassen, im Blick auf physikalische Gleichungen ist das aber sinnlos, vgl. z. B. die Definition der Masse in der Kontinuumsphysik: $m = \int \rho\,\mathrm{d}V$.

Ist der Integrand z. B. ein Tensorfeld zweiter Stufe, so erhält man die folgenden Arten von Integralen:

$$\boxed{\begin{aligned} \int \underline{\underline{a}}\,\mathrm{d}x &= \underline{\underline{A}}\,, \\ \int \underline{\underline{a}}\,\mathrm{d}\underline{x} &= \underline{\underline{\underline{B}}}\,, \\ \int \underline{\underline{a}}\,\mathrm{d}A &= \underline{\underline{C}}\,, \\ \int \underline{\underline{a}}\,\mathrm{d}\underline{A} &= \underline{\underline{\underline{D}}}\,, \\ \int \underline{\underline{a}}\,\mathrm{d}V &= \underline{\underline{E}}\,, \end{aligned}} \qquad \boxed{\begin{aligned} \int a_{ij}\,\mathrm{d}x &= A_{ij}\,, \\ \int a_{ij}\,\mathrm{d}x_k &= B_{ijk}\,, \\ \int a_{ij}\,\mathrm{d}A &= C_{ij}\,, \\ \int a_{ij}\,\mathrm{d}A_k &= D_{ijk}\,, \\ \int a_{ij}\,\mathrm{d}V &= E_{ij}\,. \end{aligned}} \tag{2.90}$$

Dabei sind die Produkte aus dem Integranden und dem Differential tensorielle Produkte; natürlich kann man sie bei den Integralen zweiter Art auch durch skalare oder vektorielle Produkte ersetzen und gelangt dann beispielsweise zu den Formeln

$$\begin{aligned} \int \underline{\underline{a}} \cdot \mathrm{d}\underline{x} &= \underline{F}\,, & \int a_{ij}\,\mathrm{d}x_j &= F_i\,, \\ \int \underline{\underline{a}} \times \mathrm{d}\underline{x} &= \underline{\underline{G}}\,, & \int a_{ij}\,\varepsilon_{klj}\,\mathrm{d}x_k &= G_{il}\,. \end{aligned} \tag{2.91}$$

2. Wird ein Kurvenintegral über eine geschlossene Kurve (die Randkurve einer Fläche) oder ein Flächenintegral über eine geschlossene Fläche (die Oberfläche eines Volumens) genommen, so sprechen wir von einem Randkurvenintegral bzw. einem Oberflächenintegral und bezeichnen beide durch $\oint$.

3. Wenn man ein Tensorfeld über einen bestimmten räumlichen Bereich (z. B. eine bestimmte Kurve zwischen zwei Punkten P und Q) integriert, so hängt das Ergebnis wie bei jedem bestimmten Integral von der Integrationsvariablen nicht mehr ab. Eine solche Integration eines Tensorfeldes führt also auf einen Tensor, der keine Funktion des Ortes ist.

2.15 Gaußscher und stokesscher Satz

2.15.1 Der gaußsche Satz

1. Gegeben seien die kartesischen Koordinaten $a_{i\dots j}$ eines Tensorfeldes mit folgenden Eigenschaften:

- Die $a_{i\dots j}$ seien in einem bestimmten Volumen stetig differenzierbar,
- die Oberfläche dieses Volumens sei mindestens stückweise stetig differenzierbar, und
- wenn sich die Oberfläche (wie z. B. bei dem Volumen zwischen zwei konzentrischen Kugeln) aus mehreren Teilen zusammensetzt, ist das Oberflächenintegral unter Beachtung ihrer Orientierung über alle Teiloberflächen zu erstrecken.

Dann gilt der gaußsche Satz:

$$\boxed{\begin{aligned} \int \operatorname{grad} a \,\mathrm{d}V &= \oint a \,\mathrm{d}\underline{A}\,, \\ \int \operatorname{grad} \underline{a} \,\mathrm{d}V &= \oint \underline{a} \,\mathrm{d}\underline{A}\,, \\ \int \operatorname{grad} \underline{\underline{a}} \,\mathrm{d}V &= \oint \underline{\underline{a}} \,\mathrm{d}\underline{A}\,, \\ &\text{usw.,} \end{aligned}} \quad \boxed{\begin{aligned} \int \frac{\partial a}{\partial x_k} \mathrm{d}V &= \oint a \,\mathrm{d}A_k\,, \\ \int \frac{\partial a_j}{\partial x_k} \mathrm{d}V &= \oint a_j \,\mathrm{d}A_k\,, \\ \int \frac{\partial a_{ij}}{\partial x_k} \mathrm{d}V &= \oint a_{ij} \,\mathrm{d}A_k\,, \\ &\text{usw.} \end{aligned}} \tag{2.92}$$

Nach Abschnitt 2.14.2 ist darin $\mathrm{d}\underline{A}$ ein polarer Vektor.

2. Man kann in diesen Formeln das tensorielle Produkt auf der rechten Seite durch ein skalares Produkt und damit gleichzeitig den Gradienten auf der linken Seite durch eine Divergenz ersetzen, indem man die Gleichungen (von der zweiten an) in Koordinatenschreibweise mit δ_{jk} multipliziert:

$$\boxed{\begin{aligned} \int \operatorname{div} \underline{a} \,\mathrm{d}V &= \oint \underline{a} \cdot \mathrm{d}\underline{A}\,, \\ \int \operatorname{div} \underline{\underline{a}} \,\mathrm{d}V &= \oint \underline{\underline{a}} \cdot \mathrm{d}\underline{A}\,, \\ &\text{usw.,} \end{aligned}} \quad \boxed{\begin{aligned} \int \frac{\partial a_k}{\partial x_k} \mathrm{d}V &= \oint a_k \,\mathrm{d}A_k\,, \\ \int \frac{\partial a_{ik}}{\partial x_k} \mathrm{d}V &= \oint a_{ik} \,\mathrm{d}A_k\,, \\ &\text{usw.} \end{aligned}} \tag{2.93}$$

3. Man kann in (2.92) auch das tensorielle Produkt auf der rechten Seite durch ein vektorielles Produkt und damit gleichzeitig den Gradienten auf der linken Seite durch eine Rotation ersetzen, indem man die Gleichungen (von der zweiten an) in Koordinatenschreibweise mit ε_{jpk} multipliziert:

$$\int \operatorname{rot} \underline{a} \, \mathrm{d}V = \oint \underline{a} \otimes \mathrm{d}\underline{A} = -\oint \underline{a} \times \mathrm{d}\underline{A} \,,$$

$$\int \operatorname{rot} \underline{\underline{a}} \, \mathrm{d}V = \oint \underline{\underline{a}} \otimes \mathrm{d}\underline{A} = -\oint \underline{\underline{a}} \times \mathrm{d}\underline{A} \,,$$

usw.,

$$\int \frac{\partial a_j}{\partial x_k} \varepsilon_{jpk} \, \mathrm{d}V = \oint a_j \, \varepsilon_{jpk} \, \mathrm{d}A_k \,,$$

$$\int \frac{\partial a_{ij}}{\partial x_k} \varepsilon_{jpk} \, \mathrm{d}V = \oint a_{ij} \, \varepsilon_{jpk} \, \mathrm{d}A_k \,,$$

usw. (2.94)

Auch die Formeln (2.93) und (2.94) sind Formulierungen des gaußschen Satzes.

4. Wir haben den gaußschen Satz mithilfe der Rechtsableitungen formuliert. Man kann sich leicht überlegen, dass man bei Verwendung der Linksableitungen in symbolischer Schreibweise die Reihenfolge der Faktoren vertauschen und $\otimes$ durch $\times$ ersetzen muss. Zum Beispiel $(2.94)_2$ lautet dann

$$\int \mathrm{d}V \operatorname{rot}_{\mathrm{L}} \underline{\underline{a}} = \oint \mathrm{d}\underline{A} \times \underline{\underline{a}} \,.$$

5. Wir beweisen zunächst die Grundformel des gaußschen Satzes, also die Formel

$$\int \frac{\partial a}{\partial x_k} \mathrm{d}V = \oint a \, \mathrm{d}A_k \,.$$

Darin soll $a(x, y, z)$ ein nach den Ortskoordinaten stetig differenzierbares Skalarfeld sein.

Wir betrachten zunächst die z-Koordinate dieser Gleichung, also

$$\int \frac{\partial a}{\partial z} \mathrm{d}V = \oint a \, \mathrm{d}A_z \,,$$

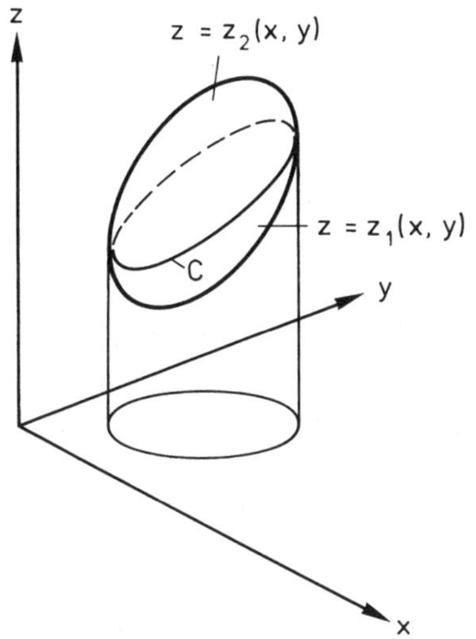

und ein Integrationsvolumen, dessen Oberfläche durch Projektion auf die x, y-Ebene in zwei Flächen $z = z_1(x, y)$ und $z = z_2(x, y)$ geteilt wird, sodass beide längs einer Kurve C zusammentreffen und zu jedem Wertepaar (x, y) innerhalb der Projektion genau ein Punkt auf z_1 und ein Punkt auf z_2 gehört. Außerdem seien die Funktionen z_1 und z_2 stetig und zumindest stückweise stetig differenzierbar. Dann ist ausgeschrieben

$$\int \frac{\partial a}{\partial z}\,\mathrm{d}V = \int\limits_{x_1}^{x_2} \mathrm{d}x \int\limits_{y_1(x)}^{y_2(x)} \mathrm{d}y \int\limits_{z_1(x,y)}^{z_2(x,y)} \mathrm{d}z\,\frac{\partial a}{\partial z}$$

$$= \int\limits_{x_1}^{x_2} \mathrm{d}x \int\limits_{y_1(x)}^{y_2(x)} \mathrm{d}y\,[a(x, y, z_2(x, y)) - a(x, y, z_1(x, y))]\,.$$

Das Integral in der letzten Zeile können wir in zwei Teile zerlegen und die beiden Teile jeweils als Integral von a über die Flächen $z = z_1(x, y)$ und $z = z_2(x, y)$ interpretieren,

$$\int \frac{\partial a}{\partial z}\,\mathrm{d}V = \int\limits_{z_2(x,\,y)} a\,\mathrm{d}A_z - \int\limits_{z_1(x,\,y)} a\,\mathrm{d}A_z\,,$$

wobei die Orientierung beider Flächen so gewählt ist, dass die z-Koordinate des Flächenvektors jeweils in die positive z-Richtung weist. Soll der Flächenvektor wie bei Oberflächen üblich überall nach außen weisen, ist das Vorzeichen des Integrals über z_1 zu ändern, und wir erhalten

$$\int \frac{\partial a}{\partial z} \, \mathrm{d}V = \oint a \, \mathrm{d}A_z ,$$

was zu beweisen war.

Wir erweitern den Beweis zunächst auf Volumina, bei denen die beiden Teile z_1 und z_2 nicht in einer Kurve C zusammentreffen, sondern durch ein Stück Zylindermantel verbunden sind, dessen Mantellinien parallel zur z-Achse sind. Ein solches Zylindermantelstück liefert keinen Beitrag zum Oberflächenintegral $\oint a \, \mathrm{d}A_z$, da dort überall $\mathrm{d}A_z = 0$ ist; die zu beweisende Formel gilt also auch für solche Volumina.

Wir erweitern sie schließlich auf Volumina mit beliebig geformter Oberfläche, z. B. mehrfach zusammenhängende Volumina oder Volumina mit inneren Oberflächen, sofern nur alle Teile der Oberfläche stetig und zumindest stückweise stetig differenzierbar sind. Solche Volumina lassen sich stets durch geeignete Schnitte in Volumina der zuvor behandelten Art zerlegen, für die der gaußsche Satz gilt. Bei der Addition des gaußschen Satzes für die Teilvolumina erhält man links das Volumenintegral über das Gesamtvolumen. Bei der Addition der Oberflächenintegrale auf der rechten Seite heben sich die Anteile der Schnittflächen für aneinandergrenzende Teilvolumina jeweils heraus, da die Flächenvektoren stets aus dem betrachteten Teilvolumen heraus und damit für benachbarte Teilvolumina jeweils umgekehrt orientiert sind; es bleibt also das Oberflächenintegral über die gesamte, ggf. auch innere Oberflächenanteile einschließende Oberfläche übrig, wobei der Flächenvektor jeweils aus dem Volumen heraus, bei inneren Oberflächenanteilen also nach innen zu richten ist.

Da die drei kartesischen Ortskoordinaten gleichwertig sind, beweist man analog die Richtigkeit der beiden anderen Koordinaten der Grundformel des gaußschen Satzes. Die übrigen Formeln des gaußschen Satzes gehen aus der Grundformel hervor, indem das Skalarfeld $a(x, y, z)$ durch die Koordinaten eines Tensorfeldes höherer Stufe ersetzt wird oder mit den so entstandenen Formeln tensoralgebraische Umformungen vorgenommen werden. Die Koordinaten eines Tensorfeldes beliebiger Stufe unterscheiden sich von einem Skalarfeld aber nur durch ein bestimmtes Transformationsverhalten bei Koordinatentransformationen. Da wir bei dem obigen Beweis für ein Skalarfeld von seinem speziellen Transformationsverhalten, also seiner Invarianz gegenüber Koordinatentransformationen, keinen Gebrauch gemacht haben, gilt unser Beweis auch für die Koordinaten eines Tensorfeldes höherer Stufe.

2.15.2 Der stokessche Satz

1. Gegeben seien die kartesischen Koordinaten $a_{i\ldots j}$ eines Tensorfeldes mit folgenden Eigenschaften:

- Die $a_{i\ldots j}$ seien auf einer bestimmten zweiseitigen[12] Fläche stetig differenzierbar,
- die Randkurve dieser Fläche sei mindestens stückweise stetig differenzierbar, und
- wenn sich die Randkurve (wie z. B. bei der Fläche zwischen zwei konzentrischen Kreisen) aus mehreren Teilen zusammensetzt, ist das Randkurvenintegral unter Beachtung ihres Durchlaufsinnes über alle Teile zu erstrecken.

Dann gilt der stokessche Satz:

$$\begin{aligned}
\int \operatorname{grad} a \otimes \mathrm{d}\underline{A} &= -\int \operatorname{grad} a \times \mathrm{d}\underline{A} = \oint a\,\mathrm{d}\underline{x}\,,\\
\int \operatorname{grad} \underline{a} \otimes \mathrm{d}\underline{A} &= -\int \operatorname{grad} \underline{a} \times \mathrm{d}\underline{A} = \oint \underline{a}\,\mathrm{d}\underline{x}\,,\\
\int \operatorname{grad} \underline{\underline{a}} \otimes \mathrm{d}\underline{A} &= -\int \operatorname{grad} \underline{\underline{a}} \times \mathrm{d}\underline{A} = \oint \underline{\underline{a}}\,\mathrm{d}\underline{x}\,,\\
&\text{usw.,}\\
\int \frac{\partial a}{\partial x_i}\,\varepsilon_{ijk}\,\mathrm{d}A_k &= \oint a\,\mathrm{d}x_j\,,\\
\int \frac{\partial a_n}{\partial x_i}\,\varepsilon_{ijk}\,\mathrm{d}A_k &= \oint a_n\,\mathrm{d}x_j\,,\\
\int \frac{\partial a_{mn}}{\partial x_i}\,\varepsilon_{ijk}\,\mathrm{d}A_k &= \oint a_{mn}\,\mathrm{d}x_j\,,\\
&\text{usw.}
\end{aligned} \tag{2.95}$$

Nach Abschnitt 2.14.2 ist darin $\mathrm{d}\underline{A}$ ein axialer Vektor.

---

[12] Eine Fläche heißt zweiseitig, wenn man von der einen Seite nicht ohne Überschreiten des Randes auf die andere Seite gelangt. Das bekannteste Beispiel für eine einseitige Fläche ist das möbiussche Band.

2. Wenn man in diesen Formeln das tensorielle Produkt auf der rechten Seite durch ein skalares Produkt ersetzt, indem man sie (von der zweiten an) in Koordinatenschreibweise mit δ_{nj} multipliziert, erhält man

$$
\boxed{
\begin{array}{l}
\displaystyle\int \operatorname{rot}\underline{a}\cdot \mathrm{d}\underline{A} = \oint \underline{a}\cdot \mathrm{d}\underline{x}\,, \\[2ex]
\displaystyle\int \operatorname{rot}\underline{\underline{a}}\cdot \mathrm{d}\underline{A} = \oint \underline{\underline{a}}\cdot \mathrm{d}\underline{x}\,, \\[2ex]
\text{usw.,} \\ \hline
\displaystyle\int \frac{\partial a_j}{\partial x_i}\,\varepsilon_{jki}\,\mathrm{d}A_k = \oint a_j\,\mathrm{d}x_j\,, \\[2ex]
\displaystyle\int \frac{\partial a_{mj}}{\partial x_i}\,\varepsilon_{jki}\,\mathrm{d}A_k = \oint a_{mj}\,\mathrm{d}x_j\,, \\[2ex]
\text{usw.}
\end{array}
}
\qquad (2.96)
$$

3. Man kann in (2.95) auch das tensorielle Produkt auf der rechten Seite durch ein vektorielles Produkt ersetzen, indem man die Gleichungen (von der zweiten an) in Koordinatenschreibweise mit $\varepsilon_{npj} = -\varepsilon_{njp}$ multipliziert. Dann erhält man beispielsweise für die zweite Gleichung

$$\int \frac{\partial a_n}{\partial x_i}\,\varepsilon_{ijk}\,\mathrm{d}A_k\,(-\varepsilon_{njp}) = \oint a_n\,\varepsilon_{npj}\,\mathrm{d}x_j\,.$$

Wenn man die unübliche Darstellung

$$\int (\operatorname{grad}\underline{a}\times \mathrm{d}\underline{A})\cdot\cdot\,\underline{\underline{\underline{\varepsilon}}} = -\oint \underline{a}\times \mathrm{d}\underline{x}$$

mit einem doppelten Skalarprodukt für den ε-Tensor vermeiden will, gibt es jedoch für die linke Seite keine Übersetzung in die symbolische Schreibweise.

4. Wir haben den stokesschen Satz mithilfe der Rechtsableitungen formuliert. Bei Verwendung von Linksableitungen muss man wieder in symbolischer Schreibweise die Reihenfolge der Faktoren vertauschen und $\otimes$ durch $\times$ ersetzen; z. B. $(2.95)_2$ lautet dann

$$\int \mathrm{d}\underline{A}\times \operatorname{grad}_{\mathrm{L}}\underline{a} = \oint \mathrm{d}\underline{x}\,\underline{a}\,.$$

Man sieht aus allen diesen Formeln, dass zu Linksableitungen das konventionelle vektorielle Produkt $\times$ und zu Rechtsableitungen das unkonventionelle vektorielle Produkt $\otimes$ passt.

5. Wir beweisen wieder zuerst die Grundformel des stokesschen Satzes, also die Formel

$$\int \frac{\partial a}{\partial x_i}\,\varepsilon_{ijk}\,\mathrm{d}A_k = \oint a\,\mathrm{d}x_j\,,$$

wobei $a(x, y, z)$ wieder ein stetig differenzierbares Skalarfeld sein soll. Auf der Integrationsfläche seien zwei Koordinaten u und v definiert, dann gilt nach (2.80)

$$\begin{aligned}
I_j := \int \frac{\partial a}{\partial x_i}\,\varepsilon_{ijk}\,\mathrm{d}A_k &= \iint \varepsilon_{ijk}\,\varepsilon_{kmn}\,\frac{\partial a}{\partial x_i}\,\frac{\partial x_m}{\partial u}\,\frac{\partial x_n}{\partial v}\,\mathrm{d}u\,\mathrm{d}v \\
&= \iint \varepsilon_{kij}\,\varepsilon_{kmn}\,\frac{\partial a}{\partial x_i}\,\frac{\partial x_m}{\partial u}\,\frac{\partial x_n}{\partial v}\,\mathrm{d}u\,\mathrm{d}v \\
&= \iint (\delta_{im}\,\delta_{jn} - \delta_{in}\,\delta_{jm})\,\frac{\partial a}{\partial x_i}\,\frac{\partial x_m}{\partial u}\,\frac{\partial x_n}{\partial v}\,\mathrm{d}u\,\mathrm{d}v \\
&= \iint \left(\frac{\partial a}{\partial x_i}\,\frac{\partial x_i}{\partial u}\,\frac{\partial x_j}{\partial v} - \frac{\partial a}{\partial x_i}\,\frac{\partial x_j}{\partial u}\,\frac{\partial x_i}{\partial v}\right)\mathrm{d}u\,\mathrm{d}v \\
&= \iint \left(\frac{\partial a}{\partial u}\,\frac{\partial x_j}{\partial v} - \frac{\partial a}{\partial v}\,\frac{\partial x_j}{\partial u}\right)\mathrm{d}u\,\mathrm{d}v\,.
\end{aligned}$$

Wir betrachten jetzt die x-Koordinate der Grundformel, setzen darin also den einzigen freien Index j gleich 1, und wählen zugleich $u = x,\quad v = y,$ stellen also die Integrationsfläche in der Form $z = z(x, y)$ dar. Wir beschränken uns zunächst auf eine Integrationsfläche, deren Projektion auf die x, y-Ebene eine umkehrbar eindeutige Abbildung der Integrationsfläche ergibt und deren Rand von den Koordinatenlinien $x = \text{const}$ in höchstens zwei Punkten geschnitten wird und außerdem stetig und zumindest stückweise stetig differenzierbar ist. Dann erhalten wir mit

$$\frac{\partial x_1}{\partial v} = \frac{\partial x}{\partial y} = 0 \quad \text{und} \quad \frac{\partial x_1}{\partial u} = \frac{\partial x}{\partial x} = 1$$

$$I_1 = -\int_{x_1}^{x_2} \mathrm{d}x \int_{y_1(x)}^{y_2(x)} \mathrm{d}y\,\frac{\partial a}{\partial y} \;=\; -\int_{x_1}^{x_2} \mathrm{d}x\,[a(x, y_2(x)) - a(x, y_1(x))]\,.$$

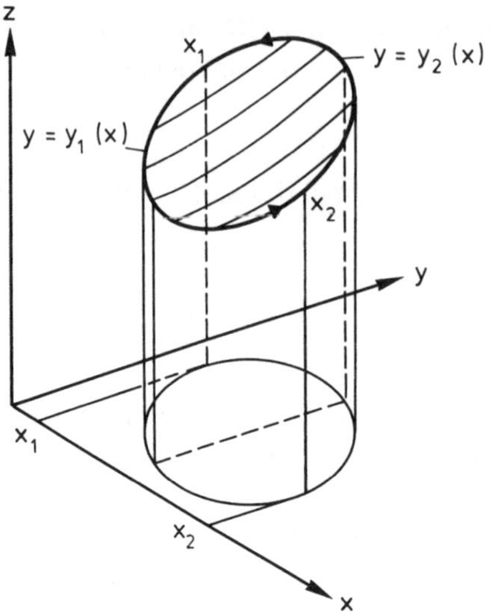

Das letzte Integral besteht aus zwei Teilen, die wir jeweils als Integral von a längs der Kurven $y = y_1(x)$ und $y = y_2(x)$ interpretieren können:

$$I_1 = \int\limits_{y_1(x)} \mathrm{d}x\, a - \int\limits_{y_2(x)} \mathrm{d}x\, a\,.$$

Dabei sind beide Kurvenstücke in der Richtung zu durchlaufen, in der x wächst. Wir wählen den Durchlaufsinn der Randkurve wie in der Skizze; wenn wir außerdem (wie in der Skizze) ein Rechtssystem verwenden, weist die z-Komponente des Flächenvektors auf der ganzen Fläche in die positive z-Richtung. Damit beide Kurvenstücke in diesem Durchlaufsinn durchlaufen werden, müssen wir das Vorzeichen des Integrals über y_2 ändern und erhalten dann

$$I_1 := \int \frac{\partial a}{\partial x_i}\, \varepsilon_{i1k}\, \mathrm{d}A_k \;=\; \oint a\, \mathrm{d}x\,,$$

was zu beweisen war. Man kann sich leicht davon überzeugen, dass bei Änderung des Durchlaufsinnes der Randkurve oder bei Verwendung eines Linkssystems dieselbe Formel gilt.

Analog zum gaußschen Satz erweitern wir den Beweis zunächst auf Flächen, deren Rand in der Projektion die Koordinatenlinien $x = \text{const}$ nicht nur in zwei Punkten x_1 und x_2 tangiert, sondern teilweise mit einer solchen Koordinatenlinie zusammenfällt. Ein solches Randstück liefert keinen Beitrag zum Kurvenintegral, da dort überall $\mathrm{d}x = 0$ ist; die zu beweisende Formel gilt also auch für solche Flächen.

Wir erweitern sie weiter auf beliebig geformte, auch mehrfach zusammenhängende zweiseitige Flächen, sofern nur alle Teile des Randes stetig und zumindest stückweise stetig differenzierbar sind. Solche Flächen lassen sich stets durch geeignete Schnitte in Flächen der zuvor behandelten Art zerlegen, für die der stokessche Satz einzeln gilt. Bei der Addition des stokesschen Satzes für diese Teilflächen erhält man links das Flächenintegral über die gesamte Fläche, und bei der Addition der Randkurvenintegrale auf der rechten Seite werden die Schnittkurven jeweils doppelt in umgekehrter Richtung durchlaufen, die Anteile der Schnittkurven heben sich also heraus, und es bleibt das Kurvenintegral über den gesamten Rand der Fläche übrig, der z. B. bei einer zweifach zusammenhängenden Fläche in einen äußeren und einen inneren Rand zerfällt, die so durchlaufen werden müssen, dass die Fläche jeweils auf dem gleichen Ufer (z. B. beide Male auf dem linken Ufer) der Kurve liegt. (Man überzeugt sich durch die Anschauung, dass bei der Zerlegung einer einseitigen Fläche wie des möbiusschen Bandes eine Schnittkurve übrig bleibt, die zweimal in derselben Richtung durchlaufen wird.)

Wegen der Gleichwertigkeit der kartesischen Koordinaten lässt sich der Beweis analog für die beiden anderen Koordinaten der Grundformel führen, und aus denselben Gründen wie beim gaußschen Satz lässt sich das Skalarfeld $a(x, y, z)$ durch die Koordinaten eines Tensorfeldes höherer Stufe ersetzen und damit der Beweis auf die anderen Formen des stokesschen Satzes ausdehnen.

Kapitel 3

Algebra von Tensoren zweiter Stufe

Die Koordinaten eines Tensors zweiter Stufe bilden offenbar eine quadratische Matrix, man kann deshalb viele Begriffe und Ergebnisse für Matrizen auf Tensoren zweiter Stufe übertragen. Ein Beispiel dafür ist die Operation der Transposition: Die Definitionsformeln (1.46) und (2.23) für die Transponierte eines Tensors bzw. einer Matrix entsprechen einander ebenso wie die Formeln (1.48) und (2.35) für die Transponierte eines Produkts von Matrizen bzw. eines skalaren Produkts von Tensoren.

3.1 Die additive Zerlegung eines Tensors

1. Eine (eindeutige) additive Zerlegung eines Tensors haben wir bereits kennengelernt, nämlich die Zerlegung (2.26) in seinen symmetrischen Anteil $a_{(ij)}$ und seinen antimetrischen Anteil $a_{[ij]}$:

$$a_{ij} = \underbrace{\frac{1}{2}(a_{ij} + a_{ji})}_{a_{(ij)}} + \underbrace{\frac{1}{2}(a_{ij} - a_{ji})}_{a_{[ij]}} \ . \tag{3.1}$$

Man nennt diese Zerlegung manchmal die kartesische Zerlegung, weil sie formal der Darstellung einer komplexen Zahl in kartesischen Koordinaten in der gaußschen Zahlenebene entspricht, wenn man den transponierten Tensor durch die konjugiert komplexe Zahl, den symmetrischen Anteil durch den Realteil und den antimetrischen Anteil durch den Imaginärteil ersetzt.

2. Daneben gibt es noch eine andere eindeutige additive Zerlegung eines Tensors, nämlich die Zerlegung in einen isotropen Tensor und einen Deviator; dabei ist ein

Deviator ein Tensor, dessen Spur verschwindet. Wir schreiben diese Zerlegung

$$a_{ij} = \widehat{a}\,\delta_{ij} + \mathring{a}_{ij}\,. \tag{3.2}$$

Man kann zeigen, dass diese Zerlegung stets eindeutig möglich ist, indem man eine eindeutige Vorschrift zur Berechnung von $\widehat{a}$ und $\mathring{a}_{ij}$ aus den Koordinaten a_{ij} eines beliebigen Tensors angibt. Dazu bildet man die Spur von (3.2): Da $\mathring{a}_{ii}$ definitionsgemäß verschwindet, folgt $a_{ii} = 3\widehat{a}$ oder

$$\widehat{a} = \frac{1}{3}\,a_{ii}\,, \tag{3.3}$$

und indem man das in (3.2) einsetzt und nach $\mathring{a}_{ij}$ auflöst, erhält man

$$\mathring{a}_{ij} = a_{ij} - \frac{1}{3}\,a_{kk}\,\delta_{ij}\,. \tag{3.4}$$

3. Die beiden Zerlegungen hängen folgendermaßen zusammen:

$$a_{ij} = \overbrace{\widehat{a}\,\delta_{ij} + \underbrace{(a_{(ij)} - \widehat{a}\,\delta_{ij})}_{}}^{a_{(ij)}}\underbrace{+ a_{[ij]}}_{}\,. \tag{3.5}$$

(Untere Klammer über $(a_{(ij)} - \widehat{a}\,\delta_{ij}) + a_{[ij]}$: $\mathring{a}_{ij}$)

Man kann mithilfe der Transformationsgesetze leicht einsehen[1], dass alle Anteile dieser Zerlegung, der isotrope Anteil $\widehat{a}\,\delta_{ij}$, der symmetrische Deviatoranteil $\mathring{a}_{(ij)} := (a_{(ij)} - \widehat{a}\,\delta_{ij})$, der antimetrische Anteil $a_{[ij]}$, der symmetrische Anteil $a_{(ij)}$ und der Deviatoranteil $\mathring{a}_{ij}$, bei einer Transformation des Koordinatensystems in einen Tensor derselben Klasse übergehen.

Aufgabe 3.1

Ein Tensor habe (in einem gegebenen kartesischen Koordinatensystem) die Koordinaten

$$a_{ij} = \begin{pmatrix} 4 & 1 & -7 \\ -3 & 5 & 8 \\ 3 & 2 & 9 \end{pmatrix}.$$

[1] vgl. Abschnitt 2.6 Nr. 7

Man berechne (durch Angabe der entsprechenden Koordinatenmatrix) seinen isotropen Anteil, seinen Deviatoranteil, seinen symmetrischen Anteil, seinen antimetrischen Anteil und seinen symmetrischen Deviatoranteil. Als Probe setze man den Tensor aus isotropem Anteil, symmetrischem Deviatoranteil und antimetrischem Anteil zusammen.

Aufgabe 3.2

Man zeige, dass die Antimetrie eines Tensors invariant gegen eine Koordinatentransformation ist.

3.2 Die Determinante eines Tensors

1. Für die Determinante A der kartesischen Koordinaten a_{ij} eines Tensors

$$A := \det a_{ij} = \begin{vmatrix} a_{11} & a_{12} & a_{13} \\ a_{21} & a_{22} & a_{23} \\ a_{31} & a_{32} & a_{33} \end{vmatrix} \tag{3.6}$$

gilt nach (1.29)

$$A := \det a_{ij} = \frac{1}{6}\,\varepsilon_{ijk}\,\varepsilon_{pqr}\,a_{ip}\,a_{jq}\,a_{kr} = \frac{1}{6}\begin{vmatrix} a_{pp} & a_{pq} & a_{pr} \\ a_{qp} & a_{qq} & a_{qr} \\ a_{rp} & a_{rq} & a_{rr} \end{vmatrix}\,. \tag{3.7}$$

Da in dieser Darstellung rechts ein Skalar steht, ist die Determinante der Koordinatenmatrix eines Tensors ein Skalar, d. h. unabhängig vom gewählten Koordinatensystem, und zwar für einen polaren Tensor ein polarer Skalar und für einen axialen Tensor ein axialer Skalar. Man nennt deshalb A die Determinante des Tensors und schreibt dafür auch $\det \underline{\underline{a}}$.

2. Einen aus Koordinaten eines Tensors gebildeten Skalar nennt man eine Invariante des Tensors. Die Spur und die Determinante eines Tensors sind also Invarianten dieses Tensors.

3. Die Determinante eines antimetrischen Tensors verschwindet: Vertauscht man in der letzten Gleichung i und p, j und q sowie k und r, so erhält man $A = \frac{1}{6}\,\varepsilon_{pqr}\,\varepsilon_{ijk}\,a_{pi}\,a_{qj}\,a_{rk}$. Vergleicht man das mit der letzten Gleichung, so erhält man für einen antimetrischen Tensor $A = -A$, also $A = 0$.

3.3 Der Vektor eines antimetrischen Tensors

Jedem Tensor a_{ij} kann man vermöge der Beziehung $A_k = \frac{1}{2}\,\varepsilon_{ijk}\,a_{ij}$ einen Vektor A_k zuordnen. Durch Überschiebung mit ε_{mnk} erhält man die Umkehrung: $\varepsilon_{mnk}A_k = \frac{1}{2}\,\varepsilon_{ijk}\,\varepsilon_{mnk}\,a_{ij} = \frac{1}{2}\,(\delta_{im}\,\delta_{jn} - \delta_{in}\,\delta_{jm})\,a_{ij} = \frac{1}{2}\,(a_{mn} - a_{nm}) = a_{[mn]}$. Ist a_{ij} symmetrisch, so verschwindet A_k, A_k hängt also nur vom antimetrischen Anteil von a_{ij} ab. Diesem antimetrischen Anteil von a_{ij} ist A_k umkehrbar eindeutig zugeordnet (ein antimetrischer dreidimensionaler Tensor ist wie ein dreidimensionaler Vektor dreiparametrig, d. h. durch drei Größen bestimmt):

$$A_i = \frac{1}{2}\,\varepsilon_{ijk}\,a_{[jk]}\,, \qquad a_{[ij]} = \varepsilon_{ijk}A_k\,. \tag{3.8}$$

Man nennt A_k den zum Tensor $a_{[ij]}$ gehörigen Vektor[2], manchmal auch $a_{[ij]}$ den zum Vektor A_k gehörigen Tensor. Einem polaren antimetrischen Tensor ist ein axialer Vektor, einem axialen antimetrischen Tensor ein polarer Vektor zugeordnet.

Wenn man für den antimetrischen Anteil eines Tensors ein Symbol einführt, etwa $[\underline{\underline{a}}]$, kann man die beiden Formeln (3.8) auch symbolisch schreiben:[3]

$$\underline{A} = \frac{1}{2}\underline{\underline{\underline{\varepsilon}}}\cdot\cdot[\underline{\underline{a}}] = \frac{1}{2}(\underline{\underline{\delta}}\times[\underline{\underline{a}}])\cdot\cdot\underline{\underline{\delta}}\,, \quad [\underline{\underline{a}}] = \underline{\underline{\underline{\varepsilon}}}\cdot\underline{A} = -\underline{\underline{\delta}}\times\underline{A}\,. \tag{3.9}$$

Überschiebung von $(3.8)_2$ mit den Koordinaten B_j eines Vektors $\underline{B}$ ergibt die für antimetrische Tensoren häufig benutzte Identität

$$[\underline{\underline{a}}]\cdot\underline{B} = \underline{B}\times\underline{A}\,. \tag{3.10}$$

Aufgabe 3.3

Ein antimetrischer Tensor sei gegeben durch

$$a_{[ij]} = \begin{pmatrix} 0 & a_{12} & -a_{31} \\ -a_{12} & 0 & a_{23} \\ a_{31} & -a_{23} & 0 \end{pmatrix}.$$

---

[2] Manche Autoren, die nur polare Tensoren als Tensoren bezeichnen und dann auch den polaren ε-Tensor verwenden, nennen A_k den zu $a_{[ij]}$ gehörigen axialen Vektor. Er ist dann natürlich auch ein polarer Vektor in unserem Sinne.

[3] In der symbolischen Schreibweise wird der ε-Tensor meist nicht eingeführt; man kann ihn durch ein geeignetes Vektorprodukt mit dem δ-Tensor ersetzen.

Man berechne die Koordinaten des zugehörigen Vektors.

3.4 Der Kotensor eines Tensors

1. Es sei a_{ij} die Koordinatenmatrix eines Tensors zweiter Stufe, dann gilt für die Kofaktoren b_{ij} zu den a_{ij} nach (1.30)

$$b_{mn} = \frac{1}{2}\,\varepsilon_{mij}\,\varepsilon_{npq}\,a_{ip}\,a_{jq}\,. \tag{3.11}$$

Die Kofaktoren der Koordinaten eines Tensors zweiter Stufe bilden also ebenfalls die Koordinatenmatrix eines Tensors zweiter Stufe. Man nennt den so definierten Tensor $\underline{\underline{b}}$ den Kotensor des Tensors $\underline{\underline{a}}$.

Der Kotensor eines Tensors zweiter Stufe ist offenbar stets ein polarer Tensor.

2. Speziell für einen antimetrischen Tensor ergibt sich ein einfacher Ausdruck für den Kotensor, wenn man den Vektor des Tensors nach (3.8) einführt:

$$\begin{aligned}
b_{ip} &= \frac{1}{2}\,\varepsilon_{ijk}\,\varepsilon_{pqr}\,\varepsilon_{jqm}\,A_m\,\varepsilon_{krn}\,A_n \\
&= \frac{1}{2}\,\varepsilon_{jki}\,\varepsilon_{jqm}\,\varepsilon_{pqr}\,\varepsilon_{nkr}\,A_m\,A_n \\
&= \frac{1}{2}\,(\delta_{kq}\,\delta_{im} - \delta_{km}\,\delta_{iq})(\delta_{pn}\,\delta_{qk} - \delta_{pk}\,\delta_{qn})\,A_m\,A_n \\
&= \frac{1}{2}\,(3\,\delta_{im}\,\delta_{pn} - \delta_{im}\,\delta_{pn} - \delta_{im}\,\delta_{pn} + \delta_{pm}\,\delta_{in})\,A_m\,A_n \\
&= \frac{1}{2}\,(\delta_{im}\,\delta_{pn} + \delta_{pm}\,\delta_{in})\,A_m\,A_n \\
&= \frac{1}{2}\,(A_i A_p + A_p A_i),
\end{aligned}$$

$$b_{ip} = A_i A_p\,. \tag{3.12}$$

3.5 Der Rang eines Tensors

1. Auch die Begriffe Rang, regulär und singulär werden von der Matrix eines Tensors auf den Tensor selbst übertragen:

Für die kartesischen Koordinaten a_{ij} eines Tensors $\underline{\underline{a}}$ gilt die folgende Tabelle:

Rang	Bezeichnung	Kennzeichen
3	regulär	$A \neq 0$
2	einfach singulär, Rangabfall 1	$A = 0,\ b_{ij} \neq 0$
1	doppelt singulär, Rangabfall 2	$b_{ij} = 0,\ a_{ij} \neq 0$
0	dreifach singulär, Rangabfall 3	$a_{ij} = 0$

Da die Eigenschaft der Koordinatenmatrizen a_{ij} und b_{ij}, gleich oder ungleich null zu sein, gegen Koordinatentransformationen invariant ist, haben alle Koordinatenmatrizen eines Tensors denselben Rang, und man nennt ihn den Rang des zugehörigen Tensors.

2. Ein antimetrischer Tensor ist nach Abschnitt 3.2 stets singulär. Wenn er nicht dreifach singulär ist, ist er wegen (3.12) einfach singulär.

3.6 Der inverse Tensor

Es sei a_{ij} eine Koordinatenmatrix eines regulären Tensors $\underline{\underline{a}}$, dann existiert dazu eine inverse Matrix $a_{ij}^{(-1)}$, und es gilt nach (1.49)

$$a_{ij}\, a_{jk}^{(-1)} = \delta_{ik} \,. \tag{a}$$

Zwischen den Koordinaten a_{ij} des Tensors $\underline{\underline{a}}$ im Ausgangskoordinatensystem und seinen Koordinaten $\widetilde{a}_{ij}$ in einem anderen Koordinatensystem gilt dann nach (2.17) die Transformationsgleichung

$$a_{ij} = \alpha_{im}\, \alpha_{jn}\, \widetilde{a}_{mn} \,. \tag{b}$$

Man kann aber auch die Matrix $a_{ij}^{(-1)}$ als Koordinatenmatrix eines Tensors $\underline{\underline{a}}^{-1}$ im Ausgangskoordinatensystem auffassen; zwischen den $a_{ij}^{(-1)}$ und den Koordinaten $\widetilde{a}_{ij}^{(-1)}$ von $\underline{\underline{a}}^{-1}$ im anderen Koordinatensystem gilt dann entsprechend die

Transformationsgleichung

$$a_{jk}^{(-1)} = \alpha_{jp}\,\alpha_{kq}\,\widetilde{a}_{pq}^{(-1)}\,. \tag{c}$$

Wir wollen zeigen, dass die Koordinatenmatrizen dieser beiden Tensoren auch im anderen Koordinatensystem (und damit in jedem kartesischen Koordinatensystem) invers sind.

Dazu setzen wir (b) und (c) in (a) ein:

$$\alpha_{im}\,\underbrace{\alpha_{jn}\,\widetilde{a}_{mn}\,\alpha_{jp}}_{\widetilde{a}_{mn}\,\delta_{np}}\,\alpha_{kq}\,\widetilde{a}_{pq}^{(-1)} = \delta_{ik}\,,$$

$$\alpha_{im}\,\alpha_{kq}\,\widetilde{a}_{mn}\,\widetilde{a}_{nq}^{(-1)} = \delta_{ik}\,.$$

Multiplikation mit $\alpha_{ir}\,\alpha_{ks}$ ergibt

$$\underbrace{\alpha_{im}\,\alpha_{ir}}_{\delta_{mr}}\,\underbrace{\alpha_{kq}\,\alpha_{ks}}_{\delta_{qs}}\,\widetilde{a}_{mn}\,\widetilde{a}_{nq}^{(-1)} = \underbrace{\alpha_{kr}\,\alpha_{ks}}_{\delta_{rs}}\,,$$

$$\widetilde{a}_{rn}\,\widetilde{a}_{ns}^{(-1)} = \delta_{rs}\,, \quad \text{w. z. b. w.}$$

Zu jedem regulären Tensor $\underline{\underline{a}}$ existiert also genau ein Tensor $\underline{\underline{a}}^{-1}$ mit der Eigenschaft, dass die Koordinatenmatrizen beider Tensoren in jedem Koordinatensystem invers sind. Man nennt diese beiden Tensoren zueinander invers, und nach (1.49), (1.51), (1.52), (1.54), (1.50) und (1.53) gilt dann

$$\begin{aligned}
&\underline{\underline{a}}\cdot\underline{\underline{a}}^{-1} = \underline{\underline{\delta}}\,, && a_{ij}\,a_{jk}^{(-1)} = \delta_{ik}\,,\\
&\underline{\underline{a}}^{-1}\cdot\underline{\underline{a}} = \underline{\underline{\delta}}\,, && a_{ij}^{(-1)}\,a_{jk} = \delta_{ik}\,,\\
&\left(\underline{\underline{a}}^{-1}\right)^{-1} = \underline{\underline{a}}\,, && \left(a_{ij}^{(-1)}\right)^{(-1)} = a_{ij}\,,\\
&\left(\underline{\underline{a}}^{-1}\right)^{\mathrm{T}} = \left(\underline{\underline{a}}^{\mathrm{T}}\right)^{-1} =: \underline{\underline{a}}^{-\mathrm{T}}\,, && \left(a_{ij}^{(-1)}\right)^{\mathrm{T}} = \left(a_{ij}^{\mathrm{T}}\right)^{-1} =: a_{ij}^{(-\mathrm{T})}\,,
\end{aligned} \tag{3.13}$$

$$\underline{\underline{a}}^{-1} = \frac{1}{A}\,\underline{\underline{b}}^{\mathrm{T}}\,, \qquad a_{ij}^{(-1)} = \frac{1}{A}\,b_{ji}\,, \tag{3.14}$$

$$A\,\underline{\underline{\delta}} = \underline{\underline{b}}^{\mathrm{T}}\cdot\underline{\underline{a}} = \underline{\underline{a}}\cdot\underline{\underline{b}}^{\mathrm{T}}\,, \qquad A\,\delta_{ik} = b_{ji}\,a_{jk} = a_{ij}\,b_{kj}\,, \tag{3.15}$$

wobei A die Determinante und $\underline{\underline{b}}$ der Kotensor von $\underline{\underline{a}}$ ist.

Aufgabe 3.4

Ein Tensor habe die Koordinaten

$$A_{ij} = \begin{pmatrix} 0 & 3 & 2 \\ -3 & 0 & -1 \\ -2 & 1 & 0 \end{pmatrix}.$$

Man bestimme (unter Ausnutzung aller Kenntnisse)

A. seine Determinante,

B. die Koordinaten seines Kotensors,

C. ggf. die Koordinaten des inversen Tensors.

3.7 Orthogonale Tensoren

Man kann in Analogie zu den Überlegungen zu inversen Tensoren leicht zeigen, dass die Koordinatenmatrix eines Tensors in allen Koordinatensystemen eigentlich oder uneigentlich orthogonal ist, wenn sie in einem Koordinatensystem eigentlich bzw. uneigentlich orthogonal ist, vgl. Aufgabe 3.5. Man nennt einen solchen Tensor deshalb eigentlich bzw. uneigentlich orthogonal, und nach (1.59) und (1.60) gilt dann

$$\begin{aligned} &\underline{\underline{a}}^{\mathrm{T}} = \underline{\underline{a}}^{-1}\,, && \underline{\underline{a}} \cdot \underline{\underline{a}}^{\mathrm{T}} = \underline{\underline{a}}^{\mathrm{T}} \cdot \underline{\underline{a}} = \underline{\underline{\delta}}\,, \\ &a_{ik}\, a_{jk} = \delta_{ij}\,, && a_{ki}\, a_{kj} = \delta_{ij}\,, \\ &A = \pm 1\,. \end{aligned} \tag{3.16}$$

Aufgabe 3.5

Man beweise: Wenn die Koordinatenmatrix eines Tensors in einem Koordinatensystem eigentlich oder uneigentlich orthogonal ist, so ist sie in allen Koordinatensystemen eigentlich bzw. uneigentlich orthogonal.

Lösungshinweis: Man zeige in einem ersten Schritt: Wenn die Koordinatenmatrix eines Tensors in einem Koordinatensystem orthogonal ist, so ist sie in allen Koordinatensystemen orthogonal.

Aufgabe 3.6

Man zeige, dass ein eigentlich orthogonaler Tensor gleich seinem Kotensor und ein uneigentlich orthogonaler Tensor negativ gleich seinem Kotensor ist.

Lösungshinweis: Zwischen den Koordinaten A_{ij} eines regulären Tensors und den Koordinaten B_{ij} seines Kotensors gilt nach (1.50) $B_{ij} = A_{ji}^{(-1)} \det \underline{\underline{A}}$.

3.8 Der Tensor als lineare Vektorfunktion

1. Das Skalarprodukt eines Tensors und eines Vektors ergibt einen Vektor:

$$\underline{U} = \underline{\underline{a}} \cdot \underline{X}\,, \qquad U_i = a_{ij} X_j\,. \tag{3.17}$$

Der Tensor $\underline{\underline{a}}$ ordnet also jedem Vektor $\underline{X}$ einen Vektor $\underline{U}$ zu. Man sagt dafür bekanntlich, dass $\underline{U}$ eine Funktion von $\underline{X}$ ist; weil $\underline{X}$ ein Vektor ist, spricht man von einer Vektorfunktion, weil $\underline{U}$ ein Vektor ist, von einer vektorwertigen Funktion. Man sagt stattdessen auch, der Tensor $\underline{\underline{a}}$ bilde den Vektor $\underline{X}$ auf den Vektor $\underline{U}$ ab, und nennt dann $\underline{U}$ das Bild von $\underline{X}$ und umgekehrt $\underline{X}$ das Urbild von $\underline{U}$. Nach (3.17) gilt $f(\underline{X}+\underline{Y}) = f(\underline{X}) + f(\underline{Y})$ und $f(\lambda\,\underline{X}) = \lambda\, f(\underline{X})$; eine solche Funktion nennt man linear. Man kann einen Tensor also als lineare vektorwertige Vektorfunktion bezeichnen und nennt auch die Abbildung, die er vermittelt, linear.

2. Diese Eigenschaft eines Tensors ermöglicht eine geometrische Deutung seiner Koordinaten: setzt man für X_i nacheinander die kartesischen Koordinaten $\overset{\alpha}{e}_i = \delta_{i\alpha}$ der Einheitsvektoren des zugrunde gelegten Koordinatensystems ein, so erhält man für das Bild dieser kartesischen Basis $\overset{\alpha}{U}_i = a_{ij}\overset{\alpha}{e}_j = a_{ij}\,\delta_{j\alpha}$,

$$\overset{\alpha}{U}_i = a_{i\alpha}\,. \tag{3.18}$$

Die Spalten der Koordinatenmatrix a_{ij} sind also die Koordinaten der Bilder der Einheitsvektoren des zugrunde gelegten Koordinatensystems.

3. Wir betrachten zwei kollineare Vektoren X_i und $X_i^* = \lambda\,X_i$. Für ihre Bilder $U_i = a_{ij}X_j$ und $U_i^* = a_{ij}X_j^*$ gilt

$$U_i^* = a_{ij}X_j^* = a_{ij}\,\lambda\,X_j = \lambda\,a_{ij}X_j = \lambda\,U_i\,.$$

Zwei kollineare Vektoren werden also auf zwei ebenfalls kollineare Vektoren mit demselben Längenverhältnis abgebildet. Eine solche Abbildung nennt man affin.

Wie wir sehen werden, hängen weitere Eigenschaften der Abbildung vom Rang des Tensors ab. Wir wollen deshalb die verschiedenen Werte, die der Rang des Tensors haben kann, getrennt untersuchen.

3.8.1 Rang 3

1. Hat der Tensor a_{ij} den Rang 3, so sind die Bilder der Einheitsvektoren linear unabhängig, also nicht komplanar, es existiert der inverse Tensor $a_{ij}^{(-1)}$, und der vermittelt die inverse Abbildung

$$\underline{X} = \underline{\underline{a}}^{-1} \cdot \underline{U}\,, \qquad X_i = a_{ij}^{(-1)}\, U_j\,. \tag{3.19}$$

Der Tensor a_{ij} ordnet also jedem Vektor X_i umkehrbar eindeutig einen Vektor U_i zu. Man kann sich die Vektoren geometrisch als Ortsvektoren veranschaulichen, dann entspricht jedem Vektor ein Punkt im Raum, und der Tensor a_{ij} ordnet jedem Punkt im Raum umkehrbar eindeutig einen anderen Punkt im Raum zu. Man sagt dafür auch, dass der Tensor a_{ij} den dreidimensionalen Vektorraum der X_i auf den dreidimensionalen Vektorraum der U_i abbildet.

2. Offenbar wird der Nullvektor auf den Nullvektor abgebildet; da die Abbildung umkehrbar eindeutig ist, wird kein von null verschiedener Vektor auf den Nullvektor abgebildet.

3. Ist der Tensor orthogonal, so folgt für das Quadrat des Bildes eines beliebigen Vektors X_i nach (3.17)

$$U_i^2 = a_{ij}\, X_j\, a_{ik}\, X_k = a_{ij}\, a_{ik}\, X_j\, X_k = \delta_{jk}\, X_j\, X_k = X_j^2\,,$$

jeder Vektor wird also auf einen Vektor gleicher Länge abgebildet. Für das skalare Produkt der Bildvektoren $U_i = a_{ij} X_j$ und $V_i = a_{ij} Y_j$ zweier beliebiger Vektoren X_i und Y_i folgt

$$U_i\, V_i = a_{ij}\, X_j\, a_{ik}\, Y_k = a_{ij}\, a_{ik}\, X_j\, Y_k = \delta_{jk}\, X_j\, Y_k = X_j\, Y_j\,,$$

d. h. Skalarprodukte bleiben bei der Abbildung erhalten.

Nun ist $U_i V_i = U\,V\,\cos(U_i, V_i)$ und $X_i Y_i = X\,Y\,\cos(X_i, Y_i)$, da aber die Längen erhalten bleiben, also $U = X$ und $V = Y$ ist, gilt auch $\cos(U_i, V_i) = \cos(X_i, Y_i)$, d. h. auch die Winkel zwischen zwei beliebigen Vektoren bleiben bei der Abbildung erhalten. Eine solche Abbildung, die längen- und winkeltreu ist, nennt man kongruent oder orthogonal.

4. Ein regulärer Tensor bildet also eine kartesische Basis auf drei linear unabhängige (m. a. W. nicht komplanare) Vektoren ab, die aber im Allgemeinen weder Einheitsvektoren sind noch aufeinander senkrecht stehen. Speziell ein orthogonaler Tensor bildet eine kartesische Basis auf drei zueinander senkrechte Einheitsvektoren, also wieder auf eine kartesische Basis ab. Später werden wir beweisen: Ist der Tensor eigentlich orthogonal, so bleibt die Orientierung der Basis erhalten, d. h. ein Rechtssystem wird auf ein Rechtssystem und ein Linkssystem auf ein Linkssystem abgebildet; die Abbildung stellt eine Drehung dar. Ist der Tensor uneigentlich orthogonal, so ändert sich die Orientierung: Ein Rechtssystem wird auf ein Linkssystem und ein Linkssystem auf ein Rechtssystem abgebildet; die Abbildung stellt eine Drehspiegelung dar.

3.8.2 Rang 2

1. Hat der Tensor a_{ij} den Rang 2, so sind sowohl die Zeilen als auch die Spalten seiner Koordinatenmatrix komplanar, aber nicht kollinear. Veranschaulicht man sowohl die Zeilen als auch die Spalten als die Koordinaten von Ortsvektoren oder Punkten im Raum, so definieren sowohl die Zeilen als auch die Spalten jeweils eine Ebene durch den Ursprung, die wir die Zeilenebene und die Spaltenebene nennen wollen. Die Bilder der Einheitsvektoren liegen dann in der Spaltenebene. Da jeder beliebige Vektor im Urbildraum als lineare Kombination der Einheitsvektoren dargestellt werden kann und die Abbildung linear ist, lässt sich auch sein Bild im Bildraum als lineare Kombination der $\overset{\alpha}{U}_i$ darstellen; in der geometrischen Veranschaulichung bildet der Tensor a_{ij} also jeden Punkt des Raumes auf einen Punkt der Spaltenebene ab. Man sagt dafür auch, dass der Tensor a_{ij} den dreidimensionalen Vektorraum der X_i auf den zweidimensionalen Vektorraum der U_i abbildet.

2. Da die Matrix der a_{ij} singulär ist, hat die Gleichung $a_{ij}X_j = 0$ nichttriviale Lösungen. Es gibt also einen Einheitsvektor $\mathring{X}_i$, dessen Bild der Nullvektor ist:

$$a_{ij}\mathring{X}_j = 0\,. \tag{3.20}$$

Dieser Einheitsvektor heißt die Nullrichtung des einfach singulären Tensors a_{ij}, jeder Vektor, der in diese Richtung weist, ein Nullvektor[4]. In der geometrischen Veranschaulichung liegen alle diese Vektoren auf einer Geraden durch den Ursprung. Wenn wir die Zeilen von a_{ij} wieder als Ortsvektoren interpretieren, steht diese Gerade nach (3.20) senkrecht auf diesen Ortsvektoren und damit auf der Zeilenebene.

Es seien $\underline{X}$ und $\underline{Y}$ zwei beliebige Vektoren im Urbildraum, für ihre Bilder gelte $\underline{U} = \underline{\underline{a}} \cdot \underline{X}$ und $\underline{V} = \underline{\underline{a}} \cdot \underline{Y}$, dann folgt durch Subtraktion $\underline{U} - \underline{V} = \underline{\underline{a}} \cdot (\underline{X} - \underline{Y})$. Offenbar sind die Bilder $\underline{U}$ und $\underline{V}$ genau dann gleich, wenn die Differenz von $\underline{X}$ und $\underline{Y}$ in die Nullrichtung weist. Zwei Vektoren, deren Projektion auf die Zeilenebene gleich ist, haben also dasselbe Bild, m. a. W. wenn man einen Urbildvektor $\underline{X}$ in eine Komponente $\underline{X}_{\mathrm{T}}$ in der Zeilenebene und eine Komponente $\underline{X}_{\mathrm{N}}$ senkrecht zur Zeilenebene zerlegt, so gilt $\underline{\underline{a}} \cdot (\underline{X}_{\mathrm{T}} + \underline{X}_{\mathrm{N}}) = \underline{\underline{a}} \cdot \underline{X}_{\mathrm{T}}$.

Zwei verschiedene Vektoren der Zeilenebene haben also verschiedene Bilder; ein Tensor vom Rang 2 bildet also in der geometrischen Veranschaulichung jeden Punkt der Zeilenebene umkehrbar eindeutig auf einen Punkt der Spaltenebene ab, und der zugehörige transponierte Tensor bildet entsprechend jeden Punkt der Spaltenebene (des Ausgangstensors) umkehrbar eindeutig auf einen Punkt der Zeilenebene ab.

3. Bei einem antimetrischen Tensor, der ja stets einfach singulär (oder der Nulltensor) ist, weist der Vektor des Tensors in die Nullrichtung: Aus $(3.8)_2$ folgt durch Überschieben mit A_j

$$a_{ij} A_j = \varepsilon_{ijk} A_j A_k ,$$

und das ist wegen (2.40) null.

Aufgabe 3.7

Ein Tensor habe (in einem gegebenen Koordinatensystem) die Koordinatenmatrix

$$a_{ij} = \begin{pmatrix} 1 & -1 & -1 \\ -2 & 1 & 3 \\ -1 & 0 & 2 \end{pmatrix} .$$

[4] nicht zu verwechseln mit dem Nullvektor $\underline{a} = \underline{0}$

A. Man überzeuge sich, dass er einfach singulär ist.

B. Man berechne seine Nullrichtung.

C. Man berechne eine kartesische Basis der Bildebene.

Lösungshinweis: Es seien $\underline{U}_1$ und $\underline{U}_2$ zwei linear unabhängige Vektoren der Bildebene, dann bestimme man zunächst einen Vektor $\underline{V}_1 = \underline{U}_1 + \alpha\,\underline{U}_2$, der auf $\underline{U}_1$ senkrecht steht.

3.8.3 Rang 1

Hat der Tensor a_{ij} den Rang 1, so sind sowohl die Zeilen als auch die Spalten seiner Koordinatenmatrix kollinear. In der geometrischen Veranschaulichung definieren sowohl die Zeilen als auch die Spalten eine Gerade durch den Ursprung, die wir die Zeilengerade und die Spaltengerade nennen wollen.

Die Bilder aller Vektoren liegen auf der Spaltengeraden, der Tensor bildet den dreidimensionalen Vektorraum der X_i auf den eindimensionalen Vektorraum der U_i ab.

Es existieren zwei linear unabhängige Nullrichtungen, die beide auf der Zeilengeraden senkrecht stehen. Die Nullrichtungen spannen eine Ebene auf; deren Normalenvektor, der dann auf der Zeilengeraden liegt, heißt die Nullstellung des doppelt singulären Tensors a_{ij}.

Ein Tensor vom Rang 1 bildet jeden Punkt der Zeilengeraden umkehrbar eindeutig auf einen Punkt der Spaltengeraden ab; der zugehörige transponierte Tensor bildet entsprechend jeden Punkt der Spaltengeraden (des Ausgangstensors) umkehrbar eindeutig auf einen Punkt der Zeilengeraden ab.

Aufgabe 3.8

Ein Tensor habe die Koordinatenmatrix

$$a_{ij} = \begin{pmatrix} 1 & -1 & 2 \\ -1 & 1 & -2 \\ 3 & -3 & 6 \end{pmatrix}.$$

A. Man überzeuge sich, dass er doppelt singulär ist.

B. Man berechne zwei linear unabhängige Nullvektoren.

C. Man berechne die Nullstellung.

D. Man berechne die Richtung der Bildgeraden.

3.8.4 Rang 0

Hat der Tensor a_{ij} schließlich den Rang 0, so transformiert er offenbar jeden Vektor X_i in den Nullvektor: Der Tensor ist der Nulltensor.

3.9 Reziproke Basen

3.9.1 Definition

1. Drei Vektoren $\underline{g}_1$, $\underline{g}_2$ und $\underline{g}_3$ seien nicht komplanar, d. h. es sei $[\underline{g}_1, \underline{g}_2, \underline{g}_3] \neq 0$. Dann nennt man sie zusammen eine Basis oder ein Dreibein und schreibt dafür $\underline{g}_i$.

2. Wir definieren nun als die zu $\underline{g}_i$ reziproke Basis $\underline{g}^i$ die drei Vektoren

$$\underline{g}^1 = \frac{\underline{g}_2 \times \underline{g}_3}{[\underline{g}_1, \underline{g}_2, \underline{g}_3]}, \quad \underline{g}^2 = \frac{\underline{g}_3 \times \underline{g}_1}{[\underline{g}_1, \underline{g}_2, \underline{g}_3]}, \quad \underline{g}^3 = \frac{\underline{g}_1 \times \underline{g}_2}{[\underline{g}_1, \underline{g}_2, \underline{g}_3]}. \tag{3.21}$$

Wir wollen diese Formeln auch in Koordinatenschreibweise notieren. Wir wählen uns ein kartesisches Koordinatensystem und bezeichnen z. B. die Koordinaten des Vektors $\underline{g}_1$ in diesem Koordinatensystem mit $\underset{1}{g_i}$ und die Koordinaten des Vektors $\underline{g}^1$ mit $\overset{1}{g_i}$, dann lauten die Gleichungen (3.21)

$$\overset{1}{g_i} = \frac{\varepsilon_{ijk} \underset{2}{g_j} \underset{3}{g_k}}{\varepsilon_{lmn} \underset{1}{g_l} \underset{2}{g_m} \underset{3}{g_n}}, \quad \overset{2}{g_j} = \frac{\varepsilon_{ijk} \underset{3}{g_k} \underset{1}{g_i}}{\varepsilon_{lmn} \underset{1}{g_l} \underset{2}{g_m} \underset{3}{g_n}}, \quad \overset{3}{g_k} = \frac{\varepsilon_{ijk} \underset{1}{g_i} \underset{2}{g_j}}{\varepsilon_{lmn} \underset{1}{g_l} \underset{2}{g_m} \underset{3}{g_n}}. \tag{3.22}$$

Da das Spatprodukt im Nenner ungleich null ist, sind die drei Vektoren $\underline{g}^i$ auf diese Weise eindeutig definiert, und da drei Vektoren, die jeweils auf zwei anderen

Vektoren einer Basis senkrecht stehen, nicht komplanar sein können, bilden die $\underline{g}^i$ ebenfalls eine Basis.

Wenn die $\underline{g}_i$ polare Vektoren sind, sind auch die $\underline{g}^i$ polare Vektoren.

Man kann die drei Formeln (3.21) auch zu einer zusammenfassen und erhält dann

$$\underline{g}^i = \frac{1}{2}\,\varepsilon_{ijk}\,\frac{\underline{g}_j \times \underline{g}_k}{[\underline{g}_1, \underline{g}_2, \underline{g}_3]}\,, \tag{3.23}$$

wie man sofort sieht, wenn man für i nacheinander 1, 2 und 3 einsetzt.

3.9.2 Orthogonalitätsrelationen

1. Die drei Vektoren $\underline{g}^i$ sind nach (3.21) offenbar so konstruiert, dass z. B. für $\underline{g}^1$ gilt:

$$\underline{g}_1 \cdot \underline{g}^1 = 1, \quad \underline{g}_2 \cdot \underline{g}^1 = 0, \quad \underline{g}_3 \cdot \underline{g}^1 = 0.$$

Analoge Gleichungen gelten für $\underline{g}^2$ und $\underline{g}^3$, und diese neun Gleichungen lassen sich zusammenfassen zu den Orthogonalitätsrelationen genannten Beziehungen

$$\underline{g}_i \cdot \underline{g}^j = \delta_{ij}\,, \qquad \underset{i}{g_k}\,\overset{j}{g_k} = \delta_{ij}\,. \tag{3.24}$$

2. Für gegebene $\underline{g}_i$ und gesuchte $\underline{g}^i$ stellen diese Orthogonalitätsrelationen ein inhomogenes lineares Gleichungssystem aus 9 Gleichungen für 9 Unbekannte mit von null verschiedener Koeffizientendeterminante dar. Da ein solches System genau eine Lösung hat, ist $\underline{g}^i$ nach (3.21) die einzige Basis, die mit $\underline{g}_i$ die Orthogonalitätsrelationen (3.24) erfüllt; die Gleichungen (3.21) und (3.24) sind also gleichwertig. Da man die Reihenfolge der Faktoren in (3.24) vertauschen kann, ist umgekehrt auch $\underline{g}_i$ reziprok zu $\underline{g}^i$.

Schreibt man (3.24) als Matrizengleichung, so lautet sie

$$\begin{pmatrix} \underset{1}{g_1} & \underset{1}{g_2} & \underset{1}{g_3} \\ \underset{2}{g_1} & \underset{2}{g_2} & \underset{2}{g_3} \\ \underset{3}{g_1} & \underset{3}{g_2} & \underset{3}{g_3} \end{pmatrix} \begin{pmatrix} \overset{1}{g_1} & \overset{2}{g_1} & \overset{3}{g_1} \\ \overset{1}{g_2} & \overset{2}{g_2} & \overset{3}{g_2} \\ \overset{1}{g_3} & \overset{2}{g_3} & \overset{3}{g_3} \end{pmatrix} = \begin{pmatrix} 1 & 0 & 0 \\ 0 & 1 & 0 \\ 0 & 0 & 1 \end{pmatrix}.$$

Die aus den Koordinaten der drei Vektoren $\underline{g}_i$ als Zeilen gebildete Matrix ist die Inverse der aus den Koordinaten der drei Vektoren $\underline{g}^i$ als Spalten gebildeten Matrix. Man kann auf diese Weise die zu einer gegebenen Basis reziproke Basis mithilfe des gaußschen Algorithmus berechnen.

3. Wir wollen den Ausdruck $\underline{g}_k \underline{g}^k$ berechnen; offenbar ist das ein Tensor zweiter Stufe, für den wir zunächst die Unbekannte $\underline{\underline{X}}$ schreiben. In Koordinatenschreibweise ist dann

$$X_{ij} = \underset{k}{g}_i \overset{k}{g}_j \, .$$

Überschiebung mit $\underset{m}{g}_j$ ergibt mit (3.24)

$$X_{ij} \underset{m}{g}_j = \underset{k}{g}_i \overset{k}{g}_j \underset{m}{g}_j = \underset{k}{g}_i \delta_{km} = \underset{m}{g}_i = \underset{m}{g}_j \delta_{ij} \, ,$$

$$(X_{ij} - \delta_{ij}) \underset{m}{g}_j = 0$$

oder in symbolische Schreibweise zurückübersetzt

$$(\underline{\underline{X}} - \underline{\underline{\delta}}) \cdot \underline{g}_m = \underline{0} \, .$$

Das bedeutet, dass alle drei Vektoren $\underline{g}_m$ Nullvektoren des Tensors $\underline{\underline{X}} - \underline{\underline{\delta}}$ sind, d. h. der Tensor $\underline{\underline{X}} - \underline{\underline{\delta}}$ muss 3-fach singulär, m. a. W. der Nulltensor sein, d. h. es gelten die ebenfalls als Orthogonalitätsrelationen bezeichneten Beziehungen

$$\underline{g}_k \underline{g}^k = \underline{\underline{\delta}} \, , \qquad \underset{k}{g}_i \overset{k}{g}_j = \delta_{ij} \, . \tag{3.25}$$

3.9.3 Orthogonale und orthonormierte Basen

Stehen die drei Vektoren einer Basis wechselseitig aufeinander senkrecht, nennt man die Basis orthogonal; sind die Vektoren Einheitsvektoren, nennt man die Basis normiert. Ist die Basis (wie die Basis eines kartesischen Koordinatensystems) zugleich orthogonal und normiert, nennt man sie orthonormiert.

Für ein Paar reziproker Basen folgt aus (3.21) und (3.24): Ist die Ausgangsbasis orthogonal, so ist auch die reziproke Basis orthogonal, und die homologen Vektoren beider Basen sind kollinear und ihre Beträge reziprok. Ist die Ausgangsbasis orthonormiert, so ist sie mit ihrer reziproken Basis identisch.

Die Orthogonalitätsrelationen (3.24) und (3.25) lauten unter Berücksichtigung von (2.4)[5] für eine kartesische Basis $\underline{e}_i$

$$\begin{aligned} \underline{e}_i \cdot \underline{e}_j &= \delta_{ij}\,, & \overset{i}{e}_k \overset{j}{e}_k &= \delta_{ij}\,, & \alpha_{ki}\,\alpha_{kj} &= \delta_{ij}\,, \\ \underline{e}_k\, \underline{e}_k &= \underline{\underline{\delta}}\,, & \overset{k}{e}_i \overset{k}{e}_j &= \delta_{ij}\,, & \alpha_{ik}\,\alpha_{jk} &= \delta_{ij}\,. \end{aligned} \tag{3.26}$$

Aufgabe 3.9

In Bezug auf eine kartesische Basis $\underline{e}_i$ seien gegeben

A. die (orthogonale) Basis $\underline{g}_1 = 3\,\underline{e}_1$, $\underline{g}_2 = 2\,\underline{e}_2$, $\underline{g}_3 = \underline{e}_3$;

B. die (nichtorthogonale) Basis, deren Vektoren drei Kanten eines regelmäßigen Tetraeders der Kantenlänge eins im ersten Oktanten bilden, wobei $\underline{g}_1 = \underline{e}_1$ ist und $\underline{g}_2$ in der $\underline{e}_1, \underline{e}_2$-Ebene liegt.

Man berechne die reziproken Basen.

3.9.4 Reziproke Basen in der Ebene

1. Es seien $\underline{g}_1$ und $\underline{g}_2$ zwei linear unabhängige Vektoren, dann existiert *in der Ebene von* $\underline{g}_1$ *und* $\underline{g}_2$ genau ein Paar von Vektoren $\underline{g}^1$ und $\underline{g}^2$, für das die Orthogonalitätsrelationen (3.24) gelten, wobei i und j natürlich nur von 1 bis 2 laufen. Wir nennen es die reziproke Basis zu $\underline{g}_1$ und $\underline{g}_2$. Man macht sich das am bequemsten geometrisch klar: Etwa $\underline{g}^1$ muss in der Ebene von $\underline{g}_1$ und $\underline{g}_2$ auf $\underline{g}_2$ senkrecht stehen, mit $\underline{g}_1$ einen spitzen Winkel einschließen und so lang sein, dass $\underline{g}_1 \cdot \underline{g}^1 = 1$ ist.

2. In Bezug auf eine kartesische Basis in dieser Ebene haben alle vier Vektoren nur zwei Koordinaten, und diese zweidimensionalen kartesischen Koordinaten von $\underline{g}^1$ und $\underline{g}^2$ errechnen sich dann nach den zu (3.22) analogen Formeln

$$\overset{1}{g}_i = \frac{\varepsilon_{ij}\, \overset{2}{g}_j}{\varepsilon_{mn}\, \underset{1}{g_m}\, \underset{2}{g_n}}\,, \qquad \overset{2}{g}_j = \frac{\varepsilon_{ij}\, \overset{1}{g}_i}{\varepsilon_{mn}\, \underset{1}{g_m}\, \underset{2}{g_n}}\,. \tag{3.27}$$

[5] In (2.4) heißt die allgemeine kartesische Basis $\underline{\tilde{e}}_i$.

Man überzeugt sich leicht, dass die so definierten zweidimensionalen Vektoren die Orthogonalitätsrelationen erfüllen.

3.10 Darstellung eines Tensors durch Vektoren

In Abschnitt 3.8 haben wir die Gleichung $\underline{U} = \underline{\underline{a}} \cdot \underline{X}$ analysiert, indem wir für $\underline{X}$ nacheinander die Vektoren einer *kartesischen* Basis gewählt haben. Die Kenntnis des Begriffs der reziproken Basis ermöglicht es uns, diese Überlegung auf eine *beliebige* Basis zu verallgemeinern.

Es sei also $\underline{\underline{a}}$ ein beliebiger Tensor und $\underline{g}_i$ eine beliebige Basis, dann gilt für deren durch $\underline{\underline{a}}$ vermitteltes Bild

$$\underline{h}_i = \underline{\underline{a}} \cdot \underline{g}_i \,. \tag{3.28}$$

Tensorielle Multiplikation mit der reziproken Basis $\underline{g}^i$ ergibt mit (3.25)

$$\underline{h}_i \, \underline{g}^i = \underline{\underline{a}} \cdot \underline{g}_i \, \underline{g}^i = \underline{\underline{a}} \cdot \underline{\underline{\delta}} = \underline{\underline{a}},$$

$$\underline{\underline{a}} = \underline{h}_i \, \underline{g}^i = \underline{h}_1 \, \underline{g}^1 + \underline{h}_2 \, \underline{g}^2 + \underline{h}_3 \, \underline{g}^3 \,. \tag{3.29}$$

Jeder Tensor $\underline{\underline{a}}$ lässt sich demnach auf diese Weise durch 6 Vektoren darstellen; dabei sind die $\underline{h}_i$ das durch den Tensor $\underline{\underline{a}}$ vermittelte Bild der zu $\underline{g}^i$ reziproken Basis $\underline{g}_i$. Da man von einer beliebigen Basis $\underline{g}_i$ ausgehen kann, ist die Darstellung (3.29) auf unendlich viele Arten und Weisen möglich: Man kann eine Basis $\underline{g}^i$ frei vorgeben, dann sind alle drei Vektoren $\underline{h}_i$ durch $\underline{\underline{a}}$ eindeutig bestimmt.

Die $\underline{g}^i$ sind als Basis stets inkomplanar. Hinsichtlich der $\underline{h}_i$ müssen wir unterscheiden, ob $\underline{\underline{a}}$ den Rang 3, 2 oder 1 hat.

3.10.1 Rang 3

1. Wenn $\underline{\underline{a}}$ den Rang 3 hat, sind auch die $\underline{h}_i$ inkomplanar. Es existiert der zu $\underline{\underline{a}}$ inverse Tensor $\underline{\underline{a}}^{-1}$ und die zu $\underline{h}_i$ reziproke Basis $\underline{h}^i$.

2. Es gilt auch die Umkehrung von (3.29): Wenn sich ein Tensor $\underline{\underline{a}}$ in der Form (3.29) darstellen lässt und sowohl die $\underline{g}^i$ als auch die $\underline{h}_i$ linear unabhängig sind, dann hat der Tensor $\underline{\underline{a}}$ den Rang 3.

Aus $\underline{U} = \underline{\underline{a}} \cdot \underline{X}$ folgt dann nämlich

$$\underline{U} = \underline{h}_1\, \underline{g}^1 \cdot \underline{X} + \underline{h}_2\, \underline{g}^2 \cdot \underline{X} + \underline{h}_3\, \underline{g}^3 \cdot \underline{X}\,.$$

Setzen wir $\underline{g}^1 \cdot \underline{X} = \alpha^1$, $\underline{g}^2 \cdot \underline{X} = \alpha^2$ und $\underline{g}^3 \cdot \underline{X} = \alpha^3$, so kann man diese drei Gleichungen zu $\underline{g}^i \cdot \underline{X} = \alpha^i$ zusammenfassen, und das ist für gegebenes $\underline{g}^i$ und α^i ein lineares Gleichungssystem für $\underline{X}$, das für jedes α^i eindeutig lösbar ist. Umgekehrt können die α^i für geeignetes $\underline{X}$ beliebige Werte annehmen, der Bildvektor $\underline{U}$ überstreicht für beliebiges $\underline{X}$ also den ganzen Raum. Dann hat $\underline{\underline{a}}$ aber den Rang 3.

3. Multipliziert man (3.28) von links skalar mit $\underline{\underline{a}}^{-1}$, so erhält man $\underline{g}_i = \underline{\underline{a}}^{-1} \cdot \underline{h}_i$.

In Koordinatenschreibweise sieht man sofort, dass die Transposition von (3.29) $\underline{\underline{a}}^{\mathrm{T}} = \underline{g}^i\, \underline{h}_i$ ergibt. Durch skalare Multiplikation mit $\underline{h}^j$ von rechts folgt $\underline{\underline{a}}^{\mathrm{T}} \cdot \underline{h}^j = \underline{g}^i\, \delta_{ij}$ oder $\underline{g}^j = \underline{\underline{a}}^{\mathrm{T}} \cdot \underline{h}^j$.

Multipliziert man schließlich diese Gleichung von links skalar mit $\underline{\underline{a}}^{-\mathrm{T}}$, so erhält man $\underline{h}^j = \underline{\underline{a}}^{-\mathrm{T}} \cdot \underline{g}^j$.

Es existieren dann also die vier gleichwertigen Beziehungen

$$\underline{h}_i = \underline{\underline{a}} \cdot \underline{g}_i\,, \qquad \underline{g}^i = \underline{\underline{a}}^{\mathrm{T}} \cdot \underline{h}^i\,, \qquad \underline{g}_i = \underline{\underline{a}}^{-1} \cdot \underline{h}_i\,, \qquad \underline{h}^i = \underline{\underline{a}}^{-\mathrm{T}} \cdot \underline{g}^i\,,$$

und durch Auflösen nach den Tensoren mithilfe der Orthogonalitätsrelationen (3.25) folgt

$$\underline{\underline{a}} = \underline{h}_i\, \underline{g}^i\,, \qquad \underline{\underline{a}}^{\mathrm{T}} = \underline{g}^i\, \underline{h}_i\,, \qquad \underline{\underline{a}}^{-1} = \underline{g}_i\, \underline{h}^i\,, \qquad \underline{\underline{a}}^{-\mathrm{T}} = \underline{h}^i\, \underline{g}_i\,.$$

4. Wir fassen die Ergebnisse dieses Abschnittes zusammen:

- Für jeden Tensor $\underline{\underline{a}}$ vom Rang 3 existieren Darstellungen

$$\underline{\underline{a}} = \underline{h}_i \underline{g}^i , \qquad \underline{\underline{a}}^{\mathrm{T}} = \underline{g}^i \underline{h}_i ,$$
$$\underline{\underline{a}}^{-1} = \underline{g}_i \underline{h}^i , \qquad \underline{\underline{a}}^{-\mathrm{T}} = \underline{h}^i \underline{g}_i . \tag{3.30}$$

  Darin sind $\underline{g}_i$ und $\underline{g}^i$ sowie $\underline{h}_i$ und $\underline{h}^i$ Paare reziproker Basen.

- Es gilt auch die Umkehrung: Wenn sich ein Tensor $\underline{\underline{a}}$ in der Form $(3.30)_1$ darstellen lässt und sowohl die $\underline{h}_i$ als auch die $\underline{g}^i$ eine Basis bilden, dann hat der Tensor den Rang 3.

- Nach den vier Basen aufgelöst, lauten die Gleichungen (3.30)

$$\underline{h}_i = \underline{\underline{a}} \cdot \underline{g}_i , \qquad \underline{g}^i = \underline{\underline{a}}^{\mathrm{T}} \cdot \underline{h}^i ,$$
$$\underline{g}_i = \underline{\underline{a}}^{-1} \cdot \underline{h}_i , \qquad \underline{h}^i = \underline{\underline{a}}^{-\mathrm{T}} \cdot \underline{g}^i . \tag{3.31}$$

- Für einen Tensor $\underline{\underline{a}}$ ist eine der vier Basen $\underline{g}_i$, $\underline{g}^i$, $\underline{h}_i$ und $\underline{h}^i$ frei wählbar; die drei anderen sind dann eindeutig bestimmt.

Aufgabe 3.10

Man stelle den regulären Tensor mit den Koordinaten

$$a_{ij} = \begin{pmatrix} 2 & 3 & -1 \\ 4 & -2 & 3 \\ 1 & 2 & 1 \end{pmatrix}$$

in der Form $\underline{\underline{a}} = \underline{h}_i \underline{g}^i$ dar, wenn die $\underline{g}^i$ durch die Koordinaten

$$\underline{g}^1 = (1,\ 0,\ -1), \qquad \underline{g}^2 = (3,\ 1,\ -3), \qquad \underline{g}^3 = (1,\ 2,\ -2)$$

gegeben sind.

Lösungshinweis: Die $\underline{h}_i$ lassen sich durch einmalige Anwendung des gaußschen Algorithmus berechnen.

3.10.2 Rang 2

1. Hat $\underline{\underline{a}}$ den Rang 2, so wählen wir die Basis $\underline{g}_i$ in (3.28) so, dass $\underline{g}_1$ und $\underline{g}_2$ in der Zeilenebene von $\underline{\underline{a}}$ liegen und $\underline{g}_3$ ein Nullvektor von $\underline{\underline{a}}$ ist. Dann ist $\underline{h}_3 = \underline{0}$, und $\underline{g}^1$ und $\underline{g}^2$ stehen auf $\underline{g}_3$ senkrecht, liegen also ebenfalls in der Zeilenebene von $\underline{\underline{a}}$. (3.29) reduziert sich auf

$$\underline{\underline{a}} = \underline{h}_1 \underline{g}^1 + \underline{h}_2 \underline{g}^2 \,. \tag{3.32}$$

Jeder einfach singuläre Tensor lässt sich also auf diese Weise durch 4 Vektoren darstellen; dabei sind $\underline{g}^1$ und $\underline{g}^2$ die zu $\underline{g}_1$ und $\underline{g}_2$ reziproke Basis in der Zeilenebene des Tensors, und $\underline{h}_1$ und $\underline{h}_2$ sind das durch den Tensor vermittelte Bild von $\underline{g}_1$ und $\underline{g}_2$ und bilden eine Basis der Spaltenebene des Tensors.

2. Es gilt auch die Umkehrung von (3.32): Wenn sich ein Tensor $\underline{\underline{a}}$ in der Form $\underline{\underline{a}} = \underline{h}_1 \underline{g}^1 + \underline{h}_2 \underline{g}^2$ darstellen lässt und sowohl $\underline{h}_1$ und $\underline{h}_2$ als auch $\underline{g}^1$ und $\underline{g}^2$ nicht kollinear sind, dann hat $\underline{\underline{a}}$ den Rang 2. Aus $\underline{U} = \underline{\underline{a}} \cdot \underline{X}$ folgt dann nämlich

$$\underline{U} = \underline{h}_1 \underline{g}^1 \cdot \underline{X} + \underline{h}_2 \underline{g}^2 \cdot \underline{X} \,.$$

Setzen wir $\underline{g}^1 \cdot \underline{X} = \alpha^1$ und $\underline{g}^2 \cdot \underline{X} = \alpha^2$, so stellen diese beiden Gleichungen für gegebenes $\underline{g}^1$, $\underline{g}^2$, α^1 und α^2 ein System von zwei linearen Gleichungen für die drei X_i dar. Für jedes Wertepaar (α^1, α^2) gibt es unendlich viele Lösungen, umgekehrt kann das Wertepaar (α^1, α^2) für geeignete X_i beliebige Werte annehmen; für beliebiges $\underline{X}$ überstreicht der Bildvektor $\underline{U}$ also die von $\underline{h}_1$ und $\underline{h}_2$ aufgespannte Ebene, d. h. $\underline{\underline{a}}$ hat den Rang 2.

3. Transposition von (3.32) ergibt

$$\underline{\underline{a}}^{\mathrm{T}} = \underline{g}^1 \underline{h}_1 + \underline{g}^2 \underline{h}_2 \,.$$

Dafür kann man auch $\underline{\underline{a}}^{\mathrm{T}} = \underline{g}^i \underline{h}_i$ schreiben, wobei i hier nur von 1 bis 2 läuft. Multipliziert man diese Gleichung skalar von rechts mit der zu $\underline{h}_j$ reziproken Basis $\underline{h}^j$ in der Spaltenebene von $\underline{\underline{a}}$, so folgt

$$\underline{\underline{a}}^{\mathrm{T}} \cdot \underline{h}^j = \underline{g}^i \underline{h}_i \cdot \underline{h}^j = \underline{g}^i \delta_{ij} = \underline{g}^j \,.$$

4. Wir fassen die Ergebnisse dieses Abschnittes zusammen:

- Für jeden Tensor $\underline{\underline{a}}$ vom Rang 2 existieren Darstellungen

$$\underline{\underline{a}} = \underline{h}_1 \underline{g}^1 + \underline{h}_2 \underline{g}^2 , \qquad \underline{\underline{a}}^{\mathrm{T}} = \underline{g}^1 \underline{h}_1 + \underline{g}^2 \underline{h}_2 . \tag{3.33}$$

  Darin sind sowohl die $\underline{h}_i$ als auch die $\underline{g}^i$ linear unabhängig.

- Es gilt auch die Umkehrung: Wenn sich ein Tensor $\underline{\underline{a}}$ in der Form $(3.33)_1$ darstellen lässt und sowohl die $\underline{g}^i$ als auch die $\underline{h}_i$ linear unabhängig sind, dann hat der Tensor den Rang 2.

- Nach den $\underline{h}_i$ und $\underline{g}^i$ aufgelöst, lauten die Gleichungen (3.33)

$$\underline{h}_i = \underline{\underline{a}} \cdot \underline{g}_i , \qquad \underline{g}^i = \underline{\underline{a}}^{\mathrm{T}} \cdot \underline{h}^i . \tag{3.34}$$

  Dabei bilden die $\underline{g}_i$ die zu den $\underline{g}^i$ reziproke Basis in der Ebene und die $\underline{h}^i$ die zu den $\underline{h}_i$ reziproke Basis in der Ebene.

- $\underline{g}_i$ und $\underline{g}^i$ liegen in der Zeilenebene von $\underline{\underline{a}}$, $\underline{h}_i$ und $\underline{h}^i$ in der Spaltenebene von $\underline{\underline{a}}$.

- Für einen Tensor $\underline{\underline{a}}$ ist eines der vier Vektorpaare $\underline{g}_i$, $\underline{g}^i$, $\underline{h}_i$ und $\underline{h}^i$ frei wählbar; die drei anderen sind dann eindeutig bestimmt.

Aufgabe 3.11

A. Man verifiziere, dass sich der einfach singuläre Tensor der Aufgabe 3.7 mit $\underline{h}_1 = (-1,\ 2,\ 1)$, $\underline{h}_2 = (0,\ 1,\ 1)$ in der Form $\underline{\underline{a}} = \underline{h}_1 \underline{g}^1 + \underline{h}_2 \underline{g}^2$ darstellen lässt.

B. Man berechne $\underline{g}^1$ und $\underline{g}^2$. (Das ist durch einmalige Anwendung des gaußschen Algorithmus möglich.)

C. Man stelle $\underline{\underline{a}}$ als Summe von $\underline{h}_1 \underline{g}^1$ und $\underline{h}_2 \underline{g}^2$ dar.

3.10.3 Rang 1

1. Hat schließlich $\underline{\underline{a}}$ den Rang 1, so wählen wir die Basis in (3.28) so, dass $\underline{g}_1$ in der Zeilengeraden von $\underline{\underline{a}}$ liegt und $\underline{g}_2$ und $\underline{g}_3$ Nullvektoren von $\underline{\underline{a}}$ sind. Dann ist

$\underline{h}_2 = \underline{h}_3 = \underline{0}$, und $\underline{g}^1$ liegt ebenfalls in der Zeilengeraden von $\underline{\underline{a}}$. (3.29) reduziert sich auf

$$\underline{\underline{a}} = \underline{h}_1 \, \underline{g}^1 \, , \qquad \underline{\underline{a}}^{\mathrm{T}} = \underline{g}^1 \, \underline{h}_1 \, . \tag{3.35}$$

Jeder doppelt singuläre Tensor lässt sich also als Tensorprodukt zweier von null verschiedener Vektoren darstellen, davon liegt $\underline{h}_1$ in der Spaltengeraden und $\underline{g}^1$ in der Zeilengeraden des Tensors, und $\underline{h}_1$ ist das durch den Tensor vermittelte Bild des zu $\underline{g}^1$ reziprokenVektors $\underline{g}_1$. (Zwei Vektoren sind reziprok, wenn sie kollinear sind und ihr Skalarprodukt gleich eins ist.)

2. Es gilt auch die Umkehrung: Wenn sich ein Tensor $\underline{\underline{a}}$ in der Form $(3.35)_1$ schreiben lässt und $\underline{h}_1$ und $\underline{g}^1$ von null verschieden sind, dann hat er den Rang 1. Aus $\underline{U} = \underline{\underline{a}} \cdot \underline{X}$ folgt dann nämlich $\underline{U} = \underline{h}_1 \, \underline{g}^1 \cdot \underline{X}$, d. h. der Bildvektor $\underline{U}$ weist für alle $\underline{X}$ in die Richtung von $\underline{h}_1$.

3. Es sei $\underline{h}^1$ der zu $\underline{h}_1$ reziproke Vektor, dann erhält man aus (3.35) durch skalare Multiplikation von rechts mit $\underline{g}_1$ bzw. $\underline{h}^1$

$$\underline{h}_1 = \underline{\underline{a}} \cdot \underline{g}_1 \, , \qquad \underline{g}^1 = \underline{\underline{a}}^{\mathrm{T}} \cdot \underline{h}^1 \, . \tag{3.36}$$

4. Wir fassen die Ergebnisse zusammen:

- Für jeden Tensor $\underline{\underline{a}}$ vom Rang 1 existieren Darstellungen

$$\underline{\underline{a}} = \underline{h}_1 \, \underline{g}^1 \, , \qquad \underline{\underline{a}}^{\mathrm{T}} = \underline{g}^1 \, \underline{h}_1 \, . \tag{3.35}$$

- Es gilt auch die Umkehrung: Wenn sich ein Tensor $\underline{\underline{a}}$ in der Form $(3.35)_1$ darstellen lässt und $\underline{g}^1$ und $\underline{h}_1$ von null verschieden sind, dann hat der Tensor den Rang 1.
- Nach den $\underline{h}_1$ und $\underline{g}^1$ aufgelöst, lauten die Gleichungen (3.35)

$$\underline{h}_1 = \underline{\underline{a}} \cdot \underline{g}_1 \, , \qquad \underline{g}^1 = \underline{\underline{a}}^{\mathrm{T}} \cdot \underline{h}^1 \, . \tag{3.36}$$

  Dabei ist $\underline{g}_1$ der zu $\underline{g}^1$ reziproke Vektor und $\underline{h}^1$ der zu $\underline{h}_1$ reziproke Vektor.
- $\underline{g}_1$ und $\underline{g}^1$ liegen in der Zeilengeraden von $\underline{\underline{a}}$, $\underline{h}_1$ und $\underline{h}^1$ liegen in der Spaltengeraden von $\underline{\underline{a}}$.
- Für einen Tensor $\underline{\underline{a}}$ ist einer der vier Vektoren $\underline{g}_1$, $\underline{g}^1$, $\underline{h}_1$ und $\underline{h}^1$ frei wählbar; die drei anderen sind dann eindeutig bestimmt.

3.11 Eigenwerte und Eigenrichtungen. Die charakteristische Gleichung

3.11.1 Eigenwerte und Eigenrichtungen

1. Wir wollen untersuchen, unter welchen Bedingungen die durch die Transformation $U_i = a_{ij} X_j$ einander zugeordneten Vektoren kollinear sind, also

$$U_i = \lambda X_i \tag{3.37}$$

ist, wobei die a_{ij} reell sind, λ ein Skalar ist und die $X_i \neq 0$ sind.

Die Bedingung dafür ist

$$a_{ij} X_j = \lambda X_i \,, \tag{3.38}$$

$$(a_{ij} - \lambda\, \delta_{ij}) X_j = 0 \,. \tag{3.39}$$

Diese Bedingung ist offenbar nur erfüllt, wenn der Tensor $(a_{ij} - \lambda\, \delta_{ij})$ singulär, also

$$\det(a_{ij} - \lambda\, \delta_{ij}) = 0 \tag{3.40}$$

ist und wenn X_j ein Nullvektor dieses singulären Tensors ist. Die Werte λ, für die der Tensor $(a_{ij} - \lambda\, \delta_{ij})$ singulär ist, nennt man die Eigenwerte des Tensors a_{ij}, als Skalare sind sie offenbar Invarianten des Tensors. Die Nullvektoren von $(a_{ij} - \lambda\, \delta_{ij})$ heißen Eigenvektoren von a_{ij}, die Nullrichtungen von $(a_{ij} - \lambda\, \delta_{ij})$ Eigenrichtungen von a_{ij}; die Gleichung (3.39) heißt Eigenwert-Eigenvektor-Gleichung von a_{ij}.

2. Neben dem soeben behandelten Eigenwertproblem führt man auch das Eigenwertproblem $a^{\mathrm{T}}_{ij} Z_j = \mu Z_i$ für den transponierten Tensor ein:

$$Z_j a_{ji} = \mu Z_i \,, \tag{3.41}$$

$$Z_i (a_{ij} - \mu\, \delta_{ij}) = 0 \,. \tag{3.42}$$

Nach der Stellung des Eigenvektors nennt man (3.42) auch Links-Eigenwertproblem und entsprechend (3.39) Rechts-Eigenwertproblem.

Offenbar gilt die Bestimmungsgleichung (3.40) für die Eigenwerte beider Eigenwertprobleme, die Eigenwerte sind also für beide Probleme dieselben:

$$\mu = \lambda \,. \tag{3.43}$$

Auch zwischen den Eigenvektoren beider Probleme bestehen Beziehungen. Wir erwähnen hier nur die einfachste: Rechts- und Links-Eigenvektoren, die zu unterschiedlichen Eigenwerten gehören, sind zueinander orthogonal. Es sei $\underline{X}_m$ ein zum Eigenwert λ_m gehöriger Rechts-Eigenvektor und Z_n ein zum Eigenwert λ_n gehöriger Links-Eigenvektor, es gelte also

$$\underline{\underline{a}} \cdot \underline{X}_m = \lambda_{\underline{m}} X_m \,, \quad \underline{Z}_n \cdot \underline{\underline{a}} = \lambda_{\underline{n}} Z_n \,.$$

Wir multiplizieren die erste Gleichung skalar von links mit $\underline{Z}_n$ und die zweite skalar von rechts mit $\underline{X}_m$:

$$\underline{Z}_n \cdot \underline{\underline{a}} \cdot \underline{X}_m = \lambda_{\underline{m}} \underline{Z}_n \cdot X_m \,, \quad \underline{Z}_n \cdot \underline{\underline{a}} \cdot \underline{X}_m = \lambda_{\underline{n}} Z_n \cdot \underline{X}_m \,.$$

Die linken Seiten beider Gleichungen sind gleich, gleichsetzen der rechten Seiten ergibt

$$(\lambda_{\underline{m}} - \lambda_{\underline{n}}) \underline{Z}_n \cdot \underline{X}_m = 0 \,.$$

Für $\lambda_m \neq \lambda_n$ folgt daraus:

$$\underline{X}_m \cdot \underline{Z}_n = 0 \quad \text{für} \quad m \neq n \,. \tag{3.44}$$

Wir werden uns im Folgenden auf das Rechts-Eigenwertproblem beschränken.

3.11.2 Charakteristische Gleichung und Hauptinvarianten

1. Die Bestimmungsgleichung für die Eigenwerte ist unter Berücksichtigung von (3.7)

$$\begin{aligned} &\det(a_{ij} - \lambda\, \delta_{ij}) \\ &\quad = \frac{1}{6} \varepsilon_{ijk} \varepsilon_{pqr} (a_{ip} - \lambda\, \delta_{ip})(a_{jq} - \lambda\, \delta_{jq})(a_{kr} - \lambda\, \delta_{kr}) = 0 \,. \end{aligned} \tag{3.45}$$

Das ist eine kubische Gleichung für λ, sie heißt charakteristische Gleichung des Tensors a_{ij}. Es gibt im Allgemeinen also drei (nicht notwendig reelle) Eigenwerte und zu jedem Eigenwert (mindestens) eine Eigenrichtung.

Multipliziert man die Klammern aus, so erhält man

$$\frac{1}{6}\,\varepsilon_{ijk}\,\varepsilon_{pqr}\,a_{ip}\,a_{jq}\,a_{kr} - \frac{\lambda}{6}\,\varepsilon_{ijk}\,\varepsilon_{pqr}(\delta_{ip}\,a_{jq}\,a_{kr} + \delta_{jq}\,a_{kr}\,a_{ip} + \delta_{kr}\,a_{ip}\,a_{jq})$$
$$+\frac{\lambda^2}{6}\,\varepsilon_{ijk}\,\varepsilon_{pqr}(\delta_{ip}\,\delta_{jq}\,a_{kr} + \delta_{jq}\,\delta_{kr}\,a_{ip} + \delta_{kr}\,\delta_{ip}\,a_{jq})$$
$$-\frac{\lambda^3}{6}\,\varepsilon_{ijk}\,\varepsilon_{pqr}\,\delta_{ip}\,\delta_{jq}\,\delta_{kr} = 0.$$

Für den Koeffizienten von λ^3 gilt $\varepsilon_{ijk}\,\varepsilon_{pqr}\,\delta_{ip}\,\delta_{jq}\,\delta_{kr} = \varepsilon_{ijk}\,\varepsilon_{ijk}$, und das ist die Quadratsumme aller von null verschiedenen Koordinaten des ε-Tensors, also 6. Die Koeffizienten der übrigen Potenzen von λ sind offenbar Skalare und damit wie die Eigenwerte Invarianten des Tensors a_{ij}. Man führt dafür Bezeichnungen ein, indem man die letzte Gleichung

$$A - A'\lambda + A''\lambda^2 - \lambda^3 = 0 \tag{3.46}$$

schreibt. Darin ist wegen (1.36), (3.11) und (3.7)

$$A'' = \frac{1}{2}\,\varepsilon_{ijk}\,\varepsilon_{pqr}\,\delta_{ip}\,\delta_{jq}\,a_{kr} = a_{ii}\,, \tag{3.47}$$

$$A' = \frac{1}{2}\,\varepsilon_{ijk}\,\varepsilon_{pqr}\,\delta_{ip}\,a_{jq}\,a_{kr} = b_{ii}\,, \tag{3.48}$$

$$A = \frac{1}{6}\,\varepsilon_{ijk}\,\varepsilon_{pqr}\,a_{ip}\,a_{jq}\,a_{kr} = \det a_{ij}\,. \tag{3.49}$$

Man nennt diese drei Invarianten die erste, zweite und dritte Hauptinvariante des Tensors a_{ij} (nach ihrem Grad in den Koordinaten von a_{ij}). Für A' lässt sich mit (1.35) auch

$$A' = \frac{1}{2}\,(\delta_{jq}\,\delta_{kr} - \delta_{jr}\,\delta_{kq})\,a_{jq}\,a_{kr}$$

oder

$$A' = \frac{1}{2}\,(a_{jj}\,a_{kk} - a_{jk}\,a_{kj}) = \frac{1}{2}\,[\mathrm{Sp}^2\,\underline{\underline{a}} - \mathrm{Sp}(\underline{\underline{a}}\cdot\underline{\underline{a}})] \tag{3.50}$$

schreiben.

2. Für einen polaren Tensor sind offenbar die Eigenwerte und die Hauptinvarianten polare Skalare. Für einen axialen Tensor sind nach (3.39) die Eigenwerte axiale Skalare, und nach (3.46) sind dann A und A'' axiale Skalare, während A' ein polarer Skalar ist.

3. Unter Verwendung von (3.50) lässt sich auch für den Kotensor ein einfacher Ausdruck angeben: Es ist

$$\begin{aligned}
b_{ip} &\overset{(3.11)}{=} \frac{1}{2}\varepsilon_{ijk}\,\varepsilon_{pqr}\,a_{jq}\,a_{kr}\\
&\overset{(1.26)}{=} \frac{1}{2}\begin{vmatrix} \delta_{ip} & \delta_{iq} & \delta_{ir}\\ \delta_{jp} & \delta_{jq} & \delta_{jr}\\ \delta_{kp} & \delta_{kq} & \delta_{kr}\end{vmatrix} a_{jq}\,a_{kr} = \frac{1}{2}\begin{vmatrix} \delta_{ip} & \delta_{iq} & \delta_{ir}\\ a_{pq} & a_{qq} & a_{rq}\\ a_{pr} & a_{qr} & a_{rr}\end{vmatrix}\\
&= \frac{1}{2}[\delta_{ip}(a_{qq}\,a_{rr}-a_{qr}\,a_{rq})+\delta_{iq}(a_{rq}\,a_{pr}-a_{pq}\,a_{rr})\\
&\quad +\delta_{ir}(a_{pq}\,a_{qr}-a_{qq}\,a_{pr})]\\
&= \frac{1}{2}[\delta_{ip}(a_{qq}\,a_{rr}-a_{qr}\,a_{rq})+a_{ri}\,a_{pr}-a_{pi}\,a_{rr}+a_{pq}\,a_{qi}-a_{qq}\,a_{pi}],
\end{aligned}$$

$$b_{ip} = A'\delta_{ip} - A''a_{pi} + a_{pq}\,a_{qi}\,,\quad \underline{\underline{b}}^{\mathrm{T}} = A'\underline{\underline{\delta}} - A''\underline{\underline{a}} + \underline{\underline{a}}^2\,. \tag{3.51}$$

3.11.3 Klassifikation von Tensoren nach der Art ihrer Eigenwerte, Sätze über Eigenwerte

1. Die charakteristische Gleichung (3.45) hat mindestens eine reelle Wurzel. (Die Koordinaten a_{ij} waren reell vorausgesetzt.) Jeder Tensor mit reellen Koordinaten hat also mindestens einen reellen Eigenwert. Im übrigen sind folgende Fälle möglich:

I. Es gibt drei verschiedene reelle Eigenwerte.

II. Es gibt drei verschiedene Eigenwerte, und zwar einen reellen und zwei konjugiert komplexe.

III. Es gibt zwei verschiedene reelle Eigenwerte, einen einfachen und einen doppelten.

IV. Es gibt nur einen dreifachen reellen Eigenwert.

2. Man kann leicht zeigen, dass ein symmetrischer Tensor keinen komplexen Eigenwert haben kann (Fall I, III, IV). Wir beweisen das indirekt, indem wir annehmen, es gäbe einen komplexen Eigenwert und dann im Allgemeinen auch eine komplexe Eigenrichtung:

$$a_{ij}(X_j + \mathrm{i}Y_j) = (\lambda + \mathrm{i}\mu)(X_i + \mathrm{i}Y_i),$$

Trennung in Realteil und Imaginärteil ergibt

$$a_{ij} X_j = \lambda X_i - \mu Y_i, \quad a_{ij} Y_j = \mu X_i + \lambda Y_i.$$

Wir überschieben die erste Gleichung mit Y_i und die zweite mit X_i:

$$a_{ij} Y_i X_j = \lambda Y_i X_i - \mu Y_i^2, \quad a_{ij} X_i Y_j = \mu X_i^2 + \lambda X_i Y_i.$$

Wegen der Symmetrie von a_{ij} sind die linken Seiten gleich; durch Gleichsetzen der rechten Seite erhält man $\mu(X_i^2 + Y_i^2) = 0$.

Da der Eigenvektor von null verschieden vorausgesetzt ist, muss $\mu = 0$ sein, d. h. der Eigenwert muss reell sein.

3. Ein antimetrischer Tensor hat drei Eigenwerte

$$\lambda_1 = 0, \qquad \lambda_2 = \mathrm{i}\sqrt{A_i^2}, \qquad \lambda_3 = -\mathrm{i}\sqrt{A_i^2}, \tag{3.52}$$

wobei A_i der zugehörige Vektor nach (3.8) und das i vor der Wurzel die imaginäre Einheit ist (Fall II), und zu λ_1 gehört A_i als Eigenvektor. Um das einzusehen, stelle man die charakteristische Gleichung (3.46) auf: Dass die Determinante eines antimetrischen Tensors verschwindet, haben wir am Ende von Abschnitt 3.2 gezeigt. Nach (3.48) und (3.12) ist $A' = A_i^2$, und dass die Spur eines antimetrischen Tensors verschwindet, ist evident. Damit lautet die charakteristische Gleichung $\lambda(A_i^2 + \lambda^2) = 0$, woraus sofort (3.52) folgt. Die Bestimmungsgleichungen (3.39) für den zu $\lambda_1 = 0$ gehörigen Eigenvektor lautet $a_{ij} X_j = 0$. Mit $(3.8)_2$ ergibt sich $\varepsilon_{ijk} A_k X_j = 0$, dann erkennt man sofort, dass $X_i = A_i$ eine Lösung ist, da ε_{ijk} antimetrisch und $A_k A_j$ symmetrisch ist.

4. Ein Tensor, der weder symmetrisch noch antimetrisch ist, kann offenbar zu allen vier oben genannten Fällen gehören.

5. Die Umkehrung der charakteristischen Gleichung (3.46) ist der viétasche Wurzelsatz

$$\begin{aligned} A &= \lambda_1 \lambda_2 \lambda_3, \\ A' &= \lambda_1 \lambda_2 + \lambda_2 \lambda_3 + \lambda_3 \lambda_1, \\ A'' &= \lambda_1 + \lambda_2 + \lambda_3. \end{aligned} \tag{3.53}$$

Ein Tensor ist also genau dann regulär, wenn kein Eigenwert verschwindet, d. h. er ist genau dann singulär, wenn mindestens ein Eigenwert verschwindet. Wenn nur ein Eigenwert verschwindet, hat er den Rang 2; denn dann ist offenbar $A' \neq 0$ und damit nach (3.48) auch $b_{ij} \neq 0$. Für symmetrische Tensoren werden wir im Abschnitt 3.12.2 weitergehende Aussagen machen.[6]

6. Wenn ein Tensor $\underline{\underline{a}}$ in einem geeigneten Koordinatensystem eine Koordinatenmatrix in Form einer Dreiecksmatrix

$$\begin{pmatrix} a_{11} & a_{12} & a_{13} \\ 0 & a_{22} & a_{23} \\ 0 & 0 & a_{33} \end{pmatrix}$$

hat, dann sind die Diagonalelemente dieser Matrix die Eigenwerte des Tensors.

Die Koordinatenmatrix des Tensors $(\underline{\underline{a}} - \lambda\, \underline{\underline{\delta}})$ ist dann nämlich

$$\begin{pmatrix} a_{11}-\lambda & a_{12} & a_{13} \\ 0 & a_{22}-\lambda & a_{23} \\ 0 & 0 & a_{33}-\lambda \end{pmatrix},$$

und die charakteristische Gleichung $\det(\underline{\underline{a}} - \lambda\, \underline{\underline{\delta}}) = 0$ lautet dann

$$(a_{11}-\lambda)(a_{22}-\lambda)(a_{33}-\lambda) = 0.$$

7. Wenn in einer Zeile oder Spalte der Koordinatenmatrix eines Tensors nur das Diagonalelement $a_{\underline{ii}}$ von null verschieden ist, so ist dieses Diagonalelement ein Eigenwert des Tensors; denn wenn man in der charakteristischen Gleichung $\det(a_{ij} - \lambda\, \delta_{ij}) = 0$ die Determinante nach dieser Reihe entwickelt, tritt $(a_{\underline{ii}} - \lambda)$ als Faktor auf.

Ist speziell in einer *Spalte* nur das Diagonalelement von null verschieden, so ist die entsprechende Koordinatenrichtung die zugehörige Eigenrichtung. Wir nehmen zum Beweis ohne Beschränkung der Allgemeinheit an, dass das in der ersten Spalte der Fall ist, dann berechnen sich die Eigenvektoren zu diesem Eigenwert aus dem Gleichungssystem

$$\begin{pmatrix} 0 & a_{12} & a_{13} \\ 0 & a_{22}-a_{11} & a_{23} \\ 0 & a_{32} & a_{33}-a_{11} \end{pmatrix} \begin{pmatrix} X_1 \\ X_2 \\ X_3 \end{pmatrix} = \begin{pmatrix} 0 \\ 0 \\ 0 \end{pmatrix}.$$

---

[6] Verschwinden genau zwei Eigenwerte, so ist $A' = 0$ und damit auch $b_{ii} = 0$, daraus kann man aber natürlich nicht schließen, dass auch $b_{ij} = 0$ ist.

Das hat als nichttriviale Lösung die Koordinaten des Basisvektors $\underline{e}_1$, also $X_1 = 1, X_2 = X_3 = 0$.

Offenbar gilt auch die Umkehrung: Wenn eine Koordinatenrichtung Eigenrichtung ist, so ist in der entsprechenden Spalte der Koordinatenmatrix das Diagonalelement der zugehörige Eigenwert, und die übrigen Elemente sind null. Wenn wir wieder ohne Beschränkung der Allgemeinheit annehmen, die x_1-Richtung sei Eigenrichtung, so folgt aus dem Gleichungssystem

$$\begin{pmatrix} a_{11}-\lambda & a_{12} & a_{13} \\ a_{21} & a_{22}-\lambda & a_{23} \\ a_{31} & a_{32} & a_{33}-\lambda \end{pmatrix} \begin{pmatrix} 1 \\ 0 \\ 0 \end{pmatrix} = \begin{pmatrix} 0 \\ 0 \\ 0 \end{pmatrix}$$

sofort $a_{11} = \lambda,\ a_{21} = a_{31} = 0$.

3.11.4 Sätze über Eigenvektoren

Wir wollen in diesem Abschnitt Sätze über die Eigenvektoren von Tensoren mit reellen Koordinaten gewinnen und am Ende zu Aussagen über die vier Klassen von Tensoren kommen, die wir zu Beginn des vorigen Abschnittes unterschieden haben.

1. Grundlegend ist die folgende Aussage:
Satz 1: *Zu jedem Eigenwert gehört mindestens eine Eigenrichtung, speziell zu einem reellen Eigenwert mindestens eine reelle Eigenrichtung. Zu einem komplexen Eigenwert kann keine reelle Eigenrichtung gehören.*

Dass zu jedem Eigenwert mindestens eine Eigenrichtung gehört, folgt unmittelbar aus (3.39).

Wir setzen Eigenwert und Eigenrichtung in (3.39) zur Wahrung der vollen Allgemeinheit beide komplex an:

$$\underline{\underline{a}} \cdot (\underline{X} + \mathrm{i}\,\underline{Y}) = (\lambda + \mathrm{i}\,\mu)(\underline{X} + \mathrm{i}\,\underline{Y}).$$

Trennung in Real- und Imaginärteil ergibt

$$\underline{\underline{a}} \cdot \underline{X} = \lambda\,\underline{X} - \mu\,\underline{Y}, \quad \underline{\underline{a}} \cdot \underline{Y} = \mu\,\underline{X} + \lambda\,\underline{Y}.$$

Nehmen wir an, dass der Eigenwert reell, also $\mu = 0$ ist, dann folgt

$$\underline{\underline{a}} \cdot \underline{X} = \lambda\,\underline{X}, \quad \underline{\underline{a}} \cdot \underline{Y} = \lambda\,\underline{Y}.$$

Diese beiden Gleichungen sind durch $\underline{X} \neq \underline{0}, \underline{Y} = \underline{0}$ zu erfüllen, zu einem reellen Eigenwert gehört also mindestens eine reelle Eigenrichtung.

Nehmen wir umgekehrt an, dass der Eigenwert komplex, aber die Eigenrichtung reell, also $\mu \neq 0$ und $\underline{Y} = \underline{0}$ ist, so folgt aus dem Imaginärteil $\mu \underline{X} = \underline{0}$ oder $\underline{X} = \underline{0}$. Da $\underline{X}$ und $\underline{Y}$ nicht beide null sein können, führt die Voraussetzung auf einen Widerspruch, zu einem komplexen Eigenwert kann also keine reelle Eigenrichtung gehören.

2. Die folgenden Sätze folgen unmittelbar aus der Tatsache, dass die Nullrichtungen des Tensors $(\underline{\underline{a}} - \lambda\,\underline{\underline{\delta}})$ die Eigenrichtungen des Tensors $\underline{\underline{a}}$ zum Eigenwert λ sind:

Satz 2: *Hat für einen Eigenwert λ der Tensor $(\underline{\underline{a}} - \lambda\,\underline{\underline{\delta}})$ den Rang zwei, so gibt es zu λ nur eine Eigenrichtung.*

Satz 3: *Hat für einen Eigenwert λ der Tensor $(\underline{\underline{a}} - \lambda\,\underline{\underline{\delta}})$ den Rang eins, so gibt es zu λ zwei verschiedene (und damit linear unabhängige) Eigenrichtungen.*

Alle Richtungen, die sich als lineare Kombinationen zweier verschiedener Eigenrichtungen darstellen lassen, m. a. W. die in der von den zwei Eigenvektoren aufgespannten Ebene liegen, sind Eigenrichtungen. Es gibt dann also unendlich viele verschiedene Eigenrichtungen; man sagt, sie bilden eine Eigenebene.

Satz 4: *Hat für einen Eigenwert λ der Tensor $(\underline{\underline{a}} - \lambda\,\underline{\underline{\delta}})$ den Rang null, so gibt es zu λ drei linear unabhängige Eigenrichtungen.*

Damit sind alle Richtungen Eigenrichtungen; denn jede Richtung lässt sich als lineare Kombination dreier linear unabhängiger Eigenrichtungen darstellen. Rang null heißt, dass der Tensor $(\underline{\underline{a}} - \lambda\,\underline{\underline{\delta}})$ der Nulltensor sein muss, d. h. es muss $\underline{\underline{a}} = \lambda\,\underline{\underline{\delta}}$ sein, m. a. W. der Tensor $\underline{\underline{a}}$ muss isotrop sein. Offenbar gilt auch die Umkehrung: Wenn ein Tensor isotrop ist, hat er einen dreifachen Eigenwert mit drei linear unabhängigen Eigenrichtungen.

3. Wir zeigen in zwei Schritten, dass zu verschiedenen Eigenwerten linear unabhängige Eigenrichtungen gehören.

Satz 5: *Zwei verschiedene Eigenwerte können keine gemeinsame Eigenrichtung haben.*

Wir beweisen das indirekt: Wir nehmen an, $\underline{q}$ sei die gemeinsame Eigenrichtung zweier Eigenwerte λ_1 und λ_2 des Tensors $\underline{\underline{a}}$, dann gilt

$$\underline{\underline{a}} \cdot \underline{q} = \lambda_1 \underline{q} = \lambda_2 \underline{q}.$$

Da $\underline{q}$ als Eigenvektor nicht der Nullvektor sein kann, folgt aus $\lambda_1 \underline{q} = \lambda_2 \underline{q}$, dass $\lambda_1 = \lambda_2$ sein muss.

Satz 6: *Die zu drei verschiedenen Eigenwerten gehörigen Eigenrichtungen sind linear unabhängig.*

Wir beweisen auch das indirekt: Es seien λ_1, λ_2 und λ_3 die drei verschiedenen Eigenwerte; dann gehört zu jedem Eigenwert nach Satz 1 mindestens eine Eigenrichtung, und diese Eigenrichtungen sind nach Satz 5 verschieden. Wir nennen sie $\underline{q}_1$, $\underline{q}_2$ und $\underline{q}_3$. Dann gilt

$$\underline{\underline{a}} \cdot \underline{q}_1 = \lambda_1 \underline{q}_1, \quad \underline{\underline{a}} \cdot \underline{q}_2 = \lambda_2 \underline{q}_2, \quad \underline{\underline{a}} \cdot \underline{q}_3 = \lambda_3 \underline{q}_3.$$

Wir nehmen nun an, dass $\underline{q}_1$, $\underline{q}_2$ und $\underline{q}_3$ linear abhängig sind, dann muss

$$\alpha_i \underline{q}_i = \underline{0}, \quad \alpha_i \neq 0$$

gelten. Es sei $\alpha_3 \neq 0$, dann gilt mit $\beta_1 = -\alpha_1/\alpha_3$, $\beta_2 = -\alpha_2/\alpha_3$

$$\underline{q}_3 = \beta_1 \underline{q}_1 + \beta_2 \underline{q}_2.$$

Da $\underline{q}_1$, $\underline{q}_2$ und $\underline{q}_3$ Einheitsvektoren und alle verschieden sind, müssen offenbar β_1 und β_2 beide ungleich null sein. Wir setzen nun die letzte Gleichung in $\underline{\underline{a}} \cdot \underline{q}_3 = \lambda_3 \underline{q}_3$ ein:

$$\begin{aligned}
&\underline{\underline{a}} \cdot (\beta_1 \underline{q}_1 + \beta_2 \underline{q}_2) = \lambda_3 (\beta_1 \underline{q}_1 + \beta_2 \underline{q}_2), \\
&\beta_1 \underbrace{\underline{\underline{a}} \cdot \underline{q}_1}_{\lambda_1 \underline{q}_1} + \beta_2 \underbrace{\underline{\underline{a}} \cdot \underline{q}_2}_{\lambda_2 \underline{q}_2} = \beta_1 \lambda_3 \underline{q}_1 + \beta_2 \lambda_3 \underline{q}_2, \\
&\beta_1 (\lambda_1 - \lambda_3) \underline{q}_1 + \beta_2 (\lambda_2 - \lambda_3) \underline{q}_2 = \underline{0}.
\end{aligned}$$

Da $\lambda_1 - \lambda_3 \neq 0$, $\lambda_2 - \lambda_3 \neq 0$ und $\underline{q}_1$ und $\underline{q}_2$ verschiedene Eigenvektoren sind, müssen offenbar β_1 und β_2 (und damit α_1 und α_2) beide null sein, was ein Widerspruch zu der obigen Folgerung ist, dass sie beide ungleich null sind. Damit ist die Annahme, die $\underline{q}_i$ seien linear abhängig, falsch.

4. Wir wollen schließlich einen wichtigen Zusammenhang zwischen der Vielfachheit eines Eigenwerts und der Anzahl der zugehörigen linear unabhängigen Eigenrichtungen beweisen:

Satz 7: *Die Anzahl der linear unabhängigen Eigenrichtungen zu einem Eigenwert ist höchstens gleich der Vielfachheit des Eigenwerts.*

Im Umkehrschluss gilt dann:

Satz 8: *Gehören zu einem Eigenwert drei linear unabhängige Eigenrichtungen, so handelt es sich um einen dreifachen Eigenwert.*

Satz 9: *Gehören zu einem Eigenwert zwei verschiedene Eigenrichtungen, so handelt es sich um einen zweifachen oder einen dreifachen Eigenwert.*

Satz 10: *Gehört zu einem Eigenwert nur eine Eigenrichtung, so kann es sich um einen einfachen, einen zweifachen oder einen dreifachen Eigenwert handeln.*

Wir zeigen zunächst, dass zu einem dreifachen Eigenwert λ_1 eines Tensors $\underline{\underline{a}}$ bis zu drei linear unabhängige Eigenrichtungen gehören können.

Es reicht aus, für jeden der drei Fälle ein Beispiel anzugeben. Dazu betrachten wir einen Tensor mit einer Koordinatenmatrix

$$\begin{pmatrix} \lambda_1 & a_{12} & a_{13} \\ 0 & \lambda_1 & a_{23} \\ 0 & 0 & \lambda_1 \end{pmatrix},$$

er hat nach Abschnitt 3.11.3 Nr. 6 den dreifachen Eigenwert λ_1. Die Koordinatenmatrix des Tensors $(\underline{\underline{a}} - \lambda_1 \underline{\underline{\delta}})$ lautet

$$\begin{pmatrix} 0 & a_{12} & a_{13} \\ 0 & 0 & a_{23} \\ 0 & 0 & 0 \end{pmatrix}.$$

Für $a_{12} \neq 0, \quad a_{23} \neq 0$ hat sie den Rang 2 und damit der Tensor nach Satz 2 nur eine Eigenrichtung; z. B. für $a_{12} = 0, \quad a_{23} \neq 0$ hat sie den Rang 1 und damit der Tensor nach Satz 3 zwei verschiedene Eigenrichtungen; für $a_{12} = a_{13} = a_{23} = 0$ hat sie den Rang null und damit der Tensor nach Satz 4 drei linear unabhängige Eigenrichtungen.

Wir wollen nun zeigen, dass zu einem doppelten Eigenwert λ_1 höchstens zwei verschiedene Eigenrichtungen gehören können.

Der Rang des zum doppelten Eigenwert λ_1 gehörigen Tensors $(\underline{\underline{a}} - \lambda_1 \underline{\underline{\delta}})$ kann nicht null sein, denn wäre er null, wäre $(\underline{\underline{a}} - \lambda_1 \underline{\underline{\delta}})$ der Nulltensor, d. h. es wäre $\underline{\underline{a}} = \lambda_1 \underline{\underline{\delta}}$, und dieser Tensor hat den dreifachen Eigenwert λ_1. Also muss der Rang von $(\underline{\underline{a}} - \lambda_1 \underline{\underline{\delta}})$ mindestens eins sein, und damit hat $\underline{\underline{a}}$ nach Satz 2 und 3 höchstens zwei verschiedene Eigenrichtungen.

Zu einem reellen Eigenwert gehört nach Satz 1 mindestens eine (reelle) Eigenrichtung. Es bleibt also nur noch zu zeigen, dass zu einem doppelten Eigenwert auch zwei verschiedene Eigenrichtungen gehören können. Ein Beispiel dafür ist ein Tensor mit einer Koordinatenmatrix

$$\begin{pmatrix} \lambda_1 & a_{12} & a_{13} \\ 0 & \lambda_1 & a_{23} \\ 0 & 0 & \lambda_2 \end{pmatrix}$$

mit $\lambda_2 \neq \lambda_1$. Nach Abschnitt 3.11.3 Nr. 6 hat ein solcher Tensor den doppelten Eigenwert λ_1 und den einfachen Eigenwert λ_2, und die Koordinatenmatrix des Tensors $(\underline{\underline{a}} - \lambda_1 \underline{\underline{\delta}})$ lautet

$$\begin{pmatrix} 0 & a_{12} & a_{13} \\ 0 & 0 & a_{23} \\ 0 & 0 & \lambda_2 - \lambda_1 \end{pmatrix}.$$

Wenn $a_{12} = 0$ ist, hat sie den Rang 1 und damit der Tensor nach Satz 3 zwei verschiedene Eigenrichtungen zum doppelten Eigenwert.

Es sei nun λ_1 ein einfacher Eigenwert von $\underline{\underline{a}}$ und $\underline{q}_1$ eine zu λ_1 gehörige Eigenrichtung, dann wählen wir $\underline{q}_1$ als x_1-Richtung eines kartesischen Koordinatensystems und wählen zwei beliebige zu $\underline{q}_1$ und zueinander orthogonale Einheitsvektoren als x_2- und x_3-Richtung. In diesem Koordinatensystem hat die Koordinatenmatrix von $\underline{\underline{a}}$ nach Abschnitt 3.11.3 Nr. 7 die Form

$$\begin{pmatrix} \lambda_1 & a_{12}^* & a_{13}^* \\ 0 & a_{22}^* & a_{23}^* \\ 0 & a_{32}^* & a_{33}^* \end{pmatrix},$$

und die charakteristische Gleichung lautet

$$\begin{vmatrix} \lambda_1 - \lambda & a_{12}^* & a_{13}^* \\ 0 & a_{22}^* - \lambda & a_{23}^* \\ 0 & a_{32}^* & a_{33}^* - \lambda \end{vmatrix} = (\lambda_1 - \lambda) \begin{vmatrix} a_{22}^* - \lambda & a_{23}^* \\ a_{32}^* & a_{33}^* - \lambda \end{vmatrix} = 0 .$$

Für $\lambda = \lambda_1$ verschwindet der erste Faktor, die Gleichung ist voraussetzungsgemäß erfüllt. Würde auch der zweite Faktor für $\lambda = \lambda_1$ verschwinden, wäre λ_1 kein einfacher Eigenwert; da das nach Voraussetzung ausgeschlossen ist, hat die Determinante den Rang 2, und damit gehört zu λ_1 nur eine Eigenrichtung.

5. Ein Tensor mit insgesamt weniger als drei linear unabhängigen Eigenrichtungen heißt defektiv, ein Tensor mit drei linear unabhängigen Eigenrichtungen nichtdefektiv.

Nach Satz 7 muss ein defektiver Tensor einen mehrfachen Eigenwert haben.

Für einen nichtdefektiven Tensor kann man in (3.28) für $\underline{g}_i$ drei linear unabhängige Eigenvektoren einsetzen; dann gilt $\underline{h}_i = \lambda_{\underline{i}} \underline{g}_i$. Setzt man das in (3.29) ein, so erhält man

$$\underline{\underline{a}} = \lambda_{\underline{i}} \underline{g}_{\underline{i}} \underline{g}^i , \tag{3.54}$$

wobei $\underline{g}^i$ die zu den linear unabhängigen Eigenvektoren $\underline{g}_i$ reziproke Basis ist. Wenn man (3.54) transponiert, $\underline{\underline{a}}^{\mathrm{T}} = \lambda_{\underline{i}} \underline{g}^{\underline{i}} \underline{g}_i$, und von rechts mit $\underline{g}^j$ skalar multipliziert, folgt weiterhin

$$\underline{\underline{a}}^{\mathrm{T}} \cdot \underline{g}^j = \lambda_{\underline{j}} \underline{g}^{\underline{j}} ,$$

die $\underline{g}^j$ sind also nach (3.42) zugleich Links-Eigenvektoren von $\underline{\underline{a}}$.

6. Wir wollen abschließend diese Sätze für die vier Klassen von Tensoren zusammenfassen, die wir zu Beginn des vorigen Abschnitts unterschieden haben:

I. Fall: Der Tensor hat drei verschiedene reelle Eigenwerte.

Dann gibt es drei linear unabhängige reelle Eigenrichtungen, zu jedem Eigenwert eine; der Tensor ist nichtdefektiv.

II. Fall: Der Tensor hat drei verschiedene Eigenwerte, und zwar einen reellen und zwei konjugiert komplexe.

Dann gibt es drei linear unabhängige Eigenrichtungen, und zwar zu dem reellen Eigenwert eine reelle und zu den beiden komplexen je eine komplexe; der Tensor ist nichtdefektiv.

III. Fall: Der Tensor hat zwei verschiedene reelle Eigenwerte, einen einfachen und einen doppelten.

Dann sind zwei Fälle möglich:

a) Hat der zum doppelten Eigenwert gehörige Tensor $(\underline{\underline{a}} - \lambda \underline{\underline{\delta}})$ den Rang 2, so gibt es zu diesem Eigenwert eine reelle Eigenrichtung und zu dem einfachen Eigenwert eine weitere (von der ersten verschiedene) reelle Eigenrichtung; der Tensor ist defektiv.

b) Hat der zum doppelten Eigenwert gehörige Tensor $(\underline{\underline{a}} - \lambda \underline{\underline{\delta}})$ den Rang 1, so gibt es zu diesem Eigenwert zwei linear unabhängige reelle Eigenrichtungen, die eine Eigenebene aufspannen, und zu dem einfachen Eigenwert eine weitere reelle Eigenrichtung, die nicht in der Eigenebene liegt; der Tensor ist nichtdefektiv.

IV. Fall: Der Tensor hat einen dreifachen reellen Eigenwert.

Dann sind drei Fälle möglich:

a) Hat der Tensor $(\underline{\underline{a}} - \lambda\,\underline{\underline{\delta}})$ den Rang 2, so gibt es nur eine reelle Eigenrichtung; der Tensor ist defektiv.

b) Hat der Tensor $(\underline{\underline{a}} - \lambda\,\underline{\underline{\delta}})$ den Rang 1, so gibt es zwei linear unabhängige reelle Eigenrichtungen, die eine Eigenebene aufspannen; der Tensor ist defektiv.

c) Hat der Tensor $(\underline{\underline{a}} - \lambda\,\underline{\underline{\delta}})$ den Rang 0, so ist der Tensor isotrop, und jede Richtung ist Eigenrichtung; der Tensor ist nichtdefektiv.

Aufgabe 3.12

Gegeben seien Tensoren mit den Koordinatenmatrizen[7]

$$\text{A.}\begin{pmatrix} 1 & 1 & 0 \\ 0 & 1 & 1 \\ 0 & 0 & 1 \end{pmatrix}, \quad \text{B.}\begin{pmatrix} 1 & 0 & 0 \\ 0 & 1 & 1 \\ 0 & 0 & 1 \end{pmatrix}, \quad \text{C.}\begin{pmatrix} 1 & 0 & 0 \\ 0 & 1 & 0 \\ 0 & 0 & 1 \end{pmatrix},$$

$$\text{D.}\begin{pmatrix} 1 & 1 & 0 \\ 0 & 1 & 1 \\ 0 & 0 & 2 \end{pmatrix}, \quad \text{E.}\begin{pmatrix} 1 & 0 & 0 \\ 0 & 1 & 1 \\ 0 & 0 & 2 \end{pmatrix}, \quad \text{F.}\begin{pmatrix} 1 & 0 & 0 \\ 0 & 1 & 0 \\ 0 & 0 & 2 \end{pmatrix}.$$

Man bestimme jeweils die Eigenwerte und zu jedem Eigenwert einen Satz linear unabhängiger Eigenrichtungen. In welchen Fällen ist der Tensor nichtdefektiv, und in welchen Fällen gibt es darüber hinaus drei wechselseitig orthogonale Eigenrichtungen?

3.11.5 Eigenwerte und Eigenvektoren quadratischer Matrizen

1. Offenbar kann man die Begriffe Eigenwert und Eigenvektor auf eine beliebige N-reihige quadratische Matrix übertragen: Jeder solchen Matrix $\underset{\sim}{a}$ kann man eine Eigenwert-Eigenvektor-Gleichung

$$(\underset{\sim}{a} - \lambda\,\underset{\sim}{E})\,\underset{\sim}{X} = \underset{\sim}{0} \tag{3.55}$$

[7] Quelle: Adalbert Duschek, August Hochrainer: Grundzüge der Tensorrechnung in analytischer Darstellung, Bd. 1: Tensoralgebra. 5. Auflage, S. 113–115. Wien: Springer, 1968.

zuordnen. Die Zahlen λ, die sie erfüllen, nennt man die Eigenwerte der Matrix und die Spaltenmatrizen $\underset{\sim}{X} \neq \underset{\sim}{0}$, die sie für einen bestimmten Wert von λ erfüllen, die (Rechts-)Eigenvektoren der Matrix zum Eigenwert λ.

Man kann (3.55) als homogenes lineares Gleichungssystem für die N Elemente der Spaltenmatrix $\underset{\sim}{X}$ auffassen. Damit das Gleichungssystem eine nichttriviale Lösung hat, muss die Koeffizientendeterminante verschwinden, d. h. die charakteristische Gleichung

$$\det(\underset{\sim}{a} - \lambda \underset{\sim}{E}) = 0 \tag{3.56}$$

erfüllt sein. Mit (1.29) folgt für die linke Seite

$$\begin{aligned} &\det(\underset{\sim}{a} - \lambda \underset{\sim}{E}) \\ &= \frac{1}{N!} \varepsilon_{ij\dots k} \varepsilon_{pq\dots r} (a_{ip} - \lambda \delta_{ip})(a_{jq} - \lambda \delta_{jq}) \dots (a_{kr} - \lambda \delta_{kr}), \\ &ij\dots kpq\dots r : N \text{ Indizes}, \end{aligned} \tag{3.57}$$

das ist offenbar ein Polynom N-ten Grades in λ. Man kann die charakteristische Gleichung also in der Form

$$\alpha - \alpha' \lambda + \alpha'' \lambda^2 + \dots + (-1)^{N-1} \alpha^{(N-1)} \lambda^{N-1} + (-1)^N \lambda^N = 0 \tag{3.58}$$

schreiben. Eine solche Gleichung hat N nicht notwendig verschiedene und im Allgemeinen komplexe Lösungen (Wurzeln) $\lambda_1, \lambda_2, \dots, \lambda_N$ und lässt sich deshalb in der Form

$$(\lambda - \lambda_1)(\lambda - \lambda_2) \dots (\lambda - \lambda_N) = 0$$

faktorisieren. Durch Ausmultiplizieren folgt für die Koeffizienten $\alpha^{(k)}$ (gelesen: α k-Strich) der viétasche Wurzelsatz

$$\begin{aligned} \alpha &= \lambda_1 \lambda_2 \dots \lambda_N, \\ \alpha' &= \lambda_2 \lambda_3 \dots \lambda_N + \lambda_1 \lambda_3 \lambda_4 \dots \lambda_N + \dots + \lambda_1 \lambda_2 \dots \lambda_{N-1}, \\ &\vdots \\ \alpha^{(N-1)} &= \lambda_1 + \lambda_2 + \dots + \lambda_N. \end{aligned} \tag{3.59}$$

Dabei ist der allgemeine Koeffizient $\alpha^{(k)}$ offenbar die Summe aller Produkte mit $(N-k)$ verschiedenen Faktoren, die sich aus den N Wurzeln λ_i bilden lassen, das sind $\binom{N}{k}$ Summanden.

Durch Ausmultiplizieren von (3.57) und Ordnen nach Potenzen von λ erhält man alternativ zu (3.59) eine Darstellung der Koeffizienten $\alpha^{(k)}$ als Funktionen der Matrixelemente a_{ij}.

Für das absolute Glied folgt mit (1.29)

$$\alpha = \frac{1}{N!}\,\varepsilon_{ij\ldots k}\,\varepsilon_{pq\ldots r}\,a_{ip}\,a_{jq}\cdots a_{kr} = \det \underset{\sim}{a}\,. \tag{3.60}$$

Für das lineare Glied erhält man

$$\alpha' = \frac{1}{N!}\,\varepsilon_{ij\ldots k}\,\varepsilon_{pq\ldots r}(\delta_{ip}\,a_{jq}\cdots a_{kr} + a_{ip}\,\delta_{jq}\cdots a_{kr} + \cdots).$$

Multipliziert man das aus und vertauscht Faktoren und die entsprechenden Indizes der Epsilons, so folgt z. B. für den zweiten Summanden

$$\frac{1}{N!}\,\varepsilon_{ij\ldots k}\,\varepsilon_{pq\ldots r}\,a_{ip}\,\delta_{jq}\ldots a_{kr} = \frac{1}{N!}\,\varepsilon_{ji\ldots k}\,\varepsilon_{qp\ldots r}\,\delta_{jq}\,a_{ip}\ldots a_{kr}\,,$$

das ist aber gleich dem ersten Summanden, d. h. alle N Summanden sind gleich, und man erhält

$$\alpha' = \frac{1}{(N-1)!}\,\varepsilon_{ij\ldots k}\,\varepsilon_{iq\ldots r}\,a_{jq}\ldots a_{kr}\,. \tag{3.61}$$

Nach (1.30) ist das für $i=1$ der Minor zum Element a_{11}, für $i=2$ entsprechend der Minor zum Element a_{22}, usw. α' ergibt sich also als die Summe der Hauptminoren der Matrix $\underset{\sim}{a}$. (Eigentlich wären die Kofaktoren zu nehmen, aber auf der Hauptdiagonale fallen Minor und Kofaktor zusammen.)

Für α'' erhält man in (1.29) statt des Produktes $a_{ip}\,a_{jq}\ldots a_{kr}$ die Summe der $\binom{N}{2}$ Produkte, in denen in jeweils zwei Faktoren a durch δ ersetzt ist. Analog zu α' zeigt man, dass alle Summanden gleich sind, also

$$\alpha'' = \frac{1}{(N-2)!\,2!}\,\varepsilon_{ijk\ldots l}\,\varepsilon_{ijp\ldots q}\,a_{kp}\ldots a_{lq}$$

ist. Das wiederum ist die Summe der $(N-2)$-reihigen Hauptunterdeterminanten der Matrix.

Für den Koeffizienten von λ^k erhält man

$$\alpha^{(k)} = \frac{1}{(N-k)!\,k!}\,\varepsilon_{i\ldots jm\ldots n}\,\varepsilon_{i\ldots jp\ldots q}\,a_{mp}\ldots a_{nq}\,, \qquad i\ldots j\text{: } k \text{ Indizes, } m\ldots n,\ p\ldots q\text{: } N-k \text{ Indizes,} \tag{3.62}$$

das ist die Summe der $\binom{N}{k}$ $(N-k)$-reihigen Hauptunterdeterminanten der Matrix.

Für den Koeffizienten $\alpha^{(N-1)}$ von λ^{N-1} erhält man schließlich die Summe der Elemente der Hauptdiagonale; man nennt sie in Analogie zu den Tensoren die Spur der quadratischen Matrix:

$$\alpha^{(N-1)} = a_{ii} =: \mathrm{Sp}\underset{\sim}{a} \,. \tag{3.63}$$

Zum Beispiel für den einfachsten Fall einer zweireihigen quadratischen Matrix lautet die charakteristische Gleichung

$$\alpha - \alpha' \lambda + \lambda^2 = 0 \,, \tag{3.64}$$

und für die Koeffizienten dieser Gleichung gilt

$$\begin{aligned} \alpha &= \lambda_1 \lambda_2 = \det \underset{\sim}{a} = a_{11} a_{22} - a_{12} a_{21} \,, \\ \alpha' &= \lambda_1 + \lambda_2 = \mathrm{Sp}\underset{\sim}{a} = a_{11} + a_{22} \,. \end{aligned} \tag{3.65}$$

2. Die in den Abschnitten 3.11.3 und 3.11.4 formulierten Sätze über Eigenwerte und Eigenvektoren lassen sich weitgehend von Tensoren auf quadratische Matrizen übertragen.

Eine N-reihige quadratische Matrix mit reellen Elementen hat nach (3.58) genau N (reelle und/oder komplexe) Eigenwerte, wenn man die Eigenwerte entsprechend ihrer Vielfachheit zählt. Bei ungeradem N gibt es stets mindestens einen reellen Eigenwert, bei geradem N können auch alle Eigenwerte komplex sein.

Die Anzahl der zu einem Eigenwert λ gehörenden linear unabhängigen Eigenrichtungen ist durch den Rangabfall der Matrix $\underset{\sim}{a} - \lambda \underset{\sim}{E}$ bestimmt: Wenn $\underset{\sim}{a} - \lambda \underset{\sim}{E}$ den Rangabfall M hat, gibt es M linear unabhängige Eigenrichtungen zu diesem Eigenwert. Der Rangabfall ist wegen $\det(\underset{\sim}{a} - \lambda \underset{\sim}{E}) = 0$ mindestens $M = 1$, zu jedem Eigenwert gehört also mindestens eine Eigenrichtung, bei einem reellen Eigenwert eine reelle Eigenrichtung, bei einem komplexen Eigenwert eine komplexe Eigenrichtung. Sind alle Eigenwerte reell und verschieden, existieren N linear unabhängige Eigenvektoren, die dann eine Basis des N-dimensionalen Vektorraumes der N-zeiligen Spaltenmatrizen bilden.

Wenn die Matrix $\underset{\sim}{a}$ eine spezielle Gestalt hat, lassen sich weitergehende Aussagen treffen: Bei einer Dreiecksmatrix sind die Diagonalelemente zugleich Eigenwerte; wenn in der i-ten Spalte von $\underset{\sim}{a}$ nur das Diagonalelement von null verschieden ist, ist dieses Diagonalelement Eigenwert von $\underset{\sim}{a}$, und der zugehörige Eigenvektor $\underset{\sim}{X}$ enthält nur in der i-ten Zeile eine eins, die übrigen Elemente sind null.

3.12 Symmetrische Tensoren

3.12.1 Die Hauptachsentransformation

1. Jeder Tensor, dessen Koordinatenmatrix in einem geeigneten kartesischen Koordinatensystem diagonalisiert ist, also außerhalb der Hauptdiagonale nur Nullen enthält, ist offenbar symmetrisch. Wir werden in diesem Abschnitt zeigen, dass auch umgekehrt für jeden symmetrischen Tensor (mindestens) ein kartesisches Koordinatensystem existiert, in dem seine Koordinatenmatrix diagonalisiert ist. Man nennt die Koordinatenrichtungen eines solchen Koordinatensystems Hauptachsen des Tensors und die Transformation aus einem beliebigen kartesischen Koordinatensystem auf Hauptachsen eine Hauptachsentransformation. Dabei wollen wir im Folgenden voraussetzen, dass alle verwendeten kartesischen Koordinatensysteme und damit auch das Hauptachsensystem Rechtssysteme sind; für das Hauptachsensystem ist dazu die Reihenfolge der Hauptachsen geeignet zu wählen. Durch diese Einschränkung brauchen wir im Folgenden zwischen polaren und axialen Tensoren nicht zu unterscheiden.

2. Wir beweisen, dass ein symmetrischer Tensor stets ein Hauptachsensystem besitzt, indem wir angeben, wie man ein solches Hauptachsensystem findet. Nach Abschnitt 3.11.3 Nr. 2 besitzt ein symmetrischer Tensor stets drei (nicht notwendig verschiedene) reelle Eigenwerte und nach Abschnitt 3.11.4 Nr. 1 Satz 1 mindestens eine zugehörige reelle Eigenrichtung. Wir transformieren den Tensor $\underline{\underline{a}}$ deshalb im ersten Schritt auf ein kartesisches Koordinatensystem, in dem die $\widetilde{x}_1$-Achse mit dieser Eigenrichtung zusammenfällt. Nach Abschnitt 3.11.3 Nr. 7 und wegen der Symmetrie, die nach Abschnitt 2.6 Nr. 7 invariant gegen eine Koordinatentransformation ist, hat $\underline{\underline{a}}$ in diesem Koordinatensystem die Koordinatenmatrix

$$\widetilde{a}_{ij} = \begin{pmatrix} \lambda_1 & 0 & 0 \\ 0 & \widetilde{a}_{22} & \widetilde{a}_{23} \\ 0 & \widetilde{a}_{32} & \widetilde{a}_{33} \end{pmatrix}. \tag{a}$$

Die zugehörige charakteristische Gleichung lautet

$$\begin{vmatrix} \lambda_1 - \lambda & 0 & 0 \\ 0 & \widetilde{a}_{22} - \lambda & \widetilde{a}_{23} \\ 0 & \widetilde{a}_{32} & \widetilde{a}_{33} - \lambda \end{vmatrix} = 0,$$

die beiden Eigenwerte λ_2 und λ_3 bestimmen sich also aus der Gleichung

$$\begin{vmatrix} \widetilde{a}_{22}-\lambda & \widetilde{a}_{23} \\ \widetilde{a}_{32} & \widetilde{a}_{33}-\lambda \end{vmatrix} = 0.$$

Die zu (a) gehörige Eigenwert-Eigenvektorgleichung lautet für λ_2

$$\begin{pmatrix} \lambda_1-\lambda_2 & 0 & 0 \\ 0 & \widetilde{a}_{22}-\lambda_2 & \widetilde{a}_{23} \\ 0 & \widetilde{a}_{32} & \widetilde{a}_{33}-\lambda_2 \end{pmatrix} \begin{pmatrix} \widetilde{X}_1 \\ \widetilde{X}_2 \\ \widetilde{X}_3 \end{pmatrix} = \begin{pmatrix} 0 \\ 0 \\ 0 \end{pmatrix}$$

oder ausmultipliziert

$$\begin{aligned} (\lambda_1-\lambda_2)\widetilde{X}_1 & & &= 0, \\ & (\widetilde{a}_{22}-\lambda_2)\widetilde{X}_2 &+ \quad \widetilde{a}_{23}\widetilde{X}_3 &= 0, \\ & \widetilde{a}_{32}\widetilde{X}_2 &+ (\widetilde{a}_{33}-\lambda_2)\widetilde{X}_3 &= 0. \end{aligned} \tag{b}$$

Wenn λ_2 und λ_1 verschieden sind, lässt sich (b) nur durch $\widetilde{X}_1 = 0$ erfüllen, d. h. eine zu λ_2 gehörige Eigenrichtung steht dann senkrecht zur $\widetilde{x}_1$-Achse, die gleichzeitig Eigenrichtung zum Eigenwert λ_1 ist. Damit haben wir nebenbei einen wichtigen Satz bewiesen:

Die Eigenrichtungen zweier verschiedener Eigenwerte stehen bei symmetrischen Tensoren stets senkrecht aufeinander.

Daraus folgt für drei verschiedene Eigenwerte nach Abschnitt 3.11.3 Nr. 7 übrigens sofort, dass die drei Eigenrichtungen die Basis eines Hauptachsensystems bilden, und nach Abschnitt 3.11.4 Nr. 4 Satz 7 ist es das einzige.

Wenn λ_2 und λ_1 übereinstimmen, gilt sowohl $\lambda_1 - \lambda_2 = 0$ als auch

$$(\widetilde{a}_{22}-\lambda_1)(\widetilde{a}_{33}-\lambda_1) - \widetilde{a}_{23}^{(2)} = 0;$$

dann ist der Tensor $\underline{\underline{a}} - \lambda_1 \underline{\underline{\delta}}$ mindestens zweifach singulär, und zum Eigenwert λ_1 gehört außer der Eigenrichtung $\widetilde{X}_1 = 1, \quad \widetilde{X}_2 = \widetilde{X}_3 = 0$ mindestens eine weitere Eigenrichtung. Für die zweite Eigenrichtung können wir $\widetilde{X}_1 = 0$ wählen, sie liegt dann in der $\widetilde{x}_2,\widetilde{x}_3$-Ebene, also senkrecht zur ersten, und beide spannen eine Eigenebene auf.

Unabhängig davon, ob λ_1 und λ_2 übereinstimmen oder nicht, können wir also die beiden Eigenrichtungen als $\widehat{x}_1$- und $\widehat{x}_2$-Achsen eines neuen kartesischen Koordinatensystems wählen und den Tensor $\underline{\underline{a}}$ zum zweiten Mal transformieren. Mit den gleichen Argumenten wir zuvor lautet die Koordinatenmatrix in diesem Koordinatensystem

$$\widehat{a}_{ij} = \begin{pmatrix} \lambda_1 & 0 & 0 \\ 0 & \lambda_2 & 0 \\ 0 & 0 & \widehat{a}_{33} \end{pmatrix}.$$

Nach Abschnitt 3.11.3 Nr. 7 ist dann aber auch die $\widehat{x}_3$-Achse Eigenrichtung zum Eigenwert $\lambda_3 = \widehat{a}_{33}$; wir haben also gezeigt, dass jeder symmetrische Tensor mindestens ein Hauptachsensystem besitzt und dass in jedem Hauptachsensystem die Hauptdiagonalelemente Eigenwerte und die Hauptachsen zugehörige Eigenrichtungen sind.

Ein symmetrischer Tensor mit drei verschiedenen Eigenwerten besitzt also nur ein einziges Hauptachsensystem. Zu einem doppelten Eigenwert existieren zwei linear unabhängige Eigenrichtungen, die eine Eigenebene aufspannen, und jede kartesische Basis, deren einer Basisvektor auf dieser Ebene senkrecht steht, ist ein Hauptachsensystem. Ein Tensor mit einem dreifachen Eigenwert ist isotrop; in diesem Fall ist jede kartesische Basis ein Hauptachsensystem.

3. Ein symmetrischer Tensor ist also stets nichtdefektiv, er lässt sich deshalb immer in der Form (3.54) darstellen. Wenn man als Eigenvektoren die Basis $\underline{q}_i$ eines Hauptachsensystems wählt, ist sie nach Abschnitt 3.9.3 mit ihrer reziproken Basis identisch, und (3.54) vereinfacht sich zu

$$\underline{\underline{a}} = \lambda_{\underline{i}} \underline{q}_i \underline{q}_i.$$

4. Bei unserem Beweis zur Hauptachsentransformation sind wir schrittweise vorgegangen, um die Koordinatenmatrix eines symmetrischen Tensors in Diagonalform zu bringen. Für die praktische Berechnung ist das schrittweise Vorgehen jedoch nicht erforderlich, man kann die Diagonalform auch mit einer einzigen Transformation erreichen. Dazu löst man das Eigenwertproblem $a_{ij} X_j = \lambda X_i$, bildet aus den Eigenvektoren eine kartesische Basis $\underline{q}_i$ und verwendet die Koordinaten $\overset{j}{q_i}$ wie in (2.4) als Transformationskoeffizienten $\alpha_{ij} = \overset{j}{q_i}$. Die Ausführung der Transformation gemäß $\widehat{a}_{ij} = \alpha_{mi} \alpha_{nj} a_{mn}$ führt dann auf eine Koordinatendarstellung bezüglich der Basis $\underline{q}_i$, in der nur die Hauptdiagonalelemente mit den Eigenwerten besetzt sind: $\widehat{a}_{ij} = \lambda_{\underline{i}} \delta_{ij}$; die Anordnung der Eigenwerte auf der Hauptdiagonalen hängt davon ab, in welcher Reihenfolge aus den zugehörigen Eigenvektoren eine Basis gebildet wird.

5. Wir wollen die Ergebnisse dieses Abschnitts noch einmal zusammenfassen; sie gelten unter der Voraussetzung, dass alle vorkommenden Koordinatensysteme Rechtssysteme sind, und unter dieser Voraussetzung für polare wie für axiale Tensoren:

- Ein Hauptachsensystem ist ein (rechtshändiges) kartesisches Koordinatensystem, in dem ein Tensor diagonalisiert ist.
- Jeder Tensor, der ein Hauptachsensystem hat, ist symmetrisch, und jeder symmetrische Tensor hat (mindestens) ein Hauptachsensystem.
- Jede Hauptachse ist eine Eigenrichtung des Tensors, und jedes Tripel wechselseitig orthogonaler Eigenrichtungen bildet ein Hauptachsensystem.
- In jedem Hauptachsensystem sind die Koordinaten des Tensors in der Hauptdiagonale seine Eigenwerte:

$$\widehat{a}_{ij} = \lambda_{\underline{i}}\, \delta_{ij} = \begin{pmatrix} \lambda_1 & 0 & 0 \\ 0 & \lambda_2 & 0 \\ 0 & 0 & \lambda_3 \end{pmatrix}. \tag{3.66}$$

- Die Eigenwerte λ_i berechnen sich aus der charakteristischen Gleichung

$$\det(a_{ij} - \lambda\, \delta_{ij}) = 0\,. \tag{3.67}$$

- Die Transformationskoeffizienten α_{ij} einer Hauptachsentransformation $\widehat{a}_{ij} = \alpha_{mi}\, \alpha_{nj}\, a_{mn}$ sind zugleich die Koordinaten $\overset{j}{q}_i$ von drei orthogonalen Eigenrichtungen $\underline{q}_j$ des Tensors im Ausgangskoordinatensystem:

$$\alpha_{ij} = \overset{j}{q}_i\,. \tag{3.68}$$

- Die Koordinaten $\overset{j}{q}_i$ von drei orthogonalen Eigenrichtungen $\underline{q}_j$ des Tensors im Ausgangskoordinatensystem berechnen sich aus der Eigenwert-Eigenvektor-Gleichung

$$(a_{ij} - \lambda_{\underline{k}}\, \delta_{ij})\, \overset{k}{q}_j = 0\,. \tag{3.69}$$

– Zwischen den Koordinaten $\widehat{a}_{ij}$ des Tensors in einem Hauptachsensystem, seinen Eigenwerten λ_i, seinen Koordinaten a_{ij} im Ausgangskoordinatensystem und den Koordinaten $\overset{j}{q}_i$ von drei orthogonalen Eigenrichtungen im Ausgangskoordinatensystem gelten die Beziehungen

$$\begin{aligned} \widehat{a}_{ij} &= \overset{i}{q}_m \overset{j}{q}_n a_{mn} = \lambda_{\underline{i}} \delta_{ij} , \\ a_{ij} &= \overset{m}{q}_i \overset{n}{q}_j \widehat{a}_{mn} = \lambda_{\underline{k}} \overset{k}{q}_i \overset{k}{q}_j , \\ \underline{\underline{a}} &= \lambda_{\underline{k}} \underline{q}_k \underline{q}_k . \end{aligned} \tag{3.70}$$

– Für die Anzahl der Hauptachsensysteme gilt:

· Existieren nur einfache Eigenwerte, gibt es nur ein Hauptachsensystem.

· Existiert ein doppelter Eigenwert, so ist jedes Koordinatensystem, dessen eine Achse in die Eigenrichtung des einfachen Eigenwertes weist, ein Hauptachsensystem.

· Existiert ein dreifacher Eigenwert, so ist jedes Koordinatensystem ein Hauptachsensystem; der Tensor ist isotrop.

Aufgabe 3.13

Ein Tensor habe in einem Ausgangskoordinatensystem die Koordinatenmatrix

$$t_{ij} = \begin{pmatrix} 5 & 0 & 4 \\ 0 & 9 & 0 \\ 4 & 0 & 5 \end{pmatrix} .$$

Man transformiere ihn auf Hauptachsen, d. h. gebe eine rechtshändige kartesische Basis (durch ihre Koordinaten im Ausgangskoordinatensystem) an, in der der Tensor diagonalisiert ist, und man gebe seine Koordinatenmatrix in diesem Hauptachsensystem an.

3.12.2 Eigenwerte und Rang des Tensors

Aus der Existenz eines Hauptachsensystems (3.66) folgt weiter: Sind alle Eigenwerte von null verschieden, so hat der Tensor $\underline{\underline{a}}$ den Rang 3, ist ein Eigenwert null, hat er den Rang 2, sind zwei Eigenwerte null, hat er den Rang 1, und sind alle drei Eigenwerte null, so hat er den Rang null. Es besteht also für einen symmetrischen Tensor ein einfacher Zusammenhang zwischen seinem Rang und der Anzahl der verschwindenden Eigenwerte:

Rang	Eigenwerte
3	$\lambda_{1,2,3} \neq 0$
2	$\lambda_1 = 0,\ \lambda_{2,3} \neq 0$
1	$\lambda_1 = \lambda_2 = 0,\ \lambda_3 \neq 0$
0	$\lambda_1 = \lambda_2 = \lambda_3 = 0$

3.12.3 Eigenwerte und Definitheit des Tensors

1. Wir betrachten die mit den kartesischen Koordinaten a_{ij} eines beliebigen symmetrischen Tensors $\underline{\underline{a}}$ gebildete quadratische Form

$$Q = a_{ij} X_i X_j \,, \tag{3.71}$$

wobei $\underline{X}$ ein beliebiger von null verschiedener Vektor ist. Ist Q unabhängig von der Wahl von $\underline{X}$ stets positiv, nennt man $\underline{\underline{a}}$ positiv definit; ist Q stets negativ, nennt man $\underline{\underline{a}}$ negativ definit. Ist Q stets positiv oder null bzw. stets negativ oder null, nennt man $\underline{\underline{a}}$ positiv semidefinit bzw. negativ semidefinit. Kann schließlich Q beide Vorzeichen annehmen, nennt man $\underline{\underline{a}}$ indefinit. Jeder positiv definite Tensor ist also zugleich positiv semidefinit, jeder negativ definite Tensor ist zugleich negativ semidefinit, und jeder Tensor, der weder positiv semidefinit noch negativ semidefinit ist, ist indefinit.[8]

2. Wenn wir die quadratische Form (3.71) im System der Hauptachsen berechnen, erhalten wir

$$Q = \lambda_1 X_1^2 + \lambda_2 X_2^2 + \lambda_3 X_3^2 \,, \tag{3.72}$$

das Vorzeichen von Q hängt also für $\underline{X} \neq \underline{0}$ allein vom Vorzeichen der λ_j ab, und wegen des viétaschen Wurzelsatzes $(3.53)_1$ gilt dasselbe für die Determinante des Tensors. Bei einem symmetrischen Tensor folgt deshalb aus dem Vorzeichen von Q für das Vorzeichen der Eigenwerte und der Determinante:

---

[8] Bis auf den Nulltensor, der zugleich positiv und negativ semidefinit ist, sind die drei Mengen der positiv semidefiniten, negativ semidefiniten und indefiniten Tensoren disjunkt.

quadratische Form	Tensor	Eigenwerte	Determinante
$Q > 0$	positiv definit	alle > 0	> 0
$Q \geqq 0$	positiv semidefinit	alle $\geqq 0$	$\geqq 0$
$Q < 0$	negativ definit	alle < 0	< 0
$Q \leqq 0$	negativ semidefinit	alle $\leqq 0$	$\leqq 0$
Q nimmt positive und negative Werte an.	indefinit	von verschiedenem Vorzeichen	keine Aussage möglich

Positiv und negativ definite Tensoren sind also stets regulär.

3.12.4 Symmetrische quadratische Matrizen

Wir wollen uns in diesem Abschnitt auf Matrizen mit lauter reellen Elementen beschränken, ohne das jedesmal zu erwähnen.

Man kann eine Reihe von Ergebnissen von symmetrischen Tensoren (mit reellen Koordinaten) auf N-reihige symmetrische quadratische Matrizen (mit reellen Elementen) übertragen:

1. Grundlegend ist die Aussage:

Satz 1: *Eine symmetrische quadratische Matrix hat nur reelle Eigenwerte, und zu jedem Eigenwert gehört mindestens ein reeller Eigenvektor (d. h. ein Eigenvektor mit lauter reellen Elementen).*

Dass eine symmetrische quadratische Matrix keine komplexen Eigenwerte haben kann, folgt analog zu dem entsprechenden Beweis für symmetrische Tensoren auf S. 146. Dass zu jedem reellen Eigenwert mindestens ein reeller Eigenvektor gehört, liest man aus (3.55) ab.

2. Der Begriff der Orthogonalität zweier Vektoren lässt sich mithilfe des Skalarprodukts auf den N-dimensionalen Raum erweitern (siehe Abschnitt 6.6): Wenn für zwei N-zeilige Spaltenmatrizen das Produkt $\underset{\sim}{X}^{\mathrm{T}} \underset{\sim}{Y} = 0$ (d.h. $X_i Y_i = 0$) ist, sagt man, dass die Spaltenmatrizen $\underset{\sim}{X}$ und $\underset{\sim}{Y}$ orthogonal zueinander sind. Aus N wechselseitig orthogonalen Spaltenmatrizen kann man eine quadratische orthogonale Matrix $\underset{\sim}{R}$ bilden, mit deren Hilfe sich einer Matrix $\underset{\sim}{a}$ nach (1.58) eine ähnliche Matrix $\underset{\sim}{\widetilde{a}} = \underset{\sim}{R}^{\mathrm{T}} \underset{\sim}{a} \underset{\sim}{R}$ zuordnen lässt; das ist offenbar eine Verallgemeinerung des Transformationsgesetzes (2.15) für Tensorkoordinaten zweiter Stufe. Ähnliche Matrizen haben dieselbe charakteristische Gleichung und damit dieselben Eigenwerte, im vorliegenden Fall folgt das speziell aus

$$\begin{aligned}\det(\underset{\sim}{\widetilde{a}} - \lambda \underset{\sim}{E}) &= \det(\underset{\sim}{R}^{\mathrm{T}} \underset{\sim}{a} \underset{\sim}{R} - \lambda \underset{\sim}{R}^{\mathrm{T}} \underset{\sim}{E} \underset{\sim}{R}) = \det(\underset{\sim}{R}^{\mathrm{T}}) \det(\underset{\sim}{a} - \lambda \underset{\sim}{E}) \det(\underset{\sim}{R}) \\ &= \det(\underset{\sim}{a} - \lambda \underset{\sim}{E}) = 0.\end{aligned}$$

Mit diesen Erweiterungen gilt:

Satz 2: *Eine symmetrische quadratische Matrix besitzt mindestens ein Hauptachsensystem aus zueinander wechselseitig orthogonalen Eigenvektoren. Bezüglich des Hauptachsensystems ist die Matrix diagonalisiert, die Elemente auf der Hauptdiagonalen sind die Eigenwerte der Matrix.*

Die Hauptachsentransformation lässt sich analog zu Tensoren durchführen. Im ersten Schritt wählt man eine Matrix $\underset{\sim}{R}_1$, deren erste Spalte ein Eigenvektor $\underset{\sim}{X}_1$ von $\underset{\sim}{a}$ ist. In der zugehörigen ähnlichen Matrix $\underset{\sim}{\widetilde{a}}$ sind dann aufgrund der Symmetrie wie in Abschnitt 3.12.1 die Elemente der ersten Zeile und die Elemente der ersten Spalte bis auf das Diagonalelement null, das Diagonalelement selbst ist der zu $\underset{\sim}{X}_1$ gehörende Eigenwert λ_1:

$$\underset{\sim}{\widetilde{a}} = \underset{\sim}{R}_1^{\mathrm{T}} \underset{\sim}{a} \underset{\sim}{R}_1 = \begin{pmatrix} \lambda_1 & 0 & 0 & \dots & 0 \\ 0 & \widetilde{a}_{22} & \widetilde{a}_{23} & \dots & \widetilde{a}_{2N} \\ 0 & \widetilde{a}_{23} & \widetilde{a}_{33} & \dots & \widetilde{a}_{3N} \\ \vdots & & & & \\ 0 & \widetilde{a}_{2N} & \widetilde{a}_{3N} & \dots & \widetilde{a}_{NN} \end{pmatrix}.$$

Im Eigenwertproblem $\underset{\sim}{\widetilde{a}} \underset{\sim}{\widetilde{X}} = \lambda \underset{\sim}{\widetilde{X}}$ für die Matrix $\underset{\sim}{\widetilde{a}}$ ist jetzt die erste Gleichung von den übrigen Gleichungen entkoppelt, d.h. der Eigenvektor $\underset{\sim}{\widetilde{X}}_1$ hat die Elemente $\underset{1}{\widetilde{X}_1} = 1$, $\underset{1}{\widetilde{X}_2} = \ldots = \underset{1}{\widetilde{X}_N} = 0$, während für weitere Eigenvektoren $\underset{\sim}{\widetilde{X}}_i$ gelten muss $\underset{i}{\widetilde{X}_1} = 0$ (falls $\lambda_i \neq \lambda_1$) oder $\underset{i}{\widetilde{X}_1} = 0$ gewählt werden kann (falls $\lambda_i = \lambda_1$). In jedem Fall steht also der Eigenvektor $\underset{\sim}{\widetilde{X}}_1$ orthogonal zu weiteren Eigenvektoren $\underset{\sim}{\widetilde{X}}_i$. Man kann daher aus der Hauptuntermatrix

$$\begin{pmatrix} \widetilde{a}_{22} & \widetilde{a}_{23} & \dots & \widetilde{a}_{2N} \\ \widetilde{a}_{23} & \widetilde{a}_{33} & \dots & \widetilde{a}_{3N} \\ \vdots & & & \\ \widetilde{a}_{2N} & \widetilde{a}_{3N} & \dots & \widetilde{a}_{NN} \end{pmatrix}$$

einen zweiten Eigenwert λ_2 ausrechnen, mit den Eigenvektoren $\underset{\sim}{\widetilde{X}}_1$ und $\underset{\sim}{\widetilde{X}}_2$ eine orthogonale Matrix $\underset{\sim}{R}_2$ bilden und die Matrix $\underset{\sim}{a}$ erneut transformieren mit dem Ergebnis

$$\underset{\sim}{\widehat{a}} = \underset{\sim}{R}_2^{\mathrm{T}} \underset{\sim}{a} \underset{\sim}{R}_2 = \begin{pmatrix} \lambda_1 & 0 & 0 & \dots & 0 \\ 0 & \lambda_2 & 0 & \dots & 0 \\ 0 & 0 & \widehat{a}_{33} & \dots & \widehat{a}_{3N} \\ \vdots & & & & \\ 0 & 0 & \widehat{a}_{3N} & \dots & \widehat{a}_{NN} \end{pmatrix}.$$

Nach N solcher Schritte ist die Matrix vollständig diagonalisiert. Falls mehrfache Eigenwerte existieren, gibt es wie in Abschnitt 3.12.1 mehr als ein Hauptachsensystem.

3. Auch jede N-reihige symmetrische quadratische Matrix lässt sich einer der fünf Definitheitsklassen zuordnen:

Es sei $\underset{\sim}{a}$ eine N-reihige symmetrische quadratische Matrix und $\underset{\sim}{X}$ eine von der Nullmatrix verschiedene Spaltenmatrix mit N Elementen, dann lässt sich die quadratische Form

$$Q = \underset{\sim}{X}^{\mathrm{T}} \underset{\sim}{a} \underset{\sim}{X}\,, \qquad Q = X_i a_{ij} X_j \tag{3.73}$$

bilden. Wenn nun die Zahl Q unabhängig von der Wahl von $\underset{\sim}{X}$ positiv ist, nennt man die Matrix $\underset{\sim}{a}$ positiv definit; wenn sie stets negativ ist, nennt man $\underset{\sim}{a}$ negativ definit. Ist Q stets positiv oder null bzw. stets negativ oder null, nennt man $\underset{\sim}{a}$ positiv semidefinit bzw. negativ semidefinit. Kann schließlich Q beide Vorzeichen annehmen, nennt man $\underset{\sim}{a}$ indefinit. Mit diesen Definitionen gilt:

Satz 3: *Eine positiv definite symmetrische quadratische Matrix hat nur positive Eigenwerte, eine negativ definite nur negative, eine positiv semidefinite keine negativen und eine negativ semidefinite keine positiven.*

Das lässt sich folgendermaßen einsehen: Wählt man als $\underset{\sim}{X}$ einen beliebigen Eigenvektor und gehört zu diesem Eigenvektor der Eigenwert λ, so gilt

$$Q = \underset{\sim}{X}^{\mathrm{T}} \underset{\sim}{a} \underset{\sim}{X} = \underset{\sim}{X}^{\mathrm{T}} \lambda \underset{\sim}{X} = \lambda \underset{\sim}{X}^{\mathrm{T}} \underset{\sim}{X}.$$

Da $\underset{\sim}{X}$ lauter reelle Elemente hat, ist $\underset{\sim}{X}^{\mathrm{T}} \underset{\sim}{X}$ positiv, d. h. für das Vorzeichen des Eigenwertes λ gilt dasselbe wie für das Vorzeichen Q.

Da nach (3.59) und (3.60) die Determinante einer Matrix gleich dem Produkt ihrer N Eigenwerte ist, folgt weiter:

Satz 4: *Die Determinante einer positiv definiten symmetrischen quadratischen Matrix ist positiv.*

4. Man nennt eine Untermatrix, die aus einer quadratischen Matrix durch Streichung einer Anzahl von Zeilen und der gleich indizierten Spalten entsteht, eine Hauptuntermatrix dieser Matrix. Damit gilt:

Satz 5: *Die Hauptuntermatrizen einer symmetrischen quadratischen Matrix haben die gleiche Definitheit wie die Matrix selbst; ist die Matrix z. B. positiv definit, so sind alle ihre Hauptuntermatrizen ebenfalls positiv definit.*

Das kann man folgendermaßen beweisen: Wenn man in (3.73) $\underset{\sim}{X}$ so wählt, dass $X_1 = 0$ ist, so verschwinden von den N^2 Summanden auf der rechten Seite von (3.73) alle, in denen ein Index eins steht, man erhält also die quadratische Form der Hauptuntermatrix, die aus $\underset{\sim}{a}$ durch Streichung der ersten Zeile und der ersten Spalte hervorgeht. Wenn $\underset{\sim}{a}$ positiv definit ist, ist Q auch für das gewählte $\underset{\sim}{X}$ positiv, und weil das für alle $\underset{\sim}{X}$ mit $X_1 = 0$ gilt, ist die genannte Unterdeterminante selbst positiv definit. Indem man die analoge Überlegung für ein $\underset{\sim}{X}$ anstellt, in dem ein anderes Element oder mehrere Elemente verschwinden, kann man sie auf alle Hauptuntermatrizen erweitern; und indem man sie für eine Matrix einer anderen Definitheit, z. B. eine negativ semidefinite Matrix anstellt, sieht man sofort, dass sie dafür entsprechend gilt.

Weil die Hauptdiagonalelemente einer Matrix zugleich die einreihigen Hauptunterdeterminanten sind, folgt daraus speziell:

Satz 6: *Die Hauptdiagonalelemente einer positiv definiten symmetrischen quadratischen Matrix sind alle positiv, die einer negativ definiten alle negativ, die einer positiv semidefiniten alle positiv oder null und die einer negativ semidefiniten alle negativ oder null.*

5. Die Umkehrungen aller dieser Sätze gelten nicht, z. B. kann man daraus, dass alle Eigenwerte einer quadratischen Matrix reell sind, nicht folgern, dass die Matrix symmetrisch ist; und daraus, dass die Determinante einer quadratischen Matrix positiv ist, folgt nicht, dass die Matrix positiv definit ist.

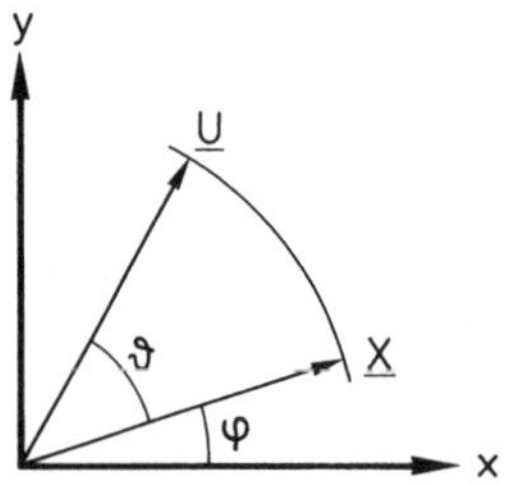

3.13 Orthogonale polare Tensoren

3.13.1 Die Drehung in der Ebene

Wir benötigen im Folgenden die Matrix, die einen Ortsvektor $\underline{X}$ in der x,y-Ebene durch eine Drehung um die z-Achse um den Winkel ϑ auf den Vektor $\underline{U}$ abbildet. Offenbar ist

$$\begin{aligned} X_1 &= r\cos\varphi, \quad X_2 = r\sin\varphi, \\ U_1 &= r\cos(\varphi+\vartheta) = r(\cos\varphi\cos\vartheta - \sin\varphi\sin\vartheta) \\ &= X_1\cos\vartheta - X_2\sin\vartheta, \\ U_2 &= r\sin(\varphi+\vartheta) = r(\sin\varphi\cos\vartheta + \cos\varphi\sin\vartheta) \\ &= X_2\cos\vartheta + X_1\sin\vartheta, \end{aligned}$$

$$\begin{pmatrix} U_1 \\ U_2 \end{pmatrix} = \begin{pmatrix} \cos\vartheta & -\sin\vartheta \\ \sin\vartheta & \cos\vartheta \end{pmatrix} \begin{pmatrix} X_1 \\ X_2 \end{pmatrix}. \tag{3.74}$$

3.13.2 Transformation auf eine Eigenrichtung

1. Jeder Tensor (mit reellen Koordinaten), also auch jeder orthogonale Tensor, hat (mindestens) einen reellen Eigenwert, und dazu gehört (mindestens) eine reelle Eigenrichtung. Da ein orthogonaler Tensor eine längentreue Abbildung vermittelt, müssen nach (3.37) alle reellen Eigenwerte eines orthogonalen Tensors entweder $+1$ oder -1 sein.

Nach Abschnitt 3.11.3, insbesondere $(3.53)_1$, sind folgende Fälle möglich:

I. Alle drei Eigenwerte sind 1, dann ist $\det \underset{\sim}{a} = 1$.

II. Alle drei Eigenwerte sind -1, dann ist $\det \underset{\sim}{a} = -1$.

III. Zwei Eigenwerte sind 1, einer -1, dann ist $\det \underset{\sim}{a} = -1$.

IV. Zwei Eigenwerte sind -1, einer 1, dann ist $\det \underset{\sim}{a} = 1$.

V. Zwei Eigenwerte sind konjugiert komplex, einer ist 1; da das Produkt zweier konjugiert komplexer Zahlen positiv ist, ist dann $\det \underset{\sim}{a} = 1$.

VI. Zwei Eigenwerte sind konjugiert komplex, einer ist -1, dann ist $\det \underset{\sim}{a} = -1$.

In allen Fällen, in denen $\det \underset{\sim}{a} = 1$ ist, existiert also ein Eigenwert 1; und in allen Fällen, in denen $\det \underset{\sim}{a} = -1$ ist, existiert ein Eigenwert -1.

2. Man kann vermuten, dass ein orthogonaler Tensor in einem Koordinatensystem, dessen einer Basisvektor eine Eigenrichtung des Tensors ist, eine besonders einfache und anschaulich interpretierbare Form annimmt. Wir wollen deshalb im Folgenden annehmen, dass der Basisvektor $\underset{\sim}{e}_3$ unseres Koordinatensystems eine Eigenrichtung des Tensors ist und dass der zugehörige Eigenwert dasselbe Vorzeichen wie die Determinante des Tensors hat. Dann lautet die Koordinatenmatrix in Bezug auf eine solche Basis nach Abschnitt 3.11.3 Nr. 7

$$\begin{pmatrix} a_{11} & a_{12} & 0 \\ a_{21} & a_{22} & 0 \\ a_{31} & a_{32} & \pm 1 \end{pmatrix}.$$

Da die Quadratsumme der letzten Zeile eins sein muss, folgt $a_{31} = a_{32} = 0$,

$$\begin{pmatrix} a_{11} & a_{12} & 0 \\ a_{21} & a_{22} & 0 \\ 0 & 0 & \pm 1 \end{pmatrix}.$$

Die Quadratsumme der ersten Spalte ergibt $a_{11}^2 + a_{21}^2 = 1$, das ist ohne Beschränkung der Allgemeinheit durch $a_{11} = \cos\vartheta$, $a_{21} = \sin\vartheta$ zu erfüllen:

$$\begin{pmatrix} \cos\vartheta & a_{12} & 0 \\ \sin\vartheta & a_{22} & 0 \\ 0 & 0 & \pm 1 \end{pmatrix}.$$

Da das Vorzeichen von $\det a_{ij}$ mit dem von a_{33} übereinstimmen muss, muss

$$\begin{vmatrix} \cos\vartheta & a_{12} \\ \sin\vartheta & a_{22} \end{vmatrix} = a_{22}\cos\vartheta - a_{12}\sin\vartheta = 1$$

sein. Die Quadratsumme der ersten Zeile ergibt $a_{12} = \pm\sin\vartheta$, nach der Gleichung zuvor folgt daraus $a_{12} = -\sin\vartheta$, und $a_{22} = \cos\vartheta$.

Damit lautet die Koordinatenmatrix unseres orthogonalen Tensors für $\det \underset{\sim}{a} = 1$, also wenn er eigentlich orthogonal ist,

$$a_{ij} = \begin{pmatrix} \cos\vartheta & -\sin\vartheta & 0 \\ \sin\vartheta & \cos\vartheta & 0 \\ 0 & 0 & +1 \end{pmatrix} \tag{3.75}$$

und für $\det \underset{\sim}{a} = -1$, also wenn er uneigentlich orthogonal ist,

$$a_{ij} = \begin{pmatrix} \cos\vartheta & -\sin\vartheta & 0 \\ \sin\vartheta & \cos\vartheta & 0 \\ 0 & 0 & -1 \end{pmatrix}. \tag{3.76}$$

3. Diese Formeln lassen sich mithilfe von (3.74) leicht anschaulich interpretieren: Bei der von einem eigentlich orthogonalen Tensor vermittelten Abbildung bleibt also in dem gewählten Koordinatensystem die z-Koordinate eines beliebigen Ortsvektors erhalten, während die Projektion des Ortsvektors auf die x,y-Ebene um den Winkel ϑ gedreht wird; der Tensor vermittelt also eine Drehung um den Winkel ϑ um die zu seinem positiven Eigenwert gehörige Eigenrichtung. Man nennt deshalb einen eigentlich orthogonalen Tensor auch einen Drehtensor. Bei der von einem uneigentlich orthogonalen Tensor vermittelten Abbildung ändert die z-Koordinate eines beliebigen Ortsvektors nur das Vorzeichen, während die Projektion des Ortsvektors auf die x,y-Ebene wieder um den Winkel ϑ gedreht wird; der Tensor vermittelt also eine Drehung um den Winkel ϑ um die zu seinem negativen Eigenwert gehörige Eigenrichtung mit einer anschließenden Spiegelung an der Ebene senkrecht zu dieser Eigenrichtung.

4. Da die Abbildung eines Tensors unabhängig vom Koordinatensystem sein muss, folgt aus dieser anschaulichen Interpretation, dass ein orthogonaler Tensor invariant gegen eine Drehung um die Eigenrichtung sein muss, m. a. W. er hat in allen Koordinatensystemen, deren z-Achse in diese Eigenrichtung weist, dieselben Koordinaten. Er lässt sich also nur für $\vartheta = 0$ oder $\vartheta = \pi$ diagonalisieren.

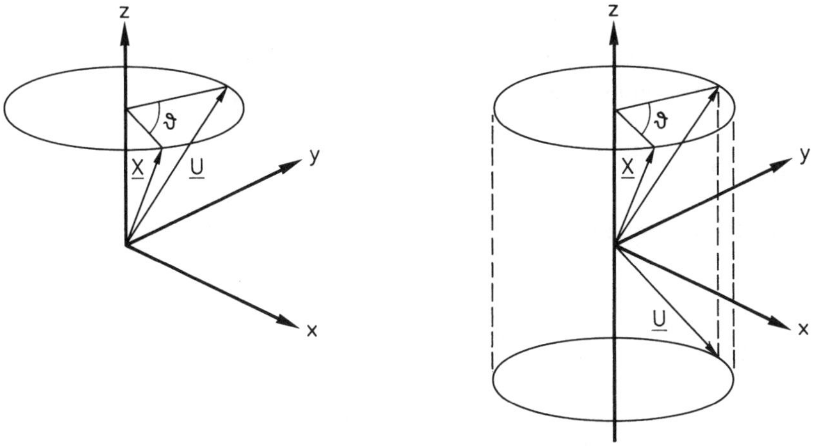

Aufgabe 3.14

Man berechne die Eigenwerte des orthogonalen Tensors

$$a_{ij} = \begin{pmatrix} \cos\vartheta & -\sin\vartheta & 0 \\ \sin\vartheta & \cos\vartheta & 0 \\ 0 & 0 & \pm 1 \end{pmatrix}.$$

5. Wir kommen abschließend noch einmal auf die vorhin unterschiedenen 6 Fälle zurück und betrachten zunächst die drei Fälle, in denen der Tensor eigentlich orthogonal ist:

- $\vartheta = 0$: Alle drei Eigenwerte sind 1; der Tensor ist der Einheitstensor. Er vermittelt eine Drehung um 0°, d. h. er bildet jeden Vektor auf sich selbst ab (Fall I).
- $0 < \vartheta < \pi$: Zwei Eigenwerte sind konjugiert komplex, einer ist 1; der Tensor vermittelt eine Drehung um den Winkel ϑ (Fall V).
- $\vartheta = \pi$: Zwei Eigenwerte sind -1, einer ist 1; der Tensor vermittelt eine Drehung um 180° (Fall IV).

Wir betrachten jetzt die drei Fälle, in denen der Tensor uneigentlich orthogonal ist:

- $\vartheta = 0$: Zwei Eigenwerte sind 1, einer ist -1. Der Tensor vermittelt eine Spiegelung an der Ebene senkrecht zur Eigenrichtung des negativen Eigenwerts (Fall III).
- $0 < \vartheta < \pi$: Zwei Eigenwerte sind konjugiert komplex, einer ist -1. Der Tensor vermittelt dieselbe Spiegelung und zusätzlich eine Drehung um den Winkel ϑ (Fall VI).

- $\vartheta = \pi$: Alle drei Eigenwerte sind -1; der Tensor ist der negative Einheitstensor, man nennt ihn auch den Inversionstensor, da er jeden Vektor auf den Vektor gleicher Länge und umgekehrter Richtung abbildet (Fall II).

Aufgabe 3.15

A. Man bestimme die Größen α, β, γ, δ, ε, ζ in der Matrix

$$\alpha_{ij} = \begin{pmatrix} \alpha & \beta & \delta \\ -\alpha\sqrt{2} & \gamma & \varepsilon \\ \alpha & -\beta & \zeta \end{pmatrix}.$$

so, dass die α_{ij} die Transformationsmatrix zweier kartesischer Koordinatensysteme (mit oder ohne Orientierungswechsel) darstellen.

Lösungshinweis: Man überlege zunächst, welche der beiden Orthogonalitätsrelationen (2.6) für die Rechnung bequemer ist.

B. Wie viele Lösungen hat die Aufgabe? Welche zusätzlichen Angaben sind nötig, um die Aufgabe eindeutig zu machen? Wie lässt sich der Unterschied zwischen den verschiedenen Lösungen geometrisch interpretieren?

3.13.3 Der orthogonale Tensor als Funktion von Drehachse bzw. Spiegelungsachse und Drehwinkel

3.13.3.1 Drehung

1. Wir wollen einen eigentlich orthogonalen polaren Tensor (Drehtensor) in einem beliebigen Koordinatensystem durch seine Drehachse, die durch den axialen Einheitsvektor $\underline{n}$ gegeben sein soll, und seinen Drehwinkel ϑ beschreiben. Dazu müssen wir den gedrehten Vektor $\underline{U}$ mithilfe von $\underline{n}$ und ϑ als Funktion des ursprünglichen Vektors $\underline{X}$ darstellen. Wir wählen als Basis für diese Darstellung

- die Drehachse $\underline{n}$,
- die Projektion $\underline{a}$ des Vektors $\underline{X}$ auf die Ebene senkrecht zu $\underline{n}$ und
- den Vektor $\underline{n} \times \underline{X}$;

diese Basis ist orthogonal, aber nicht normiert. Für die folgende Herleitung nehmen wir zur Fixierung der Vorstellung an, dass $\underline{X}$ und damit auch $\underline{U}$ ein polarer Vektor ist und wir alles in einem Rechtssystem betrachten.

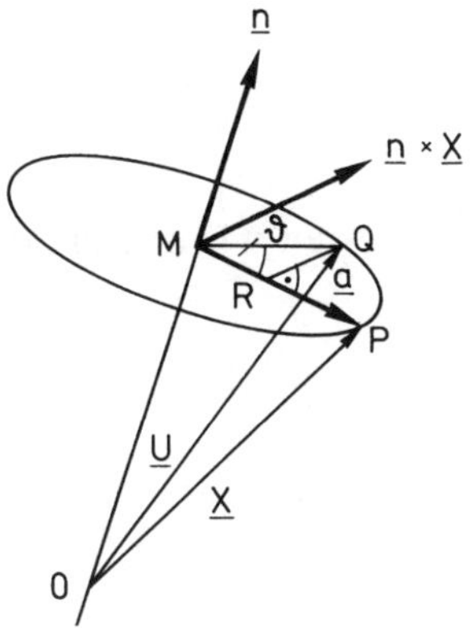

Offenbar ist

$$\underline{U} = \overrightarrow{OQ} = \overrightarrow{OM} + \overrightarrow{MR} + \overrightarrow{RQ}.$$

Wir setzen

$$\overrightarrow{OM} = \alpha\,\underline{n}, \quad \overrightarrow{MR} = \beta\,\underline{a} \quad \text{und} \quad \overrightarrow{RQ} = \gamma\,\underline{n} \times \underline{X}$$

und müssen nun α, β, γ und $\underline{a}$ aus der Figur als Funktion von $\underline{n}$, ϑ und $\underline{X}$ bestimmen. Da $\underline{n}$ ein Einheitsvektor ist, ist

$$\alpha = OM = OP\cos(\underline{n}, \underline{X}) = X\cos(\underline{n}, \underline{X}) = \underline{n} \cdot \underline{X}.$$

Weiter ist

$$\beta = \frac{MR}{MP} = \frac{MR}{MQ} = \cos\vartheta.$$

Für RQ erhalten wir einmal, indem wir von $\overrightarrow{RQ} = \gamma\,\underline{n} \times \underline{X}$ den Betrag nehmen,

$$RQ = \gamma X \sin(\underline{n}, \underline{X}) = \gamma X \frac{MP}{OP} = \gamma MP,$$

andererseits aus dem Dreieck MRQ

$$RQ = MQ \sin\vartheta = MP \sin\vartheta.$$

Durch Gleichsetzen folgt $\gamma = \sin\vartheta$. Schließlich ist

$$\underline{a} = \overrightarrow{MP} = \overrightarrow{OP} - \overrightarrow{OM} = \underline{X} - \underline{n} \cdot \underline{X}\,\underline{n}.$$

Einsetzen ergibt

$$\underline{U} = \underline{n} \cdot \underline{X}\,\underline{n} + \cos\vartheta\,(\underline{X} - \underline{n} \cdot \underline{X}\,\underline{n}) + \sin\vartheta\;\underline{n} \times \underline{X}\,.$$

Um auf die Form $\underline{U} = \underline{\underline{a}} \cdot \underline{X}$ zu kommen, übersetzen wir diesen Ausdruck in Koordinatenschreibweise:

$$U_i = n_j X_j n_i + \cos\vartheta\,(X_i - n_j X_j n_i) + \sin\vartheta\;\varepsilon_{ijk}\, n_j X_k\,.$$

Ausklammern von X_j ergibt

$$U_i = [n_i n_j + (\delta_{ij} - n_i n_j)\cos\vartheta - \varepsilon_{ijk}\, n_k \sin\vartheta] X_j\,,$$

$$a_{ij} = n_i n_j + (\delta_{ij} - n_i n_j)\cos\vartheta - \varepsilon_{ijk}\, n_k \sin\vartheta\,. \tag{3.77}$$

2. Ein orthogonaler Tensor ist also durch vier Angaben vollständig bestimmt, nämlich durch

- die Richtung n_i der Drehachse (zwei Angaben, z. B. zwei Koordinaten in Bezug auf eine kartesische Basis),
- den Drehwinkel ϑ und
- das Vorzeichen seiner Determinante.

Man erkennt aus der obigen Darstellung auch, dass sich die Koordinaten eines orthogonalen Tensors bei einer Drehung des Koordinatensystems um seine Drehachse nicht ändern: In allen diesen Koordinatensystemen haben die Koordinaten von n_i und natürlich der Skalar ϑ denselben Wert. (3.77) stellt außerdem die Zerlegung von a_{ij} in seinen symmetrischen und seinen antimetrischen Anteil dar.

3. Wir wollen noch n_i und ϑ als Funktion von a_{ij} angeben. Dazu verjüngen wir (3.77):

$$a_{ii} = 1 + 2\cos\vartheta,$$

$$\cos\vartheta = \frac{1}{2}(a_{ii} - 1)\,. \tag{3.78}$$

Weiter bilden wir $\varepsilon_{ijm}\, a_{ij}$, worin wir a_{ij} nach (2.40) durch seinen antimetrischen Anteil ersetzen können:

$$\begin{aligned}\varepsilon_{ijm}\, a_{ij} &= -\,\varepsilon_{ijm}\,\varepsilon_{ijk}\, n_k \sin\vartheta \\ &= -\,(\delta_{jj}\,\delta_{mk} - \delta_{jk}\,\delta_{mj})\, n_k \sin\vartheta \\ &= -\,(3-1)\,\delta_{mk}\, n_k \sin\vartheta,\end{aligned}$$

$$n_m = -\frac{\varepsilon_{ijm}\, a_{ij}}{2\sin\vartheta}\,. \tag{3.79}$$

Jedem Drehtensor ist also eindeutig ein Drehwinkel zwischen 0° und 180° und eine beliebig im Raum orientierte Drehachse zugeordnet. Drehungen um den Winkel zwischen 0° und −180° entsprechen Drehungen zwischen 0° und 180° bei umgekehrter Drehachse: Die Substitution $\vartheta \,||\, -\vartheta$ ändert (3.78) nicht und hat nach (3.79) die Substitution $n_i \,||\, -n_i$ zur Folge.

3.13.3.2 Spiegelung

Wir wollen den uneigentlich orthogonalen Tensor, der jeden Vektor an der Ebene senkrecht zu $\underline{n}$ spiegelt, in einem beliebigen Koordinatensystem durch den Einheitsvektor $\underline{n}$ ausdrücken. Dazu müssen wir den gespiegelten Vektor $\underline{U}$ durch den ursprünglichen Vektor $\underline{X}$ und den Normalenvektor $\underline{n}$ ausdrücken.

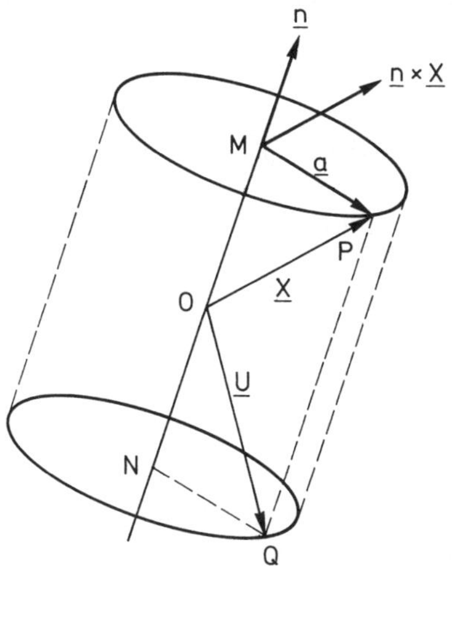

Es gilt

$$\underline{U} = \overrightarrow{OQ} = \overrightarrow{ON} + \overrightarrow{NQ} = -\overrightarrow{OM} + \overrightarrow{MP}.$$

Nach den Überlegungen des vorigen Abschnitts ist

$$\overrightarrow{OM} = \underline{n} \cdot \underline{\underline{X}}\,\underline{n}, \quad \overrightarrow{MP} = \underline{X} - \underline{n} \cdot \underline{\underline{X}}\,\underline{n},$$

$$\underline{U} = -\underline{n} \cdot \underline{\underline{X}}\,\underline{n} + \underline{X} - \underline{n} \cdot \underline{\underline{X}}\,\underline{n} = \underline{X} - 2\underline{n} \cdot \underline{\underline{X}}\,\underline{n}$$

oder in Koordinatenschreibweise

$$U_i = X_i - 2n_j X_j n_i .$$

Ausklammern von X_j ergibt

$$U_i = (\delta_{ij} - 2n_i n_j) X_j ,$$

$$a_{ij} = \delta_{ij} - 2n_i n_j . \tag{3.80}$$

a_{ij} ist ein symmetrischer Tensor mit dem einfachen Eigenwert -1 und dem doppelten Eigenwert 1, $\underline{n}$ ist die zum Eigenwert -1 gehörige Eigenrichtung.

3.13.3.3 Drehspiegelung

Eine Drehspiegelung setzt sich zusammen aus einer Drehung um die Achse $\underline{n}$ um den Winkel ϑ mit anschließender Spiegelung an der Ebene senkrecht zu $\underline{n}$. Dann gilt:

$$\begin{aligned} a_{ij} &= (\delta_{ik} - 2n_i n_k)[n_k n_j + (\delta_{kj} - n_k n_j)\cos\vartheta - \varepsilon_{kjm} n_m \sin\vartheta] \\ &= n_i n_j - 2n_i n_j + (\delta_{ij} - 2n_i n_j - n_i n_j + 2n_i n_j)\cos\vartheta \\ &\quad - (\varepsilon_{ijm} n_m - 2\varepsilon_{kjm} n_i n_k n_m)\sin\vartheta, \end{aligned}$$

$$a_{ij} = -n_i n_j + (\delta_{ij} - n_i n_j)\cos\vartheta - \varepsilon_{ijm} n_m \sin\vartheta . \tag{3.81}$$

Aus (3.81) folgt $a_{ii} = -1 + 2\cos\vartheta$, $\varepsilon_{ijk} a_{ij} = -\varepsilon_{ijk}\varepsilon_{ijm} n_m \sin\vartheta$, und damit erhält man für Drehwinkel und Drehachse bei einer Drehspiegelung analog zu (3.78) und (3.79)

$$\cos\vartheta = \frac{1}{2}(a_{ii} + 1), \qquad n_m = -\frac{\varepsilon_{ijm} a_{ij}}{2\sin\vartheta} . \tag{3.82}$$

Aufgabe 3.16

Eine der Lösungen von Aufgabe 3.15 ist

$$\alpha_{ij} = \begin{pmatrix} \frac{1}{2} & \frac{1}{2}\sqrt{2} & \frac{1}{2} \\ -\frac{1}{2}\sqrt{2} & 0 & \frac{1}{2}\sqrt{2} \\ \frac{1}{2} & -\frac{1}{2}\sqrt{2} & \frac{1}{2} \end{pmatrix}.$$

Man bestimme Drehachse und Drehwinkel und interpretiere die Transformation anschaulich.

3.13.4 Drehung und Koordinatentransformation

Die Gleichungen (2.8)

$$\underline{e}_i = \alpha_{ij}\,\tilde{\underline{e}}_j\,, \qquad \tilde{\underline{e}}_i = \alpha_{ji}\,\underline{e}_j \tag{3.83}$$

beschreiben die Abbildung einer kartesischen Basis in eine dazu gedrehte.

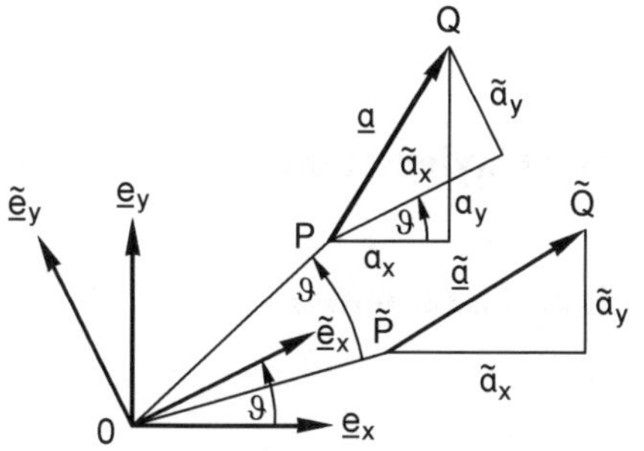

Die Transformationsgesetze (2.17) für Tensorkoordinaten lassen sich dagegen auf zwei Weisen deuten: Entweder als Transformationsgesetz für die Koordinaten eines Tensors in zwei gegeneinander gedrehten Koordinatensystemen oder als Transformationsgesetz für die Koordinaten zweier gegeneinander gedrehter Tensoren im selben Koordinatensystem. Etwa die Gleichungen

$$a_i = \alpha_{ij}\,\tilde{a}_j\,, \qquad \tilde{a}_i = \alpha_{ji}\,a_j \tag{3.84}$$

verknüpfen entweder die Koordinaten des Vektors $\underline{a}$ in obiger Skizze im ungeschweiften und im geschweiften Koordinatensystem, dann ist nach (2.4) $\alpha_{ij} = \overset{\overset{j}{\mathcal{L}}}{e_i}$

die Transformationsmatrix, welche die Basisvektoren des geschweiften Koordinatensystems in Bezug auf das ungeschweifte Koordinatensystem beschreibt; oder die Gleichungen (3.84) verknüpfen die Koordinaten der Vektoren $\underline{a}$ und $\underline{\widetilde{a}}$ in obiger Skizze im ungeschweiften Koordinatensystem, dann ist $\underline{\underline{\alpha}} = \alpha_{ij}\, \underline{e}_i\, \underline{e}_j$ der Drehtensor, der den Vektor $\underline{\widetilde{a}}$ auf den Vektor $\underline{a}$ abbildet, also ihn um den Winkel ϑ dreht, der im Falle obiger Skizze positiv ist.

Als Verknüpfung der Koordinaten desselben Vektors $\underline{a}$ in verschiedenen Koordinatensystemen ist $(3.84)_1$ nicht in symbolische Schreibweise übersetzbar, als Verknüpfung der Koordinaten zweier verschiedener Vektoren $\underline{a}$ und $\underline{\widetilde{a}}$ im selben Koordinatensystem ist sie in $\underline{a} = \underline{\underline{\alpha}} \cdot \underline{\widetilde{a}}$ übersetzbar.

Analog verknüpfen die Gleichungen

$$x_i = \alpha_{ij}\, \widetilde{x}_j\,, \qquad \widetilde{x}_i = \alpha_{ji}\, x_j \tag{3.85}$$

entweder die Koordinaten des Punktes P in obiger Skizze im ungeschweiften und im geschweiften Koordinatensystem, oder sie verknüpfen die Koordinaten der Punkte P und $\widetilde{P}$ im ungeschweiften Koordinatensystem. Im ersten Falle ist die Gleichung $(3.85)_1$ nicht in symbolische Schreibweise übersetzbar, im zweiten Falle ist sie in $\underline{x} = \underline{\underline{\alpha}} \cdot \underline{\widetilde{x}}$ mit $\underline{\underline{\alpha}}$ als Drehtensor übersetzbar.

3.14 Potenzen von Tensoren. Die Cayley-Hamilton-Gleichung

3.14.1 Potenzen mit ganzzahligen Exponenten

1. Führt man die Transformation $\underline{U} = \underline{\underline{a}} \cdot \underline{X}$ zweimal hintereinander aus, also $\underline{V} = \underline{\underline{a}} \cdot \underline{U} = \underline{\underline{a}} \cdot \underline{\underline{a}} \cdot \underline{X}$, so liegt es nahe, den Tensor, der die Abbildung von $\underline{X}$ auf $\underline{V}$ vermittelt, als Quadrat des Tensors $\underline{\underline{a}}$ einzuführen und analog dann auch höhere Potenzen von $\underline{\underline{a}}$ zu definieren:

$$\begin{aligned}
&\underline{\underline{a}}^2 := \underline{\underline{a}} \cdot \underline{\underline{a}}\,, && a_{ij}^{(2)} := a_{ik}\, a_{kj}\,, \\
&\underline{\underline{a}}^3 := \underline{\underline{a}} \cdot \underline{\underline{a}} \cdot \underline{\underline{a}}\,, && a_{ij}^{(3)} := a_{ik}\, a_{kl}\, a_{lj}\,, \\
&\text{usw.,} && \text{usw.}
\end{aligned} \tag{3.86}$$

Dabei ist $a_{ij}^{(2)}$ die i, j-Koordinate des Tensors $\underline{\underline{a}}^2$ und nicht das Quadrat der i, j-Koordinate des Tensors $\underline{\underline{a}}$, es ist also „$a$ Quadrat $i\ j$" zu lesen. Diese Potenzen mit einer natürlichen Zahl als Exponenten sind für beliebige Tensoren definiert.

2. Für alle Tensoren außer dem Nulltensor definiert man als nullte Potenz den Einheitstensor:

$$\underline{\underline{a}}^0 := \underline{\underline{\delta}}\,, \qquad a_{ij}^{(0)} := \delta_{ij}\,. \tag{3.87}$$

3. Existiert der inverse Tensor, ist der Ausgangstensor also regulär, so definiert man als seine minus-erste Potenz den inversen Tensor und entsprechend Potenzen mit negativ ganzzahligen Exponenten:

$$\begin{aligned} &\underline{\underline{a}}^{-2} := \underline{\underline{a}}^{-1} \cdot \underline{\underline{a}}^{-1}\,, && a_{ij}^{(-2)} := a_{ik}^{(-1)}\, a_{kj}^{(-1)}\,, \\ &\underline{\underline{a}}^{-3} := \underline{\underline{a}}^{-1} \cdot \underline{\underline{a}}^{-1} \cdot \underline{\underline{a}}^{-1}\,, && a_{ij}^{(-3)} := a_{ik}^{(-1)}\, a_{kl}^{(-1)}\, a_{lj}^{(-1)}\,, \\ &\text{usw.}, && \text{usw.} \end{aligned} \tag{3.88}$$

4. Die n-te Potenz eines Eigenwertes von $\underline{\underline{a}}$ ist ein Eigenwert von $\underline{\underline{a}}^n$, und alle Potenzen von $\underline{\underline{a}}$ haben dieselben Eigenvektoren wie $\underline{\underline{a}}$ selbst.

Wir beweisen diesen Satz zunächst für positive ganzzahlige Potenzen am Beispiel von

$$b_{ij} = a_{im}\, a_{mn}\, a_{nj}\,.$$

Es seien λ ein Eigenwert und X_j ein Eigenvektor von a_{ij}, es gelte also

$$a_{ij} X_j = \lambda X_i\,,$$

dann ist

$$b_{ij} X_j = a_{im}\, a_{mn}\, a_{nj} X_j = a_{im}\, a_{mn}\, \lambda X_n = a_{im}\, \lambda^2 X_m = \lambda^3 X_i\,,$$

d. h. λ^3 ist ein Eigenwert und X_i ein Eigenvektor von $b_{ij} = a_{ij}^{(3)}$.

Die Übertragung des Beweises auf beliebige positive ganzzahlige Exponenten liegt auf der Hand, den Beweis für negative ganzzahlige Exponenten verlagern wir in die folgende Aufgabe:

Aufgabe 3.17

Man beweise, dass zwei inverse Tensoren reziproke Eigenwerte und die gleichen Eigenvektoren haben; damit gilt der obige Satz, sofern negative Potenzen eines Tensors existieren, für alle ganzzahligen Potenzen eines Tensors.

Aufgabe 3.18

Man beweise für ganzzahliges n

$$(\underline{\underline{A}}^n)^{\mathrm{T}} = (\underline{\underline{A}}^{\mathrm{T}})^n \,. \tag{3.89}$$

Aufgabe 3.19

Der eigentlich orthogonale Tensor $\underline{\underline{a}}$ drehe den Vektor $\underline{X}$ um eine Drehachse $\underline{n}$ um den Winkel ϑ in einen Vektor $\underline{U}$. Man zeige, dass der Tensor $\underline{\underline{a}}^3$ dann den Vektor $\underline{X}$ um dieselbe Drehachse um den Winkel $3\,\vartheta$ in einen Vektor $\underline{W}$ dreht.

3.14.2 Potenzen mit reellen Exponenten

1. Für positiv semidefinite symmetrische Tensoren lassen sich auch Potenzen mit beliebigen positiven reellen Exponenten definieren.

Ein symmetrischer Tensor mit den Eigenwerten λ_k und drei orthogonalen Eigenrichtungen $\underline{q}_k$ lässt sich nach (3.70) in der Form

$$\underline{\underline{a}} = \lambda_{\underline{k}}\, \underline{q}_k\, \underline{q}_k \,, \qquad a_{ij} = \lambda_{\underline{k}}\, \overset{k}{q}_i\, \overset{k}{q}_j$$

darstellen. Wir definieren jetzt seine n-te Potenz $\underline{\underline{a}}^n$ durch

$$\underline{\underline{a}}^n := (\lambda_{\underline{k}})^n\, \underline{q}_k\, \underline{q}_k \,, \qquad a_{ij}^{(n)} := (\lambda_{\underline{k}})^n\, \overset{k}{q}_i\, \overset{k}{q}_j \,. \tag{3.90}$$

Für ganzzahliges n ist die so definierte Potenz offenbar stets eindeutig definiert und mit der in Abschnitt 3.14.1 definierten ganzzahligen Tensorpotenz identisch.

Wenn wir uns auf positiv semidefinite Ausgangstensoren beschränken, sind die Eigenwerte λ_k positiv oder null, ihre n-te Potenz ist dann (im Reellen) stets definiert, und wenn wir zusätzlich verlangen, dass auch $(\lambda_k)^n$ positiv oder null ist,

ist die n-te Potenz eines Tensors nach (3.90) auch stets eindeutig definiert. (Wenn wir negative Werte zulassen, ist z. B. $(\lambda_k)^{\frac{1}{2}}$ zweideutig.)

Damit der so definierte Tensor sinnvoll als n-te Potenz von a_{ij} bezeichnet werden kann, müssen die Rechenregeln

$$\begin{aligned} \underline{\underline{a}}^m \cdot \underline{\underline{a}}^n &= \underline{\underline{a}}^{m+n}, & \qquad a_{ij}^{(m)}\, a_{jk}^{(n)} &= a_{ik}^{(m+n)}, \\ (\underline{\underline{a}}^m)^n &= \underline{\underline{a}}^{mn}, & \qquad \left(a_{ij}^{(m)}\right)^n &= a_{ij}^{(mn)} \end{aligned} \tag{3.91}$$

gelten. Mit (3.90) ist

$$\begin{aligned} a_{ij}^{(m)}\, a_{jk}^{(n)} &= (\lambda_{\underline{r}})^m \overset{r}{q}_i \overset{r}{q}_j (\lambda_{\underline{s}})^n \overset{s}{q}_j \overset{s}{q}_k \overset{(3.26)}{=} (\lambda_{\underline{r}})^m (\lambda_{\underline{s}})^n \overset{r}{q}_i \underbrace{\overset{r}{q}_j \overset{s}{q}_j}_{\delta_{rs}} \overset{s}{q}_k \\ &\overset{(1.18)}{=} (\lambda_{\underline{r}})^m (\lambda_{\underline{r}})^n \overset{r}{q}_i \overset{r}{q}_k = (\lambda_{\underline{r}})^{m+n} \overset{r}{q}_i \overset{r}{q}_k = a_{ik}^{(m+n)}, \end{aligned}$$

$$\left(a_{ij}^{(m)}\right)^n = \left((\lambda_{\underline{k}})^m \overset{k}{q}_i \overset{k}{q}_j\right)^n \overset{(3.90)}{=} (\lambda_{\underline{k}})^{mn} \overset{k}{q}_i \overset{k}{q}_j = a_{ij}^{(mn)}, \quad \text{w. z. b. w.}$$

Durch die Definition (3.90) ist also jedem positiv semidefiniten symmetrischen Tensor $\underline{\underline{a}}$ für jedes positive reelle n genau ein positiv semidefiniter symmetrischer Tensor $\underline{\underline{a}}^n$ zugeordnet, den wir die n-te Potenz von $\underline{\underline{a}}$ nennen, weil für verschiedene Potenzen desselben Tensors die Rechenregeln (3.91) gelten.

Beschränken wir uns auf positiv definite symmetrische Tensoren, so gelten diese Überlegungen und die Formeln (3.90) und (3.91) auch für negative reelle Exponenten.

2. Die Definition (3.90) lässt sich auf eine noch allgemeinere Gruppe von Tensoren verallgemeinern, nämlich auf die nicht-negativen Tensoren. Man nennt einen Tensor nicht-negativ, wenn er nichtdefektiv ist und seine Eigenwerte λ_k positiv oder null sind.

Ein nicht-negativer Tensor lässt sich nach (3.54) in der Form

$$\underline{\underline{a}} = \lambda_{\underline{k}}\, \underline{g}_{\underline{k}}\, \underline{g}^k, \qquad a_{ij} = \lambda_{\underline{k}} \underset{k}{g_i} \overset{k}{g}_j \tag{3.92}$$

darstellen, wobei $\underline{g}^k$ die zu den Eigenvektoren $\underline{g}_k$ reziproke Basis ist. Die n-te Potenz von $\underline{\underline{a}}$, wobei $n > 0$ ist, ist dann durch

$$\underline{\underline{a}}^n := (\lambda_{\underline{k}})^n\, \underline{g}_{\underline{k}}\, \underline{g}^k, \qquad a_{ij}^{(n)} := (\lambda_{\underline{k}})^n \underset{k}{g_i} \overset{k}{g}_j \tag{3.93}$$

definiert; fordert man, dass $(\lambda_k)^n$ positiv oder null ist, ist $\underline{\underline{a}}^n$ durch (3.93) eindeutig definiert und ebenfalls nicht-negativ. Man kann leicht zeigen, dass auch für die nach (3.93) definierten Potenzen eines nicht-negativen Tensors die Rechenregeln (3.91) gelten.

Sind speziell alle Eigenwerte eines nicht-negativen Tensors positiv, nennt man den Tensor positiv. In diesem Fall gelten die Formeln (3.92) und (3.93) auch für negative Exponenten.

3. Wir wollen den Definitionsbereich der von uns definierten Tensorpotenzen in einer Tabelle zusammenfassen.

Exponent der Tensorpotenz	Definitionsbereich der Tensorpotenz
natürliche Zahl	alle Tensoren
null	alle Tensoren außer dem Nulltensor
ganze Zahl	reguläre Tensoren
positive reelle Zahl	nicht-negative Tensoren
reelle Zahl	positive Tensoren

Aufgabe 3.20

A. Man zeige, dass der Tensor von Aufgabe 3.13 positiv definit ist.

B. Man berechne die Koordinaten seiner positiv definiten Quadratwurzel im Ausgangskoordinatensystem und mache die Probe, d. h. verifiziere, dass das Quadrat der Quadratwurzel den Ausgangstensor ergibt.

3.14.3 Die Cayley-Hamilton-Gleichung

1. Setzt man (3.51) in $(3.15)_2$ ein, erhält man $A\,\underline{\underline{\delta}} = A'\,\underline{\underline{a}} - A''\,\underline{\underline{a}}^2 + \underline{\underline{a}}^3$,

$$A\,\underline{\underline{\delta}} - A'\,\underline{\underline{a}} + A''\,\underline{\underline{a}}^2 - \underline{\underline{a}}^3 = \underline{\underline{0}}\,. \tag{3.94}$$

Diese Gleichung heißt Cayley-Hamilton-Gleichung. Sie geht formal aus der charakteristischen Gleichung (3.46) hervor, wenn man darin die Potenzen der Eigenwerte durch die Potenzen des Tensors ersetzt; man sagt deshalb auch: Ein Tensor erfüllt seine charakteristische Gleichung. Man kommt zu einer etwas allgemeineren Gleichung, wenn man (3.94) skalar mit $\underline{\underline{a}}^n$ multipliziert, wobei n eine ganze Zahl ist:

$$A\,\underline{\underline{a}}^n - A'\,\underline{\underline{a}}^{n+1} + A''\,\underline{\underline{a}}^{n+2} - \underline{\underline{a}}^{n+3} = \underline{\underline{0}}\,. \tag{3.95}$$

Auch diese Beziehung nennt man Cayley-Hamilton-Gleichung. Man kann also jede ganzzahlige Potenz eines Tensors $\underline{\underline{a}}$ durch eine lineare Kombination von $\underline{\underline{a}}^2$, $\underline{\underline{a}}$ und $\underline{\underline{\delta}}$ ausdrücken; und die Koeffizienten dieser Darstellung sind Polynome der Hauptinvarianten des Tensors.

2. Für Tensoren mit höchstens zwei verschiedenen Eigenwerten λ_1 und λ_2 lassen sich alle Eigenwerte, wenn man auf die Angabe ihrer Vielfachheit verzichtet, auch aus der Bedingung

$$(\lambda_1 - \lambda)(\lambda_2 - \lambda) = 0$$

oder

$$\lambda_1 \lambda_2 - (\lambda_1 + \lambda_2)\lambda + \lambda^2 = 0 \tag{3.96}$$

herleiten; man nennt dann auch diese Beziehung charakteristische Gleichung. Wir multiplizieren diese Gleichung mit einem Eigenvektor $\underline{X}$,

$$\lambda_1 \lambda_2 \underline{X} - (\lambda_1 + \lambda_2)\lambda \underline{X} + \lambda^2 \underline{X} = \underline{0},$$

und berücksichtigen, dass für einen Eigenvektor

$$\underline{\underline{a}} \cdot \underline{X} = \lambda \underline{X}, \quad \underline{\underline{a}}^2 \cdot \underline{X} = \lambda^2 \underline{X}$$

gilt, dann erhalten wir

$$[\lambda_1 \lambda_2 \underline{\underline{\delta}} - (\lambda_1 + \lambda_2)\underline{\underline{a}} + \underline{\underline{a}}^2] \cdot \underline{X} = \underline{0}.$$

Hat der Tensor drei linear unabhängige Eigenvektoren, so kann man für $\underline{X}$ drei linear unabhängige Vektoren einsetzen und deshalb $\underline{X}$ herauskürzen.

Für einen nichtdefektiven Tensor mit höchstens zwei verschiedenen Eigenwerten gilt also neben (3.94) auch die Cayley-Hamilton-Gleichung

$$\lambda_1 \lambda_2 \underline{\underline{\delta}} - (\lambda_1 + \lambda_2)\underline{\underline{a}} + \underline{\underline{a}}^2 = \underline{\underline{0}}. \tag{3.97}$$

3.15 Grundinvarianten

Wir wollen neben (3.47) bis (3.49) und (3.53) noch eine dritte Darstellung für die drei Hauptinvarianten eines Tensors gewinnen. Dazu nehmen wir die Spur der

Cayley-Hamilton-Gleichung (3.94) und setzen A' und A'' nach (3.50) und (3.47) ein:

$$3A - \frac{1}{2}(\mathrm{Sp}^2\underline{\underline{a}} - \mathrm{Sp}\underline{\underline{a}}^2)\,\mathrm{Sp}\underline{\underline{a}} + \mathrm{Sp}\underline{\underline{a}}\,\mathrm{Sp}\underline{\underline{a}}^2 - \mathrm{Sp}\underline{\underline{a}}^3 = 0,$$

$$A = \frac{1}{6}(\mathrm{Sp}^3\underline{\underline{a}} - \mathrm{Sp}\underline{\underline{a}}^2\,\mathrm{Sp}\underline{\underline{a}} - 2\,\mathrm{Sp}\underline{\underline{a}}\,\mathrm{Sp}\underline{\underline{a}}^2 + 2\,\mathrm{Sp}\underline{\underline{a}}^3).$$

Zusammen mit (3.47) und (3.50) erhalten wir dann

$$\begin{aligned} A'' &= \mathrm{Sp}\underline{\underline{a}}\,, \\ A' &= \frac{1}{2}(\mathrm{Sp}^2\underline{\underline{a}} - \mathrm{Sp}\underline{\underline{a}}^2)\,, \\ A &= \frac{1}{6}(\mathrm{Sp}^3\underline{\underline{a}} - 3\,\mathrm{Sp}\underline{\underline{a}}\,\mathrm{Sp}\underline{\underline{a}}^2 + 2\,\mathrm{Sp}\underline{\underline{a}}^3)\,. \end{aligned} \tag{3.98}$$

Offenbar stellen $\mathrm{Sp}\underline{\underline{a}}$, $\mathrm{Sp}\underline{\underline{a}}^2$ und $\mathrm{Sp}\underline{\underline{a}}^3$ neben den Hauptinvarianten und den Eigenwerten einen dritten Satz von Invarianten eines Tensors zweiter Stufe dar; man nennt sie die Grundinvarianten.

Zusammengefasst erhalten wir

$$\boxed{\begin{aligned} A'' &= a_{ii} = \lambda_1 + \lambda_2 + \lambda_3 \\ &= \mathrm{Sp}\underline{\underline{a}}\,, \\ A' &= b_{ii} = \lambda_1\,\lambda_2 + \lambda_2\,\lambda_3 + \lambda_3\,\lambda_1 \\ &= \frac{1}{2}(\mathrm{Sp}^2\underline{\underline{a}} - \mathrm{Sp}\underline{\underline{a}}^2)\,, \\ A &= \det\underset{\sim}{a} = \lambda_1\,\lambda_2\,\lambda_3 \\ &= \frac{1}{6}(\mathrm{Sp}^3\underline{\underline{a}} - 3\,\mathrm{Sp}\underline{\underline{a}}\,\mathrm{Sp}\underline{\underline{a}}^2 + 2\,\mathrm{Sp}\underline{\underline{a}}^3) \end{aligned}} \tag{3.99}$$

oder aufgelöst nach den Grundinvarianten nach elementarer Rechnung

$$\begin{aligned} \mathrm{Sp}\underline{\underline{a}} &= \lambda_1+\lambda_2+\lambda_3 &&= A''\,, \\ \mathrm{Sp}\underline{\underline{a}}^2 &= \lambda_1^2+\lambda_2^2+\lambda_3^2 &&= (A'')^2-2A'\,, \\ \mathrm{Sp}\underline{\underline{a}}^3 &= \lambda_1^3+\lambda_2^3+\lambda_3^3 &&= (A'')^3-3A'A''+3A\,. \end{aligned} \tag{3.100}$$

Hat ein Tensor nur zwei verschiedene Eigenwerte, kann man grundsätzlich die ersten beiden Gleichungen (3.99) und die ersten beiden Gleichungen (3.100) nach den beiden verschiedenen Eigenwerten auflösen und diese Beziehungen in die dritte Gleichung (3.99) bzw. (3.100) einsetzen. Dann sind also auch die drei Hauptinvarianten und die drei Grundinvarianten nicht unabhängig voneinander, sondern nur zwei von ihnen.

Hat ein Tensor nur einen (dreifachen) Eigenwert, hat er entsprechend nur eine unabhängige Hauptinvariante und nur eine unabhängige Grundinvariante.

Die in diesem Abschnitt behandelten drei Sätze von je drei Invarianten (die Eigenwerte, die Hauptinvarianten und die Grundinvarianten) bilden im Allgemeinen keinen vollständigen Satz von Invarianten; ein allgemeiner Tensor zweiter Stufe hat sechs unabhängige Invarianten. Wir kommen darauf im Kapitel 5 zurück.

3.16 Die polare Zerlegung eines Tensors

1. Es gilt der folgende Satz: Jeder reguläre Tensor F_{ij} lässt sich in der Form

$$F_{ij} = V_{ik}R_{kj} = R_{ik}U_{kj} \tag{3.101}$$

schreiben, wobei R_{ij} orthogonal ist, U_{ij} und V_{ij} symmetrisch und positiv definit sind und R_{ij}, U_{ij} und V_{ij} eindeutig bestimmt sind. Man nennt diese Zerlegung polar, weil sie formal der Zerlegung einer komplexen Zahl in Polarkoordinaten, d. h. in Betrag und Richtung entspricht: U_{ij} und V_{ij} sind positiv definite Tensoren, so wie der Betrag einer komplexen Zahl positiv ist, und die Determinante von R_{ij} hat den Betrag 1, so wie der Exponentialfaktor einer komplexen Zahl den Betrag 1 hat, und R_{ij} lässt sich als Drehung bzw. Drehspiegelung (vgl. Abschnitt 3.13.3) deuten.

2. Der Beweis des Zerlegungssatzes (3.101) erfolgt in sechs Schritten:

I. Wir zeigen zunächst, dass das Skalarprodukt eines beliebigen Tensors mit dem dazu transponierten Tensor einen positiv semidefiniten symmetrischen Tensor ergibt. Ist der Ausgangstensor regulär, so ist das Skalarprodukt sogar positiv definit und damit nach $(3.53)_1$ ebenfalls regulär.

Beides ist leicht einzusehen: Zunächst ist $F_{ij} F^{\mathrm{T}}_{jk} = F_{ij} F_{kj}$ für beliebiges F_{ij} symmetrisch. Weiter ist $A := F_{ij} F_{kj} X_i X_k$ das Quadrat des Vektors $F_{ij} X_i$ und deshalb stets größer oder gleich null, $F_{ij} F_{kj}$ ist also positiv semidefinit.

Ist speziell F_{ij} regulär, so hat er keine Nullrichtung, für $X_i \neq 0$ ist also $F_{ij} X_i \neq 0$ und damit $A > 0$. $F_{ij} F_{kj}$ ist damit nach Abschnitt 3.12.3 positiv definit, und seine Eigenwerte sind alle positiv.

II. Wir zeigen nun, dass sich jeder reguläre Tensor F_{ij} in der Form

$$F_{ij} = V_{ik} R_{kj} \tag{3.102}$$

darstellen lässt, wobei V_{ij} symmetrisch und positiv definit und R_{ij} orthogonal ist.

Auch das ist leicht einzusehen: Wenn F_{ij} regulär ist, ist nach dem I. Schritt $F_{ik} F^{\mathrm{T}}_{kj}$ symmetrisch und positiv definit, und es existiert nach Abschnitt 3.14.2 eine ebenfalls symmetrische und positiv definite Quadratwurzel

$$V_{ij} := \sqrt{F_{ik} F^{\mathrm{T}}_{kj}}\,, \qquad V^{(2)}_{ij} = V_{ik} V_{kj} = F_{ik} F^{\mathrm{T}}_{kj}\,. \tag{3.103}$$

Dabei ist $\sqrt{F_{ik} F^{\mathrm{T}}_{kj}}$ die i, j-Koordinate des Tensors $(\underline{\underline{F}} \cdot \underline{\underline{F}}^{\mathrm{T}})^{\frac{1}{2}}$ und nicht die Quadratwurzel der i, j-Koordinate des Tensors $(\underline{\underline{F}} \cdot \underline{\underline{F}}^{\mathrm{T}})$.

Da ein positiv definiter symmetrischer Tensor regulär ist, existiert $V^{(-1)}_{ij}$ und damit auch der Tensor

$$R_{ij} := V^{(-1)}_{ik} F_{kj}\,. \tag{3.104}$$

Überschiebt man die letzte Gleichung mit V_{mi}, so folgt

$$V_{mi} R_{ij} = V_{mi} V^{(-1)}_{ik} F_{kj} = \delta_{mk} F_{kj} = F_{mj}\,,$$

die durch (3.103) und (3.104) definierten Tensoren erfüllen also die Gleichung (3.102).

Es bleibt zu zeigen, dass R_{ij} orthogonal ist. Dazu müssen wir ausnutzen, dass der zu einem (regulären) symmetrischen Tensor inverse Tensor ebenfalls symmetrisch ist. Das kann man folgendermaßen einsehen: Es sei $\underline{\underline{V}} = \underline{\underline{V}}^{\mathrm{T}}$, dann ist $(\underline{\underline{V}}^{-1})^{\mathrm{T}} \overset{(1.54)}{=} (\underline{\underline{V}}^{\mathrm{T}})^{-1} = \underline{\underline{V}}^{-1}$. Wir berechnen nun

$$\begin{aligned} R_{ik} R^{\mathrm{T}}_{kj} &\overset{(3.104)}{=} V^{(-1)}_{im} F_{mk} \left(V^{(-1)}_{kn} F_{nj} \right)^{\mathrm{T}} \\ &= V^{(-1)}_{im} F_{mk} F^{\mathrm{T}}_{kn} \left(V^{(-1)}_{nj} \right)^{\mathrm{T}} \\ &\overset{(3.103)}{=} V^{(-1)}_{im} V_{mk} V_{kn} V^{(-1)}_{nj} = \delta_{ik} \delta_{kj} = \delta_{ij} \,. \end{aligned}$$

Der zu R_{ij} transponierte Tensor ist also zugleich der zu R_{ij} inverse Tensor, d. h. R_{ij} ist orthogonal.

III. Den Beweis, dass diese Zerlegung eindeutig ist, kann man leicht indirekt führen:

Wir nehmen an, es gäbe eine zweite Zerlegung $F_{ij} = v_{ik} r_{kj}$, dann gilt $V_{ik} R_{kj} = v_{ik} r_{kj}$ und, wenn man beide Seiten transponiert, $R^{\mathrm{T}}_{ik} V_{kj} = r^{\mathrm{T}}_{ik} v_{kj}$. Damit gilt

$$\begin{aligned} V^{(2)}_{in} &= V_{ik} V_{kn} = V_{ik} \delta_{km} V_{mn} = V_{ik} R_{kj} R^{\mathrm{T}}_{jm} V_{mn} \\ &= v_{ik} r_{kj} r^{\mathrm{T}}_{jm} v_{mn} = v_{ik} \delta_{km} v_{mn} = v_{ik} v_{kn} = v^{(2)}_{in} \,. \end{aligned}$$

Nun ist mit V_{ij} auch $V^{(2)}_{ij}$ symmetrisch und positiv definit: $V^{(2)}_{ij} = V_{ik} V_{kj} = V_{ik} V_{jk}$ ist symmetrisch, und $A := V^{(2)}_{ij} X_i X_j = V_{ik} V_{jk} X_i X_j$ ist das Quadrat des Vektors $V_{ik} X_i$, und da V_{ij} regulär ist, hat V_{ij} keine Nullrichtung, das Quadrat ist also stets positiv.

Da ein symmetrischer und positiv definiter Tensor nur eine symmetrische und positiv definite Quadratwurzel hat, folgt $V_{ij} = v_{ij}$ und damit $V_{ik} R_{kj} = V_{ik} r_{kj}$. Überschiebung mit $V^{(-1)}_{mi}$ ergibt dann $R_{mj} = r_{mj}$.

IV. Wir zeigen nun (und der Übung halber in symbolischer Schreibweise), dass sich jeder reguläre Tensor $\underline{\underline{F}}$ auch in der Form

$$\underline{\underline{F}} = \underline{\underline{S}} \cdot \underline{\underline{U}} \tag{3.105}$$

darstellen lässt, wobei $\underline{\underline{S}}$ orthogonal und $\underline{\underline{U}}$ symmetrisch und positiv definit ist. Dazu führen wir

$$\underline{\underline{U}} := \sqrt{\underline{\underline{F}}^{\mathrm{T}} \cdot \underline{\underline{F}}} \,, \qquad \underline{\underline{U}}^2 = \underline{\underline{U}} \cdot \underline{\underline{U}} = \underline{\underline{F}}^{\mathrm{T}} \cdot \underline{\underline{F}} \tag{3.106}$$

und

$$\underline{\underline{S}} := \underline{\underline{F}} \cdot \underline{\underline{U}}^{-1} \tag{3.107}$$

ein. Analog zum II. Schritt ist $\underline{\underline{U}}$ wieder symmetrisch und positiv definit, und wenn man (3.107) skalar von rechts mit $\underline{\underline{U}}$ multipliziert, erhält man $\underline{\underline{S}} \cdot \underline{\underline{U}} = \underline{\underline{F}}$, d. h. die beiden Tensoren $\underline{\underline{U}}$ und $\underline{\underline{S}}$ erfüllen die Gleichung (3.105). Es bleibt zu zeigen, dass $\underline{\underline{S}}$ orthogonal ist. Das folgt mit $(\underline{\underline{U}}^{-1})^{\mathrm{T}} = \underline{\underline{U}}^{-1}$ und $\underline{\underline{S}}^{\mathrm{T}} \overset{(2.35)}{=} \underline{\underline{U}}^{-1} \cdot \underline{\underline{F}}^{\mathrm{T}}$ aus

$$\underline{\underline{S}}^{\mathrm{T}} \cdot \underline{\underline{S}} = \underline{\underline{U}}^{-1} \cdot \underline{\underline{F}}^{\mathrm{T}} \cdot \underline{\underline{F}} \cdot \underline{\underline{U}}^{-1} \overset{(3.106)}{=} \underline{\underline{U}}^{-1} \cdot \underline{\underline{U}} \cdot \underline{\underline{U}} \cdot \underline{\underline{U}}^{-1} = \underline{\underline{\delta}} .$$

V. Wir zeigen nun (wieder durch indirekten Beweis), dass auch diese zweite Zerlegung eindeutig ist:

Wir nehmen an, es gäbe eine andere Zerlegung $\underline{\underline{F}} = \underline{\underline{s}} \cdot \underline{\underline{u}}$, dann gilt $\underline{\underline{S}} \cdot \underline{\underline{U}} = \underline{\underline{s}} \cdot \underline{\underline{u}}$ und $\underline{\underline{U}} \cdot \underline{\underline{S}}^{\mathrm{T}} = \underline{\underline{u}} \cdot \underline{\underline{s}}^{\mathrm{T}}$. Weiter ist

$$\underline{\underline{U}}^2 = \underline{\underline{U}} \cdot \underline{\underline{\delta}} \cdot \underline{\underline{U}} = \underline{\underline{U}} \cdot \underline{\underline{S}}^{\mathrm{T}} \cdot \underline{\underline{S}} \cdot \underline{\underline{U}} = \underline{\underline{u}} \cdot \underline{\underline{s}}^{\mathrm{T}} \cdot \underline{\underline{s}} \cdot \underline{\underline{u}} = \underline{\underline{u}} \cdot \underline{\underline{\delta}} \cdot \underline{\underline{u}} = \underline{\underline{u}}^2 ,$$

und da $\underline{\underline{U}}^2$ und $\underline{\underline{u}}^2$ beide symmetrisch und positiv definit sind, haben sie beide nur eine symmetrische und positiv definite Quadratwurzel, es gilt also $\underline{\underline{U}} = \underline{\underline{u}}$ und damit $\underline{\underline{S}} \cdot \underline{\underline{U}} = \underline{\underline{s}} \cdot \underline{\underline{U}}$. Skalare Multiplikation mit $\underline{\underline{U}}^{-1}$ von rechts ergibt $\underline{\underline{S}} = \underline{\underline{s}}$.

VI. Es bleibt zu zeigen, dass $\underline{\underline{R}} = \underline{\underline{S}}$ ist.

Aus $\underline{\underline{F}} = \underline{\underline{V}} \cdot \underline{\underline{R}}$ folgt $\underline{\underline{F}} = \underline{\underline{R}} \cdot \underline{\underline{R}}^{\mathrm{T}} \cdot \underline{\underline{V}} \cdot \underline{\underline{R}}$. Weil $\underline{\underline{V}}$ symmetrisch und positiv definit ist, ist auch $\underline{\underline{T}} := \underline{\underline{R}}^{\mathrm{T}} \cdot \underline{\underline{V}} \cdot \underline{\underline{R}}$ symmetrisch und positiv definit, in Koordinatenschreibweise gilt nämlich $T_{ij} := R^{\mathrm{T}}_{im} V_{mn} R_{nj} = R_{mi} R_{nj} V_{mn}$, V_{ij} und T_{ij} lassen sich also nach (2.17) als kartesische Koordinaten desselben Tensors in zwei durch die Transformation R_{ij} verknüpften Koordinatensystemen deuten. Da die Zerlegung $\underline{\underline{F}} = \underline{\underline{S}} \cdot \underline{\underline{U}}$ eindeutig ist, folgt $\underline{\underline{S}} = \underline{\underline{R}}$ und $\underline{\underline{U}} = \underline{\underline{R}}^{\mathrm{T}} \cdot \underline{\underline{V}} \cdot \underline{\underline{R}}$.

3. Die letzte Gleichung kann man nach $\underline{\underline{V}}$ auflösen, indem man sie von links skalar mit $\underline{\underline{R}}$ und von rechts skalar mit $\underline{\underline{R}}^{\mathrm{T}}$ multipliziert: $\underline{\underline{R}} \cdot \underline{\underline{U}} \cdot \underline{\underline{R}}^{\mathrm{T}} = \underline{\underline{V}}$. Wir erhalten also als Zusammenhang von $\underline{\underline{V}}$ und $\underline{\underline{U}}$ in Koordinatenschreibweise

$$U_{ij} = R^{\mathrm{T}}_{im} V_{mn} R_{nj} , \quad V_{ij} = R_{im} U_{mn} R^{\mathrm{T}}_{nj}$$

oder

$$V_{ij} = R_{im} R_{jn} U_{mn} , \qquad U_{ij} = R_{mi} R_{nj} V_{mn} . \tag{3.108}$$

V_{ij} und U_{ij} lassen sich also als kartesische Koordinaten desselben Tensors in zwei durch die Transformationsmatrix R_{ij} verknüpften kartesischen Koordinatensystemen ansehen.

Das hat zur Folge, dass beide dieselben Eigenwerte haben und dass ihre zum Eigenwert λ_k gehörigen Eigenrichtungen $\overset{k}{\underline{q}}_V$ und $\overset{k}{\underline{q}}_U$ durch die Beziehungen

$$(\overset{k}{q}_V)_i = R_{ij}(\overset{k}{q}_U)_j\,, \qquad (\overset{k}{q}_U)_i = R_{ji}(\overset{k}{q}_V)_j \tag{3.109}$$

verknüpft sind.

Da es sich bei den R_{ij} um die Koordinaten eines Tensors $\underline{\underline{R}}$ handelt, kann man die Gleichungen (3.108) und (3.109) auch symbolisch schreiben. Zum Beispiel $(3.108)_1$ und $(3.109)_1$ lauten:

$$\underline{\underline{V}} = \underline{\underline{R}} \cdot \underline{\underline{U}} \cdot \underline{\underline{R}}^{\mathrm{T}}\,, \qquad \overset{k}{\underline{q}}_V = \underline{\underline{R}} \cdot \overset{k}{\underline{q}}_U\,. \tag{3.110}$$

Der Tensor $\underline{\underline{R}}$ dreht den Tensor $\underline{\underline{U}}$ in den Tensor $\underline{\underline{V}}$ und die Eigenrichtungen $\overset{k}{\underline{q}}_U$ von $\underline{\underline{U}}$ in die Eigenrichtungen $\overset{k}{\underline{q}}_V$ von $\underline{\underline{V}}$.

Aufgabe 3.21

Man berechne für den Tensor

$$a_{ij} = \begin{pmatrix} 2 & 2 & 1 \\ 1 & -2 & 2 \\ 2 & -1 & -2 \end{pmatrix}$$

die beiden Faktoren der polaren Zerlegung $a_{ij} = V_{ik}\,R_{kj}$ und mache die Probe, d. h. verifiziere, dass $V_{ik}\,R_{kj} = a_{ij}$ ist.

Kapitel 4

Tensoranalysis in krummlinigen Koordinaten

4.1 Krummlinige Koordinaten

4.1.1 Krummlinige Koordinatensysteme

1. Um einen Punkt P im Raum zu beschreiben, haben wir bisher ein kartesisches Koordinatensystem verwendet. Ein solches Koordinatensystem ist durch einen Ursprung O und eine orthonormierte Basis $\underline{e}_i$ in diesem Ursprung gegeben, und wir haben den Punkt P durch die drei Koordinaten x_i des Ortsvektors $\underline{x} = \overrightarrow{OP} = x_i\,\underline{e}_i$ beschrieben.

Es sei jetzt ein Satz (bis auf einzelne singuläre Stellen umkehrbar eindeutiger) Transformationsgleichungen

$$u^i = u^i(x_j)\,, \qquad x_i = x_i(u^j) \tag{4.1}$$

gegeben, dann lässt sich jeder Punkt des Raumes durch die drei Größen u^i ebenso eindeutig beschreiben wie durch die x_i. Wir nennen deshalb die u^i ebenfalls Punktkoordinaten, d. h. jeder Satz von Transformationsgleichungen (4.1) definiert zusammen mit einem kartesischen Koordinatensystem ebenfalls ein Koordinatensystem. Alle diese Koordinatensysteme wollen wir krummlinige Koordinatensysteme nennen.[1]

Als Beispiel betrachten wir die Zylinderkoordinaten. Dafür gelten die Transformationsgleichungen

[1] Da die Transformationsgleichungen (2.9) zwischen kartesischen Koordinatensystemen Spezialfälle von (4.1) sind, sind die kartesischen Koordinatensysteme Spezialfälle der krummlinigen Koordinatensysteme.

$$x_1 = u^1 \cos u^2 , \quad x_2 = u^1 \sin u^2 , \quad x_3 = u^3 .$$

Daraus erhält man die Umkehrungen

$$u^1 = \sqrt{x_1^2 + x_2^2}, \quad u^2 = \arctan \frac{x_2}{x_1}, \quad u^3 = x_3$$

oder mit den üblichen Bezeichnungen $x_1 = x, \quad x_2 = y, \quad u^1 = R, \quad u^2 = \varphi, \quad x_3 = u^3 = z$

$$\begin{aligned} x &= R \cos \varphi , & y &= R \sin \varphi , & z &= z , \\ R &= \sqrt{x^2 + y^2} , & \varphi &= \arctan \frac{y}{x} , & z &= z . \end{aligned} \tag{4.2}$$

2. Aus $\mathrm{d}x_i = (\partial x_i / \partial u^j)\,\mathrm{d}u^j$ folgt $\partial x_i / \partial x_k = \delta_{ik} = (\partial x_i / \partial u^j)\,(\partial u^j / \partial x_k)$, aus $\mathrm{d}u^i = (\partial u^i / \partial x_j)\,\mathrm{d}x_j$ analog $\partial u^i / \partial u^k = \delta_{ik} = (\partial u^i / \partial x_j)\,(\partial x_j / \partial u^k)$, zwischen den partiellen Ableitungen der Transformationsgleichungen gelten also die Orthogonalitätsrelationen

$$\frac{\partial x_i}{\partial u^j} \frac{\partial u^j}{\partial x_k} = \delta_{ik} , \qquad \frac{\partial u^i}{\partial x_j} \frac{\partial x_j}{\partial u^k} = \delta_{ik} . \tag{4.3}$$

3. Bildet man auf beiden Seiten von (4.3) die Determinante, so folgt daraus nach dem Multiplikationssatz (1.13) für Determinanten für die beiden Funktionaldeterminanten

$$\frac{\partial(x_1, x_2, x_3)}{\partial(u^1, u^2, u^3)} := \begin{vmatrix} \dfrac{\partial x_1}{\partial u^1} & \dfrac{\partial x_1}{\partial u^2} & \dfrac{\partial x_1}{\partial u^3} \\[2ex] \dfrac{\partial x_2}{\partial u^1} & \dfrac{\partial x_2}{\partial u^2} & \dfrac{\partial x_2}{\partial u^3} \\[2ex] \dfrac{\partial x_3}{\partial u^1} & \dfrac{\partial x_3}{\partial u^2} & \dfrac{\partial x_3}{\partial u^3} \end{vmatrix}$$

und

$$\frac{\partial(u^1, u^2, u^3)}{\partial(x_1, x_2, x_3)} := \begin{vmatrix} \dfrac{\partial u^1}{\partial x_1} & \dfrac{\partial u^1}{\partial x_2} & \dfrac{\partial u^1}{\partial x_3} \\[2ex] \dfrac{\partial u^2}{\partial x_1} & \dfrac{\partial u^2}{\partial x_2} & \dfrac{\partial u^2}{\partial x_3} \\[2ex] \dfrac{\partial u^3}{\partial x_1} & \dfrac{\partial u^3}{\partial x_2} & \dfrac{\partial u^3}{\partial x_3} \end{vmatrix}$$

die Beziehung

$$\frac{\partial(x_1, x_2, x_3)}{\partial(u^1, u^2, u^3)} \frac{\partial(u^1, u^2, u^3)}{\partial(x_1, x_2, x_3)} = 1 . \qquad (4.4)$$

Wegen der Vertauschbarkeit von Zeilen und Spalten einer Determinante ist es übrigens bei den Funktionaldeterminanten (anders als bei den Koordinatenmatrizen $\partial a_i / \partial x_j$ des Gradienten eines Vektors) egal, ob der Zählerindex als Zeilen- oder als Spaltenindex genommen wird.

4. Man kann zeigen, dass die Koordinatentransformation (4.1) in allen Punkten, in denen die Funktionaldeterminanten weder null noch unendlich sind, umkehrbar eindeutig ist. In diesen Punkten nennt man die Transformation regulär, in den anderen singulär.

Im Beispiel der Zylinderkoordinaten ist

$$\frac{\partial(x,y,z)}{\partial(R,\varphi,z)} = \begin{vmatrix} \cos\varphi & -R\sin\varphi & 0 \\ \sin\varphi & R\cos\varphi & 0 \\ 0 & 0 & 1 \end{vmatrix} = R$$

und damit nach (4.4)

$$\frac{\partial(R,\varphi,z)}{\partial(x,y,z)} = \frac{1}{R} .$$

Die Zylinderkoordinaten sind also singulär für alle Punkte, für die $R = \sqrt{x^2 + y^2} = 0$ ist, d. h. auf der z-Achse. Dort ist die Transformation (4.2) in der Tat nicht umkehrbar eindeutig, dort ist nämlich der Wert von φ unbestimmt.

4.1.2 Koordinatenflächen und Koordinatenlinien

Die Flächen $u^i = \text{const}$ nennt man die Koordinatenflächen. Abgesehen von den singulären Stellen, überdecken sie den Raum schlicht, d. h. durch jeden Punkt geht genau eine Fläche jeder Flächenschar. Je zwei der drei Koordinatenflächen durch einen Punkt schneiden sich längs einer Koordinatenlinie, sodass durch jeden Punkt, wieder abgesehen von den singulären Stellen, auch genau drei Koordinatenlinien gehen.

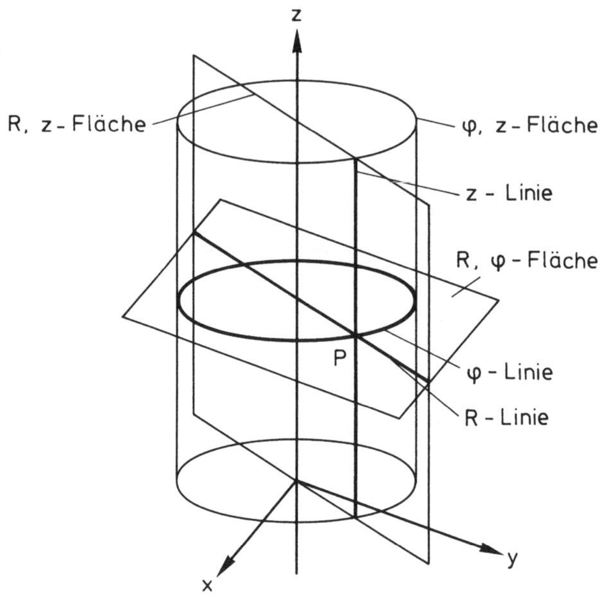

Im Beispiel der Zylinderkoordinaten sind die Gleichungen der Koordinatenflächen $R = \sqrt{x^2 + y^2} = \text{const}$ oder einfacher $x^2 + y^2 = \text{const}$, $\varphi = \arctan(y/x) = \text{const}$ oder einfacher $y/x = \text{const}$, $z = \text{const}$.

Die Flächen $x^2 + y^2 = \text{const}$ sind zur z-Achse koaxiale Zylinder, die Flächen $y/x = \text{const}$ Ebenen durch die z-Achse und die Flächen $z = \text{const}$ Ebenen senkrecht zur z-Achse.

Auf den Koordinatenflächen $R = \sqrt{x^2 + y^2} = \text{const}$ variieren nur φ und z, auf den Koordinatenflächen $\varphi = \arctan(y/x) = \text{const}$ nur R und z und auf den Koordinatenflächen $z = \text{const}$ nur R und φ. Auf der Schnittkurve der Flächen $R = \text{const}$ und $\varphi = \text{const}$ variiert nur z, auf der Schnittkurve der Flächen $\varphi = \text{const}$ und $z = \text{const}$ nur R und auf der Schnittkurve der Flächen $z = \text{const}$ und $R = \text{const}$ nur φ.

4.1.3 Holonome Basen

1. In jedem Punkt gilt zwischen den Differentialen $\mathrm{d}x_i$ und $\mathrm{d}u^i$ der beiden Koordinatensysteme

$$\mathrm{d}x_1 = \frac{\partial x_1}{\partial u^1}\,\mathrm{d}u^1 + \frac{\partial x_1}{\partial u^2}\,\mathrm{d}u^2 + \frac{\partial x_1}{\partial u^3}\,\mathrm{d}u^3,$$

$$\mathrm{d}x_2 = \frac{\partial x_2}{\partial u^1}\,\mathrm{d}u^1 + \frac{\partial x_2}{\partial u^2}\,\mathrm{d}u^2 + \frac{\partial x_2}{\partial u^3}\,\mathrm{d}u^3,$$

$$\mathrm{d}x_3 = \frac{\partial x_3}{\partial u^1}\,\mathrm{d}u^1 + \frac{\partial x_3}{\partial u^2}\,\mathrm{d}u^2 + \frac{\partial x_3}{\partial u^3}\,\mathrm{d}u^3.$$

Auf der Schnittlinie der Flächen $u^2 = \text{const}$ und $u^3 = \text{const}$ gilt also in einem beliebigen Punkt $\mathrm{d}u^2 = \mathrm{d}u^3 = 0$. Der polare Vektor mit den kartesischen Koordinaten $(\partial x_1/\partial u^1,\ \partial x_2/\partial u^1,\ \partial x_3/\partial u^1)$ ist demnach ein (nicht normierter) Tangentenvektor an diese Koordinatenlinie. Wir wollen ihn als den Vektor $\underline{g}_1$ einer Basis auffassen. Die auf diese Weise definierte Basis

$$\underline{g}_i = \frac{\partial x_j}{\partial u^i}\,\underline{e}_j \tag{4.5}$$

mit den kartesischen Koordinaten

$$\underset{i}{g}_j = \frac{\partial x_j}{\partial u^i} \tag{4.6}$$

hat also die Eigenschaft, dass ihre Vektoren die Koordinatenlinien der u^i-Koordinaten in jedem Punkt tangieren. Man nennt die so definierte Basis die natürliche oder kovariante Basis der u^i-Koordinaten im betrachteten Punkte.

2. Der (nicht normierte) polare Vektor mit den kartesischen Koordinaten $(\partial u^1/\partial x_1,\ \partial u^1/\partial x_2,\ \partial u^1/\partial x_3)$ steht bekanntlich im Punkte (x_1, x_2, x_3) auf der Fläche $u^1(x_1, x_2, x_3) = \text{const}$ senkrecht. Wir wollen ihn als den Vektor $\underline{g}^1$ einer anderen Basis auffassen. Die auf diese Weise definierte Basis

$$\underline{g}^i = \frac{\partial u^i}{\partial x_j}\,\underline{e}_j \tag{4.7}$$

mit den kartesischen Koordinaten

$$\overset{i}{g}_j = \frac{\partial u^i}{\partial x_j} \tag{4.8}$$

hat also die Eigenschaft, dass ihre Vektoren auf den Koordinatenflächen der u^i-Koordinaten in jedem Punkte senkrecht stehen. Man nennt die so definierte Basis die kontravariante Basis der u^i-Koordinaten in diesem Punkte.

3. Die kovariante und die kontravariante Basis sind nicht die einzigen Basen, die man einem Punkt in einem krummlinigen Koordinatensystem zuordnet. Das

Rechnen mit diesen Basen ist aber besonders einfach, weil sie, wie man leicht zeigen kann, reziproke Basen bilden. Man bezeichnet diese beiden Basen als holonome Basen.

4. Indem man (4.5) mit $\partial u^i/\partial x_k$ und (4.7) mit $\partial x_k/\partial u^i$ überschiebt, lassen sie sich nach der kartesischen Basis auflösen:

$$\frac{\partial u^i}{\partial x_k}\underline{g}_i = \frac{\partial x_j}{\partial u^i}\frac{\partial u^i}{\partial x_k}\underline{e}_j \overset{(4.3)}{=} \underline{e}_k\,, \qquad \frac{\partial x_k}{\partial u^i}\underline{g}^i = \frac{\partial x_k}{\partial u^i}\frac{\partial u^i}{\partial x_j}\underline{e}_j \overset{(4.3)}{=} \underline{e}_k\,.$$

Es gilt also

$$\underline{e}_i = \frac{\partial u^j}{\partial x_i}\underline{g}_j = \frac{\partial x_i}{\partial u^j}\underline{g}^j\,. \tag{4.9}$$

5. Durch ein System von Transformationsgleichungen (4.1) lässt sich also einem beliebig vorgegebenen kartesischen Koordinatensystem ein krummliniges Koordinatensystem zuordnen, d. h. jedem Punkt des Raumes ein Tripel krummliniger Koordinaten und ein Paar holonomer Basen.

6. Es ist

$$\frac{\partial(x_1,x_2,x_3)}{\partial(u^1,u^2,u^3)} = \det\left(\frac{\partial x_i}{\partial u^j}\right) \overset{(4.6)}{=} \det(\underset{j}{g_i}) \overset{(2.45)}{=} [\underline{g}_1,\underline{g}_2,\underline{g}_3],$$

$$\frac{\partial(u^1,u^2,u^3)}{\partial(x_1,x_2,x_3)} = \det\left(\frac{\partial u^i}{\partial x_j}\right) \overset{(4.8)}{=} \det(\overset{i}{g_j}) \overset{(2.45)}{=} [\underline{g}^1,\underline{g}^2,\underline{g}^3],$$

$$\frac{\partial(x_1,x_2,x_3)}{\partial(u^1,u^2,u^3)} = [\underline{g}_1,\underline{g}_2,\underline{g}_3]\,, \qquad \frac{\partial(u^1,u^2,u^3)}{\partial(x_1,x_2,x_3)} = [\underline{g}^1,\underline{g}^2,\underline{g}^3]\,. \tag{4.10}$$

Beide Spatprodukte haben nach (4.4) dasselbe Vorzeichen. Wenn die $\underline{e}_i$ ein Rechtssystem bilden und die Spatprodukte in diesem Rechtssystem positiv sind, bilden die $\underline{g}_i$ und die $\underline{g}^i$ ebenfalls Rechtssysteme; wenn die Spatprodukte in diesem Rechtssystem negativ sind, bilden die $\underline{g}_i$ und die $\underline{g}^i$ Linkssysteme (vgl. Abschnitt 2.10.3).

Da man die Orientierung einer Basis durch Vertauschung zweier Basisvektoren umkehren kann, kann man durch Beschränkung auf Rechtssysteme ohne nennenswerten Verlust an Allgemeinheit viele Vorzeichenregeln bzw. Fallunterscheidungen vermeiden. Wir vereinbaren deshalb für den Rest des Kapitels 4:

Die Reihenfolge der Basisvektoren $\underline{e}_i$ des kartesischen Koordinatensystems x_i, das dem krummlinigen Koordinatensystem $u^i(x_j)$ zugrunde liegt, und die Reihenfolge der Basisvektoren $\underline{g}_i$ und $\underline{g}^i$ seiner holonomen Basen sei so gewählt, dass alle drei Basen Rechtssysteme bilden.

Dann sind die Funktionaldeterminanten (4.10) positiv, und auch axiale Tensoren sind unabhängig vom Koordinatensystem, und ihre Koordinaten transformieren sich genauso wie die Koordinaten polarer Tensoren. Wir brauchen dann nicht zwischen polaren und axialen Tensoren zu unterscheiden.

4.1.4 Geradlinige und kartesische Koordinatensysteme

Die Transformationsmatrizen $\partial x_i/\partial u^j$ und $\partial u^i/\partial x_j$ stellen nach (4.6) und (4.8) die kartesischen Koordinaten der beiden reziproken Basen der u^i-Koordinaten dar. Im Allgemeinen sind diese Matrizen Funktionen des Ortes, und damit sind auch die beiden Basen von Ort zu Ort verschieden.

Die Transformationsmatrizen und damit auch die reziproken Basen sind offenbar genau dann ortsunabhängig, wenn die Transformationsgleichungen (4.1) die Form

$$u^i = A^{ij} x_j + B^i \,. \qquad x_i = A_{ij} u^j + B_i \tag{4.11}$$

haben und die Transformationskoeffizienten A^{ij}, A_{ij}, B^i und B_i ortsunabhängig sind.

Die Ortsunabhängigkeit der reziproken Basen hat zur Folge, dass alle Koordinatenlinien Geraden und alle Koordinatenflächen Ebenen sind. Die gleichnamigen Koordinatenlinien durch alle Punkte sind Parallelen (d. h. alle u^1-Linien sind parallel, alle u^2-Linien sind parallel und alle u^3-Linien sind parallel); die gleichnamigen Koordinatenflächen durch alle Punkte sind parallele Ebenen. Solche Koordinatensysteme nennt man deshalb geradlinig; die geradlinigen Koordinatensysteme sind demnach ein Spezialfall der krummlinigen Koordinatensysteme.[2] (Bei den Zylinderkoordinaten sind zwar alle R-Linien und alle z-Linien Geraden, nicht aber die φ-Linien; die Zylinderkoordinaten bilden deshalb kein geradliniges Koordinatensystem.)

[2] Diese Terminologie ist sprachlich unbefriedigend, da krumm und gerade Gegensätze sind.

Für die Transformationskoeffizienten eines geradlinigen Koordinatensystems gelten die Beziehungen

$$
\begin{aligned}
A^{ij} &= \frac{\partial u^i}{\partial x_j} = \overset{i}{g}_j\,, & A_{ij} &= \frac{\partial x_i}{\partial u^j} = \underset{j}{g}_i\,, \\
A^{ij} A_{jk} &= \delta_{ik}\,, & A_{ij} A^{jk} &= \delta_{ik}\,, \qquad (4.12) \\
B^i &= -A^{ij} B_j\,. & B_i &= -A_{ij} B^j\,,
\end{aligned}
$$

Die Transformationsmatrizen A^{ij} und A_{ij} sind invers, sie müssen also regulär sein.

Sind die Transformationsmatrizen speziell orthogonal, so bilden die u^i ein kartesisches Koordinatensystem, die beiden Basen $\underline{g}_i$ und $\underline{g}^i$ sind orthonormiert und fallen zusammen, und die Gleichungen (4.11) vereinfachen sich zu den Transformationsgleichungen (2.9).

Aufgabe 4.1

Gegeben sei ein schiefwinkliges, geradliniges Koordinatensystem in der Ebene, dessen Achsen mit denen eines kartesischen Koordinatensystems gleichen Ursprungs die Winkel α und β bilden.

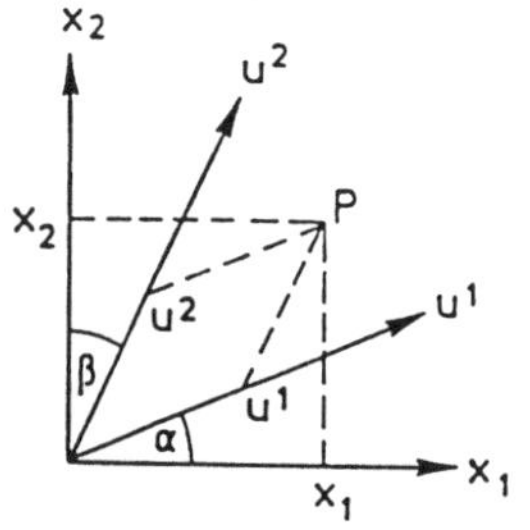

A. Man stelle die Transformationsgleichungen $x_i = x_i(u^j)$ und $u^i = u^i(x_j)$ für die Koordinaten eines Punktes P auf.

B. Man berechne die kartesischen Koordinaten der holonomen Basen. Welche Basisvektoren sind Einheitsvektoren?

4.1.5 Orthogonale Koordinatensysteme

Ein Koordinatensystem, in dem die Koordinatenlinien durch einen Punkt und damit auch die kovarianten Basisvektoren in jedem Punkt wechselseitig orthogonal sind, nennen wir ein orthogonales Koordinatensystem. Die Zylinderkoordinaten sind ein Beispiel dafür. Nach Abschnitt 3.9.3 sind in einem orthogonalen Koordinatensystem auch die Koordinatenflächen durch einen Punkt und damit die kontravarianten Basisvektoren in jedem Punkt orthogonal, und die homologen Vektoren beider Basen haben die gleiche Richtung und ihre Beträge sind reziprok. Trotzdem kann die Richtung und die Länge der Basisvektoren von Punkt zu Punkt variieren, wie das ja auch bei den Zylinderkoordinaten der Fall ist.

Aufgabe 4.2

Man berechne die kartesischen Koordinaten der kovarianten und der kontravarianten Basis der Zylinderkoordinaten.

4.2 Holonome Tensorkoordinaten

4.2.1 Allgemeines

1. So wie man einen Tensor nach (2.28) in Bezug auf eine kartesische Basis durch Koordinaten darstellen kann:

$$\underline{a} = a_i \underline{e}_i , \quad \underline{\underline{a}} = a_{ij} \underline{e}_i \underline{e}_j , \quad \text{usw.},$$

ist dies natürlich auch in Bezug auf die beiden holonomen Basen eines krummlinigen Koordinatensystems möglich. Dabei hat bereits ein Vektor in Bezug auf die kovariante und die kontravariante Basis natürlich verschiedene Koordinaten. Man nennt die Koordinaten in Bezug auf die kovariante Basis kontravariant und bezeichnet sie mit einem oberen Index; umgekehrt nennt man die Koordinaten in Bezug auf die kontravariante Basis kovariant und bezeichnet sie mit einem unteren Index. Man kommt damit zu der Darstellung

$$\underline{a} = a^i \underline{g}_i = a_i \underline{g}^i .$$

Bei einem Tensor zweiter Stufe sind neben der (rein) kovarianten Basis $\underline{g}_i \underline{g}_j$ und der (rein) kontravarianten Basis $\underline{g}^i\,\underline{g}^j$ noch gemischte Basen möglich, es gibt also die vier Darstellungen

$$\underline{\underline{a}} = a^{ij}\,\underline{g}_i\,\underline{g}_j = a^i{}_j\,\underline{g}_i\,\underline{g}^j = a_i{}^j\,\underline{g}^i\,\underline{g}_j = a_{ij}\,\underline{g}^i\,\underline{g}^j.$$

Dabei nennt man z. B. die $a^i{}_j$ kontravariant-kovariante Koordinaten und die zugehörige Basis $\underline{g}_i\,\underline{g}^j$ die kovariant-kontravariante Basis:

> Man nennt untere Indizes an Basen und Tensorkoordinaten kovariant und obere Indizes kontravariant.

Für die Darstellung eines Tensors in Bezug auf die beiden holonomen Basen eines krummlinigen Koordinatensystems erhält man also zusammengefasst:

$$\begin{aligned} \underline{a} &= a^i\,\underline{g}_i = a_i\,\underline{g}^i\,, \\ \underline{\underline{a}} &= a^{ij}\,\underline{g}_i\,\underline{g}_j = a^i{}_j\,\underline{g}_i\,\underline{g}^j = a_i{}^j\,\underline{g}^i\,\underline{g}_j = a_{ij}\,\underline{g}^i\,\underline{g}^j\,, \\ &\text{usw.} \end{aligned} \tag{4.13}$$

Diese Gleichungen stellen offenbar die Verallgemeinerung der Darstellungsgleichungen (2.28) eines Tensors in Bezug auf eine kartesische Basis dar.

Alle so definierten Basen eines Tensors nennt man holonome Basen, alle so definierten Koordinaten holonome Koordinaten.

Bei nicht-geradlinigen Koordinaten ändern sich die Basen von Ort zu Ort, die Ortsabhängigkeit eines Tensorfeldes verteilt sich in diesem Falle auf die Ortsabhängigkeit der Koordinaten und die Ortsabhängigkeit der Basen.

2. Neben den Koordinaten kann man wieder Komponenten einführen: Ein Vektor $\underline{a}$ lässt sich in Bezug auf die kovariante Basis $\underline{g}_i$

$$\underline{a} = a^1\,\underline{g}_1 + a^2\,\underline{g}_2 + a^3\,\underline{g}_3$$

schreiben, und man nennt $a^1\,\underline{g}_1$ dann die zu a^1 gehörige Vektorkomponente. Wieder sind die Vektorkomponenten selbst Vektoren, die Vektorkoordinaten nicht, sondern vorzeichenbehaftete (reelle) Zahlen. Da die holonomen Basisvektoren eines krummlinigen Koordinatensystems im Allgemeinen keine Einheitsvektoren sind, steckt die Länge einer Vektorkomponente teils in der Koordinate und teils in der Basis. Anders als bei kartesischen Koordinaten ist der Betrag einer Vektorkoordinate deshalb im Allgemeinen verschieden vom Betrag der zugehörigen Vektorkomponente.

3. Aufgrund der Orthogonalitätsrelationen (3.24) zwischen reziproken Basen erhält man aus (4.13) durch geeignete skalare Multiplikation die Umkehrformeln

$$\begin{aligned}
a^i &= \underline{a} \cdot \underline{g}^i , \\
a_i &= \underline{a} \cdot \underline{g}_i , \\
a^{ij} &= \underline{\underline{a}} \cdot\cdot\, \underline{g}^i \underline{g}^j = \underline{g}^i \cdot \underline{\underline{a}} \cdot \underline{g}^j , \\
a^i{}_j &= \underline{\underline{a}} \cdot\cdot\, \underline{g}^i \underline{g}_j = \underline{g}^i \cdot \underline{\underline{a}} \cdot \underline{g}_j , \\
a_i{}^j &= \underline{\underline{a}} \cdot\cdot\, \underline{g}_i \underline{g}^j = \underline{g}_i \cdot \underline{\underline{a}} \cdot \underline{g}^j , \\
a_{ij} &= \underline{\underline{a}} \cdot\cdot\, \underline{g}_i \underline{g}_j = \underline{g}_i \cdot \underline{\underline{a}} \cdot \underline{g}_j , \\
a^{ijk} &= \underline{\underline{\underline{a}}} \cdot\cdot\cdot\, \underline{g}^i \underline{g}^j \underline{g}^k = \underline{g}^i \cdot \underline{\underline{\underline{a}}} \cdot\cdot\, \underline{g}^j \underline{g}^k = \underline{g}^i \underline{g}^j \cdot\cdot\, \underline{\underline{\underline{a}}} \cdot \underline{g}^k = \underline{g}^i \underline{g}^j \underline{g}^k \cdot\cdot\cdot\, \underline{\underline{\underline{a}}} ,
\end{aligned} \tag{4.14}$$

usw.

4. Natürlich könnte man auch den Ortsvektor in Bezug auf die holonomen Basen eines krummlinigen Koordinatensystems darstellen:

$$\underline{x} = x^i \underline{g}_i = x_i \underline{g}^i .$$

Im Allgemeinen hängen jedoch weder die x^i noch die x_i auf einfache Weise mit den krummlinigen Ortskoordinaten u^i zusammen. Sie werden deshalb nicht verwendet.

5. In Formeln, in denen kartesische und holonome krummlinige Koordinaten nebeneinander vorkommen, ist es zweckmäßig, die kartesischen z. B. für einen Vektor mit $\widehat{a}_i$ oder ausgeschrieben mit $(a_x,\, a_y,\, a_z)$ zu bezeichnen, um sie von den kovarianten Koordinaten zu unterscheiden.

Aufgabe 4.3

Ein Tensor $\underline{\underline{T}}$ und eine Basis $\underline{g}_i$ seien durch ihre kartesischen Koordinaten gegeben:

$$\widehat{T}_{ij} = \begin{pmatrix} 1 & -1 & 2 \\ 2 & 2 & -1 \\ -1 & -2 & 1 \end{pmatrix}, \qquad \begin{aligned} \underline{g}_1 &= (1, 0, 0), \\ \underline{g}_2 &= (1, 1, 0), \\ \underline{g}_3 &= (1, 1, 1). \end{aligned}$$

Man berechne die kontravarianten Koordinaten T^{ij} des Tensors $\underline{\underline{T}}$ in Bezug auf die Basis $\underline{g}_i \underline{g}_j$.

4.2.2 Transformationen zwischen zwei krummlinigen Koordinatensystemen

1. Zwei krummlinige Koordinatensysteme seien durch ihre Transformationsgleichungen

$$\begin{aligned} u^i &= u^i(x_j)\,, & x_i &= x_i(u^j)\,, \\ \widetilde{u}^i &= \widetilde{u}^i(x_j)\,, & x_i &= x_i(\widetilde{u}^j)\,, \end{aligned} \tag{4.15}$$

in Bezug auf dasselbe kartesische Koordinatensystem gegeben. Indem man dieses kartesische Koordinatensystem aus den obigen Gleichungen eliminiert, erhält man zwischen den beiden krummlinigen Koordinatensystemen selbst die analogen Transformationsgleichungen

$$u^i = u^i(\widetilde{u}^j)\,, \qquad \widetilde{u}^i = \widetilde{u}^i(u^j)\,. \tag{4.16}$$

2. Indem man wie in Abschnitt 4.1.1 das Differential der ersten Gleichungen hinschreibt und geeignet differenziert, erhält man analog zu (4.3) die Orthogonalitätsrelation

$$\frac{\partial u^i}{\partial \widetilde{u}^j}\frac{\partial \widetilde{u}^j}{\partial u^k} = \delta_{ik}\,. \tag{4.17}$$

Wegen der Gleichberechtigung des ungeschweiften und des geschweiften Koordinatensystems ist es hier trivial, die der anderen Formel (4.3) entsprechende Formel hinzuschreiben.

3. Aus (4.9) folgt

$$\underline{e}_i = \frac{\partial u^j}{\partial x_i}\underline{g}_j = \frac{\partial \widetilde{u}^j}{\partial x_i}\underline{\widetilde{g}}_j = \frac{\partial x_i}{\partial u^j}\underline{g}^j = \frac{\partial x_i}{\partial \widetilde{u}^j}\underline{\widetilde{g}}^j\,,$$

$$\frac{\partial u^j}{\partial x_i}\underline{g}_j = \frac{\partial \widetilde{u}^j}{\partial x_i}\underline{\widetilde{g}}_j, \quad \frac{\partial x_i}{\partial u^j}\underline{g}^j = \frac{\partial x_i}{\partial \widetilde{u}^j}\underline{\widetilde{g}}^j\,.$$

Durch Überschiebung mit $\partial x_i/\partial \tilde{u}^m$ bzw. $\partial \tilde{u}^m/\partial x_i$ folgt

$$\underbrace{\frac{\partial u^j}{\partial x_i}\frac{\partial x_i}{\partial \tilde{u}^m}}_{\frac{\partial u^j}{\partial \tilde{u}^m}}\underline{g}_j = \underbrace{\frac{\partial \tilde{u}^j}{\partial x_i}\frac{\partial x_i}{\partial \tilde{u}^m}}_{\delta_{jm}}\underline{\tilde{g}}_j\,, \qquad \underbrace{\frac{\partial \tilde{u}^m}{\partial x_i}\frac{\partial x_i}{\partial u^j}}_{\frac{\partial \tilde{u}^m}{\partial u^j}}\underline{g}^j = \underbrace{\frac{\partial \tilde{u}^m}{\partial x_i}\frac{\partial x_i}{\partial \tilde{u}^j}}_{\delta_{mj}}\underline{\tilde{g}}^j\,,$$

$$\underline{\tilde{g}}_m = \frac{\partial u^j}{\partial \tilde{u}^m}\underline{g}_j\,, \qquad \underline{\tilde{g}}^m = \frac{\partial \tilde{u}^m}{\partial u^j}\underline{g}^j\,. \tag{4.18}$$

Wegen der Gleichberechtigung der beiden Koordinatensysteme kann man darin wieder die geschweiften und die ungeschweiften Größen vertauschen.

Die beiden Gleichungen (4.18) sind offenbar die Transformationsgleichungen zwischen den kovarianten bzw. kontravarianten Basen zweier krummliniger Koordinatensysteme. Sie sind die Verallgemeinerung der Transformationsgleichungen (2.8) zwischen den Basen zweier kartesischer Koordinatensysteme. Die darin auftretenden Matrizen $\partial u^j/\partial \tilde{u}^m$ und $\partial \tilde{u}^m/\partial u^j$ sind nach (4.17) invers und deshalb regulär; man nennt sie die Transformationsmatrizen zwischen den beiden krummlinigen Koordinatensystemen. Sie sind offenbar die Verallgemeinerung der ebenfalls inversen (orthogonalen) Transformationsmatrizen α_{ij} und $\alpha_{ji} = \alpha_{ij}^{\mathrm{T}}$ zwischen zwei kartesischen Koordinatensystemen.

4. Aus den Gleichungen (4.18) erhält man sofort die Transformationsgleichungen für gleichartige Tensorkoordinaten: Beispielsweise ist

$$\underline{a} = a^i\,\underline{g}_i = \tilde{a}^i\,\underline{\tilde{g}}_i = \tilde{a}^i\,\frac{\partial u^j}{\partial \tilde{u}^i}\underline{g}_j \quad \text{oder} \quad a^i = \frac{\partial u^i}{\partial \tilde{u}^k}\tilde{a}^k.$$

Als Transformationsgleichungen zwischen den gleichartigen holonomen Koordinaten eines Tensors in zwei krummlinigen Koordinatensystemen erhält man also:

$$\begin{aligned}
\tilde{a}^i &= \frac{\partial \tilde{u}^i}{\partial u^m}a^m\,, & \tilde{a}_i &= \frac{\partial u^m}{\partial \tilde{u}^i}a_m\,,\\
\tilde{a}^{ij} &= \frac{\partial \tilde{u}^i}{\partial u^m}\frac{\partial \tilde{u}^j}{\partial u^n}a^{mn}\,, & \tilde{a}^i{}_j &= \frac{\partial \tilde{u}^i}{\partial u^m}\frac{\partial u^n}{\partial \tilde{u}^j}a^m{}_n\,,\\
\tilde{a}_i{}^j &= \frac{\partial u^m}{\partial \tilde{u}^i}\frac{\partial \tilde{u}^j}{\partial u^n}a_m{}^n\,, & \tilde{a}_{ij} &= \frac{\partial u^m}{\partial \tilde{u}^i}\frac{\partial u^n}{\partial \tilde{u}^j}a_{mn}\,,
\end{aligned} \tag{4.19}$$

usw.

Diese Formeln sind die Verallgemeinerung der Transformationsgleichungen (2.17) der Koordinaten eines Tensors in zwei kartesischen Koordinatensystemen (die beide Rechtssysteme bilden).

5. Ein kovarianter Index an einer Tensorkoordinate transformiert sich also genauso wie ein kovarianter Index an einer Basis und genau „umgekehrt" wie ein kontravarianter Index an einer Tensorkoordinate oder einer Basis. Das muss auch so sein, denn die Überschiebung eines kovarianten und eines kontravarianten Indexes ergibt einen indexfreien und damit vom Koordinatensystem unabhängigen Ausdruck unabhängig davon, ob diese Indizes an Tensorkoordinaten oder Basen hängen: $a_i b^i = c, \quad a_i \underline{g}^i = \underline{a}, \quad \underline{g}_i \underline{g}^i = \underline{\underline{\delta}}$. (Diese Eigenschaft kovarianter und kontravarianter Indizes erklärt übrigens die beiden Bezeichnungen kovariant und kontravariant: Kovariant bedeutet sich gleich ändernd, kontravariant sich entgegengesetzt ändernd.)

6. Das Transformationsgesetz von Tensorkoordinaten hängt damit nur von der Anzahl der oberen und unteren Indizes, nicht von deren Reihenfolge ab: Nach (4.19) ist

$$\widetilde{a}^i{}_j = \frac{\partial \widetilde{u}^i}{\partial u^m} \frac{\partial u^n}{\partial \widetilde{u}^j} a^m{}_n, \quad \widetilde{a}_j{}^i = \frac{\partial \widetilde{u}^i}{\partial u^m} \frac{\partial u^n}{\partial \widetilde{u}^j} a_n{}^m.$$

Aufgabe 4.4

Man berechne die Transformationsgleichungen zwischen den kartesischen Koordinaten und den holonomen Zylinderkoordinaten eines Vektors.

Aufgabe 4.5

A. Für das schiefwinklige Koordinatensystem der Aufgabe 4.1 berechne man die Transformationsgleichungen $A^i = A^i(\widehat{A}_j)$, $\widehat{A}_i = \widehat{A}_i(A^j)$ und $A_i = A_i(\widehat{A}_j)$ zwischen holonomen und kartesischen Vektorkoordinaten.

B. Man trage in die Skizzen die Darstellungen $\underline{A} = A_i \underline{g}^i$ und $\underline{A} = A^i \underline{g}_i$ (jeweils als Addition zweier Vektoren) ein und zeige, dass man die kontravarianten Vektorkoordinaten durch parallele Projektion und die kovarianten Vektorkoordinaten durch senkrechte Projektion auf die Koordinatenlinien konstruieren kann.

   Lösungshinweis: Es ist zweckmäßig, dafür die berechneten Darstellungen $\widehat{A}_i = \widehat{A}_i(A^j)$ und $A_i = A_i(\widehat{A}_j)$ unter Verwendung von Hilfslinien geometrisch zu verifizieren.

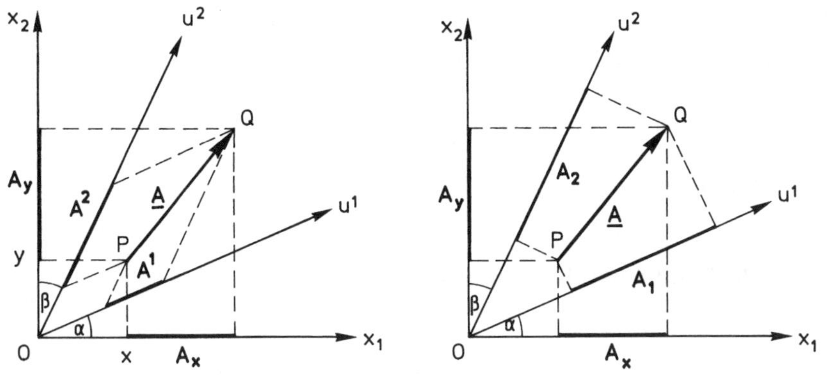

4.2.3 Die Summationskonvention

Die Unterscheidung oberer und unterer Indizes macht offenbar bei holonomen Basen und Tensorkoordinaten eine Änderung der Summationskonvention und der daraus folgenden Regeln für die Verwendung laufender Indizes erforderlich. Beides ergibt sich als naheliegende Verallgemeinerung der Darstellungsgleichungen (4.13) und (4.14) und der Transformationsgleichungen (4.18) und (4.19).

Wir vereinbaren die Summationskonvention für Gleichungen, in denen außer Tensoren nur holonome Tensorkoordinaten, holonome Basen und Transformationsmatrizen vorkommen, also für Tensorgleichungen, Transformationsgleichungen und Darstellungsgleichungen (vgl. Abschnitt 2.7.4), in der Form:

> Über alle in einem Glied doppelt vorkommenden verschieden gestellten laufenden Indizes soll von eins bis drei summiert werden, ohne dass das durch ein Summationszeichen ausgedrückt wird. Dabei gilt in einer Transformationsmatrix der Index im „Zähler" als oberer und der Index im „Nenner" als unterer Index.

Für die Verwendung laufender Indizes hat das folgende Konsequenzen (vgl. Abschnitt 1.1 Nr. 4):

- Ein laufender Index darf in einem Glied nur einmal oder zweimal vorkommen. Wenn er zweimal vorkommt, muss er beide Male verschieden gestellt sein.
- Jeder laufende Index muss den Wertevorrat eins bis drei haben. (Wir haben uns in den Kapiteln 2 bis 4 auf Tensoren im dreidimensionalen Raum unserer Anschauung beschränkt.)
- Alle Glieder einer Gleichung müssen in den freien Indizes übereinstimmen, und zwar auch in Bezug auf die Stellung, nicht aber in Bezug auf die Reihenfolge.

Soll die Summationskonvention ausnahmsweise nicht gelten, werden wir den entsprechenden laufenden Index wieder unterstreichen.

4.2.4 Der δ-Tensor

4.2.4.1 Die holonomen Koordinaten

1. Für die holonomen Koordinaten des δ-Tensors sind von der Regel abweichende feste Bezeichnungen üblich, man schreibt

$$\underline{\underline{\delta}} = g^{ij}\, \underline{g}_i \underline{g}_j = \delta^i_j\, \underline{g}_i \underline{g}^j = \delta^j_i\, \underline{g}^i \underline{g}_j = g_{ij}\, \underline{g}^i \underline{g}^j \,. \tag{4.20}$$

Als Umkehrformeln ergeben sich nach (4.14)

$$\begin{aligned}
g^{ij} &= \underline{\underline{\delta}} \cdot\cdot\, \underline{g}^i \underline{g}^j = \underline{g}^i \cdot \underline{g}^j ,\\
\delta^i_j &= \underline{\underline{\delta}} \cdot\cdot\, \underline{g}^i \underline{g}_j = \underline{g}^i \cdot \underline{g}_j \overset{(3.24)}{=} \delta_{ij} ,\\
\delta^j_i &= \underline{\underline{\delta}} \cdot\cdot\, \underline{g}_i \underline{g}^j = \underline{g}_i \cdot \underline{g}^j \overset{(3.24)}{=} \delta_{ij} ,\\
g_{ij} &= \underline{\underline{\delta}} \cdot\cdot\, \underline{g}_i \underline{g}_j = \underline{g}_i \cdot \underline{g}_j ,
\end{aligned}$$

oder wenn man noch ausnutzt, dass das Skalarprodukt zweier Vektoren nicht von der Reihenfolge der Faktoren abhängt,

$$\boxed{\begin{aligned}
&\delta^j_i = \delta^i_j = \underline{g}^i \cdot \underline{g}_j = \underline{g}_i \cdot \underline{g}^j = \delta_{ij} \,,\\
&g^{ij} = g^{ji} = \underline{g}^i \cdot \underline{g}^j \,,\\
&g_{ij} = g_{ji} = \underline{g}_i \cdot \underline{g}_j \,.
\end{aligned}} \tag{4.21}$$

Dabei haben δ^i_j und δ^j_i (im Einklang mit der Definition (1.19) der verallgemeinerten Kronecker-Symbole) dieselbe Bedeutung wie δ_{ij}; m. a. W. wir setzen einen Index des Kronecker-Symbols nach oben, wenn das zur Erfüllung der Regeln für das Rechnen mit laufenden Indizes bei krummlinigen Koordinaten erforderlich ist. Da es beim Kronecker-Symbol auf die Reihenfolge der Indizes nicht ankommt, ist es üblich, dabei (anders als bei gemischten Tensorkoordinaten) beide Indizes übereinander zu setzen.

2. Die Matrizen g^{ij} und g_{ij} nennt man auch Metrikkoeffizienten („Maßkoeffizienten"). Man benötigt sie nämlich, um aus einem Tripel holonomer Koordinaten eines Vektors seine Länge auszurechnen (seine Länge zu „messen"): Wenn von einem Vektor $\underline{a}$ beispielsweise die kovarianten Koordinaten a_i gegeben sind, so ergibt sich seine Länge a aus

$$a = \sqrt{\underline{a} \cdot \underline{a}} = \sqrt{a_i \underline{g}^i \cdot a_j \underline{g}^j} = \sqrt{a_i a_j \underline{g}^i \cdot \underline{g}^j} = \sqrt{a_i a_j g^{ij}},$$

man benötigt zusätzlich zu den kovarianten Koordinaten a_i also die kontravarianten Metrikkoeffizienten. Von daher erklärt sich auch der bereits früher erwähnte Name Metriktensor für den δ-Tensor.

3. Im übrigen haben die Koordinaten des δ-Tensors nach (4.21) eine sehr anschauliche Bedeutung: Sie sind Skalarprodukte zweier Basisvektoren. Nach der Definition (3.21) reziproker Basen bzw. den Orthogonalitätsrelationen (3.24) erhält man für die gemischten Koordinaten in jedem krummlinigen Koordinatensystem dieselben Werte, nämlich 1, wenn beide Indizes gleich sind, und 0, wenn sie ungleich sind. Die kovarianten und die kontravarianten Koordinaten des δ-Tensors hängen dagegen vom Koordinatensystem ab: Koordinaten mit gleichen Indizes stellen das Quadrat der Länge des entsprechenden Basisvektors dar, z. B. ist

$$g_{11} = |\underline{g}_1|^2.$$

Koordinaten mit verschiedenen Indizes stellen das Produkt der Längen der entsprechenden Basisvektoren und des Kosinus des eingeschlossenen Winkels dar, z. B. ist

$$g^{13} = |\underline{g}^1||\underline{g}^3|\cos(\underline{g}^1, \underline{g}^3).$$

Aufgabe 4.6

Man berechne die kovarianten und die kontravarianten Zylinderkoordinaten des Einheitstensors.

4.2.4.2 Eigenschaften der Metrikkoeffizienten

1. Die Metrikkoeffizienten eines krummlinigen Koordinatensystems in einem Punkt (man spricht auch kürzer von der Metrik eines krummlinigen Koordinatensystems) sind also durch die Längen der drei Basisvektoren und die von ihnen eingeschlossenen Winkel, also durch 6 Kenngrößen, festgelegt. Alle Koordinatensysteme, die in diesen 6 Kenngrößen (in jedem Punkt) übereinstimmen, haben dieselben Metrikkoeffizienten. Geometrisch gesprochen sind dies alle Koordinatensysteme, deren Basen durch Drehung oder Drehspiegelung auseinander hervorgehen.

2. Wir wollen im Folgenden einige Eigenschaften der Metrikkoeffizienten kennenlernen, anders ausgedrückt einige Bedingungen, die eine dreireihige quadratische Matrix erfüllen muss, damit sie als Matrix von Metrikkoeffizienten interpretiert werden kann.

Die augenfälligste Eigenschaft oder Bedingung ist, dass die Metrikkoeffizienten symmetrisch sind:

$$g_{ij} = g_{ji}\,, \qquad\qquad g^{ij} = g^{ji}\,. \tag{4.22}$$

Weiter folgt aus der für jeden Vektor $\underline{a}$ (außer dem Nullvektor) gültigen Beziehung

$$a^i a^j g_{ij} = a_i a_j g^{ij} = \underline{a} \cdot \underline{a} > 0,$$

dass die Matrix der Metrikkoeffizienten g_{ij} und g^{ij} positiv definit ist. Daraus folgt nach Satz 5 und Satz 4 von Abschnitt 3.12.4, dass die Determinante und alle ihre Hauptunterdeterminanten (also für eine dreireihige Matrix die Hauptminoren und die Elemente der Hauptdiagonale) positiv sind.

Zunächst müssen die Diagonalelemente positiv sein:

$$g_{\underline{i}\underline{i}} > 0\,, \qquad\qquad g^{\underline{i}\underline{i}} > 0\,. \tag{4.23}$$

Das folgt auch aus ihrer geometrischen Interpretation als Quadrat der Länge der Basisvektoren. Weiter müssen auch die Hauptminoren, d. h. die zweireihigen Unterdeterminanten, die durch Streichung einer Zeile und der zugehörigen Spalte entstehen, positiv sein:

$$\begin{vmatrix} g_{\underline{i}\underline{i}} & g_{\underline{i}\underline{j}} \\ g_{\underline{j}\underline{i}} & g_{\underline{j}\underline{j}} \end{vmatrix} > 0\,, \qquad\qquad \begin{vmatrix} g^{\underline{i}\underline{i}} & g^{\underline{i}\underline{j}} \\ g^{\underline{j}\underline{i}} & g^{\underline{j}\underline{j}} \end{vmatrix} > 0\,, \quad i \neq j\,. \tag{4.24}$$

Schließlich muss auch die Determinante der Metrikkoeffizienten selbst positiv sein, und zwar unabhängig von der Orientierung der Basisvektoren. Es ist z. B.

$$\det g_{ij} = \begin{vmatrix} g_{11} & g_{12} & g_{13} \\ g_{21} & g_{22} & g_{23} \\ g_{31} & g_{32} & g_{33} \end{vmatrix} = \begin{vmatrix} \underline{g}_1 \cdot \underline{g}_1 & \underline{g}_1 \cdot \underline{g}_2 & \underline{g}_1 \cdot \underline{g}_3 \\ \underline{g}_2 \cdot \underline{g}_1 & \underline{g}_2 \cdot \underline{g}_2 & \underline{g}_2 \cdot \underline{g}_3 \\ \underline{g}_3 \cdot \underline{g}_1 & \underline{g}_3 \cdot \underline{g}_2 & \underline{g}_3 \cdot \underline{g}_3 \end{vmatrix}$$

$$\overset{(2.46)}{=} [\underline{g}_1, \underline{g}_2, \underline{g}_3][\underline{g}_1, \underline{g}_2, \underline{g}_3],$$

und das ist auch als Quadrat stets positiv. Wir erhalten also

$$\det g_{ij} = [\underline{g}_1, \underline{g}_2, \underline{g}_3]^2 > 0\,, \quad \det g^{ij} = [\underline{g}^1, \underline{g}^2, \underline{g}^3]^2 > 0\,. \tag{4.25}$$

3. Wegen der Reziprozität der beiden holonomen Basen ist die eine durch die andere eindeutig bestimmt. Damit sind auch die kontravarianten Metrikkoeffizienten durch die kovarianten eindeutig bestimmt und umgekehrt. Das hat Beziehungen zwischen den beiden Arten von Metrikkoeffizienten zur Folge: Es gilt

$$g_{ij}\, g^{jk} = \underline{g}_i \cdot \underline{g}_j \underline{g}^j \cdot \underline{g}^k \overset{(3.25)}{=} \underline{g}_i \cdot \underline{\underline{\delta}} \cdot \underline{g}^k = \underline{g}_i \cdot \underline{g}^k = \delta_i^k\,,$$

$$g_{ij}\, g^{jk} = \delta_i^k\,, \tag{4.26}$$

die Matrizen der beiden Arten von Metrikkoeffizienten sind also invers, d. h. die einen lassen sich aus den anderen mithilfe des gaußschen Algorithmus berechnen.

4. Offenbar ist

$$\det g_{ij} \det g^{ij} \overset{(1.13)}{=} \det(g_{ij}\, g^{jk}) \overset{(4.26)}{=} 1.$$

Wenn wir für die Determinante von g_{ij} die Bezeichnung g einführen, so gilt

$$g := \det g_{ij}\,, \quad \det g^{ij} = \frac{1}{g}\,, \quad \det g_{ij} \det g^{ij} = 1\,. \tag{4.27}$$

5. Weiter ist nach (2.46) und (4.25)

$$[\underline{g}_1, \underline{g}_2, \underline{g}_3][\underline{g}_1, \underline{g}_2, \underline{g}_3] = \begin{vmatrix} \underline{g}_1 \cdot \underline{g}_1 & \underline{g}_1 \cdot \underline{g}_2 & \underline{g}_1 \cdot \underline{g}_3 \\ \underline{g}_2 \cdot \underline{g}_1 & \underline{g}_2 \cdot \underline{g}_2 & \underline{g}_2 \cdot \underline{g}_3 \\ \underline{g}_3 \cdot \underline{g}_1 & \underline{g}_3 \cdot \underline{g}_2 & \underline{g}_3 \cdot \underline{g}_3 \end{vmatrix} = g$$

und entsprechend

$$[\underline{g}^1, \underline{g}^2, \underline{g}^3]^2 = \frac{1}{g}.$$

Zusammen mit (4.10) erhalten wir

$$[\underline{g}_1, \underline{g}_2, \underline{g}_3] = \frac{\partial(x_1, x_2, x_3)}{\partial(u^1, u^2, u^3)} = \sqrt{\det g_{ij}} = \sqrt{g}\,,$$
$$[\underline{g}^1, \underline{g}^2, \underline{g}^3] = \frac{\partial(u^1, u^2, u^3)}{\partial(x_1, x_2, x_3)} = \sqrt{\det g^{ij}} = \sqrt{\frac{1}{g}}\,. \tag{4.28}$$

6. Aus der geometrischen Interpretation der Metrikkoeffizienten als Skalarprodukte von Basisvektoren folgt sofort, dass für orthogonale Koordinatensysteme alle Metrikkoeffizienten mit verschiedenen Indizes verschwinden und homologe kovariante und kontravariante Metrikkoeffizienten reziprok sind:

$$g_{ij} = g_{\underline{ii}}\,\delta_{ij}\,, \qquad g^{ij} = g^{\underline{ii}}\,\delta_{ij}\,, \qquad g^{\underline{ii}}\,g_{\underline{ii}} = 1\,. \tag{4.29}$$

Für kartesische Koordinaten gilt

$$g_{ij} = g^{ij} = \delta_{ij}\,. \tag{4.30}$$

Aufgabe 4.7

Man berechne die Transformationsgleichung für $g := \det g_{ij}$ beim Übergang zwischen zwei krummlinigen Koordinatensystemen.

Lösungshinweis: Man gehe von den Transformationsgleichungen (4.19) für die kovarianten Tensorkoordinaten g_{ij} aus.

4.2.5 Herauf- und Herunterziehen von Indizes

Offenbar ist

$$g^{ij}\,\underline{g}_j = \underline{g}^i \cdot \underline{g}^j\,\underline{g}_j = \underline{g}^i \cdot \underline{\underline{\delta}} = \underline{g}^i,$$
$$g_{ij}\,\underline{g}^j = \underline{g}_i \cdot \underline{g}_j\,\underline{g}^j = \underline{g}_i \cdot \underline{\underline{\delta}} = \underline{g}_i\,.$$

Weiter folgt aus

$$\underline{a} = a^i\,\underline{g}_i = a_i\,\underline{g}^i$$

durch skalare Multiplikation einmal mit $\underline{g}^j$, einmal mit $\underline{g}_j$

$$a^i \underline{g}_i \cdot \underline{g}^j = a_i \underline{g}^i \cdot \underline{g}^j, \quad a^i \delta_i^j = a_i g^{ij}, \quad a^j = g^{ji} a_i,$$
$$a^i \underline{g}_i \cdot \underline{g}_j = a_i \underline{g}^i \cdot \underline{g}_j, \quad a^i g_{ij} = a_i \delta_j^i, \quad a_j = g_{ji} a^i.$$

Entsprechendes gilt für Tensoren höherer Stufe: Beispielsweise folgt aus

$$\underline{\underline{a}} = a^{ij} \underline{g}_i \underline{g}_j = a^i{}_j \underline{g}_i \underline{g}^j = a_i{}^j \underline{g}^i \underline{g}_j = a_{ij} \underline{g}^i \underline{g}^j$$

durch skalare Multiplikation mit $\underline{g}^k$ von rechts

$$a^{ij} \underline{g}_i \underline{g}_j \cdot \underline{g}^k = a^i{}_j \underline{g}_i \underline{g}^j \cdot \underline{g}^k \quad \text{und} \quad a_i{}^j \underline{g}^i \underline{g}_j \cdot \underline{g}^k = a_{ij} \underline{g}^i \underline{g}^j \cdot \underline{g}^k,$$
$$a^{ij} \underline{g}_i \delta_j^k = a^i{}_j \underline{g}_i g^{jk} \quad \text{und} \quad a_i{}^j \underline{g}^i \delta_j^k = a_{ij} \underline{g}^i g^{jk},$$
$$a^{ik} = g^{kj} a^i{}_j \quad \text{und} \quad a_i{}^k = g^{kj} a_{ij}.$$

Man kann also bei Basen und bei Tensorkoordinaten einen Index herauf- oder herunterholen, indem man mit den entsprechenden Metrikkoeffizienten überschiebt:

$$\begin{aligned}
\underline{g}^i &= g^{im} \underline{g}_m, \\
\underline{g}_i &= g_{im} \underline{g}^m, \\
a^i &= g^{im} a_m, \\
a_i &= g_{im} a^m, \\
a^{ij} &= g^{im} a_m{}^j = g^{jn} a^i{}_n = g^{im} g^{jn} a_{mn}, \\
a^i{}_j &= g^{im} a_{mj} = g_{jn} a^{in} = g^{im} g_{jn} a_m{}^n, \\
a_i{}^j &= g_{im} a^{mj} = g^{jn} a_{in} = g_{im} g^{jn} a^m{}_n, \\
a_{ij} &= g_{im} a^m{}_j = g_{jn} a_i{}^n = g_{im} g_{jn} a^{mn},
\end{aligned} \tag{4.31}$$

usw.

4.2.6 Der ε-Tensor

4.2.6.1 Die holonomen Koordinaten

1. Wir wollen die holonomen Koordinaten des ε-Tensors mit e bezeichnen. Es gibt davon acht verschiedene Arten:

$$\underline{\underline{\underline{\varepsilon}}} = e^{ijk} \underline{g}_i \underline{g}_j \underline{g}_k = e^{ij}{}_k \underline{g}_i \underline{g}_j \underline{g}^k = \ldots = e_{ijk} \underline{g}^i \underline{g}^j \underline{g}^k. \tag{4.32}$$

Als Umkehrung folgt nach (4.14) und (2.45)

$$
\begin{aligned}
e^{ijk} &= \underline{\underline{\underline{\varepsilon}}} \cdots \underline{g}^i \, \underline{g}^j \, \underline{g}^k = [\underline{g}^i, \underline{g}^j, \underline{g}^k], \\
e^{ij}{}_k &= \underline{\underline{\underline{\varepsilon}}} \cdots \underline{g}^i \, \underline{g}^j \, \underline{g}_k = [\underline{g}^i, \underline{g}^j, \underline{g}_k], \\
&\vdots \\
e_{ijk} &= \underline{\underline{\underline{\varepsilon}}} \cdots \underline{g}_i \, \underline{g}_j \, \underline{g}_k = [\underline{g}_i, \underline{g}_j, \underline{g}_k].
\end{aligned}
$$

Nach (2.46) lässt sich das Quadrat dieser Spatprodukte als Determinante schreiben: Es ist

$$
[\underline{g}^i, \underline{g}^j, \underline{g}^k][\underline{g}^{\underline{i}}, \underline{g}^{\underline{j}}, \underline{g}^{\underline{k}}] = \begin{vmatrix} g^{i\underline{i}} & g^{i\underline{j}} & g^{i\underline{k}} \\ g^{j\underline{i}} & g^{j\underline{j}} & g^{j\underline{k}} \\ g^{k\underline{i}} & g^{k\underline{j}} & g^{k\underline{k}} \end{vmatrix},
$$

$$
[\underline{g}^i, \underline{g}^j, \underline{g}_k][\underline{g}^{\underline{i}}, \underline{g}^{\underline{j}}, \underline{g}_{\underline{k}}] = \begin{vmatrix} g^{i\underline{i}} & g^{i\underline{j}} & \delta^i_{\underline{k}} \\ g^{j\underline{i}} & g^{j\underline{j}} & \delta^j_{\underline{k}} \\ \delta^{\underline{i}}_k & \delta^{\underline{j}}_k & g_{k\underline{k}} \end{vmatrix},
$$

usw.

Wir erhalten also schließlich als Umkehrformeln von (4.32)

$$
\boxed{
\begin{aligned}
e^{ijk} &= [\underline{g}^i, \underline{g}^j, \underline{g}^k] = \pm \sqrt{\begin{vmatrix} g^{i\underline{i}} & g^{i\underline{j}} & g^{i\underline{k}} \\ g^{j\underline{i}} & g^{j\underline{j}} & g^{j\underline{k}} \\ g^{k\underline{i}} & g^{k\underline{j}} & g^{k\underline{k}} \end{vmatrix}}, \\
e^{ij}{}_k &= [\underline{g}^i, \underline{g}^j, \underline{g}_k] = \pm \sqrt{\begin{vmatrix} g^{i\underline{i}} & g^{i\underline{j}} & \delta^i_{\underline{k}} \\ g^{j\underline{i}} & g^{j\underline{j}} & \delta^j_{\underline{k}} \\ \delta^{\underline{i}}_k & \delta^{\underline{j}}_k & g_{k\underline{k}} \end{vmatrix}}, \\
&\vdots \\
e_{ijk} &= [\underline{g}_i, \underline{g}_j, \underline{g}_k] = \pm \sqrt{\begin{vmatrix} g_{i\underline{i}} & g_{i\underline{j}} & g_{i\underline{k}} \\ g_{j\underline{i}} & g_{j\underline{j}} & g_{j\underline{k}} \\ g_{k\underline{i}} & g_{k\underline{j}} & g_{k\underline{k}} \end{vmatrix}}.
\end{aligned}
}
\tag{4.33}
$$

Alle acht Formeln gehen im Übrigen auseinander hervor, indem man die Stellung einzelner Indizes ändert und dabei gegebenenfalls g durch δ ersetzt.

2. Das Vorzeichen einer holonomen Koordinate des ε-Tensors ändert sich, wenn man die Reihenfolge zweier Indizes, also z. B. i und j vertauscht. Es ändert sich nicht, wenn man die Stellung eines Indexes ändert: Es ist z. B.

$$[\underline{g}_1, \underline{g}_2, \underline{g}^3] \overset{(2.45)}{=} \varepsilon_{ijk} \underset{1}{g_i} \underset{2}{g_j} \overset{3}{g_k} \overset{(3.22)}{=} \varepsilon_{ijk} \underset{1}{g_i} \underset{2}{g_j} \frac{\varepsilon_{pqk} \underset{1}{g_p} \underset{2}{g_q}}{\varepsilon_{lmn} \underset{1}{g_l} \underset{2}{g_m} \underset{3}{g_n}}$$

$$= \frac{(\delta_{ip}\,\delta_{jq} - \delta_{iq}\,\delta_{jp})\, \underset{1}{g_i} \underset{2}{g_j} \underset{1}{g_p} \underset{2}{g_q}}{\varepsilon_{lmn} \underset{1}{g_l} \underset{2}{g_m} \underset{3}{g_n}} = \frac{\underset{1}{g_i} \underset{1}{g_i} \underset{2}{g_j} \underset{2}{g_j} - \underset{1}{g_i} \underset{2}{g_i} \underset{1}{g_j} \underset{2}{g_j}}{\varepsilon_{lmn} \underset{1}{g_l} \underset{2}{g_m} \underset{3}{g_n}} = \frac{\begin{vmatrix} g_{11} & g_{12} \\ g_{21} & g_{22} \end{vmatrix}}{[\underline{g}_1, \underline{g}_2, \underline{g}_3]} .$$

Da der Zähler nach (4.24) stets positiv ist, hat $[\underline{g}_1, \underline{g}_2, \underline{g}^3]$ dasselbe Vorzeichen wie $[\underline{g}_1, \underline{g}_2, \underline{g}_3]$.

4.2.6.2 Eigenschaften der holonomen Koordinaten

1. Nach (4.33) und (4.28) gilt

$$e_{123} = [\underline{g}_1, \underline{g}_2, \underline{g}_3] = \sqrt{g}, \quad e^{123} = [\underline{g}^1, \underline{g}^2, \underline{g}^3] = \frac{1}{\sqrt{g}}, \quad e^{123} e_{123} = 1 .$$

Da ein Spatprodukt verschwindet, wenn zwei seiner Vektoren gleich sind, und sein Vorzeichen ändert, wenn man zwei seiner Vektoren vertauscht, gilt speziell für die rein kovarianten und die rein kontravarianten Koordinaten des ε-Tensors[3]

$$e_{ijk} = \sqrt{g}\, \varepsilon_{ijk} , \qquad e^{ijk} = \frac{1}{\sqrt{g}} \varepsilon_{ijk} , \qquad e^{ijk} = \frac{1}{g} e_{ijk} . \tag{4.34}$$

2. Die holonomen Koordinaten des ε-Tensors ändern nur ihr Vorzeichen, wenn man zwei Indizes unter Beibehaltung ihrer Stellung vertauscht. Sie ändern sich nicht, wenn man ihre Indizes unter Beibehaltung ihrer Stellung zyklisch vertauscht, z. B. gilt

$$e^{ij}{}_k = e^j{}_k{}^i = e_k{}^{ij} = -e_k{}^{ji} = -e^{ji}{}_k = -e^i{}_k{}^j .$$

[3] Die Regel, wonach freie Indizes in allen Gliedern einer Gleichung gleich gestellt sein müssen, gilt nach Abschnitt 4.2.3 nur für Gleichungen, in denen außer Tensoren nur holonome Tensorkoordinaten, holonome Basen und Transformationskoeffizienten vorkommen. Das ist bei Gleichungen, die ε_{ijk} enthalten, nicht der Fall.

3. Holonome Koordinaten des ε-Tensors verschwinden

- für mindestens zwei gleiche gleich gestellte Indizes (weil in dem zugehörigen Spatprodukt dann zwei Vektoren gleich sind),
- für orthogonale Koordinatensysteme auch für mindestens zwei gleiche verschieden gestellte Indizes (weil zwei homologe Vektoren reziproker Dreibeine dann kollinear sind).

4. Wir können (1.26) als Gleichung zwischen den kartesischen Koordinaten des ε-Tensors und den kartesischen Koordinaten des δ-Tensors, also als eine Tensorgleichung in kartesischen Koordinaten auffassen. Ihre Übersetzung[4] z. B. in kontravariante krummlinige Koordinaten ergibt:

$$e^{ijk}\,e^{pqr} = \begin{vmatrix} g^{ip} & g^{iq} & g^{ir} \\ g^{jp} & g^{jq} & g^{jr} \\ g^{kp} & g^{kq} & g^{kr} \end{vmatrix}, \tag{4.35}$$

wobei einer oder mehrere Indizes auch heruntergeholt und verschieden gestellte Indizes gleichgesetzt werden können. Insbesondere erhalten wir als Übersetzung des Entwicklungssatzes (1.35)

$$\boxed{e^{ijk}\,e^{pq}{}_k = \left(g^{ip}\,g^{jq} - g^{iq}\,g^{jp}\right)\ ;} \tag{4.36}$$

auch darin können freie Indizes heruntergeholt werden.

5. Es ist

$$\underline{g}^i \overset{(3.23)}{=} \frac{1}{2}\varepsilon_{ijk}\frac{\underline{g}_j \times \underline{g}_k}{[\underline{g}_1, \underline{g}_2, \underline{g}_3]} \overset{(4.28)}{=} \frac{1}{2}\frac{\varepsilon_{ijk}}{\sqrt{g}}\underline{g}_j \times \underline{g}_k \overset{(4.34)}{=} \frac{1}{2}e^{ijk}\,\underline{g}_j \times \underline{g}_k\,;$$

durch Überschiebung mit e_{ipq} lässt sich diese Formel nach $\underline{g}_i \times \underline{g}_j$ auflösen:

$$\underline{g}^i = \frac{1}{2}e^{ijk}\,\underline{g}_j \times \underline{g}_k\,, \qquad \underline{g}_i \times \underline{g}_j = e_{ijk}\,\underline{g}^k\,. \tag{4.37}$$

Aufgabe 4.8

Wie viele holonome Koordinaten hat der ε-Tensor? Wie viele davon sind in Zylinderkoordinaten von null verschieden? Man berechne die von null verschiedenen holonomen Zylinderkoordinaten des ε-Tensors.

---
[4] vgl. Abschnitt 4.2.8.5

Aufgabe 4.9

Man ergänze den Ausdruck $e^{ijk}\, e^{m}{}_{nk}$ zum Entwicklungssatz.

4.2.7 Isotrope Tensoren

Der δ-Tensor, der ε-Tensor und Kombinationen beider sind nach Abschnitt 2.8.3 dadurch ausgezeichnet, dass ihre kartesischen Koordinaten in allen kartesischen Koordinatensystemen gleich sind. Wir haben sie als isotrope Tensoren bezeichnet.

Diese Eigenschaft gilt offenbar für die holonomen krummlinigen Koordinaten isotroper Tensoren nicht: Die Metrikkoeffizienten können in verschiedenen krummlinigen Koordinatensystemen durchaus verschiedene Werte annehmen. Da die Metrikkoeffizienten aber nur von der Länge und der relativen Lage der Basisvektoren abhängen, diese sich aber bei einer Drehung der Basis (im jeweiligen Punkt) nicht ändern und weiter die holonomen krummlinigen Koordinaten isotroper Tensoren nur von den Metrikkoeffizienten abhängen, haben sie die folgende Eigenschaft: Die holonomen krummlinigen Koordinaten isotroper Tensoren sind invariant gegen eine Drehung der Basis. (Man beachte in diesem Zusammenhang, dass die Basen aller kartesischen Koordinatensysteme in einem Punkt durch Drehung oder Drehspiegelung ineinander übergehen.)

4.2.8 Tensoralgebra in holonomen Koordinaten

Die Regeln für das Rechnen mit holonomen Koordinaten lassen sich aus denen für die symbolische Schreibweise oder (z. B. bei Operationen, die nur in Koordinatenschreibweise erklärt sind) aus denen für kartesische Koordinaten gewinnen. Man kommt so neben der symbolischen Schreibweise und der Schreibweise in kartesischen Koordinaten als Drittes zu einer Schreibweise in holonomen krummlinigen Koordinaten mit entsprechenden Übersetzungsregeln.

4.2.8.1 Gleichheit, Addition und Subtraktion

Beispielsweise aus $\underline{a} = \underline{b}$ folgt $a^i\, \underline{g}_i = b^i\, \underline{g}_i$ oder auch $a_i\, \underline{g}^i = b_i\, \underline{g}^i$. Da die Zerlegung von Vektoren $\underline{a}$ und $\underline{b}$ in Bezug auf eine Basis $\underline{g}_i$ oder $\underline{g}^i$ eindeutig ist, kann man die Basen herauskürzen und erhält die Koordinatengleichungen

$a^i = b^i$ und $a_i = b_i$.

Entsprechend folgt aus $\underline{\underline{a}} = \underline{\underline{b}}$

$$a^{ij} = b^{ij}, \quad a^i{}_j = b^i{}_j, \quad a_i{}^j = b_i{}^j, \quad a_{ij} = b_{ij}.$$

Allgemein gilt also in symbolischer Schreibweise, in Koordinatenschreibweise in kartesischen Koordinaten und in Koordinatenschreibweise in holonomen krummlinigen Koordinaten für die Gleichheit zweier Tensoren

$$\begin{array}{lll}
a = A, & a = A, & a = A, \\
\underline{a} = \underline{B}, & \widehat{a}_i = \widehat{B}_i, & a^i = B^i, \\
 & & a_i = B_i, \\
\underline{\underline{a}} = \underline{\underline{C}}, & \widehat{a}_{ij} = \widehat{C}_{ij}, & a^{ij} = C^{ij}, \\
 & & a^i{}_j = C^i{}_j, \\
 & & a_i{}^j = C_i{}^j, \\
 & & a_{ij} = C_{ij},
\end{array} \tag{4.38}$$

usw.

Entsprechend folgt aus $\underline{a} \pm \underline{b} = \underline{c}$

$a^i \pm b^i = c^i$ und $a_i \pm b_i = c_i$

oder für die Addition und Subtraktion von Tensoren allgemein in den drei Schreibweisen

$$\begin{array}{lll}
a \pm b = A, & a \pm b = A, & a \pm b = A, \\
\underline{a} \pm \underline{b} = \underline{B}, & \widehat{a}_i \pm \widehat{b}_i = \widehat{B}_i, & a^i \pm b^i = B^i, \\
 & & a_i \pm b_i = B_i, \\
\underline{\underline{a}} \pm \underline{\underline{b}} = \underline{\underline{C}}, & \widehat{a}_{ij} \pm \widehat{b}_{ij} = \widehat{C}_{ij}, & a^{ij} \pm b^{ij} = C^{ij}, \\
 & & a^i{}_j \pm b^i{}_j = C^i{}_j, \\
 & & a_i{}^j \pm b_i{}^j = C_i{}^j, \\
 & & a_{ij} \pm b_{ij} = C_{ij},
\end{array} \tag{4.39}$$

usw.

Für eine Gleichung, deren Glieder Vektoren sind, gibt es in holonomen krummlinigen Koordinaten also zwei äquivalente Formulierungen, nämlich eine in kontravarianten und eine in kovarianten Koordinaten; für eine Gleichung, deren Glieder

Tensoren zweiter Stufe sind, gibt es entsprechend vier äquivalente Formulierungen. Allgemein gibt es für eine Gleichung, deren Glieder Tensoren n-ter Stufe sind, (entsprechend der Anzahl von Arten holonomer Koordinaten) 2^n äquivalente Formulierungen in holonomen krummlinigen Koordinaten.

4.2.8.2 Transposition, symmetrische und antimetrische Tensoren

1. Wir nehmen an, dass das eine der beiden Koordinatensysteme in den Transformationsgleichungen (4.19) ein kartesisches Koordinatensystem sei, dann gilt

$$a^{ij} = \frac{\partial u^i}{\partial x_m}\frac{\partial u^j}{\partial x_n}\widehat{a}_{mn} = \frac{\partial u^j}{\partial x_n}\frac{\partial u^i}{\partial x_m}\widehat{a}^{\mathrm{T}}_{nm} = (a^{\mathrm{T}})^{ji},$$

$$a^i{}_j = \frac{\partial u^i}{\partial x_m}\frac{\partial x_n}{\partial u^j}\widehat{a}_{mn} = \frac{\partial x_n}{\partial u^j}\frac{\partial u^i}{\partial x_m}\widehat{a}^{\mathrm{T}}_{nm} = (a^{\mathrm{T}})_j{}^i,$$

usw.,

für die Transposition eines Tensors erhalten wir nach (2.23) in kartesischen Koordinaten und nach obiger Rechnung in holonomen krummlinigen Koordinaten

$$\widehat{a}^{\mathrm{T}}_{ij} = \widehat{a}_{ji}\,, \qquad \begin{aligned} (a^{\mathrm{T}})^{ij} &= a^{ji}\,, \\ (a^{\mathrm{T}})^i{}_j &= a_j{}^i\,, \\ (a^{\mathrm{T}})_i{}^j &= a^j{}_i\,, \\ (a^{\mathrm{T}})_{ij} &= a_{ji}\,, \end{aligned} \tag{4.40}$$

bei der Transposition sind also die beiden freien Indizes der holonomen krummlinigen Tensorkoordinaten unter Beibehaltung ihrer Stellung zu vertauschen.

2. Aus (2.26) folgt mit (4.39) für den symmetrischen Anteil eines Tensors zweiter Stufe

$$\widehat{a}_{(ij)} = \frac{1}{2}(\widehat{a}_{ij}+\widehat{a}_{ji})\,, \quad \begin{aligned} a^{(ij)} &= \frac{1}{2}(a^{ij}+a^{ji})\,, \\ a^{(i}{}_{j)} &= \frac{1}{2}(a^i{}_j+a_j{}^i)\,, \\ a_{(i}{}^{j)} &= \frac{1}{2}(a_i{}^j+a^j{}_i)\,, \\ a_{(ij)} &= \frac{1}{2}(a_{ij}+a_{ji}) \end{aligned} \tag{4.41}$$

und für den antimetrischen Anteil eines Tensors zweiter Stufe

$$\widehat{a}_{[ij]} = \frac{1}{2}(\widehat{a}_{ij} - \widehat{a}_{ji}), \quad \begin{aligned} a^{[ij]} &= \frac{1}{2}(a^{ij} - a^{ji}), \\ a^{[i}{}_{j]} &= \frac{1}{2}(a^{i}{}_{j} - a_{j}{}^{i}), \\ a_{[i}{}^{j]} &= \frac{1}{2}(a_{i}{}^{j} - a^{j}{}_{i}), \\ a_{[ij]} &= \frac{1}{2}(a_{ij} - a_{ji}). \end{aligned} \tag{4.42}$$

4.2.8.3 Die tensorielle Multiplikation

Beispielsweise aus $\underline{\underline{a}}\,\underline{b} = \underline{\underline{\underline{c}}}$ folgt

$$a^{ij}\,\underline{g}_i\,\underline{g}_j\,b^k\,\underline{g}_k = a^{ij}\,b^k\,\underline{g}_i\,\underline{g}_j\,\underline{g}_k = c^{ijk}\,\underline{g}_i\,\underline{g}_j\,\underline{g}_k \quad \text{oder} \quad a^{ij}\,b^k = c^{ijk}$$

oder auch

$$a^{i}{}_{j}\,\underline{g}_i\,\underline{g}^j\,b_k\,\underline{g}^k = a^{i}{}_{j}\,b_k\,\underline{g}_i\,\underline{g}^j\,\underline{g}^k = c^{i}{}_{jk}\,\underline{g}_i\,\underline{g}^j\,\underline{g}^k \quad \text{oder} \quad a^{i}{}_{j}\,b_k = c^{i}{}_{jk}\,.$$

Dazu kommen noch 6 äquivalente Formulierungen, da bei drei Indizes i, j und k insgesamt $2^3 = 8$ verschiedene Kombinationen aus oberen und unteren Indizes möglich sind. Man muss bei solchen tensoriellen Produkten nur darauf achten, dass die Koordinaten als Zahlen vor die Basen gezogen werden können, dass die Reihenfolge der Basen jedoch nicht vertauscht werden darf, da tensorielle Produkte von Vektoren nicht kommutativ sind, m. a. W. $\underline{g}_i\,\underline{g}_j \neq \underline{g}_j\,\underline{g}_i$ ist. Auch müssen die Basen zum Herauskürzen nicht nur hinsichtlich der Reihenfolge, sondern auch hinsichtlich der Stellung der Indizes identisch sein, m. a. W. $\underline{g}_i\,\underline{g}^j \neq \underline{g}_i\,\underline{g}_j$. Diese beiden Bedingungen haben zur Folge, dass die Glieder der nach dem Herauskürzen der Basen übrigbleibenden Tensorgleichungen in krummlinigen Koordinaten in der Reihenfolge und in der Stellung der freien Indizes übereinstimmen:

$$
\begin{array}{lll}
a b = A\,, & a b \;= A\,, & a b \;= A\,, \\
a \underline{b} = \underline{B}\,, & a \widehat{b}_i = \widehat{B}_i\,, & a b^i \;= B^i\,, \\
 & & a b_i \;= B_i\,, \\
\underline{a} b = \underline{C}\,, & \widehat{a}_i b = \widehat{C}_i\,, & a^i b \;= C^i\,, \\
 & & a_i b \;= C_i\,, \\
\underline{a}\,\underline{b} = \underline{\underline{D}}\,, & \widehat{a}_i \widehat{b}_j = \widehat{D}_{ij}\,, & a^i b^j = D^{ij}\,, \\
 & & a^i b_j = D^i{}_j\,, \\
 & & a_i b^j = D_i{}^j\,, \\
 & & a_i b_j = D_{ij}\,,
\end{array}
\tag{4.43}
$$

usw.

4.2.8.4 Die Überschiebung und ihre Spezialfälle

Beispielsweise aus $\underline{\underline{a}} \cdot \underline{b} = \underline{c}$ folgt entsprechend

$$a^{ij}\, \underline{g}_i \underline{g}_j \cdot b_k \underline{g}^k = a^{ij}\, b_k\, \underline{g}_i \underline{g}_j \cdot \underline{g}^k = a^{ij}\, b_k\, \underline{g}_i\, \delta_j^k = a^{ij}\, b_j\, \underline{g}_i = c^i\, \underline{g}_i$$

oder

$$a^{ij}\, b_j = c^i.$$

Die drei anderen möglichen Stellungen der Indizes j und k ergeben

$$a^i{}_j\, b^j = c^i, \quad a^{ij} \underbrace{b^k g_{jk}}_{b_j} = c^i, \quad a^i{}_j \underbrace{b_k\, g^{jk}}_{b^j} = c^i.$$

Da nach (4.31) $b^k g_{jk} = b_j$ und $b_k g^{jk} = b^j$ ist, erhalten wir für kontravariantes i im Wesentlichen die beiden Schreibweisen

$$a^{ij}\, b_j = c^i \quad \text{und} \quad a^i{}_j\, b^j = c^i.$$

Da (anders als bei den äquivalenten Formulierungen für verschieden gestellte freie Indizes) die rechten Seiten und damit auch die linken Seiten gleich sind, werten wir beide nur als verschiedene Schreibweisen derselben Formulierung, nämlich der kontravarianten Formulierung der Vektorgleichung $\underline{\underline{a}} \cdot \underline{b} = \underline{c}$. Dazu kommt dann die kovariante Formulierung $a_i{}^j b_j = a_{ij} b^j = c_i$. Wir sehen, dass gebundene Indizes verschieden gestellt sein müssen, es aber nicht darauf ankommt, welcher der beiden gebundenen Indizes oben und welcher unten steht:

$$
\begin{aligned}
&\underline{a} \cdot \underline{b} = A\,, \qquad && \widehat{a}_i \widehat{b}_i = A\,, \qquad && a_i b^i = a^i b_i = A\,,\\
&\underline{a} \cdot \underline{\underline{b}} = \underline{B}\,, && \widehat{a}_i \widehat{b}_{ij} = \widehat{B}_j\,, && a_i b^{ij} = a^i b_i{}^j = B^j\,,\\
& && && a_i b^i{}_j = a^i b_{ij} = B_j\,,
\end{aligned}
\tag{4.44}
$$

usw.

Für eine Überschiebung, die nicht als Skalarprodukt geschrieben werden kann, gilt entsprechend

$$
\begin{aligned}
\widehat{a}_{ijk} \widehat{b}_j = \widehat{A}_{ik}\,, \qquad a^{ijk} b_j &= a^i{}_j{}^k b^j = A^{ik}\,,\\
a^{ij}{}_k b_j &= a^i{}_{jk} b^j = A^i{}_k\,,\\
a_i{}^{jk} b_j &= a_{ij}{}^k b^j = A_i{}^k\,,\\
a_i{}^j{}_k b_j &= a_{ijk} b^j = A_{ik}\,.
\end{aligned}
\tag{4.45}
$$

Der Beweis folgt aus dem Transformationsgesetz (4.19).

Wir verzichten darauf, die entsprechenden Formeln für mehrfache skalare Produkte, vektorielle Produkte und Spatprodukte hinzuschreiben.

4.2.8.5 Zusammenfassung

1. Tensorgleichungen in holonomen krummlinigen Koordinaten müssen hinsichtlich ihrer Indizes genau die drei Regeln erfüllen, die wir in Abschnitt 4.2.3 formuliert haben.

2. Zur Übersetzung einer tensoralgebraischen Gleichung von kartesischen in holonome krummlinige Koordinaten muss also jeder freie Index entweder durch einen kovarianten oder durch einen kontravarianten Index ersetzt werden (und zwar derselbe Index in jedem Glied durch dieselbe Art holonomer Indizes), und jedes Paar gebundener Indizes muss durch zwei verschieden gestellte holonome Indizes ersetzt werden. Dabei ist δ_{ij} je nachdem durch g^{ij}, δ^i_j, δ_i^j oder g_{ij} und $\varepsilon_{\dots}$

durch $e^{\cdots}_{\cdots}$ zu ersetzen. Zur Übersetzung von krummlinigen in kartesische Koordinaten müssen alle oberen Indizes unten geschrieben, g^{ij} und g_{ij} durch δ_{ij} und $e^{\cdots}_{\cdots}$ durch $\varepsilon_{\ldots}$ ersetzt werden.

3. Zur Übersetzung aus der symbolischen Schreibweise in holonomekrummlinige Koordinaten und umgekehrt müssen außerdem alle freien Indizes in jedem Glied in der Reihenfolge übereinstimmen.

4. Die Formeln (4.31) zum Herauf- und Herunterziehen von Indizes stellen hiernach einfach Übersetzungen von Identitäten wie $\widehat{a}_i = \delta_{ij}\,\widehat{a}_j$ in krummlinige Koordinaten dar, wenn der Index der Vektorkoordinate links und rechts verschieden gestellt wird.

Aufgabe 4.10

Man übersetze (auf eine mögliche Weise) in holonome krummlinige Koordinaten

A. die Gleichungen von Aufgabe 2.5,

B. $\underline{a} \times (\underline{b} \times \underline{c}) = \underline{a} \cdot \underline{c}\,\underline{b} - \underline{a} \cdot \underline{b}\,\underline{c}$.

4.3 Physikalische Basen und Tensorkoordinaten

1. Gegeben seien ein Vektor $\underline{a}$ und ein krummliniges Koordinatensystem mit den beiden holonomen Basen $\underline{g}_i$ und $\underline{g}^i$, dann lässt sich der Vektor $\underline{a}$ stets eindeutig in seine Komponenten in Bezug auf diese beiden Basen zerlegen:

$$\underline{a} = a^1\,\underline{g}_1 + a^2\,\underline{g}_2 + a^3\,\underline{g}_3 = a_1\,\underline{g}^1 + a_2\,\underline{g}^2 + a_3\,\underline{g}^3.$$

Da die Basisvektoren im Allgemeinen keine Einheitsvektoren sind, steckt die Länge der Komponenten $a^i\,\underline{g}_i$ und $a_i\,\underline{g}^i$ teils in den Koordinaten, teils in den Basisvektoren. Wenn der Vektor und damit auch seine Komponenten eine physikalische Größe darstellen, etwa eine Kraft, so steckt dementsprechend ihre physikalische Dimension teils in den Koordinaten, teils in den Basisvektoren. Das ist häufig unbequem, und deshalb definiert man zu jeder holonomen Basis eine andere, deren Vektoren in dieselbe Richtung weisen, aber Einheitsvektoren sind, und nennt sie die zugehörige physikalische Basis. Wir wollen diese Basis und die zugehörigen Koordinaten durch einen Stern kennzeichnen. Offenbar ist

$$\underline{g}^*{}_i = \frac{\underline{g}_i}{\sqrt{g_{\underline{ii}}}}\,, \qquad \underline{g}^{*i} = \frac{\underline{g}^i}{\sqrt{g^{\underline{ii}}}}\,, \tag{4.46}$$

und für einen Vektor $\underline{a}$ gilt dann

$$\underline{a} = a^i\,\underline{g}_i = a^{*i}\,\underline{g}^*{}_i = a_i\,\underline{g}^i = a^*{}_i\,\underline{g}^{*i}\,. \tag{4.47}$$

Die so definierten physikalischen Koordinaten a^{*i} und $a^*{}_i$ geben offenbar die Länge der zugehörigen Komponenten an, und sie haben dieselbe physikalische Dimension wie der Vektor selbst. (4.47) lässt sich analog auf Tensoren höherer Stufe erweitern, und man erhält durch Einsetzen von (4.46) für den Zusammenhang zwischen den physikalischen und den ihnen zugrunde liegenden holonomen Koordinaten

$$\begin{aligned} a^{*i} &= a^i\sqrt{g_{\underline{ii}}}\,, & a^*{}_i &= a_i\sqrt{g^{\underline{ii}}}\,, \\ a^{*ij} &= a^{ij}\sqrt{g_{\underline{ii}}}\sqrt{g_{\underline{jj}}}\,, & a^{*i}{}_j &= a^i{}_j\sqrt{g_{\underline{ii}}}\sqrt{g^{\underline{jj}}}\,, \\ a^*{}_i{}^j &= a_i{}^j\sqrt{g^{\underline{ii}}}\sqrt{g_{\underline{jj}}}\,, & a^*{}_{ij} &= a_{ij}\sqrt{g^{\underline{ii}}}\sqrt{g^{\underline{jj}}}\,, \end{aligned} \tag{4.48}$$

usw.

2. Das Vorkommen unterstrichener Indizes, d. h. die faktische Nichtanwendbarkeit der Summationskonvention deutet bereits darauf hin, dass man die dimensionelle Gleichheit der physikalischen Koordinaten mit größerer Schwerfälligkeit des Kalküls erkauft: Die besondere Eleganz des Tensorkalküls, deren Ausdruck die Nützlichkeit der Summationskonvention ist, existiert nur für holonome Koordinaten. Man wird deshalb alle Rechnungen nach Möglichkeit in holonomen Koordinaten ausführen und erst das Endergebnis gegebenenfalls vermöge obiger Formeln in physikalische Koordinaten umrechnen.

3. Beispielsweise sind die zu zwei reziproken Basen $\underline{g}_i$ und $\underline{g}^i$ gehörigen physikalischen Basen $\underline{g}^*{}_i$ und $\underline{g}^{*i}$ im Allgemeinen nicht reziprok, zwischen ihnen gelten also nicht die Orthogonalitätsrelationen (3.24) und (3.25).

Für eine wichtige Gruppe krummliniger Koordinaten ist das aber doch der Fall, nämlich für orthogonale Koordinaten. In diesem Falle haben die homologen Vektoren der beiden holonomen Basen dieselbe Richtung, d. h. die zugehörigen physikalischen Basen fallen zusammen. Man schreibt dann

$$\underline{g}^*{}_i = \underline{g}^{*i} =: \underline{g}_{<i>} \tag{4.49}$$

und beispielsweise für einen Vektor

$$\underline{a} = a_{<i>} \, \underline{g}_{<i>} \, . \qquad (4.50)$$

Die zu einem orthogonalen Koordinatensystem gehörigen physikalischen Basen sind also in jedem Punkt orthonormiert, ihre Richtung wird aber im Allgemeinen von Punkt zu Punkt variieren. Orthogonale physikalische Koordinaten nennt man deshalb auch lokal kartesische Koordinaten.

Durch diese Änderung der Richtung unterscheiden sich orthonormierte Basen von kartesischen Basen. Die Ortsabhängigkeit von Tensoren und Basen spielt aber in der Tensor*algebra* keine Rolle. Das hat zur Folge, dass alle Gleichungen der Tensor*algebra* in orthogonalen physikalischen Koordinaten dieselbe Form wie in kartesischen Koordinaten haben, man braucht nur die unteren Indizes der kartesischen Koordinaten durch die Indizes in spitzen Klammern bei den orthogonalen physikalischen Koordinaten zu ersetzen.

Aufgabe 4.11

A. Man gebe die kartesischen Koordinaten der physikalischen Basis der Zylinderkoordinaten an.

B. Man gebe die Transformationsgleichungen zwischen den kartesischen Koordinaten und den physikalischen Zylinderkoordinaten eines Vektors an.

   Lösungshinweis: Unter Verwendung der Ergebnisse der Aufgaben 4.2 und 4.4 lassen sich die gesuchten Formeln sofort bzw. mit wenigen Zwischenzeilen hinschreiben.

C. Wie groß sind die physikalischen Zylinderkoordinaten des δ-Tensors und des ε-Tensors? (keine Rechnung nötig)

D. Man übersetze in orthogonale physikalische Koordinaten:

   $(\underline{\underline{a}} \cdot \underline{\underline{b}})^{\mathrm{T}} = \underline{\underline{c}}\,, \qquad \alpha_{ik}\, b^{i}{}_{j} = c_{jk}\,, \qquad \underline{a} \times (\underline{b} \times \underline{c}) = \underline{a} \cdot \underline{c}\, \underline{b} - \underline{a} \cdot \underline{b}\, \underline{c}\,.$

4.4 Differentialoperationen

Wir betrachten jetzt wieder Tensorfelder, nehmen also an, dass Basen und Tensoren und damit auch die Tensorkoordinaten Funktionen der dreikrummlinigen

Ortskoordinaten u^i sind. Natürlich ist auch der Ortsvektor $\underline{x}$ eine Funktion der krummlinigen Ortskoordinaten.

Wir führen für die partielle Ableitung einer Größe G nach den krummlinigen Ortskoordinaten eine abkürzende Schreibweise ein:

$$\boxed{G_{,i} := \frac{\partial G}{\partial u^i} .} \tag{4.51}$$

Dabei kann G der Ortsvektor, eine Basis, ein Tensor oder eine Tensorkoordinate sein. Für das vollständige Differential $\mathrm{d}G$ einer Größe G erhalten wir dann

$$\boxed{\mathrm{d}G = G_{,i}\,\mathrm{d}u^i .} \tag{4.52}$$

Die partielle Ableitung einer Größe ist wie die Größe selbst eine Ortsfunktion, das vollständige Differential einer Größe hängt außer von den Ortskoordinaten u^i auch von ihren Differentialen $\mathrm{d}u^i$ ab. Für kleine $\mathrm{d}u^i$, d. h. für benachbarte Punkte mit den Ortsvektoren $\underline{x} + \mathrm{d}\underline{x}$ und $\underline{x}$ ist das Differential eines Tensors oder einer Tensorkoordinate bis auf Größen zweiter Ordnung in den $\mathrm{d}u^i$ gleich der Differenz des Tensors bzw. der Tensorkoordinate zwischen den beiden Punkten:

$$\mathrm{d}G = G(\underline{x} + \mathrm{d}\underline{x}) - G(\underline{x}) . \tag{4.53}$$

4.4.1 Partielle Ableitung und Differential des Ortsvektors

Wenn man die Identität $\underline{x} = x_j\,\underline{e}_j$ nach u^i differenziert, folgt $\underline{x}_{,i} = (\partial x_j / \partial u^i)\,\underline{e}_j$, da die kartesische Basis ja örtlich konstant ist, und das ist nach (4.5) gerade $\underline{g}_i$:

$$\underline{x}_{,i} = \underline{g}_i , \tag{4.54}$$

die partielle Ableitung des Ortsvektors nach den krummlinigen Ortskoordinaten liefert also gerade die kovariante Basis. Nach (4.52) folgt weiter $\mathrm{d}\underline{x} = \underline{g}_i\,\mathrm{d}u^i$, die Differentiale der krummlinigen Ortskoordinaten sind also die kontravarianten Koordinaten des Vektors $\mathrm{d}\underline{x}$. (Bekanntlich ist der Ortsvektor $\underline{x}$ kein Vektor, wohl aber das Ortsvektordifferential $\mathrm{d}\underline{x}$.) Diese Eigenschaft der Koordinatendifferentiale ist übrigens der Grund, weshalb wir den Index der krummlinigen Ortskoordinaten oben schreiben. In kartesischen und in krummlinigen Koordinaten gilt

$$\mathrm{d}\underline{x} = \mathrm{d}x_i\,\underline{e}_i = \mathrm{d}u^i\,\underline{g}_i . \tag{4.55}$$

4.4.2 Partielle Ableitung und vollständiges Differential der holonomen Basen, Christoffel-Symbole

1. Wir wollen die partielle Ableitung der beiden Basen nach den krummlinigen Ortskoordinaten berechnen und wieder auf die Ausgangsbasis beziehen.

Man erhält für die kovariante Basis

$$\underline{g}_{i,j} \overset{(4.5)}{=} \frac{\partial^2 x_k}{\partial u^i \partial u^j} \underline{e}_k \overset{(4.9)}{=} \frac{\partial^2 x_k}{\partial u^i \partial u^j} \frac{\partial u^m}{\partial x_k} \underline{g}_m .$$

Die darin auftretenden Größen

$$\Gamma^m_{ij} := \frac{\partial^2 x_k}{\partial u^i \partial u^j} \frac{\partial u^m}{\partial x_k} \tag{4.56}$$

nennt man Christoffel-Symbole (zweiter Art). Wie man sieht, sind sie symmetrisch in den unteren Indizes,

$$\boxed{\Gamma^m_{ij} = \Gamma^m_{ji} ,} \tag{4.57}$$

sie sind aber keine Tensorkoordinaten, weil sie nicht dem Transformationsgesetz für einfach kontravariante und doppelt kovariante Tensorkoordinaten genügen, vgl. Aufgabe 4.13. Wenn die u^i geradlinige, speziell kartesische Koordinaten sind, verschwinden die Christoffel-Symbole.

Um die entsprechende Formel für die kontravariante Basis zu bekommen, differenziere man die Identität $\underline{g}^i \cdot \underline{g}_j = \delta^i_j$ nach u^k:

$$\underline{g}^i{}_{,k} \cdot \underline{g}_j + \underline{g}^i \cdot \underline{g}_{j,k} = 0,$$
$$\underline{g}^i{}_{,k} \cdot \underline{g}_j = -\Gamma^m_{jk} \underline{g}_m \cdot \underline{g}^i = -\Gamma^m_{jk} \delta^i_m = -\Gamma^i_{jk} .$$

Tensorielle Multiplikation mit $\underline{g}^j$ ergibt

$$\underline{g}^i{}_{,k} \cdot \underline{g}_j \underline{g}^j = \underline{g}^i{}_{,k} \cdot \underline{\underline{\delta}} = \underline{g}^i{}_{,k} = -\Gamma^i_{jk} \underline{g}^j .$$

Es gilt also für die partielle Ableitung von Basen nach den krummlinigen Koordinaten

$$\underline{g}_{i,j} = \Gamma^m_{ij} \underline{g}_m , \qquad \underline{g}^i{}_{,j} = -\Gamma^i_{jm} \underline{g}^m . \tag{4.58}$$

2. Für das vollständige Differential einer holonomen Basis ergibt sich nach (4.52)

$$\begin{aligned} \mathrm{d}\underline{g}_i &= \underline{g}_{i,j}\,\mathrm{d}u^j = \Gamma^m_{ij}\,\mathrm{d}u^j\,\underline{g}_m\,, \\ \mathrm{d}\underline{g}^i &= \underline{g}^i{}_{,j}\,\mathrm{d}u^j = -\Gamma^i_{jm}\,\mathrm{d}u^j\,\underline{g}^m\,. \end{aligned} \tag{4.59}$$

Es stellt für kleine $\mathrm{d}u^i$ anschaulich die Differenz der entsprechenden Basisvektoren zwischen benachbarten Punkten dar.

4.4.3 Christoffel-Symbole und Metrikkoeffizienten

Statt durch (4.56) lassen sich die Christoffel-Symbole auch als Funktion der Metrikkoeffizienten ausdrücken.

Dazu differenziere man die Identität $\underline{g}_i = g_{ij}\,\underline{g}^j$ nach u^k:

$$\begin{aligned} &\underline{g}_{i,k} = g_{ij,k}\,\underline{g}^j + g_{ij}\,\underline{g}^j{}_{,k}\,, \\ &\Gamma^m_{ik}\,\underline{g}_m = g_{ij,k}\,\underline{g}^j - g_{ij}\,\Gamma^j_{km}\,\underline{g}^m\,. \end{aligned}$$

Skalare Multiplikation mit $\underline{g}^n$ ergibt

$$\Gamma^m_{ik}\,\underline{g}_m\cdot\underline{g}^n = g_{ij,k}\,\underline{g}^j\cdot\underline{g}^n - g_{ij}\,\Gamma^j_{km}\,\underline{g}^m\cdot\underline{g}^n$$

und mit (4.21)

$$\Gamma^n_{ik} = g_{ij,k}\,g^{jn} - g_{ij}\,g^{mn}\,\Gamma^j_{km}\,.$$

Überschiebung mit g_{np} liefert

$$g_{np}\,\Gamma^n_{ik} + g_{ij}\,g^{mn}\,g_{np}\,\Gamma^j_{km} = g_{ij,k}\,g^{jn}\,g_{np}$$

und mit (4.26)

$$g_{pj}\,\Gamma^j_{ik} + g_{ij}\,\Gamma^j_{kp} = g_{ip,k}\,.$$

Durch zyklische Vertauschung der freien Indizes i, p und k erhalten wir dazu die Gleichungen

$$\begin{aligned} &g_{kj}\,\Gamma^j_{pi} + g_{pj}\,\Gamma^j_{ik} = g_{pk,i}\,, \\ &g_{ij}\,\Gamma^j_{kp} + g_{kj}\,\Gamma^j_{pi} = g_{ki,p}\,. \end{aligned}$$

Wir multiplizieren die erste dieser drei Gleichungen mit $-\frac{1}{2}$, die beiden anderen mit $+\frac{1}{2}$ und addieren sie:

$$g_{kj}\,\Gamma^{j}_{ip} = \frac{1}{2}(g_{pk,i} + g_{ki,p} - g_{ip,k}).$$

Überschiebung mit g^{km} ergibt schließlich (unabhängig vom zugrunde liegenden kartesischen Koordinatensystem)

$$\Gamma^{m}_{ip} = \frac{1}{2}\,g^{mk}(g_{ki,p} + g_{kp,i} - g_{ip,k})\,. \tag{4.60}$$

Aufgabe 4.12

Man berechne die Christoffel-Symbole in Zylinderkoordinaten.

Aufgabe 4.13

Man leite das Transformationsgesetz für Christoffel-Symbole beim Übergang zwischen zwei krummlinigen Koordinatensystemen her.

4.4.4 Die partielle Ableitung von Tensoren. Die partielle und die kovariante Ableitung von Tensorkoordinaten

1. Wir wollen auch die partiellen Ableitungen von Tensoren nach den krummlinigen Ortskoordinaten wieder auf die Ausgangsbasis bzw. die Ausgangsbasen beziehen. Wir erhalten dann

$$\begin{aligned}
\underline{a}_{,k} &= (a^{i}\,\underline{g}_{i})_{,k} = a^{i}{}_{,k}\,\underline{g}_{i} + a^{i}\,\underline{g}_{i,k} = a^{i}{}_{,k}\,\underline{g}_{i} + a^{i}\,\Gamma^{m}_{ik}\,\underline{g}_{m} = (a^{i}{}_{,k} + \Gamma^{i}_{mk}\,a^{m})\,\underline{g}_{i}\\
&= (a_{i}\,\underline{g}^{i})_{,k} = a_{i,k}\,\underline{g}^{i} + a_{i}\,\underline{g}^{i}{}_{,k} = a_{i,k}\,\underline{g}^{i} - a_{i}\,\Gamma^{i}_{km}\,\underline{g}^{m}\\
&= (a_{i,k} - \Gamma^{m}_{ik}\,a_{m})\,\underline{g}^{i},\\
\underline{\underline{a}}_{,k} &= (a^{ij}\,\underline{g}_{i}\,\underline{g}_{j})_{,k} = a^{ij}{}_{,k}\,\underline{g}_{i}\,\underline{g}_{j} + a^{ij}\,\underline{g}_{i,k}\,\underline{g}_{j} + a^{ij}\,\underline{g}_{i}\,\underline{g}_{j,k}\\
&= a^{ij}{}_{,k}\,\underline{g}_{i}\,\underline{g}_{j} + a^{ij}\,\Gamma^{m}_{ik}\,\underline{g}_{m}\,\underline{g}_{j} + a^{ij}\,\underline{g}_{i}\,\Gamma^{m}_{jk}\,\underline{g}_{m}\\
&= (a^{ij}{}_{,k} + \Gamma^{i}_{mk}\,a^{mj} + \Gamma^{j}_{mk}\,a^{im})\,\underline{g}_{i}\,\underline{g}_{j}\\
&= (a^{i}{}_{j}\,\underline{g}_{i}\,\underline{g}^{j})_{,k} = \ldots
\end{aligned}$$

usw.

Die darin auftretenden Koeffizienten der Ausgangsbasen nennt man die kovariante oder absolute Ableitung der betreffenden krummlinigen Tensorkoordinaten und schreibt sie im Unterschied zur partiellen Ableitung durch einen senkrechten Strich; es ist also

$$\begin{aligned}
a|_k &:= a_{,k}\,,\\
a^i|_k &:= a^i{}_{,k} + \Gamma^i_{mk}\, a^m\,,\\
a_i|_k &:= a_{i,k} - \Gamma^m_{ik}\, a_m\,,\\
a^{ij}|_k &:= a^{ij}{}_{,k} + \Gamma^i_{mk}\, a^{mj} + \Gamma^j_{mk}\, a^{im}\,,\\
a^i{}_j|_k &:= a^i{}_{j,k} + \Gamma^i_{mk}\, a^m{}_j - \Gamma^m_{jk}\, a^i{}_m\,,\\
a_i{}^j|_k &:= a_i{}^j{}_{,k} - \Gamma^m_{ik}\, a_m{}^j + \Gamma^j_{mk}\, a_i{}^m\,,\\
a_{ij}|_k &:= a_{ij,k} - \Gamma^m_{ik}\, a_{mj} - \Gamma^m_{jk}\, a_{im}\,,\\
&\text{usw.}
\end{aligned} \tag{4.61}$$

Mithilfe dieser kovarianten Ableitungen der Tensorkoordinaten schreiben sich die partiellen Ableitungen von Tensoren

$$\boxed{\begin{aligned}
a_{,k} &= a|_k\,,\\
\underline{a}_{,k} &= a^i|_k\, \underline{g}_i = a_i|_k\, \underline{g}^i\,,\\
\underline{\underline{a}}_{,k} &= a^{ij}|_k\, \underline{g}_i \underline{g}_j = a^i{}_j|_k\, \underline{g}_i \underline{g}^j = a_i{}^j|_k\, \underline{g}^i \underline{g}_j = a_{ij}|_k\, \underline{g}^i \underline{g}^j\,,\\
&\text{usw.}
\end{aligned}} \tag{4.62}$$

2. Die partiellen Ableitungen von Tensoren hängen natürlich vom Koordinatensystem ab, nach der Kettenregel erhalten wir als Transformationsgesetz für Ableitungen nach den Ortskoordinaten

$$\frac{\partial \mathscr{A}}{\partial \widetilde{u}^i} = \frac{\partial u^m}{\partial \widetilde{u}^i} \frac{\partial \mathscr{A}}{\partial u^m}\,, \tag{4.63}$$

der Index der partiellen Differentiation eines Tensors transformiert sich also wie ein kovarianter Index.

Natürlich muss der Index k auf beiden Seiten der Gleichungen (4.62) dasselbe Transformationsverhalten zeigen, demnach ergibt die kovariante Ableitung der holonomen Koordinaten eines Tensors n-ter Stufe die holonomen Koordinaten eines Tensors der $(n+1)$-ten Stufe, und zwar tritt durch die kovariante Ableitung ein kovarianter Index hinzu. Die partielle Ableitung einer Tensorkoordinate nach krummlinigen Ortskoordinaten ist demgegenüber keine Tensorkoordinate.

4.4.5 Das vollständige Differential von Tensoren. Das vollständige und das absolute Differential von Tensorkoordinaten

1. Das vollständige Differential eines Tensors ist nach (4.52)

$$\mathrm{d}\mathscr{A} = \mathscr{A}_{,i}\,\mathrm{d}u^i\,. \tag{4.64}$$

Wie zu erwarten ist, ist es koordinatenunabhängig: Der Index der partiellen Ableitung eines Tensors ist kovariant, der Index der Koordinatendifferentiale kontravariant.

2. Bei Tensorkoordinaten müssen wir (wie zwei verschiedene Ableitungen) zwei verschiedene Differentiale unterscheiden: Das vollständige Differential ist nach (4.52) durch

$$\mathrm{d}a^{i\ldots j}_{m\ldots n} = a^{i\ldots j}_{m\ldots n,k}\,\mathrm{d}u^k \tag{4.65}$$

gegeben. Es stellt bis auf Größen zweiter Ordnung in den $\mathrm{d}u^k$ den Zuwachs der Tensorkoordinaten $\mathrm{d}a^{i\ldots j}_{m\ldots n}$ zwischen zwei benachbarten Punkten dar. Da die partielle Ableitung einer Tensorkoordinate keine Tensorkoordinate ist, ist auch das vollständige Differential einer Tensorkoordinate keine Tensorkoordinate.

Die analog zu (4.65) mit der kovarianten statt der partiellen Ableitung gebildete Größe nennen wir zur Unterscheidung das absolute Differential und bezeichnen sie mit $\delta a^{i\ldots j}_{m\ldots n}$:

$$\boxed{\delta a^{i\ldots j}_{m\ldots n} = a^{i\ldots j}_{m\ldots n}|_k\,\mathrm{d}u^k\,.} \tag{4.66}$$

Ebenso wie die kovariante Ableitung ist auch das absolute Differential einer holonomen Tensorkoordinate eine holonome Tensorkoordinate, und zwar eine Tensorkoordinate derselben Stufe und Art wie die Ausgangskoordinate.

3. Zum Beispiel für das vollständige Differential eines Vektors erhält man

$$\mathrm{d}\underline{a} \overset{(4.64)}{=} \underline{a}_{,k}\,\mathrm{d}u^k \overset{(4.62)}{=} a^i|_k\,\underline{g}_i\,\mathrm{d}u^k \overset{(4.66)}{=} \delta a^i\,\underline{g}_i\,.$$

Allgemein gilt

$$
\begin{aligned}
\mathrm{d}a &= \delta a\,,\\
\mathrm{d}\underline{a} &= \delta a^i\,\underline{g}_i = \delta a_i\,\underline{g}^i\,,\\
\mathrm{d}\underline{\underline{a}} &= \delta a^{ij}\,\underline{g}_i\,\underline{g}_j = \delta a_i{}^j\,\underline{g}^i\,\underline{g}_j = \delta a^i{}_j\,\underline{g}_i\,\underline{g}^j = \delta a_{ij}\,\underline{g}^i\,\underline{g}^j\,,\\
&\text{usw.}
\end{aligned}
\tag{4.67}
$$

Die absoluten Differentiale der Tensorkoordinaten treten also bei der Darstellung des vollständigen Differentials eines Tensors in Bezug auf holonome Basen als Koordinaten auf. Sie sind genau dann gleich null, wenn das vollständige Differential des Tensors gleich null ist, d. h. der Tensor in den beiden betrachteten Punkten gleich ist. Speziell im Falle eines Vektors sagt man dann, dass die Vektoren in den beiden benachbarten Punkten durch eine Parallelverschiebung auseinander hervorgehen.

Für die Übersetzung in holonome krummlinige Koordinaten gilt nach (4.67) für Differentiale:

> Das vollständige Differential eines Tensors oder einer kartesischen Tensorkoordinate ist durch das absolute Differential einer holonomen krummlinigen Tensorkoordinate zu ersetzen, z. B.
> $\mathrm{d}\underline{a} = \mathrm{d}\widehat{a}_i\,\underline{e}_i = \delta a^i\,\underline{g}_i = \delta a_i\,\underline{g}^i.$

4. Die folgende Rechnung zeigt am Beispiel eines Vektors den Zusammenhang zwischen den vollständigen Differentialen $\mathrm{d}\underline{a}$, $\mathrm{d}a^i$, $\mathrm{d}u^i$ und den absoluten Differentialen δa^i:

$$
\mathrm{d}\underline{a} = \mathrm{d}(a^i\,\underline{g}_i) = \underbrace{\mathrm{d}a^i}_{a^i{}_{,k}\,\mathrm{d}u^k} y\,\underline{g}_i + a^i\,\underbrace{\mathrm{d}\underline{g}_i}_{\Gamma^j_{ik}\,\underline{g}_j\,\mathrm{d}u^k} = \underbrace{(a^i{}_{,k} + \Gamma^i_{jk}\,a^j)}_{a^i|_k}\,\underline{g}_i\,\mathrm{d}u^k\,,
$$

$$
\mathrm{d}\underline{a} = \mathrm{d}u^k\,\overbrace{\overbrace{(a^i{}_{,k} + \Gamma^i_{jk}\,a^j)}^{a^i|_k}\,\underline{g}_i}^{\underline{a}_{,k}}
\qquad
\mathrm{d}\underline{a} = \underbrace{\underbrace{\mathrm{d}u^k\,(a^i{}_{,k}}_{\mathrm{d}a^i} + \Gamma^i_{jk}\,a^j)}_{\delta a^i}\,\underline{g}_i
\tag{4.68}
$$

4.4.6 Ableitungen nach einem Parameter

Hängen die krummlinigen Koordinaten u^i von einem Parameter t ab, so ergibt sich für die Ableitung einer Tensorkoordinate nach diesem Parameter aus (4.65) und (4.66)

$$\begin{aligned} \frac{\mathrm{d}a^{i\ldots j}_{m\ldots n}}{\mathrm{d}t} &= a^{i\ldots j}_{m\ldots n,k}\,\frac{\mathrm{d}u^k}{\mathrm{d}t}\,, \\ \frac{\delta a^{i\ldots j}_{m\ldots n}}{\mathrm{d}t} &= a^{i\ldots j}_{m\ldots n}|_k\,\frac{\mathrm{d}u^k}{\mathrm{d}t}\,. \end{aligned} \tag{4.69}$$

Nur die zweite so definierte Ableitung nach einem Parameter ist wieder eine Tensorkoordinate, und zwar eine Tensorkoordinate derselben Stufe und Art wie die Tensorkoordinate, von der sie gebildet wurde.

Aus (4.67) folgt entsprechend

$$\begin{aligned} \frac{\mathrm{d}\underline{a}}{\mathrm{d}t} &= \frac{\delta a^i}{\mathrm{d}t}\,\underline{g}_i = \frac{\delta a_i}{\mathrm{d}t}\,\underline{g}^i\,, \\ \frac{\mathrm{d}\underline{\underline{a}}}{\mathrm{d}t} &= \frac{\delta a^{ij}}{\mathrm{d}t}\,\underline{g}_i\,\underline{g}_j = \frac{\delta a^i{}_j}{\mathrm{d}t}\,\underline{g}_i\,\underline{g}^j = \frac{\delta a_i{}^j}{\mathrm{d}t}\,\underline{g}^i\,\underline{g}_j = \frac{\delta a_{ij}}{\mathrm{d}t}\,\underline{g}^i\,\underline{g}^j\,, \end{aligned} \tag{4.70}$$

usw.

4.4.7 Der Gradient

1. Die partielle Ableitung (4.62) eines Tensors ist nicht koordinatenunabhängig, sondern enthält einen kovarianten Index. Sie ist also kein Tensor, man kann aber daraus einen Tensor machen, indem man sie mit der zugehörigen kontravarianten Basis überschiebt. Je nachdem, ob diese Überschiebung von links oder rechts vorgenommen wird, erhält man den Links- bzw. Rechtsgradienten.

Für den Nabla-Operator (2.47) folgt mit der Kettenregel[5]

[5] Dabei bedeutet z. B. $\underline{a}\,\underline{\nabla} = (\partial\underline{a}/\partial u^i)\,\underline{g}^i = \underline{a}_{,i}\,\underline{g}^i$; die partielle Ableitung ist nicht von $\underline{g}^i$ zu nehmen!

$$\underline{\nabla} := \frac{\partial}{\partial x_k}\,\underline{e}_k = \frac{\partial}{\partial u^i}\frac{\partial u^i}{\partial x_k}\,\underline{e}_k \overset{(4.7)}{=} \frac{\partial}{\partial u^i}\,\underline{g}^i ,$$

$$\underline{\nabla} = \frac{\partial}{\partial u^i}\,\underline{g}^i . \tag{4.71}$$

(Die partielle Ableitung eines Tensors nach den Ortskoordinaten transformiert sich nach (4.63) wie eine kovariante Vektorkoordinate.)

Damit folgt nach (2.48) für den (Rechts-)Gradienten

$$\operatorname{grad}\mathscr{A} = \mathscr{A}\,\underline{\nabla} = \mathscr{A}_{,k}\,\underline{g}^k \tag{4.72}$$

oder mit (4.62) für Tensoren verschiedener Stufe ausgeschrieben

$$\begin{aligned}
\operatorname{grad} a &= a|_k\,\underline{g}^k ,\\
\operatorname{grad} \underline{a} &= a^i|_k\,\underline{g}_i\,\underline{g}^k = a_i|_k\,\underline{g}^i\,\underline{g}^k ,\\
\operatorname{grad} \underline{\underline{a}} &= a^{ij}|_k\,\underline{g}_i\,\underline{g}_j\,\underline{g}^k = a^i{}_j|_k\,\underline{g}_i\,\underline{g}^j\,\underline{g}^k\\
&= a_i{}^j|_k\,\underline{g}^i\,\underline{g}_j\,\underline{g}^k = a_{ij}|_k\,\underline{g}^i\,\underline{g}^j\,\underline{g}^k ,\\
&\text{usw.}
\end{aligned} \tag{4.73}$$

Die kovarianten Ableitungen der Koordinaten eines Tensors sind also Koordinaten des Gradienten dieses Tensors, für die Übersetzung partieller Ableitungen in holonome krummlinige Koordinaten gilt:

Die partielle Ableitung einer kartesischen Tensorkoordinate ist durch die kovariante Ableitung einer holonomen krummlinigen Tensorkoordinate zu ersetzen.

2. Da der Einheitstensor und der ε-Tensor räumlich konstant sind, muss ihr Gradient verschwinden, und das heißt nach (4.73), dass die kovarianten Ableitungen ihrer Koordinaten verschwinden:

$$\begin{aligned}
g^{ij}|_k &= g_{ij}|_k = 0 ,\\
e^{ijk}|_m &= e^{ij}{}_k|_m = \ldots = e_{ijk}|_m = 0 .
\end{aligned} \tag{4.74}$$

(Die erste dieser Formeln nennt man auch den Satz von Ricci.) Die partiellen Ableitungen ihrer Koordinaten sind demnach im Allgemeinen von null verschieden, man kann sie mithilfe der Definition (4.61) der entsprechenden kovarianten Ableitung ausdrücken. Für die partiellen Ableitungen des Einheitstensors erhalten wir dabei wieder die Beziehungen, die wir bei der Herleitung von (4.60) benutzt haben.

4.4.8 Divergenz und Rotation

1. Für die (Rechts-)Divergenz eines Tensors folgt nach (2.54)

$$\operatorname{div} \mathscr{A} = \mathscr{A} \cdot \underline{\nabla} = \mathscr{A}_{,k} \cdot \underline{g}^k \,, \tag{4.75}$$

mit (4.62) z. B. $\operatorname{div} \underline{a} = a^i|_k \, \underline{g}_i \cdot \underline{g}^k \overset{(4.21)}{=} a^i|_k \, \delta_i^k = a^k|_k$ und für Tensoren verschiedener Stufe

$$\boxed{\begin{aligned} &\operatorname{div} \underline{a} = a^k|_k \,, \\ &\operatorname{div} \underline{\underline{a}} = a^{ik}|_k \, \underline{g}_i = a_i{}^k|_k \, \underline{g}^i \,, \\ &\text{usw.} \end{aligned}} \tag{4.76}$$

2. Entsprechend erhält man für die (Rechts-)Rotation eines Tensors nach (2.57)

$$\operatorname{rot} \mathscr{A} = \mathscr{A} \otimes \underline{\nabla} = -\mathscr{A} \times \underline{\nabla} = -\mathscr{A}_{,k} \times \underline{g}^k \,, \tag{4.77}$$

mit (4.62) z. B. $\operatorname{rot} \underline{a} = -a^i|_k \, \underline{g}_i \times \underline{g}^k \overset{(4.37)}{=} -a^i|_k \, e_i{}^{kj} \, \underline{g}_j$ und für Tensoren verschiedener Stufe

$$\boxed{\begin{aligned} \operatorname{rot} \underline{a} &= a^i|_k \, e_i{}^{jk} \, \underline{g}_j = a_i|_k \, e^{ijk} \, \underline{g}_j = a^i|_k \, e_{ij}{}^k \, \underline{g}^j = a_i|_k \, e^i{}_j{}^k \, \underline{g}^j \,, \\ \operatorname{rot} \underline{\underline{a}} &= a^{mi}|_k \, e_i{}^{jk} \, \underline{g}_m \underline{g}_j = a^m{}_i|_k \, e^{ijk} \, \underline{g}_m \underline{g}_j = \ldots \,, \\ &\text{usw.} \end{aligned}} \tag{4.78}$$

3. Setzt man die kovariante Ableitung $a_i|_k$ nach (4.61) ein, so sieht man übrigens, dass man wegen der Antimetrie des ε-Tensors und der Symmetrie der Christoffel-Symbole in Bezug auf die beiden unteren Indizes für die Rotation speziell eines

Vektors auch schreiben kann

$$\operatorname{rot} \underline{a} = a_{i,k}\, e^{ijk}\, \underline{g}_j = a_{i,k}\, e^{i}{}_{j}{}^{k}\, \underline{g}^j \,. \tag{4.79}$$

Diese Formeln enthalten zwar in Gestalt der partiellen Ableitungen Größen, die keine Tensorkoordinaten sind, sie sind aber natürlich für die praktische Berechnung der Rotation bequem.

Aufgabe 4.14

Die folgenden Gleichungen sind entweder in symbolischer Schreibweise oder in Koordinatenschreibweise für kartesische Koordinaten oder in Koordinatenschreibweise für holonome krummlinige Koordinaten geschrieben. Man übersetze sie in die beiden anderen Schreibweisen.

A. $\underline{a} \times \operatorname{rot} \underline{a} = \underline{b}$, B. $\dfrac{\partial \hat{a}_i}{\partial x_j} + \dfrac{\partial \hat{a}_j}{\partial x_i} = \hat{b}_{ij}$,

C. $a^i\, b_j|_i = c_j$, D. $e^{i}{}_{jk}\, e_{imn}\, a^j\, b^k\, c^m\, d^n = f$.

Der letzte Ausdruck ist vor dem Übersetzen mittels des Entwicklungssatzes zu vereinfachen.

4.4.9 Physikalische Koordinaten von Differentialoperationen

Im Zuge unserer Darstellung sind wir natürlich zu den holonomen Koordinaten der Tensoren $\operatorname{grad} a$, $\operatorname{div} \underline{a}$, $\operatorname{rot} \underline{a}$ usw. gekommen. Wo in Physikbüchern von den Koordinaten dieser Tensoren in Bezug auf ein krummliniges Koordinatensystem, etwa in Bezug auf Zylinder- oder Kugelkoordinaten, die Rede ist, sind damit in der Regel die physikalischen Koordinaten gemeint. Es macht keine große Mühe, diese physikalischen Koordinaten aus beliebigen holonomen Koordinaten mithilfe der Transformationsgleichungen zwischen holonomen und physikalischen Tensorkoordinaten zu berechnen.

Wegen der Wichtigkeit einer solchen Umrechnung wollen wir ein Beispiel dafür schrittweise durchrechnen und wählen dafür die Divergenz eines Tensors zweiter Stufe in Zylinderkoordinaten. In holonomen Koordinaten gilt z. B.

$$(\operatorname{div} \underline{\underline{a}})^i = a^{im}|_m \,.$$

Setzen wir für den freien Index nacheinander die Werte 1, 2 und 3 und führen die Summation über den gebundenen Index aus, so erhalten wir

$$(\operatorname{div} \underline{\underline{a}})^1 = a^{11}|_1 + a^{12}|_2 + a^{13}|_3\,,$$
$$(\operatorname{div} \underline{\underline{a}})^2 = a^{21}|_1 + a^{22}|_2 + a^{23}|_3\,,$$
$$(\operatorname{div} \underline{\underline{a}})^3 = a^{31}|_1 + a^{32}|_2 + a^{33}|_3\,.$$

Als nächstes berechnen wir die kovarianten Ableitungen der darin vorkommenden Tensorkoordinaten. Nach (4.61) ist

$$a^{ij}|_{\underline{j}} = a^{ij}{}_{,\underline{j}} + \Gamma^i_{m\underline{j}}\, a^{mj} + \Gamma^j_{m\underline{j}}\, a^{im}\,.$$

Wenn wir noch berücksichtigen, dass in Zylinderkoordinaten nur Γ^1_{22}, Γ^2_{12} und Γ^2_{21} von null verschieden sind, erhalten wir:

$$a^{11}|_1 = a^{11}{}_{,1}\,,$$
$$a^{12}|_2 = a^{12}{}_{,2} + \Gamma^1_{22}\, a^{22} + \Gamma^2_{12}\, a^{11}\,,$$
$$a^{13}|_3 = a^{13}{}_{,3}\,,$$
$$a^{21}|_1 = a^{21}{}_{,1} + \Gamma^2_{21}\, a^{21}\,,$$
$$a^{22}|_2 = a^{22}{}_{,2} + \Gamma^2_{12}\, a^{12} + \Gamma^2_{12}\, a^{21}\,,$$
$$a^{23}|_3 = a^{23}{}_{,3}\,,$$
$$a^{31}|_1 = a^{31}{}_{,1}\,,$$
$$a^{32}|_2 = a^{32}{}_{,2} + \Gamma^2_{12}\, a^{31}\,,$$
$$a^{33}|_3 = a^{33}{}_{,3}\,.$$

Wir setzen diese kovarianten Ableitungen in die Gleichungen für die kontravarianten Koordinaten der Divergenz ein; dabei schreiben wir die partiellen Ableitungen aus und setzen für die Christoffel-Symbole ihre Werte $\Gamma^1_{22} = -R$, $\Gamma^2_{12} = \Gamma^2_{21} = 1/R$ ein:

$$(\operatorname{div} \underline{\underline{a}})^1 = \frac{\partial a^{11}}{\partial R} + \frac{\partial a^{12}}{\partial \varphi} - R a^{22} + \frac{1}{R} a^{11} + \frac{\partial a^{13}}{\partial z}\,,$$

$$(\operatorname{div} \underline{\underline{a}})^2 = \frac{\partial a^{21}}{\partial R} + \frac{1}{R} a^{21} + \frac{\partial a^{22}}{\partial \varphi} + \frac{1}{R} a^{12} + \frac{1}{R} a^{21} + \frac{\partial a^{23}}{\partial z}\,,$$

$$(\operatorname{div} \underline{\underline{a}})^3 = \frac{\partial a^{31}}{\partial R} + \frac{\partial a^{32}}{\partial \varphi} + \frac{1}{R} a^{31} + \frac{\partial a^{33}}{\partial z}\,.$$

Wir haben damit die Divergenz eines Tensors in (*einer* Art von) holonomen Zylinderkoordinaten berechnet und müssen jetzt noch links wie rechts nach (4.48) auf physikalische Zylinderkoordinaten umrechnen. Dazu benötigen wir

$$g_{11} = g^{11} = 1, \quad g_{22} = R^2, \quad g^{22} = \frac{1}{R^2}, \quad g_{33} = g^{33} = 1.$$

Nach (4.48) ist $a_R = a^1, \quad a_\varphi = R a^2, \quad a_z = a^3$ und

$$a^{11} = a_{RR}, \quad a^{12} = \frac{1}{R} a_{R\varphi}, \quad a^{13} = a_{Rz}, \quad a^{21} = \frac{1}{R} a_{\varphi R},$$

$$a^{22} = \frac{1}{R^2} a_{\varphi\varphi}, \quad a^{23} = \frac{1}{R} a_{\varphi z}, \quad a^{31} = a_{zR}, \quad a^{32} = \frac{1}{R} a_{z\varphi}, \quad a^{33} = a_{zz},$$

damit ist

$$(\operatorname{div} \underline{\underline{a}})_R = (\operatorname{div} \underline{\underline{a}})^1 = \frac{\partial a_{RR}}{\partial R} + \frac{\partial}{\partial \varphi} \frac{a_{R\varphi}}{R} - R \frac{a_{\varphi\varphi}}{R^2} + \frac{1}{R} a_{RR} + \frac{\partial a_{Rz}}{\partial z},$$

$$(\operatorname{div} \underline{\underline{a}})_\varphi = R (\operatorname{div} \underline{\underline{a}})^2 = R \left(\frac{\partial}{\partial R} \frac{a_{\varphi R}}{R} + \frac{1}{R} \frac{a_{\varphi R}}{R} + \frac{\partial}{\partial \varphi} \frac{a_{\varphi\varphi}}{R^2} \right.$$
$$\left. + \frac{1}{R} \frac{a_{R\varphi}}{R} + \frac{1}{R} \frac{a_{\varphi R}}{R} + \frac{\partial}{\partial z} \frac{a_{\varphi z}}{R} \right),$$

$$(\operatorname{div} \underline{\underline{a}})_z = (\operatorname{div} \underline{\underline{a}})^3 = \frac{\partial a_{zR}}{\partial R} + \frac{\partial}{\partial \varphi} \frac{a_{z\varphi}}{R} + \frac{a_{zR}}{R} + \frac{\partial a_{zz}}{\partial z},$$

oder anders sortiert

$$(\operatorname{div} \underline{\underline{a}})_R = \frac{\partial a_{RR}}{\partial R} + \frac{1}{R} \frac{\partial a_{R\varphi}}{\partial \varphi} + \frac{\partial a_{Rz}}{\partial z} + \frac{a_{RR} - a_{\varphi\varphi}}{R},$$

$$(\operatorname{div} \underline{\underline{a}})_\varphi = \frac{\partial a_{\varphi R}}{\partial R} + \frac{1}{R} \frac{\partial a_{\varphi\varphi}}{\partial \varphi} + \frac{\partial a_{\varphi z}}{\partial z} + \frac{a_{R\varphi} + a_{\varphi R}}{R},$$

$$(\operatorname{div} \underline{\underline{a}})_z = \frac{\partial a_{zR}}{\partial R} + \frac{1}{R} \frac{\partial a_{z\varphi}}{\partial \varphi} + \frac{\partial a_{zz}}{\partial z} + \frac{a_{zR}}{R}.$$

Aufgabe 4.15

Man berechne in physikalischen Zylinderkoordinaten:

A. grad a, B. div $\underline{a}$, C. rot $\underline{a}$, D. grad $\underline{a}$, E. (grad $\underline{a}$) $\cdot$ $\underline{b}$.

Die Formeln (B.1) bis (B.13) des Anhangs können als bekannt vorausgesetzt werden.

4.4.10 Die zweite kovariante Ableitung einer Tensorkoordinate. Der Laplace-Operator

1. Nach (4.54) in Verbindung mit (4.18) bzw. nach (4.63) transformiert sich der Index der partiellen Differentiation des Ortsvektors oder eines Tensors wie ein kovarianter Index. Wir konnten deshalb die kovariante Ableitung (4.61) von Tensorkoordinaten mithilfe der partiellen Ableitung von Tensoren einführen. Für die zweite Ableitung gilt dieser Zusammenhang nicht: Partielle Differentiation von (4.54) ergibt $\underline{x}_{,ij} = \underline{g}_{i,j} = \Gamma^m_{ij}\,\underline{g}_m$; partielle Differentiation von (4.63) ergibt

$$\frac{\partial^2 \mathscr{A}}{\partial \widetilde{u}^j\,\partial \widetilde{u}^i} = \frac{\partial u^m}{\partial \widetilde{u}^i}\,\frac{\partial u^n}{\partial \widetilde{u}^j}\,\frac{\partial^2 \mathscr{A}}{\partial u^n\,\partial u^m} + \frac{\partial^2 u^m}{\partial \widetilde{u}^j\,\partial \widetilde{u}^i}\,\frac{\partial \mathscr{A}}{\partial u^m}\,, \tag{4.80}$$

während sich also der Index i in $\mathscr{A}_{,i}$ kovariant transformiert, transformieren sich in $\mathscr{A}_{,ij}$ beide Indizes nicht wie Tensorindizes. Wir werden deshalb die zweite partielle Ableitung des Ortsvektors und eines Tensors nicht verwenden und die zweite kovariante Ableitung einer Tensorkoordinate rein formal einführen: Da die kovariante Ableitung einer Tensorkoordinate wieder eine Tensorkoordinate ist, ist auch die kovariante Ableitung der kovarianten Ableitung einer Tensorkoordinate erklärt und ebenfalls eine Tensorkoordinate. Wir nennen sie die zweite kovariante Ableitung der ursprünglichen Tensorkoordinate und schreiben

$$a^{i\ldots j}_{m\ldots n}|_{pq} := a^{i\ldots j}_{m\ldots n}|_p|_q \tag{4.81}$$

2. Die zweite kovariante Ableitung einer Tensorkoordinate ist offenbar eine Koordinate des Gradienten des Gradienten des zugehörigen Tensors: Aus $\mathscr{B} = \operatorname{grad}\mathscr{A}$, $\mathscr{C} = \operatorname{grad}\mathscr{B} = \operatorname{grad}\operatorname{grad}\mathscr{A}$ folgt $b_{i\ldots jp} = a_{i\ldots j}|_p$, $c_{i\ldots jpq} = b_{i\ldots jp}|_q = a_{i\ldots j}|_{pq}$ bzw.

$$\operatorname{grad}\operatorname{grad}\mathscr{A} = a_{i\ldots j}|_{pq}\,\underline{g}^i \ldots \underline{g}^j\,\underline{g}^p\,\underline{g}^q \tag{4.82}$$

und Formulierungen in anderen holonomen Koordinaten.

3. Wir wollen den Tensor $\operatorname{rot}\operatorname{grad}\mathscr{A}$ bilden:

$$\operatorname{grad}\mathscr{A} = a_{i\ldots j}|_k\,\underline{g}^i \ldots \underline{g}^j\,\underline{g}^k = b_{i\ldots jk}\,\underline{g}^i \ldots \underline{g}^j\,\underline{g}^k = \mathscr{B},$$
$$\operatorname{rot}\operatorname{grad}\mathscr{A} = \operatorname{rot}\mathscr{B} = b_{i\ldots jk}|_n\,e^{k}{}_{m}{}^{n}\,\underline{g}^i \ldots \underline{g}^j\,\underline{g}^m = a_{i\ldots j}|_{kn}\,e^{k}{}_{m}{}^{n}\,\underline{g}^i \ldots \underline{g}^j\,\underline{g}^m.$$

Bekanntlich verschwinden alle kartesischen Koordinaten dieses Tensors, was eine unmittelbare Folge der Tatsache ist, dass die zweite partielle Ableitung einer

Größe nicht von der Reihenfolge der Differentiationen abhängt. Wenn aber alle kartesischen Koordinaten eines Tensors null sind, verschwinden nach dem Transformationsgesetz (4.19) für Tensorkoordinaten auch alle holonomen Koordinaten dieses Tensors in einem beliebigen krummlinigen Koordinatensystem. Es gilt also $a_{i\dots j}|_{kn}\, e^k{}_m{}^n = 0$. Zum Beispiel für $m = 1$ bedeutet das

$$a_{i\dots j}|_{32}\, e^3{}_1{}^2 + a_{i\dots j}|_{23}\, e^2{}_1{}^3 = (a_{i\dots j}|_{32} - a_{i\dots j}|_{23})\, e^3{}_1{}^2 = 0.$$

Wegen $e^3{}_1{}^2 \neq 0$ folgt daraus $a_{i\dots j}|_{32} = a_{i\dots j}|_{23}$. Für $m = 2$ und $m = 3$ folgt $a_{i\dots j}|_{13} = a_{i\dots j}|_{31}$, $a_{i\dots j}|_{12} = a_{i\dots j}|_{21}$, es gilt also allgemein

$$\boxed{a^{i\dots j}_{m\dots n}|_{pq} = a^{i\dots j}_{m\dots n}|_{qp}\,,} \tag{4.83}$$

d. h. die zweite kovariante Ableitung einer Tensorkoordinate hängt auch nicht von der Reihenfolge der Differentiationen ab.

4. Wir wollen schließlich noch $\Delta\mathscr{A} := \operatorname{div}\operatorname{grad}\mathscr{A}$ bilden. Es ist z. B.

$$\operatorname{grad}\underline{a} = a^i|_k\, \underline{g}_i\, \underline{g}^k = a^i|_m\, g^{mk}\, \underline{g}_i\, \underline{g}_k\,,$$
$$\operatorname{div}\operatorname{grad}\underline{a} = (a^i|_m\, g^{mk})|_k\, \underline{g}_i = g^{mk}\, a^i|_{mk}\, \underline{g}_i + \underbrace{g^{mk}|_k}_{\overset{(4.74)}{=}\,0}\, a^i|_m\, \underline{g}_i$$

oder ganz allgemein

$$\begin{aligned}
\Delta a &= g^{mn}\, a|_{mn}\,,\\
\Delta\underline{a} &= g^{mn}\, a^i|_{mn}\, \underline{g}_i = g^{mn}\, a_i|_{mn}\, \underline{g}^i\,,\\
\Delta\underline{\underline{a}} &= g^{mn}\, a^{ij}|_{mn}\, \underline{g}_i\, \underline{g}_j = g^{mn}\, a^i{}_j|_{mn}\, \underline{g}_i\, \underline{g}^j\\
&= g^{mn}\, a_i{}^j|_{mn}\, \underline{g}^i\, \underline{g}_j = g^{mn}\, a_{ij}|_{mn}\, \underline{g}^i\, \underline{g}^j\,,
\end{aligned} \tag{4.84}$$

usw.

Aufgabe 4.16

Man übersetze in die beiden anderen Schreibweisen:

$A.\ \dfrac{\partial^2 \widehat{a}_m}{\partial x_k^2} = \widehat{b}_m$, $\quad B.\ \dfrac{\partial^2 \widehat{a}_k}{\partial x_m\, \partial x_k} = \widehat{b}_m$, $\quad C.\ \mathrm{d}\underline{\underline{a}} = (\operatorname{grad}\underline{\underline{a}})\cdot \mathrm{d}\underline{x}$.

Aufgabe 4.17

Man berechne in physikalischen Zylinderkoordinaten:

A. Δa, B. $\Delta \underline{a}$.

Aufgabe 4.18

A. Man zeige durch Zurückgehen auf die Definition der kovarianten Ableitung, dass

$$a_i|_{kl} - a_i|_{lk} = (\Gamma^m_{il,k} - \Gamma^m_{ik,l} + \Gamma^n_{il}\Gamma^m_{nk} - \Gamma^n_{ik}\Gamma^m_{nl})\, a_m$$

gilt.

B. Man beweise, dass die Klammer die Koordinaten des Nulltensors vierter Stufe darstellt.

Der Tensor

$$R^m{}_{ijk} := \Gamma^m_{ik,j} - \Gamma^m_{ij,k} + \Gamma^n_{ik}\Gamma^m_{nj} - \Gamma^n_{ij}\Gamma^m_{nk}$$

heißt (gemischter) Riemannscher Krümmungstensor. Sein Verschwinden ist charakteristisch für euklidische Räume.

4.4.11 Integrale von Tensorfeldern

4.4.11.1 Kurven-, Flächen- und Volumenelemente

Wir wollen zunächst noch überlegen, wie wir das Kurvenelement, das Flächenelement und das Volumenelement durch die Elemente der nichtkartesischen Koordinaten ausdrücken.

1. Für das Kurvenelement gilt nach (4.55)

$$\mathrm{d}\underline{x} = \mathrm{d}u^i\, \underline{g}_i\,. \tag{4.85}$$

Wir wollen speziell die Kurvenelemente der Koordinatenlinien mit $\mathrm{d}\underline{x}_1$, $\mathrm{d}\underline{x}_2$, $\mathrm{d}\underline{x}_3$ bezeichnen; dabei ist der Index kein kovarianter Index. Da die Basisvektoren $\underline{g}_i$ konstruktionsgemäß die Koordinatenlinien im betrachteten Punkte tangieren, folgt aus (4.85)

$$\mathrm{d}\underline{x}_1 = \mathrm{d}u^1\, \underline{g}_1, \quad \mathrm{d}\underline{x}_2 = \mathrm{d}u^2\, \underline{g}_2, \quad \mathrm{d}\underline{x}_3 = \mathrm{d}u^3\, \underline{g}_3\,. \tag{4.86}$$

Wir werden deshalb in der Regel die kontravarianten Koordinaten des Vektors $\mathrm{d}\underline{x}$ verwenden. Aus (4.85) und (4.86) zusammen erhält man die Komponentenzerlegung

$$\mathrm{d}\underline{x} = \underbrace{\mathrm{d}u^1\,\underline{g}_1}_{\mathrm{d}\underline{x}_1} + \underbrace{\mathrm{d}u^2\,\underline{g}_2}_{\mathrm{d}\underline{x}_2} + \underbrace{\mathrm{d}u^3\,\underline{g}_3}_{\mathrm{d}\underline{x}_3} \,. \tag{4.87}$$

2. Für das Flächenelement $\mathrm{d}\underline{A}$ können wir analog

$$\mathrm{d}\underline{A} = \mathrm{d}A_i\,\underline{g}^i \tag{4.88}$$

schreiben. Wir wollen speziell die Flächenelemente der Koordinatenflächen mit $\mathrm{d}\underline{A}_1$, $\mathrm{d}\underline{A}_2$, $\mathrm{d}\underline{A}_3$ bezeichnen; dabei ist der Index wieder kein kovarianter Index. Da die Basisvektoren $\underline{g}^i$ konstruktionsgemäß auf den Koordinatenflächen im betrachteten Punkt senkrecht stehen, folgt aus (4.88)

$$\mathrm{d}\underline{A}_1 = \mathrm{d}A_1\,\underline{g}^1\,,\quad \mathrm{d}\underline{A}_2 = \mathrm{d}A_2\,\underline{g}^2\,,\quad \mathrm{d}\underline{A}_3 = \mathrm{d}A_3\,\underline{g}^3\,. \tag{4.89}$$

Wir werden deshalb in der Regel die kovarianten Koordinaten des Vektors $\mathrm{d}\underline{A}$ verwenden. Aus (4.88) und (4.89) zusammen folgt analog zu (4.87)

$$\mathrm{d}\underline{A} = \underbrace{\mathrm{d}A_1\,\underline{g}^1}_{\mathrm{d}\underline{A}_1} + \underbrace{\mathrm{d}A_2\,\underline{g}^2}_{\mathrm{d}\underline{A}_2} + \underbrace{\mathrm{d}A_3\,\underline{g}^3}_{\mathrm{d}\underline{A}_3} \,. \tag{4.90}$$

3. Zwischen den drei Vektoren $\mathrm{d}\underline{A}_i$ und den drei Vektoren $\mathrm{d}\underline{x}_i$ besteht ein Zusammenhang: Zum Beispiel das Flächenelement mit dem Flächenvektor $\mathrm{d}\underline{A}_1$ wird von den Kurvenelementen $\mathrm{d}\underline{x}_2$ und $\mathrm{d}\underline{x}_3$ aufgespannt, es gilt also

$$\mathrm{d}\underline{A}_1 = \pm\mathrm{d}\underline{x}_2 \times \mathrm{d}\underline{x}_3\,,\quad \mathrm{d}\underline{A}_2 = \pm\mathrm{d}\underline{x}_3 \times \mathrm{d}\underline{x}_1\,,\quad \mathrm{d}\underline{A}_3 = \pm\mathrm{d}\underline{x}_1 \times \mathrm{d}\underline{x}_2\,. \tag{4.91}$$

Das Vorzeichen wird durch die gewünschte Orientierung der drei Vektoren $\mathrm{d}\underline{A}_i$ bestimmt.

Setzt man in (4.91) die Kurvenelemente ein, so folgt

$$\begin{aligned}\mathrm{d}\underline{A}_1 &\overset{(4.89)}{=} \mathrm{d}A_1\,\underline{g}^1 \overset{(4.91)}{=} \pm\mathrm{d}\underline{x}_2 \times \mathrm{d}\underline{x}_3 \overset{(4.86)}{=} \pm\mathrm{d}u^2\,\underline{g}_2 \times \mathrm{d}u^3\,\underline{g}_3\\ &\overset{(3.21)}{=} \pm[\underline{g}_1, \underline{g}_2, \underline{g}_3]\,\mathrm{d}u^2\,\mathrm{d}u^3\,\underline{g}^1 \overset{(4.28)}{=} \pm\sqrt{g}\,\mathrm{d}u^2\,\mathrm{d}u^3\,\underline{g}^1,\ \text{d.h.}\end{aligned}$$

$$
\begin{aligned}
\mathrm{d}A_1 &= \pm\sqrt{g}\,\mathrm{d}u^2\,\mathrm{d}u^3\,, \\
\mathrm{d}A_2 &= \pm\sqrt{g}\,\mathrm{d}u^3\,\mathrm{d}u^1\,, \\
\mathrm{d}A_3 &= \pm\sqrt{g}\,\mathrm{d}u^1\,\mathrm{d}u^2\,.
\end{aligned} \tag{4.92}
$$

Dabei wird das Vorzeichen wieder durch die gewünschte Orientierung der $\mathrm{d}\underline{A}_i$ bestimmt.

4. Für das von den Kurvenelementen $\mathrm{d}\underline{x}_1$, $\mathrm{d}\underline{x}_2$ und $\mathrm{d}\underline{x}_3$ aufgespannte Volumenelement gilt bekanntlich

$$
\mathrm{d}V = [\mathrm{d}\underline{x}_1, \mathrm{d}\underline{x}_2, \mathrm{d}\underline{x}_3]\,. \tag{4.93}
$$

Dabei ergibt sich das Volumenelement positiv, weil nach unserer Vereinbarung $\mathrm{d}\underline{x}_1$, $\mathrm{d}\underline{x}_2$, $\mathrm{d}\underline{x}_3$ in dieser Reihenfolge ein Rechtssystem bilden. Setzt man in (4.93) die Kurvenelemente nach (4.86) ein, so erhält man

$$
\mathrm{d}V = [\mathrm{d}u^1\,\underline{g}_1, \mathrm{d}u^2\,\underline{g}_2, \mathrm{d}u^3\,\underline{g}_3] = [\underline{g}_1, \underline{g}_2, \underline{g}_3]\,\mathrm{d}u^1\,\mathrm{d}u^2\,\mathrm{d}u^3
$$

oder mit (4.28)

$$
\mathrm{d}V = \sqrt{g}\,\mathrm{d}u^1\,\mathrm{d}u^2\,\mathrm{d}u^3\,. \tag{4.94}
$$

4.4.11.2 Integrale in krummlinigen Koordinaten

1. Wir hatten in (2.90) und (2.91) verschiedene Arten von Integralen von Tensorfeldern sowohl in symbolischer Schreibweise als auch in kartesischen Koordinaten definiert. Wenn man in den Formulierungen in symbolischer Schreibweise alle Tensoren als Summe ihrer Komponenten in Bezug auf ein kartesisches Koordinatensystem schreibt, kann man die ortsunabhängigen Basen vor die Integrale ziehen und herauskürzen und gelangt so zu den Formulierungen in kartesischen Koordinaten. Zum Beispiel folgt aus

$$
\int \underline{\underline{a}}\,\mathrm{d}\underline{x} = \underline{\underline{\underline{B}}}: \tag{a}
$$

$$
\int \widehat{a}_{ij}\,\underline{e}_i\,\underline{e}_j\,\mathrm{d}x_k\,\underline{e}_k = \underline{e}_i\,\underline{e}_j\,\underline{e}_k \int \widehat{a}_{ij}\,\mathrm{d}x_k = \widehat{B}_{ijk}\,\underline{e}_i\,\underline{e}_j\,\underline{e}_k\,,
$$

$$\int \widehat{a}_{ij}\,\mathrm{d}x_k = \widehat{B}_{ijk}\,. \tag{b}$$

Eine entsprechende Formulierung in holonomen krummlinigen Koordinaten, m. a. W. eine Übersetzung der Gleichungen (a) und (b) in holonome krummlinige Koordinaten, existiert im Allgemeinen nicht: Man kann die Tensoren z. B. in (a) natürlich auch als Summe ihrer Komponenten in Bezug auf ein beliebiges krummliniges Koordinatensystem schreiben, aber nur für geradlinige Koordinaten kann man die Basen vor die Integration ziehen und dann herauskürzen. Bei nichtgeradlinigen Koordinaten sind die Basen ja gerade ortsabhängig, und man kann sie deshalb nicht vor die Integrale holen. Damit ist eine echte Koordinatenschreibweise von räumlichen Integralen und damit auch von Integralsätzen wie dem gaußschen und dem stokesschen Satz in nichtgeradlinigen Koordinaten unmöglich. Allenfalls kann man sich behelfen, z. B. kann man die Basen nach (4.5) bzw. (4.7) auf eine kartesische Basis beziehen und diese kartesische Basis dann vor die Integrale ziehen und herauskürzen, z. B. schreiben

$$\int \underline{a}\,\mathrm{d}V = \int a_i \underline{g}^i\,\mathrm{d}V \overset{(4.7)}{=} \int a_i \frac{\partial u^i}{\partial x_j}\underline{e}_j\,\mathrm{d}V = \underline{e}_j \int a_i \frac{\partial u^i}{\partial x_j}\,\mathrm{d}V.$$

Auf diese Weise erhält man zwar einen formal krummlinige Tensorkoordinaten enthaltenden Integranden, in Wirklichkeit stehen unter dem Integral aber nach dem Transformationsgesetz (4.19) für Tensorkoordinaten gerade die kartesischen Koordinaten des betreffenden Tensors, ausgedrückt als Funktion der krummlinigen Koordinaten. Solche Formulierungen sind manchmal nützlich, es handelt sich dabei jedoch eben letztlich um Formulierungen in kartesischen Tensorkoordinaten.

2. Es gibt jedoch zwei Sonderfälle, wo es sich dabei gleichzeitig auch um echte Formulierungen in krummlinigen Koordinaten handelt: Einmal wenn unter dem Integral eine skalare Kombination von Tensorkoordinaten steht; dann tritt unter dem Integral ja überhaupt keine Basis auf. So gilt etwa der gaußsche Satz $(2.93)_1$ in der speziellen Form

$$\int a^i|_i\,\mathrm{d}V = \oint a^i\,\mathrm{d}A_i \tag{4.95}$$

und der stokessche Satz $(2.96)_1$ in der speziellen Form

$$\int a_i|_k\, e^{ijk}\,\mathrm{d}A_j = \oint a_i\,\mathrm{d}u^i\,. \tag{4.96}$$

Zum anderen ergeben sich echte Formulierungen in krummlinigen Koordinaten speziell für solche Koordinatensysteme, in denen ein Basisvektor räumlich konstant ist, beispielsweise für Zylinderkoordinaten, wo (in der üblichen Zählung der Indizes) der dritte Basisvektor räumlich konstant und in diesem Falle außerdem ein Einheitsvektor ist: $\underline{g}_3 = \underline{g}^3 = \underline{e}_3$. Da dann also alle Tensorkoordinaten, deren freie Indizes den Wert Drei haben, zugleich kartesisch sind, kann man darüber auch integrieren. Es gilt dann also z. B. auch der gaußsche Satz $(2.92)_1$ in der speziellen Form

$$\int a|_3 \,\mathrm{d}V = \oint a \,\mathrm{d}A_3 \tag{4.97}$$

oder nach $(2.94)_1$ in der speziellen Form

$$\int a_i|_k \, e^{i3k} \,\mathrm{d}V = \oint a_i \, e^{i3k} \,\mathrm{d}A_k \,. \tag{4.98}$$

Kapitel 5

Darstellungstheorie

5.1 Der Grundgedanke der Darstellungstheorie

1. Bei der Modellierung physikalischer Probleme stellt sich häufig die Aufgabe, eine Funktion zwischen zwei Tensoren zu bestimmen. Aus dem übergeordneten Zusammenhang kann man voraussetzen, dass eine solche Funktion existiert, die Funktion selbst ist jedoch unbekannt und lässt sich oft auch nur mithilfe von Experimenten ermitteln. Typische Beispiele für solche Funktionen sind die Spannungs-Verzerrungs-Beziehung $\underline{\underline{T}} = \underline{\underline{f}}(\underline{\underline{D}})$ für einen elastischen Festkörper, bei der der (symmetrische) Spannungstensor $\underline{\underline{T}}$ von einem (ebenfalls symmetrischen) Verzerrungstensor $\underline{\underline{D}}$ abhängt, oder die Fließbedingung $\sigma = f(\underline{\underline{T}})$ in der Plastizitätstheorie, durch die die experimentell ermittelte Fließspannung σ mit einem durch den Spannungstensor $\underline{\underline{T}}$ beschriebenen dreidimensionalen Spannungszustand in Verbindung gebracht werden muss.

Die Funktionen f oder $\underline{\underline{f}}$ in den genannten Beispielen bezeichnet man entsprechend der tensoriellen Stufe des Funktionswertes als skalarwertige oder tensorwertige Tensorfunktionen. Entgegen dem Anschein können diese Funktionen nicht beliebige Formen annehmen, sondern sie sind gewissen Einschränkungen unterworfen, die aus den Transformationseigenschaften des Tensors resultieren: In einem bestimmten kartesischen Koordinatensystem gelte für die Koordinaten $\sigma = f(T_{ij})$ bzw. $T_{ij} = f_{ij}(D_{kl})$, dann muss man bei einem Wechsel des Koordinatensystems beim Einsetzen der transformierten Koordinaten $\widetilde{T}_{ij}$ in die Funktion f denselben Skalar $\sigma = f(\widetilde{T}_{ij})$ bzw. beim Einsetzen der transformierten Koordinaten $\widetilde{D}_{kl}$ in die Funktion $\underline{\underline{f}}$ die transformierten Koordinaten $\widetilde{T}_{ij} = f_{ij}(\widetilde{D}_{kl})$ erhalten. Wenn man die beteiligten Tensoren als polar voraussetzt, folgt daraus unter Verwendung der Transformationsgleichungen (2.17), dass für die skalarwertige

Funktion f gelten muss

$$f(T_{mn}) = f(\alpha_{im}\,\alpha_{jn}\,T_{ij})\,, \tag{a}$$

während die tensorwertige Funktion $\underline{\underline{f}}$ durch die Bedingung

$$\alpha_{mi}\,\alpha_{nj}\,f_{mn}(D_{kl}) = f_{ij}(\alpha_{pk}\,\alpha_{ql}\,D_{pq}) \tag{b}$$

eingeschränkt ist.

2. Wie man Bedingungen der Art (a) oder (b) auswertet und zur Konstruktion von Funktionen zwischen Tensoren nutzt, ist Gegenstand der Darstellungstheorie. Der Grundgedanke besteht darin, dass eine skalarwertige Funktion nicht von einzelnen Tensorkoordinaten abhängen kann, sondern nur von Kombinationen, die selbst Skalare und damit invariant gegenüber einer Koordinatentransformation sind; deshalb nennt man die Darstellungstheorie manchmal auch Invariantentheorie. Beispiele für solche Kombinationen sind die Spur eines Tensors zweiter Stufe und die Spur seiner ganzzahligen Potenzen, also Sp$\underline{\underline{T}}$, Sp$\underline{\underline{T}}^2$, Sp$\underline{\underline{T}}^3$, Sp$\underline{\underline{T}}^4$ usw. Mithilfe der Cayley-Hamilton-Gleichung (3.95) lassen sich jedoch Potenzen vom vierten Grad an durch $\underline{\underline{T}}$, $\underline{\underline{T}}^2$ und $\underline{\underline{T}}^3$ ausdrücken, deshalb kann man die skalarwertige Funktion f in unserem Beispiel allein als Funktion der drei Grundinvarianten Sp$\underline{\underline{T}}$, Sp$\underline{\underline{T}}^2$ und Sp$\underline{\underline{T}}^3$ (oder eines nach Abschnitt 3.15 dazu äquivalenten Satzes wie der Eigenwerte oder der Hauptinvarianten) darstellen:

$$\sigma = f(\mathrm{Sp}\underline{\underline{T}},\, \mathrm{Sp}\underline{\underline{T}}^2,\, \mathrm{Sp}\underline{\underline{T}}^3).$$

Die vorstehenden Überlegungen lassen sich grundsätzlich auch auf tensorwertige Funktionen übertragen, wenn man daraus durch Einführung eines Hilfstensors skalarwertige Funktionen macht. In unserem Beispiel wird dann aus $\underline{\underline{T}} = \underline{\underline{f}}(\underline{\underline{D}})$ vorübergehend

$$\underline{\underline{T}} \cdot\cdot \underline{\underline{H}} = f(\underline{\underline{D}}, \underline{\underline{H}}),$$

wobei die Abhängigkeit vom Hilfstensor $\underline{\underline{H}}$ so beschaffen sein muss, dass dieser sich am Ende wieder herauskürzen lässt. Bevor wir uns den Einzelheiten zuwenden, müssen wir jedoch zuerst klären, wie viele Tensorinvarianten für eine noch genauer zu definierende vollständige Darstellung erforderlich sind. In diesem Zusammenhang brauchen wir eine Verallgemeinerung der Cayley-Hamilton-Gleichung, da sie in ihrer Grundform nur Potenzen desselben Tensors verknüpft, während in der Darstellungstheorie auch Produkte verschiedener Tensoren auftreten können. Da in den physikalischen Anwendungen meist polare Tensoren auftreten, beschränken wir uns im Rest des Kapitels auf polare Tensoren (Skalare und Vektoren als Tensoren nullter bzw. erster Stufe eingeschlossen), ohne das jedes Mal zu betonen. Falls wir im Einzelfall auch axiale Tensoren betrachten oder die Unterscheidung von polaren und axialen Tensoren für die Argumentation wichtig ist, werden wir ausdrücklich darauf hinweisen.

3. Aus Sicht der Physik hat die Darstellungstheorie eine ähnliche Bedeutung wie die Dimensionsanalyse. In der Physik rechnet man mit physikalischen Größen, die als Produkt zwischen einem Zahlenwert und einer Einheit gebildet sind; eine Größe selbst ist jedoch unabhängig von der gewählten Einheit, d. h. wenn man die Einheit wechselt, ändert sich entsprechend der Zahlenwert. Diese Eigenschaft überträgt sich auf Gleichungen zwischen physikalischen Größen (man spricht hierbei auch von dimensioneller Homogenität); daraus folgt insbesondere, dass physikalische Größen nicht durch beliebige Funktionen verknüpft sein können, sondern nur durch solche, die die Bedingung der Invarianz gegen einen Einheitenwechsel erfüllen. Diese Invarianz gegen einen Einheitenwechsel hat bei Tensoren ihr Gegenstück in den Beziehungen (a) oder (b), die aus der Forderung nach Invarianz gegen einen Wechsel des Koordinatensystems resultieren.

In der Dimensionsanalyse wertet man die Invarianzforderung bei einem Einheitenwechsel dadurch aus, dass man die Beziehungen zwischen den Größen durch Beziehungen zwischen dimensionslosen Kombinationen dieser Größen (also solchen, die keine Einheit benötigen) ersetzt, und gelangt so in vielen Fällen zu einer Beschränkung der zulässigen Funktionen. In der Darstellungstheorie hat diese Vorgehensweise ihre Entsprechung im Übergang zu skalaren Kombinationen von Tensorkoordinaten (d. h. Tensorinvarianten), wodurch man ebenfalls die zulässigen Funktionen einschränken kann.

5.2 Die verallgemeinerte Cayley-Hamilton-Gleichung

1. Nach (1.20) ist $\delta^{ijkl}_{pqrs} = 0$, mit (1.19) folgt

$$\begin{vmatrix} \delta_{ip} & \delta_{iq} & \delta_{ir} & \delta_{is} \\ \delta_{jp} & \delta_{jq} & \delta_{jr} & \delta_{js} \\ \delta_{kp} & \delta_{kq} & \delta_{kr} & \delta_{ks} \\ \delta_{lp} & \delta_{lq} & \delta_{lr} & \delta_{ls} \end{vmatrix} = 0.$$

Überschiebung mit $a_{pi}\,b_{qj}\,c_{rk}$ ergibt, wenn man a_{pi} in die erste Zeile, b_{qj} in die zweite Zeile und c_{rk} in die dritte Zeile multipliziert,

$$\begin{vmatrix} a_{pp} & a_{pq} & a_{pr} & a_{ps} \\ b_{qp} & b_{qq} & b_{qr} & b_{qs} \\ c_{rp} & c_{rq} & c_{rr} & c_{rs} \\ \delta_{lp} & \delta_{lq} & \delta_{lr} & \delta_{ls} \end{vmatrix} = 0.$$

Wir entwickeln diese Determinante nach der letzten Zeile:

$$-\delta_{lp}\begin{vmatrix} a_{pq} & a_{pr} & a_{ps} \\ b_{qq} & b_{qr} & b_{qs} \\ c_{rq} & c_{rr} & c_{rs} \end{vmatrix} + \delta_{lq}\begin{vmatrix} a_{pp} & a_{pr} & a_{ps} \\ b_{qp} & b_{qr} & b_{qs} \\ c_{rp} & c_{rr} & c_{rs} \end{vmatrix}$$
$$- \delta_{lr}\begin{vmatrix} a_{pp} & a_{pq} & a_{ps} \\ b_{qp} & b_{qq} & b_{qs} \\ c_{rp} & c_{rq} & c_{rs} \end{vmatrix} + \delta_{ls}\begin{vmatrix} a_{pp} & a_{pq} & a_{pr} \\ b_{qp} & b_{qq} & b_{qr} \\ c_{rp} & c_{rq} & c_{rr} \end{vmatrix} = 0.$$

Das Multiplizieren von δ_{lp}, δ_{lq} bzw. δ_{lr} in die erste, zweite bzw. dritte Zeile der ersten drei Determinanten führt zu

$$-\begin{vmatrix} a_{lq} & a_{lr} & a_{ls} \\ b_{qq} & b_{qr} & b_{qs} \\ c_{rq} & c_{rr} & c_{rs} \end{vmatrix} + \begin{vmatrix} a_{pp} & a_{pr} & a_{ps} \\ b_{lp} & b_{lr} & b_{ls} \\ c_{rp} & c_{rr} & c_{rs} \end{vmatrix} - \begin{vmatrix} a_{pp} & a_{pq} & a_{ps} \\ b_{qp} & b_{qq} & b_{qs} \\ c_{lp} & c_{lq} & c_{ls} \end{vmatrix}$$
$$+ \delta_{ls}\begin{vmatrix} a_{pp} & a_{pq} & a_{pr} \\ b_{qp} & b_{qq} & b_{qr} \\ c_{rp} & c_{rq} & c_{rr} \end{vmatrix} = 0.$$

Die Entwicklung der einzelnen Determinanten ergibt

$$\begin{aligned} &- a_{lq}\,b_{qr}\,c_{rs} - a_{lr}\,b_{qs}\,c_{rq} - a_{ls}\,b_{qq}\,c_{rr} + a_{ls}\,b_{qr}\,c_{rq} + a_{lr}\,b_{qq}\,c_{rs} + a_{lq}\,b_{qs}\,c_{rr} \\ &+ a_{pp}\,b_{lr}\,c_{rs} + a_{pr}\,b_{ls}\,c_{rp} + a_{ps}\,b_{lp}\,c_{rr} - a_{ps}\,b_{lr}\,c_{rp} - a_{pr}\,b_{lp}\,c_{rs} - a_{pp}\,b_{ls}\,c_{rr} \\ &- a_{pp}\,b_{qq}\,c_{ls} - a_{pq}\,b_{qs}\,c_{lp} - a_{ps}\,b_{qp}\,c_{lq} + a_{ps}\,b_{qq}\,c_{lp} + a_{pq}\,b_{qp}\,c_{ls} + a_{pp}\,b_{qs}\,c_{lq} \\ &+ \delta_{ls}\,(a_{pp}\,b_{qq}\,c_{rr} + a_{pq}\,b_{qr}\,c_{rp} + a_{pr}\,b_{qp}\,c_{rq} - a_{pr}\,b_{qq}\,c_{rp} - a_{pq}\,b_{qp}\,c_{rr} \\ &\qquad - a_{pp}\,b_{qr}\,c_{rq}) = 0. \end{aligned}$$

Übersetzt in die symbolische Schreibweise lautet diese Beziehung

$$\begin{aligned} &- \underline{\underline{a}}\cdot\underline{\underline{b}}\cdot\underline{\underline{c}} - \underline{\underline{a}}\cdot\underline{\underline{c}}\cdot\underline{\underline{b}} - \underline{\underline{a}}\,\mathrm{Sp}\underline{\underline{b}}\,\mathrm{Sp}\underline{\underline{c}} + \underline{\underline{a}}\,\mathrm{Sp}(\underline{\underline{b}}\cdot\underline{\underline{c}}) + \underline{\underline{a}}\cdot\underline{\underline{c}}\,\mathrm{Sp}\underline{\underline{b}} + \underline{\underline{a}}\cdot\underline{\underline{b}}\,\mathrm{Sp}\underline{\underline{c}} \\ &+ \underline{\underline{b}}\cdot\underline{\underline{c}}\,\mathrm{Sp}\underline{\underline{a}} + \underline{\underline{b}}\,\mathrm{Sp}(\underline{\underline{a}}\cdot\underline{\underline{c}}) + \underline{\underline{b}}\cdot\underline{\underline{a}}\,\mathrm{Sp}\underline{\underline{c}} - \underline{\underline{b}}\cdot\underline{\underline{c}}\cdot\underline{\underline{a}} - \underline{\underline{b}}\cdot\underline{\underline{a}}\cdot\underline{\underline{c}} - \underline{\underline{b}}\,\mathrm{Sp}\underline{\underline{a}}\,\mathrm{Sp}\underline{\underline{c}} \\ &- \underline{\underline{c}}\,\mathrm{Sp}\underline{\underline{a}}\,\mathrm{Sp}\underline{\underline{b}} - \underline{\underline{c}}\cdot\underline{\underline{a}}\cdot\underline{\underline{b}} - \underline{\underline{c}}\cdot\underline{\underline{b}}\cdot\underline{\underline{a}} + \underline{\underline{c}}\cdot\underline{\underline{a}}\,\mathrm{Sp}\underline{\underline{b}} + \underline{\underline{c}}\,\mathrm{Sp}(\underline{\underline{a}}\cdot\underline{\underline{b}}) + \underline{\underline{c}}\cdot\underline{\underline{b}}\,\mathrm{Sp}\underline{\underline{a}} \\ &+ \underline{\underline{\delta}}\,(\mathrm{Sp}\underline{\underline{a}}\,\mathrm{Sp}\underline{\underline{b}}\,\mathrm{Sp}\underline{\underline{c}} + \mathrm{Sp}(\underline{\underline{a}}\cdot\underline{\underline{b}}\cdot\underline{\underline{c}}) + \mathrm{Sp}(\underline{\underline{a}}\cdot\underline{\underline{c}}\cdot\underline{\underline{b}}) - \mathrm{Sp}(\underline{\underline{a}}\cdot\underline{\underline{c}})\,\mathrm{Sp}\underline{\underline{b}} - \mathrm{Sp}(\underline{\underline{a}}\cdot\underline{\underline{b}})\,\mathrm{Sp}\underline{\underline{c}} \\ &\qquad - \mathrm{Sp}(\underline{\underline{b}}\cdot\underline{\underline{c}})\,\mathrm{Sp}\underline{\underline{a}}) = \underline{\underline{0}}. \end{aligned}$$

Ordnet man diese Terme und vertauscht die Vorzeichen, erhält man schließlich

$$\begin{aligned}
&\underline{\underline{a}} \cdot \left(\underline{\underline{b}} \cdot \underline{\underline{c}} + \underline{\underline{c}} \cdot \underline{\underline{b}}\right) + \underline{\underline{b}} \cdot \left(\underline{\underline{a}} \cdot \underline{\underline{c}} + \underline{\underline{c}} \cdot \underline{\underline{a}}\right) + \underline{\underline{c}} \cdot \left(\underline{\underline{a}} \cdot \underline{\underline{b}} + \underline{\underline{b}} \cdot \underline{\underline{a}}\right) \\
&- \mathrm{Sp}\underline{\underline{a}} \left(\underline{\underline{b}} \cdot \underline{\underline{c}} + \underline{\underline{c}} \cdot \underline{\underline{b}}\right) - \mathrm{Sp}\underline{\underline{b}} \left(\underline{\underline{a}} \cdot \underline{\underline{c}} + \underline{\underline{c}} \cdot \underline{\underline{a}}\right) - \mathrm{Sp}\underline{\underline{c}} \left(\underline{\underline{a}} \cdot \underline{\underline{b}} + \underline{\underline{b}} \cdot \underline{\underline{a}}\right) \\
&+ \left[\mathrm{Sp}\underline{\underline{b}}\, \mathrm{Sp}\underline{\underline{c}} - \mathrm{Sp}(\underline{\underline{b}} \cdot \underline{\underline{c}})\right] \underline{\underline{a}} + \left[\mathrm{Sp}\underline{\underline{a}}\, \mathrm{Sp}\underline{\underline{c}} - \mathrm{Sp}(\underline{\underline{a}} \cdot \underline{\underline{c}})\right] \underline{\underline{b}} \\
&\qquad\qquad + \left[\mathrm{Sp}\underline{\underline{a}}\, \mathrm{Sp}\underline{\underline{b}} - \mathrm{Sp}(\underline{\underline{a}} \cdot \underline{\underline{b}})\right] \underline{\underline{c}} \\
&- \left[\mathrm{Sp}\underline{\underline{a}}\, \mathrm{Sp}\underline{\underline{b}}\, \mathrm{Sp}\underline{\underline{c}} + \mathrm{Sp}(\underline{\underline{a}} \cdot \underline{\underline{b}} \cdot \underline{\underline{c}}) + \mathrm{Sp}(\underline{\underline{c}} \cdot \underline{\underline{b}} \cdot \underline{\underline{a}}) - \mathrm{Sp}(\underline{\underline{b}} \cdot \underline{\underline{c}})\, \mathrm{Sp}\underline{\underline{a}}\right. \\
&\qquad\qquad \left. - \mathrm{Sp}(\underline{\underline{a}} \cdot \underline{\underline{c}})\, \mathrm{Sp}\underline{\underline{b}} - \mathrm{Sp}(\underline{\underline{a}} \cdot \underline{\underline{b}})\, \mathrm{Sp}\underline{\underline{c}}\right] \underline{\underline{\delta}} = \underline{\underline{0}} \, .
\end{aligned} \tag{5.1}$$

2. Wenn wir $\underline{\underline{a}} = \underline{\underline{b}} = \underline{\underline{c}}$ setzen, vereinfacht sich (5.1) zu

$$6\underline{\underline{a}}^3 - 6\,\mathrm{Sp}\underline{\underline{a}}\,\underline{\underline{a}}^2 + 3\left[\mathrm{Sp}^2\underline{\underline{a}} - \mathrm{Sp}\underline{\underline{a}}^2\right] \underline{\underline{a}} - \left[\mathrm{Sp}^3\underline{\underline{a}} - 3\,\mathrm{Sp}\underline{\underline{a}}\, \mathrm{Sp}\underline{\underline{a}}^2 + 2\,\mathrm{Sp}\underline{\underline{a}}^3\right] \underline{\underline{\delta}} = 0.$$

Nach Division durch -6 und Beachtung von (3.98) ist das die Cayley-Hamilton-Gleichung (3.94); wir bezeichnen (5.1) deshalb als verallgemeinerte Cayley-Hamilton-Gleichung.

3. Für einige Überlegungen in der Darstellungstheorie reicht es aus, nur die erste Zeile in (5.1) zu betrachten. Um darauf später verweisen zu können, führen wir hierfür eine Abkürzung ein:

$$\underline{\underline{\Sigma}} := \underline{\underline{a}} \cdot \left(\underline{\underline{b}} \cdot \underline{\underline{c}} + \underline{\underline{c}} \cdot \underline{\underline{b}}\right) + \underline{\underline{b}} \cdot \left(\underline{\underline{a}} \cdot \underline{\underline{c}} + \underline{\underline{c}} \cdot \underline{\underline{a}}\right) + \underline{\underline{c}} \cdot \left(\underline{\underline{a}} \cdot \underline{\underline{b}} + \underline{\underline{b}} \cdot \underline{\underline{a}}\right) \, . \tag{5.2}$$

5.3 Invarianten von Vektoren und Tensoren zweiter Stufe

Wir erinnern noch einmal an unsere Definition einer Invariantc: Eine Invariante ist ein aus Tensorkoordinaten gebildeter Skalar, der sich (bei polaren Skalaren) bei einem Wechsel des Koordinatensystems nicht ändert bzw. (bei axialen Skalaren) höchstens sein Vorzeichen wechselt. In Übereinstimmung mit unserer Festlegung in Abschnitt 5.1 werden wir in diesem Kapitel jedoch nur polare Skalare als Invarianten bezeichnen.

Am einfachsten erhält man Invarianten durch geeignete Verjüngungen oder Überschiebungen von Tensorkoordinaten, solche Invarianten sind gleichzeitig Polynome in diesen Tensorkoordinaten.

Aufgabe 5.1

Man zeige mithilfe der Transformationsgleichungen (2.17) bzw. (2.18), dass $\mathrm{Sp}\,\underline{\underline{T}}$ und $\mathrm{Sp}\,\underline{\underline{T}}^2$ Invarianten eines (polaren oder axialen) Tensors zweiter Stufe sind.

In Abschnitt 3.15 haben wir mit den Eigenwerten, den Hauptinvarianten und den Grundinvarianten bereits drei verschiedene Sätze von je drei Invarianten eines Tensors zweiter Stufe kennengelernt. Diese Sätze sind nicht unabhängig voneinander, d. h. wenn man die Invarianten eines Satzes kennt, kann man daraus die anderen Invarianten berechnen. Wir wissen allerdings nicht, ob drei Invarianten auch einen vollständigen Satz bilden, d. h. ob es weitere Invarianten gibt, die sich daraus nicht berechnen lassen.

In der Darstellungstheorie sind in Zusammenhang mit der Unabhängigkeit und Vollständigkeit von Invarianten besondere Bezeichnungen üblich: Wenn eine Invariante als Polynom anderer Invarianten darstellbar ist, nennt man sie (bezüglich dieser Invarianten) reduzibel, andernfalls irreduzibel; ein vollständiger Satz von irreduziblen Invarianten, der es erlaubt, alle anderen Invarianten in Polynomform auszudrücken, heißt Integritätsbasis. Es ist aber auch möglich, dass Invarianten durch ein Polynom verknüpft sind, ohne dass sich daraus eine Invariante *als Polynom* der anderen gewinnen lässt, solche Polynome nennt man Syzygien[1], ein Beispiel ist die Gleichung (2.46) zwischen den Skalarprodukten der sechs Vektoren $\underline{a}$, $\underline{b}$, $\underline{c}$, $\underline{d}$, $\underline{e}$ und $\underline{f}$.

5.3.1 Invarianten von Vektoren

Ein einzelner Vektor $\underline{u}$ besitzt nur eine einzige irreduzible Invariante, nämlich seinen Betrag oder in Polynomform sein Quadrat $u_i\,u_i$.

Aus zwei Vektoren $\underline{u}$ und $\underline{v}$ kann man insgesamt drei irreduzible Invarianten bilden:

- die Quadrate $u_i\,u_i$ und $v_i\,v_i$ der einzelnen Vektoren,
- das Skalarprodukt $u_i\,v_i$.

[1] griech. Paar, aus *syn* (zusammen) und *zygon* (Joch), also eigentlich das Zusammengejochte, z. B. in der Astronomie Oberbegriff für Konjunktion und Opposition zweier beweglicher Sterne, in der Metrik die Aneinanderreihung zweier gleicher Versfüße.

Das Skalarprodukt ist ein Beispiel für eine so genannte Simultaninvariante, darunter versteht man eine Invariante, die aus Koordinaten verschiedener Tensoren gebildet ist.

Mit zunehmender Anzahl der Vektoren steigt die Anzahl der irreduziblen Invarianten schnell an. Bei drei Vektoren $\underline{u}$, $\underline{v}$, $\underline{w}$ gibt es bereits sieben voneinander unabhängige skalare Kombinationen:

- die Quadrate $u_i u_i$, $v_i v_i$, $w_i w_i$ der einzelnen Vektoren,
- die Skalarprodukte $u_i v_i$, $u_i w_i$, $v_i w_i$, die sich aus jeweils zwei der Vektoren bilden lassen,
- das Spatprodukt $\varepsilon_{ijk}\, u_i\, v_j\, w_k$ aller drei Vektoren.

Das Spatprodukt spielt dabei eine besondere Rolle: Wenn die Vektoren $\underline{u}$, $\underline{v}$, $\underline{w}$ polar sind, sind auch die ersten sechs Invarianten polare Skalare, das Spatprodukt ist jedoch wegen des ε-Tensors ein axialer Skalar. Ein axialer Skalar zählt jedoch nach unserer Verabredung nicht zu den Invarianten, d. h. aus drei (polaren) Vektoren $\underline{u}$, $\underline{v}$, $\underline{w}$ lassen sich insgesamt sechs irreduzible Invarianten bilden.

5.3.2 Invarianten eines Tensors zweiter Stufe

1. Um die Anzahl der irreduziblen Invarianten eines beliebigen Tensors $\underline{\underline{T}}$ zweiter Stufe zu bestimmen, zerlegen wir ihn in seinen symmetrischen Anteil $\underline{\underline{S}}$ und seinen antimetrischen Anteil $\underline{\underline{A}}$. Der antimetrische Anteil $\underline{\underline{A}}$ lässt sich nach Abschnitt 3.3 durch den zugehörigen Vektor $\underline{b}$ ausdrücken, dann gilt:

$$T_{ij} = S_{ij} + A_{ij} = S_{ij} + \varepsilon_{ijk}\, b_k .$$

Wenn wir $\underline{\underline{T}}$ als polar voraussetzen, sind $\underline{\underline{S}}$ und $\underline{\underline{A}}$ ebenfalls polar, und $\underline{b}$ ist axial.

Die Zerlegung in einen symmetrischen und einen antimetrischen Anteil ist nach Abschnitt 2.6 Nr. 7 unabhängig vom Koordinatensystem. Wir können deshalb auch ein Hauptachsensystem von $\underline{\underline{S}}$ zur Koordinatendarstellung des vollständigen Tensors $\underline{\underline{T}}$ nutzen und erhalten dann für seine Koordinatenmatrix:

$$\widetilde{T}_{ij} = \begin{pmatrix} \sigma_1 & 0 & 0 \\ 0 & \sigma_2 & 0 \\ 0 & 0 & \sigma_3 \end{pmatrix} + \begin{pmatrix} 0 & \beta_3 & -\beta_2 \\ -\beta_3 & 0 & \beta_1 \\ \beta_2 & -\beta_1 & 0 \end{pmatrix} = \begin{pmatrix} \sigma_1 & \beta_3 & -\beta_2 \\ -\beta_3 & \sigma_2 & \beta_1 \\ \beta_2 & -\beta_1 & \sigma_3 \end{pmatrix} .$$

Darin sind die σ_i die (nicht notwendigerweise verschiedenen) Eigenwerte von $\underline{\underline{S}}$ und die β_i die Koordinaten von $\underline{b}$ im Hauptachsensystem von $\underline{\underline{S}}$. Die Eigenwerte σ_i haben wir bereits in Abschnitt 3.11.2 als Invarianten kennengelernt, und die Koordinaten von $\underline{b}$ können wir als Projektionen des Vektors $\underline{b}$ auf die Hauptachsen von $\underline{\underline{S}}$ interpretieren; damit sind aber auch die β_i Invarianten, denn die Richtung der Hauptachsen von $\underline{\underline{S}}$ und die Richtung von $\underline{b}$ sind unabhängig vom Koordinatensystem.

Das Koordinatensystem des symmetrischen Anteils $\underline{\underline{S}}$ ist also ein ausgezeichnetes Koordinatensystem auch des Tensors $\underline{\underline{T}}$: Die Koordinatenmatrix von $\underline{\underline{T}}$ ist dann (und nur dann) bis auf die Hauptdiagonale antimetrisch.

Wir kommen also zu dem Ergebnis, dass ein Tensor zweiter Stufe im allgemeinen Fall sechs irreduzible Invarianten besitzt; mehr als sechs irreduzible Invarianten kann es nicht geben, da der Tensor durch die Angabe der σ_i und β_i eindeutig bestimmt ist.

2. Wenn der symmetrische Anteil $\underline{\underline{S}}$ mehrfache Eigenwerte besitzt, verringert sich die Anzahl der irreduziblen Invarianten.

Bei einem doppelten Eigenwert wählen wir die Eigenebene als x, y-Ebene des Hauptachsensystems und die x-Achse so, dass $\underline{b}$ in der x, z-Ebene liegt. Dann hat der Tensor $\underline{\underline{T}}$ die Koordinatenmatrix

$$\widetilde{T}_{ij} = \begin{pmatrix} \sigma_1 & 0 & 0 \\ 0 & \sigma_1 & 0 \\ 0 & 0 & \sigma_3 \end{pmatrix} + \begin{pmatrix} 0 & \beta_3 & 0 \\ -\beta_3 & 0 & \beta_1 \\ 0 & -\beta_1 & 0 \end{pmatrix} = \begin{pmatrix} \sigma_1 & \beta_3 & 0 \\ -\beta_3 & \sigma_1 & \beta_1 \\ 0 & -\beta_1 & \sigma_3 \end{pmatrix},$$

es gibt also nur vier irreduzible Invarianten.

Im Fall eines dreifachen Eigenwerts ist jedes Koordinatensystem zugleich Hauptachsensystem von $\underline{\underline{S}}$. Wir können deshalb die x-Achse in die Richtung von $\underline{b}$ legen und erhalten für $\underline{\underline{T}}$ die Koordinatenmatrix

$$\widetilde{T}_{ij} = \begin{pmatrix} \sigma & 0 & 0 \\ 0 & \sigma & 0 \\ 0 & 0 & \sigma \end{pmatrix} + \begin{pmatrix} 0 & 0 & 0 \\ 0 & 0 & \beta \\ 0 & -\beta & 0 \end{pmatrix} = \begin{pmatrix} \sigma & 0 & 0 \\ 0 & \sigma & \beta \\ 0 & -\beta & \sigma \end{pmatrix},$$

d. h. $\underline{\underline{T}}$ besitzt nur zwei irreduzible Invarianten.

3. Im Spezialfall eines symmetrischen Tensors ist $\underline{\underline{A}} = \underline{\underline{0}}$. Ein symmetrischer Tensor besitzt also maximal drei irreduzible Invarianten, nämlich wenn alle seine

Eigenwerte verschieden sind. Bei einem doppelten Eigenwert gibt es nur zwei, bei einem dreifachen Eigenwert nur eine irreduzible Invariante.

Im Spezialfall eines antimetrischen Tensors ist $\underline{\underline{S}} = \underline{\underline{0}}$. Ein antimetrischer Tensor besitzt deshalb nur eine irreduzible Invariante, nämlich den Betrag bzw. das Quadrat des zugehörigen Vektors.

Als dritten Spezialfall betrachten wir orthogonale Tensoren. In einem Koordinatensystem, in dem die z-Achse mit der Dreh- bzw. Drehspiegelungsachse zusammenfällt, hat ein orthogonaler Tensor nach (3.75) bzw. (3.76) die Koordinatenmatrix

$$\widetilde{R}_{ij} = \begin{pmatrix} \cos\vartheta & -\sin\vartheta & 0 \\ \sin\vartheta & \cos\vartheta & 0 \\ 0 & 0 & \pm 1 \end{pmatrix}.$$

Das ist zugleich die Darstellung im Hauptachsensystem des symmetrischen Anteils, und wir erkennen, dass es mit dem Drehwinkel ϑ nur eine einzige irreduzible Invariante gibt.

4. Die unter Nr. 1 vorgestellten irreduziblen Invarianten haben den Nachteil, dass ihre Berechnung zuvor die Transformation auf ein bestimmtes Koordinatensystem erfordert. In der Darstellungstheorie zieht man es deshalb vor, die Invarianten durch Tensorkoordinaten in einem beliebigen Koordinatensystem auszudrücken und wählt hierzu eine Verallgemeinerung der Grundinvarianten aus Abschnitt 3.15. Als Vorbereitung benötigen wir dazu einige Hilfssätze über die Spur einer Folge von Skalarprodukten zwischen Tensoren zweiter Stufe:

I. Die Spur einer Folge von Skalarprodukten von Tensoren zweiter Stufe ändert sich nicht, wenn man die Reihenfolge der Faktoren in den Skalarprodukten zyklisch vertauscht,

$$\mathrm{Sp}(\underline{\underline{a}} \cdot \underline{\underline{b}} \cdot \ldots \cdot \underline{\underline{c}} \cdot \underline{\underline{d}}) = a_{ij} b_{jk} \cdots c_{mn} d_{ni} = b_{jk} \cdots c_{mn} d_{ni} a_{ij} = \mathrm{Sp}(\underline{\underline{b}} \cdot \ldots \cdot \underline{\underline{c}} \cdot \underline{\underline{d}} \cdot \underline{\underline{a}}),$$

also gilt:

$$\mathrm{Sp}(\underline{\underline{a}} \cdot \underline{\underline{b}} \cdot \ldots \cdot \underline{\underline{c}} \cdot \underline{\underline{d}}) = \mathrm{Sp}(\underline{\underline{b}} \cdot \ldots \cdot \underline{\underline{c}} \cdot \underline{\underline{d}} \cdot \underline{\underline{a}}) = \ldots = \mathrm{Sp}(\underline{\underline{d}} \cdot \underline{\underline{a}} \cdot \underline{\underline{b}} \cdot \ldots \cdot \underline{\underline{c}}). \quad (5.3)$$

II. Die Spur einer Folge von Skalarprodukten von Tensoren zweiter Stufe ändert sich nicht, wenn man jeden Faktor transponiert und zugleich die Reihenfolge vertauscht,

$$\begin{aligned}\mathrm{Sp}(\underline{\underline{a}}\cdot\underline{\underline{b}}\cdot\ldots\cdot\underline{\underline{c}}\cdot\underline{\underline{d}}) &= a_{ij}\,b_{jk}\cdots c_{mn}\,d_{ni}\\ &= d^{\mathrm{T}}_{in}\,c^{\mathrm{T}}_{nm}\cdots b^{\mathrm{T}}_{kj}\,a^{\mathrm{T}}_{ji} = \mathrm{Sp}(\underline{\underline{d}}^{\mathrm{T}}\cdot\underline{\underline{c}}^{\mathrm{T}}\cdot\ldots\cdot\underline{\underline{b}}^{\mathrm{T}}\cdot\underline{\underline{a}}^{\mathrm{T}}),\end{aligned}$$

also gilt:

$$\mathrm{Sp}(\underline{\underline{a}}\cdot\underline{\underline{b}}\cdot\ldots\cdot\underline{\underline{c}}\cdot\underline{\underline{d}}) = \mathrm{Sp}(\underline{\underline{d}}^{\mathrm{T}}\cdot\underline{\underline{c}}^{\mathrm{T}}\cdot\ldots\cdot\underline{\underline{b}}^{\mathrm{T}}\cdot\underline{\underline{a}}^{\mathrm{T}})\,. \tag{5.4}$$

Speziell wenn alle Faktoren gleich sind, folgt daraus

$$\mathrm{Sp}\underline{\underline{a}}^{n} = \mathrm{Sp}(\underline{\underline{a}}^{\mathrm{T}})^{n} = \mathrm{Sp}(\underline{\underline{a}}^{n})^{\mathrm{T}}\,, \tag{5.5}$$

wobei n eine natürliche Zahl ist.

III. Die Spur eines Skalarprodukts zwischen einem symmetrischen Tensor $\underline{\underline{s}} = \underline{\underline{s}}^{\mathrm{T}}$ und einem antimetrischen Tensor $\underline{\underline{a}} = -\underline{\underline{a}}^{\mathrm{T}}$ ist null.

Zunächst gilt

$$(\underline{\underline{s}}\cdot\underline{\underline{a}})^{\mathrm{T}} \overset{(2.35)}{=} \underline{\underline{a}}^{\mathrm{T}}\cdot\underline{\underline{s}}^{\mathrm{T}} = -\underline{\underline{a}}\cdot\underline{\underline{s}} \tag{a}$$

und weiterhin

$$\mathrm{Sp}(\underline{\underline{s}}\cdot\underline{\underline{a}}) \overset{(5.5)}{=} \mathrm{Sp}(\underline{\underline{s}}\cdot\underline{\underline{a}})^{\mathrm{T}} \overset{(a)}{=} -\mathrm{Sp}(\underline{\underline{a}}\cdot\underline{\underline{s}}) \overset{(5.3)}{=} -\mathrm{Sp}(\underline{\underline{s}}\cdot\underline{\underline{a}}),$$

was

$$\mathrm{Sp}(\underline{\underline{s}}\cdot\underline{\underline{a}}) = 0 \tag{5.6}$$

bedeutet.

Wir werden im Folgenden Invarianten, die in symbolischer Schreibweise aufgrund der Formeln (5.3) bis (5.5) auseinander hervorgehen, nicht eigens notieren.

5. Um die irreduziblen Invarianten eines Tensors $\underline{\underline{T}}$ zweiter Stufe als Spur einer Folge von Skalarprodukten auszudrücken, gehen wir systematisch vor und erhöhen schrittweise die Potenz, in der die Koordinaten des Tensors erscheinen.

$\underline{\underline{T}}$ besitzt nur eine in den Koordinaten lineare Invariante, nämlich seine Spur:

$$I_1 := T_{ii} = \mathrm{Sp}\underline{\underline{T}}\,. \tag{5.7}$$

Es gibt zwei in den Koordinaten quadratische Invarianten:

$$I_2 := T_{ij}\,T_{ji} = \mathrm{Sp}(\underline{\underline{T}}\cdot\underline{\underline{T}}) = \mathrm{Sp}\underline{\underline{T}}^{2}\,, \tag{5.8}$$

$$I_3 := T_{ij}\,T_{ij} = \mathrm{Sp}(\underline{\underline{T}} \cdot \underline{\underline{T}}^{\mathrm{T}})\,. \tag{5.9}$$

In den Koordinaten kubische Invarianten lassen sich auf mehrere Arten bilden. Wir beginnen mit der Spur von $\underline{\underline{T}}^3$:

$$I_4 := T_{ij}\,T_{jk}\,T_{ki} = \mathrm{Sp}(\underline{\underline{T}} \cdot \underline{\underline{T}} \cdot \underline{\underline{T}}) = \mathrm{Sp}\underline{\underline{T}}^3\,. \tag{5.10}$$

In dieser Folge von Tensoren kann man zunächst einen Tensor durch seine Transponierte ersetzen, wir wählen (nach (5.3) ohne Einfluss auf das Ergebnis) den letzten:

$$T_{ij}\,T_{jk}\,T_{ik} = \mathrm{Sp}(\underline{\underline{T}} \cdot \underline{\underline{T}} \cdot \underline{\underline{T}}^{\mathrm{T}}).$$

Wenn wir in I_4 stattdessen die letzten beiden Tensoren gegen ihre Transponierten austauschen, entsteht

$$T_{ij}\,T_{kj}\,T_{ik} = \mathrm{Sp}(\underline{\underline{T}} \cdot \underline{\underline{T}}^{\mathrm{T}} \cdot \underline{\underline{T}}^{\mathrm{T}}),$$

das ist jedoch nach (5.4) das gleiche Ergebnis wie zuvor, d. h. es gibt neben I_4 nur noch eine weitere kubische Invariante

$$I_5 := T_{ij}\,T_{jk}\,T_{ik} = \mathrm{Sp}(\underline{\underline{T}} \cdot \underline{\underline{T}} \cdot \underline{\underline{T}}^{\mathrm{T}}) = \mathrm{Sp}(\underline{\underline{T}}^2 \cdot \underline{\underline{T}}^{\mathrm{T}})\,. \tag{5.11}$$

Für die Invarianten vierten Grades erhalten wir unter Berücksichtigung von zyklischer Vertauschung und Transposition (5.3) bis (5.5) zunächst vier verschiedene Ergebnisse:

$$\mathrm{Sp}(\underline{\underline{T}} \cdot \underline{\underline{T}} \cdot \underline{\underline{T}} \cdot \underline{\underline{T}}) = \mathrm{Sp}\underline{\underline{T}}^4,\ \mathrm{Sp}(\underline{\underline{T}} \cdot \underline{\underline{T}} \cdot \underline{\underline{T}} \cdot \underline{\underline{T}}^{\mathrm{T}}) = \mathrm{Sp}(\underline{\underline{T}}^3 \cdot \underline{\underline{T}}^{\mathrm{T}}),$$
$$\mathrm{Sp}(\underline{\underline{T}} \cdot \underline{\underline{T}} \cdot \underline{\underline{T}}^{\mathrm{T}} \cdot \underline{\underline{T}}^{\mathrm{T}}) = \mathrm{Sp}(\underline{\underline{T}}^2 \cdot (\underline{\underline{T}}^{\mathrm{T}})^2),\ \mathrm{Sp}(\underline{\underline{T}} \cdot \underline{\underline{T}}^{\mathrm{T}} \cdot \underline{\underline{T}} \cdot \underline{\underline{T}}^{\mathrm{T}}) = \mathrm{Sp}(\underline{\underline{T}} \cdot \underline{\underline{T}}^{\mathrm{T}})^2.$$

$\mathrm{Sp}\underline{\underline{T}}^4$ und $\mathrm{Sp}(\underline{\underline{T}}^3 \cdot \underline{\underline{T}}^{\mathrm{T}})$ lassen sich auf I_1 bis I_5 zurückführen, indem man die Cayley-Hamilton-Gleichung (3.94) von rechts skalar mit $\underline{\underline{T}}$ bzw. $\underline{\underline{T}}^{\mathrm{T}}$ multipliziert und anschließend die Spur bildet:

$$\underline{\underline{T}}^4 = A''\,\underline{\underline{T}}^3 - A'\,\underline{\underline{T}}^2 + A\,\underline{\underline{T}},\ \mathrm{Sp}\underline{\underline{T}}^4 = A''\,I_4 - A'\,I_2 + A\,I_1\,,$$
$$\underline{\underline{T}}^3 \cdot \underline{\underline{T}}^{\mathrm{T}} = A''\,\underline{\underline{T}}^2 \cdot \underline{\underline{T}}^{\mathrm{T}} - A'\,\underline{\underline{T}} \cdot \underline{\underline{T}}^{\mathrm{T}} + A\,\underline{\underline{T}}^{\mathrm{T}},\ \mathrm{Sp}(\underline{\underline{T}}^3 \cdot \underline{\underline{T}}^{\mathrm{T}}) = A''\,I_5 - A'\,I_3 + A\,I_1.$$

Dabei sind A'', A' und A gemäß (3.99) Funktionen von I_1, I_2 und I_4.

Den etwas langwierigen Beweis, dass $\mathrm{Sp}(\underline{\underline{T}}^2 \cdot (\underline{\underline{T}}^{\mathrm{T}})^2)$ und $\mathrm{Sp}(\underline{\underline{T}} \cdot \underline{\underline{T}}^{\mathrm{T}})^2$ voneinander und von den Invarianten I_1 bis I_5 abhängig sind, verlagern wir in die folgende Aufgabe:

Aufgabe 5.2

Man zeige, dass die Invarianten $\mathrm{Sp}(\underline{\underline{T}}^2 \cdot (\underline{\underline{T}}^\mathrm{T})^2)$ und $\mathrm{Sp}(\underline{\underline{T}} \cdot \underline{\underline{T}}^\mathrm{T})^2$ voneinander abhängig sind.

Lösungshinweis: Man setze in der verallgemeinerten Cayley-Hamilton-Gleichung (5.1) $\underline{\underline{a}} = \underline{\underline{T}}$, $\underline{\underline{b}} = \underline{\underline{T}}^\mathrm{T}$ und $\underline{\underline{c}} = \underline{\underline{T}}$, multipliziere diese Gleichung von rechts skalar mit $\underline{\underline{T}}^\mathrm{T}$ und bilde die Spur davon.

Im Ergebnis gibt es also nur eine irreduzible Invariante vierten Grades, wir wählen

$$I_6 := T_{ij}\, T_{jk}\, T_{lk}\, T_{il} = \mathrm{Sp}(\underline{\underline{T}}^2 \cdot (\underline{\underline{T}}^\mathrm{T})^2)\,. \tag{5.12}$$

Für die Invarianten fünften Grades ergeben sich unter Berücksichtigung von (5.3) bis (5.5) wie bei den Invarianten vierten Grades zunächst vier verschiedene Ausdrücke:

$$\mathrm{Sp}\underline{\underline{T}}^5,\ \mathrm{Sp}(\underline{\underline{T}}^4 \cdot \underline{\underline{T}}^\mathrm{T}),\ \mathrm{Sp}(\underline{\underline{T}}^3 \cdot (\underline{\underline{T}}^\mathrm{T})^2),\ \mathrm{Sp}((\underline{\underline{T}} \cdot \underline{\underline{T}}^\mathrm{T})^2 \cdot \underline{\underline{T}}).$$

Die ersten drei Invarianten $\mathrm{Sp}\underline{\underline{T}}^5$, $\mathrm{Sp}(\underline{\underline{T}}^4 \cdot \underline{\underline{T}}^\mathrm{T})$ und $\mathrm{Sp}(\underline{\underline{T}}^3 \cdot (\underline{\underline{T}}^\mathrm{T})^2)$ sind über die Cayley-Hamilton-Gleichung (3.94) mit I_1 bis I_6 verknüpft; die vierte Invariante $\mathrm{Sp}((\underline{\underline{T}} \cdot \underline{\underline{T}}^\mathrm{T})^2 \cdot \underline{\underline{T}})$ lässt sich wie in Aufgabe 5.2 mithilfe der verallgemeinerten Cayley-Hamilton-Gleichung (5.1) auf I_1 bis I_6 zurückführen. Die Invarianten fünften Grades sind also alle von I_1 bis I_6 abhängig, und auf ähnliche Art kann man zeigen, dass auch von den Invarianten höheren Grades keine mehr irreduzibel ist. Wir haben damit noch einmal auf anderem Wege bestätigt, dass ein Tensor zweiter Stufe höchstens sechs irreduzible Invarianten besitzt.

Wir stellen die aus Spur-Ausdrücken gebildete Integritätsbasis eines Tensors zweiter Stufe noch einmal abschließend zusammen:

$$\begin{aligned}
I_1 &= T_{ii} &&= \mathrm{Sp}\underline{\underline{T}}\,,\\
I_2 &= T_{ij}\, T_{ji} &&= \mathrm{Sp}\underline{\underline{T}}^2\,,\\
I_3 &= T_{ij}\, T_{ij} &&= \mathrm{Sp}(\underline{\underline{T}} \cdot \underline{\underline{T}}^\mathrm{T})\,,\\
I_4 &= T_{ij}\, T_{jk}\, T_{ki} &&= \mathrm{Sp}\underline{\underline{T}}^3\,,\\
I_5 &= T_{ij}\, T_{jk}\, T_{ik} &&= \mathrm{Sp}(\underline{\underline{T}}^2 \cdot \underline{\underline{T}}^\mathrm{T})\,,\\
I_6 &= T_{ij}\, T_{jk}\, T_{lk}\, T_{il} &&= \mathrm{Sp}(\underline{\underline{T}}^2 \cdot (\underline{\underline{T}}^\mathrm{T})^2)\,.
\end{aligned} \tag{5.13}$$

6. Für symmetrische Tensoren gilt $\underline{\underline{T}}^{\mathrm{T}} = \underline{\underline{T}}$. Damit ist $I_2 = I_3$ und $I_4 = I_5$, und $I_6 = \mathrm{Sp}(\underline{\underline{T}}^4)$ lässt sich mithilfe der Cayley-Hamilton-Gleichung (3.95) auf die übrigen Invarianten zurückführen. Von den irreduziblen Invarianten in (5.13) bleiben also nur die drei Grundinvarianten $I_1 = \mathrm{Sp}\underline{\underline{T}}$, $I_2 = \mathrm{Sp}\underline{\underline{T}}^2$, $I_4 = \mathrm{Sp}\underline{\underline{T}}^3$ übrig.

Für antimetrische Tensoren gilt $\underline{\underline{T}}^{\mathrm{T}} = -\underline{\underline{T}}$, damit ist $I_1 = 0$. $\underline{\underline{T}}^2$ ist wegen $T_{ij}T_{jk} = (-T_{ji})(-T_{kj}) = T_{kj}T_{ji}$ symmetrisch, I_2 verschwindet also nicht, aber es gilt $I_3 = -I_2$. $\underline{\underline{T}}^3$ ist wegen $T_{ij}T_{jk}T_{kl} = (-T_{ji})(-T_{kj})(-T_{lk}) = -T_{lk}T_{kj}T_{ji}$ wieder antimetrisch, d. h. es ist $I_4 = 0$ und damit zugleich auch $I_5 = -I_4 = 0$. Da $\underline{\underline{T}}^2$ symmetrisch ist, folgt $\underline{\underline{T}}^2 \cdot (\underline{\underline{T}}^{\mathrm{T}})^2 = \underline{\underline{T}}^4$, deshalb kann auch I_6 mithilfe der Cayley-Hamilton-Gleichung (3.95) auf die einzige verbleibende Invariante $I_2 = \mathrm{Sp}\underline{\underline{T}}^2$ zurückgeführt werden.

Für orthogonale Tensoren gilt $\underline{\underline{T}}^{\mathrm{T}} = \underline{\underline{T}}^{-1}$, dann folgt für alle orthogonalen Tensoren $I_3 = I_6 = 3$, d. h. I_3 und I_6 enthalten keine Informationen über einen speziellen orthogonalen Tensor und zählen deshalb nicht zu den Invarianten. Weiterhin folgt $I_5 = I_1$, damit verbleiben von den irreduziblen Invarianten in (5.13) zunächst nur die Grundinvarianten I_1, I_2 und I_4. Nun stellt ein orthogonaler Tensor $\underline{\underline{T}}$ eine Drehung oder eine Drehspiegelung um einen Winkel ϑ dar, die Tensoren $\underline{\underline{T}}^2$ und $\underline{\underline{T}}^3$ sind dann ebenfalls orthogonal und beschreiben Drehungen oder Drehspiegelungen um die Winkel 2ϑ bzw. 3ϑ. Gemäß (3.78) und (3.82) erhält man damit

$$
\begin{aligned}
I_1 &= \mathrm{Sp}\underline{\underline{T}} = 2\cos(\vartheta) \pm 1, \\
I_2 &= \mathrm{Sp}\underline{\underline{T}}^2 = 2\cos(2\vartheta) \pm 1, \\
I_4 &= \mathrm{Sp}\underline{\underline{T}}^3 = 2\cos(3\vartheta) \pm 1,
\end{aligned}
$$

wobei das Pluszeichen für einen eigentlich orthogonalen Tensor und das Minuszeichen für einen uneigentlich orthogonalen Tensor gilt. Mithilfe der Additionstheoreme für $\cos(2\,\vartheta)$ und $\cos(3\,\vartheta)$ lassen sich dann aber I_2 und I_4 durch I_1 ausdrücken, d. h. für einen orthogonalen Tensor bleibt als einzige irreduzible Invariante nur $I_1 = \mathrm{Sp}\underline{\underline{T}}$ übrig.

5.3.3 Simultaninvarianten von Tensoren zweiter Stufe und Vektoren

1. Simultaninvarianten haben wir bereits in Abschnitt 5.3.1 als Invarianten kennengelernt, die aus den Koordinaten verschiedener Vektoren gebildet sind. Auf gleiche Art lassen sich auch aus den Koordinaten verschiedener Tensoren zweiter Stufe oder aus den Koordinaten von Tensoren zweiter Stufe und Vektoren Simultaninvarianten bilden. Im allgemeinen Fall ist die Anzahl der irreduziblen Invarianten sehr groß, wir betrachten daher nur einige einfache Beispiele und beschränken uns auf den auch für die physikalische Anwendung wichtigen Fall zweier Tensoren zweiter Stufe, die symmetrisch oder antimetrisch sind.

2. Wir betrachten zunächst zwei symmetrische Tensoren $\underline{\underline{U}}$ und $\underline{\underline{V}}$. Zu den irreduziblen Simultaninvarianten gehören alle Spur-Ausdrücke, deren Skalarprodukte höchstens drei Faktoren enthalten, weil sich hierfür weder aus der Cayley-Hamilton-Gleichung (3.94) noch aus der verallgemeinerten Form (5.1) Zusammenhänge gewinnen lassen. Unter Beachtung von zyklischer Vertauschung und Transposition (5.3) bis (5.5) lauten diese Invarianten

$$\mathrm{Sp}(\underline{\underline{U}} \cdot \underline{\underline{V}}),\ \mathrm{Sp}(\underline{\underline{U}}^2 \cdot \underline{\underline{V}}),\ \mathrm{Sp}(\underline{\underline{U}} \cdot \underline{\underline{V}}^2).$$

Für Skalarprodukte mit vier Faktoren finden wir unter Berücksichtigung von (5.3) bis (5.5) zunächst vier verschiedene Invarianten:

$$\mathrm{Sp}(\underline{\underline{U}}^3 \cdot \underline{\underline{V}}),\ \mathrm{Sp}(\underline{\underline{U}} \cdot \underline{\underline{V}}^3),\ \mathrm{Sp}(\underline{\underline{U}}^2 \cdot \underline{\underline{V}}^2),\ \mathrm{Sp}(\underline{\underline{U}} \cdot \underline{\underline{V}})^2.$$

$\mathrm{Sp}(\underline{\underline{U}}^3 \cdot \underline{\underline{V}})$ und $\mathrm{Sp}(\underline{\underline{U}} \cdot \underline{\underline{V}}^3)$ lassen sich auf niedrigere Invarianten zurückführen, indem man die Cayley-Hamilton-Gleichung (3.94) für $\underline{\underline{U}}^3$ von rechts mit $\underline{\underline{V}}$ bzw. für $\underline{\underline{V}}^3$ von links mit $\underline{\underline{U}}$ skalar multipliziert und anschließend die Spur bildet. Wenn man außerdem in der verallgemeinerten Cayley-Hamilton-Gleichung (5.1) $\underline{\underline{a}} = \underline{\underline{U}}$, $\underline{\underline{b}} = \underline{\underline{c}} = \underline{\underline{V}}$ setzt, danach von links skalar mit $\underline{\underline{U}}$ multipliziert und am Ende unter Beachtung von (5.3) bis (5.5) die Spur bildet, stellt man fest, dass $\mathrm{Sp}(\underline{\underline{U}}^2 \cdot \underline{\underline{V}}^2)$ und $\mathrm{Sp}(\underline{\underline{U}} \cdot \underline{\underline{V}})^2$ voneinander abhängig sind. Es reicht, hierzu die erste Zeile von (5.1) zu betrachten, da in den übrigen Zeilen nur Spur-Ausdrücke mit höchstens drei Faktoren entstehen:

$$\underline{\underline{U}} \cdot \underline{\underline{\Sigma}} = \underline{\underline{U}} \cdot \left(2\underline{\underline{U}} \cdot \underline{\underline{V}}^2 + \underline{\underline{V}} \cdot \underline{\underline{U}} \cdot \underline{\underline{V}} + \underline{\underline{V}}^2 \cdot \underline{\underline{U}} + \underline{\underline{V}} \cdot \underline{\underline{U}} \cdot \underline{\underline{V}} + \underline{\underline{V}}^2 \cdot \underline{\underline{U}}\right),$$
$$\mathrm{Sp}(\underline{\underline{U}} \cdot \underline{\underline{\Sigma}}) = 4\,\mathrm{Sp}(\underline{\underline{U}}^2 \cdot \underline{\underline{V}}^2) + 2\,\mathrm{Sp}(\underline{\underline{U}} \cdot \underline{\underline{V}})^2.$$

Skalarprodukte mit vier Faktoren liefern also nur eine einzige irreduzible Simultaninvariante, wir wählen $\mathrm{Sp}(\underline{\underline{U}}^2 \cdot \underline{\underline{V}}^2)$.

Aus Skalarprodukten mit fünf Faktoren können wir unter Berücksichtigung von (5.3) bis (5.5) zunächst ebenfalls vier verschiedene Invarianten bilden:

$$\mathrm{Sp}(\underline{\underline{U}}^3 \cdot \underline{\underline{V}}^2),\ \mathrm{Sp}(\underline{\underline{U}}^2 \cdot \underline{\underline{V}} \cdot \underline{\underline{U}} \cdot \underline{\underline{V}}),\ \mathrm{Sp}(\underline{\underline{U}}^2 \cdot \underline{\underline{V}}^3),\ \mathrm{Sp}(\underline{\underline{U}} \cdot \underline{\underline{V}} \cdot \underline{\underline{U}} \cdot \underline{\underline{V}}^2).$$

$\mathrm{Sp}(\underline{\underline{U}}^3 \cdot \underline{\underline{V}}^2)$ lässt sich auf niedrigere Invarianten zurückführen, indem man die Cayley-Hamilton-Gleichung (3.94) für $\underline{\underline{U}}^3$ von rechts mit $\underline{\underline{V}}^2$ skalar multipliziert und anschließend die Spur bildet. Aus der verallgemeinerten Cayley-Hamilton-Gleichung (5.1) folgt weiterhin mit $\underline{\underline{a}} = \underline{\underline{c}} = \underline{\underline{V}}$, $\underline{\underline{b}} = \underline{\underline{U}}$, anschließender skalarer Multiplikation mit $\underline{\underline{U}}^2$ von links und Bildung der Spur unter Berücksichtigung von (5.3) bis (5.5), dass $\mathrm{Sp}(\underline{\underline{U}}^2 \cdot \underline{\underline{V}} \cdot \underline{\underline{U}} \cdot \underline{\underline{V}})$ von $\mathrm{Sp}(\underline{\underline{U}}^3 \cdot \underline{\underline{V}}^2)$ abhängig ist:

$$\underline{\underline{U}}^2 \cdot \underline{\underline{\Sigma}} = \underline{\underline{U}}^2 \cdot \left(\underline{\underline{V}} \cdot \underline{\underline{U}} \cdot \underline{\underline{V}} + \underline{\underline{V}}^2 \cdot \underline{\underline{U}} + 2\underline{\underline{U}} \cdot \underline{\underline{V}}^2 + \underline{\underline{V}}^2 \cdot \underline{\underline{U}} + \underline{\underline{V}} \cdot \underline{\underline{U}} \cdot \underline{\underline{V}} \right),$$
$$\mathrm{Sp}(\underline{\underline{U}}^2 \cdot \underline{\underline{\Sigma}}) = 2\,\mathrm{Sp}(\underline{\underline{U}}^2 \cdot \underline{\underline{V}} \cdot \underline{\underline{U}} \cdot \underline{\underline{V}}) + 4\,\mathrm{Sp}(\underline{\underline{U}}^3 \cdot \underline{\underline{V}}^2).$$

Die vorstehenden Überlegungen lassen sich direkt auf die verbleibenden Invarianten $\mathrm{Sp}(\underline{\underline{U}}^2 \cdot \underline{\underline{V}}^3)$ und $\mathrm{Sp}(\underline{\underline{U}} \cdot \underline{\underline{V}} \cdot \underline{\underline{U}} \cdot \underline{\underline{V}}^2)$ übertragen, indem man $\underline{\underline{U}}$ und $\underline{\underline{V}}$ vertauscht; damit ist gezeigt, dass aus Skalarprodukten mit fünf Faktoren (und entsprechend auch bei mehr Faktoren) keine irreduziblen Invarianten mehr entstehen.

Wir fassen zum Abschluss noch einmal die Integritätsbasis für zwei symmetrische Tensoren $\underline{\underline{U}}$ und $\underline{\underline{V}}$ zusammen, die insgesamt zehn irreduzible Invarianten enthält:

- zunächst die Grundinvarianten

  $\mathrm{Sp}\underline{\underline{U}}$, $\mathrm{Sp}\underline{\underline{U}}^2$, $\mathrm{Sp}\underline{\underline{U}}^3$

  und

  $\mathrm{Sp}\underline{\underline{V}}$, $\mathrm{Sp}\underline{\underline{V}}^2$, $\mathrm{Sp}\underline{\underline{V}}^3$

  der einzelnen Tensoren,
- außerdem die Simultaninvarianten

  $\mathrm{Sp}(\underline{\underline{U}} \cdot \underline{\underline{V}})$, $\mathrm{Sp}(\underline{\underline{U}}^2 \cdot \underline{\underline{V}})$, $\mathrm{Sp}(\underline{\underline{U}} \cdot \underline{\underline{V}}^2)$, $\mathrm{Sp}(\underline{\underline{U}}^2 \cdot \underline{\underline{V}}^2)$.

Aufgabe 5.3

Man bestimme alle Invarianten, die sich aus zwei antimetrischen Tensoren $\underline{\underline{A}}$ und $\underline{\underline{B}}$ bilden lassen, und beachte dabei das Ergebnis für die Invarianten zweier Vektoren aus Abschnitt 5.3.1.

3. Als weiteres Beispiel betrachten wir die Simultaninvarianten, die sich aus einem symmetrischen Tensor $\underline{\underline{S}}$ und einem antimetrischen Tensor $\underline{\underline{A}}$ bilden lassen. Die Überlegungen gestalten sich hier etwas komplizierter, weil die Spur eines

Skalarprodukts aus einem symmetrischen und einem antimetrischen Tensor gemäß (5.6) verschwindet. Das bedeutet zunächst $\mathrm{Sp}(\underline{\underline{A}} \cdot \underline{\underline{S}}) = 0$, und auf die gleiche Art folgt $\mathrm{Sp}(\underline{\underline{A}} \cdot \underline{\underline{S}}^2) = 0$, weil bei einem symmetrischen Tensor $\underline{\underline{S}}$ auch alle Potenzen $\underline{\underline{S}}^n$ mit natürlichem Exponenten n symmetrisch sind. Bei einem antimetrischen Tensor $\underline{\underline{A}}$ sind dagegen nur die ungeraden Potenzen $\underline{\underline{A}}^{2n+1}$ antimetrisch, die geraden Potenzen $\underline{\underline{A}}^{2n}$ dagegen symmetrisch. Deshalb gibt es mit

$$\mathrm{Sp}(\underline{\underline{A}}^2 \cdot \underline{\underline{S}})$$

genau eine Simultaninvariante, die als Spur eines Skalarproduktes mit höchstens drei Faktoren entsteht.

Bei den Skalarprodukten mit vier Faktoren können wir den ersten Schritt aus Nr. 2 übernehmen und erhalten

$$\mathrm{Sp}(\underline{\underline{A}}^3 \cdot \underline{\underline{S}}),\ \mathrm{Sp}(\underline{\underline{A}} \cdot \underline{\underline{S}}^3),\ \mathrm{Sp}(\underline{\underline{A}}^2 \cdot \underline{\underline{S}}^2),\ \mathrm{Sp}(\underline{\underline{A}} \cdot \underline{\underline{S}})^2.$$

Wegen der Antimetrie von $\underline{\underline{A}}$ ist $\mathrm{Sp}(\underline{\underline{A}} \cdot \underline{\underline{S}}^3) = \mathrm{Sp}(\underline{\underline{A}}^3 \cdot \underline{\underline{S}}) = 0$, $\mathrm{Sp}(\underline{\underline{A}}^2 \cdot \underline{\underline{S}}^2)$ verschwindet nicht, weil die Faktoren $\underline{\underline{A}}^2$ und $\underline{\underline{S}}^2$ beide symmetrisch sind, aber $\mathrm{Sp}(\underline{\underline{A}} \cdot \underline{\underline{S}})^2$ ist wie in Nr. 2 von $\mathrm{Sp}(\underline{\underline{A}}^2 \cdot \underline{\underline{S}}^2)$ abhängig. Es bleibt also nur eine einzige Invariante übrig, die ein Skalarprodukt mit vier Faktoren enthält, wir wählen $\mathrm{Sp}(\underline{\underline{A}}^2 \cdot \underline{\underline{S}}^2)$.

Auch bei den Skalarprodukten mit fünf Faktoren können wir wie in Nr. 2 argumentieren und kommen zu dem gleichen Ergebnis, dass keine der betreffenden Invarianten irreduzibel ist.

Überraschenderweise gibt es mit $\mathrm{Sp}(\underline{\underline{A}}^2 \cdot \underline{\underline{S}} \cdot \underline{\underline{A}} \cdot \underline{\underline{S}}^2)$ jedoch noch eine weitere irreduzible Simultaninvariante, die ein Skalarprodukt mit sechs Faktoren enthält. Um die Irreduzibilität zu erkennen, gehen wir wieder von der verallgemeinerten Cayley-Hamilton-Gleichung (5.1) aus und betrachten die Terme in der ersten Zeile. Mit $\underline{\underline{a}} = \underline{\underline{S}}$, $\underline{\underline{b}} = \underline{\underline{A}}$, $\underline{\underline{c}} = \underline{\underline{S}}^2$ und skalarer Multiplikation mit $\underline{\underline{A}}^2$ von links ergibt sich hierfür

$$\underline{\underline{A}}^2 \cdot \underline{\underline{\Sigma}} = \underline{\underline{A}}^2 \cdot (\underline{\underline{S}} \cdot \underline{\underline{A}} \cdot \underline{\underline{S}}^2 + \underline{\underline{S}}^3 \cdot \underline{\underline{A}} + 2\underline{\underline{A}} \cdot \underline{\underline{S}}^3 + \underline{\underline{S}}^3 \cdot \underline{\underline{A}} + \underline{\underline{S}}^2 \cdot \underline{\underline{A}} \cdot \underline{\underline{S}}).$$

Für die Spur gilt unter Berücksichtigung von (5.3) bis (5.5)

$$\mathrm{Sp}(\underline{\underline{A}}^2 \cdot \underline{\underline{\Sigma}}) = \mathrm{Sp}(\underline{\underline{A}}^2 \cdot \underline{\underline{S}} \cdot \underline{\underline{A}} \cdot \underline{\underline{S}}^2) + 4\,\mathrm{Sp}(\underline{\underline{A}}^3 \cdot \underline{\underline{S}}^3) + \mathrm{Sp}(\underline{\underline{S}}^2 \cdot \underline{\underline{A}} \cdot \underline{\underline{S}} \cdot \underline{\underline{A}}^2).$$

$\underline{\underline{A}}^3$ ist antimetrisch, $\underline{\underline{S}}^3$ ist symmetrisch, deshalb erhalten wir aus (5.6) $\mathrm{Sp}(\underline{\underline{A}}^3 \cdot \underline{\underline{S}}^3) = 0$. Außerdem gilt

$$\mathrm{Sp}(\underline{\underline{S}}^2 \cdot \underline{\underline{A}} \cdot \underline{\underline{S}} \cdot \underline{\underline{A}}^2) = \mathrm{Sp}(\underline{\underline{S}}^2 \cdot \underline{\underline{A}} \cdot \underline{\underline{S}} \cdot \underline{\underline{A}}^2)^{\mathrm{T}} = \mathrm{Sp}((\underline{\underline{A}}^2)^{\mathrm{T}} \cdot \underline{\underline{S}}^{\mathrm{T}} \cdot \underline{\underline{A}}^{\mathrm{T}} \cdot (\underline{\underline{S}}^2)^{\mathrm{T}})$$
$$= -\mathrm{Sp}(\underline{\underline{A}}^2 \cdot \underline{\underline{S}} \cdot \underline{\underline{A}} \cdot \underline{\underline{S}}^2),$$

damit ist jedoch $\mathrm{Sp}(\underline{\underline{A}}^2 \cdot \underline{\underline{\Sigma}}) = 0$, und die verallgemeinerte Cayley-Hamilton-Gleichung (5.1) liefert keine Informationen über $\mathrm{Sp}(\underline{\underline{A}}^2 \cdot \underline{\underline{S}} \cdot \underline{\underline{A}} \cdot \underline{\underline{S}}^2)$.

Wir verzichten auf den etwas langwierigen Nachweis, dass Skalarprodukte mit sieben und mehr Faktoren keine irreduziblen Invarianten mehr liefern, und fassen zum Abschluss die Integritätsbasis für einen symmetrischen Tensor $\underline{\underline{S}}$ und einen antimetrischen Tensor $\underline{\underline{A}}$ zusammen, die insgesamt sieben irreduzible Invarianten enthält:

- zunächst die Grundinvarianten

  $\mathrm{Sp}\underline{\underline{S}}$, $\mathrm{Sp}\underline{\underline{S}}^2$, $\mathrm{Sp}\underline{\underline{S}}^3$

  und

  $\mathrm{Sp}\underline{\underline{A}}^2$

  der einzelnen Tensoren,
- außerdem die Simultaninvarianten

  $\mathrm{Sp}(\underline{\underline{A}}^2 \cdot \underline{\underline{S}})$, $\mathrm{Sp}(\underline{\underline{A}}^2 \cdot \underline{\underline{S}}^2)$, $\mathrm{Sp}(\underline{\underline{A}}^2 \cdot \underline{\underline{S}} \cdot \underline{\underline{A}} \cdot \underline{\underline{S}}^2)$.

Aufgabe 5.4

Man bestimme alle Invarianten, die sich aus einem (polaren) symmetrischen Tensor $\underline{\underline{S}}$ und einem Vektor $\underline{u}$ bilden lassen, und vergleiche das Ergebnis mit den Invarianten eines symmetrischen und eines antimetrischen Tensors. Man unterscheide außerdem die Fälle, in denen $\underline{u}$ polar oder axial ist.

5.3.4 Zusammenfassung

Wir fassen die Ergebnisse des Abschnitts 5.3 noch einmal in Tabellenform zusammen. Dabei steht $\underline{\underline{T}}$ für einen beliebigen Tensor, $\underline{\underline{R}}$ für einen orthogonalen Tensor; $\underline{\underline{S}}$, $\underline{\underline{U}}$, $\underline{\underline{V}}$ bezeichnen symmetrische Tensoren, $\underline{\underline{A}}$, $\underline{\underline{B}}$ antimetrische Tensoren und $\underline{u}$, $\underline{v}$, $\underline{w}$ Vektoren. Alle Vektoren und Tensoren sind polar.

Argumente	Integritätsbasis
$\underline{u}$	$\underline{u}\cdot\underline{u}$
$\underline{u},\ \underline{v}$	$\underline{u}\cdot\underline{u},\ \underline{v}\cdot\underline{v},\ \underline{u}\cdot\underline{v}$
$\underline{u},\ \underline{v},\ \underline{w}$	$\underline{u}\cdot\underline{u},\ \underline{v}\cdot\underline{v},\ \underline{w}\cdot\underline{w},\ \underline{u}\cdot\underline{v},\ \underline{u}\cdot\underline{w},\ \underline{v}\cdot\underline{w}$
$\underline{\underline{T}}$	$\mathrm{Sp}\underline{\underline{T}},\ \mathrm{Sp}\underline{\underline{T}}^2,\ \mathrm{Sp}\underline{\underline{T}}^3,\ \mathrm{Sp}(\underline{\underline{T}}\cdot\underline{\underline{T}}^{\mathrm{T}}),\ \mathrm{Sp}(\underline{\underline{T}}^2\cdot\underline{\underline{T}}^{\mathrm{T}}),$ $\mathrm{Sp}(\underline{\underline{T}}^2\cdot(\underline{\underline{T}}^{\mathrm{T}})^2)$
$\underline{\underline{S}}$	$\mathrm{Sp}\underline{\underline{S}},\ \mathrm{Sp}\underline{\underline{S}}^2,\ \mathrm{Sp}\underline{\underline{S}}^3$
$\underline{\underline{A}}$	$\mathrm{Sp}\underline{\underline{A}}^2$
$\underline{\underline{R}}$	$\mathrm{Sp}\underline{\underline{R}}$
$\underline{\underline{U}},\ \underline{\underline{V}}$	$\mathrm{Sp}\underline{\underline{U}},\ \mathrm{Sp}\underline{\underline{U}}^2,\ \mathrm{Sp}\underline{\underline{U}}^3,\ \mathrm{Sp}\underline{\underline{V}},\ \mathrm{Sp}\underline{\underline{V}}^2,\ \mathrm{Sp}\underline{\underline{V}}^3,$ $\mathrm{Sp}(\underline{\underline{U}}\cdot\underline{\underline{V}}),\ \mathrm{Sp}(\underline{\underline{U}}^2\cdot\underline{\underline{V}}),\ \mathrm{Sp}(\underline{\underline{U}}\cdot\underline{\underline{V}}^2),\ \mathrm{Sp}(\underline{\underline{U}}^2\cdot\underline{\underline{V}}^2)$
$\underline{\underline{A}},\ \underline{\underline{B}}$	$\mathrm{Sp}\underline{\underline{A}}^2,\ \mathrm{Sp}\underline{\underline{B}}^2,\ \mathrm{Sp}(\underline{\underline{A}}\cdot\underline{\underline{B}})$
$\underline{\underline{S}},\ \underline{\underline{A}}$	$\mathrm{Sp}\underline{\underline{S}},\ \mathrm{Sp}\underline{\underline{S}}^2,\ \mathrm{Sp}\underline{\underline{S}}^3,\ \mathrm{Sp}\underline{\underline{A}}^2,\ \mathrm{Sp}(\underline{\underline{A}}^2\cdot\underline{\underline{S}}),$ $\mathrm{Sp}(\underline{\underline{A}}^2\cdot\underline{\underline{S}}^2),\ \mathrm{Sp}(\underline{\underline{A}}^2\cdot\underline{\underline{S}}\cdot\underline{\underline{A}}\cdot\underline{\underline{S}}^2)$
$\underline{\underline{S}},\ \underline{u}$	$\mathrm{Sp}\underline{\underline{S}},\ \mathrm{Sp}\underline{\underline{S}}^2,\ \mathrm{Sp}\underline{\underline{S}}^3,\ \underline{u}\cdot\underline{u},\ \underline{u}\cdot\underline{\underline{S}}\cdot\underline{u},\ \underline{u}\cdot\underline{\underline{S}}^2\cdot\underline{u}$

5.4 Isotrope Tensorfunktionen

5.4.1 Invarianzbedingungen

Tensoren können untereinander nicht durch beliebige Funktionen verknüpft werden, da beim Übergang auf ein anderes kartesisches Koordinatensystem auch der Funktionswert das entsprechende Transformationsgesetz für Tensorkoordinaten erfüllen muss. Wir betrachten eine Menge von polaren Vektoren $\underline{v},\ \ldots,\ \underline{w}$ und polaren Tensoren zweiter Stufe $\underline{\underline{M}},\ \ldots,\ \underline{\underline{N}}$ als Argumente von Tensorfunktionen $\mathscr{F}$ verschiedener tensorieller Stufe. Bei einem Wechsel des kartesischen Koordinatensystems gelten für die Koordinaten der Argumente nach (2.17) die Transformationsgleichungen

$$\widetilde{v}_i = \alpha_{pi}\, v_p\,,\ \ldots,\ \widetilde{w}_j = \alpha_{qj}\, w_q\,,$$

$$\widetilde{M}_{kl} = \alpha_{pk}\,\alpha_{ql}\, M_{pq}\,,\ \ldots,\ \widetilde{N}_{mn} = \alpha_{pm}\,\alpha_{qn}\, N_{pq}\,.$$

Je nach der tensoriellen Stufe erhält man dann für die Funktion $\mathscr{F}$ verschiedene Bedingungen:

- Ein polarer Skalar $s = f(\underline{v}, \ldots, \underline{w}, \underline{\underline{M}}, \ldots, \underline{\underline{N}})$ darf sich beim Wechsel des Koordinatensystems nicht ändern,

  $$f(v_i, \ldots, w_j, M_{kl}, \ldots, N_{mn}) = f(\widetilde{v}_i, \ldots, \widetilde{w}_j, \widetilde{M}_{kl}, \ldots, \widetilde{N}_{mn}),$$

  deshalb gilt für die Funktion f:

  $$\begin{aligned} & f(v_i, \ldots, w_j, M_{kl}, \ldots, N_{mn}) = \\ & \quad f(\alpha_{pi} v_p, \ldots, \alpha_{qj} w_q, \alpha_{pk} \alpha_{ql} M_{pq}, \ldots, \alpha_{pm} \alpha_{qn} N_{pq}) . \end{aligned} \tag{5.14}$$

- Bei einem polaren Vektor $\underline{u} = \underline{f}(\underline{v}, \ldots, \underline{w}, \underline{\underline{M}}, \ldots, \underline{\underline{N}})$ müssen beim Einsetzen der transformierten Koordinaten $\widetilde{v}_i, \ldots, \widetilde{w}_j, \widetilde{M}_{kl}, \ldots, \widetilde{N}_{mn}$ die transformierten Koordinaten

  $$\widetilde{u}_r = \alpha_{ur} u_u = f_r(\widetilde{v}_i, \ldots, \widetilde{w}_j, \widetilde{M}_{kl}, \ldots, \widetilde{N}_{mn})$$

  entstehen. In den ursprünglichen Koordinaten gilt

  $$u_u = f_u(v_i, \ldots, w_j, M_{kl}, \ldots, N_{mn}),$$

  also folgt für die Funktion $\underline{f}$:

  $$\begin{aligned} & \alpha_{ur} f_u(v_i, \ldots, w_j, M_{kl}, \ldots, N_{mn}) = \\ & \quad f_r(\alpha_{pi} v_p, \ldots, \alpha_{qj} w_q, \alpha_{pk} \alpha_{ql} M_{pq}, \ldots, \alpha_{pm} \alpha_{qn} N_{pq}) . \end{aligned} \tag{5.15}$$

- Bei einem polaren Tensor $\underline{\underline{T}} = \underline{\underline{f}}(\underline{v}, \ldots, \underline{w}, \underline{\underline{M}}, \ldots, \underline{\underline{N}})$ zweiter Stufe müssen sich entsprechend beim Einsetzen der transformierten Koordinaten $\widetilde{v}_i, \ldots, \widetilde{w}_j$, $\widetilde{M}_{kl}, \ldots, \widetilde{N}_{mn}$ die transformierten Koordinaten

  $$\widetilde{T}_{rs} = \alpha_{ur} \alpha_{vs} T_{uv} = f_{rs}(\widetilde{v}_i, \ldots, \widetilde{w}_j, \widetilde{M}_{kl}, \ldots, \widetilde{N}_{mn})$$

  ergeben. Mit

  $$T_{uv} = f_{uv}(v_i, \ldots, w_j, M_{kl}, \ldots, N_{mn}),$$

  folgt dann für die Funktion $\underline{\underline{f}}$:

  $$\begin{aligned} & \alpha_{ur} \alpha_{vs} f_{uv}(v_i, \ldots, w_j, M_{kl}, \ldots, N_{mn}) = \\ & \quad f_{rs}(\alpha_{pi} v_p, \ldots, \alpha_{qj} w_q, \alpha_{pk} \alpha_{ql} M_{pq}, \ldots, \alpha_{pm} \alpha_{qn} N_{pq}) . \end{aligned} \tag{5.16}$$

Falls die Transformationskoeffizienten α_{ij} eine beliebige orthogonale Matrix sein können (man sagt dann auch, dass sie alle orthogonalen Transformationen umfassen), spricht man bei (5.14), (5.15) und (5.16) von isotropen Tensorfunktionen.

Die Funktionen (5.14), (5.15) und (5.16) können grundsätzlich auch noch von polaren Skalaren abhängen; da sich hieraus keine Einschränkungen für die Funktionen ergeben, haben wir sie nicht in die Liste der Argumente aufgenommen.

Wir haben die Invarianzbedingungen hier nur für polare Tensoren formuliert, sie lassen sich jedoch mithilfe der Transformationsgleichungen (2.18) leicht auf axiale Tensoren übertragen.

5.4.2 Skalarwertige Funktionen

Um die Invarianzbedingung (5.14) zu erfüllen, darf ein Skalar nicht von einzelnen Tensorkoordinaten abhängen, weil diese sich in der Regel beim Wechsel des Koordinatensystems ändern, sondern nur von solchen Kombinationen, die selbst Invarianten und damit ebenfalls Skalare sind. Wenn sich aus den Koordinaten von $\underline{v}, \ldots, \underline{w}, \underline{\underline{M}}, \ldots, \underline{\underline{N}}$ eine Integritätsbasis mit P irreduziblen Invarianten $I_1, \ldots, I_P$ bilden lässt, folgt daraus für die skalarwertige Funktion f:

$$s = f(\underline{v}, \ldots, \underline{w}, \underline{\underline{M}}, \ldots, \underline{\underline{N}}) = f(I_1, I_2, \ldots, I_P) \,. \tag{5.17}$$

Weitere Informationen über die Funktion f lassen sich mithilfe der Darstellungstheorie nicht gewinnen, in Zusammenhang mit einem physikalischen Problem ist man daher auf Experimente angewiesen. Die Art und die Anzahl P der Invarianten $I_1, \ldots, I_P$ hängen vom jeweils betrachteten Einzelfall ab und müssen nach den Regeln des Abschnitts 5.3 bestimmt werden.

5.4.3 Vektorwertige Funktionen

1. Aus einem Vektor lässt sich durch skalare Multiplikation mit einem anderen Vektor ein Skalar erzeugen. Wenn man daher eine vektorwertige Funktion $\underline{f}$ mit einem beliebigen Hilfsvektor $\underline{h}$ skalar multipliziert und den Hilfsvektor in die Liste der Argumente aufnimmt, kann man die Suche nach Darstellung einer vektorwertigen Funktion auf das Problem der Darstellung einer skalarwertigen Funktion zurückführen:

$$\underline{u} \cdot \underline{h} = \underline{f}(\underline{v}, \ldots, \underline{w}, \underline{\underline{M}}, \ldots, \underline{\underline{N}}) \cdot \underline{h} = f(\underline{v}, \ldots, \underline{w}, \underline{\underline{M}}, \ldots, \underline{\underline{N}}, \underline{h}).$$

Nach Abschnitt 5.4.2 ist f dann eine Funktion der P irreduziblen Invarianten $I_1, \ldots, I_P$, die sich aus $\underline{v}, \ldots, \underline{w}, \underline{\underline{M}}, \ldots, \underline{\underline{N}}$ bilden lassen, außerdem kommen noch die Simultaninvarianten unter Beteiligung von $\underline{h}$ hinzu. Da $\underline{h}$ jedoch nur ein Hilfsvektor ist, der am Ende in der vektorwertigen Funktion $\underline{f}$ wieder herausfallen muss, brauchen wir von der zweiten Gruppe nur diejenigen Simultaninvarianten zu berücksichtigen, die linear in $\underline{h}$ sind. Solche Simultaninvarianten haben die Form $\underline{J}_i \cdot \underline{h}$, wobei die $\underline{J}_i$ ein im Einzelfall zu bestimmender Satz von Q Vektoren sind, die sich aus $\underline{v}, \ldots, \underline{w}, \underline{\underline{M}}, \ldots, \underline{\underline{N}}$ bilden lassen. Die Vektoren $\underline{J}_i$ bezeichnet man auch als Generatoren der Darstellung, ein vollständiger Satz von Generatoren heißt Funktionsbasis. Wenn wir die Ausdrücke $\underline{J}_i \cdot \underline{h}$ superponieren, erhalten wir zunächst für $\underline{u} \cdot \underline{h}$ die Darstellung

$$\underline{u} \cdot \underline{h} = k_1 \underline{J}_1 \cdot \underline{h} + \cdots + k_Q \underline{J}_Q \cdot \underline{h}. \tag{a}$$

Die Koeffizienten $k_1, \ldots, k_Q$ sind hierbei Skalare, die noch von den Invarianten $I_1, \ldots, I_P$ der Integritätsbasis für $\underline{v}, \ldots, \underline{w}, \underline{\underline{M}}, \ldots, \underline{\underline{N}}$ abhängen können, es gilt also

$$k_i = k_i(I_1, \ldots, I_P).$$

Da jeder Term in (a) ein Skalarprodukt mit dem Hilfsvektor $\underline{h}$ enthält, können wir $\underline{h}$ am Ende wieder herauskürzen und gelangen so zu einer Darstellung für die ursprünglich betrachtete vektorwertige Funktion $\underline{f}$, die aufgrund ihrer Konstruktion automatisch die Invarianzbedingung (5.15) erfüllt:

$$\underline{u} = k_1 \underline{J}_1 + \cdots + k_Q \underline{J}_Q \,. \tag{5.18}$$

Wie man die Generatoren $\underline{J}_i$ in dieser Darstellung im Einzelfall bestimmt, erläutern wir an zwei Beispielen.

2. Im ersten Beispiel suchen wir die Darstellung eines Vektors $\underline{u}$, der nur von einem anderen Vektor $\underline{v}$ abhängt:

$$\underline{u} = \underline{f}(\underline{v}).$$

Durch skalare Multiplikation mit einem Hilfsvektor $\underline{h}$ entsteht daraus

$$\underline{u} \cdot \underline{h} = f(\underline{v}, \underline{h}).$$

Nach Abschnitt 5.3.1 besitzt der Vektor $\underline{v}$ mit seinem Quadrat $\underline{v} \cdot \underline{v}$ nur eine einzige irreduzible Invariante, und aus den Vektoren $\underline{v}$ und $\underline{h}$ lässt sich mit dem Skalarprodukt $\underline{v} \cdot \underline{h}$ ebenfalls nur eine einzige irreduzible Simultaninvariante bilden, die zugleich linear in $\underline{h}$ ist. Die Darstellung für den Vektor $\underline{u}$ besitzt also nur einen einzigen Generator, nämlich den Vektor $\underline{v}$ selbst, und lautet:

$$\underline{u} = k(\underline{v} \cdot \underline{v})\,\underline{v}.$$

Die Funktion $k(\underline{v} \cdot \underline{v})$ lässt sich mithilfe der Darstellungstheorie nicht genauer bestimmen und muss beispielsweise bei einem physikalischen Problem durch Experimente ermittelt werden.

3. Im zweiten Beispiel erweitern wir die Funktion $\underline{f}$ aus Nr. 2 um die Abhängigkeit von einem symmetrischen Tensor $\underline{\underline{S}}$, wir suchen also nach einer Darstellung für

$$\underline{u} = \underline{f}(\underline{v}, \underline{\underline{S}})$$

bzw. nach skalarer Multiplikation mit einem Hilfsvektor $\underline{h}$:

$$\underline{u} \cdot \underline{h} = f(\underline{v}, \underline{\underline{S}}, \underline{h}).$$

Wie in Nr. 2 gibt es das Skalarprodukt $\underline{v} \cdot \underline{h}$ als in $\underline{h}$ lineare Simultaninvariante. Außerdem können wir weitere lineare Simultaninvarianten bilden, indem wir $\underline{\underline{S}}$ von links und rechts skalar mit $\underline{v}$ bzw. $\underline{h}$ multiplizieren; da $\underline{\underline{S}}$ symmetrisch ist, kommt es dabei nicht auf die Reihenfolge an. Wenn wir auf gleiche Weise auch die ganzzahligen Potenzen von $\underline{\underline{S}}$ behandeln, erhalten wir zunächst die Invarianten $\underline{v} \cdot \underline{\underline{S}} \cdot \underline{h}$, $\underline{v} \cdot \underline{\underline{S}}^2 \cdot \underline{h}$, $\underline{v} \cdot \underline{\underline{S}}^3 \cdot \underline{h}$ usw. Allerdings lässt sich $\underline{v} \cdot \underline{h}$ auch als $\underline{v} \cdot \underline{\underline{\delta}} \cdot \underline{h}$ schreiben, dann erkennen wir, dass $\underline{v} \cdot \underline{\underline{S}}^3 \cdot \underline{h}$ (und entsprechend jeder Ausdruck mit höheren Potenzen von $\underline{\underline{S}}$) nicht irreduzibel ist, weil sich $\underline{\underline{S}}^3$ mithilfe der Cayley-Hamilton-Gleichung (3.94) durch $\underline{\underline{S}}^2$, $\underline{\underline{S}}$ und $\underline{\underline{\delta}}$ ausdrücken lässt. Es gibt also drei Generatoren für die Darstellung des Vektors $\underline{u}$:

$$\underline{u} = k_1\,\underline{v} + k_2\,\underline{v} \cdot \underline{\underline{S}} + k_3\,\underline{v} \cdot \underline{\underline{S}}^2.$$

Die Koeffizienten k_1, k_2, k_3 sind skalarwertige Funktionen der Invarianten von $\underline{v}$ und $\underline{\underline{S}}$. Da wir nur polare Vektoren und Tensoren betrachten, folgt aus dem Ergebnis von Aufgabe 5.4

$$k_i = f(\mathrm{Sp}\underline{\underline{S}}, \mathrm{Sp}\underline{\underline{S}}^2, \mathrm{Sp}\underline{\underline{S}}^3, \underline{v} \cdot \underline{v}, \underline{v} \cdot \underline{\underline{S}} \cdot \underline{v}, \underline{v} \cdot \underline{\underline{S}}^2 \cdot \underline{v}).$$

Aufgabe 5.5

Man bestimme die Darstellung eines Vektors $\underline{u}$, der von einem (polaren) Tensor $\underline{\underline{T}}$ zweiter Stufe abhängt, für folgende Fälle:

– $\underline{\underline{T}}$ ist symmetrisch oder antimetrisch,

– $\underline{u}$ ist polar oder axial.

5.4.4 Tensorwertige Funktionen

1. Die Überlegungen aus Abschnitt 5.4.3 lassen sich leicht von vektorwertigen auf tensorwertige Funktionen übertragen, indem man einen beliebigen Hilfstensor $\underline{\underline{H}}$ einführt und doppelt skalar multipliziert; durch diese Vorgehensweise ist sichergestellt, dass das Ergebnis am Ende wieder die Invarianzbedingung (5.16) für tensorwertige Funktionen erfüllt. Aus

$$\underline{\underline{T}} = \underline{\underline{f}}(\underline{v}, \ldots, \underline{w}, \underline{\underline{M}}, \ldots, \underline{\underline{N}})$$

wird dadurch vorübergehend

$$\underline{\underline{T}} \cdot\cdot \underline{\underline{H}} = f(\underline{v}, \ldots, \underline{w}, \underline{\underline{M}}, \ldots, \underline{\underline{N}}, \underline{\underline{H}}).$$

Die Generatoren $\underline{\underline{J}}_i$ sind jetzt Tensoren zweiter Stufe, da die Simultaninvarianten mit dem Hilfstensor die lineare Form $\underline{\underline{J}}_i \cdot\cdot \underline{\underline{H}}$ haben müssen, damit $\underline{\underline{H}}$ am Ende wieder herausgekürzt werden kann. Durch Superposition aller Q Simultaninvarianten erhalten wir dann für $\underline{\underline{T}} \cdot\cdot \underline{\underline{H}}$ die Darstellung

$$\underline{\underline{T}} \cdot\cdot \underline{\underline{H}} = k_1 \underline{\underline{J}}_1 \cdot\cdot \underline{\underline{H}} + \cdots + k_Q \underline{\underline{J}}_Q \cdot\cdot \underline{\underline{H}}$$

bzw. nach Kürzen von $\underline{\underline{H}}$ für die ursprüngliche tensorwertige Funktion $\underline{\underline{f}}$:

$$\underline{\underline{T}} = k_1 \underline{\underline{J}}_1 + \cdots + k_Q \underline{\underline{J}}_Q \,. \tag{5.19}$$

Die Koeffizienten $k_1, \ldots, k_Q$ sind wie in Abschnitt 5.4.3 Skalare, die noch von den Invarianten $I_1, \ldots, I_P$ einer Integritätsbasis für $\underline{v}, \ldots, \underline{w}, \underline{\underline{M}}, \ldots, \underline{\underline{N}}$ abhängen können:

$$k_i = k_i(I_1, \ldots, I_P).$$

Die Art und die Anzahl Q der Generatoren $\underline{\underline{J}}_1, \ldots, \underline{\underline{J}}_Q$ lassen sich nur im konkreten Einzelfall bestimmen; wie, das erläutern wir wieder an zwei Beispielen.

2. Wir untersuchen zunächst einen Tensor $\underline{\underline{T}}$ zweiter Stufe, der nur von einem symmetrischen Tensor $\underline{\underline{S}}$ zweiter Stufe abhängt, wir suchen also eine Darstellung für

$$\underline{\underline{T}} = \underline{\underline{f}}(\underline{\underline{S}}).$$

Durch doppelte Skalarmultiplikation mit einem Hilfstensor $\underline{\underline{H}}$ entsteht daraus

$$\underline{\underline{T}} \cdot\cdot \underline{\underline{H}} = f(\underline{\underline{S}}, \underline{\underline{H}}).$$

Nach Abschnitt 5.3.2 Nr. 6 sind bei einem symmetrischen Tensor nur die drei Grundinvarianten $\mathrm{Sp}\underline{\underline{S}}$, $\mathrm{Sp}\underline{\underline{S}}^2$, $\mathrm{Sp}\underline{\underline{S}}^3$ irreduzibel. Entsprechend finden wir drei Simultaninvarianten, die linear in $\underline{\underline{H}}$ sind:

$$\underline{\underline{S}} \cdot\cdot \underline{\underline{H}},\ \underline{\underline{S}}^2 \cdot\cdot \underline{\underline{H}},\ \underline{\underline{S}}^3 \cdot\cdot \underline{\underline{H}};$$

außerdem kommt als weitere in $\underline{\underline{H}}$ lineare Invariante noch die Spur des Hilfstensors $\underline{\underline{H}}$ hinzu. Wenn wir diese Spur als doppeltes Skalarprodukt schreiben,

$$\mathrm{Sp}\underline{\underline{H}} = \mathrm{Sp}\underline{\underline{H}}^{\mathrm{T}} = \underline{\underline{\delta}} \cdot\cdot \underline{\underline{H}},$$

erkennen wir jedoch, dass $\underline{\underline{S}}^3 \cdot\cdot \underline{\underline{H}}$ nicht irreduzibel ist, weil sich $\underline{\underline{S}}^3$ mithilfe der Cayley-Hamilton-Gleichung (3.94) durch $\underline{\underline{S}}^2$, $\underline{\underline{S}}$ und $\underline{\underline{\delta}}$ ausdrücken lässt. Es gibt also nur die drei Generatoren $\underline{\underline{\delta}}$, $\underline{\underline{S}}$, $\underline{\underline{S}}^2$, und damit erhalten wir als Darstellung für den Tensor $\underline{\underline{T}}$:

$$\underline{\underline{T}} = k_1\, \underline{\underline{\delta}} + k_2\, \underline{\underline{S}} + k_3\, \underline{\underline{S}}^2.$$

Die Koeffizienten k_1, k_2, k_3 sind hierbei skalarwertige Funktionen der drei Grundinvarianten von $\underline{\underline{S}}$:

$$k_i = f(\mathrm{Sp}\underline{\underline{S}},\ \mathrm{Sp}\underline{\underline{S}}^2,\ \mathrm{Sp}\underline{\underline{S}}^3).$$

Da der Tensor $\underline{\underline{S}}$ als symmetrisch vorausgesetzt wurde, liefert die Darstellungstheorie unmittelbar das Ergebnis, dass auch der Tensor $\underline{\underline{T}}$ symmetrisch sein muss.

3. Im zweiten Beispiel nehmen wir an, dass der Tensor $\underline{\underline{T}}$ nicht nur von einem symmetrischen Tensor $\underline{\underline{S}}$, sondern auch noch von einem Vektor $\underline{v}$ abhängt, d. h. wir suchen nach einer Darstellung für

$$\underline{\underline{T}} = \underline{\underline{f}}(\underline{\underline{S}}, \underline{v}).$$

Nach doppelter skalarer Multiplikation mit dem Hilfstensor $\underline{\underline{H}}$ wird daraus

$$\underline{\underline{T}} \cdot\cdot \underline{\underline{H}} = f(\underline{\underline{S}}, \underline{v}, \underline{\underline{H}}).$$

Die Invarianten von $\underline{\underline{S}}$ und $\underline{v}$ können wir aus Abschnitt 5.4.3 Nr. 3 übernehmen, dann bleibt nur noch die Bestimmung der in $\underline{\underline{H}}$ linearen Simultaninvarianten übrig. Wie in Nr. 2 finden wir zunächst

$$\underline{\underline{\delta}} \cdot\cdot \underline{\underline{H}},\ \underline{\underline{S}} \cdot\cdot \underline{\underline{H}},\ \underline{\underline{S}}^2 \cdot\cdot \underline{\underline{H}}.$$

Mit dem Vektor $\underline{v}$ allein können wir eine weitere Simultaninvariante bilden:

$$\underline{v}\,\underline{v} \cdot\cdot \underline{\underline{H}}.$$

Zur Bestimmung der Simultaninvarianten, die sowohl $\underline{\underline{S}}$ als auch $\underline{v}$ enthalten, gehen wir von $\underline{v}\,\underline{v} \cdot\cdot \underline{\underline{H}}$ aus und fügen an $\underline{v}\,\underline{v}$ von links oder rechts Skalarprodukte mit $\underline{\underline{S}}$ oder $\underline{\underline{S}}^2$ an; höhere Potenzen von $\underline{\underline{S}}$ brauchen wir wegen der Cayley-Hamilton-Gleichung (3.95) nicht zu berücksichtigen. Auf diese Weise ergibt sich:

$$(\underline{\underline{S}} \cdot \underline{v}\,\underline{v}) \cdot\cdot \underline{\underline{H}},\ (\underline{v}\,\underline{v} \cdot \underline{\underline{S}}) \cdot\cdot \underline{\underline{H}},\ (\underline{\underline{S}}^2 \cdot \underline{v}\,\underline{v}) \cdot\cdot \underline{\underline{H}},\ (\underline{v}\,\underline{v} \cdot \underline{\underline{S}}^2) \cdot\cdot \underline{\underline{H}},$$
$$(\underline{\underline{S}} \cdot \underline{v}\,\underline{v} \cdot \underline{\underline{S}}) \cdot\cdot \underline{\underline{H}},\ (\underline{\underline{S}}^2 \cdot \underline{v}\,\underline{v} \cdot \underline{\underline{S}}) \cdot\cdot \underline{\underline{H}},\ (\underline{\underline{S}} \cdot \underline{v}\,\underline{v} \cdot \underline{\underline{S}}^2) \cdot\cdot \underline{\underline{H}},\ (\underline{\underline{S}}^2 \cdot \underline{v}\,\underline{v} \cdot \underline{\underline{S}}^2) \cdot\cdot \underline{\underline{H}}.$$

Diese Simultanvarianten müssen wir noch auf ihre Unabhängigkeit prüfen: $(\underline{\underline{S}} \cdot \underline{v}\,\underline{v}) \cdot\cdot \underline{\underline{H}}$ und $(\underline{v}\,\underline{v} \cdot \underline{\underline{S}}) \cdot\cdot \underline{\underline{H}}$ sind offenkundig irreduzibel. Die Skalarprodukte $\underline{\underline{S}} \cdot \underline{v}\,\underline{v} \cdot \underline{\underline{S}}$, $\underline{\underline{S}}^2 \cdot \underline{v}\,\underline{v}$ und $\underline{v}\,\underline{v} \cdot \underline{\underline{S}}^2$ sind dagegen über die verallgemeinerte Cayley-Hamilton-Gleichung (5.1) miteinander verknüpft, wenn wir dort beispielsweise $\underline{\underline{a}} = \underline{\underline{c}} = \underline{\underline{S}}$ und $\underline{\underline{b}} = \underline{v}\,\underline{v}$ setzen. Deshalb sind von den drei Invarianten $(\underline{\underline{S}}^2 \cdot \underline{v}\,\underline{v}) \cdot\cdot \underline{\underline{H}}$, $(\underline{v}\,\underline{v} \cdot \underline{\underline{S}}^2) \cdot\cdot \underline{\underline{H}}$ und $(\underline{\underline{S}} \cdot \underline{v}\,\underline{v} \cdot \underline{\underline{S}}) \cdot\cdot \underline{\underline{H}}$ nur zwei irreduzibel, wir wählen für die Funktionsbasis $\underline{\underline{S}}^2 \cdot \underline{v}\,\underline{v}$ und $\underline{v}\,\underline{v} \cdot \underline{\underline{S}}^2$. Die verbleibenden Invarianten $(\underline{\underline{S}}^2 \cdot \underline{v}\,\underline{v} \cdot \underline{\underline{S}}) \cdot\cdot \underline{\underline{H}}$, $(\underline{\underline{S}} \cdot \underline{v}\,\underline{v} \cdot \underline{\underline{S}}^2) \cdot\cdot \underline{\underline{H}}$ und $(\underline{\underline{S}}^2 \cdot \underline{v}\,\underline{v} \cdot \underline{\underline{S}}^2) \cdot\cdot \underline{\underline{H}}$ sind nicht irreduzibel, weil sich die Skalarprodukte $\underline{\underline{S}}^2 \cdot \underline{v}\,\underline{v} \cdot \underline{\underline{S}}$, $\underline{\underline{S}} \cdot \underline{v}\,\underline{v} \cdot \underline{\underline{S}}^2$ und $\underline{\underline{S}}^2 \cdot \underline{v}\,\underline{v} \cdot \underline{\underline{S}}^2$ mithilfe der verallgemeinerten Cayley-Hamilton-Gleichung (5.1) durch $\underline{\underline{\delta}}$, $\underline{\underline{S}}$, $\underline{\underline{S}}^2$, $\underline{v}\,\underline{v}$, $\underline{\underline{S}} \cdot \underline{v}\,\underline{v}$, $\underline{v}\,\underline{v} \cdot \underline{\underline{S}}$, $\underline{\underline{S}}^2 \cdot \underline{v}\,\underline{v}$, $\underline{v}\,\underline{v} \cdot \underline{\underline{S}}^2$ ausdrücken lassen.

Es gibt also insgesamt acht Generatoren für die Funktion $\underline{\underline{f}}$, sodass die Darstellung für den Tensor $\underline{\underline{T}}$ lautet:

$$\underline{\underline{T}} = k_1\,\underline{\underline{\delta}} + k_2\,\underline{\underline{S}} + k_3\,\underline{\underline{S}}^2 + k_4\,\underline{v}\,\underline{v} + k_5\,\underline{\underline{S}} \cdot \underline{v}\,\underline{v} + k_6\,\underline{v}\,\underline{v} \cdot \underline{\underline{S}} + k_7\,\underline{\underline{S}}^2 \cdot \underline{v}\,\underline{v} + k_8\,\underline{v}\,\underline{v} \cdot \underline{\underline{S}}^2.$$

Die Koeffizienten $k_1, \ldots, k_8$ sind dabei wie in Abschnitt 5.4.3 Nr. 3 skalarwertige Funktionen der Invarianten von $\underline{\underline{S}}$ und $\underline{v}$:

$$k_i = f(\mathrm{Sp}\underline{\underline{S}},\ \mathrm{Sp}\underline{\underline{S}}^2,\ \mathrm{Sp}\underline{\underline{S}}^3,\ \underline{v} \cdot \underline{v},\ \underline{v} \cdot \underline{\underline{S}} \cdot \underline{v},\ \underline{v} \cdot \underline{\underline{S}}^2 \cdot \underline{v}).$$

Anders als in Nr. 2 folgt aus der Symmetrie von $\underline{\underline{S}}$ nicht mehr zwangsläufig die Symmetrie von $\underline{\underline{T}}$, das ist nur der Fall, wenn zusätzlich $k_5 = k_6$ und $k_7 = k_8$ gilt.

Wenn wir dagegen wissen, dass $\underline{\underline{T}}$ symmetrisch ist, lässt sich die Darstellung für $\underline{\underline{T}}$ auch in der Form

$$\underline{\underline{T}} = k_1^* \underline{\underline{\delta}} + k_2^* \underline{\underline{S}} + k_3^* \underline{\underline{S}}^2 + k_4^* \underline{v}\,\underline{v} + k_5^* \left(\underline{\underline{S}} \cdot \underline{v}\,\underline{v} + \underline{v}\,\underline{v} \cdot \underline{\underline{S}} \right) + k_6^* \underline{\underline{S}} \cdot \underline{v}\,\underline{v} \cdot \underline{\underline{S}}$$

angeben. $\underline{\underline{S}}^2 \cdot \underline{v}\,\underline{v}$ und $\underline{v}\,\underline{v} \cdot \underline{\underline{S}}^2$ können bei symmetrischem $\underline{\underline{T}}$ nur als Summe eingehen, und mithilfe der verallgemeinerten Cayley-Hamilton-Gleichung (5.1) lässt sich diese Summe durch den Generator $\underline{\underline{S}} \cdot \underline{v}\,\underline{v} \cdot \underline{\underline{S}}$ ersetzen, der von vornherein symmetrisch ist. Die Koeffizienten $k_1^*, \ldots, k_6^*$ sind dabei wie zuvor skalarwertige Funktionen der Invarianten von $\underline{\underline{S}}$ und $\underline{v}$.

Aufgabe 5.6

Man bestimme die Darstellung eines (polaren) Tensors $\underline{\underline{T}}$ zweiter Stufe, der von einem Vektor $\underline{v}$ abhängt. Man unterscheide dabei die Fälle, dass $\underline{v}$ polar oder axial ist.

5.4.5 Zusammenfassung

Wir fassen die Ergebnisse des Abschnitts 5.4 noch einmal in Tabellenform zusammen. Dabei bezeichnet $\underline{\underline{S}}$ einen polaren symmetrischen Tensor, $\underline{\underline{A}}$ einen polaren antimetrischen Tensor, $\underline{v}$ einen polaren Vektor und $\underline{u}$ einen axialen Vektor.

Argumente	Funktionsbasis
	vektorwertige Funktionen
$\underline{v}$	$\underline{v}$
$\underline{\underline{S}}$	–
$\underline{\underline{A}}$	$\underline{\underline{\underline{\varepsilon}}} \cdot\cdot \underline{\underline{A}}$
$\underline{v}, \underline{\underline{S}}$	$\underline{v}, \underline{v} \cdot \underline{\underline{S}}, \underline{v} \cdot \underline{\underline{S}}^2$
	tensorwertige Funktionen
$\underline{v}$	$\underline{\underline{\delta}}, \underline{v}\,\underline{v}$
$\underline{u}$	$\underline{\underline{\delta}}, \underline{u}\,\underline{u}, \underline{\underline{\underline{\varepsilon}}} \cdot \underline{u}$
$\underline{\underline{S}}$	$\underline{\underline{\delta}}, \underline{\underline{S}}, \underline{\underline{S}}^2$
$\underline{\underline{S}}, \underline{v}$	$\underline{\underline{\delta}}, \underline{\underline{S}}, \underline{\underline{S}}^2, \underline{v}\,\underline{v}, \underline{\underline{S}} \cdot \underline{v}\,\underline{v}, \underline{v}\,\underline{v} \cdot \underline{\underline{S}}, \underline{\underline{S}}^2 \cdot \underline{v}\,\underline{v}, \underline{v}\,\underline{v} \cdot \underline{\underline{S}}^2$

5.5 Berücksichtigung von Anisotropien

1. Wir haben eine Tensorfunktion im letzten Abschnitt isotrop genannt, wenn die Transformationskoeffizienten in den Invarianzbedingungen (5.14), (5.15) und (5.16) alle orthogonalen Transformationen umfassen. Diese Festlegung ist jedoch nicht erforderlich; man kann genauso gut auch die Menge der zulässigen orthogonalen Transformationen einschränken und beispielsweise nur Drehungen um eine feste Achse betrachten. Solche Überlegungen sind wichtig in der Physik, wenn man die Materialeigenschaften eines Körpers genauer beschreiben will; denn viele Körper wie Kristalle oder moderne Verbundwerkstoffe zeichnen sich durch eine Richtungsabhängigkeit aus, d. h. sie reagieren bei einer Drehung je nach Richtung der Drehachse unterschiedlich. Es gibt dann sehr häufig Drehungen um bestimmte Achsen und Winkel, bei denen die Reaktion des Körpers gleich bleibt. Solche Drehungen kann man dazu nutzen, um Körper zu klassifizieren; man spricht dann davon, dass der Körper eine bestimmte Symmetrie besitzt oder zu einer bestimmten Symmetriegruppe gehört. Mathematisch ist eine solche Symmetriegruppe durch die Menge der orthogonalen Transformationen definiert, bei denen sich das Verhalten des Körpers nicht ändert.

2. Die Invarianzbedingungen aus Abschnitt 5.4.1 lassen sich auch dann auswerten, wenn nicht mehr alle orthogonalen Transformationen zugelassen sind. Wir wollen auf die Einzelheiten nicht näher eingehen, grundsätzlich gilt jedoch, dass die Anzahl der Invarianten steigt, wenn man die Menge der zulässigen Transformationen einschränkt. Ein Beispiel ist die Beschränkung auf eigentlich orthogonale Transformationen, man spricht dann auch von hemitropen Invarianten und hemitropen Tensorfunktionen. Sie lassen sich auf ähnliche Weise wie in den Abschnitten 5.3 und 5.4 ermitteln, nur muss man dann stets auch die Simultaninvarianten mit dem ε-Tensor berücksichtigen, da bei eigentlich orthogonalen Transformationen die Unterscheidung von polaren und axialen Tensoren überflüssig ist. Ein anderes Beispiel sind Drehungen, die nur um eine bestimmte Achse erfolgen. Wenn wir diese Achse als z-Achse eines kartesischen Koordinatensystems wählen, hat die Matrix der Transformationskoeffizienten nach (3.75) und Abschnitt 3.13.4 die Form

$$\alpha_{ij} = \begin{pmatrix} \cos\varphi & -\sin\varphi & 0 \\ \sin\varphi & \cos\varphi & 0 \\ 0 & 0 & 1 \end{pmatrix}.$$

Aus den Transformationsgleichungen (2.17) folgt dann, dass die Koordinate u_3 eines Vektors und die Koordinate T_{33} eines Tensors zweiter Stufe bei der Transformation unverändert bleiben und somit zu den Invarianten gezählt werden müssen.

3. Alle Tensoren, die gegenüber den Transformationen einer bestimmten Symmetriegruppe invariant sind, bilden eine Anisotropieklasse. Zur Erläuterung betrachten wir drei Beispiele in Zusammenhang mit Tensoren zweiter Stufe.

Die Anisotropieklasse der allgemeinen Anisotropie umfasst alle Tensoren; ihre Symmetriegruppe enthält die identische Transformation $\alpha_{ij} = \delta_{ij}$ und die Inversion $\alpha_{ij} = -\delta_{ij}$, da nur bei solchen Transformationen die Koordinaten unverändert bleiben:

$$\widetilde{T}_{ij} = \alpha_{mi}\,\alpha_{nj}\,T_{mn} = \delta_{mi}\,\delta_{nj}\,T_{mn} = T_{ij}\,.$$

Umgekehrt gehören zur Anisotropieklasse der Isotropie alle Tensoren, deren Koordinaten gegen beliebige orthogonale Transformationen invariant sind. Solche Tensoren haben wir bereits früher als isotrop bezeichnet, sie besitzen die Form

$$\underline{\underline{T}} = k\,\underline{\underline{\delta}},$$

denn für die transformierten Koordinaten gilt mit der Orthogonalitätsrelation (2.6)

$$\widetilde{T}_{ij} = \alpha_{mi}\,\alpha_{nj}\,(k\,\delta_{mn}) = k\,\alpha_{mi}\,\alpha_{mj} = k\,\delta_{ij}.$$

Als drittes Beispiel betrachten wir die Anisotropieklasse der Transversalisotropie. Die zugehörige Symmetriegruppe umfasst alle Drehungen bzw. Drehspiegelungen mit einer festen Achse. Die allgemeine Form eines transversalisotropen Tensors zweiter Stufe können wir aus Aufgabe 5.6 übernehmen. Ein transversalisotroper Tensor lässt sich auffassen als ein Tensor, der nur von der Richtung $\underline{n}$ der Dreh- bzw. Drehspiegelungsachse abhängt: $\underline{\underline{T}} = \underline{\underline{f}}(\underline{n})$. Wir müssen also im Ergebnis von Aufgabe 5.6 nur berücksichtigen, dass $\underline{n}$ ein (axialer) Einheitsvektor ist, und erhalten dann

$$\underline{\underline{T}} = \alpha\,\underline{\underline{\delta}} + \beta\,\underline{n}\,\underline{n} + \gamma\,\underline{\underline{\underline{\varepsilon}}}\cdot\underline{n}\,. \tag{5.20}$$

Wegen $\underline{n}\cdot\underline{n} = 1$ sind α, β, γ hier anders als in Aufgabe 5.6 keine Funktionen, sondern beliebige Konstanten.

Wenn wir die z-Achse des kartesischen Koordinatensystems mit der Richtung der Dreh- bzw. Drehspiegelungsachse zusammenfallen lassen, also $n_1 = n_2 = 0$, $n_3 = 1$ wählen, hat $\underline{\underline{T}}$ die Koordinatenmatrix

$$T_{ij} = \begin{pmatrix} \alpha & 0 & 0 \\ 0 & \alpha & 0 \\ 0 & 0 & \alpha \end{pmatrix} + \begin{pmatrix} 0 & 0 & 0 \\ 0 & 0 & 0 \\ 0 & 0 & \beta \end{pmatrix} + \begin{pmatrix} 0 & \gamma & 0 \\ -\gamma & 0 & 0 \\ 0 & 0 & 0 \end{pmatrix}$$
$$= \begin{pmatrix} \alpha & \gamma & 0 \\ -\gamma & \alpha & 0 \\ 0 & 0 & \alpha+\beta \end{pmatrix}.$$

Durch Auswertung der Transformationsgleichungen kann man sich leicht davon überzeugen, dass die Koordinaten von $\underline{\underline{T}}$ unverändert bleiben, wenn das Koordinatensystem um die z-Achse gedreht wird:

$$\widetilde{T}_{ij} = \alpha_{mi}\,\alpha_{nj}\,T_{mn} = \alpha^{\mathrm{T}}_{im}\,T_{mn}\,\alpha_{nj}$$
$$= \begin{pmatrix} \cos\varphi & \sin\varphi & 0 \\ -\sin\varphi & \cos\varphi & 0 \\ 0 & 0 & 1 \end{pmatrix} \begin{pmatrix} \alpha & \gamma & 0 \\ -\gamma & \alpha & 0 \\ 0 & 0 & \alpha+\beta \end{pmatrix} \begin{pmatrix} \cos\varphi & -\sin\varphi & 0 \\ \sin\varphi & \cos\varphi & 0 \\ 0 & 0 & 1 \end{pmatrix}$$
$$= \begin{pmatrix} \alpha\cos\varphi - \gamma\sin\varphi & \alpha\sin\varphi + \gamma\cos\varphi & 0 \\ -\alpha\sin\varphi - \gamma\cos\varphi & \alpha\cos\varphi - \gamma\sin\varphi & 0 \\ 0 & 0 & \alpha+\beta \end{pmatrix} \begin{pmatrix} \cos\varphi & -\sin\varphi & 0 \\ \sin\varphi & \cos\varphi & 0 \\ 0 & 0 & 1 \end{pmatrix}$$
$$= \begin{pmatrix} \alpha\cos^2\varphi - \gamma\sin\varphi\cos\varphi + \alpha\sin^2\varphi + \gamma\sin\varphi\cos\varphi & -\alpha\cos\varphi\sin\varphi + \gamma\sin^2\varphi + \alpha\cos\varphi\sin\varphi + \gamma\cos^2\varphi & 0 \\ -\alpha\cos\varphi\sin\varphi - \gamma\cos^2\varphi + \alpha\cos\varphi\sin\varphi - \gamma\sin^2\varphi & \alpha\sin^2\varphi + \gamma\sin\varphi\cos\varphi + \alpha\cos^2\varphi - \gamma\sin\varphi\cos\varphi & 0 \\ 0 & 0 & \alpha+\beta \end{pmatrix}$$
$$= \begin{pmatrix} \alpha & \gamma & 0 \\ -\gamma & \alpha & 0 \\ 0 & 0 & \alpha+\beta \end{pmatrix}.$$

In der Klasse der transversalisotropen Tensoren sind einige spezielle Klassen von Tensoren enthalten, die wir bereits früher kennengelernt haben. Wenn wir $\alpha = \cos\vartheta$, $\beta = \pm 1 - \cos\vartheta$ und $\gamma = -\sin\vartheta$ setzen, erhalten wir für $\underline{\underline{T}}$ nach (3.77) bzw. (3.81) die allgemeine Form eines orthogonalen Tensors mit ϑ als Drehwinkel und $\underline{n}$ als Dreh- bzw. Drehspiegelungsachse. Durch die Wahl von $\alpha = \beta = 0$ wird $\underline{\underline{T}}$ antimetrisch, und $\gamma\underline{n}$ ist der zu $\underline{\underline{T}}$ gehörende Vektor. Die Wahl von $\gamma = 0$ führt auf einen symmetrischen Tensor, und zwar auf einen solchen mit doppeltem Eigenwert α und einfachem Eigenwert $\alpha+\beta$; $\underline{n}$ ist dann die zum einfachen Eigenwert $\alpha+\beta$ gehörende Eigenrichtung.

Wir fassen das Ergebnis für die behandelten Anisotropieklassen von Tensoren zweiter Stufe noch einmal tabellarisch zusammen. Bei den Anisotropieklassen wächst die Menge der zugehörigen Tensoren $\underline{\underline{T}}$ von oben nach unten an, die Tensoren einer bestimmten Anisotropieklasse sind immer in der nachfolgenden Anisotropieklasse enthalten. Bei den Symmetriegruppen nimmt die Menge der zugehörigen orthogonalen Matrizen α_{ij} dagegen von unten nach oben zu, die Matrizen einer Symmetriegruppe sind immer in der vorhergehenden Symmetriegruppe enthalten.

Anisotropieklasse	allgemeiner Tensor $\underline{\underline{T}}$	Symmetriegruppe α_{ij}
Isotropie	$k\underline{\underline{\delta}}$	beliebig
Transversalisotropie	$\alpha\,\underline{\underline{\delta}} + \beta\,\underline{n}\,\underline{n} + \gamma\,\underline{\underline{\underline{\varepsilon}}}\cdot\underline{n}$	$\begin{pmatrix} \cos\varphi & -\sin\varphi & 0 \\ \sin\varphi & \cos\varphi & 0 \\ 0 & 0 & 1 \end{pmatrix}, \ \underline{n} = \underline{e}_z$
allgemeine Anisotropie	beliebig	$\pm\delta_{ij}$

4. Anisotropien lassen sich auch mithilfe isotroper Tensorfunktionen berücksichtigen. Zur Erläuterung betrachten wir die Spannungs-Verzerrungs-Beziehung für einen elastischen Festkörper. Als wir hierfür in Abschnitt 5.1 die Funktion $\underline{\underline{T}} = \underline{\underline{f}}(\underline{\underline{D}})$ zwischen dem symmetrischen Spannungstensor $\underline{\underline{T}}$ und dem symmetrischen Verzerrungstensor $\underline{\underline{D}}$ notiert haben, sind wir stillschweigend von einem isotropen Festkörper ausgegangen, und nach Abschnitt 5.4.4 Nr. 2 lautet die Darstellung für die Funktion $\underline{\underline{f}}$:

$$\underline{\underline{T}} = k_1\,\underline{\underline{\delta}} + k_2\,\underline{\underline{D}} + k_3\,\underline{\underline{D}}^2, \ k_i = f(\mathrm{Sp}\underline{\underline{D}}, \mathrm{Sp}\underline{\underline{D}}^2, \mathrm{Sp}\underline{\underline{D}}^3).$$

Wenn sich der Festkörper dagegen transversalisotrop verhält, besitzt er eine ausgezeichnete Richtung $\underline{n}$, die wir dann auch als Argument in die Funktion $\underline{\underline{f}}$ aufnehmen müssen, d. h. wir suchen nach einer Darstellung für $\underline{\underline{T}} = \underline{\underline{f}}(\underline{\underline{D}}, \underline{n})$. Das Ergebnis können wir aus Abschnitt 5.4.4 Nr. 3 übernehmen, wenn wir zusätzlich die Symmetrie von $\underline{\underline{T}}$ berücksichtigen und beachten, dass $\underline{n}$ ein Einheitsvektor ist, also $\underline{n}\cdot\underline{n}$ nicht zu den Invarianten gehört:

$$\begin{aligned} &\underline{\underline{T}} = k_1^*\,\underline{\underline{\delta}} + k_2^*\,\underline{\underline{D}} + k_3^*\,\underline{\underline{D}}^2 + k_4^*\,\underline{n}\,\underline{n} + k_5^*(\underline{\underline{D}}\cdot\underline{n}\,\underline{n} + \underline{n}\,\underline{n}\cdot\underline{\underline{D}}) + k_6^*\,\underline{\underline{D}}\cdot\underline{n}\,\underline{n}\cdot\underline{\underline{D}}, \\ &k_i^* = f(\mathrm{Sp}\underline{\underline{D}}, \mathrm{Sp}\underline{\underline{D}}^2, \mathrm{Sp}\underline{\underline{D}}^3, \underline{n}\cdot\underline{\underline{D}}\cdot\underline{n}, \underline{n}\cdot\underline{\underline{D}}^2\cdot\underline{n}). \end{aligned} \quad \text{(a)}$$

Die Spannungs-Verzerrungs-Beziehung für einen isotropen Festkörper ist hierin als Spezialfall enthalten, wenn $k_4^* = k_5^* = k_6^* = 0$ ist und k_1^*, k_2^* und k_3^* nicht von $\underline{n}$ abhängen.

Wenn die Verzerrungen klein sind, kann man (a) durch einen linearen Zusammenhang der Koordinaten von $\underline{\underline{T}}$ und $\underline{\underline{D}}$ approximieren. Dann ist $k_3^* = k_6^* = 0$, $k_2^* = \alpha$ und $k_5^* = \beta$ sind konstant, und k_1^* und k_4^* sind lineare Funktionen der in $\underline{\underline{D}}$ linearen Invarianten $\mathrm{Sp}\underline{\underline{D}}$ und $\underline{n} \cdot \underline{\underline{D}} \cdot \underline{n}$:

$$k_1^* = \kappa\,\mathrm{Sp}\underline{\underline{D}} + \lambda\,\underline{n} \cdot \underline{\underline{D}} \cdot \underline{n}, \quad k_4^* = \mu\,\mathrm{Sp}\underline{\underline{D}} + \nu\,\underline{n} \cdot \underline{\underline{D}} \cdot \underline{n}.$$

In der Koordinatenschreibweise vereinfacht sich (a) dadurch zu

$$\begin{aligned} T_{ij} = {} & (\kappa D_{pp} + \lambda\, n_p D_{pq} n_q)\, \delta_{ij} + (\mu D_{pp} + \nu\, n_p D_{pq} n_q)\, n_i n_j \\ & + \alpha D_{ij} + \beta\, (D_{ip} n_p n_j + n_i n_p D_{pj}). \end{aligned}$$

Durch Einführung geeigneter Kronecker-Symbole kann man D_{kl} ausklammern:

$$\begin{aligned} T_{ij} = {} & \left(\kappa\, \delta_{pk}\, \delta_{pl}\, D_{kl} + \lambda\, n_p\, \delta_{pk} D_{kl}\, \delta_{lq} n_q\right) \delta_{ij} \\ & + \left(\mu\, \delta_{pk}\, \delta_{pl}\, D_{kl} + \nu\, n_p\, \delta_{pk} D_{kl}\, \delta_{lq} n_q\right) n_i n_j + \alpha\, \delta_{ik}\, \delta_{jl}\, D_{kl} \\ & + \beta\, \left(\delta_{ik} D_{kl}\, \delta_{lp} n_p n_j + n_i n_p\, \delta_{pk} D_{kl}\, \delta_{lj}\right) \\ = {} & \left\{\kappa\, \delta_{ij}\, \delta_{kl} + \lambda\, \delta_{ij}\, n_k n_l + \mu\, n_i n_j\, \delta_{kl} + \nu\, n_i n_j n_k n_l + \alpha\, \delta_{ik}\, \delta_{jl} \right. \\ & \left. + \beta\, \left(\delta_{ik}\, n_j n_l + n_i n_k\, \delta_{jl}\right)\right\} D_{kl}. \end{aligned}$$

Da sowohl T_{ij} als auch D_{kl} symmetrisch sind, können wir hierfür schreiben

$$\begin{aligned} T_{ij} = {} & \left\{\kappa\, \delta_{ij}\, \delta_{kl} + \lambda\, \delta_{ij}\, n_k n_l + \mu\, n_i n_j\, \delta_{kl} + \nu\, n_i n_j n_k n_l + \tfrac{1}{2}\, \alpha \left(\delta_{ik}\, \delta_{jl} + \delta_{il}\, \delta_{jk}\right) \right. \\ & \left. + \tfrac{1}{2}\, \beta\, \left(\delta_{ik}\, n_j n_l + n_i n_k\, \delta_{jl} + \delta_{il}\, n_j n_k + n_i n_l\, \delta_{jk}\right)\right\} D_{kl}. \end{aligned}$$

Der Ausdruck in den geschweiften Klammern lässt sich als Koordinaten eines vierstufigen Elastizitätstensor $\underline{\underline{\underline{\underline{E}}}}$ mit den Symmetrieeigenschaften

$$E_{ijkl} = E_{jikl} = E_{ijlk}$$

interpretieren. Wir erhalten damit abgekürzt

$$T_{ij} = E_{ijkl}\, D_{kl}.$$

Die Konstanten α, β, κ, λ, μ und ν müssen (eventuell unter weiteren physikalischen Annahmen) experimentell bestimmt werden.

Kapitel 6

Der Vektorraum

In diesem letzten Kapitel soll ein mathematisch exakter Zugang zum Begriff des affinen Vektorraums und damit zu einem allgemeineren Vektorbegriff gegeben werden.

Wegen der größeren Strenge der Darstellung werden die einzelnen Abschnitte nach ihrer formalen Qualität als Definition, Beispiel, Satz oder Anmerkung gekennzeichnet, wobei Anmerkungen meist einfache Schlussfolgerungen (Sätze) sind, die keines ausführlichen Beweises bedürfen. Unter den Definitionen werden auch Konventionen aufgeführt; die definierten Begriffe werden kursiv geschrieben. Kommen unter einer Überschrift mehrere Gruppen von Definitionen, mehrere Sätze usw. vor, so werden sie mit 1, 2 usw. nummeriert.

6.1 Einfache algebraische Systeme

Mengen, zwischen deren Elementen Operationen definiert sind, nennt man algebraische Systeme. Wir werden den Vektorraum als ein solches algebraisches System definieren und rekapitulieren als Vorbereitung dafür zunächst die algebraischen Systeme Halbgruppe, Gruppe, Ring und Körper.

6.1.1 Die Halbgruppe

Definitionen: Ein Paar $(H, \cdot)$ aus einer nichtleeren Menge H und einer Verknüpfung $\cdot$, die jedem geordneten Paar (a, b) von Elementen $a, b \in H$ genau eine

Größe $a \cdot b$ zuordnet, heißt eine *Halbgruppe*, wenn für alle $a, b, c \in H$ die folgenden Axiome erfüllt sind:

H I. (Abgeschlossenheit) $a \cdot b \in H$

H II. (Assoziativität) $a \cdot (b \cdot c) = (a \cdot b) \cdot c$.

Eine Verknüpfung, die Elementen einer Menge wieder ein Element dieser Menge zuordnet, nennt man eine *innere Verknüpfung*.

Wegen II können wir statt $(a \cdot b) \cdot c$ oder $a \cdot (b \cdot c)$ einfach $a \cdot b \cdot c$ schreiben.

Die beiden Elemente a und b brauchen nicht verschieden zu sein, die Menge H muss also mindestens ein Element haben. Häufig ist die ausdrückliche Benennung der Verknüpfung hier überflüssig; dann spricht man auch kürzer von der Halbgruppe H.

Eine Halbgruppe $(H, \cdot)$ heißt *abelsch* oder *kommutativ*, wenn auch noch das folgende Axiom erfüllt ist:

H III. (Kommutativität) Es gilt $a \cdot b = b \cdot a$.

Beispiele: Beispiele für abelsche Halbgruppen sind

- die natürlichen Zahlen[1] und die Addition,
- die natürlichen Zahlen und die Multiplikation,
- die Zahl 0 und die Addition,
- die Zahl 1 und die Multiplikation,
- die Menge $\{1, -1\}$ und die Multiplikation.

Ein Beispiel für eine nichtabelsche Halbgruppe sind die quadratischen Matrizen gleicher Reihenzahl und die Matrizenmultiplikation.

Zum Beispiel die natürlichen Zahlen und die Subtraktion sind weder abgeschlossen noch assoziativ; die ganzen Zahlen und die Subtraktion sind zwar abgeschlossen, aber nicht assoziativ. Beides sind also keine Halbgruppen.

---

[1] Als natürliche Zahlen bezeichnen wir die positiven ganzen Zahlen $1, 2, 3, \ldots$

6.1.2 Die Gruppe

Definitionen: Ein Paar $(G, \cdot)$ aus einer nichtleeren Menge G und einer Verknüpfung $\cdot$ heißt eine *Gruppe*, wenn die folgenden Axiome erfüllt sind:

G I. Das Paar $(G, \cdot)$ ist eine Halbgruppe.

G II. Es gibt ein Element $e \in G$, sodass $e \cdot a = a$ für alle $a \in G$ gilt.

G III. Es gibt zu jedem $a \in G$ ein Element $a' \in G$, sodass $a' \cdot a = e$ gilt.

Eine Gruppe $(G, \cdot)$ heißt *abelsch* oder *kommutativ*, wenn auch noch das folgende Axiom erfüllt ist:

G IV. (Kommutativität) Es gilt $a \cdot b = b \cdot a$.

Die Gruppenverknüpfung $\cdot$ nennt man manchmal auch *Gruppenmultiplikation*; in diesem Falle nennt man $a \cdot b$ auch das *Produkt* der *Faktoren* a und b. Das Element e nennt man ein *linksneutrales Element* der Gruppe, das Element a' ein *linksinverses Element* zu a. Wieder spricht man auch kürzer von der Gruppe G, wenn die Benennung der Gruppenverknüpfung des Zusammenhangs wegen überflüssig ist.

Anmerkung: Zum Rückgriff bei Beweisen und bei der Prüfung, ob eine bestimmte Menge mit einer bestimmten Verknüpfung eine Gruppe bildet, ist es zweckmäßig, nicht auf die Definition der Halbgruppe zurückzugreifen, sondern die Gruppenaxiome auszuschreiben. Man erhält dann für alle $a, b, c \in G$:

G 1. (Abgeschlossenheit) $a \cdot b \in G$.

G 2. (Assoziativität) $a \cdot (b \cdot c) = (a \cdot b) \cdot c$.

G 3. (Existenz eines linksneutralen Elements) Es gibt ein Element $e \in G$, sodass $e \cdot a = a$ gilt.

G 4. (Existenz eines linksinversen Elements) Es gibt zu jedem $a \in G$ ein Element $a' \in G$, sodass $a' \cdot a = e$ gilt.

Für abelsche Gruppen kommt noch hinzu:

G 5. (Kommutativität) $a \cdot b = b \cdot a$.

Satz: In jeder Gruppe gilt

$$a \cdot e = a\,, \qquad\qquad a \cdot a' = e\,, \tag{6.1}$$

und es gibt nur ein Element e und zu jedem a nur ein Element a'.

Den Beweis des Satzes führen wir in mehreren Schritten:

I. Zunächst beweisen wir $(6.1)_2$, d. h. die Existenz eines *rechtsinversen Elements* zu jedem Element $a \in G$. Es sei $a' \in G$ ein linksinverses Element zu a, also $a' \cdot a = e$, und $a'' \in G$ ein linksinverses Element zu a', also $a'' \cdot a' = e$. Dann ist

$$\begin{aligned} a \cdot a' &= (e \cdot a) \cdot a' && \text{nach G 3} \\ &= e \cdot (a \cdot a') && \text{nach G 2} \\ &= (a'' \cdot a') \cdot (a \cdot a') && \text{nach Voraussetzung} \\ &= a'' \cdot (a' \cdot (a \cdot a')) && \text{nach G 2} \\ &= a'' \cdot ((a' \cdot a) \cdot a') && \text{nach G 2} \\ &= a'' \cdot (e \cdot a') && \text{nach G 4} \\ &= a'' \cdot a' && \text{nach G 3} \\ &= e && \text{nach Voraussetzung, w. z. b. w.} \end{aligned}$$

II. Wir zeigen weiter, dass $(6.1)_1$ gilt, also zu jedem Element $a \in G$ ein *rechtsneutrales Element* existiert:

$$\begin{aligned} a &= e \cdot a && \text{nach G 3} \\ &= (a \cdot a') \cdot a && \text{wie eben bewiesen} \\ &= a \cdot (a' \cdot a) && \text{nach G 2} \\ &= a \cdot e && \text{nach G 4, w. z. b. w.} \end{aligned}$$

III. Weiter kann man zeigen, dass es nur ein e gibt. Für jedes $e^* \in G$, für das $e^* \cdot a = a$ für alle $a \in G$ gilt, folgt nämlich

$$\begin{aligned} e^* &= e^* \cdot e && \text{nach } (6.1)_1 \\ &= e && \text{nach Voraussetzung.} \end{aligned}$$

IV. Ebenso existiert zu jedem a nur ein a'. Für jedes a^*, für das $a^* \cdot a = e$ ist, gilt nämlich

$$\begin{aligned} a^* &= a^* \cdot e && \text{nach } (6.1)_1 \\ &= a^* \cdot (a \cdot a') && \text{nach } (6.1)_2 \\ &= (a^* \cdot a) \cdot a && \text{nach G 2} \\ &= e \cdot a' && \text{nach Voraussetzung} \\ &= a' && \text{nach G 3, w. z. b. w.} \end{aligned}$$

In einer Gruppe gibt es also nur ein linksneutrales Element, und das ist zugleich rechtsneutral, wir können deshalb einfach vom *neutralen Element* sprechen; und es gibt zu a nur ein linksinverses Element, und das ist zugleich rechtsinvers, wir können also einfach vom zu *a inversen Element* sprechen.

Beispiele: Von den obigen Beispielen für Halbgruppen sind die ersten beiden keine Gruppen: Die natürlichen Zahlen und die Addition haben kein neutrales Element und damit auch keine inversen Elemente. Die natürlichen Zahlen und die Multiplikation haben zwar die Eins als neutrales Element, aber keine inversen Elemente.

Als Beispiel für Gruppen erwähnen wir:

- die ganzen Zahlen und die Addition,
- die rationalen Zahlen und die Addition,
- die reellen Zahlen und die Addition,
- die komplexen Zahlen und die Addition.

  In allen diesen Fällen ist die Null das neutrale Element und das Negative einer Zahl das zu ihr inverse Element, und die Gruppen sind kommutativ.

- Die rationalen Zahlen außer Null und die Multiplikation,
- die reellen Zahlen außer Null und die Multiplikation,
- die komplexen Zahlen außer Null und die Multiplikation.

  In allen diesen Fällen ist die Eins das neutrale Element und das Reziproke einer Zahl das zu ihr inverse Element, und die Gruppen sind kommutativ.

- Die N-tupel und addierbaren Matrizen und die Addition.

  Hier ist das Null-N-tupel bzw. die Nullmatrix das neutrale Element und das Negative eines N-tupels bzw. einer Matrix das inverse Element, auch diese Gruppe ist kommutativ.

- Die regulären quadratischen Matrizen gleicher Reihenzahl und die Matrizenmultiplikation.

  Hier ist die Einheitsmatrix das neutrale Element, die inverse Matrix das inverse Element, und die Gruppe ist nicht kommutativ.

- Die im Intervall $[0, 2\pi]$ quadratisch integrierbaren Funktionen y einer reellen Variablen x.

  Hier ist $y = 0$ das neutrale Element und $y = -f(x)$ das zu $y = f(x)$ inverse Element, und die Gruppe ist kommutativ.

Aufgabe 6.1

A. Man zeige, dass die Zahl 1 mit der Multiplikation eine abelsche Gruppe bildet.

B. Man zeige, dass die Zahlen 1 und -1 mit der Multiplikation eine abelsche Gruppe bilden.

6.1.3 Der Ring

Definitionen: Ein Tripel $(R, +, \cdot)$ aus einer nichtleeren Menge R und zwei Verknüpfungen $+$ und $\cdot$ heißt ein *Ring*, wenn die folgenden Axiome erfüllt sind:

R I. Das Paar (R, +) ist eine abelsche Gruppe.

R II. Das Paar $(R, \cdot)$ ist eine Halbgruppe.

R III. Für alle $a, b, c \in R$ gelten die Distributivgesetze
$(a+b) \cdot c = (a \cdot c) + (b \cdot c), \quad a \cdot (b+c) = (a \cdot b) + (a \cdot c).$

Wenn das Paar $(R, \cdot)$ eine abelsche Halbgruppe ist, heißt das Tripel $(R, +, \cdot)$ ein *kommutativer Ring*.

Man bezeichnet die Verknüpfung $+$ als *Addition* des Ringes und die Verknüpfung $\cdot$ als *Multiplikation* des Ringes.

Man bezeichnet das in Bezug auf die Addition neutrale Element mit 0 und nennt es das *Nullelement* des Ringes. Man bezeichnet das in Bezug auf die Addition inverse Element zu a mit $-a$ und nennt es das *Negative* von a. Statt $b + (-a)$

schreibt man $b-a$ und nennt diese Operation eine *Subtraktion* und ihr Ergebnis die *Differenz* der Elemente b und a.

Wegen der in R I und R II enthaltenen assoziativen Gesetze für Addition und Multiplikation kann man bei mehrgliedrigen Summen und Produkten die Klammern weglassen. Man vereinbart zusätzlich, dass die Multiplikation Vorrang vor der Addition hat, sodass $a \cdot b + c = (a \cdot b) + c$ zu lesen ist, also auch in solchen Fällen die Klammern wegbleiben können. Schließlich lässt man häufig das Multiplikationssymbol weg; wir wollen das der Deutlichkeit halber zunächst allerdings nicht tun.

Anmerkung: Wir wollen die Axiome auch ausschreiben. Man erhält dann für alle $a, b, c \in R$:

Additionsgesetze:

R 1. (Abgeschlossenheit) $a+b \in R$.

R 2. (Assoziativität) $a+(b+c)=(a+b)+c$.

R 3. (Existenz eines linksneutralen Elements) Es gibt ein Element $0 \in R$, sodass $0+a=a$ für alle $a \in R$ gilt.

R 4. (Existenz eines linksinversen Elements) Es gibt zu jedem Element a ein Element $-a \in R$, sodass $-a+a=0$ gilt.

R 5. (Kommutativität) $a+b=b+a$.

Multiplikationsgesetze:

R 6. (Abgeschlossenheit) $a \cdot b \in R$.

R 7. (Assoziativität) $a \cdot (b \cdot c) = (a \cdot b) \cdot c$.

Distributivgesetze:

R 8. $(a+b) \cdot c = a \cdot c + b \cdot c$.

R 9. $a \cdot (b+c) = a \cdot b + a \cdot c$.

Für kommutative Ringe gilt außerdem die Kommutativität der Multiplikation:

R 10. $a \cdot b = b \cdot a$.

Beispiele: Mit der gewöhnlichen Addition und Multiplikation sind die folgenden Zahlenmengen kommutative Ringe:

- die Null,
- die geraden Zahlen,
- die ganzen Zahlen,
- die rationalen Zahlen,
- die reellen Zahlen,
- die komplexen Zahlen.

Aufgabe 6.2

Man zeige, dass die Tensoren (der Physik) zweiter Stufe mit der Addition und der skalaren Multiplikation einen Ring bilden.

6.1.4 Der Körper

Definitionen: Ein Ring $(K, +, \cdot)$ mit mindestens zwei Elementen heißt ein *Körper*, wenn das Paar $(K\backslash\{0\}, \cdot)$ eine Gruppe ist, wobei 0 das in Bezug auf die Addition neutrale Element ist.

Ist der Ring $(K, +, \cdot)$ kommutativ, so spricht man von einem *kommutativen Körper* oder einem *Skalarenkörper* und nennt die Elemente von K *Skalare*. (Es finden sich auch geringfügig abweichende Definitionen des Skalarenkörpers.)

Viele Autoren nennen den nichtkommutativen Körper einen *Schiefkörper* und dann den kommutativen Körper einen *Körper*.

Wie bei einem Ring nennt man die beiden Operationen *Addition* und *Multiplikation*, das in Bezug auf die Addition neutrale Element das *Nullelement* und das zu a in Bezug auf die Addition inverse Element das *Negative* von a; ebenso führt man die Begriffe *Subtraktion* und *Differenz* ein. Zusätzlich bezeichnet man das in Bezug auf die Multiplikation neutrale Element mit 1 und nennt es das *Einselement*.

Anmerkungen: Man kann die vier algebraischen Systeme Ring, kommutativer Ring, Körper, kommutativer Körper folgendermaßen charakterisieren: Ein Tripel $(K, +, \cdot)$ aus einer nichtleeren Menge K (im Falle des Körpers aus einer Menge K mit mindestens zwei Elementen) und zwei Verknüpfungen $+$ und $\cdot$

- sei in Bezug auf das Paar $(K, +)$ eine abelsche Gruppe und
- erfülle die beiden Distributivgesetze $(a+b)\cdot c = a\cdot c + b\cdot c$, $a\cdot(b+c) = a\cdot b + a\cdot c$ für alle $a, b, c \in K$.

Außerdem sei

- das Paar $(K, \cdot)$ eine Halbgruppe, dann ist $(K, +, \cdot)$ ein Ring;
- das Paar $(K, \cdot)$ eine abelsche Halbgruppe, dann ist $(K, +, \cdot)$ ein kommutativer Ring;
- das Paar $(K, \cdot)$ eine Halbgruppe und das Paar $(K\backslash\{0\}, \cdot)$ eine Gruppe, dann ist $(K, +, \cdot)$ ein Körper;
- das Paar $(K, \cdot)$ eine abelsche Halbgruppe und das Paar $(K\backslash\{0\}, \cdot)$ eine Gruppe, dann ist $(K, +, \cdot)$ ein kommutativer Körper.

Wir wollen auch die Körperaxiome ausschreiben. Man erhält dann für alle $a, b, c \in K$:

Additionsgesetze:

K 1. (Abgeschlossenheit) $a+b \in K$.

K 2. (Assoziativität) $a+(b+c) = (a+b)+c$.

K 3. (Existenz eines linksneutralen Elements) Es gibt ein Element $0 \in K$, sodass $0+a = a$ für alle $a \in K$ gilt.

K 4. (Existenz eines linksinversen Elements) Es gibt zu jedem Element a ein Element $-a \in K$, sodass $-a+a = 0$ gilt.

K 5. (Kommutativität) $a+b = b+a$.

Multiplikationsgesetze:

K 6. (Abgeschlossenheit) $a\cdot b \in K$ für alle $a, b \in K$.

K 7. (Assoziativität) $a\cdot(b\cdot c) = (a\cdot b)\cdot c$ für alle $a, b, c \in K$.

K 8. (Existenz eines linksneutralen Elements) Es gibt ein Element $1 \in K\backslash\{0\}$, sodass $1\cdot a = a$ für alle $a \in K\backslash\{0\}$ gilt.

K 9. (Existenz eines linksinversen Elements) Es gibt zu jedem Element $a \in K\backslash\{0\}$ ein Element $a^{-1} \in K\backslash\{0\}$, sodass $a^{-1}\cdot a = 1$ ist.

Distributivgesetze:

K 10. $(a+b)\cdot c = a\cdot c + b\cdot c.$

K 11. $a\cdot(b+c) = a\cdot b + a\cdot c.$

Für einen kommutativen Körper gilt außerdem die Kommutativität der Multiplikation:

K 12. $a\cdot b = b\cdot a.$

Beispiele: Von den Beispielen kommutativer Ringe in Abschnitt 6.1.3 sind zugleich Skalarenkörper

- die rationalen Zahlen,
- die reellen Zahlen,
- die komplexen Zahlen.

Aufgabe 6.3

Welche Untergruppe der Tensoren (der Physik) zweiter Stufe bildet mit der Addition und der skalaren Multiplikation einen Körper?

6.2 Der (affine) Vektorraum

6.2.1 Vektorraum, Nullvektor, Subtraktion

Definitionen 1: Ein *(affiner) Vektorraum* oder *linearer Raum* besteht aus

- einer abelschen Gruppe $(E, \oplus)$,
- einem Skalarenkörper (K, $+$, ohne Symbol),
- einer Multiplikation $\odot$, die jedem Paar eines Elements aus K und eines Elements aus E ein Element aus E zuordnet.

Die Elemente von E nennt man *(affine) Vektoren*, sie sollen durch unterstrichene Buchstaben bezeichnet werden. Die Skalare sollen zum Unterschied durch nicht unterstrichene Buchstaben gekennzeichnet werden.

Für die Addition von Vektoren gelten die Axiome G 1 bis G 5 der abelschen Gruppe, für die Addition und die Multiplikation von Skalaren die Axiome K 1 bis K 12 des Skalarenkörpers. Für die Multiplikation eines Skalars mit einem Vektor gelten für alle $\alpha, \beta \in K$ und alle $\underline{a}, \underline{b} \in E$ die folgenden Axiome:

V 1. (Abgeschlossenheit) $\alpha \odot \underline{a} \in E$.

V 2. (Assoziativität beider Multiplikationen) $\alpha \odot (\beta \odot \underline{a}) = (\alpha\beta) \odot \underline{a}$.

V 3. (Distributivität der Skalaraddition) $(\alpha + \beta) \odot \underline{a} = (\alpha \odot \underline{a}) \oplus (\beta \odot \underline{a})$.

V 4. (Distributivität der Vektoraddition) $\alpha \odot (\underline{a} \oplus \underline{b}) = (\alpha \odot \underline{a}) \oplus (\alpha \odot \underline{b})$.

V 5. $1 \odot \underline{a} = \underline{a}$.

Der so definierte Vektorraum heißt vollständig *affiner Vektorraum E über dem Skalarenkörper K*. Einen Vektorraum über dem Körper der reellen Zahlen nennt man auch kürzer einen *reellen Vektorraum*, einen Vektorraum über dem Körper der komplexen Zahlen entsprechend einen *komplexen Vektorraum*.

Wenn im Folgenden von einem Vektorraum die Rede ist, ist immer ein reeller Vektorraum gemeint.

Wir verabreden den Vorrang von $\odot$ gegenüber $\oplus$, dann können wir z. B. auf der rechten Seite von V 3 und V 4 die Klammern weglassen.

Anmerkung 1: Wir wollen sehen, ob man eine Multiplikation eines Vektors mit einem Skalar durch

$$\underline{a} \otimes \alpha := \alpha \odot \underline{a}$$

definieren kann. Dazu müssen wir prüfen, ob für die so definierte Multiplikation die Axiome V 1 bis V 5 erfüllt sind: V 1 folgt unmittelbar aus der Definition. Für V 2 gilt

$$\begin{aligned}
(\underline{a} \otimes \alpha) \otimes \beta &= \beta \odot (\alpha \odot \underline{a}) && \text{nach Definition} \\
&= (\beta\alpha) \odot \underline{a} && \text{nach V 2} \\
&= (\alpha\beta) \odot \underline{a} && \text{nach K 12} \\
&= \underline{a} \otimes (\alpha\beta) && \text{nach Definition, w. z. b. w.}
\end{aligned}$$

Für V 3 gilt

$$\begin{aligned} \underline{a}\otimes(\alpha+\beta) &= (\alpha+\beta)\odot\underline{a} && \text{nach Definition}\\ &= \alpha\odot\underline{a}\oplus\beta\odot\underline{a} && \text{nach V 3}\\ &= \underline{a}\otimes\alpha\oplus\underline{a}\otimes\beta && \text{nach Definition, w. z. b. w.} \end{aligned}$$

Für V 4 gilt

$$\begin{aligned} (\underline{a}\oplus\underline{b})\otimes\alpha &= \alpha\odot(\underline{a}\oplus\underline{b}) && \text{nach Definition}\\ &= \alpha\odot\underline{a}\oplus\alpha\odot\underline{b} && \text{nach V 4}\\ &= \underline{a}\otimes\alpha\oplus\underline{b}\otimes\alpha && \text{nach Definition, w. z. b. w.} \end{aligned}$$

V 5 folgt wieder unmittelbar aus der Definition. Damit ist die obige Definition mit den Axiomen verträglich, und die Multiplikation eines Skalars und eines Vektors ist kommutativ; wir verwenden für die Multiplikation eines Vektors mit einem Skalar künftig ebenfalls das Symbol $\odot$.

Anmerkung 2: Offenbar kann man jede abelsche Gruppe zu einem reellen bzw. komplexen Vektorraum erweitern, wenn man eine Multiplikation ihrer Elemente mit einer reellen bzw. komplexen Zahl definieren kann, die den obigen Gesetzen V 1 bis V 5 genügt. Der so definierte Vektorbegriff ist also sehr viel allgemeiner als der uns aus der Elementargeometrie oder Physik geläufige; wo eine Verwechslung möglich ist, wollen wir die beiden Arten von Vektoren künftig als affine Vektoren und als *Vektoren der Physik* unterscheiden.

Beispiele: Wir nennen als Beispiele für affine Vektoren, wobei als Gruppenverknüpfung die jeweilige Addition gelten soll:

- Die Vektoren der Physik. (Man mache sich klar, dass die vektoralgebraischen Operationen außer der Addition nicht auf einen Vektorraum führen: Die Subtraktion und die vektorielle Multiplikation sind nicht kommutativ, die tensorielle und die skalare Multiplikation ergeben keinen Vektor.)
- Die komplexen und die reellen Zahlen. (Auch Skalare sind also affine Vektoren!)
- Die M,N-Matrizen für festes M und N und als deren Spezialfall die N-tupel für festes N.
- Die Tensoren N-ter Stufe der Physik für festes N.

– Die im Intervall $[0,\ 2\pi]$ quadratisch integrierbaren Funktionen einer reellen Variablen.

Definitionen 2: Zur Vereinfachung der Schreibweise wollen wir in Zukunft die Vektoraddition $\oplus$ wie die Addition von Skalaren schreiben, also $+$; und wir wollen die Multiplikation $\odot$ eines Skalars und eines Vektors wie die Multiplikation zweier Skalare schreiben, also ohne Multiplikationssymbol. Verwechslungen sind nicht möglich, da die eine Addition nur zwischen Vektoren und die andere nur zwischen Skalaren definiert ist; man erkennt also an den Summanden, um welche es sich handelt. Entsprechendes gilt für die beiden Multiplikationen.

Da ein Vektorraum eine abelsche Gruppe (mit der Addition als Gruppenverknüpfung) ist, existiert jeweils ein neutrales und zu jedem Element ein inverses Element. Das neutrale Element nennen wir den *Nullvektor* des Vektorraums und schreiben dafür $\underline{0}$:

$$\underline{a}+\underline{0}=\underline{0}+\underline{a}=\underline{a}\,. \tag{6.2}$$

Das zu $\underline{a}$ inverse Element nennen wir (wie beim Körper) das *negative Element* und schreiben es (statt $\underline{a}'$) $-\underline{a}$. Für $\underline{a}+(-\underline{b})$ schreiben wir wieder kürzer $\underline{a}-\underline{b}$ und nennen die so geschriebene Addition des zu $\underline{b}$ negativen Elements die *Subtraktion* von $\underline{b}$.

Satz: Für einen beliebigen Vektor $\underline{a}$ und einen beliebigen Skalar λ gilt

$$0\underline{a}=\underline{0}\,, \qquad \lambda\,\underline{0}=\underline{0}\,. \tag{6.3}$$

Es gilt auch die Umkehrung: Aus $\lambda\,\underline{a}=\underline{0}$ folgt $\lambda=0$ oder $\underline{a}=\underline{0}$.

Beweis: Wegen des distributiven Gesetzes der Skalaraddition gilt

$$0\underline{a}+0\underline{a}=(0+0)\,\underline{a}=0\underline{a}\,.$$

$0\underline{a}$ ist also das neutrale Element, und das ist nach (6.2) der Nullvektor. Weiter ist nach dem distributiven Gesetz der Vektoraddition

$$\lambda\,\underline{0}+\lambda\,\underline{0}=\lambda(\underline{0}+\underline{0})\overset{(6.2)}{=}\lambda\,\underline{0}\,.$$

$\lambda\,\underline{0}$ ist also ebenfalls das neutrale Element, d. h. der Nullvektor. Die Umkehrung ist für $\lambda=0$ offenbar wegen $(6.3)_1$ erfüllt. Für $\lambda\neq 0$ gilt nach V 5

$$\underline{a}=1\,\underline{a}=\lambda^{-1}\lambda\,\underline{a},$$

und das ist nach Voraussetzung $\lambda^{-1}\underline{0}$ und weiter nach $(6.3)_2$ gleich $\underline{0}$, was zu beweisen war.

6.2.2 Lineare Operationen, lineare Kombination, lineare Unabhängigkeit

Definitionen: Die beiden für einen Vektorraum charakteristischen Operationen, die Vektoraddition und die Multiplikation eines Vektors mit einem Skalar, nennt man *lineare Operationen.* Die allgemeinste mit diesen beiden Operationen zu bildende Verknüpfung von Vektoren $\underline{a}_1, \underline{a}_2, \ldots, \underline{a}_N$ ist

$$\underline{b} = \alpha_i \, \underline{a}_i \; ; \tag{6.4}$$

man nennt sie eine *lineare Kombination* der Vektoren $\underline{a}_1, \underline{a}_2, \ldots, \underline{a}_N$.

N Vektoren heißen *linear unabhängig*, wenn ihre lineare Kombination nur dann den Nullvektor ergibt, wenn alle skalaren Koeffizienten verschwinden:

$$\alpha_i \, \underline{a}_i = \underline{0} \quad \text{nur für} \quad \alpha_i = 0 \, . \tag{6.5}$$

Ergibt die lineare Kombination der N Vektoren dagegen den Nullvektor, auch wenn mindestens ein skalarer Koeffizient von null verschieden ist,

$$\alpha_i \, \underline{a}_i = \underline{0} \, , \quad \alpha_i \neq 0 \, , \tag{6.6}$$

so heißen die Vektoren *linear abhängig.*

6.2.3 Basis und Dimension

Definitionen: Zu einem Vektorraum gehöre mindestens eine Menge von N linear unabhängigen Vektoren, aber keine Menge von $N+1$ linear unabhängigen Vektoren, dann nennt man den Vektorraum und seine Vektoren *N-dimensional* und schreibt E_N. Eine Menge von N linear unabhängigen Vektoren nennt man eine *Basis* des Vektorraums.

Satz 1: Eine Menge von N Vektoren $\underline{g}_i$ ist genau dann eine Basis eines Vektorraums E_N, wenn jeder Vektor $\underline{a} \in E_N$ eindeutig als lineare Kombination der $\underline{g}_i$ dargestellt werden kann:

$$\underline{a} = a^i \, \underline{g}_i \, . \tag{6.7}$$

Wir beweisen die beiden Teile dieses Satzes nacheinander:

I. Wir setzen voraus, dass die N Vektoren $\underline{g}_i$ eine Basis von E_N sind. Wir wollen beweisen, dass dann jeder Vektor $\underline{a} \in E_N$ als eindeutige lineare Kombination der $\underline{g}_i$ dargestellt werden kann.

Wenn die $\underline{g}_i$ eine Basis bilden, so sind sie linear unabhängig, und es gibt keine $N+1$ linear unabhängigen Vektoren in E_N. Die Vektoren $\underline{a}, \underline{g}_1, \underline{g}_2, \ldots, \underline{g}_N$ oder kürzer $\underline{a}, \underline{g}_i$ sind also linear abhängig, d. h. es gilt

$$\lambda\, \underline{a} + \alpha_i\, \underline{g}_i = \underline{0}, \quad \lambda^2 + \alpha_i^2 \neq 0. \tag{a}$$

Dabei ist $\lambda \neq 0$, denn für $\lambda = 0$ gälte

$$\alpha_i\, \underline{g}_i = 0, \quad \alpha_i^2 \neq 0,$$

die $\underline{g}_i$ wären also ebenfalls linear abhängig. Wir können also (a) durch λ dividieren und erhalten mit

$$a^i := -\frac{\alpha_i}{\lambda}$$

$$\underline{a} = a^i\, \underline{g}_i\,.$$

Diese Darstellung ist auch eindeutig, denn gäbe es eine davon verschiedene Darstellung

$$\underline{a} = \widetilde{a}^i\, \underline{g}_i\,,$$

so erhielte man als Differenz

$$\underline{0} = (a^i - \widetilde{a}^i)\, \underline{g}_i\,,$$

was bei nicht sämtlich verschwindenden Koeffizienten wieder zur Folge hätte, dass die $\underline{g}_i$ linear abhängig sind.

II. Wir setzen voraus, dass sich alle $\underline{a} \in E_N$ eindeutig als lineare Kombination von N Vektoren $\underline{g}_i$, also in der Form (6.7) darstellen lassen. Wir wollen beweisen, dass dann die $\underline{g}_i$ eine Basis von E_N bilden.

Wir zeigen zunächst, dass dann alle $\underline{g}_i$ vom Nullvektor verschieden sind. Wäre nämlich ein $\underline{g}_i$ der Nullvektor, so wäre das zugehörige $a^{\underline{i}}\, \underline{g}_{\underline{i}}$ nach $(6.3)_2$ für alle Werte von a^i ebenfalls der Nullvektor, d. h. das a^i wäre in der Darstellung eines Vektors $\underline{a}$ nicht eindeutig.

Wenn alle $a^i = 0$ sind, erhält man nach $(6.3)_1$ und (6.2) offenbar den Nullvektor. Da auch die Darstellung des Nullvektors voraussetzungsgemäß eindeutig ist, gilt also $a^i \underline{g}_i = \underline{0}$ nur, wenn alle $a^i = 0$ sind. Nach (6.5) sind demnach die $\underline{g}_i$ linear unabhängig.

Da sich voraussetzungsgemäß alle Vektoren aus E_N als lineare Kombination der $\underline{g}_i$ darstellen lassen, gibt es in E_N keinen von den $\underline{g}_i$ linear unabhängigen Vektor und damit kein System von $N+1$ linear unabhängigen Vektoren. Die $\underline{g}_i$ bilden also eine Basis von E_N.

Anmerkung: Man kann einen Vektorraum endlicher Dimension durch die Angabe einer Basis definieren: Zu diesem Vektorraum gehören dann alle diejenigen Vektoren, die sich als lineare Kombination der Basisvektoren darstellen lassen. In diesem Sinne spricht man von dem durch eine bestimmte Basis aufgespannten Vektorraum.

Die Vektoren der Physik, die wir in den Kapiteln 2 bis 4 behandelt haben, sind dann die Elemente des Vektorraums, der von einer kartesischen Basis im Raum unserer Anschauung aufgespannt wird.

Beispiele: Wir geben wieder Beispiele für die Dimension und eine Basis eines Vektorraums an.

- Der Vektorraum der reellen Zahlen ist eindimensional, eine Basis ist 1, aber auch jede andere reelle Zahl außer null.
- Der Vektorraum der komplexen Zahlen ist zweidimensional, eine Basis ist 1, i.
- Der Vektorraum der Vektoren der Physik ist dreidimensional, eine Basis ist $\underline{e}_i$.
- Der Vektorraum der Tensoren zweiter Stufe der Physik (man definiert auch affine Tensoren) ist neundimensional, eine Basis ist $\underline{e}_i \underline{e}_j$.
- Der Vektorraum der M,N-Matrizen hat die Dimension MN, eine Basis wird von den Matrizen gebildet, in denen ein Element eins und alle anderen Elemente null sind.
- Der Vektorraum der im Intervall $[0,\ 2\pi]$ quadratisch integrierbaren Funktionen einer reellen Variablen x hat die Dimension unendlich, eine Basis sind die trigonometrischen Funktionen $\cos(nx)$ und $\sin(nx)$ mit $n = 0,\ 1,\ 2,\ \ldots$

Satz 2: Jeder Vektorraum endlicher Dimension hat unendlich viele Basen.

Dieser Satz lässt sich folgendermaßen beweisen: Es sei $\underline{g}_1, \underline{g}_2, \ldots, \underline{g}_N$ eine Basis eines Vektorraums E_N, jeder Vektor $\underline{a} \in E_N$ lasse sich also eindeutig in der Form

$$\underline{a} = a^1 \underline{g}_1 + a^2 \underline{g}_2 + \ldots + a^N \underline{g}_N \tag{a}$$

darstellen. Wir wollen untersuchen, ob dann auch $\underline{g}_1 + \lambda\, \underline{g}_2, \underline{g}_2, \underline{g}_3, \ldots, \underline{g}_N$, wobei λ eine reelle Zahl ungleich null ist, eine Basis von E_N ist. Um das zu prüfen, setzen wir versuchsweise

$$\underline{a} = \widetilde{a}^1 (\underline{g}_1 + \lambda\, \underline{g}_2) + \widetilde{a}^2 \underline{g}_2 + \ldots + \widetilde{a}^N \underline{g}_N\,. \tag{b}$$

Durch Koeffizientenvergleich von (a) und (b) erhalten wir

$$\widetilde{a}^1 = a^1\,,\ \widetilde{a}^2 + \lambda\, \widetilde{a}^1 = a^2 \quad \text{oder} \quad \widetilde{a}^2 = a^2 - \lambda\, a^1\,,\ \widetilde{a}^3 = a^3\,,\ \ldots,\ \widetilde{a}^N = a^N\,,$$

die $\widetilde{a}^i$ sind also eindeutig aus den a^i zu bestimmen, die Darstellung (b) ist also eindeutig, und damit bilden die Vektoren $\underline{g}_1 + \lambda\, \underline{g}_2, \underline{g}_2, \underline{g}_3, \ldots, \underline{g}_N$ nach Satz 1 ebenfalls eine Basis von E_N.

Aufgabe 6.4

A. Physikalische Größen sind Tensoren, ihre Koordinaten lassen sich quantitativ als Produkt von Zahlenwert und Einheit angeben, z. B. ist eine Masse *m* ein polarer Skalar, und sie kann gleich 2 kg sein. Wir wollen nun alle Größen gleicher tensorieller Stufe und Polarität, deren Koordinaten sich in derselben Einheit angeben lassen, als Größen derselben Größenart bezeichnen. Dann bilden z. B. alle Massen eine Größenart, aber auch alle Temperaturleitfähigkeiten und kinematischen Zähigkeiten (denn sie sind alle polare Skalare und lassen sich in Meter^2 · Sekunde^{-1} angeben), Energien und Drehmomente bilden dagegen verschiedene Größenarten (sie lassen sich zwar alle in Joule angeben, aber Energien sind polare Skalare und Drehmomente axiale Vektoren).

   Man mache sich klar, dass alle Größen einer Größenart einen eindimensionellen Vektorraum mit der gewöhnlichen Addition als Vektoraddition bilden und dass jede Einheit dieser Größenart eine Basis dieses Vektorraums ist.

B. Das Produkt zweier Größen ergibt eine Größe einer anderen Größenart, so ergibt das Produkt zweier Längen eine Fläche oder das Produkt einer Masse und einer Beschleunigung eine Kraft.

   Es seien A, B und C drei physikalische Größen, dann wollen wir die Größenarten, zu denen sie gehören, mit $\widetilde{A}$, $\widetilde{B}$ und $\widetilde{C}$ bezeichnen. Wenn nun $AB = C$ gilt, nennen wir entsprechend die Größenart $\widetilde{C}$ das Produkt der Größenarten $\widetilde{A}$ und $\widetilde{B}$; analog nennen wir $\widetilde{B}$ die p-te Potenz von $\widetilde{A}$, wenn $A^p = B$ gilt.

Man mache sich klar, dass alle physikalischen Größenarten einen Vektorraum über dem Körper der rationalen Zahlen bilden, wenn das Produkt zweier Größenarten $\widetilde{A}$ und $\widetilde{B}$ als Addition dieses Vektorraums definiert ist:

$$\widetilde{A} \oplus \widetilde{B} := \widetilde{C} \quad \Longleftrightarrow \quad AB = C,$$

und die Potenz einer Größenart $\widetilde{A}$ mit der rationalen Zahl p als Exponenten als Multiplikation eines Vektors $\widetilde{A}$ dieses Vektorraums mit einem Skalar p:

$$p \odot \widetilde{A} := \widetilde{B} \quad \Longleftrightarrow \quad A^p = B.$$

Wie nennt man in der Größenlehre eine Basis dieses Vektorraums?

6.2.4 Koordinaten

Definitionen: Die Gleichung (6.7) $\underline{a} = a^i \underline{g}_i$ heißt die *Darstellung* des Vektors $\underline{a}$ in Bezug auf die Basis $\underline{g}_i$, und die Koeffizienten a^i heißen die *Koordinaten* des Vektors $\underline{a}$ in Bezug auf die Basis $\underline{g}_i$.

Satz 1: Es seien $\underline{a} = a^i \underline{g}_i$, $\underline{b} = b^i \underline{g}_i$ und $\underline{c} = c^i \underline{g}_i$ die Darstellungen der drei Vektoren $\underline{a}, \underline{b}, \underline{c} \in E_N$ in Bezug auf dieselbe Basis $\underline{g}_i$ und λ ein Skalar, dann gilt

$$\begin{aligned} \underline{a} \pm \underline{b} = \underline{c} \quad &\Longleftrightarrow \quad a^i \pm b^i = c^i \,, \\ \lambda \, \underline{a} = \underline{b} \quad &\Longleftrightarrow \quad \lambda \, a^i = b^i \,. \end{aligned} \tag{6.8}$$

Wir führen den einfachen Beweis dieses wichtigen Satzes nur für die Addition oder Subtraktion vor, für die Multiplikation mit einem Skalar verläuft er analog: Aufgrund der Koordinatendarstellung folgt aus $\underline{a} \pm \underline{b} = \underline{c}$ sofort $a^i \underline{g}_i \pm b^i \underline{g}_i = c^i \underline{g}_i$, aufgrund des Distributivgesetzes weiter $(a^i \pm b^i) \underline{g}_i = c^i \underline{g}_i$. Wegen der Eindeutigkeit der Koordinatendarstellung ist damit $a^i \pm b^i = c^i$. Dieser Beweis gilt auch rückwärts: Aus der Gleichheit der Koordinaten $a^i \pm b^i$ und c^i folgt die Gleichheit der Vektoren $(a^i \pm b^i) \underline{g}_i$ und $c^i \underline{g}_i$, mithilfe des Distributivgesetzes daraus $a^i \underline{g}_i \pm b^i \underline{g}_i = c^i \underline{g}_i$ und damit $\underline{a} \pm \underline{b} = \underline{c}$.

Anmerkung: Dieser Satz führt die linearen Operationen zwischen Vektoren (die einzigen Rechenoperationen, die wir für affine Vektoren definiert haben) auf Operationen zwischen ihren Koordinaten in Bezug auf eine einmal gewählte Basis und damit auf Rechenoperationen zwischen reellen Zahlen zurück. Er begründet damit die Gleichwertigkeit von symbolischer und Koordinatenschreibweise für affine Vektoren.

Satz 2: M Vektoren eines Vektorraumes E_N sind genau dann linear unabhängig, wenn ihre Koordinaten-N-tupel in Bezug auf dieselbe Basis linear unabhängig sind.

Dieser Satz ist eine naheliegende Folgerung aus dem zuvor Gesagten, auf deren förmlichen Beweis wir hier verzichten.

6.2.5 Transformationsgleichungen

Satz 1: Gegeben seien N Vektoren $\underline{\widetilde{g}}_i$, die sich in Bezug auf eine Basis $\underline{g}_i$ eines Vektorraums E_N in der Form

$$\underline{\widetilde{g}}_i = \widetilde{\alpha}_i^{\cdot j} \, \underline{g}_j \tag{6.9}$$

darstellen lassen. Dann bilden die $\underline{\widetilde{g}}_i$ nach Satz 2 des vorigen Abschnitts genau dann ebenfalls eine Basis von E_N, wenn die Matrix $\widetilde{\alpha}_i^{\cdot j}$ regulär ist.

Beweis: Nach Satz 2 des vorigen Abschnitts sind die $\underline{\widetilde{g}}_i$ genau dann linear unabhängig und damit eine Basis von E_N, wenn die Zeilen der quadratischen Matrix $\widetilde{\alpha}_i^{\cdot j}$ linear unabhängig sind. Das ist aber gleichbedeutend damit, dass die Matrix regulär ist.

Satz 2: Es seien $\underline{g}_i$ und $\underline{\widetilde{g}}_i$ zwei Basen eines Vektorraums E_N, dann sind die Transformationsmatrizen der beiden Darstellungen

$$\underline{\widetilde{g}}_i = \widetilde{\alpha}_i^{\cdot j} \, \underline{g}_j \,, \qquad \underline{g}_i = \alpha_i^{\cdot j} \, \underline{\widetilde{g}}_j \tag{6.10}$$

invers, d. h. es gilt

$$\alpha_i^{\cdot j} \, \widetilde{\alpha}_j^{\cdot k} = \delta_i^k \,. \tag{6.11}$$

Zum Beweis braucht man nur $(6.10)_1$ in $(6.10)_2$ einzusetzen:

$$\underline{g}_i = \alpha_i^{\cdot j} \, \underline{\widetilde{g}}_j = \alpha_i^{\cdot j} \, \widetilde{\alpha}_j^{\cdot k} \, \underline{g}_k \,.$$

Diese Gleichung stellt die Basis $\underline{g}_i$ in Bezug auf sich selbst dar. Natürlich lassen sich auch die Basisvektoren $\underline{g}_i$ einzeln eindeutig in Bezug auf die Basis $\underline{g}_i$ darstellen, aber die Transformationsmatrix dieser Darstellung ist die Einheitsmatrix, womit (6.11) bewiesen ist.

Satz 3: Zwischen den Koordinaten a^i und $\widetilde{a}^i$ eines Vektors $\underline{a}$ in Bezug auf zwei Basen $\underline{g}_i$ und $\widetilde{\underline{g}}_i$ eines Vektorraums E_N, die über die Transformationsgleichungen (6.9) zusammenhängen, gelten die Beziehungen

$$\widetilde{a}^i = \alpha_j{}^i a^j \,, \qquad a^i = \widetilde{\alpha}_j{}^i \widetilde{a}^j \,. \tag{6.12}$$

Die Koordinaten transformieren sich also gerade umgekehrt wie die Basen.[2]

Zum Beweis braucht man nur in $\underline{a} = a^i \underline{g}_i = \widetilde{a}^i \widetilde{\underline{g}}_i$ einmal links $(6.10)_2$ und einmal rechts $(6.10)_1$ einzusetzen: Zum Beispiel

$$\underline{a} = a^i \alpha_i{}^j \widetilde{\underline{g}}_j = \widetilde{a}^j \widetilde{\underline{g}}_j$$

ergibt wegen der Eindeutigkeit der Darstellung von $\underline{a}$ in Bezug auf $\widetilde{\underline{g}}_j$ sofort

$$\widetilde{a}^j = \alpha_i{}^j a^i$$

oder mit der Substitution $i \| j,\ j \| i$ $(6.12)_1$.

Anmerkung: Aus (6.12) folgt sofort, dass die Koordinaten des Nullvektors in Bezug auf jede Basis null sind.

6.3 Abbildungen

6.3.1 Allgemeine Abbildungen

Definitionen: Es seien X und Y zwei Mengen, und es sei durch eine Vorschrift φ jedem Element $x \in X$ genau ein Element $y \in Y$ zugeordnet, dann nennen wir φ eine *Abbildung* der Menge X in die Menge Y und schreiben

$$\varphi : X \to Y \,, \qquad \varphi(x) = y \,. \tag{6.13}$$

Die Menge X heißt *Definitionsbereich* der Abbildung φ, die Menge Y ihr *Bildbereich*. Das einem Element x zugeordnete Element y heißt das *Bild* von x, umgekehrt heißt x das *Urbild* von y. Wie schon aus der Notation hervorgeht, ist eine Abbildung von x nichts anderes als eine Funktion von x.

[2] Diese Definition von Vektoren führt also auf die polaren Vektoren der vorigen Kapitel.

Ist speziell jedes Element $y \in Y$ Bild (mindestens) eines Elementes $x \in X$, so nennt man φ eine *Abbildung* der Menge X auf die Menge Y; dafür schreiben wir

$$\varphi(X) = Y\,, \qquad \varphi(x) = y\,. \tag{6.14}$$

Gehören zu verschiedenen Urbildern $x_1 \neq x_2$ einer Abbildung auch verschiedene Bilder $\varphi(x_1) \neq \varphi(x_2)$, so nennt man die Abbildung *umkehrbar eindeutig* oder *eineindeutig*. Zu einer eineindeutigen Abbildung φ von X auf Y existiert stets eine ebenfalls eineindeutige Abbildung φ^{-1} von Y auf X.

Eine Abbildung einer Menge in sich selbst nennt man auch eine *Selbstabbildung*.

Beispiele: (vgl. Tabelle auf Seite 305). Die Funktionen $y = \sin x$, $y = \tanh x$, $y = \tan x$ und $y = \sinh x$ bilden die (Punkte der) x-Achse in die (Punkte der) y-Achse ab.

Die Funktionen $y = \tanh x$ und $y = \sinh x$ sind eineindeutige Abbildungen, die Funktionen $y = \tan x$ und $y = \sinh x$ bilden die x-Achse auf die y-Achse ab.

Fasst man diese Funktionen nicht als Zuordnung von Punkten auf zwei Achsen, sondern als Zuordnung von Zahlen auf, so stellen sie Abbildungen der Menge der reellen (oder für komplexes Argument der komplexen) Zahlen in bzw. auf sich selbst dar.

6.3.2 Lineare Abbildungen

Definitionen 1: Eine Abbildung φ eines Vektorraums E in einen anderen Vektorraum F über demselben Skalarenkörper K heißt eine *lineare Abbildung* oder ein *Morphismus*, wenn sie die folgenden Eigenschaften besitzt:

$$\begin{aligned} \varphi(\underline{a}+\underline{b}) &= \varphi(\underline{a}) + \varphi(\underline{b}) \quad \text{für alle } \underline{a}, \underline{b} \in E\,, \\ \varphi(\lambda\,\underline{a}) &= \lambda\,\varphi(\underline{a}) \quad \text{für alle } \underline{a} \in E, \lambda \in K\,. \end{aligned} \tag{6.15}$$

Diese Eigenschaften nennt man auch *Linearitätseigenschaften*.

Weiter seien drei Vektorräume E, F und G über demselben Skalarenkörper gegeben. Dann nennt man eine Abbildung, die jedem geordneten Paar $(\underline{a}, \underline{b})$ von Vektoren $\underline{a} \in E$ und $\underline{b} \in F$ einen Vektor aus G zuordnet, eine bilineare Abbildung, wenn sie sowohl in Bezug auf $\underline{a}$ als auch in Bezug auf $\underline{b}$ die Linearitätseigenschaften besitzt.

Eine lineare Abbildung heißt *injektiv* oder eine *Injektion*, wenn sie eineindeutig ist. Sie heißt *surjektiv* oder eine *Surjektion*, wenn sie eine Abbildung des einen Vektorraums auf den anderen ist. Sie heißt ein *Isomorphismus*, wenn sie zugleich injektiv und surjektiv ist.

Beispiel: Nach den Regeln der Matrizenmultiplikation gilt

$$\begin{pmatrix} A_1 \\ A_2 \\ \vdots \\ A_M \end{pmatrix} = \begin{pmatrix} \varphi_{11} & \varphi_{12} & \cdots & \varphi_{1N} \\ \varphi_{21} & \varphi_{22} & \cdots & \varphi_{2N} \\ \vdots & & & \\ \varphi_{M1} & \varphi_{M2} & \cdots & \varphi_{MN} \end{pmatrix} \begin{pmatrix} a_1 \\ a_2 \\ \vdots \\ a_N \end{pmatrix}.$$

Jede M,N-Matrix stellt also nach dieser Rechenvorschrift eine Abbildung des Vektorraums der N-dimensionalen N-tupel in den Vektorraum der M-dimensionalen N-tupel dar. Diese Abbildung ist auch linear, es gilt nämlich

$$\varphi_{ij}(a_j + b_j) = \varphi_{ij}\, a_j + \varphi_{ij}\, b_j\,,$$
$$\varphi_{ij}(\lambda\, a_j) = (\lambda\, \varphi_{ij})\, a_j\,.$$

Definitionen 2: Eine lineare Abbildung eines Vektorraums in sich selbst nennt man eine *lineare Selbstabbildung* oder einen *Endomorphismus*. Einen Isomorphismus auf sich selbst nennt man einen *Automorphismus*.

Beispiele: Eine N-reihige quadratische Matrix stellt einen Endomorphismus der N-dimensionalen N-tupel dar, und eine reguläre N-reihige quadratische Matrix stellt einen Automorphismus der N-dimensionalen N-tupel dar.

Satz 1: Für Endomorphismen endlicher Dimension gilt: Jeder Endomorphismus auf sich selbst ist zugleich eineindeutig, jeder eineindeutige Endomorphismus ist zugleich ein Endomorphismus auf sich selbst, m. a. W. jeder Endomorphismus auf sich selbst und jeder eineindeutige Endomorphismus ist ein Automorphismus.

Beweis: Es sei $\underline{g}_i$ eine Basis des zu dem Endomorphismus $\varphi\colon E_N \to E_N$ gehörigen Vektorraums E_N, und es gelte für alle $\underline{a} \in E_N$

$$\varphi(\underline{a}) = \underline{b}, \quad \text{speziell} \quad \varphi(\underline{g}_i) = \underline{G}_i\,.$$

Die Vektoren $\underline{a}$, $\underline{b}$ und $\underline{G}_i$ sollen die Koordinatendarstellungen

$$\underline{a} = a^i\, \underline{g}_i\,, \quad \underline{b} = b^i\, \underline{g}_i\,, \quad \underline{G}_i = G_i{}^j\, \underline{g}_j$$

haben, und es gilt mit (6.15)

$$\varphi(\underline{a}) = \varphi(a^i \underline{g}_i) = a^i \varphi(\underline{g}_i) = a^i \underline{G}_i = a^i G_i{}^j \underline{g}_j = b^j \underline{g}_j ,$$

$$b^j = G_i{}^j a^i .$$

Ein Endomorphismus ist also eine homogene lineare Vektorfunktion im Sinne von Abschnitt 3.8. Eine solche Abbildung bildet den N-dimensionalen Vektorraum nach Abschnitt 3.8 genau dann auf sich selbst ab, wenn die Bilder $\underline{G}_i = \varphi(\underline{g}_i)$ linear unabhängig sind, d. h. die Matrix $G_i{}^j$ den Rang N hat. Genau dann existiert aber auch die inverse Abbildung, d. h. genau dann ist die Abbildung eineindeutig, w. z. b. w.

Satz 2: Die Menge aller linearen Abbildungen eines Vektorraums E in einen anderen Vektorraum F bildet selbst einen Vektorraum G über dem gemeinsamen Skalarenkörper von E und F, den man den *Abbildungsraum* von E in F nennt.

Um das zu beweisen, muss man zwischen beliebigen Elementen von G (also linearen Abbildungen von E in F) die beiden linearen Operationen so definieren, dass sie den Axiomen des Vektorraums genügen.

Wir betrachten einen Vektor $\underline{a} \in E$ und zwei lineare Abbildungen φ und ψ, die dem Vektor $\underline{a}$ die beiden Bilder $\varphi(\underline{a})$, $\psi(\underline{a}) \in F$ zuordnen. Wir definieren jetzt als Summe $\varphi + \psi$ der beiden Abbildungen φ und ψ diejenige Abbildung, die $\underline{a}$ die (in F ja definierte) Summe $\varphi(\underline{a}) + \psi(\underline{a})$ zuordnet:

$$(\varphi + \psi)(\underline{a}) := \varphi(\underline{a}) + \psi(\underline{a}) . \tag{6.16a}$$

Entsprechend definieren wir als Produkt $\lambda\,\varphi$ der Abbildung φ mit dem Skalar λ diejenige Abbildung, die $\underline{a}$ dem Produkt $\lambda\,\varphi(\underline{a})$ zuordnet:

$$(\lambda\,\varphi)(\underline{a}) := \lambda\,\varphi(\underline{a}) . \tag{6.16b}$$

Wir müssen jetzt zeigen, dass die Elemente von G mit den Operationen (6.16) die Axiome des Vektorraums erfüllen. Dieser Beweis zerfällt in zwei Teile: Wir müssen zeigen, dass die Elemente von G hinsichtlich der Addition (6.16a) die Axiome G 1 bis G 5 der abelschen Gruppe erfüllen, und wir müssen zeigen, dass sie hinsichtlich der Multiplikation (6.16b) mit einem Skalar die Axiome V 1 bis V 5 des Vektorraums erfüllen.

G 1: Wir beginnen mit dem Beweis, dass die Addition (6.16a) eine innere Verknüpfung ist, d. h. dass die Abbildung $\varphi + \psi$ eine lineare Abbildung ist, m. a. W. die Linearitätseigenschaften (6.15) erfüllt:

$$\begin{aligned}(\varphi+\psi)(\underline{a}+\underline{b}) &= \varphi(\underline{a}+\underline{b})+\psi(\underline{a}+\underline{b}) && \text{nach (6.16a)}\\ &= \varphi(\underline{a})+\varphi(\underline{b})+\psi(\underline{a})+\psi(\underline{b}) && \text{nach } (6.15)_1 \text{ für } \varphi \text{ und } \psi\\ &= \varphi(\underline{a})+\psi(\underline{a})+\varphi(\underline{b})+\psi(\underline{b}) && \text{nach G 5 in } F\\ &= (\varphi+\psi)(\underline{a})+(\varphi+\psi)(\underline{b}) && \text{nach (6.16a), w. z. b. w.}\end{aligned}$$

$$\begin{aligned}(\varphi+\psi)(\lambda\,\underline{a}) &= \varphi(\lambda\,\underline{a})+\psi(\lambda\,\underline{a}) && \text{nach (6.16a)}\\ &= \lambda\,\varphi(\underline{a})+\lambda\,\psi(\underline{a}) && \text{nach } (6.15)_2 \text{ für } \varphi \text{ und } \psi\\ &= \lambda\,[\varphi(\underline{a})+\psi(\underline{a})] && \text{nach V 4 in } F\\ &= \lambda(\varphi+\psi)(\underline{a}) && \text{nach (6.16a)}\\ &= [\lambda(\varphi+\psi)](\underline{a}) && \text{nach (6.16b), w. z. b. w.}\end{aligned}$$

G 2: Wir zeigen weiter, dass die Addition (6.16a) assoziativ ist:

$$\begin{aligned}[\varphi+(\psi+\chi)](\underline{a}) &= \varphi(\underline{a})+(\psi+\chi)(\underline{a}) && \text{nach (6.16a)}\\ &= \varphi(\underline{a})+\psi(\underline{a})+\chi(\underline{a}) && \text{nach (6.16a)}\\ &= (\varphi+\psi)(\underline{a})+\chi(\underline{a}) && \text{nach (6.16a)}\\ &= [(\varphi+\psi)+\chi](\underline{a}) && \text{nach (6.16a), w. z. b. w.}\end{aligned}$$

G 3: Wir beweisen die Existenz eines linksneutralen Elements von G, das man die *Nullabbildung* nennt und mit $0(\underline{a})$ bezeichnet. Sie ist einfach dadurch definiert, dass für beliebige $\underline{a} \in E$

$$0(\underline{a}) := \underline{0} \tag{6.17}$$

gilt. Damit sie Element von G ist, muss sie die Linearitätseigenschaften (6.15) erfüllen: Da definitionsgemäß $0(\underline{a})$ ebenso wie $0(\underline{b})$ oder $0(\underline{a}+\underline{b})$ der Nullvektor ist, ist

$$0(\underline{a}+\underline{b}) = 0(\underline{a})+0(\underline{b})$$

erfüllt. Da $0(\lambda\,\underline{a})$ ebenso wie $0(\underline{a})$ der Nullvektor ist, gilt auch

$$0(\lambda\,\underline{a}) = \lambda\,0(\underline{a}).$$

G 4: Wir beweisen weiter die Existenz einer zu φ linksinversen linearen Abbildung φ': Wir definieren $\varphi'(\underline{a}) := -\varphi(\underline{a})$, dann gilt nach (6.16a)

$$(\varphi'+\varphi)(\underline{a}) = \varphi'(\underline{a})+\varphi(\underline{a}) = -\varphi(\underline{a})+\varphi(\underline{a}) = \underline{0},$$

das so definierte φ' ist also tatsächlich linksinvers, und es gelten die Linearitätseigenschaften

$$\varphi'(\underline{a}+\underline{b}) = -\varphi(\underline{a}+\underline{b}) = -\varphi(\underline{a}) - \varphi(\underline{b}) = \varphi'(\underline{a}) + \varphi'(\underline{b}),$$
$$\varphi'(\lambda\,\underline{a}) = -\varphi(\lambda\,\underline{a}) = -\lambda\,\varphi(\underline{a}) = \lambda\,\varphi'(\underline{a}).$$

G 5: Wir müssen schließlich die Kommutativität der Addition zeigen:

$$\begin{aligned}(\varphi+\psi)(\underline{a}) &= \varphi(\underline{a})+\psi(\underline{a}) && \text{nach (6.16a)}\\ &= \psi(\underline{a})+\varphi(\underline{a}) && \text{nach G 5 in F}\\ &= (\psi+\varphi)(\underline{a}) && \text{nach (6.16a), w. z. b. w.}\end{aligned}$$

V 1: Wir müssen weiter zeigen, dass die nach (6.16b) definierte Multiplikation einer Abbildung φ mit einem Skalar λ eine innere Verknüpfung ist, d. h. dass die Abbildung $\lambda\,\varphi$ die Linearitätseigenschaften (6.15) erfüllt:

$$\begin{aligned}(\lambda\,\varphi)(\underline{a}+\underline{b}) &= \lambda\,\varphi(\underline{a}+\underline{b}) && \text{nach (6.16b)}\\ &= \lambda\,[\varphi(\underline{a})+\varphi(\underline{b})] && \text{nach } (6.15)_1 \text{ für } \varphi\\ &= \lambda\,\varphi(\underline{a})+\lambda\,\varphi(\underline{b}) && \text{nach V 4 in } F\\ &= (\lambda\,\varphi)(\underline{a})+(\lambda\,\varphi)(\underline{b}) && \text{nach (6.16b), w. z. b. w.}\end{aligned}$$

$$\begin{aligned}(\lambda\,\varphi)(\mu\,\underline{a}) &= \lambda\,\varphi(\mu\,\underline{a}) && \text{nach (6.16b)}\\ &= \lambda\,\mu\,\varphi(\underline{a}) && \text{nach } (6.15)_2 \text{ für } \varphi\\ &= \mu\,\lambda\,\varphi(\underline{a}) && \text{nach K 12 für den gemeinsamen Skalarenkörper}\\ &= \mu(\lambda\,\varphi)(\underline{a}) && \text{nach (6.16b), w. z. b. w.}\end{aligned}$$

V 2: Wir zeigen als nächstes die Assoziativität beider Multiplikationen:

$$\begin{aligned}(\lambda\,(\mu\,\varphi))(\underline{a}) &= \lambda\,(\mu\,\varphi)(\underline{a}) && \text{nach (6.16b)}\\ &= (\lambda\,\mu)\,\varphi(\underline{a}) && \text{nach (6.16b)}\\ &= ((\lambda\,\mu)\,\varphi)(\underline{a}) && \text{nach (6.16b), w. z. b. w.}\end{aligned}$$

V 3: Wir beweisen weiter die Distributivität der Skalaraddition:

$$\begin{aligned}((\lambda+\mu)\,\varphi)(\underline{a}) &= (\lambda+\mu)\,\varphi(\underline{a}) && \text{nach (6.16b)}\\ &= \lambda\,\varphi(\underline{a})+\mu\,\varphi(\underline{a}) && \text{nach V 3 in } F\\ &= (\lambda\,\varphi)(\underline{a})+(\mu\,\varphi)(\underline{a}) && \text{nach (6.16b), w. z. b. w.}\end{aligned}$$

V 4: Wir beweisen jetzt die Distributivität der Vektoraddition:

$$\begin{aligned}(\lambda(\varphi+\psi))(\underline{a}) &= \lambda(\varphi+\psi)(\underline{a}) && \text{nach (6.16b)}\\ &= \lambda[\varphi(\underline{a})+\psi(\underline{a})] && \text{nach (6.16a)}\\ &= \lambda\,\varphi(\underline{a})+\lambda\,\psi(\underline{a}) && \text{nach V 4 in } F\\ &= (\lambda\,\varphi)(\underline{a})+(\lambda\,\psi)(\underline{a}) && \text{nach (6.16b), w. z. b. w.}\end{aligned}$$

V 5:
$$\begin{aligned}(1\varphi)(\underline{a}) &= 1\varphi(\underline{a}) && \text{nach (6.16b)}\\ &= \varphi(\underline{a}) && \text{nach V 5 in } F\text{, w. z. b. w.}\end{aligned}$$

Satz 3: Hat der Vektorraum E die Dimension N und der Vektorraum F die Dimension P, so hat der Abbildungsraum von E in F die Dimension NP.

Wir beweisen diesen Satz mithilfe zweier Hilfssätze:

I. Es sei $\underline{g}_i$ eine Basis eines Vektorraums E_N, und jedem Vektor $\underline{g}_i$ sei genau ein Bildvektor $\underline{G}_i$ eines Vektorraumes F_P zugeordnet (wobei die $\underline{G}_i$ verschiedener $\underline{g}_i$ zusammenfallen können). Dann gibt es genau eine lineare Abbildung $\varphi\colon\ E_N \to F_P$, sodass $\varphi(\underline{g}_i) = \underline{G}_i$ ist.

Beweis: Ein beliebiger Vektor $\underline{a} \in E_N$ lässt sich in Bezug auf die Basis $\underline{g}_i$ in der Form $\underline{a} = a^i\,\underline{g}_i$ darstellen. Dann ist $\varphi(\underline{a}) := a^i\,\underline{G}_i$ eine Abbildung von E_N in F_P, die jedes $\underline{g}_i$ auf das entsprechende $\underline{G}_i$ abbildet. Diese Abbildung ist auch linear; es gilt nämlich

$$\varphi(\underline{a}+\underline{b}) = (a^i+b^i)\,\underline{G}_i = a^i\,\underline{G}_i + b^i\,\underline{G}_i = \varphi(\underline{a})+\varphi(\underline{b}),$$
$$\varphi(\lambda\,\underline{a}) = \lambda\,a^i\,\underline{G}_i = \lambda\,\varphi(\underline{a}).$$

Nun gilt für jede lineare Abbildung $\psi(\underline{a})$, für die $\psi(\underline{g}_i) = \underline{G}_i$ ist,

$$\begin{aligned}\psi(\underline{a}) &= \psi(a^i\,\underline{g}_i),\\ &= a^i\,\psi(\underline{g}_i) && \text{nach (6.15)}\\ &= a^i\,\underline{G}_i && \text{nach Voraussetzung}\\ &= \varphi(\underline{a}) && \text{nach Definition,}\end{aligned}$$

d. h. es gibt nur die eine lineare Abbildung $\varphi(\underline{a})$ mit der gewünschten Eigenschaft.

II. Es seien $\underline{g}_i$ eine Basis des Vektorraums E_N, $\underline{h}_i$ eine Basis des Vektorraums F_P und $\omega^i{}_j$ diejenigen linearen Abbildungen von E_N in F_P, für die gilt

$$\omega^i{}_j(\underline{g}_k) = \delta^i_k \underline{h}_j \quad i,k = 1, \ldots, N, \quad j = 1, \ldots, P. \tag{6.18}$$

Es gilt also

$$\omega^1{}_1(\underline{g}_1) = \underline{h}_1, \quad \omega^1{}_1(\underline{g}_k) = \underline{0} \text{ für } k \neq 1,$$
$$\omega^1{}_2(\underline{g}_1) = \underline{h}_2, \quad \omega^1{}_2(\underline{g}_k) = \underline{0} \text{ für } k \neq 1,$$
$$\vdots$$
$$\omega^1{}_P(\underline{g}_1) = \underline{h}_P, \quad \omega^1{}_P(\underline{g}_k) = \underline{0} \text{ für } k \neq 1,$$
$$\omega^2{}_1(\underline{g}_2) = \underline{h}_1, \quad \omega^2{}_1(\underline{g}_k) = \underline{0} \text{ für } k \neq 2,$$
$$\vdots$$
$$\omega^N{}_P(\underline{g}_N) = \underline{h}_P, \quad \omega^N{}_P(\underline{g}_k) = \underline{0} \text{ für } k \neq N.$$

Dann bilden die $\omega^i{}_j$ eine Basis des Abbildungsraums der linearen Abbildungen von E_N in F_P.

Man nennt sie die zu den Basen $\underline{g}_i \in E_N$ und $\underline{h}_i \in F_P$ gehörige *kanonische Basis* des Abbildungsraums.

Um das zu beweisen, müssen wir nach Satz 1 von Abschnitt 6.2.3 zeigen, dass sich jedes Element φ des Abbildungsraums eindeutig als lineare Kombination der $\omega^i{}_j$ darstellen lässt.

Es sei nun φ eine beliebige lineare Abbildung von E_N in F_P; sie ordne jedem Basisvektor $\underline{g}_i$ ein Bild

$$\underline{G}_i = \varphi(\underline{g}_i)$$

zu. Dann lässt sich jedes $\underline{G}_i$ eindeutig als lineare Kombination der $\underline{h}_i$ darstellen, es gilt also

$$\underline{G}_i = \varphi_i{}^j\, \underline{h}_j.$$

Mithilfe der so definierten Koeffizientenmatrix $\varphi_i{}^j$ definieren wir eine Abbildung ψ als lineare Kombination der $\omega^i{}_j$:

$$\psi := \varphi_i{}^j\, \omega^i{}_j.$$

Dann gilt

$$\psi(\underline{g}_k) = \varphi_i{}^j\, \omega^i{}_j(\underline{g}_k).$$

Für festes k ist das eine Summe von NP Summanden, von denen nach (6.18) alle für $k \neq i$ verschwinden, es bleiben also nur die P Summanden

$$\psi(\underline{g}_k) = \varphi_k{}^j \, \underline{h}_j$$

übrig. Damit folgt aber

$$\psi(\underline{g}_k) = \varphi_k{}^j \, \underline{h}_j = \underline{G}_k = \varphi(\underline{g}_k),$$

d. h. ψ ist mit der Abbildung φ identisch, d. h. jede lineare Abbildung φ lässt sich eindeutig als lineare Kombination

$$\varphi = \varphi_i{}^j \, \omega^i{}_j \tag{6.19}$$

der $\omega^i{}_j$ nach (6.18) darstellen, wobei die Koeffizienten $\varphi_i{}^j$ dieser Darstellung durch

$$\underline{G}_i = \varphi(\underline{g}_i) = \varphi_i{}^j \, \underline{h}_j \tag{6.20}$$

bestimmt sind. Die $\omega^i{}_j$ bilden also eine Basis des Abbildungsraumes.

Daraus folgt sofort, dass der Abbildungsraum die Dimension NP hat.

Beispiel: Die am Anfang dieses Abschnittes genannte Beziehung

$$A_i = \varphi_{ij} \, a_j, \quad i = 1, \ldots, M, \quad j = 1, \ldots, N,$$

stellt eine lineare Abbildung des N-dimensionalen Vektorraums der N-tupel in den M-dimensionalen Vektorraum der M-tupel dar. Der Abbildungsraum ist der MN-dimensionale Vektorraum der M,N-Matrizen.

6.3.3 Tabellarische Zusammenfassung

Die folgende Tabelle stellt die verschiedenen Abbildungen noch einmal zusammen.

	allgemeine Abbildung		lineare Abbildung	
Beispiel	Name		Name	
$y = \sin x$ 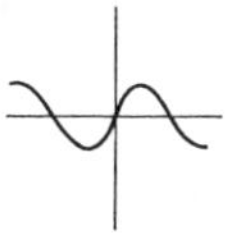	Abbildung von E in F $\varphi : E \to F$ $\varphi(E) = G \subseteq F$	Abbildung in sich selbst $\varphi : E \to E$ $\varphi(E) = G \subseteq E$	Morphismus $\varphi : E \to F$ $\varphi(E) = G \subseteq F$	Endomorphismus $\varphi : E \to E$ $\varphi(E) = G \subseteq E$
$y = \tanh x$ 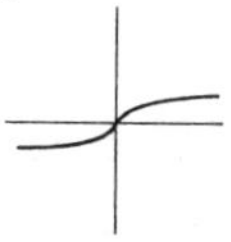	eineindeutige Abbildung von E in F $\varphi : E \to F$ $\varphi(E) = G \subseteq F$, $\varphi^{-1}(G) = E$	eineindeutige Abbildung in sich selbst $\varphi : E \to E$ $\varphi(E) = G \subseteq E$ $\varphi^{-1}(G) = E$	Injektion $\varphi : E \to F$ $\varphi(E) = G \subseteq F$, $\varphi^{-1}(G) = E$	Automorphismus $\varphi(E) = E$ $\varphi^{-1}(E) = E$
$y = \tan x$ 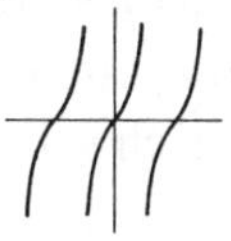	Abbildung von E auf F $\varphi(E) = F$	Abbildung auf sich selbst $\varphi(E) = E$	Surjektion $\varphi(E) = F$	
$y = \sinh x$ 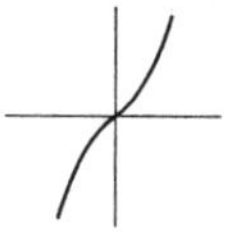	eineindeutige Abbildung von E auf F $\varphi(E) = F$, $\varphi^{-1}(F) = E$	eineindeutige Abbildung auf sich selbst $\varphi(E) = E$ $\varphi^{-1}(E) = E$	Isomorphismus $\varphi(E) = F$, $\varphi^{-1}(F) = E$	

6.4 Dualität

6.4.1 Der Dualraum

Definition: Ein Skalarenkörper kann als eindimensionaler Vektorraum über sich selbst aufgefasst werden. Wenn also ein N-dimensionaler Vektorraum E_N über einen Skalarenkörper K gegeben ist, so bildet nach Satz 2 und 3 von Abschnitt 6.3.2 die Menge aller linearen Abbildungen $E_N \to K$ ebenfalls einen N-dimensionalen Vektorraum. Diesen Vektorraum nennen wir den *Dualraum* von E_N und bezeichnen ihn mit E_N^*. Man sagt auch, E_N^* sei zu E_N *dual*.

Es sei $\varphi \in E_N^*$ diejenige lineare Abbildung, die dem Vektor $\underline{a} \in E_N$ den Skalar $b \in K$ zuordnet, dann gilt also

$$\varphi(\underline{a}) = b\,. \tag{6.21}$$

Beispiele:

- Jeder Zeilenmatrix kann man durch Multiplikation mit einer Spaltenmatrix eine Zahl zuordnen. Der Vektorraum der Spaltenmatrizen ist also dual zum Vektorraum der Zeilenmatrizen.
- Dieselbe Multiplikation ordnet natürlich auch jeder Spaltenmatrix eine Zahl zu. Der Vektorraum der Zeilenmatrizen ist also auch dual zum Vektorraum der Spaltenmatrizen. (Man kann allgemein zeigen, dass der Dualraum des Dualraums eines Vektorraums wieder der ursprüngliche Vektorraum ist; die Dualität zweier Vektorräume ist also reziprok.)
- Durch doppelte skalare Multiplikation mit einem Tensor (der Physik) zweiter Stufe kann man jedem Tensor (der Physik) zweiter Stufe einen Skalar zuordnen. Der Vektorraum der Tensoren (der Physik) zweiter Stufe ist also zu sich selbst dual.

6.4.2 Die natürliche skalare Multiplikation

Definitionen 1: Die Verknüpfung, durch die einem Vektor $\underline{a} \in E_N$ und einem Vektor $\varphi \in E_N^*$ ein Skalar $b \in K$ zugeordnet wird, heißt die *natürliche skalare Multiplikation* der Vektoren $\underline{a}$ und φ, und der Skalar b, auf den $\underline{a}$ durch φ abgebildet wird, heißt das *natürliche skalare Produkt* von $\underline{a}$ und φ.

Wir bezeichnen die natürliche skalare Multiplikation mit spitzen Klammern, dann gilt gleichbedeutend mit (6.21) auch

$$< \underline{a}, \varphi >= b\,. \tag{6.22}$$

Beispiele:

- Die Matrizenmultiplikation ist die natürliche skalare Multiplikation der Zeilenmatrizen und der Spaltenmatrizen.
- Die doppelte skalare Multiplikation ist die natürliche skalare Multiplikation der Tensoren (der Physik) zweiter Stufe.

<u>Satz:</u> Es seien E_N und E_N^* zwei duale Vektorräume über dem Skalarenkörper K, dann gelten für alle $\underline{a}, \underline{a}' \in E_N$, $\varphi, \varphi' \in E_N^*$ und $\lambda \in K$ die folgenden Sätze:

D I. Es gelten die Linearitätseigenschaften

$$\begin{aligned} <\underline{a}+\underline{a}', \varphi> &= <\underline{a}, \varphi> + <\underline{a}', \varphi> , \\ <\underline{a}, \varphi+\varphi'> &= <\underline{a}, \varphi> + <\underline{a}, \varphi'> , \\ \lambda <\underline{a}, \varphi> &= <\lambda\, \underline{a}, \varphi> = <\underline{a}, \lambda\, \varphi> . \end{aligned} \tag{6.23}$$

D II. Aus $<\underline{a}, \varphi> = 0$ für alle $\underline{a} \in E_N$ folgt $\varphi = 0$, aus $<\underline{a}, \varphi> = 0$ für alle $\varphi \in E_N^*$ folgt $\underline{a} = \underline{0}$.

Wir beweisen zunächst die Linearitätseigenschaften D I: Es gilt

$$\begin{aligned} <\underline{a}+\underline{a}', \varphi> &= \varphi(\underline{a}+\underline{a}') && \text{nach (6.21) und (6.22)} \\ &= \varphi(\underline{a}) + \varphi(\underline{a}') && \text{nach } (6.15)_1 \\ &= <\underline{a}, \varphi> + <\underline{a}', \varphi> && \text{nach (6.21) und (6.22),} \end{aligned}$$

$$\begin{aligned} <\underline{a}, \varphi+\varphi'> &= (\varphi+\varphi')(\underline{a}) && \text{nach (6.21) und (6.22)} \\ &= \varphi(\underline{a}) + \varphi'(\underline{a}) && \text{nach (6.16a)} \\ &= <\underline{a}, \varphi> + <\underline{a}, \varphi'> && \text{nach (6.21) und (6.22),} \end{aligned}$$

$$\begin{aligned} \lambda <\underline{a}, \varphi> &= \lambda\, \varphi(\underline{a}) && \text{nach (6.21) und (6.22)} \\ &= \varphi(\lambda\, \underline{a}) && \text{nach } (6.15)_2 \\ &= <\lambda\, \underline{a}, \varphi> && \text{nach (6.21) und (6.22),} \end{aligned}$$

$$\begin{aligned} \lambda\, \varphi(\underline{a}) &= (\lambda\, \varphi)\, \underline{a} && \text{nach (6.16b)} \\ &= <\underline{a}, \lambda\, \varphi> && \text{nach (6.21) und (6.22), w. z. b. w.} \end{aligned}$$

Die beiden Aussagen D II beweisen wir indirekt. Beide sind formal Subjunktionen $A \Rightarrow B$, wir beweisen jeweils die äquivalente Subjunktion $\neg B \Rightarrow \neg A$.

Im ersten Fall lautet die äquivalente Subjunktion: Für $\varphi \neq 0$ existiert ein $\underline{a} \in E_N$, für das $<\underline{a}, \varphi> = \varphi(\underline{a}) \neq 0$ ist. Diese Behauptung folgt unmittelbar aus der Definition (6.17) der Nullabbildung; danach ist die Nullabbildung gerade dadurch definiert, dass sie alle $\underline{a} \in E_N$ in den Nullvektor abbildet. Gäbe es also kein $\underline{a} \in E_N$, für das $<\underline{a}, \varphi> \neq 0$ ist, so wäre φ die Nullabbildung, was der Voraussetzung widerspricht.

Im zweiten Fall lautet die äquivalente Subjunktion: Für $\underline{a} \neq 0$ existiert ein $\varphi \in E_N^*$, für das $< \underline{a}, \varphi > = \varphi(\underline{a}) \neq 0$ ist. Das lässt sich folgendermaßen zeigen: Wenn $\underline{a} \neq \underline{0}$ ist, lässt es sich durch weitere von null verschiedene Vektoren zu einer Basis von E_N ergänzen. Nach dem ersten Hilfssatz zu Satz 3 in Abschnitt 6.3.2 existiert dann eine Abbildung $\varphi \in E_N^*$, die Vektoren dieser Basis, also auch $\underline{a}$, in 1 abbildet.

Definitionen 2: An dieser Stelle seien einige weitere Definitionen eingefügt, auch wenn sie im Folgenden nicht alle benötigt werden.

Eine lineare Abbildung $\varphi(\underline{a})$, die jedem Element $\underline{a}$ eines Vektorraums E ein Element des Skalarenkörpers zuordnet, nennt man eine *Linearform* des Vektorraums E.

Eine bilineare Abbildung $\varphi(\underline{a}, \underline{b})$, die jedem geordneten Paar von Vektoren $\underline{a} \in E$ und $\underline{b} \in F$ ein Element des gemeinsamen Skalarenkörpers zuordnet (wobei die beiden Vektorräume E und F nicht dual zu sein brauchen), nennt man eine *Bilinearform des Vektorraumpaars* (E, F).

Fallen die beiden Vektorräume zusammen, ordnet die Abbildung also jedem geordneten Paar $(\underline{a}, \underline{b})$ von Vektoren $\underline{a}$, $\underline{b} \in E$ einen Skalar zu, so spricht man von einer *Bilinearform des Vektorraums* E.

Fallen schließlich auch die beiden Vektoren zusammen, so nennt man $\varphi(\underline{a}, \underline{a})$ eine *quadratische Form* von E.

Beispiele: Jeder Vektor $\underline{\varphi}$ der Physik stellt eine Linearform des Vektorraums der Vektoren der Physik dar; die Gleichung $\underline{\varphi} \cdot \underline{X} = A$ ordnet nämlich jedem Vektor $\underline{X}$ einen Skalar A zu. Entsprechend stellt $\underline{\underline{\varphi}} \cdot\cdot \underline{X}\,\underline{Y} = B$ eine Bilinearform und $\underline{\underline{\varphi}} \cdot\cdot \underline{X}\,\underline{X} = C$ eine quadratische Form dieses Vektorraums dar.

6.4.3 Duale Basen

Definition: Wir wählen als Basis des Bildraumes K die Zahl 1, dann erhält man für die zu den Basen $\underline{g}_i \in E_N$ und $1 \in K$ gehörige kanonische Basis nach (6.18)

$$\omega^i(\underline{g}_j) = < \underline{g}_j, \omega^i > = \delta^i_j \tag{6.24}$$

$\omega^i \in E_N^*$ heißt die zu $\underline{g}_i \in E_N$ *duale Basis*. Da es zu jedem Paar von Basen genau eine kanonische Basis gibt, gibt es zu jeder Basis $\underline{g}_i$ genau eine duale Basis.

Satz: Es sei $\underline{g}_i$ eine Basis des Vektorraums E_N, und es sei ω^i die zu $\underline{g}_i$ duale Basis des Vektorraums E_N^*. Weiter sei $\varphi = \varphi_i\,\omega^i$ diejenige lineare Abbildung aus E_N^*, die dem Vektor $\underline{a} = a^i\,\underline{g}_i$ aus E_N den Skalar $b \in K$ zuordnet, dann gilt

$$b = \varphi_i\,a^i\,. \tag{6.25}$$

Beweis: Es gilt

$$\begin{aligned}
b &= \varphi(\underline{a}) && \text{nach Voraussetzung}\\
&= (\varphi_i\,\omega^i)(a^j\underline{g}_j) && \text{nach Voraussetzung}\\
&= \varphi_i\,\omega^i(a^j\underline{g}_j) && \text{nach (6.16b)}\\
&= \varphi_i\,a^j\,\omega^i(\underline{g}_j) && \text{nach (6.15)}_2\\
&= \varphi_i\,a^j\,\delta^i_j && \text{nach (6.24)}\\
&= \varphi_i\,a^i && \text{w. z. b. w.}
\end{aligned}$$

6.4.4 Transformationsgleichungen

Satz: Zwischen zwei Basen $\underline{g}_i$ und $\widetilde{\underline{g}}_i$ aus E_N, den Koordinaten a^i und $\widetilde{a}^i$ eines Vektors $\underline{a}$ in Bezug auf diese Basen, den zu $\underline{g}_i$ und $\widetilde{\underline{g}}_i$ dualen Basen ω^i und $\widetilde{\omega}^i$ aus E_N^* sowie den Koordinaten φ_i und $\widetilde{\varphi}_i$ eines Vektors φ in Bezug auf ω^i und $\widetilde{\omega}^i$ gilt der folgende Satz von Transformationsgleichungen:

$$\begin{aligned}
\underline{g}_i &= \alpha_i{}^j\,\widetilde{\underline{g}}_j\,, & \widetilde{\underline{g}}_i &= \widetilde{\alpha}_i{}^j\,\underline{g}_j\,,\\
\varphi_i &= \alpha_i{}^j\,\widetilde{\varphi}_j\,, & \widetilde{\varphi}_i &= \widetilde{\alpha}_i{}^j\,\varphi_j\,,\\
a^i &= \widetilde{\alpha}_j{}^i\,\widetilde{a}^j\,, & \widetilde{a}^i &= \alpha_j{}^i\,a^j\,,\\
\omega^i &= \widetilde{\alpha}_j{}^i\,\widetilde{\omega}^j\,, & \widetilde{\omega}^i &= \alpha_j{}^i\,\omega^j\,,\\
& & \alpha_i{}^j\,\widetilde{\alpha}_j{}^k &= \delta_i^k\,.
\end{aligned} \tag{6.26}$$

Beweis: Die erste Zeile von (6.26) folgt aus (6.10), die dritte aus (6.12), die letzte aus (6.11). Für die zweite und vierte Zeile setzen wir zunächst ein anderes Paar inverser Transformationsmatrizen an, schreiben also

$$\varphi_i = \beta_i{}^j\,\widetilde{\varphi}_j\,,\quad \widetilde{\varphi}_i = \widetilde{\beta}_i{}^j\,\varphi_j\,,\quad \omega^i = \widetilde{\beta}_j{}^i\,\widetilde{\omega}^j\,,\quad \widetilde{\omega}^i = \beta_j{}^i\,\omega^j\,,\quad \text{mit } \widetilde{\beta}_j{}^i\,\beta_i^k = \delta_j^k\,,$$

dann folgen diese Gleichungen ebenfalls aus (6.10) bis (6.12), und wir brauchen dann nur noch zu zeigen, dass $\beta_i{}^j = \alpha_i{}^j$ und damit, weil es zu jeder regulären Matrix genau eine inverse Matrix gibt, natürlich auch $\widetilde{\beta}_i{}^j = \widetilde{\alpha}_i{}^j$ ist.

Das lässt sich folgendermaßen beweisen: Es gilt

$$\begin{aligned}
\delta^i_m &= \omega^i(\underline{g}_m) && \text{nach 6.24} \\
&= (\widetilde{\beta}_j{}^i\,\widetilde{\omega}^j)(\alpha_m{}^n\,\widetilde{\underline{g}}_n) && \text{nach Voraussetzung} \\
&= \widetilde{\beta}_j{}^i\,\widetilde{\omega}^j(\alpha_m{}^n\,\widetilde{\underline{g}}_n) && \text{nach (6.16b)} \\
&= \widetilde{\beta}_j{}^i\,\alpha_m{}^n\,\widetilde{\omega}^j(\widetilde{\underline{g}}_n) && \text{nach } (6.15)_2 \\
&= \widetilde{\beta}_j{}^i\,\alpha_m{}^n\,\delta^j_n && \text{nach (6.24)} \\
&= \alpha_m{}^j\,\widetilde{\beta}_j{}^i,
\end{aligned}$$

d. h. $\widetilde{\beta}_i{}^j$ ist zu $\alpha_i{}^j$ invers und damit gleich $\widetilde{\alpha}_i{}^j$, und da nach Voraussetzung $\beta_i{}^j$ zu $\widetilde{\beta}_i{}^j$ invers ist, ist weiter $\beta_i{}^j = \alpha_i{}^j$, w. z. b. w.

Anmerkungen: Die Koordinaten im Dualraum transformieren sich also wie die Basen im Ausgangsraum, und die Basen im Dualraum transformieren sich wie die Koordinaten im Ausgangsraum. Formal gesprochen transformieren sich in unserer Notation von diesen Größen jeweils die oben indizierten und die unten indizierten Größen gleich, und die Transformationsmatrizen der oben indizierten Größen und der unten indizierten Größen sind invers. In einem solchen System nennt man die unten indizierten Größen *kovariant* (weil sie sich wie die Basen im Ausgangsraum transformieren) und die oben indizierten Größen *kontravariant* (weil sie sich „umgekehrt" wie die Basen im Ausgangsraum transformieren). Manchmal nennt man einen Vektor mit kontravarianten Koordinaten einen *kontravarianten Vektor* und entsprechend einen Vektor mit kovarianten Koordinaten einen *kovarianten Vektor*. Diese Redeweise führt zu der etwas verwirrenden Aussage, dass z. B. die Vektoren des Ausgangsraumes kontravariante Vektoren sind, wenn man N linear unabhängige von ihnen als kovariante Basis auffasst.

6.5 Der (affine) Tensorraum

6.5.1 Die tensorielle Multiplikation

Definitionen: Gegeben seien zwei Vektorräume E_N und F_P von endlicher (im Allgemeinen verschiedener) Dimension über demselben Skalarenkörper K und eine Verknüpfung $\otimes$, die jedem geordneten Paar $(\underline{a}, \underline{b})$ von Vektoren $\underline{a} \in E_N$ und $\underline{b} \in F_P$ einen Vektor $\underline{a} \otimes \underline{b}$ eines NP-dimensionalen Vektorraumes $E_N \otimes F_P$ zuordnet. Dann nennen wir die Verknüpfung $\otimes$ eine *tensorielle Multiplikation*, den Vektor $\underline{a} \otimes \underline{b}$ das *tensorielle Produkt der Vektoren* $\underline{a}$ und $\underline{b}$ und den Vektorraum $E_N \otimes F_P$ das *tensorielle Produkt der Vektorräume* E_N und F_P, wenn die folgenden Axiome erfüllt sind:

T I. Für alle $\underline{a}, \underline{a}_1, \underline{a}_2 \in E_N$ und alle $\underline{b}, \underline{b}_1, \underline{b}_2 \in F_P$ sollen die Distributivgesetze

$$\underline{a} \otimes (\underline{b}_1 + \underline{b}_2) = (\underline{a} \otimes \underline{b}_1) + (\underline{a} \otimes \underline{b}_2)$$

$$(\underline{a}_1 + \underline{a}_2) \otimes \underline{b} = (\underline{a}_1 \otimes \underline{b}) + (\underline{a}_2 \otimes \underline{b})$$

gelten.

T II. Für die Multiplikation mit einem beliebigen Skalar $\lambda \in K$ gelte

$$(\lambda \underline{a}) \otimes \underline{b} = \underline{a} \otimes (\lambda \underline{b}) = \lambda (\underline{a} \otimes \underline{b}).$$

T III. Es sei $\underline{g}_i$ eine Basis von E_N und $\underline{h}_i$ eine Basis von F_P, dann soll $\underline{g}_i \otimes \underline{h}_j$ eine Basis von $E_N \otimes F_P$ sein.

Es seien weiter drei Vektorräume E_N, F_P und G_Q gegeben, und es sollen die tensoriellen Produkte $E_N \otimes F_P$ und $(E_N \otimes F_P) \otimes G_Q$ oder die tensoriellen Produkte $F_P \otimes G_Q$ und $E_N \otimes (F_P \otimes G_Q)$ existieren, dann soll auch das jeweils andere Paar tensorieller Produkte existieren, und es soll für alle Vektoren $\underline{a} \in E_N$, $\underline{b} \in F_P$ und $\underline{c} \in G_Q$ das Assoziativgesetz

T IV. $\underline{a} \otimes (\underline{b} \otimes \underline{c}) = (\underline{a} \otimes \underline{b}) \otimes \underline{c}$

gelten.

Anmerkungen: Da die durch eine tensorielle Multiplikation verknüpften Elemente verschiedenen Mengen angehören, ist die tensorielle Multiplikation (wie die natürliche skalare Multiplikation) keine innere Verknüpfung.

Wegen der Axiome T II und T IV kann man in Folgen aus einer Multiplikation mit einem Skalar und einer tensoriellen Multiplikation und in Folgen mehrerer tensorieller Multiplikationen die Klammern weglassen. Man vereinbart wieder zusätzlich, dass die tensorielle Multiplikation zweier Vektoren Vorrang vor der Addition tensorieller Produkte haben soll, dann kann man auch in Ausdrücken wie den rechten Seiten der Gleichungen in T I die Klammern weglassen.

Satz: Es sei $\underline{a} = a^i \, \underline{g}_i$ ein Vektor aus E_N, $\underline{b} = b^i \, \underline{h}_i$ ein Vektor aus F_P und $\underline{a} \otimes \underline{b} = (\underline{a} \otimes \underline{b})^{ij} \, \underline{g}_i \otimes \underline{h}_j$ das tensorielle Produkt von $\underline{a}$ und $\underline{b}$, dann gilt zwischen den Koordinaten dieser drei Vektoren die Beziehung

$$(\underline{a} \otimes \underline{b})^{ij} = a^i \, b^j \, . \tag{6.27}$$

Beweis: Es ist

$$\begin{aligned} \underline{a} \otimes \underline{b} &= a^i \, \underline{g}_i \otimes b^j \, \underline{h}_j && \text{nach Voraussetzung} \\ &= a^i \, b^j \, \underline{g}_i \otimes \underline{h}_j && \text{nach T II} \\ &= (\underline{a} \otimes \underline{b})^{ij} \, \underline{g}_i \otimes \underline{h}_j && \text{nach T III.} \end{aligned}$$

Wegen der Eindeutigkeit der Koordinatenzerlegung des Vektors $\underline{a} \otimes \underline{b}$ folgt daraus die Behauptung.

Beispiele: Als Beispiele für eine tensorielle Multiplikation notieren wir

- die tensorielle Multiplikation der Tensoren der Physik N-ter und P-ter Stufe,
- die Matrizenmultiplikation der Spaltenmatrizen und der Zeilenmatrizen.

6.5.2 Affine Tensorräume und Tensoren

Definitionen: Gegeben sei ein N-dimensionaler affiner Vektorraum E_N, dann nennt man jeden Vektorraum, der sich durch mehrfache tensorielle Multiplikation aus E_N mit sich selbst und mit seinem Dualraum E_N^* bilden lässt, einen N-dimensionalen *affinen Tensorraum* über E_N und seine Elemente N-dimensionale *affine Tensoren* über E_N.

Ein Tensorraum enthalte den *Basisraum* E_N p-mal und seinen Dualraum E_N^* q-mal als Faktor, dann nennt man ihn und seine Elemente p-fach *kontravariant* und q-fach *kovariant*; maßgebend für diese Benennung ist also jeweils das Transformationsgesetz der Koordinaten. Die Summe $p+q$, also die Anzahl der Faktoren insgesamt, nennt man die *Stufe* des Tensorraums und seiner Tensoren, man spricht aber auch von Tensorräumen und Tensoren der Stufe (p, q). Ist $p = 0$, nennt man Tensorraum und Tensoren (rein) *kovariant*, für $q = 0$ entsprechend (rein) *kontravariant* und für $p \neq 0$, $q \neq 0$ *gemischt*. Den Basisraum E_N nennt man dann auch einen kontravarianten Tensorraum erster Stufe und entsprechend seinen Dualraum E_N^* einen kovarianten Tensorraum erster Stufe über E_N. Den Skalarenkörper schließlich bezeichnet man als Tensorraum nullter Stufe. Die Menge aller Tensorräume über einem Basisraum heißt ein *Raumsystem*.

Anmerkungen: Nach diesen Definitionen gibt es nur einen Tensorraum nullter Stufe, und der ist der Skalarenkörper und damit von der Wahl des Basisraums unabhängig.

Zu jedem Basisraum gibt es zwei Tensorräume erster Stufe, nämlich den Basisraum selbst und seinen Dualraum, und der eine ist kontravariant und der andere kovariant.

Zu jedem Basisraum gibt es die folgenden vier Tensorräume zweiter Stufe:

$E_N \otimes E_N$ ist von der Stufe (2, 0) also kontravariant,
$E_N \otimes E_N^*$ und $E_N^* \otimes E_N$ sind von der Stufe (1, 1), also gemischt,
$E_N^* \otimes E_N^*$ ist von der Stufe (0, 2), also kovariant.

Entsprechendes gilt für Tensorräume höherer Stufe: Es gibt zu einem Basisraum jeweils 2^s verschiedene Tensorräume der Stufe s (Anzahl der Variationen der zwei Elemente „oben“ und „unten“ zur s-ten Klasse mit Wiederholungen); davon ist einer kontravariant, einer kovariant, und die anderen sind gemischt.

Jeder N-dimensionale Tensorraum der Stufe s ist offenbar ein Vektorraum der Dimension N^s.

Wir wollen im Folgenden innerhalb eines Systems von Tensorräumen die uns von den Tensoren der Physik vertraute Notation verwenden. Wir wollen also nicht nur die Vektoren des Basisraums, sondern auch die Vektoren seines Dualraums einfach unterstreichen und entsprechend alle Tensoren s-ter Stufe s-fach unterstreichen.

6.5.3 Transformationsgleichungen

Wir bezeichnen im Folgenden die zu einer Basis $\underline{g}_i \in E_N$ duale Basis $\omega^i \in E_N^*$ mit $\underline{g}^i$.

Satz: Für den Basisraum E_N eines Systems von Tensorräumen und für seinen Dualraum E_N^* gelten bei einer Basistransformation die Transformationsgleichungen (6.26). In der gerade verabredeten Notation lauten sie

$$\begin{aligned} \underline{g}_i &= \alpha_i{}^j \underline{\tilde{g}}_j\,, & \underline{\tilde{g}}_i &= \tilde{\alpha}_i{}^j \underline{g}_j\,, \\ \underline{g}^i &= \tilde{\alpha}_j{}^i \underline{\tilde{g}}^j\,, & \underline{\tilde{g}}^i &= \alpha_j{}^i \underline{g}^j\,, \\ & \alpha_i{}^j \tilde{\alpha}_j{}^k = \tilde{\alpha}_i{}^j \alpha_j{}^k = \delta_i^k\,. \end{aligned} \tag{6.28}$$

Es sei $\underline{a} \in E_N$ ein kontravarianter Vektor und $\underline{b} \in E_N^*$ ein kovarianter Vektor, dann gelten für deren Koordinaten nach (6.26) die Transformationsgleichungen

$$\begin{aligned} a^i &= \tilde{\alpha}_m{}^i \tilde{a}^m\,, & \tilde{a}^i &= \alpha_m{}^i a^m\,, \\ b_i &= \alpha_i{}^m \tilde{b}_m\,, & \tilde{b}_i &= \tilde{\alpha}_i{}^m b_m\,. \end{aligned} \tag{6.29}$$

Es seien weiter $\underline{\underline{a}} \in E_N \otimes E_N$, $\underline{\underline{b}} \in E_N \otimes E_N^*$, $\underline{\underline{c}} \in E_N^* \otimes E_N$ und $\underline{\underline{d}} \in E_N^* \otimes E_N^*$ Tensoren der vier verschiedenen Tensorräume zweiter Stufe, dann gelten für deren Koordinaten die Transformationsgleichungen

$$\begin{aligned} a^{ij} &= \tilde{\alpha}_m{}^i \tilde{\alpha}_n{}^j \tilde{a}^{mn}\,, & \tilde{a}^{ij} &= \alpha_m{}^i \alpha_n{}^j a^{mn}\,, \\ b^i{}_j &= \tilde{\alpha}_m{}^i \alpha_j{}^n \tilde{b}^m{}_n\,, & \tilde{b}^i{}_j &= \alpha_m{}^i \tilde{\alpha}_j{}^n b^m{}_n\,, \\ c_i{}^j &= \alpha_i{}^m \tilde{\alpha}_n{}^j \tilde{c}_m{}^n\,, & \tilde{c}_i{}^j &= \tilde{\alpha}_i{}^m \alpha_n{}^j c_m{}^n\,, \\ d_{ij} &= \alpha_i{}^m \alpha_j{}^n \tilde{d}_{mn}\,, & \tilde{d}_{ij} &= \tilde{\alpha}_i{}^m \tilde{\alpha}_j{}^n d_{mn}\,. \end{aligned} \tag{6.30}$$

Da sich (6.28) und (6.29) aus (6.26) durch bloße Umbenennungen ergeben, müssen wir nur noch (6.30) beweisen.

Wir beweisen als Beispiel für alle die erste dieser acht Formeln: Für den rein kontravarianten Tensor $\underline{\underline{a}}$ gilt

$$\begin{aligned} \underline{\underline{a}} &= a^{mn} \underline{g}_m \otimes \underline{g}_n && \text{nach Voraussetzung} \\ &= a^{mn} \alpha_m{}^i \underline{\tilde{g}}_i \otimes \alpha_n{}^j \underline{\tilde{g}}_j && \text{nach } (6.28)_1 \\ &= a^{mn} \alpha_m{}^i \alpha_n{}^j \underline{\tilde{g}}_i \otimes \underline{\tilde{g}}_j && \text{nach T II} \\ &= \tilde{a}^{ij} \underline{\tilde{g}}_i \otimes \underline{\tilde{g}}_j && \text{nach Voraussetzung.} \end{aligned}$$

Wegen der Eindeutigkeit der Koordinatenzerlegung von $\underline{\underline{a}}$ in Bezug auf die Basis $\underline{\tilde{g}}_i \otimes \underline{\tilde{g}}_j$ folgt $\tilde{a}^{ij} = \alpha_m{}^i \alpha_n{}^j a^{mn}$, w. z. b. w.

Die Transformationsgesetze hängen wieder nur von der Anzahl der oberen und unteren Indizes und nicht von ihrer Reihenfolge ab: Es gilt

$$b^i{}_j = \widetilde{\alpha}_m{}^i \, \alpha_j{}^n \, \widetilde{b}^m{}_n \,,$$

$$c_j{}^i = \widetilde{\alpha}_m{}^i \, \alpha_j{}^n \, \widetilde{c}_n{}^m \,.$$

6.6 Der euklidische Vektorraum

6.6.1 Die skalare Multiplikation

Definitionen: In einem Vektorraum E über dem Skalarenkörper K sei für alle $\underline{a}, \underline{b} \in E$ als eine weitere Operation eine Bilinearform $\underline{a} \cdot \underline{b} = \lambda$ erklärt, welche die folgenden Axiome erfüllt:

S I. Die Bilinearform sei *symmetrisch*, d. h. es gelte

$$\underline{a} \cdot \underline{b} = \underline{b} \cdot \underline{a} \,. \tag{6.31}$$

S II. Die Bilinearform sei *positiv definit*, d. h. für jeden von null verschiedenen Vektor $\underline{a} \in E$ gelte

$$\underline{a} \cdot \underline{a} > 0 \,. \tag{6.32}$$

Dann nennt man den Vektorraum einen *euklidischen Vektorraum*, seine Elemente *euklidische Vektoren*, die Operation die den euklidischen Vektorraum bestimmende *skalare Multiplikation* und die Bilinearform das den euklidischen Vektorraum bestimmende *skalare Produkt*.

Wir verabreden den Vorrang der skalaren Multiplikation vor der Addition, dann kann man in Ausdrücken wie $(\underline{a} \cdot \underline{b}) + (\underline{c} \cdot \underline{d})$ die Klammern weglassen.

Anmerkung 1: Schreiben wir die Axiome der skalaren Multiplikation aus, so erhalten wir für alle $\underline{a}, \underline{b}, \underline{c} \in E$:

S 1. $\underline{a} \cdot \underline{b} \in K$.

S 2. (Distributivität) $(\underline{a} + \underline{b}) \cdot \underline{c} = \underline{a} \cdot \underline{c} + \underline{b} \cdot \underline{c}$.

S 3. $(\lambda \underline{a}) \cdot \underline{b} = \lambda(\underline{a} \cdot \underline{b})$.

S 4. (Kommutativität) $\underline{a} \cdot \underline{b} = \underline{b} \cdot \underline{a}$.

S 5. (Positiv-Definitheit) Für alle $\underline{a} \neq \underline{0}$ gilt $\underline{a} \cdot \underline{a} > 0$.

Satz 1: Aus den Axiomen folgt

$$\underline{0} \cdot \underline{a} = 0 \tag{6.33}$$

und damit als Ergänzung von S 5 $\underline{0} \cdot \underline{0} = 0$.

Es ist nämlich

$\underline{0} \cdot \underline{a}$	$= (0\underline{0}) \cdot \underline{a}$	nach (6.3)
	$= 0(\underline{0} \cdot \underline{a})$	nach S 3
	$= 0$	weil das Produkt aus 0 und einem beliebigen Skalar verschwindet.

Satz 2: Aus $\underline{a} \cdot \underline{b} = 0$ für alle $\underline{a}$ folgt $\underline{b} = \underline{0}$. Wenn das nämlich für alle $\underline{a}$ gelten soll, muss es auch für $\underline{a} = \underline{b}$ gelten, und das kann wegen S 5 nur für $\underline{b} = \underline{0}$ der Fall sein.

Anmerkung 2: In einem Vektorraum lassen sich verschiedene skalare Produkte und damit zu einem affinen Vektorraum verschiedene euklidische Vektorräume definieren. So wird im Vektorraum der Paare (2-tupel) zu zwei Elementen (x_1, x_2) und (y_1, y_2) sowohl durch

$$\underline{x} \cdot \underline{y} := x_1 y_1 + x_2 y_2$$

als auch durch

$$\underline{x} \cdot \underline{y} := 4x_1 y_1 - 2x_1 y_2 - 2x_2 y_1 + 3x_2 y_2$$

ein skalares Produkt definiert.[3]

[3] Quelle: Hans Joachim Kowalsky: Lineare Algebra. Berlin, New York: Walter de Gruyter. 9. überarbeitete und erweiterte Auflage, 1988.

6.6.2 Die Metrik

Definitionen 1: In einem euklidischen Vektorraum E_N sei eine Basis $\underline{g}_i$ gegeben, dann führen wir für das skalare Produkt zweier Basisvektoren ein Symbol ein:

$$g_{ij} := \underline{g}_i \cdot \underline{g}_j \,. \tag{6.34}$$

Man nennt die g_{ij} die *Metrikkoeffizienten* zur Basis $\underline{g}_i$.

Anmerkung: Mithilfe der Metrikkoeffizienten erhält man für das skalare Produkt zweier Vektoren $\underline{a} = a^i \underline{g}_i$ und $b = b^i \underline{g}_i$ aus E_N die Rechenvorschrift

$$\underline{a} \cdot \underline{b} = a^i b^j g_{ij} \,. \tag{6.35}$$

Obwohl man für die Berechnung des skalaren Produkts zweier Vektoren nach (6.35) eine Basis benötigt, ist das Ergebnis als Element des Skalarenkörpers unabhängig von der gewählten Basis.

Wir wollen zwei wichtige Eigenschaften der Metrikkoeffizienten angeben:

Satz 1: Aus dem Kommutativgesetz S 4 folgt sofort die Symmetrie der Metrikkoeffizienten:

$$g_{ij} = g_{ji} \,. \tag{6.36}$$

Satz 2: Die Matrix der Metrikkoeffizienten ist positiv definit, damit gilt u. a.

$$g := \det g_{ij} > 0 \,, \qquad g_{i\underline{i}} > 0 \,. \tag{6.37}$$

Beweis: Nach (6.35) und S 5 ist $\underline{a} \cdot \underline{a} = a^i a^j g_{ij} > 0$ für $\underline{a} \neq \underline{0}$.

Weiter gilt die sog. *Schwarzsche Ungleichung*:

Satz 3: Für zwei beliebige Vektoren $\underline{a}, \underline{b} \in E$ gilt

$$(\underline{a} \cdot \underline{b})^2 \leqq (\underline{a} \cdot \underline{a})(\underline{b} \cdot \underline{b}) \,. \tag{6.38}$$

Das Gleichheitszeichen gilt genau dann, wenn die Vektoren $\underline{a}$ und $\underline{b}$ linear abhängig sind.

Beweis:

- Nach (6.35) ist

  $$(\underline{a}\cdot\underline{b})^2 = a^i\, b^j\, g_{ij}\, a^m\, b^n\, g_{mn}\,,$$
  $$(\underline{a}\cdot\underline{a})(\underline{b}\cdot\underline{b}) = a^i\, a^j\, g_{ij}\, b^m\, b^n\, g_{mn}\,.$$

  Für $\underline{a}=\underline{0}$ gilt nach (6.8) $a^i = 0$, damit sind die rechten Seiten in beiden obigen Gleichungen null, und (6.38) ist mit dem Gleichheitszeichen erfüllt.

  Für $\underline{a}\neq\underline{0}$, $\underline{b}=\lambda\,\underline{a}$ gilt entsprechend $b^i=\lambda\, a^i$, damit sind die rechten Seiten in beiden obigen Gleichungen gleich, und (6.38) ist ebenfalls mit dem Gleichheitszeichen erfüllt.

  Damit ist (6.38) mit dem Gleichheitszeichen erfüllt, wenn $\underline{a}$ und $\underline{b}$ linear abhängig sind.

- Wir setzen jetzt voraus, dass $\underline{a}\neq\underline{0}$ und $\underline{b}\neq\lambda\,\underline{a}$ ist, dann sind $\underline{a}$ und $\underline{b}$ linear unabhängig, und es gilt

  $$\begin{aligned} 0 &< (\lambda\,\underline{a}-\underline{b})\cdot(\lambda\,\underline{a}-\underline{b}) && \text{nach S 5}\\ &= \lambda^2\,\underline{a}\cdot\underline{a} - \lambda\,\underline{b}\cdot\underline{a} - \lambda\,\underline{a}\cdot\underline{b} + \underline{b}\cdot\underline{b} && \text{nach S 2 und S 3}\\ &= \lambda^2\,\underline{a}\cdot\underline{a} - 2\lambda\,\underline{a}\cdot\underline{b} + \underline{b}\cdot\underline{b} && \text{nach S 4.}\end{aligned}$$

  Setzt man speziell

  $$\lambda = \frac{\underline{a}\cdot\underline{b}}{\underline{a}\cdot\underline{a}}\,,$$

  so erhält man nach Multiplikation mit $\underline{a}\cdot\underline{a}$

  $$0 < (\underline{a}\cdot\underline{b})^2 - 2(\underline{a}\cdot\underline{b})^2 + (\underline{a}\cdot\underline{a})(\underline{b}\cdot\underline{b})$$

  und hieraus sofort (6.38) mit dem Ungleichheitszeichen.

Damit ist (6.38) bewiesen.

Definitionen 2: Das Skalarprodukt eines Vektors $\underline{a}$ mit sich selbst nennt man seine *Norm* oder sein *Quadrat* und schreibt dafür $\underline{a}^2$:

$$\underline{a}^2 := \underline{a}\cdot\underline{a} = g_{ij}\, a^i\, a^j\,. \tag{6.39}$$

Es ist die fundamentale Eigenschaft eines euklidischen Vektorraums, dass man darin jedem Vektor einen gegenüber einer Basistransformation invarianten Skalar zuordnen kann, eben seine Norm. Man sagt dafür auch, dass in jedem euklidischen Raum eine *Metrik* definiert ist.

Wegen S 5 ist die Norm jedes von null verschiedenen Vektors positiv, es existiert also jeweils eine reelle Quadratwurzel. Man nennt die (positive) Quadratwurzel aus der Norm eines Vektors $\underline{a}$ seine *Länge* oder seinen (*absoluten*) *Betrag* und schreibt dafür a oder $|\underline{a}|$:

$$a \equiv |\underline{a}| := \sqrt{\underline{a}^2}\,. \tag{6.40}$$

Einen Vektor, dessen Länge gleich eins ist, nennt man *normiert* oder einen *Einheitsvektor*.

Man definiert den *Winkel* φ zwischen zwei Vektoren $\underline{a} \neq \underline{0}$ und $\underline{b} \neq \underline{0}$ durch die Gleichung

$$\cos\varphi := \frac{\underline{a}\cdot\underline{b}}{ab}\,. \tag{6.41}$$

(Nach der Schwarzschen Ungleichung (6.38) ist

$$\left|\frac{\underline{a}\cdot\underline{b}}{ab}\right| \leqq 1,$$

wie das für den Kosinus eines reellen Winkels sein muss.)

Zwei Vektoren nennt man *orthogonal*, wenn ihr Skalarprodukt verschwindet. Mehrere Vektoren nennt man *orthogonal*, wenn sie paarweise orthogonal sind.

Satz 4: Mehrere Vektoren, die orthogonal und von null verschieden sind, sind linear unabhängig.

Beweis: m Vektoren $\underline{b}_i$ seien orthogonal und von null verschieden, d. h. es gilt

$$\underline{b}_i \cdot \underline{b}_j = 0 \quad \text{für} \quad i \neq j, \quad \underline{b}_{\underline{i}} \cdot \underline{b}_i \neq 0.$$

Um die lineare Unabhängigkeit zu prüfen, setzen wir

$$\lambda_i \underline{b}_i = \underline{0}$$

an und multiplizieren diese Gleichung skalar mit $\underline{b}_j$:

$$\lambda_i \underline{b}_i \cdot \underline{b}_j = \underline{0} \cdot \underline{b}_j \quad \text{nach Voraussetzung}$$
$$= 0 \quad \text{nach (6.33).}$$

Andererseits verschwinden von den m Summanden des Ausdrucks $\lambda_i \underline{b}_i \cdot \underline{b}_j$ alle bis auf einen, für den $i = j$ ist. Die Gleichung $\lambda_i \underline{b}_i \cdot \underline{b}_j = 0$ reduziert sich also auf $\lambda_{\underline{j}} \underline{b}_{\underline{j}} \cdot \underline{b}_j = 0$. Da nach Voraussetzung $\underline{b}_{\underline{j}} \cdot \underline{b}_j \neq 0$ ist, muss $\lambda_j = 0$ sein. Da dies für alle j gilt, sind die $\underline{b}_j$ linear unabhängig, w. z. b. w.

Daraus folgt sofort

Satz 5: In einem N-dimensionalen euklidischen Vektorraum bilden N von null verschiedene, orthogonale Vektoren eine *orthogonale Basis*; es gibt also keine Menge von mehr als N von null verschiedenen, orthogonalen Vektoren.

Definitionen 3: Mehrere Vektoren, die orthogonal und normiert sind, nennt man *orthonormiert*; N orthonormierte Vektoren bilden eine *orthonormierte Basis*.

Die Koordinaten eines Vektors in Bezug auf eine orthogonale Basis nennt man *orthogonale Koordinaten*, die Koordinaten in Bezug auf eine orthonormierte Basis *orthonormierte Koordinaten*.

6.6.3 Dualität

Da in einem euklidischen Vektorraum E_N jedem Paar von Vektoren $\underline{a}, \underline{b} \in E_N$ durch die skalare Multiplikation ein Skalar $\lambda \in K$ zugeordnet ist, folgt

Satz 1: Ein euklidischer Vektorraum endlicher Dimension ist zu sich selbst dual.

Die den euklidischen Vektorraum bestimmende skalare Multiplikation ist offenbar die natürliche skalare Multiplikation des Raumpaares (E_N, E_N).

Anmerkungen: Die zu einer Basis $\underline{g}_i$ duale Basis ω^i liegt damit im selben Raum E_N wie die Ausgangsbasis, wir schreiben statt ω^i deshalb wie in einem System von Tensorräumen $\underline{g}^i$.

Jeder Vektor $\underline{a}$ lässt sich dann also sowohl in Bezug auf eine Basis $\underline{g}_i$ als auch in Bezug auf die dazu duale Basis $\underline{g}^i$ darstellen. In einem euklidischen Vektorraum entfällt also die Unterscheidung kontravarianter und kovarianter Vektoren, statt dessen spricht man von der *kovarianten Basis* $\underline{g}_i$ und der zugehörigen *kontravarianten Basis* $\underline{g}^i$ und entsprechend von den *kontravarianten Koordinaten* a^i und den *kovarianten Koordinaten* a_i eines Vektors $\underline{a}$. Beide Arten zusammen nennt man dann *holonome Koordinaten*; die beiden Basen nennt man auch *reziprok.*

Das auf einem euklidischen Vektorraum als Basisraum aufbauende System von Tensorräumen heißt ebenfalls *euklidisch.* In einem System euklidischer Tensorräume fallen alle Tensorräume gleicher Stufe zusammen, und die Transformationsgleichungen (6.28) bis (6.30) vereinfachen sich zu

$$\begin{aligned}
\underline{g}_i &= \alpha_i{}^m \underline{\widetilde{g}}_m , & \underline{\widetilde{g}}_i &= \widetilde{\alpha}_i{}^m \underline{g}_m , \\
a_i &= \alpha_i{}^m \widetilde{a}_m , & \widetilde{a}_i &= \widetilde{\alpha}_i{}^m a_m , \\
\underline{g}^i &= \widetilde{\alpha}_m{}^i \underline{\widetilde{g}}^m , & \underline{\widetilde{g}}^i &= \alpha_m{}^i \underline{g}^m , \\
a^i &= \widetilde{\alpha}_m{}^i \widetilde{a}^m , & \widetilde{a}^i &= \alpha_m{}^i a^m , \\
a_{ij} &= \alpha_i{}^m \alpha_j{}^n \widetilde{a}_{mn} , & \widetilde{a}_{ij} &= \widetilde{\alpha}_i{}^m \widetilde{\alpha}_j{}^n a_{mn} , \\
a_i{}^j &= \alpha_i{}^m \widetilde{\alpha}_n{}^j \widetilde{a}_m{}^n , & \widetilde{a}_i{}^j &= \widetilde{\alpha}_i{}^m \alpha_n{}^j a_m{}^n , \\
a^i{}_j &= \widetilde{\alpha}_m{}^i \alpha_j{}^n \widetilde{a}^m{}_n , & \widetilde{a}^i{}_j &= \alpha_m{}^i \widetilde{\alpha}_j{}^n a^m{}_n , \\
a^{ij} &= \widetilde{\alpha}_m{}^i \widetilde{\alpha}_n{}^j \widetilde{a}^{mn} , & \widetilde{a}^{ij} &= \alpha_m{}^i \alpha_n{}^j a^{mn} , \\
& & \alpha_i{}^j \widetilde{\alpha}_j{}^k &= \delta_i^k .
\end{aligned} \tag{6.42}$$

Es lassen sich weiter die meisten anderen Beziehungen herleiten, die wir in der Algebra für die Tensoren der Physik kennengelernt haben (bis auf diejenigen, die speziell eine Folge der Dreidimensionalität der Tensoren der Physik waren; dazu gehören alle Formeln, in denen vektorielle Produkte oder Spatprodukte auftreten).

Wir erwähnen als Beispiele noch die Sätze über orthogonale und orthonormierte Basen:

Satz 2: Ist $\underline{g}_i$ eine orthogonale Basis, so ist auch die duale Basis $\underline{g}^i$ orthogonal, zwei *homologe* (d. h. gleich indizierte) Basisvektoren $\underline{g}_i$ und $\underline{g}^i$ sind linear abhängig, und ihre Beträge sind reziprok.

Beweis: In einem euklidischen Vektorraum gilt für zwei duale Basen $\underline{g}_i$ und $\underline{g}^i$ nach (6.24) ganz allgemein

$$\underline{g}_i \cdot \underline{g}^j = \delta_i^j . \tag{6.43}$$

Da $\underline{g}_i$ eine Basis ist, sind alle $\underline{g}^j$ von den $\underline{g}_i$ linear abhängig, für jedes j gilt also[4]

$$\lambda_i\, \underline{g}_i + \lambda\, \underline{g}^{\underline{j}} = \underline{0} \quad \text{für} \quad \lambda_i^2 + \lambda^2 \neq 0. \tag{a}$$

Skalare Multiplikation mit $\underline{g}_k$ ergibt

$$\lambda_i\, \underline{g}_i \cdot \underline{g}_k + \lambda\, \underline{g}^{\underline{j}} \cdot \underline{g}_k = 0.$$

Wir setzen jetzt voraus, dass die $\underline{g}_i$ orthogonal sind, dann verschwinden alle skalaren Produkte $\underline{g}_i \cdot \underline{g}_k$ für $i \neq k$, wir erhalten also

$$\lambda_{\underline{k}}\, \underline{g}_{\underline{k}} \cdot \underline{g}_k + \lambda\, \underline{g}^{\underline{j}} \cdot \underline{g}_k = \underline{0}.$$

Nun ist $\underline{g}_{\underline{k}} \cdot \underline{g}_k$ für alle k von null verschieden, nach (6.43) verschwindet $\underline{g}^j \cdot \underline{g}_k$ aber für alle $k \neq j$. Für alle $k \neq j$ muss also $\lambda_k = 0$ sein, die Gleichung (a) vereinfacht sich also zu

$$\lambda_{\underline{j}}\, \underline{g}_{\underline{j}} + \lambda\, \underline{g}^{\underline{j}} = \underline{0} \quad \text{für} \quad \lambda_{\underline{j}}^2 + \lambda^2 \neq 0, \tag{b}$$

zwei homologe Basisvektoren $\underline{g}_j$ und $\underline{g}^j$ sind also linear abhängig. Im Übrigen sind λ_j und λ beide von null verschieden, denn wäre z. B. $\lambda = 0$ und $\lambda_j \neq 0$, so müsste $\underline{g}_j = \underline{0}$ sein, was für einen Basisvektor ausgeschlossen ist. Skalare Multiplikation mit $\underline{g}^{\underline{j}}$ ergibt mit (6.43) aus (b)

$$\lambda_{\underline{j}} + \lambda\, \underline{g}^{\underline{j}} \cdot \underline{g}^{\underline{j}} = 0,$$

$$-\frac{\lambda_{\underline{j}}}{\lambda} = \underline{g}^{\underline{j}} \cdot \underline{g}^{\underline{j}} = |\underline{g}^{\underline{j}}|^2.$$

Setzt man das in (b) ein, so folgt

$$\underline{g}^{\underline{j}} = |\underline{g}^{\underline{j}}|^2\, \underline{g}_{\underline{j}}. \tag{c}$$

$\underline{g}^j$ und $\underline{g}_j$ sind also kollinear. Nimmt man von dieser Gleichung den Betrag, erhält man

[4] In den folgenden Gleichungen ist der Index j nicht der Summationskonvention unterworfen, wir haben ihn deshalb unabhängig davon, ob er in einem Term ein- oder zweimal vorkommt, in den Gleichungen immer unterstrichen.

$$|\underline{g}^j| = |\underline{g}^j|^2\,|\underline{g}_j|$$

oder durch $|\underline{g}^j|$ dividiert

$$1 = |\underline{g}^j||\underline{g}_j|,$$

die Beträge von $\underline{g}^j$ und $\underline{g}_j$ sind also reziprok. Nach (c) ist deshalb auch die duale Basis $\underline{g}^j$ orthogonal, womit der Satz vollständig bewiesen ist.

Satz 3: Ist eine Basis orthonormiert, so fällt sie mit ihrer dualen Basis zusammen.

Beweis: Ist eine Basis orthonormiert, so ist nach dem vorigen Satz ihre duale Basis zunächst ebenfalls orthonormiert, und nach Gleichung (c) im Beweis des vorigen Satzes fallen die beiden Basen dann zusammen.

6.7 Der Punktraum

6.7.1 Der affine (Punkt-)Raum

Definitionen: Ein *affiner (Punkt-)Raum* A über einem Skalarenkörper K besteht aus

- einer nichtleeren Menge A, deren Elemente *Punkte* genannt werden,
- einem Vektorraum E über einem Skalarenkörper K und
- einer Abbildung, die jedem geordneten Paar (X, Y) von Punkten $X, Y \in A$ eindeutig einen Vektor $\overrightarrow{XY} \in E$ zuordnet, wobei folgende Axiome erfüllt sind:

P I. Zu einem beliebigen Punkt $X \in A$ und einem beliebigen Vektor $\underline{a} \in E$ gibt es genau einen Punkt $Y \in A$, für den $\overrightarrow{XY} = \underline{a}$ ist.

P II. Für drei beliebige Punkte $X, Y, Z \in A$ gilt $\overrightarrow{XY} + \overrightarrow{YZ} = \overrightarrow{XZ}$.

Hat der Vektorraum die Dimension N, so nennt man auch den Punktraum N-*dimensional* und schreibt A_N.

Einen Punkt O zusammen mit einer Basis $\underline{g}_i$ des Vektorraums E_N nennen wir ein (*geradliniges*) *Koordinatensystem* des affinen Raumes A_N. Der Punkt O heißt der *Ursprung* des Koordinatensystems, der Vektor $\underline{x} := \overrightarrow{OX}$ der dem Punkt X in Bezug auf den Ursprung O zugeordnete *Ortsvektor*, und die Koordinaten x^i der Darstellung

$$\overrightarrow{OX} =: \underline{x} = x^i \underline{g}_i \tag{6.44}$$

des Ortsvektors $\underline{x}$ in Bezug auf die Basis $\underline{g}_i$ nennen wir die (*geradlinigen*) *Koordinaten* des Punktes X in Bezug auf das Koordinatensystem $(O,\ \underline{g}_i)$. Statt von dem dem Punkte X zugeordneten Ortsvektor $\underline{x}$ sprechen wir auch kurz von dem *Punkte* $\underline{x}$.

Ist die Basis eines Koordinatensystems orthogonal oder orthonormiert, so spricht man von einem *orthogonalen* bzw. einem *orthonormierten Koordinatensystem.*

Satz 1: Es gilt

$$\overrightarrow{XX} = \underline{0}\,, \qquad \overrightarrow{XY} = -\overrightarrow{YX}\,. \tag{6.45}$$

Die erste Identität folgt aus P II, wenn man darin $Y = X$ setzt, die zweite, wenn man darin $Z = X$ setzt.

Satz 2: Es gilt

$$\overrightarrow{XY} = \underline{y} - \underline{x} = (y^i - x^i)\,\underline{g}_i\,. \tag{6.46}$$

Beweis: Aus P II folgt $\overrightarrow{OX} + \overrightarrow{XY} = \overrightarrow{OY}$ oder mit (6.44)

$$\underline{x} + \overrightarrow{XY} = \underline{y}\,, \quad \overrightarrow{XY} = \underline{y} - \underline{x} = y^i\,\underline{g}_i - x^i\,\underline{g}_i = (y^i - x^i)\,\underline{g}_i\,.$$

Satz 3: Es seien $(O,\ \underline{g}_i)$ und $(\widetilde{O},\ \underline{\widetilde{g}}_i)$ zwei Koordinatensysteme eines affinen Raumes A_N, und zwischen den Basen $\underline{g}_i$ und $\underline{\widetilde{g}}_i$ und den Ursprüngen O und $\widetilde{O}$ sollen die Transformationsgleichungen

$$\begin{aligned} &\underline{g}_i = \alpha_i{}^j\,\underline{\widetilde{g}}_j\,, && \underline{\widetilde{g}}_i = \widetilde{\alpha}_i{}^j\,\underline{g}_j\,, && \alpha_i{}^j\,\widetilde{\alpha}_j{}^k = \delta_i^k\,, \\ &\overrightarrow{O\widetilde{O}} = \underline{y}\,, && \overrightarrow{\widetilde{O}O} = \underline{\widetilde{y}}\,, && \underline{y} = -\underline{\widetilde{y}} \end{aligned} \tag{6.47}$$

gelten, dann gelten zwischen den Koordinaten x^i und $\widetilde{x}^i$ eines beliebigen Punktes X in Bezug auf die beiden Koordinatensysteme und zwischen den Koordinaten y^i

des Punktes $\widetilde{O}$ in Bezug auf das Koordinatensystem $(O,\, \underline{g}_i)$ und den Koordinaten $\widetilde{y}^i$ des Punktes O in Bezug auf das Koordinatensystem $(\widetilde{O},\, \widetilde{\underline{g}}_i)$ die Transformationsgleichungen

$$\begin{aligned} x^i &= y^i + \widetilde{\alpha}_j{}^i \widetilde{x}^j\,, & \qquad \widetilde{x}^i &= \widetilde{y}^i + \alpha_j{}^i x^j\,, \\ y^i &= -\widetilde{\alpha}_j{}^i \widetilde{y}^j\,, & \qquad \widetilde{y}^i &= -\alpha_j{}^i y^j\,. \end{aligned} \tag{6.48}$$

Beweis: Nach P II gilt $\overrightarrow{OX} = \overrightarrow{O\widetilde{O}} + \overrightarrow{\widetilde{O}X}$ oder in Koordinatendarstellung

$$\begin{aligned} x^i \underline{g}_i &= y^i \underline{g}_i + \widetilde{x}^i \widetilde{\underline{g}}_i \\ &= y^i \underline{g}_i + \widetilde{x}^i \widetilde{\alpha}_i{}^j \underline{g}_j && \text{mit } (6.47)_2 \\ &= y^i \underline{g}_i + \widetilde{x}^j \widetilde{\alpha}_j{}^i \underline{g}_i && \text{unter Umbenennung der Indizes,} \\ x^i &= y^i + \widetilde{\alpha}_j{}^i \widetilde{x}^j && \text{wegen der Eindeutigkeit der Darstellung} \\ & && \text{in Bezug auf } \underline{g}_i\,. \end{aligned}$$

Analog beweist man $(6.48)_2$. Weiter ist nach $(6.45)_2$ $\overrightarrow{O\widetilde{O}} = -\overrightarrow{\widetilde{O}O}$ oder in Koordinatendarstellung

$$\begin{aligned} y^i \underline{g}_i &= -\widetilde{y}^i \widetilde{\underline{g}}_i \\ &= -\widetilde{y}^i \widetilde{\alpha}_i{}^j \underline{g}_j && \text{mit } (6.47)_2 \\ &= -\widetilde{y}^j \widetilde{\alpha}_j{}^i \underline{g}_i && \text{unter Umbenennung der Indizes,} \\ y^i &= -\widetilde{\alpha}_j{}^i \widetilde{y}^j && \text{wegen der Eindeutigkeit der Darstellung} \\ & && \text{in Bezug auf } \underline{g}_i\,. \end{aligned}$$

Analog beweist man $(6.48)_4$.

6.7.2 Der euklidische (Punkt-)Raum

Definitionen: Wenn der zur Definition des affinen Raumes A benutzte Vektorraum E euklidisch ist, heißt A ein *euklidischer (Punkt-)Raum.*

Die Länge des zwei Punkten X und Y zugeordneten Vektors $\overrightarrow{XY}$ nennt man die *Entfernung* oder den *Abstand* beider Punkte. Wie der euklidische Vektorraum ist also auch der euklidische Punktraum durch eine *Metrik* ausgezeichnet.

Literatur

Wer den Stoff der Kapitel 2 – 4 in vergleichbarer Darstellung nachlesen möchte, sei auf die folgenden beiden Lehrbücher verwiesen:

- Adalbert Duschek, August Hochrainer: Grundzüge der Tensorrechnung in analytischer Darstellung. Wien, New York: Springer.
  Bd. 1: Tensoralgebra. 5. unveränderte Auflage, 1968.
  Bd. 2: Tensoranalysis. 3. unveränderte Auflage, 1970.
  Bd. 3: Anwendungen in Physik und Technik. 2. ergänzte Auflage, 1965.
- Eberhard Klingbeil: Tensorrechnung für Ingenieure. 2. überarbeitete Auflage (BI-Hochschultaschenbücher, 197/197a.), Mannheim: Bibliographisches Institut, 1989.

Das Buch von Duschek und Hochrainer beschränkt sich allerdings auf die Koordinatenschreibweise. Beide Bücher enthalten über den Stoff dieses Buches hinaus die Tensorrechnung für Riemannsche Räume und damit die für die Schalentheorie wichtige Tensorrechnung auf gekrümmten Flächen; beide enthalten auch die klassischen physikalischen Anwendungen der Tensorrechnung.

Es gibt eine große Anzahl weiterer Lehrbücher der Vektor- und Tensorrechnung; das Buch von Klingbeil enthält eine Bibliographie der wichtigsten bis 1988 erschienenen. Darüber hinaus enthalten viele Lehrbücher der Kontinuumstheorie als Einleitung eine Einführung in die Tensorrechnung.

Wer sich ausführlicher über die Darstellungstheorie in Kapitel 5 informieren möchte, muss die Spezialliteratur zu Rate ziehen. Wir erwähnen:

- Jean-Paul Boehler (ed.): Application of Tensor Functions in Solid Mechanics. CISM Courses and Lectures No. 292. Wien, New York: Springer, 1987.
- Quan-Shui Zheng: Theory of representations for tensor functions — A unified invariant approach to constitutive equations. Applied Mechanics Review 47 (11), 545–587, 1994.

Der Stoff des Kapitels 6 findet sich im Wesentlichen in den Lehrbüchern der linearen Algebra, z. B. in

– Hans Joachim Kowalsky: Lineare Algebra. Berlin, New York: Walter de Gruyter. 9. überarbeitete und erweiterte Auflage, 1988.

– Hans Joachim Kowalsky, Gerhard O. Michler: Lineare Algebra. Berlin, New York: Walter de Gruyter. 12. überarbeitete Auflage, 2003.

Zum Nachschlagen für Probleme, die über den Stoff der Vorlesung hinausgehen, verweisen wir auf folgende Bücher:

– Josef Betten: Tensorrechnung für Ingenieure. Stuttgart: Teubner 1987.

– A. M. Goodbody: Cartesian Tensors. Chichester: Ellis Horwood Limited, 1982.

– Jerald L. Ericksen: Tensor Fields (Anhang zu: Clifford Truesdell, R. A. Toupin: The Classical Field Theories.) In: Handbuch der Physik, Bd. III/1. Berlin u. a.: Springer, 1960.

Eine umfassende Darstellung der Matrizenrechnung ist

– Roger A. Horn, Charles A. Johnson: Matrix Analysis. Cambridge u. a.: Cambridge University Press, 1985.

Eine Verallgemeinerung der Tensorrechnung enthält

– Perry Moon, Domina Eberle Spencer: Theory of Holors. Cambridge u. a.: Cambridge University Press, 1986.

Die wichtigsten Größen für eine große Anzahl krummliniger Koordinatensysteme finden sich in

– Perry Moon, Domina Eberle Spencer: Field Theory Handbook. Berlin u. a.: Springer, 2. Auflage, 1971, 3. korrigierter Nachdruck, 1988.

Ein knapp gefasstes, aber vielseitiges Buch ist schließlich

– I-Shih Liu: Continuum Mechanics: Berlin, Heidelberg, New York: Springer, 2002.

Es enthält neben einer Einführung in die Kontinuumsmechanik als einem wichtigen Anwendungsgebiet der Tensorrechnung auch ein Kapitel zur Darstellungstheorie sowie in Ergänzung zu unserem Kapitel 6 eine kurze Begründung der Tensoranalysis in euklidischen Räumen.

Anhang A

Lösungen der Aufgaben

Aufgabe 1.1

A. $a_i B_i = a_1 B_1 + a_2 B_2 + a_3 B_3 + a_4 B_4\,.$

B. $A_{ii} = A_{11} + A_{22} + A_{33} + A_{44}\,.$

C. $\dfrac{\partial u_i}{\partial x_i} = \dfrac{\partial u_1}{\partial x_1} + \dfrac{\partial u_2}{\partial x_2} + \dfrac{\partial u_3}{\partial x_3} + \dfrac{\partial u_4}{\partial x_4}\,.$

D. $\dfrac{\partial^2 \varphi}{\partial x_i^2}$ steht für $\dfrac{\partial^2 \varphi}{\partial x_i \partial x_i}$: $\dfrac{\partial^2 \varphi}{\partial x_i^2} = \dfrac{\partial^2 \varphi}{\partial x_1^2} + \dfrac{\partial^2 \varphi}{\partial x_2^2} + \dfrac{\partial^2 \varphi}{\partial x_3^2} + \dfrac{\partial^2 \varphi}{\partial x_4^2}\,.$

E. Man führt die beiden Summationen bei noch geringer Übung zweckmäßig nacheinander aus:

$$\begin{aligned} a_{ij} b_{ij} &= a_{1j} b_{1j} + a_{2j} b_{2j} + a_{3j} b_{3j} \\ &= a_{11} b_{11} + a_{12} b_{12} + a_{13} b_{13} + a_{21} b_{21} + a_{22} b_{22} + a_{23} b_{23} + a_{31} b_{31} \\ &\quad + a_{32} b_{32} + a_{33} b_{33}\,. \end{aligned}$$

F. $$\begin{aligned} a_{ii} b_{jj} &= (a_{11} + a_{22} + a_{33})(b_{11} + b_{22} + b_{33}) \\ &= a_{11} b_{11} + a_{22} b_{11} + a_{33} b_{11} + a_{11} b_{22} + a_{22} b_{22} + a_{33} b_{22} + a_{11} b_{33} \\ &\quad + a_{22} b_{33} + a_{33} b_{33}\,. \end{aligned}$$

G. $$\begin{aligned} \frac{\partial u_i}{\partial x_j} \frac{\partial u_i}{\partial x_j} &= \frac{\partial u_1}{\partial x_j} \frac{\partial u_1}{\partial x_j} + \frac{\partial u_2}{\partial x_j} \frac{\partial u_2}{\partial x_j} \\ &= \left(\frac{\partial u_1}{\partial x_1}\right)^2 + \left(\frac{\partial u_1}{\partial x_2}\right)^2 + \left(\frac{\partial u_2}{\partial x_1}\right)^2 + \left(\frac{\partial u_2}{\partial x_2}\right)^2. \end{aligned}$$

(Sobald man für die Indizes Zahlen eingesetzt hat und deshalb keine Summationskonvention zu beachten ist, kann man natürlich wie üblich Quadrate schreiben.)

Aufgabe 1.2

A. Beim Einsetzen muss man auf zweierlei achten:

- Durch das Einsetzen darf kein Index in einem Glied mehr als zweimal vorkommen. Man vermeidet das, indem man gebundene Indizes, die auch in einer anderen Gleichung (als freie oder gebundene Indizes) vorkommen, umbenennt.
- Die einzusetzende Größe (hier u) muss in der einzusetzenden Gleichung und in der Gleichung, in die man einsetzt, den gleichen Index haben. Ist das nicht der Fall, muss man einen der beiden Indizes umbenennen.

In dieser Aufgabe benennt man am einfachsten in $\varphi = u_k v_k$ den Index k in i um: $\varphi = u_i v_i$, dann erhält man als Lösung $\varphi = A_{ik} n_k v_i$.

B. Wenn man in der Endgleichung i als freien Index behalten will, kann man z. B. die einzusetzenden Gleichungen $u_m = B_{mj} v_j$ und $C_{mi} = p_m q_i$ schreiben. Einsetzen ergibt dann $w_i = p_m q_i B_{mj} v_j$.

C. Einsetzen von τ_{ij} und d_{ij} und Ausmultiplizieren ergibt zunächst

$$\phi = \tau_{ij} d_{ij} = \frac{\eta}{2}\left(\frac{\partial v_i}{\partial x_j} + \frac{\partial v_j}{\partial x_i}\right)\left(\frac{\partial v_i}{\partial x_j} + \frac{\partial v_j}{\partial x_i}\right)$$

$$= \frac{\eta}{2}\left(\frac{\partial v_i}{\partial x_j}\frac{\partial v_i}{\partial x_j} + 2\frac{\partial v_j}{\partial x_i}\frac{\partial v_i}{\partial x_j} + \frac{\partial v_j}{\partial x_i}\frac{\partial v_j}{\partial x_i}\right).$$

Wenn man im dritten Summanden j in i und i in j umbenennt, sieht man, dass der erste und dritte Summand gleich sind, man erhält also

$$\phi = \eta\left(\frac{\partial v_i}{\partial x_j}\frac{\partial v_i}{\partial x_j} + \frac{\partial v_j}{\partial x_i}\frac{\partial v_i}{\partial x_j}\right).$$

Als Lösung der Aufgabe erhält man dann

$$\rho T \frac{\mathrm{D}s}{\mathrm{D}t} = \eta\left(\frac{\partial v_i}{\partial x_j}\frac{\partial v_i}{\partial x_j} + \frac{\partial v_j}{\partial x_i}\frac{\partial v_i}{\partial x_j}\right) + \kappa \frac{\partial^2 T}{\partial x_i^2}.$$

Aufgabe 1.3

A. 1. ja (links und rechts i freier Index),

2. nein (links kein freier Index, rechts i und j freie Indizes),
3. nein (links kein freier Index, rechts i freier Index),
4. ja (links und rechts i freier Index),

5. ja (links und rechts m und n freie Indizes),
6. nein (links i und k freie Indizes, rechts i und j freie Indizes),
7. ja (links und rechts i und k freie Indizes),
8. ja (links und rechts n freier Index),
9. ja (links und rechts kein freier Index),
10. ja (links und rechts i freier Index).

B. 1. $A_1\,(B_{11}+B_{22}) = C_1\,(D_{11}+D_{22}),\;\; A_2\,(B_{11}+B_{22}) = C_2\,(D_{11}+D_{22})$.

4. $A_1\,B_1 = C_1\,,\quad A_2\,B_2 = C_2\,.$

5. $A_1\,B_1 = C_{11}\,,\quad A_1\,B_2 = C_{12}\,,\quad A_2\,B_1 = C_{21}\,,\quad A_2\,B_2 = C_{22}\,.$

7. Formal ergeben sich 4 Gleichungen:
$A_1\,B_1 = A_1\,B_1\,,\quad A_1\,B_2 = A_2\,B_1\,,\quad A_2\,B_1 = A_1\,B_2\,,\quad A_2\,B_2 = A_2\,B_2\,.$
Davon sind die erste und die vierte trivial und die zweite und die dritte äquivalent, sodass nur $A_1\,B_2 = A_2\,B_1$ als nichttriviale Aussage übrigbleibt.

8. $\mu_{11}\,A_1 + \mu_{21}\,A_2 = c_1\,(F_{11}+F_{22}),\quad \mu_{12}\,A_1 + \mu_{22}\,A_2 = c_2\,(F_{11}+F_{22})$.

9. $A = \alpha_1\,C_{11} + \alpha_2\,C_{22}\,.$

10. $A_{11} = B_{11}\,C_{111} + B_{12}\,C_{221}\,,\quad A_{22} = B_{21}\,C_{112} + B_{22}\,C_{222}\,.$

Aufgabe 1.4

A. Bei einer dreireihigen Determinante mit einer Null ist die Entwicklung nach einer die Null enthaltenden Reihe am bequemsten. Entwicklung nach der ersten Zeile ergibt $\Delta = 1\,(-2+6) - 1\,(6-1) = -1$.

B. Eine Determinante mit mehr als drei Reihen formt man meist am einfachsten in eine Dreiecksdeterminante um, vgl. dazu auch den Abschnitt 1.6.1. (Im folgenden Rechenschema bedeutet eine Zahl neben einer Zeile, dass diese Zeile mit dieser Zahl multipliziert und zu der mit dem Pfeil bezeichneten Zeile addiert werden soll.)

$$\Delta = \begin{vmatrix} 1 & 2 & -4 & 4 \\ 3 & 6 & 9 & 0 \\ -2 & 8 & 1 & 9 \\ 4 & 2 & -2 & 0 \end{vmatrix} \begin{matrix} \\ (:3) \\ \\ \\ \end{matrix} \quad (\text{Spalte 2}: 2) \quad = 6 \begin{vmatrix} 1 & 1 & -4 & 4 \\ 1 & 1 & 3 & 0 \\ -2 & 4 & 1 & 9 \\ 4 & 1 & -2 & 0 \end{vmatrix}$$

$$= 6 \begin{vmatrix} 1 & 1 & -4 & 4 \\ 0 & 0 & 7 & -4 \\ 0 & 6 & -7 & 17 \\ 0 & -3 & 14 & -16 \end{vmatrix} = -6 \begin{vmatrix} 1 & 1 & -4 & 4 \\ 0 & -3 & 14 & -16 \\ 0 & 6 & -7 & 17 \\ 0 & 0 & 7 & -4 \end{vmatrix}$$

$$= -6 \begin{vmatrix} 1 & 1 & -4 & 4 \\ 0 & -3 & 14 & -16 \\ 0 & 0 & 21 & -15 \\ 0 & 0 & 7 & -4 \end{vmatrix} \begin{matrix} \\ \\ (:3) \\ \\ \end{matrix} = -18 \begin{vmatrix} 1 & 1 & -4 & 4 \\ 0 & -3 & 14 & -16 \\ 0 & 0 & 7 & -5 \\ 0 & 0 & 7 & -4 \end{vmatrix}$$

$$= -18 \begin{vmatrix} 1 & 1 & -4 & 4 \\ 0 & -3 & 14 & -16 \\ 0 & 0 & 7 & -5 \\ 0 & 0 & 0 & 1 \end{vmatrix} = -18 \cdot 1 \cdot (-3) \cdot 7 \cdot 1 = 378.$$

Aufgabe 1.5

A. $\delta_{\underline{i}i} = (\delta_{11}, \delta_{22}, \delta_{33}, \delta_{44}, \delta_{55}) = (1, 1, 1, 1, 1)$.

B. $\delta_{ii} = \delta_{11} + \delta_{22} + \delta_{33} + \delta_{44} + \delta_{55} = 5$.

Aufgabe 1.6

A. $\delta_{ij}\,\delta_{jk} = \delta_{ik}$.

B. $\delta_{i2}\,\delta_{ik}$ ist gleich δ_{k2} oder δ_{2k}, je nachdem, ob man das i im ersten δ durch das k im zweiten oder das i im zweiten δ durch die 2 im ersten ersetzt; wegen $\delta_{k2} = \delta_{2k}$ kommt das auf das gleiche hinaus. $\delta_{k2}\,\delta_{3k} = \delta_{32} = 0$.

C. $\delta_{1k} A_k = A_1$.

D. $\delta_{i2}\,\delta_{jk} A_{ij} = A_{2k}$.

Aufgabe 1.7

A. Nach den Überlegungen von Abschnitt 1.4.2 Nr. 2 erhält man

1. für $N = 2$: $\delta^{12}_{12} = \delta^{21}_{21} = 1, \quad \delta^{12}_{21} = \delta^{21}_{12} = -1,$
2. für $N = 3$: $\delta^{12}_{12} = \delta^{21}_{21} = \delta^{13}_{13} = \delta^{31}_{31} = \delta^{23}_{23} = \delta^{32}_{32} = \ \ 1,$

$$\delta^{12}_{21} = \delta^{21}_{12} = \delta^{13}_{31} = \delta^{31}_{13} = \delta^{23}_{32} = \delta^{32}_{23} = -1.$$

B. δ^{ij}_{ij} ist die Summe aller Elemente, bei denen die oberen und die unteren Indizes auch der Reihenfolge nach gleich sind, das ist nach dem Ergebnis von Teil A 2 sechs. Zum gleichen Resultat kommt man aufgrund der Definition (1.19):

$$\delta^{ij}_{ij} = \begin{vmatrix} \delta_{ii} & \delta_{ij} \\ \delta_{ji} & \delta_{jj} \end{vmatrix} = \delta_{ii}\,\delta_{jj} - \underbrace{\delta_{ij}\,\delta_{ji}}_{\delta_{ii}} = 3 \cdot 3 - 3 = 6.$$

Aufgabe 1.8

$$\begin{pmatrix} \delta_{11} & \delta_{12} \\ \delta_{21} & \delta_{22} \end{pmatrix} = \begin{pmatrix} 1 & 0 \\ 0 & 1 \end{pmatrix}, \quad \begin{pmatrix} \varepsilon_{11} & \varepsilon_{12} \\ \varepsilon_{21} & \varepsilon_{22} \end{pmatrix} = \begin{pmatrix} 0 & 1 \\ -1 & 0 \end{pmatrix}.$$

Aufgabe 1.9

Die ε_{ijk} sind nur dann von null verschieden, wenn alle drei Indizes verschieden sind. Wenn nur einer der drei Indizes frei ist und man ihn gewählt hat, sind von den neun Elementen mit diesem Wert des freien Indexes also nur zwei von null verschieden. Das wird im Folgenden ausgenutzt.

A. $v_i = \varepsilon_{ijk}\,\omega_j\,r_k$:

$$v_1 = \varepsilon_{123}\,\omega_2\,r_3 + \varepsilon_{132}\,\omega_3\,r_2 = \omega_2\,r_3 - \omega_3\,r_2\,,$$
$$v_2 = \varepsilon_{231}\,\omega_3\,r_1 + \varepsilon_{213}\,\omega_1\,r_3 = \omega_3\,r_1 - \omega_1\,r_3\,,$$
$$v_3 = \varepsilon_{312}\,\omega_1\,r_2 + \varepsilon_{321}\,\omega_2\,r_1 = \omega_1\,r_2 - \omega_2\,r_1\,.$$

Diese drei Gleichungen werden üblicherweise als Vektorprodukt von $\underline{\omega}$ und $\underline{r}$ zusammengefasst: $\underline{v} = \underline{\omega} \times \underline{r}$.

B. $\Omega_j = \varepsilon_{ijk}\,\dfrac{\partial v_i}{\partial x_k}$:

$$\Omega_1 = \varepsilon_{312}\,\frac{\partial v_3}{\partial x_2} + \varepsilon_{213}\,\frac{\partial v_2}{\partial x_3} = \frac{\partial v_3}{\partial x_2} - \frac{\partial v_2}{\partial x_3}\,,$$
$$\Omega_2 = \varepsilon_{123}\,\frac{\partial v_1}{\partial x_3} + \varepsilon_{321}\,\frac{\partial v_3}{\partial x_1} = \frac{\partial v_1}{\partial x_3} - \frac{\partial v_3}{\partial x_1}\,,$$
$$\Omega_3 = \varepsilon_{231}\,\frac{\partial v_2}{\partial x_1} + \varepsilon_{132}\,\frac{\partial v_1}{\partial x_2} = \frac{\partial v_2}{\partial x_1} - \frac{\partial v_1}{\partial x_2}\,.$$

Diese drei Gleichungen werden üblicherweise als Rotation von $\underline{v}$ zusammengefasst: $\underline{\Omega} = \operatorname{rot} \underline{v}$.

Aufgabe 1.10

Die Inversion wird hier nach dem gaußschen Algorithmus (Abschnitt 1.6.2) ausgeführt.

A.

1	0	2	1	0	0	−2	−1
2	1	3	0	1	0	←	
1	1	2	0	0	1		←
1	0	2	1	0	0		
0	1	−1	−2	1	0	−1	
0	1	0	−1	0	1	←	
1	0	2	1	0	0	←	
0	1	−1	−2	1	0		←
0	0	1	1	−1	1	−2	1
1	0	0	−1	2	−2		
0	1	0	−1	0	1		
0	0	1	1	−1	1		

Probe:

			−1	2	−2
			−1	0	1
			1	−1	1
1	0	2	1	0	0
2	1	3	0	1	0
1	1	2	0	0	1

B.

0	1	1	−1	1	0	0	0	↑	
1	2	−1	1	0	1	0	0	↓	
1	3	−1	0	0	0	1	0		
−1	−2	1	−2	0	0	0	1		
1	2	−1	1	0	1	0	0	−1	1
0	1	1	−1	1	0	0	0		
1	3	−1	0	0	0	1	0	←	
−1	−2	1	−2	0	0	0	1		←
1	2	−1	1	0	1	0	0	←	
0	1	1	−1	1	0	0	0	−2	−1

0	1	0	−1	0	−1	1	0		←
0	0	0	−1	0	1	0	1		
1	0	−3	3	−2	1	0	0		
0	1	1	−1	1	0	0	0		
0	0	−1	0	−1	−1	1	0	−1	
0	0	0	−1	0	1	0	1		
1	0	−3	3	−2	1	0	0	←	
0	1	1	−1	1	0	0	0		←
0	0	1	0	1	1	−1	0	3	−1
0	0	0	−1	0	1	0	1	−1	
1	0	0	3	1	4	−3	0	←	
0	1	0	−1	0	−1	1	0		←
0	0	1	0	1	1	−1	0		
0	0	0	1	0	−1	0	−1	−3	1
1	0	0	0	1	7	−3	3		
0	1	0	0	0	−2	1	−1		
0	0	1	0	1	1	−1	0		
0	0	0	1	0	−1	0	−1		

Probe:

				1	7	−3	3
				0	−2	1	−1
				1	1	−1	0
				0	−1	0	−1
0	1	1	−1	1	0	0	0
1	2	−1	1	0	1	0	0
1	3	−1	0	0	0	1	0
−1	−2	1	−2	0	0	0	1

Aufgabe 1.11

A. Es gibt (wie häufig bei Beweisen) mehrere Wege. Am einfachsten führt man auf beiden Seiten von (1.54) die Transposition nach (1.46) aus. Dazu muss man jeweils das i, j-Element der vorkommenden Matrizen betrachten:

$$\left(A_{ij}^{(-1)}\right)^{\mathrm{T}} = A_{ji}^{(-1)}, \ \left(A_{ij}^{\mathrm{T}}\right)^{(-1)} = A_{ji}^{(-1)}.$$

Die rechten Seiten sind gleich, durch Gleichsetzen der linken folgt die Behauptung.

B. Beim Rechnen mit den Elementen kann man die üblichen Rechenregeln (Kommutativität, Assoziativität, Distributivität) uneingeschränkt voraussetzen, deshalb führen wir den Beweis an den Elementen (man kann auch sagen: in Elementschreibweise) aus.

Wir gehen aus von der Definition der Inversen in der Form (1.51):

$$(A_{ij}\,B_{jk})^{(-1)}\,A_{kl}\,B_{lm} = \delta_{im}\,.$$

Um $A_{kl}\,B_{lm}$ auf die rechte Seite zu schaffen, multiplizieren wir zunächst mit $B^{(-1)}_{mn}$;

$$(A_{ij}\,B_{jk})^{(-1)}\,\underbrace{A_{kl}\,\underbrace{B_{lm}\,B^{(-1)}_{mn}}_{\delta_{ln}}}_{A_{kn}} = \underbrace{\delta_{im}\,B^{(-1)}_{mn}}_{B^{(-1)}_{in}}\,,$$

$$(A_{ij}\,B_{jk})^{(-1)}\,A_{kn} = B^{(-1)}_{in}\,.$$

Multiplikation mit $A^{(-1)}_{np}$ ergibt

$$(A_{ij}\,B_{jk})^{(-1)}\,\underbrace{A_{kn}\,A^{(-1)}_{np}}_{\delta_{kp}} = B^{(-1)}_{in}\,A^{(-1)}_{np}\,,$$

$$(A_{ij}\,B_{jp})^{(-1)} = B^{(-1)}_{in}\,A^{(-1)}_{np}\,,\quad \text{w. z. b. w.}$$[1]

Aufgabe 1.12

Der Rang wird hier nach dem Algorithmus von Abschnitt 1.6.3 bestimmt.

A.

0	3	6	9	−3	:3		
0	0	2	−4	8	:2		
1	2	−3	4	5			
1	5	5	9	10			
0	1	2	3	−1	←		
0	0	1	−2	4		←	
1	2	−3	4	5			←
1	5	5	9	10			

[1] was zu beweisen war

1	2	−3	4	5	−1
0	1	2	3	−1	
0	0	1	−2	4	
1	5	5	9	10	←
1	2	−3	4	5	→ Nullen
0	1	2	3	−1	−3
0	0	1	−2	4	
0	3	8	5	5	←
1	0	0	0	0	
0	1	2	3	−1	→ Nullen
0	0	1	−2	4	−2
0	0	2	−4	8	←
1	0	0	0	0	
0	1	0	0	0	
0	0	1	−2	4	→ Nullen
0	0	0	0	0	
1	0	0	0	0	Die Matrix
0	1	0	0	0	hat den
0	0	1	0	0	Rang 3.
0	0	0	0	0	

B.

1	−3	2	0	−4 2
4	−11	10	−1	←
−2	8	−5	3	←
1	−3	2	0	→ Nullen
0	1	2	−1	−2
0	2	−1	3	←
1	0	0	0	
0	1	2	−1	→ Nullen
0	0	−5	5	: (−5)
1	0	0	0	
0	1	0	0	
0	0	1	−1	→ Nullen
1	0	0	0	Die Matrix
0	1	0	0	hat den
0	0	1	0	Rang 3.

Aufgabe 1.13

Reflexivität: Für $\underset{\sim}{A} = \underset{\sim}{B}$ ist $\underset{\sim}{S} = \underset{\sim}{T} = \underset{\sim}{E}$: $A_{ij} = \delta_{im} A_{mn} \delta_{nj}$.

Symmetrie: Aus $A_{ij} = S_{im} B_{mn} T_{nj}$ folgt

$$S^{(-1)}_{pi} A_{ij} T^{(-1)}_{jq} = \underbrace{S^{(-1)}_{pi} S_{im}}_{\delta_{pm}} B_{mn} \underbrace{T_{nj} T^{(-1)}_{jq}}_{\delta_{nq}} = B_{pq} .$$

Transitivität: Aus $A_{ij} = S_{im} B_{mn} T_{nj}$, $B_{mn} = P_{mr} C_{rs} Q_{sn}$ folgt

$$A_{ij} = \underbrace{S_{im} P_{mr}}_{=: U_{ir}} C_{rs} \underbrace{Q_{sn} T_{nj}}_{=: V_{sj}} = U_{ir} C_{rs} V_{sj} .$$

$\underset{\sim}{U}$ und $\underset{\sim}{V}$ sind als Produkt zweier regulärer Matrizen wegen (1.13) auch regulär.

Aufgabe 2.1

Voraussetzung:

$$A_i = T_{ij} B_j , \qquad (2.13) =: (a)$$

$$\widetilde{A}_i = \widetilde{T}_{ij} \widetilde{B}_j , \qquad (2.14) =: (b)$$

$$T_{ij} = \alpha_{im} \alpha_{jn} \widetilde{T}_{mn} , \qquad (2.15) =: (c)$$

$$B_j = \alpha_{jk} \widetilde{B}_k . \qquad (2.11) =: (d)$$

Behauptung: $A_i = \alpha_{im} \widetilde{A}_m$

Beweis:

$$A_i \overset{(a)}{=} T_{ij} B_j \overset{(c),\,(d)}{=} \alpha_{im} \underbrace{\alpha_{jn} \widetilde{T}_{mn} \alpha_{jk}}_{\overset{(2.6)}{=} \delta_{nk} \widetilde{T}_{mn} \overset{(1.17)}{=} \widetilde{T}_{mk}} \widetilde{B}_k ,$$

$$A_i = \alpha_{im} \widetilde{T}_{mk} \widetilde{B}_k \overset{(b)}{=} \alpha_{im} \widetilde{A}_m , \text{ w. z. b. w.}$$

Aufgabe 2.2

A.

$$a^{\mathrm{T}}_{ij} = \begin{pmatrix} 1 & 4 & 2 \\ 0 & -3 & -4 \\ 2 & 6 & 5 \end{pmatrix} .$$

B.

$$a_{(ij)} = \frac{1}{2}\left[\begin{pmatrix} 1 & 0 & 2 \\ 4 & -3 & 6 \\ 2 & -4 & 5 \end{pmatrix} + \begin{pmatrix} 1 & 4 & 2 \\ 0 & -3 & -4 \\ 2 & 6 & 5 \end{pmatrix}\right]$$

$$= \frac{1}{2}\begin{pmatrix} 2 & 4 & 4 \\ 4 & -6 & 2 \\ 4 & 2 & 10 \end{pmatrix} = \begin{pmatrix} 1 & 2 & 2 \\ 2 & -3 & 1 \\ 2 & 1 & 5 \end{pmatrix},$$

$$a_{[ij]} = \frac{1}{2}\left[\begin{pmatrix} 1 & 0 & 2 \\ 4 & -3 & 6 \\ 2 & -4 & 5 \end{pmatrix} - \begin{pmatrix} 1 & 4 & 2 \\ 0 & -3 & -4 \\ 2 & 6 & 5 \end{pmatrix}\right]$$

$$= \frac{1}{2}\begin{pmatrix} 0 & -4 & 0 \\ 4 & 0 & 10 \\ 0 & -10 & 0 \end{pmatrix} = \begin{pmatrix} 0 & -2 & 0 \\ 2 & 0 & 5 \\ 0 & -5 & 0 \end{pmatrix},$$

Probe: $a_{(ij)} + a_{[ij]} = a_{ij}$,

$$\begin{pmatrix} 1 & 2 & 2 \\ 2 & -3 & 1 \\ 2 & 1 & 5 \end{pmatrix} + \begin{pmatrix} 0 & -2 & 0 \\ 2 & 0 & 5 \\ 0 & -5 & 0 \end{pmatrix} = \begin{pmatrix} 1 & 0 & 2 \\ 4 & -3 & 6 \\ 2 & -4 & 5 \end{pmatrix}.$$

Aufgabe 2.3

$$\underline{a}\,\underline{b} \mathrel{\widehat{=}} \begin{pmatrix} -4 & 2 & 10 \\ -6 & 3 & 15 \\ -8 & 4 & 20 \end{pmatrix}, \quad \underline{b}\,\underline{a} \mathrel{\widehat{=}} \begin{pmatrix} -4 & -6 & -8 \\ 2 & 3 & 4 \\ 10 & 15 & 20 \end{pmatrix}.$$

Aufgabe 2.4

Eine Übersetzung in Matrizenschreibweise ist in den Teilaufgaben A, B und C nicht möglich, da jeweils Tensoren höherer als zweiter Stufe vorkommen. Vor der Übersetzung in symbolische Schreibweise muss die Gleichung so umgeformt werden, dass die Reihenfolge der (freien) Indizes in allen Termen gleich ist; das ist hier in allen vorkommenden Fällen (B, C und D) möglich (sonst wäre eine Übersetzung in symbolische Schreibweise nicht möglich).

A. $\underline{\underline{a}}\,\underline{b}\,\underline{c} = \underline{\underline{\underline{\underline{d}}}} \quad \Longleftrightarrow \quad a_{ij}\, b_k\, c_l = d_{ijkl}\,.$

B. $a_i\, b_{kl}\, c_j = d_{ijkl}\,,$

$a_i\, c_j\, b_{kl} = d_{ijkl} \quad \Longleftrightarrow \quad \underline{a}\,\underline{c}\,\underline{\underline{b}} = \underline{\underline{\underline{\underline{d}}}}\,.$

C. $\alpha_i\, b_{kj} = A_{ijk}\,,$

$\alpha_i\, b^{\mathrm{T}}_{jk} = A_{ijk} \quad \Longleftrightarrow \quad \underline{\alpha}\,\underline{\underline{b}}^{\mathrm{T}} = \underline{\underline{\underline{A}}}\,.$

D. $a^{\mathrm{T}}_{mn} = b_{nm}\,,$

$a_{nm} = b_{nm} \quad \Longleftrightarrow \quad \underline{\underline{a}} = \underline{\underline{b}} \quad \Longleftrightarrow \quad \underset{\sim}{a} = \underset{\sim}{b}\,.$

Aufgabe 2.5

A. $\underline{\underline{a}} \cdot \underline{\underline{b}} = \underline{\underline{c}} \quad \Longleftrightarrow \quad a_{ij}\, b_{jk} = c_{ik} \quad \Longleftrightarrow \quad \underset{\sim}{a}\,\underset{\sim}{b} = \underset{\sim}{c}\,.$

B. $\underline{\underline{b}} \cdot \underline{\underline{a}} = \underline{\underline{c}} \quad \Longleftrightarrow \quad b_{ij}\, a_{jk} = c_{ik} \quad \Longleftrightarrow \quad \underset{\sim}{b}\,\underset{\sim}{a} = \underset{\sim}{c}\,.$

C. $a_{ik}\, b_{ij} = c_{jk}$;

Hier sind zwei Wege möglich, um die linke Seite übersetzbar zu machen: $a_{ik}\, b_{ij} = b^{\mathrm{T}}_{ji}\, a_{ik}$ und $a_{ik}\, b_{ij} = a^{\mathrm{T}}_{ki}\, b_{ij}$.

Beide führen zu einer anderen Übersetzung:

– $b^{\mathrm{T}}_{ji}\, a_{ik} = c_{jk}$ ist unmittelbar übersetzbar:

$$b^{\mathrm{T}}_{ji}\, a_{ik} = c_{jk} \quad \Longleftrightarrow \quad \underline{\underline{b}}^{\mathrm{T}} \cdot \underline{\underline{a}} = \underline{\underline{c}} \quad \Longleftrightarrow \quad \underset{\sim}{b}^{\mathrm{T}}\,\underset{\sim}{a} = \underset{\sim}{c}\,.$$

– In $a^{\mathrm{T}}_{ki}\, b_{ij} = c_{jk}$ muss noch $c_{jk} = c^{\mathrm{T}}_{kj}$ gesetzt werden:

$$a^{\mathrm{T}}_{ki}\, b_{ij} = c^{\mathrm{T}}_{kj} \quad \Longleftrightarrow \quad \underline{\underline{a}}^{\mathrm{T}} \cdot \underline{\underline{b}} = \underline{\underline{c}}^{\mathrm{T}} \quad \Longleftrightarrow \quad \underset{\sim}{a}^{\mathrm{T}}\,\underset{\sim}{b} = \underset{\sim}{c}^{\mathrm{T}}\,.$$

Beide Übersetzungen sind richtig; wir werden noch zeigen, dass sie sich ineinander überführen lassen.

D. $a_i\, b_k\, a_i\, c_k = d,$

$a_i\, a_i\, b_k\, c_k = d \quad \Longleftrightarrow \quad \underline{a} \cdot \underline{a}\,\underline{b} \cdot \underline{c} = d \quad \Longleftrightarrow \quad (\underset{\sim}{a}^{\mathrm{T}}\,\underset{\sim}{a})\,(\underset{\sim}{b}^{\mathrm{T}}\,\underset{\sim}{c}) = d.$

E. Diese Gleichung lässt sich nicht in symbolische Schreibweise übersetzen, weil man für Isomere von Tensoren dritter Stufe üblicherweise keine symbolische Schreibweise definiert.

F. $(\underline{\underline{a}} \cdot \underline{\underline{b}})^{\mathrm{T}} = \underline{\underline{c}} \quad \Longleftrightarrow \quad (a_{ij}\, b_{jk})^{\mathrm{T}} = c_{ik} \quad \Longleftrightarrow \quad (\underset{\sim}{a}\,\underset{\sim}{b})^{\mathrm{T}} = \underset{\sim}{c}\,.$

G. $(\underline{\underline{a}} \cdot \underline{\underline{b}} \cdot \underline{\underline{c}})^{\mathrm{T}} = \underline{\underline{d}} \quad \Longleftrightarrow \quad (a_{ij}\, b_{jk}\, c_{kl})^{\mathrm{T}} = d_{il} \quad \Longleftrightarrow \quad (\underset{\sim}{a}\,\underset{\sim}{b}\,\underset{\sim}{c})^{\mathrm{T}} = \underset{\sim}{d}\,.$

Aufgabe 2.6

Die Gleichung ist in den folgenden Formen übersetzbar:

1. $a_i\, a_i\, c_j\, b_k = d_{jk}$, 2. $c_j\, a_i\, a_i\, b_k = d_{jk}$, 3. $c_j\, b_k\, a_i\, a_i = d_{jk}$.

Im Falle 1 lautet die Übersetzung zunächst $\underline{a}\cdot\underline{a}\,\underline{c}\,\underline{b} = \underline{\underline{d}}$. Dabei sind alle fünf Assoziationen

$$(\underline{a}\cdot\underline{a})(\underline{c}\,\underline{b}) = \underline{a}\cdot\left((\underline{a}\,\underline{c})\,\underline{b}\right) = \underline{a}\cdot\left(\underline{a}\,(\underline{c}\,\underline{b})\right) = \left((\underline{a}\cdot\underline{a})\,\underline{c}\right)\underline{b} = \left(\underline{a}\cdot(\underline{a}\,\underline{c})\right)\underline{b}$$

gleichbedeutend.

Im Falle 2 lautet die Übersetzung zunächst $\underline{c}\,\underline{a}\cdot\underline{a}\,\underline{b} = \underline{\underline{d}}$. Auch hier sind alle fünf Assoziationen

$$(\underline{c}\,\underline{a})\cdot(\underline{a}\,\underline{b}) = \underline{c}\left((\underline{a}\cdot\underline{a})\,\underline{b}\right) = \underline{c}\left(\underline{a}\cdot(\underline{a}\,\underline{b})\right) = \left((\underline{c}\,\underline{a})\cdot\underline{a}\right)\underline{b} = \left(\underline{c}\,(\underline{a}\cdot\underline{a})\right)\underline{b}$$

gleichbedeutend.

Im Falle 3 lautet die Übersetzung zunächst $\underline{c}\,\underline{b}\,\underline{a}\cdot\underline{a} = \underline{\underline{d}}$. Auch hier sind alle fünf Assoziationen

$$(\underline{c}\,\underline{b})(\underline{a}\cdot\underline{a}) = \underline{c}\left((\underline{b}\,\underline{a})\cdot\underline{a}\right) = \underline{c}\left(\underline{b}\,(\underline{a}\cdot\underline{a})\right) = \left((\underline{c}\,\underline{b})\,\underline{a}\right)\cdot\underline{a} = \left(\underline{c}\,(\underline{b}\,\underline{a})\right)\cdot\underline{a}$$

gleichbedeutend.

Es brauchen also in allen drei Fällen keine Klammern gesetzt zu werden, auch wenn man die Ausdrücke jeweils auf fünf verschiedene Weisen interpretieren kann.

Aufgabe 2.7

A. $(\underline{a}\,\underline{b})^{\mathrm{T}}$ ergibt übersetzt $(a_i\, b_j)^{\mathrm{T}}$, Ausführung der Transposition ergibt $(a_i\, b_j)^{\mathrm{T}} = a_j\, b_i$. Damit die Reihenfolge der freien Indizes auf beiden Seiten gleich ist, vertauschen wir auf der rechten Seite die Faktoren, $a_j\, b_i = b_i\, a_j$, und erhalten $(a_i\, b_j)^{\mathrm{T}} = b_i\, a_j$. Diese Gleichung ist übersetzbar und ergibt übersetzt $(\underline{a}\,\underline{b})^{\mathrm{T}} = \underline{b}\,\underline{a}$, w. z. b. w.

B. $\underline{a}\cdot\underline{\underline{b}}$ ergibt übersetzt $a_i\, b_{ij}$. Nun ist $a_i\, b_{ij} = b^{\mathrm{T}}_{ji}\, a_i$, und das ergibt übersetzt $\underline{a}\cdot\underline{\underline{b}} = \underline{\underline{b}}^{\mathrm{T}}\cdot\underline{a}$, w. z. b. w.

C. $(\underline{\underline{a}}\cdot\underline{\underline{b}}\cdot\underline{\underline{c}})^{\mathrm{T}}$ ergibt übersetzt $(a_{ij}\, b_{jk}\, c_{kl})^{\mathrm{T}}$. Nun ist $(a_{ij}\, b_{jk}\, c_{kl})^{\mathrm{T}} = a_{lj}\, b_{jk}\, c_{ki} = c_{ki}\, b_{jk}\, a_{lj} = c^{\mathrm{T}}_{ik}\, b^{\mathrm{T}}_{kj}\, a^{\mathrm{T}}_{jl}$. Übersetzung der Ausdrücke ganz links und ganz rechts ergibt $(\underline{\underline{a}}\cdot\underline{\underline{b}}\cdot\underline{\underline{c}})^{\mathrm{T}} = \underline{\underline{c}}^{\mathrm{T}}\cdot\underline{\underline{b}}^{\mathrm{T}}\cdot\underline{\underline{a}}^{\mathrm{T}}$, w. z. b. w.

Aufgabe 2.8

A. $a_{ij}\, b_{ij} = c \quad \Longleftrightarrow \quad \underline{\underline{a}} \cdot\cdot\, \underline{\underline{b}} = c.$

B. $a_{ij}\, b_{ji} = c, \quad a_{ij}\, b^{\mathrm{T}}_{ij} = c \quad \Longleftrightarrow \quad \underline{\underline{a}} \cdot\cdot\, \underline{\underline{b}}^{\mathrm{T}} = c.$

C. $a_{ij}\, b_{kjl}\, c_{ik} = d_l$:

1. Möglichkeit: $a_{ij}\, c_{ik}\, b_{kjl} = d_l \quad \Longleftrightarrow \quad \underline{\underline{a}} \cdot\cdot\, (\underline{\underline{c}} \cdot \underline{\underline{\underline{b}}}) = \underline{d}.$

Klammern müssen bei dieser Übersetzung streng genommen nicht gesetzt werden, da $(\underline{\underline{a}} \cdot\cdot\, \underline{\underline{c}}) \cdot \underline{\underline{\underline{b}}}$ nicht definiert ist; um das jedoch nicht erst prüfen zu müssen, sind Klammern zu empfehlen.

2. Möglichkeit: $c^{\mathrm{T}}_{ki}\, a_{ij}\, b_{kjl} = d_l \quad \Longleftrightarrow \quad (\underline{\underline{c}}^{\mathrm{T}} \cdot \underline{\underline{a}}) \cdot\cdot\, \underline{\underline{\underline{b}}} = \underline{d}.$

Bei dieser Übersetzung sind Klammern notwendig, da $\underline{\underline{c}}^{\mathrm{T}} \cdot (\underline{\underline{a}} \cdot\cdot\, \underline{\underline{\underline{b}}}) = \underline{d}$ ebenfalls definiert ist, aber etwas anderes ergibt, nämlich $c^{\mathrm{T}}_{ki}\, a_{jl}\, b_{jli} = d_k$.

D. $a_{ij}\, b_{ikl}\, c_{klj} = d \quad \Longleftrightarrow \quad \underline{\underline{a}} \cdot\cdot\, (\underline{\underline{\underline{b}}} \cdot\cdot\, \underline{\underline{\underline{c}}}) = d.$

Wieder ist das Setzen von Klammern nicht notwendig, da $(\underline{\underline{a}} \cdot\cdot\, \underline{\underline{\underline{b}}}) \cdot\cdot\, \underline{\underline{\underline{c}}}$ nicht definiert ist; es ist aber auch hier empfehlenswert.

Aufgabe 2.9

A. $\operatorname{Sp} \underline{\underline{\delta}} = \delta_{ii} = \delta_{11} + \delta_{22} + \delta_{33} = 3.$

B. $\delta_{ij}\, \delta_{jk} \overset{(1.17)}{=} \delta_{ik}$, also gilt $\underline{\underline{\delta}} \cdot \underline{\underline{\delta}} = \underline{\underline{\delta}}$.

C. $\delta_{ij}\, \delta_{ij} = (\delta_{11})^2 + (\delta_{12})^2 + (\delta_{13})^2 + (\delta_{21})^2 + \ldots + (\delta_{33})^2 = 3.$

Aufgabe 2.10

A. $a_{ij}\, b_{ij} = b_{ij}\, a_{ij}$ ist übersetzbar in $\underline{\underline{a}} \cdot\cdot\, \underline{\underline{b}} = \underline{\underline{b}} \cdot\cdot\, \underline{\underline{a}}$, das doppelte skalare Produkt zweier Tensoren zweiter Stufe ist also stets kommutativ.

B. Die Gleichung $a_{ij} b_{ij} = 0$ stellt für neun verschiedene Tensoren $\overset{1}{b}_{ij}, \overset{2}{b}_{ij}, \ldots, \overset{9}{b}_{ij}$ ein homogenes lineares Gleichungssystem von neun Gleichungen

$$
\begin{aligned}
&a_{11}\overset{1}{b}_{11}+a_{12}\overset{1}{b}_{12}+\ldots+a_{33}\overset{1}{b}_{33}=0,\\
&a_{11}\overset{2}{b}_{11}+a_{12}\overset{2}{b}_{12}+\ldots+a_{33}\overset{2}{b}_{33}=0,\\
&\vdots\\
&a_{11}\overset{9}{b}_{11}+a_{12}\overset{9}{b}_{12}+\ldots+a_{33}\overset{9}{b}_{33}=0
\end{aligned}
$$

für die neun unbekannten a_{ij} dar. Offenbar kann man b_{ij} aus $a_{ij}b_{ij}=0$ genau dann herauskürzen, wenn dieses Gleichungssystem nur die triviale Lösung hat, also die neun Tensoren $\overset{k}{b}_{ij}$, $i,\ j=1,\ 2,\ \ldots,\ 3,\ k=1,\ \ldots,\ 9$, linear unabhängig sind. Da sich jeder Tensor b_{ij} als Linearkombination von neun linear unabhängigen Tensoren $\overset{k}{b}_{ij}$ darstellen lässt, lässt sich b_{ij} genau dann herauskürzen, wenn es beliebige Werte annehmen kann, und das Kriterium dafür ist, dass man 9 linear unabhängige Tensoren einsetzen kann.

Aufgabe 2.11

A. $$a_{(ij)}\,b_{[ij]}\overset{(2.26)}{=}\frac{1}{2}\,(a_{ij}+a_{ji})\cdot\frac{1}{2}\,(b_{ij}-b_{ji})$$
$$=\frac{1}{4}\,(a_{ij}b_{ij}+a_{ji}b_{ij}-a_{ij}b_{ji}-a_{ji}b_{ji}).$$

Nun ist $a_{ij}b_{ij}=a_{ji}b_{ji}$ und $a_{ji}b_{ij}=a_{ij}b_{ji}$, wie man sofort sieht, wenn man in beiden Gleichungen auf der rechten Seite den gebundenen Index i in j und den gebundenen Index j in i umbenennt, also ist die Klammer null, was zu beweisen war.

B. Wir wollen zeigen, dass aus $a_{(ij)}\,b_{ij}=0$ für beliebige Vektoren $a_{(ij)}$ folgt, dass b_{ij} antimetrisch ist. Dass aus $a_{ij}\,b_{[ij]}=0$ für beliebige Werte von $b_{[ij]}$ folgt, dass a_{ij} symmetrisch ist, kann man analog zeigen.

Der Beweis kann analog zu Teil A dieser Aufgabe folgendermaßen geführt werden: Nach Voraussetzung gilt

$$\frac{1}{2}\,(a_{ij}+a_{ji})\,b_{ij}=0,\quad a_{ij}b_{ij}+a_{ji}b_{ij}=0,$$

wobei a_{ij} nach Voraussetzung beliebige Werte annehmen kann. Umbenennung der Indizes im zweiten Term ergibt

$$a_{ij}b_{ij}+a_{ij}b_{ji}=0,\quad a_{ij}\,(b_{ij}+b_{ji})=0.$$

Da a_{ij} beliebige Werte annehmen kann, kann man in der letzten Gleichung a_{ij} herauskürzen, und es folgt $b_{ij}+b_{ji}=0$, d. h. b_{ij} ist antimetrisch.

C. Für $i=1$ folgt $\varepsilon_{123}\,a_{23}+\varepsilon_{132}\,a_{32}=0$, $a_{23}-a_{32}=0$, $a_{23}=a_{32}$; für $i=2$ und $i=3$ folgt entsprechend $a_{31}=a_{13}$, $a_{12}=a_{21}$. Damit ist die Behauptung bewiesen.

D. Aus 6 linear unabhängigen symmetrischen Tensoren $\overset{i}{A}_{mn}$, $i=1,\ldots,6$, kann man durch eine geeignete Linearkombination $\alpha_i\overset{i}{A}_{mn}=B_{mn}$ jeden symmetrischen Tensor B_{mn} darstellen: Wegen der Symmetrie in Bezug auf m und n sind von den neun Gleichungen $\alpha_i\overset{i}{A}_{mn}=B_{mn}$ nur sechs verschieden. Sie stellen für gegebene $\overset{i}{A}_{mn}$ und B_{mn} ein lineares Gleichungssystem für die sechs α_i dar. Weil die $\overset{i}{A}_{mn}$ linear unabhängig sind, ist die Koeffizientenmatrix dieses Gleichungssystems regulär und das Gleichungssystem eindeutig lösbar.

Aufgabe 2.12

A. $(\underline{a}\times\underline{b})\,\underline{c}\;\widehat{=}\;\varepsilon_{ijk}\,a_j\,b_k\,c_l$.

$\underline{a}\times(\underline{b}\,\underline{c})\;\widehat{=}\;\varepsilon_{ijk}\,a_j\,b_k\,c_l$.

Beide Lesarten sind definiert und bedeuten dasselbe.

B. $(\underline{a}\times\underline{b})\cdot\underline{c}\;\widehat{=}\;\varepsilon_{ijk}\,a_j\,b_k\,c_i$.

Der Ausdruck $\underline{a}\times(\underline{b}\cdot\underline{c})$ ist nicht definiert.

C. $(\underline{\underline{a}}\cdot\underline{b})\times\underline{c}\;\widehat{=}\;\varepsilon_{ijk}\,a_{jm}\,b_m\,c_k$.

$\underline{\underline{a}}\cdot(\underline{b}\times\underline{c})\;\widehat{=}\;a_{jm}\,\varepsilon_{mik}\,b_i\,c_k \;=\; \varepsilon_{mik}\,a_{jm}\,b_i\,c_k$.

Beide Lesarten sind definiert und bedeuten nicht dasselbe.

D. $(\underline{a}\cdot\underline{\underline{b}})\times\underline{c}\;\widehat{=}\;\varepsilon_{ijk}\,a_m\,b_{mj}\,c_k$.

$\underline{a}\cdot(\underline{\underline{b}}\times\underline{c})\;\widehat{=}\;-a_i\,b_{ij}\,\varepsilon_{jkl}\,c_l \;=\; \varepsilon_{kjl}\,a_i\,b_{ij}\,c_l$.

Beide Lesarten sind definiert und bedeuten dasselbe.

Nur der Ausdruck C ist ohne das Setzen von Klammern mehrdeutig.

Aufgabe 2.13

A. $\varepsilon_{ijk}\, a_m\, b_j\, \varepsilon_{min}\, c_k\, d_n$

$$= \varepsilon_{ijk}\, b_j\, c_k\, \varepsilon_{inm}\, d_n\, a_m \qquad \widehat{=}\ (\underline{b} \times \underline{c}) \cdot (\underline{d} \times \underline{a})$$

$$= \varepsilon_{ijk}\, \varepsilon_{inm}\, b_j\, c_k\, d_n\, a_m$$

$$= (\delta_{jn}\, \delta_{km} - \delta_{jm}\, \delta_{kn})\, b_j\, c_k\, d_n\, a_m$$

$$= b_j\, c_k\, d_j\, a_k - b_j\, c_k\, d_k\, a_j$$

$$= b_j\, d_j\, c_k\, a_k - b_j\, a_j\, c_k\, d_k \qquad \widehat{=}\ \underline{b} \cdot \underline{d}\, \underline{c} \cdot \underline{a} - \underline{b} \cdot \underline{a}\, \underline{c} \cdot \underline{d},$$

$$(\underline{b} \times \underline{c}) \cdot (\underline{d} \times \underline{a}) \ = \ \underline{b} \cdot \underline{d}\, \underline{c} \cdot \underline{a} - \underline{b} \cdot \underline{a}\, \underline{c} \cdot \underline{d}.$$

In symbolischer Schreibweise sind hier wie in den folgenden Beispielen auch andere Formulierungen möglich, hier z. B. für die linke Seite $(\underline{c} \times \underline{b}) \cdot (\underline{a} \times \underline{d})$.

B. $\varepsilon_{ijk}\, a_j\, b_{km}\, c_m$ ist ein Vektorprodukt mit i als einzigem freiem Index.

In ε_{qpi} sind i und q gebundene Indizes, es gehört also zu einem Vektorprodukt mit dem obigen Vektorprodukt als einem Faktor. Wir stellen den freien Index p voran:

$$\varepsilon_{piq}\, \varepsilon_{ijk}\, a_j\, b_{km}\, c_m\, d_q \qquad \widehat{=}\ [\underline{a} \times (\underline{\underline{b}} \cdot \underline{c})] \times \underline{d}$$

$$= \varepsilon_{piq}\, \varepsilon_{kij}\, a_j\, b_{km}\, c_m\, d_q$$

$$= (\delta_{pk}\, \delta_{qj} - \delta_{pj}\, \delta_{qk})\, a_j\, b_{km}\, c_m\, d_q$$

$$= a_q\, b_{pm}\, c_m\, d_q - a_p\, b_{qm}\, c_m\, d_q$$

$$= a_q\, d_q\, b_{pm}\, c_m - a_p\, d_q\, b_{qm}\, c_m \qquad \widehat{=}\ \underline{a} \cdot \underline{d}\, \underline{\underline{b}} \cdot \underline{c} - \underline{a}\, \underline{d} \cdot \underline{\underline{b}} \cdot \underline{c},$$

$$[\underline{a} \times (\underline{\underline{b}} \cdot \underline{c})] \times \underline{d} \ = \ \underline{a} \cdot \underline{d}\, \underline{\underline{b}} \cdot \underline{c} - \underline{a}\, \underline{d} \cdot \underline{\underline{b}} \cdot \underline{c}.$$

C. $\underline{a} \times [(\underline{\underline{b}} \cdot \underline{c}) \times \underline{d}]\ \widehat{=}\ \varepsilon_{ijk}\, a_j\, \varepsilon_{kpq}\, b_{pm}\, c_m\, d_q$

$$= \varepsilon_{ijk}\, \varepsilon_{pqk}\, a_j\, b_{pm}\, c_m\, d_q$$

$$= (\delta_{ip}\, \delta_{jq} - \delta_{iq}\, \delta_{jp})\, a_j\, b_{pm}\, c_m\, d_q$$

$$= a_j\, b_{im}\, c_m\, d_j - a_j\, b_{jm}\, c_m\, d_i$$

$$= d_j\, a_j\, b_{im}\, c_m - d_i\, a_j\, b_{jm}\, c_m \ \widehat{=}\ \underline{d} \cdot \underline{a}\, \underline{\underline{b}} \cdot \underline{c} - \underline{d}\, \underline{a} \cdot \underline{\underline{b}} \cdot \underline{c},$$

$$\underline{a} \times [(\underline{\underline{b}} \cdot \underline{c}) \times \underline{d}] \ = \ \underline{d} \cdot \underline{a}\, \underline{\underline{b}} \cdot \underline{c} - \underline{d}\, \underline{a} \cdot \underline{\underline{b}} \cdot \underline{c}.$$

D. $\underline{a} \times (\underline{b} \times \underline{c}) \mathrel{\widehat{=}} \varepsilon_{ijk}\, a_j\, \varepsilon_{kmn}\, b_m\, c_n$

$= \varepsilon_{ijk}\, \varepsilon_{mnk}\, a_j\, b_m\, c_n$

$= (\delta_{im}\, \delta_{jn} - \delta_{in}\, \delta_{jm})\, a_j\, b_m\, c_n$

$= a_n\, b_i\, c_n - a_m\, b_m\, c_i$

$= a_n\, c_n\, b_i - a_m\, b_m\, c_i \mathrel{\widehat{=}} \underline{a} \cdot \underline{c}\, \underline{b} - \underline{a} \cdot \underline{b}\, \underline{c},$

$\underline{a} \times (\underline{b} \times \underline{c}) = \underline{a} \cdot \underline{c}\, \underline{b} - \underline{a} \cdot \underline{b}\, \underline{c}.$

E. Die Ausdrücke B und C sind beide von der Form $\underline{a} \times \underline{\underline{b}} \cdot \underline{c} \times \underline{d}$ und unterscheiden sich nur durch die Reihenfolge, in der die beiden vektoriellen Produkte auszuführen sind, m. a. W. durch das Setzen von Klammern. Die Ausdrücke sind verschieden, das assoziative Gesetz gilt also nicht.

Aufgabe 2.14

$$a_i\, b_k - a_k\, b_i = a_m\, b_n\, (\delta_{im}\, \delta_{kn} - \delta_{km}\, \delta_{in}) = a_m\, b_n\, \varepsilon_{jik}\, \varepsilon_{jmn}\,.$$

Zur Übersetzung muss die Reihenfolge der freien Indizes in allen Termen gleich sein:

$$a_i\, b_k - b_i\, a_k = \varepsilon_{ikj}\, \varepsilon_{jmn}\, a_m\, b_n\,,$$

$$\underline{a}\,\underline{b} - \underline{b}\,\underline{a} = \underline{\underline{\underline{\varepsilon}}} \cdot (\underline{a} \times \underline{b}).$$

Aufgabe 2.15

A. $\operatorname{div} \operatorname{grad} \underline{\underline{a}} = \underline{\underline{b}} \iff \dfrac{\partial}{\partial x_i} \dfrac{\partial a_{mn}}{\partial x_i} = \dfrac{\partial^2 a_{mn}}{\partial x_i^2} = b_{mn}\,,$

B. $\operatorname{grad} \operatorname{div} \underline{\underline{a}} = \underline{\underline{c}} \iff \dfrac{\partial}{\partial x_i} \dfrac{\partial a_{mn}}{\partial x_n} = \dfrac{\partial^2 a_{mn}}{\partial x_i\, \partial x_n} = c_{mi}\,,$

C. $\dfrac{\partial a_i}{\partial x_j} \dfrac{\partial b_j}{\partial x_k} = c_{ik} \iff (\operatorname{grad} \underline{a}) \cdot (\operatorname{grad} \underline{b}) = \underline{\underline{c}},$

D. $\dfrac{\partial a_i}{\partial x_j} \dfrac{\partial b_i}{\partial x_j} = c \iff (\operatorname{grad} \underline{a}) \cdot\cdot (\operatorname{grad} \underline{b}) = c.$

Aufgabe 2.16

A. $\operatorname{grad} \underline{x} \mathrel{\widehat{=}} \dfrac{\partial x_i}{\partial x_j} = \delta_{ij} \iff \operatorname{grad} \underline{x} = \underline{\underline{\delta}}.$

B. $\operatorname{div} \underline{x} \mathrel{\widehat{=}} \dfrac{\partial x_i}{\partial x_i} = 3 \iff \operatorname{div} \underline{x} = 3.$

C. $\operatorname{rot} \underline{x} \mathrel{\widehat{=}} \dfrac{\partial x_i}{\partial x_k} \varepsilon_{ijk} = \delta_{ik}\, \varepsilon_{ijk} = 0 \iff \operatorname{rot} \underline{x} = \underline{0}.$

Aufgabe 2.17

A. $\operatorname{div}(\lambda\, \underline{a}) \mathrel{\widehat{=}} \dfrac{\partial \lambda\, a_i}{\partial x_i} = \lambda \dfrac{\partial a_i}{\partial x_i} + \dfrac{\partial \lambda}{\partial x_i} a_i,$

$\operatorname{div}(\lambda\, \underline{a}) = \lambda \operatorname{div} \underline{a} + (\operatorname{grad} \lambda) \cdot \underline{a}.$

B. $\operatorname{rot}(\lambda\, \underline{a}) \mathrel{\widehat{=}} \dfrac{\partial \lambda\, a_i}{\partial x_k} \varepsilon_{ijk} = \lambda \dfrac{\partial a_i}{\partial x_k} \varepsilon_{ijk} + \dfrac{\partial \lambda}{\partial x_k} \varepsilon_{ijk}\, a_i,$

$\operatorname{rot}(\lambda\, \underline{a}) = \lambda \operatorname{rot} \underline{a} + (\operatorname{grad} \lambda) \times \underline{a}.$

C. $\operatorname{rot}\operatorname{grad} a \mathrel{\widehat{=}} \dfrac{\partial}{\partial x_k} \dfrac{\partial a}{\partial x_i} \varepsilon_{ijk} = \dfrac{\partial^2 a}{\partial x_k\, \partial x_i} \varepsilon_{ijk} \overset{(2.40)}{=} 0,$

$\operatorname{rot}\operatorname{grad} a = \underline{0}.$

D. $\operatorname{div}\operatorname{rot} \underline{a} \mathrel{\widehat{=}} \dfrac{\partial}{\partial x_j} \dfrac{\partial a_i}{\partial x_k} \varepsilon_{ijk} = \dfrac{\partial^2 a_i}{\partial x_j\, \partial x_k} \varepsilon_{ijk} \overset{(2.40)}{=} 0,$

$\operatorname{div}\operatorname{rot} \underline{a} = 0.$

E. $$\operatorname{rot}\operatorname{rot} \underline{a} \mathrel{\widehat{=}} \frac{\partial}{\partial x_k} \left(\frac{\partial a_m}{\partial x_n} \varepsilon_{min} \right) \varepsilon_{ijk} = \varepsilon_{inm}\, \varepsilon_{ijk} \frac{\partial^2 a_m}{\partial x_k\, \partial x_n}$$

$$= (\delta_{nj}\, \delta_{mk} - \delta_{nk}\, \delta_{mj}) \frac{\partial^2 a_m}{\partial x_k\, \partial x_n} = \frac{\partial^2 a_k}{\partial x_k\, \partial x_j} - \frac{\partial^2 a_j}{\partial x_k\, \partial x_k}$$

$$= \frac{\partial}{\partial x_j} \frac{\partial a_k}{\partial x_k} - \frac{\partial}{\partial x_k} \frac{\partial a_j}{\partial x_k},$$

$\operatorname{rot}\operatorname{rot} \underline{a} = \operatorname{grad}\operatorname{div} \underline{a} - \operatorname{div}\operatorname{grad} \underline{a}.$

F. Wir vereinfachen zunächst den gegebenen Ausdruck:

$$\varepsilon_{ijk}\, \varepsilon_{mnk} \frac{\partial a_{pj}}{\partial x_i} b_m = (\delta_{im}\, \delta_{jn} - \delta_{in}\, \delta_{jm}) \frac{\partial a_{pj}}{\partial x_i} b_m = \frac{\partial a_{pn}}{\partial x_m} b_m - \frac{\partial a_{pm}}{\partial x_n} b_m$$

$$= \frac{\partial a_{pn}}{\partial x_m} b_m - b_m \frac{\partial a^{\mathrm{T}}_{mp}}{\partial x_n}.$$

Wir bringen dann den gegebenen Ausdruck in eine unmittelbar übersetzbare Form:

$$\varepsilon_{ijk}\,\varepsilon_{mnk}\,\frac{\partial a_{pj}}{\partial x_i}\,b_m = \left(\frac{\partial a_{pj}}{\partial x_i}\,\varepsilon_{jki}\right)\varepsilon_{mnk}\,b_m\,.$$

Gleichsetzen ergibt

$$\left(\frac{\partial a_{pj}}{\partial x_i}\,\varepsilon_{jki}\right)\varepsilon_{mnk}\,b_m = \frac{\partial a_{pn}}{\partial x_m}\,b_m - b_m\,\frac{\partial a^{\mathrm{T}}_{mp}}{\partial x_n}\,,$$

die Reihenfolge der freien Indizes ist in allen Gliedern p vor n, wir erhalten also als Übersetzung

$(\text{rot}\,\underline{\underline{a}}) \times \underline{b} = (\text{grad}\,\underline{\underline{a}}) \cdot \underline{b} - \underline{b} \cdot \text{grad}(\underline{\underline{a}}^{\mathrm{T}})$.

G. $$\varepsilon_{ijk}\,\varepsilon_{mnk}\,\frac{\partial a_{pj}\,b_i}{\partial x_m} = (\delta_{im}\,\delta_{jn} - \delta_{in}\,\delta_{jm})\,\frac{\partial a_{pj}\,b_i}{\partial x_m} = \frac{\partial a_{pn}\,b_m}{\partial x_m} - \frac{\partial a_{pm}\,b_n}{\partial x_m}$$

$$= a_{pn}\,\frac{\partial b_m}{\partial x_m} + \frac{\partial a_{pn}}{\partial x_m}\,b_m - a_{pm}\,\frac{\partial b_n}{\partial x_m} - \frac{\partial a_{pm}}{\partial x_m}\,b_n$$

$$= a_{pn}\,\frac{\partial b_m}{\partial x_m} + \frac{\partial a_{pn}}{\partial x_m}\,b_m - a_{pm}\left(\frac{\partial b_m}{\partial x_n}\right)^{\mathrm{T}} - \frac{\partial a_{pm}}{\partial x_m}\,b_n\,,$$

$$\varepsilon_{ijk}\,\varepsilon_{mnk}\,\frac{\partial a_{pj}\,b_i}{\partial x_m} = \frac{\partial a_{pj}\,(-\varepsilon_{ikj})\,b_i}{\partial x_m}\,(-\varepsilon_{knm}) = \frac{\partial a_{pj}\,\varepsilon_{ikj}\,b_i}{\partial x_m}\,\varepsilon_{knm}\,,$$

$$\frac{\partial a_{pj}\,\varepsilon_{ikj}\,b_i}{\partial x_m}\,\varepsilon_{knm} = a_{pn}\,\frac{\partial b_m}{\partial x_m} + \frac{\partial a_{pn}}{\partial x_m}\,b_m - a_{pm}\left(\frac{\partial b_m}{\partial x_n}\right)^{\mathrm{T}} - \frac{\partial a_{pm}}{\partial x_m}\,b_n\,,$$

$\text{rot}\,(\underline{\underline{a}} \times \underline{b}) = \underline{\underline{a}}\,\text{div}\,\underline{b} + (\text{grad}\,\underline{\underline{a}}) \cdot \underline{b} - \underline{\underline{a}} \cdot \text{grad}^{\mathrm{T}}\,\underline{b} - (\text{div}\,\underline{\underline{a}})\,\underline{b}\,.$

Aufgabe 2.18

$$W = \int \underline{F} \cdot \mathrm{d}\underline{x} = \int (F_x\,\mathrm{d}x + F_y\,\mathrm{d}y + F_z\,\mathrm{d}z)$$

$$= \int [-\lambda\,x\,\mathrm{d}x - \lambda\,y\,\mathrm{d}y - (\lambda\,z + mg)\,\mathrm{d}z]$$

$$= -\int_0^{2\pi}\left[\lambda\,x\,\frac{\mathrm{d}x}{\mathrm{d}\varphi} + \lambda\,y\,\frac{\mathrm{d}y}{\mathrm{d}\varphi} + (\lambda\,z + mg)\,\frac{\mathrm{d}z}{\mathrm{d}\varphi}\right]\mathrm{d}\varphi.$$

Nach Einsetzen der Parameterdarstellung und elementarer Zwischenrechnung folgt

$$W = -\frac{1}{2}\lambda h^2 - mgh.$$

Am Massenpunkt wird von den äußeren Kräften die Arbeit $-\frac{1}{2}\lambda h^2 - mgh$ geleistet, d. h. um den Massenpunkt längs der Schraubenlinie zu bewegen, muss der Massenpunkt gegen die äußeren Kräfte die Arbeit $\frac{1}{2}\lambda h^2 + mgh$ leisten.

Aufgabe 2.19

$$F_z = \int p \, dA_z = \int \rho g (H-z) \, dA_z = \int\int \rho g (H - z(u, v)) \frac{\partial(x, y)}{\partial(u, v)} du dv.$$

Nach kurzer Zwischenrechnung folgt

$$\frac{\partial(x, y)}{\partial(u, v)} = R^2 \sin u \cos u,$$

$$\begin{aligned} F_z &= \int_0^{2\pi} dv \int_0^{\frac{\pi}{2}} \rho g (H - R\cos u) R^2 \sin u \cos u \, du \\ &= \rho g R^2 \int_0^{2\pi} dv \int_0^{\frac{\pi}{2}} (H - R\cos u) \sin u \cos u \, du. \end{aligned}$$

Zum Beispiel mit der Substitution $\eta = \cos u$ folgt nach elementarer Zwischenrechnung

$$F_z = \rho g \left(\pi R^2 H - \frac{2\pi}{3} R^3 \right).$$

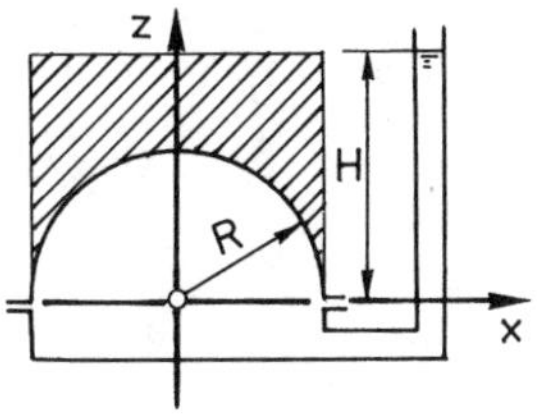

In der Mechanik zeigt man, dass die Vertikalkraft gleich dem Gewicht der auf der Fläche lastenden Flüssigkeitssäule, in diesem Falle also gleich dem Gewicht des oben schraffierten Volumens ist. Dieses Volumen ist die Differenz eines Kreiszylinders mit dem Radius R und der Höhe H und einer Halbkugel mit dem Radius R. Unter Verwendung dieses Satzes und der entsprechenden stereometrischen Formeln kann man die Vertikalkraft ohne Integration ermitteln.

Aufgabe 3.1

Aus

$$a_{ij} = \begin{pmatrix} 4 & 1 & -7 \\ -3 & 5 & 8 \\ 3 & 2 & 9 \end{pmatrix}$$

folgt für den isotropen Anteil

$$\widehat{a} = \frac{1}{3}\, a_{ii} = 6, \qquad \widehat{a}\,\delta_{ij} = \begin{pmatrix} 6 & 0 & 0 \\ 0 & 6 & 0 \\ 0 & 0 & 6 \end{pmatrix};$$

für den Deviatoranteil

$$\mathring{a}_{ij} = a_{ij} - \widehat{a}\,\delta_{ij}, \qquad \mathring{a}_{ij} = \begin{pmatrix} -2 & 1 & -7 \\ -3 & -1 & 8 \\ 3 & 2 & 3 \end{pmatrix};$$

für den symmetrischen Anteil

$$a_{(ij)} = \frac{1}{2}\,(a_{ij} + a_{ji}), \qquad a_{(ij)} = \begin{pmatrix} 4 & -1 & -2 \\ -1 & 5 & 5 \\ -2 & 5 & 9 \end{pmatrix};$$

für den antimetrischen Anteil

$$a_{[ij]} = \frac{1}{2}\,(a_{ij} - a_{ji}), \qquad a_{[ij]} = \begin{pmatrix} 0 & 2 & -5 \\ -2 & 0 & 3 \\ 5 & -3 & 0 \end{pmatrix};$$

für den symmetrischen Deviatoranteil

$$\mathring{a}_{(ij)} = a_{(ij)} - \widehat{a}\,\delta_{ij} = \frac{1}{2}\,(\mathring{a}_{ij} + \mathring{a}_{ji}), \qquad \mathring{a}_{(ij)} = \begin{pmatrix} -2 & -1 & -2 \\ -1 & -1 & 5 \\ -2 & 5 & 3 \end{pmatrix}.$$

Probe:

$$\underbrace{\begin{pmatrix} 6 & 0 & 0 \\ 0 & 6 & 0 \\ 0 & 0 & 6 \end{pmatrix}}_{\widehat{a}\,\delta_{ij}} + \underbrace{\begin{pmatrix} -2 & -1 & -2 \\ -1 & -1 & 5 \\ -2 & 5 & 3 \end{pmatrix}}_{\mathring{a}_{(ij)}} + \underbrace{\begin{pmatrix} 0 & 2 & -5 \\ -2 & 0 & 3 \\ 5 & -3 & 0 \end{pmatrix}}_{a_{[ij]}}$$

$$= \begin{pmatrix} 4 & 1 & -7 \\ -3 & 5 & 8 \\ 3 & 2 & 9 \end{pmatrix} = a_{ij}$$

Aufgabe 3.2

Man kann den Beweis z. B. folgendermaßen führen:

Für polare Tensoren zweiter Stufe gilt nach (2.17) allgemein

$$a_{ij} = \alpha_{im}\,\alpha_{jn}\,\widetilde{a}_{mn}\,.$$

Für $\widetilde{a}_{mn} = -\widetilde{a}_{nm}$ folgt daraus:

$$a_{ij} = -\,\alpha_{im}\,\alpha_{jn}\,\widetilde{a}_{nm} = -\,\alpha_{jn}\,\alpha_{im}\,\widetilde{a}_{nm} = -\,a_{ji}\,, \quad \text{w. z. b. w.}$$

Aufgabe 3.3

Auswertung von (3.8) ergibt

$$A_1 = \frac{1}{2}(\varepsilon_{123}\,a_{[23]} + \varepsilon_{132}\,a_{[32]}) = a_{23}$$

und die beiden zyklischen Vertauschungen, also

$$(A_1,\,A_2,\,A_3) = (a_{23},\,a_{31},\,a_{12}).$$

Die Koordinaten eines Vektors erfüllen also auch das Transformationsgesetz für bestimmte Koordinaten eines antimetrischen Tensors!

Aufgabe 3.4

Der zu untersuchende Tensor ist antimetrisch.

A. Damit verschwindet seine Determinante.

B. Für den Kotensor gilt nach (3.12) $b_{ij} = A_i A_j$, und nach dem Ergebnis von Aufgabe 3.3 ist $(A_1,\,A_2,\,A_3) = (a_{23},\,a_{31},\,a_{12})$, also $(A_1,\,A_2,\,A_3) = (-1,\,-2,\,3)$. Damit erhalten wir für die Koordinaten des Kotensors

$$b_{ij} = \begin{pmatrix} 1 & 2 & -3 \\ 2 & 4 & -6 \\ -3 & -6 & 9 \end{pmatrix}.$$

C. Da ein antimetrischer Tensor singulär ist, existiert kein inverser Tensor.

Aufgabe 3.5

Es sei a_{ij} die Koordinatenmatrix eines Tensors $\underline{\underline{a}}$ in einem Koordinatensystem, dann gilt nach (2.17)

$$a_{ij} = \alpha_{im}\,\alpha_{jn}\,\widetilde{a}_{mn}\,,$$

wobei $\widetilde{a}_{mn}$ die Koordinatenmatrix des Tensors in einem anderen Koordinatensystem ist. Außerdem sei a_{ij} eigentlich oder uneigentlich orthogonal; in beiden Fällen gilt dann nach (1.59)

$$a_{ij}\,a_{kj} = \delta_{ik}\,.$$

Setzt man die obere Gleichung für a_{ij} und für a_{kj} in die untere ein, erhält man

$$\alpha_{im}\,\alpha_{jn}\,\widetilde{a}_{mn}\,\alpha_{kp}\,\alpha_{jq}\,\widetilde{a}_{pq} = \delta_{ik}\,,$$

$$\alpha_{im}\,\widetilde{a}_{mn}\,\alpha_{kp}\,\delta_{nq}\,\widetilde{a}_{pq} = \delta_{ik}\,,$$

$$\alpha_{im}\,\alpha_{kp}\,\widetilde{a}_{mn}\,\widetilde{a}_{pn} = \delta_{ik}\,.$$

Multiplikation mit $\alpha_{ir}\,\alpha_{ks}$ ergibt

$$\underbrace{\alpha_{im}\,\alpha_{ir}}_{\delta_{mr}}\,\underbrace{\alpha_{kp}\,\alpha_{ks}}_{\delta_{ps}}\,\widetilde{a}_{mn}\,\widetilde{a}_{pn} = \delta_{ik}\,\alpha_{ir}\,\alpha_{ks} = \underbrace{\alpha_{kr}\,\alpha_{ks}}_{\delta_{rs}}\,,$$

$$\widetilde{a}_{rn}\,\widetilde{a}_{sn} = \delta_{rs}\,,$$

d. h. die Koordinatenmatrix des Tensors $\underline{\underline{a}}$ ist auch im anderen Koordinatensystem (und damit in jedem Koordinatensystem) orthogonal.

Wir müssen noch zeigen, dass $\widetilde{a}_{ij}$ eigentlich orthogonal ist, wenn a_{ij} eigentlich orthogonal ist, und umgekehrt. Dazu nehmen wir von der Transformationsgleichung zwischen a_{ij} und $\widetilde{a}_{ij}$ die Determinante und nutzen den Satz (1.13) für die Multiplikation von Determinanten aus:

$$\det a_{ij} = (\det \alpha_{ij})(\det \alpha_{ij})(\det \widetilde{a}_{ij}).$$

Nun ist die Transformationsmatrix α_{ij} orthogonal, ihre Determinante also ± 1, d. h. es folgt

$$\det a_{ij} = \det \widetilde{a}_{ij}\,,$$

die Koordinatenmatrizen a_{ij} und $\widetilde{a}_{ij}$ sind entweder beide eigentlich orthogonal oder beide uneigentlich orthogonal, womit die Behauptung bewiesen ist.

Aufgabe 3.6

Für orthogonale Tensoren gilt $A^{(-1)}_{ji} = A^{\mathrm{T}}_{ji} = A_{ij}$, also folgt aus (1.50)

$$B_{ij} = A_{ij}\,\det A_{ij}\,.$$

Für einen eigentlich orthogonalen Tensor ist $\det A_{ij} = 1$ und damit $B_{ij} = A_{ij}$, für einen uneigentlich orthogonalen Tensor ist $\det A_{ij} = -1$ und damit $B_{ij} = -A_{ij}$.

Aufgabe 3.7

A. Damit der Tensor einfach singulär ist, müssen z. B. die Zeilen der Koordinatenmatrix komplanar, aber nicht kollinear sein. Im vorliegenden Fall kann man durch scharfes Hinsehen erkennen, dass die Summe der ersten beiden Zeilen die dritte Zeile ergibt und dass die zweite Zeile kein Vielfaches der ersten Zeile ist, damit sind die drei Zeilen komplanar, aber nicht kollinear. Sieht man das nicht, überzeuge man sich, dass die Determinante der Koordinatenmatrix verschwindet und ein Minor nicht verschwindet.

B. Zur Bestimmung der Nullrichtung muss man zunächst das homogene lineare Gleichungssystem $a_{ij} X_j = 0$ lösen. Weil die Koeffizientenmatrix dieses Gleichungssystems einfach singulär ist, kann man dabei eine Gleichung fortlassen und eine Unbekannte willkürlich z. B. gleich 1 setzen. Wenn man die dritte Gleichung weglässt und $x_3 = 1$ setzt, erhält man

$$\begin{aligned} X_1 - X_2 &= 1, \\ -2X_1 + X_2 &= -3, \end{aligned} \qquad \begin{array}{rr|rrr} 1 & -1 & 1 & 2| & \\ -2 & 1 & -3 & \leftarrow & \\ \hline 1 & -1 & 1 & \leftarrow & \\ 0 & -1 & -1 & -1| & -1 \\ \hline 1 & 0 & 2 & & \\ 0 & 1 & 1 & & \end{array}, \quad \underline{X} = (2,\ 1,\ 1),$$

die Nullrichtung ist (im gegebenen Koordinatensystem)

$$\underline{\mathring{X}} = \pm\left(\frac{1}{3}\sqrt{6},\ \frac{1}{6}\sqrt{6},\ \frac{1}{6}\sqrt{6}\right).$$

C. Die Spalten der Koordinatenmatrix liegen in der Bildebene, zwei linear unabhängige Vektoren der Bildebene sind also

$$\underline{U}_1 = (1,\ -2,\ -1) \quad \text{und} \quad \underline{U}_2 = (-1,\ 1,\ 0).$$

Damit $\underline{V}_1 = \underline{U}_1 + \alpha\,\underline{U}_2$ auf $\underline{U}_1$ senkrecht steht, muss gelten:

$$\underline{U}_1 \cdot \underline{V}_1 = \underline{U}_1 \cdot \underline{U}_1 + \alpha\,\underline{U}_1 \cdot \underline{U}_2 = 0,$$

$$\alpha = -\frac{\underline{U}_1 \cdot \underline{U}_1}{\underline{U}_1 \cdot \underline{U}_2} = -\frac{6}{-3} = 2,$$

$$\underline{V}_1 = (-1,\ 0,\ -1).$$

Die normierten Vektoren $\mathring{\underline{U}}_1 = \left(\frac{1}{6}\sqrt{6},\ -\frac{1}{3}\sqrt{6},\ -\frac{1}{6}\sqrt{6}\right)$ und $\mathring{\underline{V}}_1 = \left(-\frac{1}{2}\sqrt{2},\ 0,\ -\frac{1}{2}\sqrt{2}\right)$ bilden eine kartesische Basis der Bildebene.

Aufgabe 3.8

A. Damit der Tensor doppelt singulär ist, müssen z. B. die Zeilen der Koordinatenmatrix kollinear sein. Man sieht sofort, dass die zweite Zeile das Negative und die dritte Zeile das Dreifache der ersten Zeile ist.

B. Bei der Lösung des Gleichungssystems $a_{ij}X_j = 0$ kann man zwei Gleichungen weglassen und in der übrigbleibenden Gleichung zwei Unbekannte vorgeben. Wenn man die zweite und dritte Gleichung weglässt, erhält man für $X_2 = 1,\ X_3 = 0$:

$$X_1 - 1 = 0, \quad X_1 = 1$$

und für $X_2 = 0,\ X_3 = 1$:

$$X_1 + 2 = 0, \quad X_1 = -2.$$

Zwei linear unabhängige Nullvektoren sind also

$$\underline{X}_1 = (1,\ 1,\ 0) \quad \text{und} \quad \underline{X}_2 = (-2,\ 0,\ 1).$$

C. Die Nullstellung ist die Richtung der Zeilengeraden, also

$$\mathring{\underline{Y}} = \pm\left(\frac{1}{6}\sqrt{6},\ -\frac{1}{6}\sqrt{6},\ \frac{1}{3}\sqrt{6}\right).$$

D. Die Bildgerade ist die Spaltengerade, ihre Richtung ist

$$\mathring{\underline{U}} = \pm\left(\frac{1}{11}\sqrt{11},\ -\frac{1}{11}\sqrt{11},\ \frac{3}{11}\sqrt{11}\right).$$

Aufgabe 3.9

A. Für eine orthogonale Basis folgt aus

$$\underline{g}_1 = 3\underline{e}_1, \quad \underline{g}_2 = 2\underline{e}_2, \quad \underline{g}_3 = \underline{e}_3$$

nach Abschnitt 3.9.3 sofort

$$\underline{g}^1 = \frac{1}{3}\underline{e}_1, \quad \underline{g}^2 = \frac{1}{2}\underline{e}_2, \quad \underline{g}^3 = \underline{e}_3.$$

B. Es sind zunächst die drei Vektoren der Ausgangsbasis zu berechnen:

$\underline{g}_1 = \underline{e}_1 .$

Für $\underline{g}_2$ gilt

$$\underline{g}_2 \cdot \underline{e}_3 = 0, \quad \underline{g}_2 \cdot \underline{g}_1 = \underline{g}_2 \cdot \underline{e}_1 = \cos 60^\circ = \frac{1}{2}, \quad \underline{g}_2 \cdot \underline{g}_2 = 1.$$

Unter Ausnutzung der ersten beiden Gleichungen ergibt die dritte

$$\underline{g}_2 \cdot \underline{g}_2 = (\underline{g}_2 \cdot \underline{e}_1)^2 + (\underline{g}_2 \cdot \underline{e}_2)^2 = \frac{1}{4} + (\underline{g}_2 \cdot \underline{e}_2)^2 = 1, \quad \underline{g}_2 \cdot \underline{e}_2 = \frac{1}{2}\sqrt{3},$$

$$\underline{g}_2 = \frac{1}{2}\underline{e}_1 + \frac{1}{2}\sqrt{3}\,\underline{e}_2 .$$

Für $\underline{g}_3$ gilt schließlich

$$\underline{g}_3 \cdot \underline{g}_1 = \cos 60^\circ = \frac{1}{2}, \quad \underline{g}_3 \cdot \underline{g}_2 = \cos 60^\circ = \frac{1}{2}, \quad \underline{g}_3 \cdot \underline{g}_3 = 1.$$

Daraus folgt

$$\underline{g}_3 \cdot \underline{e}_1 = \frac{1}{2};$$

$$\underline{g}_3 \cdot \underline{g}_2 = \frac{1}{2}\underline{g}_3 \cdot \underline{e}_1 + \frac{1}{2}\sqrt{3}\,\underline{g}_3 \cdot \underline{e}_2 = \frac{1}{4} + \frac{1}{2}\sqrt{3}\,\underline{g}_3 \cdot \underline{e}_2 = \frac{1}{2}, \quad \underline{g}_3 \cdot \underline{e}_2 = \frac{1}{6}\sqrt{3};$$

$$\underline{g}_3 \cdot \underline{g}_3 = (\underline{g}_3 \cdot \underline{e}_1)^2 + (\underline{g}_3 \cdot \underline{e}_2)^2 + (\underline{g}_3 \cdot \underline{e}_3)^2 = \frac{1}{4} + \frac{1}{12} + (\underline{g}_3 \cdot \underline{e}_3)^2 = 1,$$

$$\underline{g}_3 \cdot \underline{e}_3 = \frac{1}{3}\sqrt{6},$$

$$\underline{g}_3 = \frac{1}{2}\underline{e}_1 + \frac{1}{6}\sqrt{3}\,\underline{e}_2 + \frac{1}{3}\sqrt{6}\,\underline{e}_3 .$$

Die zu den so errechneten $\underline{g}_i$ reziproke Basis berechnet man am einfachsten mit dem gaußschen Algorithmus:

$$
\begin{array}{c|ccc|ccc|cc}
\underline{g}_1 & 1 & 0 & 0 & 1 & 0 & 0 & -\frac{1}{2} & -\frac{1}{2} \\
\underline{g}_2 & \frac{1}{2} & \frac{1}{2}\sqrt{3} & 0 & 0 & 1 & 0 & \leftarrow & \\
\underline{g}_3 & \frac{1}{2} & \frac{1}{6}\sqrt{3} & \frac{1}{3}\sqrt{6} & 0 & 0 & 1 & & \leftarrow \\
\hline
 & 1 & 0 & 0 & 1 & 0 & 0 & & \\
 & 0 & \frac{1}{2}\sqrt{3} & 0 & -\frac{1}{2} & 1 & 0 & -\frac{1}{3} & \frac{2}{\sqrt{3}} = \frac{2}{3}\sqrt{3} \\
 & 0 & \frac{1}{6}\sqrt{3} & \frac{1}{3}\sqrt{6} & -\frac{1}{2} & 0 & 1 & \leftarrow & \\
\hline
 & 1 & 0 & 0 & 1 & 0 & 0 & & \\
 & 0 & 1 & 0 & -\frac{1}{3}\sqrt{3} & \frac{2}{3}\sqrt{3} & 0 & & \\
 & 0 & 0 & \frac{1}{3}\sqrt{6} & -\frac{1}{3} & -\frac{1}{3} & 1 & & \frac{3}{\sqrt{6}} = \frac{1}{2}\sqrt{6} \\
\hline
 & 1 & 0 & 0 & 1 & 0 & 0 & & \\
 & 0 & 1 & 0 & -\frac{1}{3}\sqrt{3} & \frac{2}{3}\sqrt{3} & 0 & & \\
 & 0 & 0 & 1 & -\frac{1}{6}\sqrt{6} & -\frac{1}{6}\sqrt{6} & \frac{1}{2}\sqrt{6} & & \\
 & & & & \underline{g}^1 & \underline{g}^2 & \underline{g}^3 & &
\end{array}
$$

Man erhält damit als reziproke Basis

$$
\begin{aligned}
\underline{g}^1 &= \underline{e}_1 - \frac{1}{3}\sqrt{3}\,\underline{e}_2 - \frac{1}{6}\sqrt{6}\,\underline{e}_3\,, \\
\underline{g}^2 &= \frac{2}{3}\sqrt{3}\,\underline{e}_2 - \frac{1}{6}\sqrt{6}\,\underline{e}_3\,, \\
\underline{g}^3 &= \frac{1}{2}\sqrt{6}\,\underline{e}_3\,.
\end{aligned}
$$

Aufgabe 3.10

Nach $(3.30)_2$ ist $\underline{g}^i\,\underline{h}_i = \underline{\underline{a}}^{\mathrm{T}}$ oder $\overset{i}{g}_m\,\underset{i}{h}_n = a^{\mathrm{T}}_{mn} = a_{nm}$,

$$
\begin{pmatrix}
\overset{1}{g}_1 & \overset{2}{g}_1 & \overset{3}{g}_1 \\
\overset{1}{g}_2 & \overset{2}{g}_2 & \overset{3}{g}_2 \\
\overset{1}{g}_3 & \overset{2}{g}_3 & \overset{3}{g}_3
\end{pmatrix}
\begin{pmatrix}
\underset{1}{h_1} & \underset{1}{h_2} & \underset{1}{h_3} \\
\underset{2}{h_1} & \underset{2}{h_2} & \underset{2}{h_3} \\
\underset{3}{h_1} & \underset{3}{h_2} & \underset{3}{h_3}
\end{pmatrix}
=
\begin{pmatrix}
a_{11} & a_{21} & a_{31} \\
a_{12} & a_{22} & a_{32} \\
a_{13} & a_{23} & a_{33}
\end{pmatrix}.
$$

$\underline{g}^1$	$\underline{g}^2$	$\underline{g}^3$						
1	3	1	2	4	1	1		
0	1	2	3	−2	2			
−1	−3	−2	−1	3	1	←		
1	3	1	2	4	1	←		
0	1	2	3	−2	2	−3		
0	0	−1	1	7	2			
1	0	−5	−7	10	−5	←		
0	1	2	3	−2	2		←	
0	0	−1	1	7	2	−5	2	−1
1	0	0	−12	−25	−15	$\underline{h}_1$		
0	1	0	5	12	6	$\underline{h}_2$		
0	0	1	−1	−7	−2	$\underline{h}_3$		

Damit erhalten wir

$$\underline{h}_1 = (-12,\ -25,\ -15), \quad \underline{h}_2 = (5,\ 12,\ 6), \quad \underline{h}_3 = (-1,\ -7,\ -2).$$

Die Darstellung $\underline{\underline{a}} = \underline{h}_i\, \underline{g}^i$ lautet dann

$$\begin{pmatrix} 2 & 3 & -1 \\ 4 & -2 & 3 \\ 1 & 2 & 1 \end{pmatrix}$$

$$= \begin{pmatrix} -12 & 0 & 12 \\ -25 & 0 & 25 \\ -15 & 0 & 15 \end{pmatrix} + \begin{pmatrix} 15 & 5 & -15 \\ 36 & 12 & -36 \\ 18 & 6 & -18 \end{pmatrix} + \begin{pmatrix} -1 & -2 & 2 \\ -7 & -14 & 14 \\ -2 & -4 & 4 \end{pmatrix}.$$

Aufgabe 3.11

A. Damit sich $\underline{\underline{a}}$ mithilfe von $\underline{h}_1$ und $\underline{h}_2$ in dieser Form darstellen lässt, müssen $\underline{h}_1$ und $\underline{h}_2$ in der Spaltenebene von $\underline{\underline{a}}$ liegen. Am einfachsten verifiziert man das durch den Nachweis, dass die aus $\underline{h}_1$, $\underline{h}_2$ und zwei Spalten von $\underline{\underline{a}}$ gebildete Matrix den Rang 2 hat:

−1	0	1	−1	2	1	−1
2	1	−2	1	←		
1	1	−1	0		←	
1	0	−1	1			
0	1	0	−1			
0	1	0	−1			

Da die letzten beiden Zeilen gleich sind, kann man eine davon zur Bestimmung des Ranges weglassen; da die ersten beiden Zeilen nicht kollinear sind, hat die Matrix den Rang 2.

B. Es ist $\underline{h}_i\, \underline{g}^i = \underline{\underline{a}}, \quad \underset{i}{h_m}\, \overset{i}{g_n} = a_{mn}\,,$

$$\begin{pmatrix} \underset{1}{h_1} & \underset{2}{h_1} \\ \underset{1}{h_2} & \underset{2}{h_2} \\ \underset{1}{h_3} & \underset{2}{h_3} \end{pmatrix} \begin{pmatrix} \overset{1}{g_1} & \overset{1}{g_2} & \overset{1}{g_3} \\ \overset{2}{g_1} & \overset{2}{g_2} & \overset{2}{g_3} \end{pmatrix} = \begin{pmatrix} a_{11} & a_{12} & a_{13} \\ a_{21} & a_{22} & a_{23} \\ a_{31} & a_{32} & a_{33} \end{pmatrix}.$$

Zur Bestimmung der $\overset{i}{g_n}$ genügen die ersten beiden Zeilen:

$\underline{h}_1$	$\underline{h}_2$					
-1	0	1	-1	-1	$2\vert$	-1
2	1	-2	1	3	$\leftarrow$	
1	0	-1	1	1	$\underline{g}^1$	
0	1	0	-1	1	$\underline{g}^2$	

Wir erhalten also $\underline{g}^1 = (-1,\ 1,\ 1), \quad \underline{g}^2 = (0,\ -1,\ 1).$

C. Die Darstellung $\underline{\underline{a}} = \underline{h}_1\, \underline{g}^1 + \underline{h}_2\, \underline{g}^2$ lautet

$$\begin{pmatrix} 1 & -1 & -1 \\ -2 & 1 & 3 \\ -1 & 0 & 2 \end{pmatrix} = \begin{pmatrix} 1 & -1 & -1 \\ -2 & 2 & 2 \\ -1 & 1 & 1 \end{pmatrix} + \begin{pmatrix} 0 & 0 & 0 \\ 0 & -1 & 1 \\ 0 & -1 & 1 \end{pmatrix}.$$

Aufgabe 3.12

Bestimmung der Eigenwerte:

Alle Koordinatenmatrizen sind Dreiecksmatrizen, d. h. nach Abschnitt 3.11.3 Nr. 6 sind die Diagonalelemente die Eigenwerte: im Falle A bis C hat der Tensor den dreifachen Eigenwert $\lambda = 1$, im Falle D bis F den doppelten Eigenwert $\lambda = 1$ und den einfachen Eigenwert $\lambda = 2$.

Bestimmung der Eigenrichtungen:

A. Die Eigenwert-Eigenvektor-Gleichung lautet

$$\begin{pmatrix} 0 & 1 & 0 \\ 0 & 0 & 1 \\ 0 & 0 & 0 \end{pmatrix} \begin{pmatrix} x_1 \\ x_2 \\ x_3 \end{pmatrix} = \begin{pmatrix} 0 \\ 0 \\ 0 \end{pmatrix}.$$

Die Koeffizientenmatrix hat den Rang 2, es gibt also nach Abschnitt 3.11.4 Satz 2 nur eine Eigenrichtung, der Tensor ist defektiv. Die Gleichung ergibt $x_2 = 0,\ x_3 = 0.$ Damit ist x_1 beliebig, d. h. die Eigenrichtung ist

$$\mathring{\underline{x}} = (1,\ 0,\ 0).$$

B. Die Eigenwert-Eigenvektor-Gleichung lautet

$$\begin{pmatrix} 0 & 0 & 0 \\ 0 & 0 & 1 \\ 0 & 0 & 0 \end{pmatrix} \begin{pmatrix} x_1 \\ x_2 \\ x_3 \end{pmatrix} = \begin{pmatrix} 0 \\ 0 \\ 0 \end{pmatrix}.$$

Die Koeffizientenmatrix hat den Rang 1, es gibt also nach Abschnitt 3.11.4 Satz 3 zwei verschiedene Eigenrichtungen, der Tensor ist ebenfalls defektiv. Die Gleichung ergibt hier $x_3 = 0.$ Damit sind x_1 und x_2 beliebig, und zwei Eigenrichtungen sind z. B.

$$\mathring{\underline{x}}_1 = (1,\ 0,\ 0), \quad \mathring{\underline{x}}_2 = (0,\ 1,\ 0).$$

C. Die Eigenwert-Eigenvektor-Gleichung lautet

$$\begin{pmatrix} 0 & 0 & 0 \\ 0 & 0 & 0 \\ 0 & 0 & 0 \end{pmatrix} \begin{pmatrix} x_1 \\ x_2 \\ x_3 \end{pmatrix} = \begin{pmatrix} 0 \\ 0 \\ 0 \end{pmatrix}.$$

Die Koeffizientenmatrix hat den Rang null, es gibt also nach Abschnitt 3.11.4 Satz 4 drei linear unabhängige Eigenrichtungen, m. a. W. jede Richtung ist Eigenrichtung; der Tensor ist nichtdefektiv, und es gibt auch drei wechselseitig orthogonale Eigenrichtungen. Die Gleichung liefert entsprechend keine Einschränkung für die Koordinaten der Eigenvektoren, ein Satz von wechselseitig orthogonalen Eigenrichtungen ist z. B.

$$\mathring{\underline{x}}_1 = (1,\ 0,\ 0), \quad \mathring{\underline{x}}_2 = (0,\ 1,\ 0), \quad \mathring{\underline{x}}_3 = (0,\ 0,\ 1).$$

D. Für $\lambda = 1$ lautet die Eigenwert-Eigenvektor-Gleichung

$$\begin{pmatrix} 0 & 1 & 0 \\ 0 & 0 & 1 \\ 0 & 0 & 1 \end{pmatrix} \begin{pmatrix} x_1 \\ x_2 \\ x_3 \end{pmatrix} = \begin{pmatrix} 0 \\ 0 \\ 0 \end{pmatrix}.$$

Die Koeffizientenmatrix hat den Rang 2, es gibt zum doppelten Eigenwert nur eine Eigenrichtung, der Tensor ist defektiv. Die Gleichung ergibt $x_2 = 0,$ $x_3 = 0,$ die Eigenrichtung ist

$$\mathring{\underline{x}}_1 = (1,\ 0,\ 0).$$

Für $\lambda = 2$ lautet die Eigenwert-Eigenvektor-Gleichung

$$\begin{pmatrix} -1 & 1 & 0 \\ 0 & -1 & 1 \\ 0 & 0 & 0 \end{pmatrix} \begin{pmatrix} x_1 \\ x_2 \\ x_3 \end{pmatrix} = \begin{pmatrix} 0 \\ 0 \\ 0 \end{pmatrix},$$

daraus folgt

$$-x_1 + x_2 = 0, \quad -x_2 + x_3 = 0.$$

Mit $x_3 = 1$ erhält man den Eigenvektor $\underline{x} = (1,\ 1,\ 1)$; die Eigenrichtung ist also

$$\underline{\mathring{x}}_2 = \left(\frac{1}{3}\sqrt{3},\ \frac{1}{3}\sqrt{3},\ \frac{1}{3}\sqrt{3}\right).$$

E. Für $\lambda = 1$ lautet die Eigenwert-Eigenvektor-Gleichung

$$\begin{pmatrix} 0 & 0 & 0 \\ 0 & 0 & 1 \\ 0 & 0 & 1 \end{pmatrix} \begin{pmatrix} x_1 \\ x_2 \\ x_3 \end{pmatrix} = \begin{pmatrix} 0 \\ 0 \\ 0 \end{pmatrix}.$$

Die Koeffizientenmatrix hat den Rang 1, es gibt zum doppelten Eigenwert zwei Eigenrichtungen, der Tensor ist nichtdefektiv. Aus der Gleichung folgt nur $x_3 = 0$, zwei orthogonale Eigenrichtungen sind z. B.

$$\underline{\mathring{x}}_1 = (1,\ 0,\ 0), \quad \underline{\mathring{x}}_2 = (0,\ 1,\ 0).$$

Für $\lambda = 2$ lautet die Eigenwert-Eigenvektor-Gleichung

$$\begin{pmatrix} -1 & 0 & 0 \\ 0 & -1 & 1 \\ 0 & 0 & 0 \end{pmatrix} \begin{pmatrix} x_1 \\ x_2 \\ x_3 \end{pmatrix} = \begin{pmatrix} 0 \\ 0 \\ 0 \end{pmatrix},$$

daraus folgt

$$-x_1 = 0, \quad -x_2 + x_3 = 0.$$

Ein Eigenvektor ist $\underline{x} = (0,\ 1,\ 1)$; die Eigenrichtung ist also

$$\underline{\mathring{x}}_3 = \left(0,\ \frac{1}{2}\sqrt{2},\ \frac{1}{2}\sqrt{2}\right).$$

Sie steht auf der Eigenebene zu $\lambda = 1$ nicht senkrecht, es gibt also keine drei wechselseitig orthogonalen Eigenrichtungen.

F. Für $\lambda = 1$ lautet die Eigenwert-Eigenvektor-Gleichung

$$\begin{pmatrix} 0 & 0 & 0 \\ 0 & 0 & 0 \\ 0 & 0 & 1 \end{pmatrix} \begin{pmatrix} x_1 \\ x_2 \\ x_3 \end{pmatrix} = \begin{pmatrix} 0 \\ 0 \\ 0 \end{pmatrix}.$$

Die Koeffizientenmatrix hat wieder den Rang 1, es gibt zum doppelten Eigenwert zwei Eigenrichtungen, der Tensor ist nichtdefektiv. Aus der Gleichung folgt nur $x_3 = 0$, zwei orthogonale Eigenrichtungen sind

$$\underline{\mathring{x}}_1 = (1,\ 0,\ 0), \quad \underline{\mathring{x}}_2 = (0,\ 1,\ 0).$$

Für $\lambda = 2$ lautet die Eigenwert-Eigenvektor-Gleichung

$$\begin{pmatrix} -1 & 0 & 0 \\ 0 & -1 & 0 \\ 0 & 0 & 0 \end{pmatrix} \begin{pmatrix} x_1 \\ x_2 \\ x_3 \end{pmatrix} = \begin{pmatrix} 0 \\ 0 \\ 0 \end{pmatrix},$$

daraus folgt

$$-x_1 = 0, \quad -x_2 = 0.$$

Die Eigenrichtung ist

$$\underline{\mathring{x}}_3 = (0,\ 0,\ 1).$$

sie steht auf der Eigenebene zu $\lambda = 1$ senkrecht, es gibt also drei wechselseitig orthogonale Eigenrichtungen.

Aufgabe 3.13

Eine Hauptachsentransformation läuft auf die Berechnung dreier wechselseitig orthogonaler Eigenrichtungen heraus. Ein solches Eigenrichtungstripel existiert nur für symmetrische Tensoren, vgl. dazu auch die Ergebnisse der vorigen Aufgabe.

Wir bestimmen zunächst die Eigenwerte des Tensors. Die charakteristische Gleichung ist

$$\begin{vmatrix} 5-\lambda & 0 & 4 \\ 0 & 9-\lambda & 0 \\ 4 & 0 & 5-\lambda \end{vmatrix} = 0.$$

Entwicklung nach der zweiten Zeile ergibt

$$(9-\lambda)[(5-\lambda)(5-\lambda) - 16] = 0,$$

daraus folgt nach elementarer Zwischenrechnung

$$\lambda_1 = \lambda_2 = 9, \quad \lambda_3 = 1.$$

Die Eigenwert-Eigenvektor-Gleichung zum doppelten Eigenwert $\lambda = 9$ führt auf die orthogonalen Eigenrichtungen

$$\underline{q}_1 = \left(\frac{1}{2}\sqrt{2},\ 0,\ \frac{1}{2}\sqrt{2}\right) \quad \text{und} \quad \underline{q}_2 = (0,\ 1,\ 0),$$

die Eigenwert-Eigenvektor-Gleichung zum einfachen Eigenwert $\lambda = 1$ führt auf die zu beiden anderen orthogonale Eigenrichtung

$$\underline{q}_3 = \left(\frac{1}{2}\sqrt{2},\ 0,\ -\frac{1}{2}\sqrt{2}\right).$$

Wir müssen noch prüfen, ob die drei Eigenrichtungen in dieser Reihenfolge ein Rechtssystem bilden; dazu müsste der Wert der Determinante

$$\begin{vmatrix} \frac{1}{2}\sqrt{2} & 0 & \frac{1}{2}\sqrt{2} \\ 0 & 1 & 0 \\ \frac{1}{2}\sqrt{2} & 0 & -\frac{1}{2}\sqrt{2} \end{vmatrix}$$

positiv sein. Das ist offenbar nicht der Fall, man muss also z. B. die Richtung der dritten Eigenrichtung umkehren und erhält als ein Hauptachsensystem

$$\underline{q}_1 = \left(\frac{1}{2}\sqrt{2},\ 0,\ \frac{1}{2}\sqrt{2}\right), \quad \underline{q}_2 = (0,\ 1,\ 0), \quad \underline{q}_3 = \left(-\frac{1}{2}\sqrt{2},\ 0,\ \frac{1}{2}\sqrt{2}\right).$$

Die Koordinatenmatrix des Tensors in diesem Hauptachsensystem ist

$$\widehat{a}_{ij} = \begin{pmatrix} 9 & 0 & 0 \\ 0 & 9 & 0 \\ 0 & 0 & 1 \end{pmatrix}.$$

Aufgabe 3.14

Die Lösung der charakteristischen Gleichung führt auf

$$\lambda_1 = \pm 1, \quad \lambda_2 = \cos\vartheta + \mathrm{i}\sin\vartheta, \quad \lambda_3 = \cos\vartheta - \mathrm{i}\sin\vartheta.$$

Aufgabe 3.15

A. Beide Orthogonalitätsrelationen entsprechen 6 Gleichungen, man kann aus jeder also die 6 Größen α, β, γ, δ, ε, ζ bestimmen. Im vorliegenden Fall ist

$\alpha_{ki}\,\alpha_{kj} = \delta_{ij}$ (anschaulich Aussagen über die Quadrat- und Produktsummen der Spalten) zweckmäßiger als $\alpha_{ik}\,\alpha_{jk} = \delta_{ij}$ (anschaulich Aussagen über die Quadrat- und Produktsummen der Zeilen), weil die 6 Gleichungen im ersten Fall teilweise entkoppelt sind.

Aus $\alpha_{k1}\,\alpha_{k1} = 1$ folgt $\alpha = \pm\frac{1}{2}$.

Aus $\alpha_{k1}\,\alpha_{k2} = 0$ und $\alpha_{k2}\,\alpha_{k2} = 1$ folgt unabhängig vom Vorzeichen von α

$$\beta = \pm\frac{1}{2}\sqrt{2}, \quad \gamma = 0.$$

Aus $\alpha_{k1}\,\alpha_{k3} = 0$, $\alpha_{k2}\,\alpha_{k3} = 0$ und $\alpha_{k3}\,\alpha_{k3} = 1$ folgt unabhängig von den Vorzeichen von α und β

$$\delta = \zeta = \pm\frac{1}{2}, \quad \varepsilon = \pm\frac{1}{2}\sqrt{2}.$$

Damit lautet die allgemeine Form der Transformationsmatrix

$$\alpha_{ij} = \begin{pmatrix} \pm\frac{1}{2} & \pm\frac{1}{2}\sqrt{2} & \pm\frac{1}{2} \\ \mp\frac{1}{2}\sqrt{2} & 0 & \pm\frac{1}{2}\sqrt{2} \\ \pm\frac{1}{2} & \mp\frac{1}{2}\sqrt{2} & \pm\frac{1}{2} \end{pmatrix},$$

wobei in jeder Spalte unabhängig von den übrigen Spalten entweder die oberen oder die unteren Vorzeichen gewählt werden können.

B. Demnach hat die Aufgabe $2^3 = 8$ Lösungen. Man kann eine dieser Lösungen z. B. durch die Angabe des Vorzeichens von α, β und δ charakterisieren; das entspricht der Wahl des oberen oder unteren Vorzeichens in den drei Spalten. Nach (2.4) stellen die Spalten von α_{ij} die Koordinaten der gedrehten Basisvektoren $\underline{\tilde{e}}_j$ in Bezug auf die Ausgangsbasis $\underline{e}_i$ dar; jeder Vorzeichenwechsel in einer Spalte lässt sich also als Umkehr der Orientierung des entsprechenden Basisvektors interpretieren.

Aufgabe 3.16

Um zu entscheiden, ob sich der Drehwinkel aus (3.78) oder (3.82) berechnet, ist zunächst zu prüfen, ob die Transformationsmatrix eigentlich oder uneigentlich orthogonal ist. Die Determinante ergibt sich zu $+1$, die Transformationsmatrix beschreibt eine Drehung, und nach (3.78) ist $\cos\vartheta = 0$, $\vartheta = \pm\frac{\pi}{2}$. Wir entscheiden uns für $\vartheta = +\frac{\pi}{2}$, dann ist $\sin\vartheta = 1$, und aus (3.79) folgt nach kurzer Rechnung

$$\underline{n} = (-\frac{1}{2}\sqrt{2},\ 0,\ -\frac{1}{2}\sqrt{2}).$$

Die Transformationsmatrix beschreibt also eine Drehung um 90°um eine Achse, die in der x, z-Ebene liegt und mit der negativen x-Achse und der negativen z-Achse jeweils einen Winkel von 45°einschließt. Das ist gleichbedeutend mit einer Drehung um −90°um eine Achse, die in der x, z-Ebene liegt und mit der positiven x-Achse und der positiven z-Achse jeweils einen Winkel von 45°einschließt; das erhält man für $\vartheta = -\frac{\pi}{2}, \quad \sin\vartheta = -1$.

Aufgabe 3.17

Der Beweis kann folgendermaßen geführt werden: Es seien λ ein Eigenwert und X_i ein zu λ gehöriger Eigenvektor von a_{ij}, dann gilt

$$a_{ij}X_j = \lambda X_i .$$

Multiplikation mit $a_{ki}^{(-1)}$ ergibt

$$\underbrace{a_{ki}^{(-1)} a_{ij}}_{\delta_{kj}} X_j = \lambda a_{ki}^{(-1)} X_i , \quad X_k = \lambda a_{ki}^{(-1)} X_i , \quad a_{ki}^{(-1)} X_i = \lambda^{-1} X_k , \text{ w. z. b. w.}$$

Aufgabe 3.18

Der Beweis kann z. B. durch vollständige Induktion geführt werden:

Induktionsanfang: $n = 0$

Für $n = 0$ ist die Behauptung nach (3.87) erfüllt.

Induktionsschluss:

Voraussetzung: Für $n = k$ gelte $(\underline{\underline{A}}^k)^{\mathrm{T}} = (\underline{\underline{A}}^{\mathrm{T}})^k$. (a)

1. Behauptung: Für $n = k+1$ gelte $(\underline{\underline{A}}^{k+1})^{\mathrm{T}} = (\underline{\underline{A}}^{\mathrm{T}})^{k+1}$.

2. Behauptung: Für $n = k-1$ gelte $(\underline{\underline{A}}^{k-1})^{\mathrm{T}} = (\underline{\underline{A}}^{\mathrm{T}})^{k-1}$.

Beweis der 1. Behauptung:

$$(\underline{\underline{A}}^{k+1})^{\mathrm{T}} \overset{(3.86)}{=} (\underline{\underline{A}} \cdot \underline{\underline{A}}^k)^{\mathrm{T}} \overset{(2.35)}{=} (\underline{\underline{A}}^k)^{\mathrm{T}} \cdot \underline{\underline{A}}^{\mathrm{T}} \overset{(a)}{=} (\underline{\underline{A}}^{\mathrm{T}})^k \cdot \underline{\underline{A}}^{\mathrm{T}}$$

$$\overset{(3.86)}{=} (\underline{\underline{A}}^{\mathrm{T}})^{k+1} , \text{ w. z. b. w.}$$

Beweis der 2. Behauptung:

$$(\underline{\underline{A}}^{k-1})^{\mathrm{T}} \overset{(3.86)}{=} (\underline{\underline{A}}^{-1} \cdot \underline{\underline{A}}^{k})^{\mathrm{T}} \overset{(2.35)}{=} (\underline{\underline{A}}^{k})^{\mathrm{T}} \cdot (\underline{\underline{A}}^{-1})^{\mathrm{T}} \overset{(a),\,(1.54)}{=} (\underline{\underline{A}}^{\mathrm{T}})^{k} \cdot (\underline{\underline{A}}^{\mathrm{T}})^{-1}$$

$$\overset{(3.86)}{=} (\underline{\underline{A}}^{\mathrm{T}})^{k-1}, \quad \text{w. z. b. w.}$$

Aufgabe 3.19

Es ist $\underline{U} = \underline{\underline{a}} \cdot \underline{X}$, außerdem setzen wir $\underline{V} := \underline{\underline{a}} \cdot \underline{U}$. Dann gilt:

$$\underline{W} = \underline{\underline{a}}^3 \cdot \underline{X} = \underline{\underline{a}}^2 \cdot \underbrace{\underline{\underline{a}} \cdot \underline{X}}_{\underline{U}} = \underline{\underline{a}}^2 \cdot \underline{U} = \underline{\underline{a}} \cdot \underbrace{\underline{\underline{a}} \cdot \underline{U}}_{\underline{V}} = \underline{\underline{a}} \cdot \underline{V}.$$

$\underline{\underline{a}}$ dreht also (jeweils um den Winkel ϑ) zunächst den Vektor $\underline{X}$ in den Vektor $\underline{U}$, anschließend den Vektor $\underline{U}$ in den Vektor $\underline{V}$ und schließlich den Vektor $\underline{V}$ in den Vektor $\underline{W}$, d. h. $\underline{\underline{a}}^3$ dreht den Vektor $\underline{X}$ insgesamt um den Winkel $3\,\vartheta$ in den Vektor $\underline{W}$.

Aufgabe 3.20

Nach der Lösung von Aufgabe 3.13 hat der Tensor die folgenden Eigenwerte und die folgenden zugehörigen und ein Rechtssystem bildenden Eigenrichtungen:

$$\lambda_1 = \lambda_2 = 9, \quad \underline{q}_1 = \left(\frac{1}{2}\sqrt{2},\, 0,\, \frac{1}{2}\sqrt{2}\right),$$

$$\underline{q}_2 = (0,\, 1,\, 0),$$

$$\lambda_3 = 1, \quad \underline{q}_3 = \left(-\frac{1}{2}\sqrt{2},\, 0,\, \frac{1}{2}\sqrt{2}\right).$$

A. Da der Ausgangstensor symmetrisch ist und alle seine Eigenwerte positiv sind, ist er positiv definit.

B. Die Koordinaten der positiv definiten Quadratwurzel $\underline{\underline{b}} = \sqrt{\underline{\underline{a}}}$ lassen sich nach (3.90) aus

$$b_{ij} = \sqrt{\lambda_{\underline{k}}}\, \overset{k}{q}_i \overset{k}{q}_j$$

berechnen. Man kann diese Formel in der Form

$$\begin{pmatrix} \sqrt{\lambda_1}\overset{1}{q}_1 & \sqrt{\lambda_2}\overset{2}{q}_1 & \sqrt{\lambda_3}\overset{3}{q}_1 \\ \sqrt{\lambda_1}\overset{1}{q}_2 & \sqrt{\lambda_2}\overset{2}{q}_2 & \sqrt{\lambda_3}\overset{3}{q}_2 \\ \sqrt{\lambda_1}\overset{1}{q}_3 & \sqrt{\lambda_2}\overset{2}{q}_3 & \sqrt{\lambda_3}\overset{3}{q}_3 \end{pmatrix} \begin{pmatrix} \overset{1}{q}_1 & \overset{1}{q}_2 & \overset{1}{q}_3 \\ \overset{2}{q}_1 & \overset{2}{q}_2 & \overset{2}{q}_3 \\ \overset{3}{q}_1 & \overset{3}{q}_2 & \overset{3}{q}_3 \end{pmatrix}$$

oder auch in der Form

$$b_{ij} = \sqrt{\lambda_1} \begin{pmatrix} \overset{1}{q}_1 \\ \overset{1}{q}_2 \\ \overset{1}{q}_3 \end{pmatrix} \left(\overset{1}{q}_1, \overset{1}{q}_2, \overset{1}{q}_3\right) + \sqrt{\lambda_2} \begin{pmatrix} \overset{2}{q}_1 \\ \overset{2}{q}_2 \\ \overset{2}{q}_3 \end{pmatrix} \left(\overset{2}{q}_1, \overset{2}{q}_2, \overset{2}{q}_3\right)$$

$$+\sqrt{\lambda_3} \begin{pmatrix} \overset{3}{q}_1 \\ \overset{3}{q}_2 \\ \overset{3}{q}_3 \end{pmatrix} \left(\overset{3}{q}_1, \overset{3}{q}_2, \overset{3}{q}_3\right)$$

auswerten. Beide Wege führen auf

$$b_{ij} = \begin{pmatrix} 2 & 0 & 1 \\ 0 & 3 & 0 \\ 1 & 0 & 2 \end{pmatrix}.$$

Dieses Ergebnis wird durch die Probe verifiziert.

Aufgabe 3.21

Nach einfacher Rechnung erhält man

$$a_{ik}\, a^{\mathrm{T}}_{kj} = \begin{pmatrix} 9 & 0 & 0 \\ 0 & 9 & 0 \\ 0 & 0 & 9 \end{pmatrix}, \quad V_{ij} = \sqrt{a_{ik}\, a^{\mathrm{T}}_{kj}} = \begin{pmatrix} 3 & 0 & 0 \\ 0 & 3 & 0 \\ 0 & 0 & 3 \end{pmatrix},$$

aus $V_{ik} R_{kj} = a_{ij}$ erhält man mit dem gaußschen Algorithmus

$$R_{ij} = \begin{pmatrix} \frac{2}{3} & \frac{2}{3} & \frac{1}{3} \\ \frac{1}{3} & -\frac{2}{3} & \frac{2}{3} \\ \frac{2}{3} & -\frac{1}{3} & -\frac{2}{3} \end{pmatrix},$$

und man verifiziert leicht $V_{ik} R_{kj} = a_{ij}$.

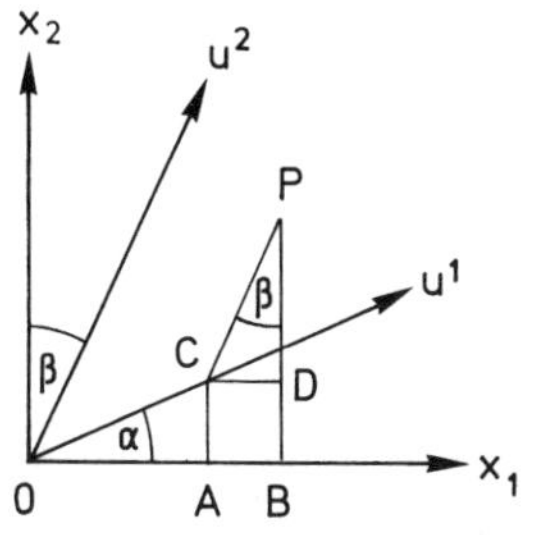

Aufgabe 4.1

A. Aus der Figur liest man ab:

$$\begin{aligned} OB &= x_1, & OA &= OC\cos\alpha = u^1\cos\alpha,\\ BP &= x_2, & AB &= CP\sin\beta = u^2\sin\beta,\\ OC &= u^1, & BD &= OC\sin\alpha = u^1\sin\alpha,\\ CP &= u^2, & DP &= CP\cos\beta = u^2\cos\beta, \end{aligned}$$

$$\begin{aligned} x_1 &= u^1\cos\alpha + u^2\sin\beta,\\ x_2 &= u^1\sin\alpha + u^2\cos\beta; \end{aligned}$$

$$\begin{array}{l|c|c} x_1 = u^1\cos\alpha + u^2\sin\beta & \cos\beta & -\sin\alpha \\ x_2 = u^1\sin\alpha + u^2\cos\beta & -\sin\beta & \cos\alpha \end{array},$$

$$\begin{aligned} &x_1\cos\beta - x_2\sin\beta\\ &\quad = u^1(\cos\alpha\cos\beta - \sin\alpha\sin\beta) = u^1\cos(\alpha+\beta),\\ &-x_1\sin\alpha + x_2\cos\alpha\\ &\quad = u^2(-\sin\alpha\sin\beta + \cos\alpha\cos\beta) = u^2\cos(\alpha+\beta), \end{aligned}$$

$$\begin{aligned} u^1 &= \frac{\cos\beta}{\cos(\alpha+\beta)}x_1 - \frac{\sin\beta}{\cos(\alpha+\beta)}x_2,\\ u^2 &= -\frac{\sin\alpha}{\cos(\alpha+\beta)}x_1 + \frac{\cos\alpha}{\cos(\alpha+\beta)}x_2. \end{aligned}$$

B. $\underset{i}{g}_j = \frac{\partial x_j}{\partial u^i}$ ergibt $\underline{g}_1 = \left(\frac{\partial x_1}{\partial u^1}, \frac{\partial x_2}{\partial u^1}\right) = (\cos\alpha,\ \sin\alpha)$,

$$\underline{g}_2 = \left(\frac{\partial x_1}{\partial u^2}, \frac{\partial x_2}{\partial u^2}\right) = (\sin\beta,\ \cos\beta);$$

$\overset{i}{g}_j = \frac{\partial u^i}{\partial x_j}$ ergibt $\underline{g}^1 = \left(\frac{\partial u^1}{\partial x_1}, \frac{\partial u^1}{\partial x_2}\right)$

$$= \left(\frac{\cos\beta}{\cos(\alpha+\beta)}, -\frac{\sin\beta}{\cos(\alpha+\beta)}\right),$$

$$\underline{g}^2 = \left(\frac{\partial u^2}{\partial x_1}, \frac{\partial u^2}{\partial x_2}\right)$$

$$= \left(-\frac{\sin\alpha}{\cos(\alpha+\beta)}, \frac{\cos\alpha}{\cos(\alpha+\beta)}\right).$$

Die kovarianten Basisvektoren sind in diesem Falle Einheitsvektoren, die kontravarianten nicht.

Aufgabe 4.2

$x = R\cos\varphi$: $\quad \frac{\partial x}{\partial R} = \cos\varphi, \quad \frac{\partial x}{\partial \varphi} = -R\sin\varphi, \quad \frac{\partial x}{\partial z} = 0;$

$y = R\sin\varphi$: $\quad \frac{\partial y}{\partial R} = \sin\varphi, \quad \frac{\partial y}{\partial \varphi} = R\cos\varphi, \quad \frac{\partial y}{\partial z} = 0;$

$z = z$: $\quad \frac{\partial z}{\partial R} = 0, \quad \frac{\partial z}{\partial \varphi} = 0, \quad \frac{\partial z}{\partial z} = 1;$

$R = \sqrt{x^2+y^2}$: $\quad \frac{\partial R}{\partial x} = \frac{2x}{2\sqrt{x^2+y^2}} = \frac{x}{R} = \cos\varphi,$

$$\frac{\partial R}{\partial y} = \frac{2y}{2\sqrt{x^2+y^2}} = \frac{y}{R} = \sin\varphi,$$

$$\frac{\partial R}{\partial z} = 0;$$

$$\varphi = \arctan \frac{y}{x}: \quad \frac{\partial \varphi}{\partial x} = \frac{1}{1+\left(\frac{y}{x}\right)^2}\left(-\frac{y}{x^2}\right) = -\frac{x^2}{x^2+y^2}\frac{y}{x^2}$$

$$= -\frac{y}{R^2} = -\frac{1}{R}\sin\varphi,$$

$$\frac{\partial \varphi}{\partial y} = \frac{1}{1+\left(\frac{y}{x}\right)^2}\frac{1}{x} = \frac{x^2}{x^2+y^2}\frac{1}{x}$$

$$= \frac{x}{R^2} = \frac{1}{R}\cos\varphi,$$

$$\frac{\partial \varphi}{\partial z} = 0;$$

$$\underset{i}{g}_j = \frac{\partial x_j}{\partial u^i} \text{ ergibt } \underline{g}_1 = \left(\frac{\partial x}{\partial R}, \frac{\partial y}{\partial R}, \frac{\partial z}{\partial R}\right) = (\cos\varphi,\ \sin\varphi,\ 0),$$

$$\underline{g}_2 = \left(\frac{\partial x}{\partial \varphi}, \frac{\partial y}{\partial \varphi}, \frac{\partial z}{\partial \varphi}\right) = (-R\sin\varphi,\ R\cos\varphi,\ 0),$$

$$\underline{g}_3 = \left(\frac{\partial x}{\partial z}, \frac{\partial y}{\partial z}, \frac{\partial z}{\partial z}\right) = (0,\ 0,\ 1);$$

$$\overset{i}{g}_j = \frac{\partial u^i}{\partial x_j} \text{ ergibt } \underline{g}^1 = \left(\frac{\partial R}{\partial x}, \frac{\partial R}{\partial y}, \frac{\partial R}{\partial z}\right) = (\cos\varphi,\ \sin\varphi,\ 0),$$

$$\underline{g}^2 = \left(\frac{\partial \varphi}{\partial x}, \frac{\partial \varphi}{\partial y}, \frac{\partial \varphi}{\partial z}\right) = \left(-\frac{1}{R}\sin\varphi,\ \frac{1}{R}\cos\varphi,\ 0\right),$$

$$\underline{g}^3 = \left(\frac{\partial z}{\partial x}, \frac{\partial z}{\partial y}, \frac{\partial z}{\partial z}\right) = (0,\ 0,\ 1).$$

Aufgabe 4.3

Eine Formel, die kontravariante und kartesische Koordinaten verknüpft, ist (4.14):

$$T^{ij} = \underline{g}^i \cdot \underline{\underline{T}} \cdot \underline{g}^j = \overset{i}{g}_m \widehat{T}_{mn} \overset{j}{g}_n .$$

Um sie anzuwenden, muss man zunächst die kartesischen Koordinaten der zu $\underline{g}_i$ reziproken Basis berechnen. Zum Beispiel mittels des gaußschen Algorithmus erhält man

$$\underline{g}^1 = (1,\ -1,\ 0),\quad \underline{g}^2 = (0,\ 1,\ -1),\quad \underline{g}^3 = (0,\ 0,\ 1).$$

Dann erhält man mittels des Falkschen Schemas in zwei Schritten

$$\begin{array}{ccc|ccc|ccc}
 & & & \widehat{T}_{11} & \widehat{T}_{12} & \widehat{T}_{13} & \overset{1}{g}_1 & \overset{2}{g}_1 & \overset{3}{g}_1 \\
 & & & \widehat{T}_{21} & \widehat{T}_{22} & \widehat{T}_{23} & \overset{1}{g}_2 & \overset{2}{g}_2 & \overset{3}{g}_2 \\
 & & & \widehat{T}_{31} & \widehat{T}_{32} & \widehat{T}_{33} & \overset{1}{g}_3 & \overset{2}{g}_3 & \overset{3}{g}_3 \\
\hline
\overset{1}{g}_1 & \overset{1}{g}_2 & \overset{1}{g}_3 & & & & T^{11} & T^{12} & T^{13} \\
\overset{2}{g}_1 & \overset{2}{g}_2 & \overset{2}{g}_3 & & & & T^{21} & T^{22} & T^{23} \\
\overset{3}{g}_1 & \overset{3}{g}_2 & \overset{3}{g}_3 & & & & T^{31} & T^{32} & T^{33}
\end{array}, \quad T^{ij} = \begin{pmatrix} 2 & -6 & 3 \\ -1 & 6 & -2 \\ 1 & 1 & 1 \end{pmatrix}.$$

Aufgabe 4.4

Wenn man in (4.19)

$$\widetilde{a}^i = \frac{\partial \widetilde{u}^i}{\partial u^m} a^m, \quad \widetilde{a}_i = \frac{\partial u^m}{\partial \widetilde{u}^i} a_m,$$

die geschweiften Koordinaten mit den Zylinderkoordinaten und die ungeschweiften mit den kartesischen Koordinaten identifiziert und die Ergebnisse von Aufgabe 4.2 verwendet, erhält man

$$a^1 = \frac{\partial R}{\partial x} a_x + \frac{\partial R}{\partial y} a_y + \frac{\partial R}{\partial z} a_z = a_x \cos\varphi + a_y \sin\varphi,$$

$$a^2 = \frac{\partial \varphi}{\partial x} a_x + \frac{\partial \varphi}{\partial y} a_y + \frac{\partial \varphi}{\partial z} a_z = -a_x \frac{\sin\varphi}{R} + a_y \frac{\cos\varphi}{R},$$

$$a^3 = \frac{\partial z}{\partial x} a_x + \frac{\partial z}{\partial y} a_y + \frac{\partial z}{\partial z} a_z = a_z;$$

$$a_1 = \frac{\partial x}{\partial R} a_x + \frac{\partial y}{\partial R} a_y + \frac{\partial z}{\partial R} a_z = a_x \cos\varphi + a_y \sin\varphi,$$

$$a_2 = \frac{\partial x}{\partial \varphi} a_x + \frac{\partial y}{\partial \varphi} a_y + \frac{\partial z}{\partial \varphi} a_z = -a_x R \sin\varphi + a_y R \cos\varphi,$$

$$a_3 = \frac{\partial x}{\partial z} a_x + \frac{\partial y}{\partial z} a_y + \frac{\partial z}{\partial z} a_z = a_z.$$

Wenn man umgekehrt die geschweiften Koordinaten mit den kartesischen und die ungeschweiften Koordinaten mit den Zylinderkoordinaten identifiziert, erhält man

$$\begin{aligned}
a_x &= \frac{\partial x}{\partial R} a^1 + \frac{\partial x}{\partial \varphi} a^2 + \frac{\partial x}{\partial z} a^3 = a^1 \cos\varphi - a^2 R \sin\varphi \\
&= \frac{\partial R}{\partial x} a_1 + \frac{\partial \varphi}{\partial x} a_2 + \frac{\partial z}{\partial x} a_3 = a_1 \cos\varphi - a_2 \frac{\sin\varphi}{R}\,, \\
a_y &= \frac{\partial y}{\partial R} a^1 + \frac{\partial y}{\partial \varphi} a^2 + \frac{\partial y}{\partial z} a^3 = a^1 \sin\varphi + a^2 R \cos\varphi \\
&= \frac{\partial R}{\partial y} a_1 + \frac{\partial \varphi}{\partial y} a_2 + \frac{\partial z}{\partial y} a_3 = a_1 \sin\varphi + a_2 \frac{\cos\varphi}{R}\,, \\
a_z &= \frac{\partial z}{\partial R} a^1 + \frac{\partial z}{\partial \varphi} a^2 + \frac{\partial z}{\partial z} a^3 = a^3 \\
&= \frac{\partial R}{\partial z} a_1 + \frac{\partial \varphi}{\partial z} a_2 + \frac{\partial z}{\partial z} a_3 = a_3\,.
\end{aligned}$$

Aufgabe 4.5

A. Mit den Ergebnissen von Aufgabe 4.1 folgt:

$$A^i = \frac{\partial u^i}{\partial x_j} \widehat{A}_j \quad \text{ergibt} \quad \begin{aligned} A^1 &= \frac{\cos\beta}{\cos(\alpha+\beta)} A_x - \frac{\sin\beta}{\cos(\alpha+\beta)} A_y\,, \\ A^2 &= -\frac{\sin\alpha}{\cos(\alpha+\beta)} A_x + \frac{\cos\alpha}{\cos(\alpha+\beta)} A_y\,; \end{aligned}$$

$$\widehat{A}_i = \frac{\partial x^i}{\partial u^j} A^j \quad \text{ergibt} \quad \begin{aligned} A_x &= A^1 \cos\alpha + A^2 \sin\beta\,, \\ A_y &= A^1 \sin\alpha + A^2 \cos\beta\,; \end{aligned}$$

$$A_i = \frac{\partial x_j}{\partial u^i} \widehat{A}_j \quad \text{ergibt} \quad \begin{aligned} A_1 &= A_x \cos\alpha + A_y \sin\alpha\,, \\ A_2 &= A_x \sin\beta + A_y \cos\beta\,. \end{aligned}$$

B. $\underline{A} = \overrightarrow{PQ}$

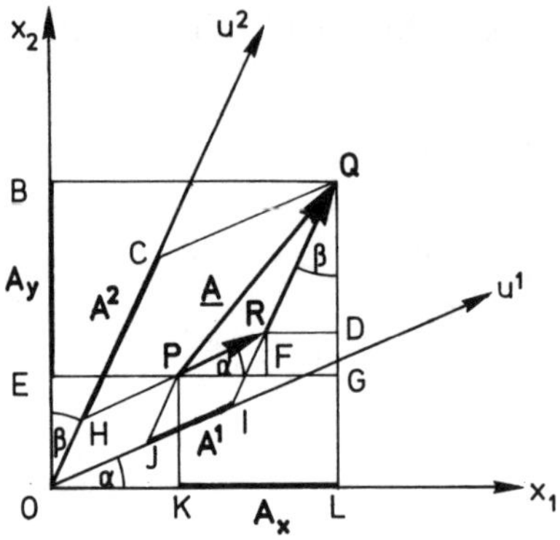

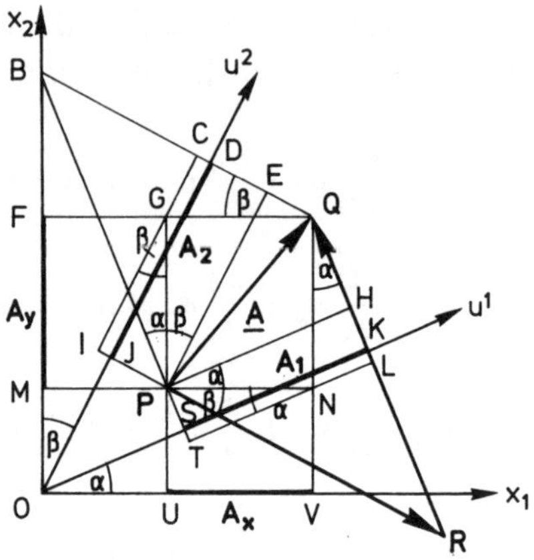

$$A^1 = JI = PR, \quad A^1 \underline{g}_1 = \overrightarrow{PR},$$

$$A^2 = HC = RQ, \quad A^2 \underline{g}_2 = \overrightarrow{RQ},$$

$$A_x = KL = PG = PF + FG,$$

$$PF = PR \cos\alpha = A^1 \cos\alpha\,,$$

$$FG = RD = RQ \sin\beta = A^2 \sin\beta\,,$$

$$A_y = EB = GQ = GD + DQ,$$

$$GD = FR = PR \sin\alpha = A^1 \sin\alpha\,,$$

$$DQ = RQ \sin\beta = A^2 \sin\beta\,,$$

$$A^1 \underline{g}_1 = \overrightarrow{PR}, \quad |A^1 \underline{g}_1| = PR = A^1\,,$$

$$A^2 \underline{g}_2 = \overrightarrow{RQ}, \quad |A^2 \underline{g}_2| = RQ = A^2\,.$$

$$\underline{A} = \overrightarrow{PQ}$$

$$A_x = UV = PN = GQ,$$

$$A_y = MF = PG = NQ,$$

$$A_1 = SK = PH = TL = TN + NL,$$

$$TN = PN \cos\alpha = A_x \cos\alpha\,, \quad NL = NQ \sin\alpha = A_y \sin\alpha\,,$$

$$A_2 = JD = PE = IC = IG + GC,$$

$$IG = PG \cos\beta = A_y \cos\beta\,, \quad GC = GQ \sin\beta = A_x \sin\beta\,,$$

$$A_1\,\underline{g}^1 = \overrightarrow{PR}, \qquad |A_1\,\underline{g}^1| = PR = \frac{PH}{\cos(\alpha+\beta)} = \frac{A_1}{\cos(\alpha+\beta)},$$

$$A_2\,\underline{g}^2 = \overrightarrow{RQ} = \overrightarrow{PB}, \quad |A_2\,\underline{g}^2| = PB = \frac{PE}{\cos(\alpha+\beta)} = \frac{A_2}{\cos(\alpha+\beta)}.$$

Aufgabe 4.6

Nach dem Ergebnis von Aufgabe 4.2 ist

$$g_{11} = 1, \quad g_{22} = R^2, \quad g_{33} = 1, \quad g^{11} = 1, \quad g^{22} = \frac{1}{R^2}, \quad g^{33} = 1.$$

Die Elemente außerhalb der Hauptdiagonale sind alle null, da die Zylinderkoordinaten orthogonal sind.

Aufgabe 4.7

Nach (4.19) gelten die Transformationsgleichungen

$$\widetilde{g}_{ij} = \frac{\partial u^m}{\partial \widetilde{u}^i}\frac{\partial u^n}{\partial \widetilde{u}^j}\,g_{mn}.$$

Bildet man davon die Determinante, so folgt mit (1.13)

$$\det(\widetilde{g}_{ij}) = \det\left(\frac{\partial u^m}{\partial \widetilde{u}^i}\right)\det\left(\frac{\partial u^n}{\partial \widetilde{u}^j}\right)\det(g_{mn}),$$

$$\widetilde{g} = \left[\frac{\partial(u^1,\,u^2,\,u^3)}{\partial(\widetilde{u}^1,\,\widetilde{u}^2,\,\widetilde{u}^3)}\right]^2 g.$$

Eine Größe mit diesem Transformationsgesetz nennt man einen Pseudoskalar vom Gewicht 2.

Die Determinante der kartesischen Koordinaten eines Tensors zweiter Stufe ist nach (3.7) ein Skalar (und heißt die Determinante des Tensors), die Determinante seiner kovarianten Koordinaten ist offenbar ein Pseudoskalar vom Gewicht 2. Analog kann man zeigen, dass die Determinante der gemischten Koordinaten eines Tensors zweiter Stufe ein Skalar und die Determinante seiner kontravarianten Koordinaten ein Pseudoskalar vom Gewicht -2 ist.

Aufgabe 4.8

Ein Tensor 3. Stufe hat $3^3 = 27$ kartesische Koordinaten, jede davon lässt sich in $2^3 = 8$ verschiedene holonome Koordinaten übersetzen, also hat der ε-Tensor $8 \cdot 27 = 216$ holonome Koordinaten. Da die Zylinderkoordinaten orthogonal sind, verschwinden alle Koordinaten des ε-Tensors, die in zwei Indizes übereinstimmen, es sind also nur $8 \cdot 6 = 48$ Koordinaten von null verschieden.

Man berechnet sie am einfachsten aus (4.33)

$$e^{ijk} = [\underline{g}^i,\ \underline{g}^j,\ \underline{g}^k], \quad e^{ij}{}_k = [\underline{g}^i,\ \underline{g}^j,\ \underline{g}_k], \quad \text{usw.}$$

Da die Basisvektoren wechselseitig orthogonal sind, sind die Spatprodukte dem Betrage nach gleich dem Produkt der Längen der das jeweilige Spatprodukt aufspannenden Vektoren, und eine Koordinate ist positiv oder negativ, je nachdem, ob die drei Vektoren des Spatprodukts ein Rechts- oder Linkssystem bilden.

Aufgabe 4.9

$$e^{ijk}\, e^m{}_{nk} = g^{im}\, \delta^j_n - \delta^i_n\, g^{jm} \quad .$$

Aufgabe 4.10

Mögliche Übersetzungen sind:

$$
\begin{array}{lll}
\text{A.}\ \underline{\underline{a}} \cdot \underline{\underline{b}} = \underline{\underline{c}} & \iff & a_{ij}\, b^j{}_k = c_{ik}\,, \\
\quad\ \underline{\underline{b}} \cdot \underline{\underline{a}} = \underline{\underline{c}} & \iff & b^{ij}\, a_{jk} = c^i{}_k\,, \\
\quad\ \widehat{a}_{ik}\, \widehat{b}_{ij} = \widehat{c}_{jk} & \iff & a_{ik}\, b^i{}_j = c_{jk}\,, \\
\quad\ \widehat{a}_i\, \widehat{b}_k\, \widehat{a}_i\, \widehat{c}_k = d & \iff & a_i\, b_k\, a^i\, c^k = d, \\
\quad\ \widehat{a}_{ijk}\, \widehat{b}_i\, \widehat{c}_k = \widehat{d}_j & \iff & a_{ijk}\, b^i\, c^k = d_j\,, \\
\quad\ \widehat{a}_{ijk}\, \widehat{b}_i\, \widehat{c}_j = \widehat{d}_k & \iff & a_{ijk}\, b^i\, c^j = d_k\,, \\
\quad\ (\underline{\underline{a}} \cdot \underline{\underline{b}})^{\mathrm{T}} = \underline{\underline{c}} & \iff & (a_{ij}\, b^{jk})^{\mathrm{T}} = c_i{}^k\,, \\
\quad\ (\underline{\underline{a}} \cdot \underline{\underline{b}} \cdot \underline{\underline{c}})^{\mathrm{T}} = \underline{\underline{d}} & \iff & (a_i{}^j\, b_j{}^k\, c_k{}^l)^{\mathrm{T}} = d_i{}^l\,.
\end{array}
$$

B. $e^{ijk}\, a_j\, e_{kmn}\, b^m\, c^n = a_j\, c^j\, b^i - a_j\, b^j\, c^i\,.$

Aufgabe 4.11

Da die Zylinderkoordinaten orthogonal sind, gelten die Überlegungen von Abschnitt 4.3 Nr. 3.

A. Aus der Lösung von Aufgabe 4.2 folgt durch Normierung der Basisvektoren sofort

$$\underline{g}_{<1>} = (\cos\varphi,\ \sin\varphi,\ 0), \quad \underline{g}_{<2>} = (-\sin\varphi,\ \cos\varphi,\ 0),$$

$$\underline{g}_{<3>} = (0,\ 0,\ 1).$$

B. Nach (4.48) ist $a_{<i>} = a^i \sqrt{g_{\underline{ii}}}$, mit $g_{11} = 1,\ \ g_{22} = R^2,\ \ g_{33} = 1$ folgt

$$\begin{aligned} a_r &= a_x \cos\varphi + a_y \sin\varphi, & a_x &= a_r \cos\varphi - a_\varphi \sin\varphi,\\ a_\varphi &= -a_x \sin\varphi + a_y \cos\varphi, & a_y &= a_r \sin\varphi + a_\varphi \cos\varphi,\\ a_z &= a_z, & a_z &= a_z. \end{aligned}$$

C. Da die $\underline{g}_{<i>}$ lokal kartesisch und die Koordinaten von $\underline{\underline{\delta}}$ und $\underline{\underline{\underline{\varepsilon}}}$ in allen kartesischen Koordinaten gleich sind, folgt $g_{<ij>} = \delta_{ij},\ \ e_{<ijk>} = \varepsilon_{ijk}$.

D.
$$\begin{aligned} (\underline{\underline{a}} \cdot \underline{\underline{b}})^{\mathrm{T}} = \underline{\underline{c}} \quad &\Longleftrightarrow \quad (a_{<ij>} b_{<jk>})^{\mathrm{T}} = c_{<ik>},\\ \alpha_{ik} b^i{}_j = c_{jk} \quad &\Longleftrightarrow \quad \alpha_{<ik>} b_{<ij>} = c_{<jk>},\\ \underline{a} \times (\underline{b} \times \underline{c}) = \underline{a} \cdot \underline{c}\, \underline{b} - \underline{a} \cdot \underline{b}\, \underline{c} \quad &\Longleftrightarrow \quad \varepsilon_{ijk}\, a_{<j>}\, \varepsilon_{kmn}\, b_{<m>} c_{<n>}\\ &\qquad = a_{<j>} c_{<j>} b_{<i>} - a_{<j>} b_{<j>} c_{<i>}. \end{aligned}$$

Aufgabe 4.12

Man berechnet die Christoffel-Symbole am einfachsten nach (4.60).

Für Zylinderkoordinaten gilt

$$g_{11} = 1, \quad g_{11,i} = 0,$$

$$g_{22} = R^2, \quad g_{22,1} = 2R, \quad g_{22,2} = g_{22,3} = 0,$$

$$g_{33} = 1, \quad g_{33,i} = 0,$$

$$g^{11} = 1, \quad g^{22} = \frac{1}{R^2}, \quad g^{33} = 1.$$

Damit erhält man:

$$\Gamma^1_{ip} = \frac{1}{2}\, g^{11}(g_{1i,p} + g_{1p,i} - g_{ip,1}),$$

das ist nur für $i = p = 2$ von null verschieden, und zwar ist $\Gamma^1_{22} = -R$;

$$\Gamma^2_{ip} = \frac{1}{2}\, g^{22}(g_{2i,p} + g_{2p,i} - g_{ip,2}),$$

das ist nur für $i = 2, \quad p = 1$ und $i = 1, \quad p = 2$ von null verschieden, und zwar ist $\Gamma^2_{12} = \Gamma^2_{21} = \frac{1}{R}$;

$$\Gamma^3_{ip} = \frac{1}{2}\, g^{33}(g_{3i,p} + g_{3p,i} - g_{ip,3}),$$

das ist für alle i und p gleich null.

Wir erhalten also als einzige von null verschiedene Christoffel-Symbole $\Gamma^1_{22} = -R, \quad \Gamma^2_{12} - \Gamma^2_{21} = \frac{1}{R}$.

Aufgabe 4.13

Man kann das Transformationsgesetz folgendermaßen gewinnen: Man geht aus von der Gleichung $(4.58)_1$ im geschweiften System und führt darin die Transformationsgleichungen $(4.18)_1$ für die kovarianten Basisvektoren ein:

$$\widetilde{\Gamma}^i_{jk}\, \underline{\widetilde{g}}_i = \frac{\partial \underline{\widetilde{g}}_j}{\partial \widetilde{u}^k} = \frac{\partial}{\partial \widetilde{u}^k}\left(\frac{\partial u^m}{\partial \widetilde{u}^j}\, \underline{g}_m\right) = \frac{\partial u^m}{\partial \widetilde{u}^j}\, \frac{\partial \underline{g}_m}{\partial \widetilde{u}^k} + \frac{\partial^2 u^m}{\partial \widetilde{u}^j\, \partial \widetilde{u}^k}\, \underline{g}_m,$$

mit $\displaystyle \frac{\partial \underline{g}_m}{\partial \widetilde{u}^k} = \frac{\partial \underline{g}_m}{\partial u^n}\, \frac{\partial u^n}{\partial \widetilde{u}^k} \overset{(4.58)}{=} \frac{\partial u^n}{\partial \widetilde{u}^k}\, \Gamma^l_{mn}\, \underline{g}_l$ und $\displaystyle \underline{g}_l \overset{(4.18)}{=} \frac{\partial \widetilde{u}^i}{\partial u^l}\, \underline{\widetilde{g}}_i$

folgt

$$\widetilde{\Gamma}^i_{jk}\, \underline{\widetilde{g}}_i = \frac{\partial u^m}{\partial \widetilde{u}^j}\, \frac{\partial u^n}{\partial \widetilde{u}^k}\, \frac{\partial \widetilde{u}^i}{\partial u^l}\, \Gamma^l_{mn}\, \underline{\widetilde{g}}_i + \frac{\partial^2 u^m}{\partial \widetilde{u}^j\, \partial \widetilde{u}^k}\, \frac{\partial \widetilde{u}^i}{\partial u^m}\, \underline{\widetilde{g}}_i,$$

$$\widetilde{\Gamma}^i_{jk} = \frac{\partial \widetilde{u}^i}{\partial u^l}\, \frac{\partial u^m}{\partial \widetilde{u}^j}\, \frac{\partial u^n}{\partial \widetilde{u}^k}\, \Gamma^l_{mn} + \frac{\partial^2 u^m}{\partial \widetilde{u}^j\, \partial \widetilde{u}^k}\, \frac{\partial \widetilde{u}^i}{\partial u^m}.$$

Der erste Term ist das Transformationsgesetz für einfach kontravariante und zweifach kovariante Tensorkoordinaten. Infolge des zweiten Terms sind die Christoffel-Symbole keine Tensorkoordinaten. Wenn die ungeschweiften Koordinaten kartesisch sind, verschwinden die Christoffel-Symbole im ungeschweiften Koordinatensystem, und das Transformationsgesetz reduziert sich auf die Definition (4.56) der Christoffel-Symbole.

Ausgehend von der Gleichung $(4.58)_2$ erhält man analog das äquivalente Transformationsgesetz

$$\widetilde{\Gamma}^i_{jk} = \frac{\partial \widetilde{u}^i}{\partial u^l} \frac{\partial u^m}{\partial \widetilde{u}^j} \frac{\partial u^n}{\partial \widetilde{u}^k} \Gamma^l_{mn} - \frac{\partial^2 \widetilde{u}^i}{\partial u^m \partial u^n} \frac{\partial u^m}{\partial \widetilde{u}^j} \frac{\partial u^n}{\partial \widetilde{u}^k}.$$

Aufgabe 4.14

A. $$\underline{a} \times \operatorname{rot} \underline{a} = \underline{b} \quad \Longleftrightarrow \quad \varepsilon_{ijk} \widehat{a}_j \frac{\partial \widehat{a}_m}{\partial x_n} \varepsilon_{mkn} = \widehat{b}_i$$

$$\Longleftrightarrow \quad e^{ijk} a_j a_m|_n e^m{}_k{}^n = b^i,$$

B. $$\frac{\partial \widehat{a}_i}{\partial x_j} + \frac{\partial \widehat{a}_j}{\partial x_i} = \widehat{b}_{ij} \quad \Longleftrightarrow \quad a_i|_j + a_j|_i = b_{ij} \quad \Longleftrightarrow \quad \operatorname{grad} \underline{a} + \operatorname{grad}^{\mathrm{T}} \underline{a} = \underline{\underline{b}},$$

C. $$a^i b_j|_i = c_j \quad \Longleftrightarrow \quad \widehat{a}_i \frac{\partial \widehat{b}_j}{\partial x_i} = \widehat{c}_j \quad \Longleftrightarrow \quad (\operatorname{grad} \underline{b}) \cdot \underline{a} = \underline{c},$$

D. $$e^i{}_{jk} e_{imn} a^j b^k c^m d^n = e^i{}_{jk} a^j b^k e_{imn} c^m d^n$$

$$= (g_{jm} g_{kn} - g_{jn} g_{km}) a^j b^k c^m d^n = a^j c_j b^k d_k - a^j d_j b^k c_k,$$

$$\Longleftrightarrow \quad \varepsilon_{ijk} \varepsilon_{imn} \widehat{a}_j \widehat{b}_k \widehat{c}_m \widehat{d}_n = \widehat{a}_j \widehat{c}_j \widehat{b}_k \widehat{d}_k - \widehat{a}^j \widehat{d}_j \widehat{b}_k \widehat{c}_k,$$

$$\Longleftrightarrow \quad (\underline{a} \times \underline{b}) \cdot (\underline{c} \times \underline{d}) = \underline{a} \cdot \underline{c}\, \underline{b} \cdot \underline{d} - \underline{a} \cdot \underline{d}\, \underline{b} \cdot \underline{c}.$$

Aufgabe 4.15

A. $$(\operatorname{grad} a)_i \overset{(4.73)}{=} a|_i \overset{(4.61)}{=} a_{,i},$$

$$(\operatorname{grad} a)_R \overset{(B.6)}{=} (\operatorname{grad} a)_1 = a_{,1} = \frac{\partial a}{\partial R},$$

$$(\operatorname{grad} a)_\varphi = \frac{1}{R} (\operatorname{grad} a)_2 = \frac{1}{R} a_{,2} = \frac{1}{R} \frac{\partial a}{\partial \varphi},$$

$$(\operatorname{grad} a)_z = (\operatorname{grad} a)_3 = a_{,3} = \frac{\partial a}{\partial z}.$$

B. $\operatorname{div}\underline{a} \overset{(4.76)}{=} a^i|_i \overset{(4.61)}{=} a^i{}_{,i} + \Gamma^i_{mi} a^m \overset{(B.13)}{=} a^1{}_{,1} + a^2{}_{,2} + a^3{}_{,3} + \Gamma^2_{12} a^1$

$$= \frac{\partial a^1}{\partial R} + \frac{\partial a^2}{\partial \varphi} + \frac{\partial a^3}{\partial z} + \frac{1}{R} a^1 \overset{(B.6)}{=} \frac{\partial a_R}{\partial R} + \frac{\partial}{\partial \varphi}\frac{a_\varphi}{R} + \frac{\partial a_z}{\partial z} + \frac{a_R}{R}$$

$$= \underbrace{\frac{\partial a_R}{\partial R} + \frac{a_R}{R}}_{\frac{1}{R}\frac{\partial}{\partial R}(R a_R)} + \frac{1}{R}\frac{\partial a_\varphi}{\partial \varphi} + \frac{\partial a_z}{\partial z}.$$

C. $(\operatorname{rot}\underline{a})^j \overset{(4.79)}{=} e^{ijk} a_{i,k}$,

$$(\operatorname{rot}\underline{a})_R \overset{(B.6)}{=} (\operatorname{rot}\underline{a})^1 = e^{312} a_{3,2} + e^{213} a_{2,3} \overset{(B.11)}{=} \frac{1}{R}\left(\frac{\partial a_3}{\partial \varphi} - \frac{\partial a_2}{\partial z}\right)$$

$$\overset{(B.6)}{=} \frac{1}{R}\left[\frac{\partial a_z}{\partial \varphi} - \frac{\partial}{\partial z}(R a_\varphi)\right] = \frac{1}{R}\frac{\partial a_z}{\partial \varphi} - \frac{\partial a_\varphi}{\partial z},$$

analog findet man

$$(\operatorname{rot}\underline{a})_\varphi = \frac{\partial a_R}{\partial z} - \frac{\partial a_z}{\partial R} \quad \text{und} \quad (\operatorname{rot}\underline{a})_z = \underbrace{\frac{\partial a_\varphi}{\partial R} + \frac{a_\varphi}{R}}_{\frac{1}{R}\frac{\partial}{\partial R}(R a_\varphi)} - \frac{1}{R}\frac{\partial a_R}{\partial \varphi}.$$

D. $(\operatorname{grad}\underline{a})^i{}_j \overset{(4.73)}{=} a^i|_j \overset{(4.61)}{=} a^i{}_{,j} + \Gamma^i_{mj} a^m$,

$$(\operatorname{grad}\underline{a})_{RR} \overset{(B.9)}{=} (\operatorname{grad}\underline{a})^1{}_1 = a^1{}_{,1} + \Gamma^1_{m1} a^m \overset{(B.13)}{=} a^1{}_{,1} = \frac{\partial a^1}{\partial R} \overset{(B.6)}{=} \frac{\partial a_R}{\partial R},$$

analog findet man die übrigen Koordinaten, vgl. (B.17).

E. Hier sind zwei Wege möglich: Entweder man rechnet analog zu den vorigen Aufgaben

$[(\operatorname{grad}\underline{a}) \cdot \underline{b}]_i = a_i|_m b^m$ usw.,

oder man nutzt aus, dass die Zylinderkoordinaten orthogonal sind und dass sich deshalb das Skalarprodukt als eine algebraische Operation aus den physikalischen Zylinderkoordinaten der Faktoren wie bei kartesischen Koordinaten zusammensetzt. Unter Verwendung der Ergebnisse von Teil D bzw. von (B.17) erhält man dann

$$
\begin{aligned}
[(\operatorname{grad}\underline{a})\cdot\underline{b}]_R &= (\operatorname{grad}\underline{a})_{RR}\,b_R + (\operatorname{grad}\underline{a})_{R\varphi}\,b_\varphi + (\operatorname{grad}\underline{a})_{Rz}\,b_z \\
&= \frac{\partial a_R}{\partial R}\,b_R + \left(\frac{1}{R}\frac{\partial a_R}{\partial \varphi} - \frac{a_\varphi}{R}\right) b_\varphi + \frac{\partial a_R}{\partial z}\,b_z \\
&= \frac{\partial a_R}{\partial R}\,b_R + \frac{\partial a_R}{\partial \varphi}\frac{b_\varphi}{R} + \frac{\partial a_R}{\partial z}\,b_z - \frac{a_\varphi\,b_\varphi}{R}
\end{aligned}
$$

und analog die übrigen Koordinaten, vgl. (B.18).

Aufgabe 4.16

A. $\dfrac{\partial^2 \widehat{a}_m}{\partial x_k^2} = \widehat{b}_m \iff a_m|_{kp}\,g^{kp} = b_m \iff \operatorname{div}\operatorname{grad}\underline{a} = \Delta\underline{a} = \underline{b}\,.$

B. $\dfrac{\partial^2 \widehat{a}_k}{\partial x_m\,\partial x_k} = \widehat{b}_m \iff a^k|_{km} = b_m \iff \operatorname{grad}\operatorname{div}\underline{a} = \underline{b}\,.$

C. $\mathrm{d}\underline{\underline{a}} = (\operatorname{grad}\underline{\underline{a}})\cdot\mathrm{d}\underline{x} \iff \delta a_{ij} = a_{ij}|_k\,\mathrm{d}u^k \iff \mathrm{d}\widehat{a}_{ij} = \dfrac{\partial \widehat{a}_{ij}}{\partial x_k}\,\mathrm{d}x_k\,.$

Aufgabe 4.17

Wie in der vorvorigen Aufgabe kann man zwei Wege einschlagen:

- Man führt die Rechnung zunächst in holonomen Koordinaten aus und rechnet dann in physikalische Koordinaten um.
- Man setzt den Laplace-Operator aus den früher berechneten physikalischen Koordinaten des Gradienten und der Divergenz zusammen.

A. 1. Weg: $\Delta a \overset{(4.84)}{=} g^{mn}\,a|_{mn} \overset{(4.81)}{=} g^{mn}\,a|_m|_n$

$$\overset{(4.61)}{=} g^{mn}[(a|_m)_{,n} - \Gamma^j_{mn}\,a|_j] \overset{(4.61)}{=} g^{mn}(a_{,mn} - \Gamma^j_{mn}\,a_{,j})$$

Speziell in Zylinderkoordinaten ist mit (B.10) und (B.13)

$$
\begin{aligned}
\Delta a &= g^{11}\, a_{,11} + g^{22}(a_{,22} - \Gamma^1_{22}\, a_{,1}) + g^{33}\, a_{,33} \\
&= \frac{\partial^2 a}{\partial R^2} + \frac{1}{R^2}\left(\frac{\partial^2 a}{\partial \varphi^2} + R\,\frac{\partial a}{\partial R}\right) + \frac{\partial^2 a}{\partial z^2},
\end{aligned}
$$

$$
\Delta a = \underbrace{\frac{\partial^2 a}{\partial R^2} + \frac{1}{R}\frac{\partial a}{\partial R}}_{\displaystyle \frac{1}{R}\frac{\partial}{\partial R}\left(R\,\frac{\partial a}{\partial R}\right)} + \frac{1}{R^2}\frac{\partial^2 a}{\partial \varphi^2} + \frac{\partial^2 a}{\partial z^2}.
$$

2. Weg: $\underline{b} = \operatorname{grad} a \quad \Longleftrightarrow \quad b_R = \dfrac{\partial a}{\partial R}, \quad b_\varphi = \dfrac{1}{R}\dfrac{\partial a}{\partial \varphi}, \quad b_z = \dfrac{\partial a}{\partial z},$

$$
\begin{aligned}
\Delta a = \operatorname{div} \underline{b} &= \frac{\partial b_R}{\partial R} + \frac{b_R}{R} + \frac{1}{R}\frac{\partial b_\varphi}{\partial \varphi} + \frac{\partial b_z}{\partial z} \\
&= \frac{\partial^2 a}{\partial R^2} + \frac{1}{R}\frac{\partial u}{\partial R} + \frac{1}{R^2}\frac{\partial^2 a}{\partial \varphi^2} + \frac{\partial^2 a}{\partial z^2}
\end{aligned}
$$

B. Wir beschränken uns auf die R-Koordinate und verweisen für die andern beiden auf (B.21).

1. Weg: $(\Delta \underline{a})_i \overset{(4.84)}{=} g^{mn}\, a_i|_{mn} \overset{(4.81)}{=} g^{mn}\, a_i|_m|_n, \qquad \text{mit } b_{im} := a_i|_m$

$$
(\Delta \underline{a})_i = g^{mn}\, b_{im}|_n .
$$

$$
\begin{aligned}
a_i|_{mn} &= b_{im}|_n \overset{(4.61)}{=} b_{im,n} - \Gamma^j_{in}\, b_{jm} - \Gamma^j_{mn}\, b_{ij} \\
&\overset{(4.61)}{=} (a_{i,m} - \Gamma^j_{im}\, a_j)_{,n} - \Gamma^j_{in}(a_{j,m} - \Gamma^k_{jm}\, a_k) \\
&\qquad - \Gamma^j_{mn}(a_{i,j} - \Gamma^k_{ij}\, a_k) \\
&= a_{i,mn} - \Gamma^j_{im,n}\, a_j - \Gamma^j_{im}\, a_{j,n} - \Gamma^j_{in}\, a_{j,m} \\
&\qquad + \Gamma^j_{in}\,\Gamma^k_{jm}\, a_k - \Gamma^j_{mn}\, a_{i,j} + \Gamma^j_{mn}\,\Gamma^k_{ij}\, a_k .
\end{aligned}
$$

Da dieser Ausdruck mit g^{mn} zu überschieben ist und g^{mn} in Zylinderkoordinaten nur für $m = n$ von null verschieden ist, interessiert nur $a_i|_{\underline{mm}}$:

$$
a_i|_{m\underline{m}} = a_{i,m\underline{m}} - \Gamma^j_{im,\underline{m}}\, a_j - 2\Gamma^j_{im}\, a_{j,\underline{m}} - \Gamma^j_{m\underline{m}}\, a_{i,j} + \Gamma^j_{im}\,\Gamma^k_{j\underline{m}}\, a_k + \Gamma^j_{m\underline{m}}\,\Gamma^k_{ij}\, a_k .
$$

Unter Berücksichtigung von (B.13) erhält man

$$a_1|_{11} = a_{1,11} = \frac{\partial^2 a_1}{\partial R^2},$$

$$a_1|_{22} = a_{1,22} - \Gamma^2_{12,2}\, a_2 - 2\Gamma^2_{12}\, a_{2,2} - \Gamma^1_{22}\, a_{1,1} + \Gamma^2_{12}\, \Gamma^1_{22}\, a_1$$

$$= \frac{\partial^2 a_1}{\partial \varphi^2} - \frac{2}{R}\frac{\partial a_2}{\partial \varphi} + R\frac{\partial a_1}{\partial R} - a_1,$$

$$a_1|_{33} = a_{1,33} = \frac{\partial^2 a_1}{\partial z^2},$$

$$(\Delta\underline{a})_1 = g^{11}\, a_1|_{11} + g^{22}\, a_1|_{22} + g^{33}\, a_1|_{33}$$

$$= \frac{\partial^2 a_1}{\partial R^2} + \frac{1}{R^2}\left(\frac{\partial^2 a_1}{\partial \varphi^2} - \frac{2}{R}\frac{\partial a_2}{\partial \varphi} + R\frac{\partial a_1}{\partial R} - a_1\right) + \frac{\partial^2 a_1}{\partial z^2},$$

$$(\Delta\underline{a})_R = \frac{\partial^2 a_R}{\partial R^2} + \frac{1}{R}\frac{\partial a_R}{\partial R} - \frac{a_R}{R^2} + \frac{1}{R^2}\frac{\partial^2 a_R}{\partial \varphi^2} + \frac{\partial^2 a_R}{\partial z^2} - \frac{2}{R^2}\frac{\partial a_\varphi}{\partial \varphi}.$$

2. Weg: Aus $\underline{\underline{b}} = \operatorname{grad}\underline{a}$, $\Delta\underline{a} = \operatorname{div}\underline{\underline{b}}$ folgt

$$(\Delta\underline{a})_R = (\operatorname{div}\underline{\underline{b}})_R = \frac{\partial b_{RR}}{\partial R} + \frac{1}{R}\frac{\partial b_{R\varphi}}{\partial \varphi} + \frac{\partial b_{Rz}}{\partial z} + \frac{b_{RR} - b_{\varphi\varphi}}{R}$$

$$= \frac{\partial^2 a_R}{\partial R^2} + \frac{1}{R}\frac{\partial}{\partial \varphi}\left(\frac{1}{R}\frac{\partial a_R}{\partial \varphi} - \frac{a_\varphi}{R}\right) + \frac{\partial^2 a_R}{\partial z^2}$$

$$+ \frac{1}{R}\left(\frac{\partial a_R}{\partial R} - \frac{1}{R}\frac{\partial a_\varphi}{\partial \varphi} - \frac{a_R}{R}\right)$$

$$= \frac{\partial^2 a_R}{\partial R^2} + \frac{1}{R}\frac{\partial a_R}{\partial R} - \frac{a_R}{R^2} + \frac{1}{R^2}\frac{\partial^2 a_R}{\partial \varphi^2} + \frac{\partial^2 a_R}{\partial z^2} - \frac{2}{R^2}\frac{\partial a_\varphi}{\partial \varphi}.$$

Aufgabe 4.18

A. Nach (4.61) ist

$$
\begin{aligned}
a_i|_k &= a_{i,k} - \Gamma^m_{ik}\, a_m =: b_{ik}\,,\\
a_i|_{kl} = b_{ik}|_l &= b_{ik,l} - \Gamma^n_{il}\, b_{nk} - \Gamma^n_{kl}\, b_{in}\\
&= (a_{i,k} - \Gamma^m_{ik}\, a_m)_{,l} - \Gamma^n_{il}(a_{n,k} - \Gamma^m_{nk}\, a_m) - \Gamma^n_{kl}(a_{i,n} - \Gamma^m_{in}\, a_m)\\
&= \underbrace{a_{i,kl}}_{1} - \Gamma^m_{ik,l}\, a_m \underbrace{- \Gamma^m_{ik}\, a_{m,l}}_{2} \underbrace{- \Gamma^n_{il}\, a_{n,k}}_{3} + \Gamma^n_{il}\, \Gamma^m_{nk}\, a_m\\
&\quad \underbrace{- \Gamma^n_{kl}\, a_{i,n}}_{4} \underbrace{+ \Gamma^n_{kl}\, \Gamma^m_{in}\, a_m}_{5}\,,\\
a_i|_{lk} &= \underbrace{a_{i,lk}}_{1} - \Gamma^m_{il,k}\, a_m \underbrace{- \Gamma^m_{il}\, a_{m,k}}_{3} \underbrace{- \Gamma^n_{ik}\, a_{n,l}}_{2} + \Gamma^n_{ik}\, \Gamma^m_{nl}\, a_m\\
&\quad \underbrace{- \Gamma^n_{lk}\, a_{i,n}}_{4} \underbrace{+ \Gamma^n_{lk}\, \Gamma^m_{in}\, a_m}_{5}\,.
\end{aligned}
$$

Darin sind gleiche Terme als solche gekennzeichnet, und man erhält

$$
a_i|_{kl} - a_i|_{lk} = (\Gamma^m_{il,k} - \Gamma^m_{ik,l} + \Gamma^n_{il}\, \Gamma^m_{nk} - \Gamma^n_{ik}\, \Gamma^m_{nl})\, a_m\,.
$$

B. Auf der linken Seite stehen die rein kovarianten Koordinaten eines Tensors dritter Stufe, nach der Quotientenregel stellt dann die Klammer die einfach kontravarianten und dreifach kovarianten Koordinaten $R^m{}_{ikl}$ eines Tensors vierter Stufe dar. Nach (4.83) ist der Tensor auf der linken Seite für beliebiges a_m der Nulltensor, es gilt also $R^m{}_{ikl}\, a_m = 0$ für beliebiges a_m, und daraus folgt $R^m{}_{ikl} = 0$.

Aufgabe 5.1

Falls $\underline{\underline{T}}$ ein polarer Tensor ist, gilt für seine Koordinaten nach (2.17) das Transformationsgesetz

$$
T_{ij} = \alpha_{im}\, \alpha_{jn}\, \widetilde{T}_{mn}.
$$

Durch Gleichsetzen der Indizes $i = j$ folgt mithilfe der Orthogonalitätsrelation (2.6) für die Spur von $\underline{\underline{T}}$

$$
\mathrm{Sp}\underline{\underline{T}} = T_{ii} = \alpha_{im}\, \alpha_{in}\, \widetilde{T}_{mn} = \delta_{mn}\, \widetilde{T}_{mn} = \widetilde{T}_{mm}\,,
$$

d. h. die Spur ist unabhängig vom verwendeten Koordinatensystem und damit eine Invariante des Tensors $\underline{\underline{T}}$.

Auf ähnliche Art ergibt sich für die Spur von $\underline{\underline{T}}^2$

$$\mathrm{Sp}\underline{\underline{T}}^2 = T_{ik}\,T_{ki} = \alpha_{im}\,\alpha_{kn}\,\widetilde{T}_{mn}\,\alpha_{kp}\,\alpha_{iq}\,\widetilde{T}_{pq} = \alpha_{im}\,\alpha_{iq}\,\alpha_{kn}\,\alpha_{kp}\,\widetilde{T}_{mn}\,\widetilde{T}_{pq}$$
$$= \delta_{mq}\,\delta_{np}\,\widetilde{T}_{mn}\,\widetilde{T}_{pq} = \widetilde{T}_{qp}\,\widetilde{T}_{pq}.$$

Wenn $\underline{\underline{T}}$ polar ist, sind auch $\mathrm{Sp}\underline{\underline{T}}$ und $\mathrm{Sp}\underline{\underline{T}}^2$ polar.

Im Fall eines axialen Tensors $\underline{\underline{T}}$ führt eine entsprechende Rechnung mithilfe des Transformationsgesetzes (2.18) auf

$$T_{ii} = \det(\underset{\sim}{\alpha})\,\widetilde{T}_{mm}$$

bzw.

$$T_{ij}\,T_{ji} = \widetilde{T}_{qp}\,\widetilde{T}_{pq}\,,$$

in diesem Fall ist also $\mathrm{Sp}\underline{\underline{T}}$ ein axialer Skalar, $\mathrm{Sp}\underline{\underline{T}}^2$ dagegen ein polarer Skalar.

Aufgabe 5.2

Mit $\underline{\underline{a}} = \underline{\underline{T}}$, $\underline{\underline{b}} = \underline{\underline{T}}^{\mathrm{T}}$, $\underline{\underline{c}} = \underline{\underline{T}}$, und unter Berücksichtigung von $\mathrm{Sp}\underline{\underline{T}}^{\mathrm{T}} = \mathrm{Sp}\underline{\underline{T}}$ lautet die verallgemeinerte Cayley-Hamilton-Gleichung (5.1):

$$\begin{aligned}
&\underline{\underline{T}}\cdot(\underline{\underline{T}}^{\mathrm{T}}\cdot\underline{\underline{T}}+\underline{\underline{T}}\cdot\underline{\underline{T}}^{\mathrm{T}})+\underline{\underline{T}}^{\mathrm{T}}\cdot(\underline{\underline{T}}\cdot\underline{\underline{T}}+\underline{\underline{T}}\cdot\underline{\underline{T}})+\underline{\underline{T}}\cdot(\underline{\underline{T}}\cdot\underline{\underline{T}}^{\mathrm{T}}+\underline{\underline{T}}^{\mathrm{T}}\cdot\underline{\underline{T}})\\
&-\mathrm{Sp}\underline{\underline{T}}\,(\underline{\underline{T}}^{\mathrm{T}}\cdot\underline{\underline{T}}+\underline{\underline{T}}\cdot\underline{\underline{T}}^{\mathrm{T}}+\underline{\underline{T}}\cdot\underline{\underline{T}}+\underline{\underline{T}}\cdot\underline{\underline{T}}+\underline{\underline{T}}\cdot\underline{\underline{T}}^{\mathrm{T}}+\underline{\underline{T}}^{\mathrm{T}}\cdot\underline{\underline{T}})\\
&+\left[\mathrm{Sp}^2\underline{\underline{T}}-\mathrm{Sp}(\underline{\underline{T}}^{\mathrm{T}}\cdot\underline{\underline{T}})\right]\underline{\underline{T}}+\left[\mathrm{Sp}^2\underline{\underline{T}}-\mathrm{Sp}(\underline{\underline{T}}\cdot\underline{\underline{T}})\right]\underline{\underline{T}}^{\mathrm{T}}\\
&+\left[\mathrm{Sp}^2\underline{\underline{T}}-\mathrm{Sp}(\underline{\underline{T}}\cdot\underline{\underline{T}}^{\mathrm{T}})\right]\underline{\underline{T}}\\
&-\left\{\mathrm{Sp}^3\underline{\underline{T}}+\mathrm{Sp}(\underline{\underline{T}}\cdot\underline{\underline{T}}^{\mathrm{T}}\cdot\underline{\underline{T}})+\mathrm{Sp}(\underline{\underline{T}}\cdot\underline{\underline{T}}^{\mathrm{T}}\cdot\underline{\underline{T}})\right.\\
&\qquad\left.-\left[\mathrm{Sp}(\underline{\underline{T}}^{\mathrm{T}}\cdot\underline{\underline{T}})+\mathrm{Sp}(\underline{\underline{T}}\cdot\underline{\underline{T}})+\mathrm{Sp}(\underline{\underline{T}}\cdot\underline{\underline{T}}^{\mathrm{T}})\right]\mathrm{Sp}\underline{\underline{T}}\right\}\underline{\underline{\delta}}=\underline{\underline{0}}.
\end{aligned}$$

Nach Zusammenfassung unter Beachtung von (5.3) und (5.4) entsteht daraus:

$$\begin{aligned}
&2\,(\underline{\underline{T}}\cdot\underline{\underline{T}}^{\mathrm{T}}\cdot\underline{\underline{T}}+\underline{\underline{T}}^{\mathrm{T}}\cdot\underline{\underline{T}}^2+\underline{\underline{T}}^2\cdot\underline{\underline{T}}^{\mathrm{T}})-2\,\mathrm{Sp}\underline{\underline{T}}\,(\underline{\underline{T}}^{\mathrm{T}}\cdot\underline{\underline{T}}+\underline{\underline{T}}\cdot\underline{\underline{T}}^{\mathrm{T}}+\underline{\underline{T}}^2)\\
&+2\left[\mathrm{Sp}^2\underline{\underline{T}}-\mathrm{Sp}(\underline{\underline{T}}\cdot\underline{\underline{T}}^{\mathrm{T}})\right]\underline{\underline{T}}+\left[\mathrm{Sp}^2\underline{\underline{T}}-\mathrm{Sp}\underline{\underline{T}}^2\right]\underline{\underline{T}}^{\mathrm{T}}\\
&-\left\{\mathrm{Sp}^3\underline{\underline{T}}+2\,\mathrm{Sp}(\underline{\underline{T}}\cdot\underline{\underline{T}}^{\mathrm{T}}\cdot\underline{\underline{T}})-\mathrm{Sp}\underline{\underline{T}}\left[\mathrm{Sp}\underline{\underline{T}}^2+2\,\mathrm{Sp}(\underline{\underline{T}}\cdot\underline{\underline{T}}^{\mathrm{T}})\right]\right\}\underline{\underline{\delta}}=\underline{\underline{0}}.
\end{aligned}$$

Skalare Multiplikation mit $\underline{\underline{T}}^{\mathrm{T}}$ von rechts ergibt:

$$\begin{aligned}
&2\left[(\underline{\underline{T}}\cdot\underline{\underline{T}}^{\mathrm{T}})^2+\underline{\underline{T}}^{\mathrm{T}}\cdot\underline{\underline{T}}^2\cdot\underline{\underline{T}}^{\mathrm{T}}+\underline{\underline{T}}^2\cdot(\underline{\underline{T}}^{\mathrm{T}})^2\right]\\
&-2\,\mathrm{Sp}\underline{\underline{T}}\left(\underline{\underline{T}}^{\mathrm{T}}\cdot\underline{\underline{T}}\cdot\underline{\underline{T}}^{\mathrm{T}}+\underline{\underline{T}}\cdot(\underline{\underline{T}}^{\mathrm{T}})^2+\underline{\underline{T}}^2\cdot\underline{\underline{T}}^{\mathrm{T}}\right)\\
&+2\left[\mathrm{Sp}^2\underline{\underline{T}}-\mathrm{Sp}(\underline{\underline{T}}\cdot\underline{\underline{T}}^{\mathrm{T}})\right]\underline{\underline{T}}\cdot\underline{\underline{T}}^{\mathrm{T}}+\left[\mathrm{Sp}^2\underline{\underline{T}}-\mathrm{Sp}\underline{\underline{T}}^2\right](\underline{\underline{T}}^{\mathrm{T}})^2\\
&-\left\{\mathrm{Sp}^3\underline{\underline{T}}+2\,\mathrm{Sp}(\underline{\underline{T}}\cdot\underline{\underline{T}}^{\mathrm{T}}\cdot\underline{\underline{T}})-\mathrm{Sp}\underline{\underline{T}}\left[\mathrm{Sp}\underline{\underline{T}}^2+2\,\mathrm{Sp}(\underline{\underline{T}}\cdot\underline{\underline{T}}^{\mathrm{T}})\right]\right\}\underline{\underline{T}}^{\mathrm{T}}=\underline{\underline{0}}.
\end{aligned}$$

Nach Bildung der Spur und Berücksichtigung von (5.3) und (5.4) folgt schließlich:

$$\begin{aligned}
2\,\mathrm{Sp}(\underline{\underline{T}}\cdot\underline{\underline{T}}^{\mathrm{T}})^2+4\,\mathrm{Sp}(\underline{\underline{T}}^2\cdot(\underline{\underline{T}}^{\mathrm{T}})^2)-8\,\mathrm{Sp}\underline{\underline{T}}\,\mathrm{Sp}(\underline{\underline{T}}^2\cdot\underline{\underline{T}}^{\mathrm{T}})+4\,\mathrm{Sp}^2\underline{\underline{T}}\,\mathrm{Sp}(\underline{\underline{T}}\cdot\underline{\underline{T}}^{\mathrm{T}})&\\
-2\,\mathrm{Sp}^2(\underline{\underline{T}}\cdot\underline{\underline{T}}^{\mathrm{T}})+2\,\mathrm{Sp}^2\underline{\underline{T}}\,\mathrm{Sp}\underline{\underline{T}}^2-\mathrm{Sp}^2\underline{\underline{T}}^2-\mathrm{Sp}^4\underline{\underline{T}}=0,&
\end{aligned}$$

oder mit den Abkürzungen aus (5.13):

$$\mathrm{Sp}(\underline{\underline{T}}\cdot\underline{\underline{T}}^{\mathrm{T}})^2=-2I_6+4I_1I_5-2I_1^2I_3+I_3^2-I_1^2I_2+\tfrac{1}{2}I_2^2+\tfrac{1}{2}I_1^4.$$

Damit ist gezeigt, dass $\mathrm{Sp}(\underline{\underline{T}}\cdot\underline{\underline{T}}^{\mathrm{T}})^2$ keine irreduzible Invariante ist.

Aufgabe 5.3

Einem antimetrischen Tensor kann man nach Abschnitt 3.3 umkehrbar eindeutig einen Vektor zuordnen, und zwei Vektoren besitzen nach Abschnitt 5.3.1 insgesamt drei irreduzible Invarianten. Deshalb besteht die Integritätsbasis für zwei antimetrische Tensoren ebenfalls nur aus drei irreduziblen Invarianten:

- den nach Abschnitt 5.3.2 Nr. 6 jeweils einzigen irreduziblen Invarianten der Tensoren $\underline{\underline{A}}$ und $\underline{\underline{B}}$:

  $I_1=\mathrm{Sp}\underline{\underline{A}}^2$,

  $I_2=\mathrm{Sp}\underline{\underline{B}}^2$ und

- der einzigen irreduziblen Simultaninvariante von $\underline{\underline{A}}$ und $\underline{\underline{B}}$:

  $I_3=\mathrm{Sp}(\underline{\underline{A}}\cdot\underline{\underline{B}})$.

Aufgabe 5.4

Aus den Koordinaten eines symmetrischen Tensors $\underline{\underline{S}}$ und eines Vektors $\underline{u}$ lassen sich folgende Invarianten bilden:

- die Grundinvarianten des symmetrischen Tensors $\underline{\underline{S}}$:

$$I_1 = \mathrm{Sp}\underline{\underline{S}} = S_{ii},$$

$$I_2 = \mathrm{Sp}\underline{\underline{S}}^2 = S_{ii}^{(2)},$$

$$I_3 = \mathrm{Sp}\underline{\underline{S}}^3 = S_{ii}^{(3)},$$

- das Quadrat des Vektors $\underline{u}$:

$$I_4 = \underline{u} \cdot \underline{u} = u_i\, u_i$$

- die Simultaninvarianten von $\underline{\underline{S}}$ und $\underline{u}$:

$$I_5 = \underline{u} \cdot \underline{\underline{S}} \cdot \underline{u} = u_i\, S_{ij}\, u_j,$$

$$I_6 = \underline{u} \cdot \underline{\underline{S}}^2 \cdot \underline{u} = u_i\, S_{ij}^{(2)}\, u_j,$$

$$I_7 = [\underline{u},\, \underline{\underline{S}} \cdot \underline{u},\, \underline{\underline{S}}^2 \cdot \underline{u}] = \varepsilon_{ijk}\, u_i\, S_{jl}\, u_l\, S_{km}^{(2)}\, u_m\,.$$

Simultaninvarianten, die $\underline{\underline{S}}^3$ enthalten, können mithilfe der Cayley-Hamilton-Gleichung (3.94) auf I_1 bis I_7 zurückgeführt werden. Skalare Größen wie $\varepsilon_{ijk}\, u_i\, S_{jk}$ oder $\varepsilon_{ijk}\, u_i\, S_{jk}^{(2)}$ sind wegen der Symmetrie $S_{jk} = S_{kj}$ und (2.41) null, gehören also nicht zu den Simultaninvarianten.

Wenn $\underline{\underline{S}}$ polar und $\underline{u}$ axial ist, sind I_1 bis I_7 polar, d. h. die Integritätsbasis besteht dann aus sieben irreduziblen Invarianten. Wenn $\underline{\underline{S}}$ und $\underline{u}$ dagegen beide polar sind, sind nur I_1 bis I_6 polar, aber I_7 ist wegen des Epsilon-Tensors axial, d. h. die Integritätsbasis enthält in diesem Fall nur sechs irreduzible Invarianten.

Einem polaren antimetrischen Tensor kann man nach Abschnitt 3.3 einen axialen Vektor zuordnen, und nach Abschnitt 5.3.3 Nr. 3 besitzen ein polarer antimetrischer und ein polarer symmetrischer Tensor sieben irreduzible Invarianten, das ist dieselbe Anzahl wie bei einem polaren symmetrischen Tensor und einem axialen Vektor.

Aufgabe 5.5

Aus $\underline{u} = f(\underline{\underline{T}})$ folgt durch Einführung eines Hilfsvektors $\underline{u} \cdot \underline{h} = f(\underline{\underline{T}},\, \underline{h})$. Simultaninvarianten zwischen $\underline{\underline{T}}$ und $\underline{h}$, die zugleich linear in $\underline{h}$ sind, lassen sich nur mithilfe des Epsilon-Tensors bilden.

Falls $\underline{\underline{T}}$ symmetrisch ist, gilt jedoch nach (2.41) $\varepsilon_{ijk}\, T_{jk}\, h_i = 0$; das gleiche Ergebnis erhält man auch für die Tensorpotenzen $\underline{\underline{T}}^2$, $\underline{\underline{T}}^3$, die ebenfalls symmetrisch sind. Es gibt also keine Darstellung $\underline{u} = \underline{f}(\underline{\underline{T}})$, in der ein Vektor $\underline{u}$ von einem symmetrischen Tensor $\underline{\underline{T}}$ abhängt.

Falls $\underline{\underline{T}}$ antimetrisch ist, ist $\underline{\underline{T}}^2$ symmetrisch und $\underline{\underline{T}}^3$ wieder antimetrisch; $\underline{\underline{T}}^3$ lässt sich jedoch mithilfe der Cayley-Hamilton-Gleichung (3.94) durch $\underline{\underline{T}}$ ausdrücken. Es gibt also mit $\varepsilon_{ijk} T_{jk} h_i$ nur eine irreduzible und in $\underline{h}$ lineare Simultaninvariante. Wenn $\underline{\underline{T}}$ polar ist, ist $\underline{\underline{\underline{\varepsilon}}} \cdot\cdot \underline{\underline{T}}$ wegen des Epsilon-Tensors axial. Eine Darstellung $\underline{u} = \underline{f}(\underline{\underline{T}})$ für einen Vektor $\underline{u}$, der von einem antimetrischen Tensor $\underline{\underline{T}}$ abhängt, existiert also nur, falls auch der Vektor $\underline{u}$ axial ist, sie lautet

$$\underline{u} = k(\mathrm{Sp}\underline{\underline{T}}^2)\underline{\underline{\underline{\varepsilon}}} \cdot\cdot \underline{\underline{T}},$$

bzw. mithilfe des zu $\underline{\underline{T}}$ gehörenden axialen Vektors $\underline{t}$

$$\underline{u} = k^*(\underline{t} \cdot \underline{t})\underline{t}.$$

Die Koeffizienten k bzw. k^* sind dabei polare skalarwertige Funktionen der polaren Invariante $\mathrm{Sp}\underline{\underline{T}}^2$ bzw. $\underline{t} \cdot \underline{t}$.

Aufgabe 5.6

Aus $\underline{\underline{T}} = \underline{\underline{f}}(\underline{v})$ folgt nach Einführung eines Hilfstensors $\underline{\underline{T}} \cdot\cdot \underline{\underline{H}} = f(\underline{v}, \underline{\underline{H}})$. Es gibt drei in $\underline{\underline{H}}$ lineare Simultaninvarianten:

$$H_{ii} = \underline{\underline{\delta}} \cdot\cdot \underline{\underline{H}}, \quad v_i v_j H_{ij} = \underline{v}\,\underline{v} \cdot\cdot \underline{\underline{H}}, \quad \varepsilon_{ijk} v_k H_{ij} = (\underline{\underline{\underline{\varepsilon}}} \cdot \underline{v}) \cdot\cdot \underline{\underline{H}}.$$

Falls $\underline{v}$ polar ist, ist $\underline{v}\,\underline{v}$ ebenfalls polar, aber $\underline{\underline{\underline{\varepsilon}}} \cdot \underline{v}$ ist wegen des Epsilon-Tensors axial. Da wir eine Darstellung für einen polaren Tensor $\underline{\underline{T}}$ suchen, gibt es also nur die beiden Generatoren $\underline{\underline{\delta}}$ und $\underline{v}\,\underline{v}$, und die Darstellung lautet

$$\underline{\underline{T}} = k_1(\underline{v} \cdot \underline{v})\underline{\underline{\delta}} + k_2(\underline{v} \cdot \underline{v})\underline{v}\,\underline{v}.$$

Ist $\underline{v}$ dagegen axial, sind sowohl $\underline{v}\,\underline{v}$ als auch $\underline{\underline{\underline{\varepsilon}}} \cdot \underline{v}$ polar, dann lautet die Darstellung

$$\underline{\underline{T}} = k_1(\underline{v} \cdot \underline{v})\underline{\underline{\delta}} + k_2(\underline{v} \cdot \underline{v})\underline{v}\,\underline{v} + k_3(\underline{v} \cdot \underline{v})\underline{\underline{\underline{\varepsilon}}} \cdot \underline{v}.$$

Aufgabe 6.1

A. G 1: Es gilt $1 \cdot 1 = 1$.
   G 2: Es gilt $1 \cdot (1 \cdot 1) = (1 \cdot 1) \cdot 1$.
   G 3: Mit $e = 1$ gilt $1 \cdot 1 = 1$.

G 4: Mit $a' = 1$ gilt $1 \cdot 1 = 1$.

G 5: Es gilt $1 \cdot 1 = 1 \cdot 1$.

B. G 1: Eine Multiplikation von 1 oder -1 mit 1 oder -1 führt wieder auf 1 oder -1.

G 2: Für die arithmetische Multiplikation gilt (generell) das Assoziativgesetz.

G 3: Für die arithmetische Multiplikation ist (generell) die Eins das neutrale Element.

G 4: Zu 1 ist 1 invers, zu -1 ist -1 invers.

G 5: Für die arithmetische Multiplikation gilt (generell) das Kommutativgesetz.

Aufgabe 6.2

R 1: Die Summe zweier Tensoren ist wieder ein Tensor.

R 2: Es gilt $(\underline{\underline{A}} + \underline{\underline{B}}) + \underline{\underline{C}} = \underline{\underline{A}} + (\underline{\underline{B}} + \underline{\underline{C}})$.

R 3: Es gilt $\underline{\underline{0}} + \underline{\underline{A}} = \underline{\underline{A}}$, d. h. der Nulltensor ist das linksneutrale Element.

R 4: Es gilt $-\underline{\underline{A}} + \underline{\underline{A}} = \underline{\underline{0}}$, d. h. $-\underline{\underline{A}}$ ist das zu $\underline{\underline{A}}$ linksinverse Element.

R 5: Es gilt $\underline{\underline{A}} + \underline{\underline{B}} = \underline{\underline{B}} + \underline{\underline{A}}$.

R 6: Das Skalarprodukt zweier Tensoren zweiter Stufe ist wieder ein Tensor zweiter Stufe.

R 7: Es gilt $(\underline{\underline{A}} \cdot \underline{\underline{B}}) \cdot \underline{\underline{C}} = \underline{\underline{A}} \cdot (\underline{\underline{B}} \cdot \underline{\underline{C}})$.

R 8: Es gilt $(\underline{\underline{A}} + \underline{\underline{B}}) \cdot \underline{\underline{C}} = \underline{\underline{A}} \cdot \underline{\underline{C}} + \underline{\underline{B}} \cdot \underline{\underline{C}}$.

R 9: Es gilt $\underline{\underline{A}} \cdot (\underline{\underline{B}} + \underline{\underline{C}}) = \underline{\underline{A}} \cdot \underline{\underline{B}} + \underline{\underline{A}} \cdot \underline{\underline{C}}$.

Bekanntlich ist im Allgemeinen $\underline{\underline{A}} \cdot \underline{\underline{B}} \neq \underline{\underline{B}} \cdot \underline{\underline{A}}$, die Tensoren zweiter Stufe bilden also keinen kommutativen Ring.

Aufgabe 6.3

Es müssen zusätzlich zu den Axiomen des Rings, die nach Aufgabe 6.2 erfüllt sind, die beiden folgenden Axiome gelten:

K 8: Es gibt einen Tensor $\underline{\underline{E}} \neq \underline{\underline{0}}$, sodass $\underline{\underline{E}} \cdot \underline{\underline{a}} = \underline{\underline{a}}$ für alle $\underline{\underline{a}} \neq \underline{\underline{0}}$ ist.

K 9: Es gibt zu jedem Tensor $\underline{\underline{a}} \neq \underline{\underline{0}}$ einen Tensor $\underline{\underline{a}}^{-1} \neq \underline{\underline{0}}$, sodass $\underline{\underline{a}}^{-1} \cdot \underline{\underline{a}} = \underline{\underline{E}}$ ist.

K 8 ist mit $\underline{\underline{E}} = \underline{\underline{\delta}}$ für alle Tensoren erfüllt, K 9 jedoch nur für reguläre Tensoren. Damit bilden alle regulären Tensoren zweiter Stufe mit der Addition und der skalaren Multiplikation einen Körper.

Aufgabe 6.4

A. Wir machen uns zunächst klar, dass alle Größen einer Größenart eine abelsche Gruppe mit der gewöhnlichen Addition als Gruppenverknüpfung bilden.

G 1. Die Summe zweier Größen derselben Größenart ergibt wieder eine Größe dieser Größenart.

G 2. Die gewöhnliche Addition ist assoziativ.

G 3. Die Größe mit dem Zahlenwert Null ist das neutrale Element dieser Größenart.

G 4. Es ist z. B. $3\ \text{kg} - 3\ \text{kg} = 0\ \text{kg}$, die Subtraktion einer Größe stellt also die Addition des negativen Elements dar.

G 5. Die gewöhnliche Addition ist kommutativ.

Wir machen uns weiter klar, dass für die Multiplikation einer reellen Zahl mit einer Größe die Axiome V 1 bis V 5 des Vektorraums gelten.

V 1. Das Produkt einer reellen Zahl mit einer Größe führt wieder auf eine Größe dieser Größenart.

Es seien $\underline{a}$ und $\underline{b}$ zwei Größen derselben Größenart sowie α und β reelle Zahlen, dann gilt:

V 2. $\alpha(\beta\,\underline{a}) = (\alpha\beta)\,\underline{a}$,

V 3. $(\alpha+\beta)\,\underline{a} = \alpha\,\underline{a} + \beta\,\underline{a}$,

V 4. $\alpha(\underline{a}+\underline{b}) = \alpha\,\underline{a} + \alpha\,\underline{b}$,

V 5. $1 \cdot \underline{a} = \underline{a}$.

Da sich jede Größe einer Größenart definitionsgemäß als Vielfaches einer Einheit angeben lässt, ist der Vektorraum der Größen einer Größenart eindimensional und jede Einheit (und das ist jede Größe außer der mit dem Zahlenwert Null) eine Basis dieses Vektorraums.

B. Wir machen uns zunächst wieder klar, dass alle Größenarten eine abelsche Gruppe mit der gewöhnlichen Multiplikation als Gruppenverknüpfung bilden.

G 1. Das Produkt zweier Größenarten ist wieder eine Größenart, z. B. ist das Produkt einer Masse und einer Beschleunigung eine Kraft.

G 2. Die gewöhnliche Multiplikation ist assoziativ.

G 3. Die Größenart der dimensionslosen Größen (zu der z. B. die ebenen und räumlichen Winkel, aber auch die physikalischen Kennzahlen wie die Mach-Zahl gehören) ist das neutrale Element. Alle dimensionslosen Größen sind reelle Zahlen, alle reellen Zahlen lassen sich als dimensionslose Größen auffassen.

G 4. Zu jeder Größenart lässt sich eine reziproke Größenart als negatives Element definieren. Gebräuchlich sind z. B. Kreisfrequenzen und Zeiten, deren Produkt ein Winkel, also eine dimensionslose Größe ist.

G 5. Die gewöhnliche Multiplikation ist kommutativ.

Wir machen uns weiter klar, dass für die rationale Potenz einer Größenart die Axiome V 1 bis V 5 des Vektorraums gelten.

V 1. Die Potenz einer Größenart mit rationalem Exponenten ergibt stets eine mögliche Größenart, allerdings werden nur einige dieser Größenarten in der Physik benötigt: Die Quadratwurzel einer Fläche ist eine Länge, die dritte Wurzel einer Fläche wird in der Physik nicht verwendet. Irrationale Zahlen als Exponenten kommen in der Physik offenbar nicht vor.

Es seien $\widetilde{A}$ und $\widetilde{B}$ zwei Größenarten sowie p und q zwei rationale Zahlen, dann gilt:

V 2. $p \odot (q \odot \widetilde{A}) = (\widetilde{A}^q)^p = \widetilde{A}^{(pq)} = (pq) \odot \widetilde{A}$.

V 3. $(p+q) \odot \widetilde{A} = \widetilde{A}^{(p+q)} = \widetilde{A}^p \widetilde{A}^q = (p \odot \widetilde{A}) \oplus (q \odot \widetilde{A})$.

V 4. $p \odot (\widetilde{A} \oplus \widetilde{B}) = (\widetilde{A}\widetilde{B})^p = \widetilde{A}^p \widetilde{B}^p = (p \odot \widetilde{A}) \oplus (p \odot \widetilde{B})$.

V 5. $1 \odot \widetilde{A} = \widetilde{A}^1 = \widetilde{A}$.

Eine Menge von Größenarten, aus denen man jede Größenart als Potenzprodukt bilden kann, ist eine Basis des Vektorraums der Größenarten. Eine solche Menge nennt man in der Größenlehre einen Satz von Grundgrößenarten oder ein Maßsystem.

Anhang B

Zylinder- und Kugelkoordinaten

Die in der Praxis am häufigsten benutzten krummlinigen Koordinatensysteme sind die Zylinder- und Kugelkoordinaten. Für diese beiden Koordinatensysteme sollen im Folgenden die wichtigsten Angaben zum Nachschlagen zusammengestellt werden. Dabei wird die radiale Zylinderkoordinate mit R und die radiale Kugelkoordinate mit r bezeichnet.

B.1 Zylinderkoordinaten

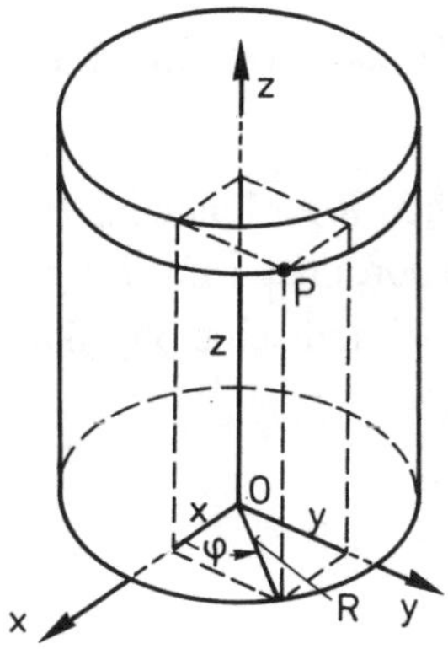

B.1.1 Transformationsgleichungen für Punktkoordinaten

$$x = R\cos\varphi\,, \qquad\qquad y = R\sin\varphi\,, \tag{B.1}$$

$$R = \sqrt{x^2 + y^2}\,, \quad 0 \leqq R < \infty\,,$$
$$\varphi = \arctan\frac{y}{x}\,, \quad 0 \leqq \varphi < 2\pi\,. \tag{B.2}$$

B.1.2 Basen

Die kartesischen Koordinaten der kovarianten, kontravarianten und physikalischen Basis sind

$$\begin{aligned}
&\underline{g}_1 = \underline{g}^1 = \underline{g}_{<1>} = \{\cos\varphi,\ \sin\varphi,\ 0\}\,;\\
&\underline{g}_2 = \{-R\sin\varphi,\ R\cos\varphi,\ 0\}\,,\\
&\underline{g}^2 = \left\{-\frac{1}{R}\sin\varphi,\ \frac{1}{R}\cos\varphi,\ 0\right\},\\
&\underline{g}_{<2>} = \{-\sin\varphi,\ \cos\varphi,\ 0\}\,;\\
&\underline{g}_3 = \underline{g}^3 = \underline{g}_{<3>} = \{0,\ 0,\ 1\}\,.
\end{aligned} \tag{B.3}$$

B.1.3 Transformationsgleichungen für Tensorkoordinaten

In den folgenden Formeln werden die kartesischen Koordinaten z. B. eines Vektors mit a_x, a_y, a_z, seine kovarianten Zylinderkoordinaten mit a_1, a_2, a_3, seine kontravarianten Zylinderkoordinaten mit a^1, a^2, a^3 und seine physikalischen Zylinderkoordinaten mit a_R, a_φ, a_z bezeichnet.

$$\begin{aligned}
a_R &= a_x\cos\varphi + a_y\sin\varphi\,,\\
a_\varphi &= a_y\cos\varphi - a_x\sin\varphi\,,\\
a_z &= a_z\,.
\end{aligned} \tag{B.4}$$

$$\begin{aligned}
a_x &= a_R\cos\varphi - a_\varphi\sin\varphi\,,\\
a_y &= a_\varphi\cos\varphi + a_R\sin\varphi\,,\\
a_z &= a_z\,.
\end{aligned} \tag{B.5}$$

$$a_1 = a^1 = a_R\,,$$

$$a_2 = R a_\varphi\,, \quad a^2 = \tfrac{1}{R} a_\varphi\,, \tag{B.6}$$

$$a_3 = a^3 = a_z\,.$$

$$\begin{aligned}
a_{RR} &= a_{xx}\cos^2\varphi + (a_{xy}+a_{yx})\cos\varphi\,\sin\varphi + a_{yy}\sin^2\varphi\,,\\
a_{R\varphi} &= a_{xy}\cos^2\varphi - (a_{xx}-a_{yy})\cos\varphi\,\sin\varphi - a_{yx}\sin^2\varphi\,,\\
a_{Rz} &= a_{xz}\cos\varphi + a_{yz}\sin\varphi\,,\\
a_{\varphi R} &= a_{yx}\cos^2\varphi - (a_{xx}-a_{yy})\cos\varphi\,\sin\varphi - a_{xy}\sin^2\varphi\,,\\
a_{\varphi\varphi} &= a_{yy}\cos^2\varphi - (a_{xy}+a_{yx})\cos\varphi\,\sin\varphi + a_{xx}\sin^2\varphi\,,\\
a_{\varphi z} &= a_{yz}\cos\varphi - a_{xz}\sin\varphi\,,\\
a_{zR} &= a_{zx}\cos\varphi + a_{zy}\sin\varphi\,,\\
a_{z\varphi} &= a_{zy}\cos\varphi - a_{zx}\sin\varphi\,,\\
a_{zz} &= a_{zz}\,.
\end{aligned} \tag{B.7}$$

$$\begin{aligned}
a_{xx} &= a_{RR}\cos^2\varphi - (a_{R\varphi}+a_{\varphi R})\cos\varphi\,\sin\varphi + a_{\varphi\varphi}\sin^2\varphi\,,\\
a_{xy} &= a_{R\varphi}\cos^2\varphi + (a_{RR}-a_{\varphi\varphi})\cos\varphi\,\sin\varphi - a_{\varphi R}\sin^2\varphi\,,\\
a_{xz} &= a_{Rz}\cos\varphi - a_{\varphi z}\sin\varphi\,,\\
a_{yx} &= a_{\varphi R}\cos^2\varphi + (a_{RR}-a_{\varphi\varphi})\cos\varphi\,\sin\varphi - a_{R\varphi}\sin^2\varphi\,,\\
a_{yy} &= a_{\varphi\varphi}\cos^2\varphi + (a_{R\varphi}+a_{\varphi R})\cos\varphi\,\sin\varphi + a_{RR}\sin^2\varphi\,,\\
a_{yz} &= a_{\varphi z}\cos\varphi + a_{Rz}\sin\varphi\,,\\
a_{zx} &= a_{zR}\cos\varphi - a_{z\varphi}\sin\varphi\,,\\
a_{zy} &= a_{z\varphi}\cos\varphi + a_{zR}\sin\varphi\,,\\
a_{zz} &= a_{zz}\,.
\end{aligned} \tag{B.8}$$

$$
\begin{aligned}
&a_{11} = a^{11} = a_1{}^1 = a^1{}_1 = a_{RR}\,,\\
&a_{12} = a^1{}_2 = R\,a_{R\varphi}\,, \quad a^{12} = a_1{}^2 = \frac{1}{R}\,a_{R\varphi}\,,\\
&a_{13} = a^{13} = a_1{}^3 = a^1{}_3 = a_{Rz}\,,\\
&a_{21} = a_2{}^1 = R\,a_{\varphi R}\,, \quad a^{21} = a^2{}_1 = \frac{1}{R}\,a_{\varphi R}\,,\\
&a_{22} = R^2\,a_{\varphi\varphi}\,, \quad a^{22} = \frac{1}{R^2}\,a_{\varphi\varphi}\,, \quad a_2{}^2 = a^2{}_2 = a_{\varphi\varphi}\,,\\
&a_{23} = a_2{}^3 = R\,a_{\varphi z}\,, \quad a^{23} = a^2{}_3 = \frac{1}{R}\,a_{\varphi z}\,,\\
&a_{31} = a^{31} = a_3{}^1 = a^3{}_1 = a_{zR}\,,\\
&a_{32} = a^3{}_2 = R\,a_{z\varphi}\,, \quad a^{32} = a_3{}^2 = \frac{1}{R}\,a_{z\varphi}\,,\\
&a_{33} = a^{33} = a_3{}^3 = a^3{}_3 = a_{zz}\,.
\end{aligned}
\tag{B.9}
$$

B.1.4 Einheitstensor und ε-Tensor

Die einzigen von null verschiedenen Koordinaten sind

$$
g_{11} = g^{11} = 1\,, \quad g_{22} = R^2\,, \quad g^{22} = \frac{1}{R^2}\,, \quad g_{33} = g^{33} = 1\,,
\tag{B.10}
$$

$$
e_{123} = e_{12}{}^3 = e^1{}_{23} = e^1{}_2{}^3 = R\,, \quad e^{123} = e_1{}^{23} = e^{12}{}_3 = e_1{}^2{}_3 = \frac{1}{R}\,,
\tag{B.11}
$$

dazu kommen beim ε-Tensor noch die zugehörigen Permutationen. Außerdem ist

$$
g := \det g_{ij} = R^2\,.
\tag{B.12}
$$

B.1.5 Die Christoffel-Symbole

Die einzigen von null verschiedenen Christoffel-Symbole sind

$$
\Gamma^2_{12} = \Gamma^2_{21} = \frac{1}{R}\,, \qquad \Gamma^1_{22} = -R\,.
\tag{B.13}
$$

B.1.6 Differentialoperatoren

Es werden jeweils die physikalischen Koordinaten angegeben.

$$\operatorname{grad} a = \left\{ \frac{\partial a}{\partial R}, \frac{1}{R}\frac{\partial a}{\partial \varphi}, \frac{\partial a}{\partial z} \right\} . \tag{B.14}$$

$$\operatorname{div} \underline{a} = \frac{\partial a_R}{\partial R} + \frac{a_R}{R} + \frac{1}{R}\frac{\partial a_\varphi}{\partial \varphi} + \frac{\partial a_z}{\partial z} . \tag{B.15}$$

$$\operatorname{rot} \underline{a} = \left\{ \frac{1}{R}\frac{\partial a_z}{\partial \varphi} - \frac{\partial a_\varphi}{\partial z}, \frac{\partial a_R}{\partial z} - \frac{\partial a_z}{\partial R}, \frac{\partial a_\varphi}{\partial R} - \frac{1}{R}\frac{\partial a_R}{\partial \varphi} + \frac{a_\varphi}{R} \right\} . \tag{B.16}$$

$$\begin{aligned}
(\operatorname{grad} \underline{a})_{RR} &= \frac{\partial a_R}{\partial R} , \\
(\operatorname{grad} \underline{a})_{R\varphi} &= \frac{1}{R}\frac{\partial a_R}{\partial \varphi} - \frac{a_\varphi}{R} , \\
(\operatorname{grad} \underline{a})_{Rz} &= \frac{\partial a_R}{\partial z} , \\
(\operatorname{grad} \underline{a})_{\varphi R} &= \frac{\partial a_\varphi}{\partial R} , \\
(\operatorname{grad} \underline{a})_{\varphi\varphi} &= \frac{1}{R}\frac{\partial a_\varphi}{\partial \varphi} + \frac{a_R}{R} , \\
(\operatorname{grad} \underline{a})_{\varphi z} &= \frac{\partial a_\varphi}{\partial z} , \\
(\operatorname{grad} \underline{a})_{zR} &= \frac{\partial a_z}{\partial R} , \\
(\operatorname{grad} \underline{a})_{z\varphi} &= \frac{1}{R}\frac{\partial a_z}{\partial \varphi} , \\
(\operatorname{grad} \underline{a})_{zz} &= \frac{\partial a_z}{\partial z} .
\end{aligned} \tag{B.17}$$

$$\begin{aligned}
[(\operatorname{grad} \underline{a}) \cdot \underline{b}]_R &= \frac{\partial a_R}{\partial R} b_R + \frac{\partial a_R}{\partial \varphi}\frac{b_\varphi}{R} + \frac{\partial a_R}{\partial z} b_z - \frac{a_\varphi b_\varphi}{R} , \\
[(\operatorname{grad} \underline{a}) \cdot \underline{b}]_\varphi &= \frac{\partial a_\varphi}{\partial R} b_R + \frac{\partial a_\varphi}{\partial \varphi}\frac{b_\varphi}{R} + \frac{\partial a_\varphi}{\partial z} b_z + \frac{a_R b_\varphi}{R} , \\
[(\operatorname{grad} \underline{a}) \cdot \underline{b}]_z &= \frac{\partial a_z}{\partial R} b_R + \frac{\partial a_z}{\partial \varphi}\frac{b_\varphi}{R} + \frac{\partial a_z}{\partial z} b_z .
\end{aligned} \tag{B.18}$$

$$\begin{aligned}
(\operatorname{div}\underline{\underline{a}})_R &= \frac{\partial a_{RR}}{\partial R} + \frac{1}{R}\frac{\partial a_{R\varphi}}{\partial \varphi} + \frac{\partial a_{Rz}}{\partial z} + \frac{a_{RR}-a_{\varphi\varphi}}{R}\,, \\
(\operatorname{div}\underline{\underline{a}})_\varphi &= \frac{\partial a_{\varphi R}}{\partial R} + \frac{1}{R}\frac{\partial a_{\varphi\varphi}}{\partial \varphi} + \frac{\partial a_{\varphi z}}{\partial z} + \frac{a_{R\varphi}+a_{\varphi R}}{R}\,, \\
(\operatorname{div}\underline{\underline{a}})_z &= \frac{\partial a_{zR}}{\partial R} + \frac{1}{R}\frac{\partial a_{z\varphi}}{\partial \varphi} + \frac{\partial a_{zz}}{\partial z} + \frac{a_{zR}}{R}\,.
\end{aligned} \tag{B.19}$$

$$\Delta a = \frac{\partial^2 a}{\partial R^2} + \frac{1}{R}\frac{\partial a}{\partial R} + \frac{1}{R^2}\frac{\partial^2 a}{\partial \varphi^2} + \frac{\partial^2 a}{\partial z^2}\,. \tag{B.20}$$

$$\begin{aligned}
(\Delta\underline{a})_R &= \frac{\partial^2 a_R}{\partial R^2} + \frac{1}{R}\frac{\partial a_R}{\partial R} - \frac{a_R}{R^2} + \frac{1}{R^2}\frac{\partial^2 a_R}{\partial \varphi^2} + \frac{\partial^2 a_R}{\partial z^2} - \frac{2}{R^2}\frac{\partial a_\varphi}{\partial \varphi}\,, \\
(\Delta\underline{a})_\varphi &= \frac{\partial^2 a_\varphi}{\partial R^2} + \frac{1}{R}\frac{\partial a_\varphi}{\partial R} - \frac{a_\varphi}{R^2} + \frac{1}{R^2}\frac{\partial^2 a_\varphi}{\partial \varphi^2} + \frac{\partial^2 a_\varphi}{\partial z^2} + \frac{2}{R^2}\frac{\partial a_R}{\partial \varphi}\,, \\
(\Delta\underline{a})_z &= \frac{\partial^2 a_z}{\partial R^2} + \frac{1}{R}\frac{\partial a_z}{\partial R} + \frac{1}{R^2}\frac{\partial^2 a_z}{\partial \varphi^2} + \frac{\partial^2 a_z}{\partial z^2}\,.
\end{aligned} \tag{B.21}$$

B.1.7 Kurven-, Flächen- und Volumenelemente

$$\begin{aligned}
\mathrm{d}u^i &= (\mathrm{d}R,\ \mathrm{d}\varphi,\ \mathrm{d}z)\,, \\
\mathrm{d}A_i &= (R\,\mathrm{d}\varphi\,\mathrm{d}z,\ R\,\mathrm{d}z\,\mathrm{d}r,\ R\,\mathrm{d}r\,\mathrm{d}\varphi)\,, \\
\mathrm{d}V &= R\,\mathrm{d}r\,\mathrm{d}\varphi\,\mathrm{d}z\,.
\end{aligned}$$

In (B.22) werden die physikalischen Koordinaten angegeben:

$$\begin{aligned}
\mathrm{d}\underline{x} &= (\mathrm{d}R,\ R\,\mathrm{d}\varphi,\ \mathrm{d}z)\,, \\
\mathrm{d}\underline{A} &= (R\,\mathrm{d}\varphi\,\mathrm{d}z,\ \mathrm{d}z\,\mathrm{d}r,\ R\,\mathrm{d}r\,\mathrm{d}\varphi)\,.
\end{aligned} \tag{B.22}$$

B.2 Kugelkoordinaten

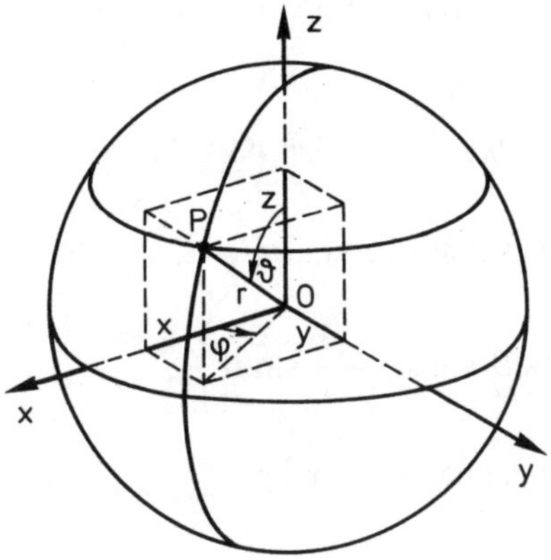

B.2.1 Transformationsgleichungen für Punktkoordinaten

$$\begin{aligned} x &= r \sin\vartheta \cos\varphi\,, \\ y &= r \sin\vartheta \sin\varphi\,, \\ z &= r\cos\vartheta\,. \end{aligned} \tag{B.23}$$

$$\begin{aligned} r &= \sqrt{x^2+y^2+z^2}\,, \quad 0 \leqq r < \infty\,, \\ \vartheta &= \arccos\frac{z}{\sqrt{x^2+y^2+z^2}}\,, \quad 0 \leqq \vartheta \leqq \pi\,, \\ \varphi &= \arctan\frac{y}{x}\,, \quad 0 \leqq \varphi < 2\pi\,. \end{aligned} \tag{B.24}$$

B.2.2 Basen

Die kartesischen Koordinaten der kovarianten, kontravarianten und physikalischen Basis sind

$$\underline{g}_1 = \underline{g}^1 = \underline{g}_{<1>} = \{\sin\vartheta\cos\varphi,\ \sin\vartheta\sin\varphi,\ \cos\vartheta\}\ ;$$

$$\underline{g}_2 = \{r\cos\vartheta\cos\varphi,\ r\cos\vartheta\sin\varphi,\ -r\sin\vartheta\}\ ,$$

$$\underline{g}^2 = \left\{\frac{1}{r}\cos\vartheta\cos\varphi,\ \frac{1}{r}\cos\vartheta\sin\varphi,\ -\frac{1}{r}\sin\vartheta\right\}\ ,$$

$$\underline{g}_{<2>} = \{\cos\vartheta\cos\varphi,\ \cos\vartheta\sin\varphi,\ -\sin\vartheta\}\ ; \qquad \text{(B.25)}$$

$$\underline{g}_3 = \{-r\sin\vartheta\sin\varphi,\ r\sin\vartheta\cos\varphi,\ 0\}\ ,$$

$$\underline{g}^3 = \left\{-\frac{\sin\varphi}{r\sin\vartheta},\ \frac{\cos\varphi}{r\sin\vartheta},\ 0\right\}\ ,$$

$$\underline{g}_{<3>} = \{-\sin\varphi,\ \cos\varphi,\ 0\}\ .$$

B.2.3 Transformationsgleichungen für Tensorkoordinaten

In den folgenden Formeln werden die kartesischen Koordinaten z. B. eines Vektors mit a_x, a_y, a_z, seine kovarianten Kugelkoordinaten mit a_1, a_2, a_3, seine kontravarianten Kugelkoordinaten mit a^1, a^2, a^3 und seine physikalischen Kugelkoordinaten mit a_r, a_ϑ, a_φ bezeichnet.

$$\begin{aligned} a_r &= a_x\sin\vartheta\cos\varphi + a_y\sin\vartheta\sin\varphi + a_z\cos\vartheta\ ,\\ a_\vartheta &= a_x\cos\vartheta\cos\varphi + a_y\cos\vartheta\sin\varphi - a_z\sin\vartheta\ ,\\ a_\varphi &= -a_x\sin\varphi + a_y\cos\varphi\ . \end{aligned} \qquad \text{(B.26)}$$

$$\begin{aligned} a_x &= a_r\sin\vartheta\cos\varphi + a_\vartheta\cos\vartheta\cos\varphi - a_\varphi\sin\varphi\ ,\\ a_y &= a_r\sin\vartheta\sin\varphi + a_\vartheta\cos\vartheta\sin\varphi + a_\varphi\cos\varphi\ ,\\ a_z &= a_r\cos\vartheta - a_\vartheta\sin\vartheta\ . \end{aligned} \qquad \text{(B.27)}$$

$$
\begin{aligned}
a_1 &= a^1 = a_r\,, \\
a_2 &= r\,a_\vartheta\,, \quad a^2 = \frac{1}{r}\,a_\vartheta\,, \\
a_3 &= r\sin\vartheta\,a_\varphi\,, \quad a^3 = \frac{1}{r\sin\vartheta}\,a_\varphi\,.
\end{aligned}
\tag{B.28}
$$

$$
\begin{aligned}
a_{rr} &= a_{xx}\sin^2\vartheta\cos^2\varphi + a_{xy}\sin^2\vartheta\cos\varphi\sin\varphi \\
&\quad + a_{xz}\cos\vartheta\sin\vartheta\cos\varphi + a_{yx}\sin^2\vartheta\cos\varphi\sin\varphi \\
&\quad + a_{yy}\sin^2\vartheta\sin^2\varphi + a_{yz}\cos\vartheta\sin\vartheta\cos\varphi \\
&\quad + a_{zx}\cos\vartheta\sin\vartheta\cos\varphi + a_{zy}\cos\vartheta\sin\vartheta\sin\varphi + a_{zz}\cos^2\vartheta\,, \\
a_{r\vartheta} &= a_{xx}\cos\vartheta\sin\vartheta\cos^2\varphi + a_{xy}\cos\vartheta\sin\vartheta\cos\varphi\sin\varphi \\
&\quad - a_{xz}\sin^2\vartheta\cos\varphi + a_{yx}\cos\vartheta\sin\vartheta\cos\varphi\sin\varphi \\
&\quad + a_{yy}\cos\vartheta\sin\vartheta\sin^2\varphi - a_{yz}\sin^2\vartheta\sin\varphi \\
&\quad + a_{zx}\cos^2\vartheta\cos\varphi + a_{zy}\cos^2\vartheta\sin\varphi - a_{zz}\cos\vartheta\sin\vartheta\,, \\
a_{r\varphi} &= -a_{xx}\sin\vartheta\cos\varphi\sin\varphi + a_{xy}\sin\vartheta\cos^2\varphi \\
&\quad - a_{yx}\sin\vartheta\sin^2\varphi + a_{yy}\sin\vartheta\cos\varphi\sin\varphi \\
&\quad - a_{zx}\cos\vartheta\sin\varphi + a_{zy}\cos\vartheta\cos\varphi\,, \\
a_{\vartheta r} &= a_{xx}\cos\vartheta\sin\vartheta\cos^2\varphi + a_{xy}\cos\vartheta\sin\vartheta\cos\varphi\sin\varphi \\
&\quad + a_{xz}\cos^2\vartheta\cos\varphi + a_{yx}\cos\vartheta\sin\vartheta\cos\varphi\sin\varphi \\
&\quad + a_{yy}\cos\vartheta\sin\vartheta\sin^2\varphi + a_{yz}\cos^2\vartheta\sin\varphi \\
&\quad - a_{zx}\sin^2\vartheta\cos\varphi - a_{zy}\sin^2\vartheta\sin\varphi - a_{zz}\cos\vartheta\sin\vartheta\,, \\
a_{\vartheta\vartheta} &= a_{xx}\cos^2\vartheta\cos^2\varphi + a_{xy}\cos^2\vartheta\cos\varphi\sin\varphi \\
&\quad - a_{xz}\cos\vartheta\sin\vartheta\cos\varphi + a_{yx}\cos^2\vartheta\cos\varphi\sin\varphi \\
&\quad + a_{yy}\cos^2\vartheta\sin^2\varphi - a_{yz}\cos\vartheta\sin\vartheta\sin\varphi \\
&\quad - a_{zx}\cos\vartheta\sin\vartheta\cos\varphi - a_{zy}\cos\vartheta\sin\vartheta\sin\varphi + a_{zz}\sin^2\vartheta\,, \\
a_{\vartheta\varphi} &= -a_{xx}\cos\vartheta\cos\varphi\sin\varphi + a_{xy}\cos\vartheta\cos^2\varphi \\
&\quad - a_{yx}\cos\vartheta\sin^2\varphi + a_{yy}\cos\vartheta\cos\varphi\sin\varphi \\
&\quad + a_{zx}\sin\vartheta\sin\varphi - a_{zy}\sin\vartheta\cos\varphi\,, \\
a_{\varphi r} &= -a_{xx}\sin\vartheta\cos\varphi\sin\varphi - a_{xy}\sin\vartheta\sin^2\varphi \\
&\quad - a_{xz}\cos\vartheta\sin\varphi + a_{yx}\sin\vartheta\cos^2\varphi \\
&\quad + a_{yy}\sin\vartheta\cos\varphi\sin\varphi + a_{yz}\sin\vartheta\cos\varphi\,, \\
a_{\varphi\vartheta} &= -a_{xx}\cos\vartheta\cos\varphi\sin\varphi - a_{xy}\cos\vartheta\sin^2\varphi \\
&\quad + a_{xz}\sin\vartheta\sin\varphi + a_{yx}\cos\vartheta\cos^2\varphi \\
&\quad + a_{yy}\cos\vartheta\cos\varphi\sin\varphi - a_{yz}\sin\vartheta\cos\varphi\,, \\
a_{\varphi\varphi} &= a_{xx}\sin^2\varphi - a_{xy}\cos\varphi\sin\varphi \\
&\quad - a_{yx}\cos\varphi\sin\varphi + a_{yy}\cos^2\varphi\,.
\end{aligned}
\tag{B.29}
$$

$$
\begin{aligned}
a_{xx} &= a_{rr}\sin^2\vartheta\cos^2\varphi + a_{r\vartheta}\cos\vartheta\sin\vartheta\cos^2\varphi \\
&\quad - a_{r\varphi}\sin\vartheta\cos\varphi\sin\varphi + a_{\vartheta r}\cos\vartheta\sin\vartheta\cos^2\varphi \\
&\quad + a_{\vartheta\vartheta}\cos^2\vartheta\cos^2\varphi - a_{\vartheta\varphi}\cos\vartheta\cos\varphi\sin\varphi \\
&\quad - a_{\varphi r}\sin\vartheta\cos\varphi\sin\varphi - a_{\varphi\vartheta}\cos\vartheta\cos\varphi\sin\varphi + a_{\varphi\varphi}\sin^2\varphi\,, \\
a_{xy} &= a_{rr}\sin^2\vartheta\cos\varphi\sin\varphi + a_{r\vartheta}\cos\vartheta\sin\vartheta\cos\varphi\sin\varphi \\
&\quad + a_{r\varphi}\sin\vartheta\cos^2\varphi - a_{\vartheta r}\cos\vartheta\sin\vartheta\cos\varphi\sin\varphi \\
&\quad + a_{\vartheta\vartheta}\cos^2\vartheta\cos\varphi\sin\varphi + a_{\vartheta\varphi}\cos\vartheta\cos^2\varphi \\
&\quad - a_{\varphi r}\sin\vartheta\sin^2\varphi - a_{\varphi\vartheta}\cos\vartheta\sin^2\varphi - a_{\varphi\varphi}\cos\varphi\sin\varphi\,, \\
a_{xz} &= a_{rr}\cos\vartheta\sin\vartheta\cos\varphi - a_{r\vartheta}\sin^2\vartheta\cos\varphi \\
&\quad + a_{\vartheta r}\cos^2\vartheta\cos\varphi - a_{\vartheta\vartheta}\cos\vartheta\sin\vartheta\cos\varphi \\
&\quad - a_{\varphi r}\cos\vartheta\sin\varphi + a_{\varphi\vartheta}\sin\vartheta\sin\varphi\,, \\
a_{yx} &= a_{rr}\sin^2\vartheta\cos\varphi\sin\varphi + a_{r\vartheta}\cos\vartheta\sin\vartheta\cos\varphi\sin\varphi \\
&\quad - a_{r\varphi}\sin\vartheta\sin^2\varphi + a_{\vartheta r}\cos\vartheta\sin\vartheta\cos\varphi\sin\varphi \\
&\quad + a_{\vartheta\vartheta}\cos^2\vartheta\cos\varphi\sin\varphi - a_{\vartheta\varphi}\cos\vartheta\sin^2\varphi \\
&\quad + a_{\varphi r}\sin\vartheta\cos^2\varphi + a_{\varphi\vartheta}\cos\vartheta\cos^2\varphi - a_{\varphi\varphi}\cos\varphi\sin\varphi\,, \\
a_{yy} &= a_{rr}\sin^2\vartheta\sin^2\varphi + a_{r\vartheta}\cos\vartheta\sin\vartheta\sin^2\varphi \\
&\quad + a_{r\varphi}\sin\vartheta\cos\varphi\sin\varphi + a_{\vartheta r}\cos\vartheta\sin\vartheta\sin^2\varphi \\
&\quad + a_{\vartheta\vartheta}\cos^2\vartheta\sin^2\varphi + a_{\vartheta\varphi}\cos\vartheta\cos\varphi\sin\varphi \\
&\quad + a_{\varphi r}\sin\vartheta\cos\varphi\sin\varphi + a_{\varphi\vartheta}\sin\vartheta\cos\varphi\sin\varphi + a_{\varphi\varphi}\cos^2\varphi\,, \\
a_{yz} &= a_{rr}\cos\vartheta\sin\vartheta\sin\varphi - a_{r\vartheta}\sin^2\vartheta\sin\varphi \\
&\quad + a_{\vartheta r}\cos^2\vartheta\sin\varphi - a_{\vartheta\vartheta}\cos\vartheta\sin\vartheta\sin\varphi \\
&\quad + a_{\varphi r}\cos\vartheta\cos\varphi - a_{\varphi\vartheta}\sin\vartheta\cos\varphi\,, \\
a_{zx} &= a_{rr}\cos\vartheta\sin\vartheta\cos\varphi + a_{r\vartheta}\cos^2\vartheta\cos\varphi \\
&\quad - a_{r\varphi}\cos\vartheta\sin\varphi - a_{\vartheta r}\sin^2\vartheta\cos\varphi \\
&\quad - a_{\vartheta\vartheta}\cos\vartheta\sin\vartheta\cos\varphi + a_{\vartheta\varphi}\sin\vartheta\sin\varphi\,, \\
a_{zy} &= a_{rr}\cos\vartheta\sin\vartheta\sin\varphi + a_{r\vartheta}\cos^2\vartheta\sin\varphi \\
&\quad + a_{r\varphi}\cos\vartheta\cos\varphi - a_{\vartheta r}\sin^2\vartheta\sin\varphi \\
&\quad - a_{\vartheta\vartheta}\cos\vartheta\sin\vartheta\sin\varphi - a_{\vartheta\varphi}\sin\vartheta\cos\varphi\,, \\
a_{zz} &= a_{rr}\cos^2\vartheta - a_{r\vartheta}\cos\vartheta\sin\vartheta \\
&\quad - a_{\vartheta r}\cos\vartheta\sin\vartheta + a_{\vartheta\vartheta}\sin^2\vartheta\,.
\end{aligned}
\tag{B.30}
$$

$$
\begin{aligned}
&a_{11} = a^{11} = a_1{}^1 = a^1{}_1 = a_{rr} \,, \\
&a_{12} = a^1{}_2 = r\, a_{r\vartheta} \,, \quad a^{12} = a_1{}^2 = \frac{1}{r}\, a_{r\vartheta} \,, \\
&a_{13} = a^1{}_3 = r \sin\vartheta\, a_{r\varphi} \,, \quad a^{13} = a_1{}^3 = \frac{1}{r\sin\vartheta}\, a_{r\varphi} \,, \\
&a_{21} = a_2{}^1 = r\, a_{\vartheta r} \,, \quad a^{21} = a^2{}_1 = \frac{1}{r}\, a_{\vartheta r} \,, \\
&a_{22} = r^2\, a_{\vartheta\vartheta} \,, \quad a^{22} = \frac{1}{r^2}\, a_{\vartheta\vartheta} \,, \quad a_2{}^2 = a^2{}_2 = a_{\vartheta\vartheta} \,, \\
&a_{23} = r^2 \sin\vartheta\, a_{\vartheta\varphi} \,, \quad a^{23} = \frac{1}{r^2\sin\vartheta}\, a_{\vartheta\varphi} \,, \\
&a_2{}^3 = \frac{1}{\sin\vartheta}\, a_{\vartheta\varphi} \,, \quad a^2{}_3 = \sin\vartheta\, a_{\vartheta\varphi} \,, \\
&a_{31} = a_3{}^1 = r \sin\vartheta\, a_{\varphi r} \,, \quad a^{31} = a^3{}_1 = \frac{1}{r\sin\vartheta}\, a_{\varphi r} \,, \\
&a_{32} = r^2 \sin\vartheta\, a_{\varphi\vartheta} \,, \quad a^{32} = \frac{1}{r^2\sin\vartheta}\, a_{\varphi\vartheta} \,, \\
&a_3{}^2 = \sin\vartheta\, a_{\varphi\vartheta} \,, \quad a^3{}_2 = \frac{1}{\sin\vartheta}\, a_{\varphi\vartheta} \,, \\
&a_{33} = r^2 \sin^2\vartheta\, a_{\varphi\varphi} \,, \quad a^{33} = \frac{1}{r^2\sin^2\vartheta}\, a_{\varphi\varphi} \,, \\
&a_3{}^3 = a^3{}_3 = a_{\varphi\varphi} \,.
\end{aligned}
\tag{B.31}
$$

B.2.4 Einheitstensor und ε-Tensor

Die einzigen von null verschiedenen Koordinaten sind

$$
\begin{aligned}
&g_{11} = g^{11} = 1 \,, \quad g_{22} = r^2 \,, \quad g^{22} = \frac{1}{r^2} \,, \\
&g_{33} = r^2 \sin^2\vartheta \,, \quad g^{33} = \frac{1}{r^2\sin^2\vartheta} \,;
\end{aligned}
\tag{B.32}
$$

$$
\begin{aligned}
&e_{123} = e^1{}_{23} = r^2 \sin\vartheta \,, \quad e_1{}^2{}_3 = e^{12}{}_3 = \sin\vartheta \,, \\
&e_{12}{}^3 = e^1{}_2{}^3 = \frac{1}{\sin\vartheta} \,, \quad e_1{}^{23} = e^{123} = \frac{1}{r^2\sin^2\vartheta} \,,
\end{aligned}
\tag{B.33}
$$

dazu kommen beim ε-Tensor noch die zugehörigen Permutationen. Außerdem ist

$$g := \det g_{ij} = r^4 \sin^2 \vartheta \,. \tag{B.34}$$

B.2.5 Die Christoffel-Symbole

Die einzigen von null verschiedenen Christoffel-Symbole sind

$$\begin{aligned}
\Gamma^1_{22} &= -r\,, \quad \Gamma^1_{33} = -r \sin^2 \vartheta\,, \\
\Gamma^2_{12} &= \Gamma^2_{21} = \Gamma^3_{13} = \Gamma^3_{31} = \tfrac{1}{r}\,, \\
\Gamma^2_{33} &= -\sin\vartheta \cos\vartheta\,, \quad \Gamma^3_{23} = \Gamma^3_{32} = \cot\vartheta\,.
\end{aligned} \tag{B.35}$$

B.2.6 Differentialoperatoren

Es werden jeweils die physikalischen Koordinaten angegeben.

$$\operatorname{grad} a = \left\{ \frac{\partial a}{\partial r}, \frac{1}{r}\frac{\partial a}{\partial \vartheta}, \frac{1}{r \sin\vartheta}\frac{\partial a}{\partial \varphi} \right\}. \tag{B.36}$$

$$\operatorname{div} \underline{a} = \frac{\partial a_r}{\partial r} + \frac{2a_r}{r} + \frac{1}{r}\frac{\partial a_\vartheta}{\partial \vartheta} + \frac{\cot\vartheta\, a_\vartheta}{r} + \frac{1}{r\sin\vartheta}\frac{\partial a_\varphi}{\partial \varphi}. \tag{B.37}$$

$$\begin{aligned}
(\operatorname{rot} \underline{a})_r &= \frac{1}{r}\frac{\partial a_\varphi}{\partial \vartheta} + \frac{\cot\vartheta\, a_\varphi}{r} - \frac{1}{r\sin\vartheta}\frac{\partial a_\vartheta}{\partial \varphi}\,, \\
(\operatorname{rot} \underline{a})_\vartheta &= \frac{1}{r\sin\vartheta}\frac{\partial a_r}{\partial \varphi} - \frac{\partial a_\varphi}{\partial r} - \frac{a_\varphi}{r}\,, \\
(\operatorname{rot} \underline{a})_\varphi &= \frac{\partial a_\vartheta}{\partial r} + \frac{a_\vartheta}{r} - \frac{1}{r}\frac{\partial a_r}{\partial \vartheta}\,.
\end{aligned} \tag{B.38}$$

$$
\begin{aligned}
(\operatorname{grad}\underline{a})_{rr} &= \frac{\partial a_r}{\partial r}\,,\\
(\operatorname{grad} a)_{r\vartheta} &= \frac{1}{r}\frac{\partial a_r}{\partial \vartheta} - \frac{a_\vartheta}{r}\,,\\
(\operatorname{grad}\underline{a})_{r\varphi} &= \frac{1}{r\sin\vartheta}\frac{\partial a_r}{\partial \varphi} - \frac{a_\varphi}{r}\,,\\
(\operatorname{grad} a)_{\vartheta r} &= \frac{\partial a_\vartheta}{\partial r}\,,\\
(\operatorname{grad}\underline{a})_{\vartheta\vartheta} &= \frac{1}{r}\frac{\partial a_\vartheta}{\partial \vartheta} + \frac{a_r}{r}\,,\\
(\operatorname{grad}\underline{a})_{\vartheta\varphi} &= \frac{1}{r\sin\vartheta}\frac{\partial a_\vartheta}{\partial \varphi} - \frac{\cot\vartheta\, a_\varphi}{r}\,,\\
(\operatorname{grad} a)_{\varphi r} &= \frac{\partial a_\varphi}{\partial r}\,,\\
(\operatorname{grad}\underline{a})_{\varphi\vartheta} &= \frac{1}{r}\frac{\partial a_\varphi}{\partial \vartheta}\,,\\
(\operatorname{grad}\underline{a})_{\varphi\varphi} &= \frac{1}{r\sin\vartheta}\frac{\partial a_\varphi}{\partial \varphi} + \frac{a_r}{r} + \frac{\cot\vartheta\, a_\vartheta}{r}\,.
\end{aligned}
\tag{B.39}
$$

$$
\begin{aligned}
[(\operatorname{grad}\underline{a})\cdot\underline{b}]_r &= \frac{\partial a_r}{\partial r}\,b_r + \frac{\partial a_r}{\partial \vartheta}\frac{b_\vartheta}{r} + \frac{\partial a_r}{\partial \varphi}\frac{b_\varphi}{r\sin\vartheta}\\
&\quad - \frac{a_\vartheta\, b_\vartheta + a_\varphi\, b_\varphi}{r}\,,\\
[(\operatorname{grad}\underline{a})\cdot\underline{b}]_\vartheta &= \frac{\partial a_\vartheta}{\partial r}\,b_r + \frac{\partial a_\vartheta}{\partial \vartheta}\frac{b_\vartheta}{r} + \frac{\partial a_\vartheta}{\partial \varphi}\frac{b_\varphi}{r\sin\vartheta}\\
&\quad + \frac{a_r\, b_\vartheta - \cot\vartheta\, a_\varphi\, b_\varphi}{r}\,,\\
[(\operatorname{grad}\underline{a})\cdot\underline{b}]_\varphi &= \frac{\partial a_\varphi}{\partial r}\,b_r + \frac{\partial a_\varphi}{\partial \vartheta}\frac{b_\vartheta}{r} + \frac{\partial a_\varphi}{\partial \varphi}\frac{b_\varphi}{r\sin\vartheta}\\
&\quad + \frac{a_r\, b_\varphi + \cot\vartheta\, a_\vartheta\, b_\varphi}{r}\,.
\end{aligned}
\tag{B.40}
$$

$$(\operatorname{div}\underline{\underline{a}})_r = \frac{\partial a_{rr}}{\partial r} + \frac{2a_{rr}}{r} + \frac{1}{r}\frac{\partial a_{r\vartheta}}{\partial \vartheta} + \frac{1}{r\sin\vartheta}\frac{\partial a_{r\varphi}}{\partial \varphi} - \frac{a_{\vartheta\vartheta}+a_{\varphi\varphi}}{r} + \frac{\cot\vartheta\, a_{r\vartheta}}{r},$$

$$(\operatorname{div}\underline{\underline{a}})_\vartheta = \frac{\partial a_{\vartheta r}}{\partial r} + \frac{2a_{\vartheta r}}{r} + \frac{1}{r}\frac{\partial a_{\vartheta\vartheta}}{\partial \vartheta} + \frac{1}{r\sin\vartheta}\frac{\partial a_{\vartheta\varphi}}{\partial \varphi} + \frac{\cot\vartheta(a_{\vartheta\vartheta}-a_{\varphi\varphi})}{r} + \frac{a_{r\vartheta}}{r}, \tag{B.41}$$

$$(\operatorname{div}\underline{\underline{a}})_\varphi = \frac{\partial a_{\varphi r}}{\partial r} + \frac{2a_{\varphi r}}{r} + \frac{1}{r}\frac{\partial a_{\varphi\vartheta}}{\partial \vartheta} + \frac{1}{r\sin\vartheta}\frac{\partial a_{\varphi\varphi}}{\partial \varphi} + \frac{\cot\vartheta(a_{\vartheta\varphi}+a_{\varphi\vartheta})}{r} + \frac{a_{r\varphi}}{r}.$$

$$\Delta a = \frac{\partial^2 a}{\partial r^2} + \frac{2}{r}\frac{\partial a}{\partial r} + \frac{1}{r^2}\frac{\partial^2 a}{\partial \vartheta^2} + \frac{\cot\vartheta}{r^2}\frac{\partial a}{\partial \vartheta} + \frac{1}{r^2\sin^2\vartheta}\frac{\partial^2 a}{\partial \varphi^2}. \tag{B.42}$$

$$(\Delta\underline{a})_r = \frac{\partial^2 a_r}{\partial r^2} + \frac{2}{r}\frac{\partial a_r}{\partial r} + \frac{1}{r^2}\frac{\partial^2 a_r}{\partial \vartheta^2} + \frac{\cot\vartheta}{r^2}\frac{\partial a_r}{\partial \vartheta} + \frac{1}{r^2\sin^2\vartheta}\frac{\partial^2 a_r}{\partial \varphi^2} - \frac{2a_r}{r^2} - \frac{2}{r^2}\frac{\partial a_\vartheta}{\partial \vartheta} - \frac{2\cot\vartheta\, a_\vartheta}{r^2} - \frac{2}{r^2\sin\vartheta}\frac{\partial a_\varphi}{\partial \varphi},$$

$$(\Delta\underline{a})_\vartheta = \frac{\partial^2 a_\vartheta}{\partial r^2} + \frac{2}{r}\frac{\partial a_\vartheta}{\partial r} + \frac{1}{r^2}\frac{\partial^2 a_\vartheta}{\partial \vartheta^2} + \frac{\cot\vartheta}{r^2}\frac{\partial a_\vartheta}{\partial \vartheta} + \frac{1}{r^2\sin^2\vartheta}\frac{\partial^2 a_\vartheta}{\partial \varphi^2} + \frac{2}{r^2}\frac{\partial a_r}{\partial \vartheta} - \frac{a_\vartheta}{r^2\sin^2\vartheta} - \frac{2\cot\vartheta}{r^2\sin\vartheta}\frac{\partial a_\varphi}{\partial \varphi}, \tag{B.43}$$

$$(\Delta\underline{a})_\varphi = \frac{\partial^2 a_\varphi}{\partial r^2} + \frac{2}{r}\frac{\partial a_\varphi}{\partial r} + \frac{1}{r^2}\frac{\partial^2 a_\varphi}{\partial \vartheta^2} + \frac{\cot\vartheta}{r^2}\frac{\partial a_\varphi}{\partial \vartheta} + \frac{1}{r^2\sin^2\vartheta}\frac{\partial^2 a_\varphi}{\partial \varphi^2} + \frac{2}{r^2\sin\vartheta}\frac{\partial a_r}{\partial \varphi} + \frac{2\cot\vartheta}{r^2\sin\vartheta}\frac{\partial a_\vartheta}{\partial \varphi} - \frac{a_\varphi}{r^2\sin^2\vartheta}.$$

B.2.7 Kurven-, Flächen- und Volumenelemente

$$\begin{aligned} \mathrm{d}u^i &= (\mathrm{d}r,\ \mathrm{d}\vartheta,\ \mathrm{d}\varphi)\,, \\ \mathrm{d}A_i &= (r^2 \sin\vartheta\,\mathrm{d}\vartheta\,\mathrm{d}\varphi,\ r^2 \sin\vartheta\,\mathrm{d}\varphi\,\mathrm{d}r,\ r^2 \sin\vartheta\,\mathrm{d}r\,\mathrm{d}\vartheta)\,, \\ \mathrm{d}V &= r^2 \sin\vartheta\,\mathrm{d}r\,\mathrm{d}\vartheta\,\mathrm{d}\varphi\,. \end{aligned} \tag{B.44}$$

In (B.45) werden die physikalischen Koordinaten angegeben:

$$\begin{aligned} \mathrm{d}\underline{x} &= (\mathrm{d}r,\ r\,\mathrm{d}\vartheta,\ r\sin\vartheta\,\mathrm{d}\varphi)\,, \\ \mathrm{d}\underline{A} &= (r^2 \sin\vartheta\,\mathrm{d}\vartheta\,\mathrm{d}\varphi,\ r\sin\vartheta\,\mathrm{d}\varphi\,\mathrm{d}r,\ r\,\mathrm{d}r\,\mathrm{d}\vartheta)\,. \end{aligned} \tag{B.45}$$

Sachwortregister

Das Sachregister dient nicht nur zum Aufsuchen eines Begriffs im Text, sondern auch zur Orientierung über die Untergliederung eines Begriffs (z. B. Tensor) und die Verwendung eines Begriffs (z. B. kovariant). Wenn ein Wort in verschiedenen Bedeutungen vorkommt, werden sie durch eine Erläuterung in Klammern unterschieden (z. B. Nullvektor).